普通高等教育“十一五”国家级规划教材



# 室内设计概论

## BEGINNINGS OF INTERIOR ENVIRONMENTS

（原著第9版）

菲莉丝·斯隆·艾伦
琳恩·M·琼斯
米丽亚姆·F·斯廷普森 著

胡剑虹 等 编译

中国林业出版社

# BEGINNINGS OF INTERIOR ENVIRONMENTS Ninth Edition



原著书号：ISBN 0-13-045770-1

图字：01-2010-3956 号

**图书在版编目（CIP）数据**

室内设计概论：第 9 版 /（美）菲莉丝 · 斯隆 · 艾伦（Phyllis Sloan Allen），琳恩 · M · 琼斯（Lynn M. Jones），米丽亚姆 · F · 斯廷普森（Miriam F.Stimpson）著；胡剑虹 等编译. —北京：中国林业出版社，2009.12（2017.8 重印）

书名原文：Beginnings of Interior Environments-9th ed.

普通高等教育“十一五”国家级规划教材

ISBN 978-7-5038-5537-5

Ⅰ. ①室… Ⅱ. ①艾… ②胡… Ⅲ. ①室内设计-高等学校-教材 Ⅳ. ①TU238

中国版本图书馆CIP数据核字（2009）第225302号

---

策划、责任编辑：杜 娟

中国林业出版社 · 教育出版分社

电话：83143553　传真：83143516

E-mail：jiaocaipublic@163.com

---

出版发行　中国林业出版社
（100009　北京西城区德内大街刘海胡同 7 号）
电　话　（010）83143500

经　销　新华书店

印　刷　北京中科印刷有限公司

版　次　2009 年 12 月第 1 版

印　次　2017 年 8 月第 4 次

印　张　26

字　数　746 千字

定　价　66.00 元

致有志于通过尊重地运用地球资源以提高我们生活质量的室内设计初学者们：希望你们每一位都能学会欣赏地球赋予我们的礼物，并把它们明智地用于未来的设计中。

## 本书编译者名单


胡剑虹　同济大学

王道静　南京财经大学

方　滨　上海瑞安集团

林　海　苏州科技学院

陈月浩　复旦大学

范业闻　上海金融学院

董　君　北京农学院

李　政　内蒙古农业大学

余继宏　南京林业大学

申丽娟　浙江理工大学

陆　燕　飞利浦照明

王　黎　《家具》杂志社

张晓勇　苏州金螳螂建筑装饰股份有限公司

# 序

由美国 Phyllis Sloan Allen 等所著的《室内设计概论》是一本内容丰富、选材成熟的室内设计专业教学佳作。译稿展现了原书作者对室内设计专业的深刻理解和具有鲜明时代精神的观点，明确指出“要尊重地运用地球资源以提高我们的生活质量”，确立室内设计是将科学与艺术、物质与文化“独特地融合在一起”的理念，提请室内设计师必须重视“对人的需求、生态问题和文化发展的关注”，作为设计师的首要责任是关注“安全、健康和公众福利”，为业主创建具有优良生活质量和工作效率的室内环境。

系统和严谨是教学用书应有的品质，本书在阐述室内设计理念、历史发展、设计基础、要素和原则，以及室内设计职业化等内容时，既条例清晰，又具有特色；为说明观念而配置的实例和图幅翔实生动，具有典型意义；其中涉及职业发展、客户接洽、经济和生态目标、设计程序和服务，以及合同文件与履约等内容，虽然是根据美国设计界和市场的情况讲述，但是对我们来说也有很好的借鉴意义。

第 9 版修订本与当今社会关注的问题密切结合，不仅强调设计师应该在具有专业资质的前提下工作，还应该与规划、建筑、结构、设备以及环境各专业加强沟通与合作，培育团队精神。特别增加了有关可持续发展、互联网资源的最新信息，以及对多元文化的认识和为弱势群体服务等内容，这些正是当前设计界极为关心和认真研讨的课题。

近年来我国室内设计市场和设计教学正迈入规模化迅速发展的转型期，迫切需要拥有更多优秀的国内外室内设计理论和专业理念的书籍和信息。感谢胡剑虹、王道静、林海和陈月浩等诸位编译者的辛勤“耕作”，相信美国《室内设计概论》中译本的出版，将会对室内设计教学和业界，在加强设计基础理论和灵通专业信息方面做出应有的贡献。

同济大学建筑规划学院教授　博士生导师
中国建筑学会室内设计分会专家委员会主任

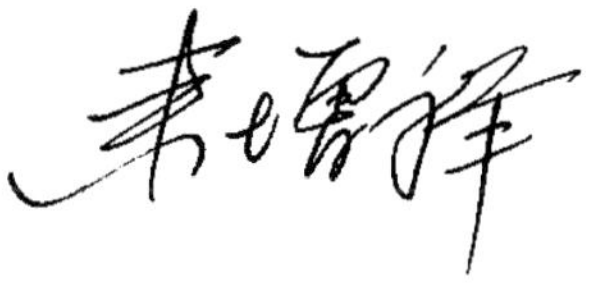

2010 年 9 月 12 日于上海

# 编译者前言

15年前，我有机会聆听美国路易斯安那州立大学室内设计课程，它传递的是一个“设计要面向市场，应该以客户为中心”的设计观念。之后，在翻译美国《INTERIOR ENVIRONMENT DESIGN》时，进一步熟悉了国外职业室内设计师的知识结构和培养方式。因工作和研究的需要，我开始逐步整理国内外室内设计师这一职业的相关信息。进而发现尽管各国社会发展背景不同，价值取向不同，教材各自的立点也不一样，但都没有离开室内设计师职业需求这一核心。所以，无论我采用何种版本室内设计教材，在给不同学历背景的学生和设计师讲授室内设计课程时，始终围绕室内设计职业技能与从业水平展开。

我要感谢中国林业出版社搭建了高等院校设计艺术学科教材编写指导委员会这个平台，使我有更多的机会和大家探讨设计教育。也就是在这个平台上，出版社编辑杜娟把在美国已经出版至第9版的经典室内设计教材《BEGINNINGS OF INTERIOR ENVIRONMENT》交给了我，准备合作出版。经过出版社精心组织，在同济大学教材出版基金的资助下，2005年以美国《BEGINNINGS OF INTERIOR ENVIRONMENT》教材为蓝本，合作编译的《室内设计概论》教材被列为教育部普通高等教育“十一五”国家级规划教材。

这本教材围绕如何成为一名“合格”的职业室内设计师而撰写，强调设计师应具有四个职业特征：（1）在能力特征上，应具有现代设计的基本知识、设计管理技能和创新能力，能面对复杂多变的环境，创造性地开展设计实践；（2）在职业特征上，是指以设计为长期职业的专业室内设计师，能独立开展设计活动，并对企业负责；（3）在市场特征上，设计师的价值以市场认可为取向；（4）在道德特征上，具备高度的企业精神，即忠诚于自己的职业、诚心于企业、守信于客户。

编译过程并不是我想象的那样简单，因为视角不同、起点不同、引用标准不同，面对教材编写工作的繁杂性和交叉化，不得不将教材的每一个章节和美国作者、编辑进行沟通。与此同时，教材的编写也得益于我国城市发展，使我们有机会从事城市重大工程建设实践，并有条件与书中提及的国外主要设计机构逐一校核案例和图片。

编译出版此书，不仅仅是希望学习室内设计的人来阅读这本书，更希望那些对室内设计有兴趣，或在设计入口观望的人一起来阅读这本书，因为不一定有很多人会进入设计领域，但每个人都可以作为一名设计师，生活的本身就是设计的发源地。

众人拾柴火焰高，参加编译的主要人员是胡剑虹、王道静、方滨、林海、陈月浩、范业闻、董君、李政、余继宏、申丽娟、陆燕、王黎以及张晓勇等。胡剑虹负责校译和统稿。

世界在快速变化，语言也在不断演进，从一种语言转换为另一种语言，是会有些遗憾的。同时设计又是一个开放的领域，设计的内涵是不断丰富和拓展的，所以最后要留下我的联系方式：Jhhu2010@126.com，希望和我一样一起关注室内设计教育和实践的朋友们给予我们持续不断的建议和交流。

胡剑虹

2010年4月

# 前　言

室内设计是将艺术和科学独特地融合在一起的领域。所以，我经常对我的学生说，成功的设计师能很好地平衡运用他们的左右大脑。在任何室内项目中，设计师的目的就是分析客户的需求与意愿，然后综合这些信息去创造一个能提高客户生活、工作质量的健康和安全的环境——这本书的目的就是帮助初学者达到这个目标。

## 第 9 版的显著变化

《室内设计概论》作为设计专业教材出版以来，已经是第 9 版了。每一版的编排都希望赶上设计潮流的发展与变化，指导室内设计理论与实践。新的版本延续了前几版的风格，作为专业入门教材，从介绍性和实践性角度切入，使学生了解室内设计。早期版本主要集中在住宅室内设计方面的内容，新的版本则扩展了公共建筑空间设计方面的知识，强化了学生商业设计的意识。第 9 版还增加了可持续设计和互联网资源方面的最新信息，以及对多元文化的认识方面的内容。

第 9 版最显著的变化是增加了对视觉素养能力的培养，包括格式塔心理学（Gestalt Psychology）、图形设计和结构组织等视觉认识讨论。这是由于近年对设计概念的探讨而引发的，探讨使其如何在室内设计中得以应用。同时，对可持续设计和设计实例的部分也做了更新。

我们注重图片更新的同时，将图表也制作得更清楚明了。在文字部分的调整中，最大的挑战正如 Don Schlizt 曾说的，要“知道该删掉什么、留下什么”。我们增加了约 100 幅新图片和从业实践所常用的表格，更新了 150 多处图表，也使文字的内容更加吸引人并更切合潮流。

## 内容综述

为确保学生理解室内设计这门学科的基本知识架构，以下是对本书各部分的介绍。

第 I 部分：“室内设计概论”，探讨室内设计这个职业发展的历史，细致地介绍了室内设计师完成一个室内空间设计的全过程。图片和平面草图使初学者明白视觉表达在设计中的作用。用图解的方式专门讲述设计风格演变历史，目的是帮助学生熟悉历史上影响了现代室内设计的一些重要时期。

第 II 部分：“设计基础”，这是在创意领域学习的所有初学者必须打下的设计基本知识。这部分强调了视觉素养能力培养以及在技术和装饰上指导设计师的设计原则与要素，并对复杂的色彩部分给予了特别的关注。

第III部分：“小型独立住宅建筑系统”，强调了设计中的建筑、电气和设备等方面的内容。这部分帮助设计师理解在视觉艺术表现中，还要与电气、设备、结构工程师合作，甚至和客户以及设计团队中的其他成员共同协作，才能达到预期的设计效果。

第IV部分：“空间”，主要强调了家具与房间平面规划中技术性和创意性的关系。告诉设计师要学会读二维平面图并联想到三维空间，鼓励设计师将空间看成是“体积”，从而自内而外进行设计。

第V部分：“家具、织物和背景要素”，让设计师了解他们可以获得的更多的设计选择。

第VI部分：“室内设计的职业化”，探讨了成为一名专业室内设计师所必需的学习环节。此外，对基本的商业惯例、职业道德和职业发展前景也进行了描述。

## 致谢

首先，向那些为本书提供图片和信息资料的摄影师、设计师、建筑师和制造商们致谢。写作本书最有价值的经历之一就是我们收集了诸多才华横溢的设计师们的设计实例。

其次，还有很多人协助我们对本书的信息资料进行了核实和审阅，以确保其科学性和可读性。我很感谢他们坦诚且有建设性的意见，并且根据他们的建议对内容做了大量修改。

另外，感谢我在美国室内设计师协会、国际室内设计协会、室内设计教育委员会和 Brenau University 的同事们，同样感谢我的学生们，向你们对我的理解、支持和激励致以衷心的感谢。我特别想要感谢 Helen Ray 和 Andrea Birch，他们为我安排一整个秋天来完成这本书。在我离开工作岗位去写作的时间里，我所在的部门，所有教师和员工们积极地帮我承担了大量相应工作。

最后，致我的丈夫 Philip，我对你由衷的感激是言语不足以表达的，为了这本书，你花费了上百个小时的私人时间帮助我锤炼文章、打字、打电话联系以及协助我组织文本和相关材料。我将永远感谢你给予的精神支撑和长期以来的鼓励。

Lynn M. Jones

*Lynn M. Jones 是美国室内设计师协会、国际室内设计联盟、室内设计教育委员会成员，从很小时候起就决心研究室内建筑学。小学时的她已经开始在方格纸上做自己的房屋设计，用落叶和积雪模拟自己的房屋设计方案，卧室内家具更经常被她移来移去。Lynn 以优等毕业生的成绩从普度大学获得环境设计学士学位，23 岁就获得美国国家室内设计资格认证委员会（NCIDQ）证书，在 University of Georgia 历史遗迹保护专业获得硕士学位并被授予最优秀学生称号。为了完成她的论文《国家公园游客中心设计：论建筑与环境的关系》，她和她的丈夫考察了世界 100 多处国家公园。现就任于 Brenau University。*

# 目 录

# 第Ⅴ部分 家具、织物和背景要素

## 第VI部分
## 室内设计的职业化

# 室内设计概论

## *Introduction to Interior Environments*

# I

图 I-1A　FIDER 公司的室内设计，体现了艺术与科学的完美融合。开放的办公空间满足团队合作的要求，封闭的工作空间符合不同客户的需要。公司入口处采用暖色调，搭配耐用性强的竹地板，为来访者和使用者营造了一个温馨亲切的环境。如图 I-1B 平面布置图所示，强烈动感的倾斜轴线形成导向作用，引导来访者进入工作空间。（设计：AE 公司；摄影：Kevin Beswick）

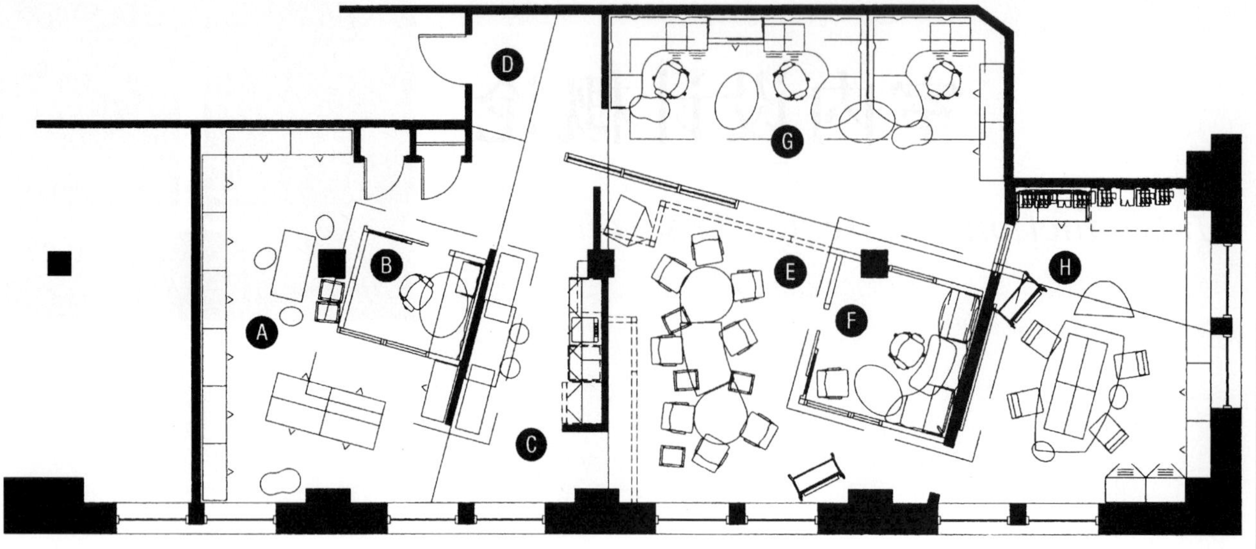


平面图
A. 资料室
B. 私人办公室
C. 厨房、咖啡间
D. 入口
E. 开放式办公室
F. 私人办公室
G. 个人工作单元
H. 项目工作室

图 I-1B　FIDER 公司的平面布置图是室内设计中强调概念、功能和美学完美融合的例证。倾斜的轴线，引导来访者进入空间。室内设计师通过平面布置图的二维展示，使空间视觉化。平面布置图说明了室内各空间的功能、家具摆放和交通流线组织。（设计：AE 公司）

室内设计是依靠科学的方法，通过合理运用美学要素和空间功能要素，把表面上看来彼此相对独立的多个学科统一起来。

——国际室内设计协会

纵观历史，人类始终在改造和美化环境，使其符合自身的生理和心理的不断需求。在这个过程中不仅开发和改进了各种工具和产品，同时家具、纺织品和装饰手法都在更新，从而使房间的布局、家具陈设、设备和电气配置都在根据审美和功能需要不断发展与变化。今天，室内设计师正在为更多的客户提供更加多样化的服务（图 I-1A，B）。

## 室内设计师的定义

室内设计这一行业多年来经历了许多变化，行业的经营范围在拓展，就业机会在增加，而且行业标准也在不断提高之中。这一专业的发展和成熟体现在室内设计师定义的形成。美国国家室内设计资格认证委员会（NCIDQ）在明确了室内设计职业范畴的基础上，提出了室内设计师的定义：职业的室内设计师是经过专业教育、专业训练，并通过专业考试，以提高人们生活质量和生产效率、保护公众安全、健康和利益为目的，为提高室内空间的功能和设计质量而工作着的人。职业的室内设计师必须做到以下几点：

- 分析客户的需求、目标，包括生活、工作和安全方面的基本要求；
- 把调查分析结果和室内设计专业知识相结合；
- 提出初步的、与客户需求相适应的、符合功能和美学要求的设计概念；
- 通过适当的项目策划和设计深化，形成最终的设计方案；
- 绘制施工图，并对室内非承重结构的构造、装饰材料、空间规划、家具陈设、纺织品和固定设备设施作出明确的说明；
- 在设备、电气和承重结构设计等技术领域，与提供专业服务的、有相应资质的从业者或机构合作；

- 作为客户的代理方，准备有关合同文件；
- 在施工过程中进行修改和评估设计方案等现场服务，直至工程竣工。

如上面提到的，在承重结构设计和某些技术系统中，室内设计师的工作是受到一定限制的，建筑设计和施工方面根据法律规定应该由注册或有执照的建筑师或工程师负责。职业室内设计师需要在这些技术领域经过专门的培训和考试，要与建筑或工程公司的顾问或团队成员进行有效的交流沟通，寻求专业方面的帮助并充分理解这些复杂的技术要求。某些地方法规规定，只允许持有执照的建筑师或工程师向建筑施工部门提供施工图纸。这一法律上的限制向公众提供了保证，即由合格的专业人员负责，遵守一切建设法规，以确保公众的安全。有的公司选择建筑师、工程师和室内设计师三方面专业人员组成一个团队共同负责项目的开发，必要时甚至向专家咨询。

今天的室内设计师在积极努力取得正式的执照或从业资格证书以便提升自己的专业层次，这样既可以确保从业者的专业水平，又保证了公众在设计师所创造的环境中安全、健康、舒适，同时更加确定了设计师自己的专业领域。

## 室内设计师的责任

室内设计的内容变得越来越复杂和具有技术性，对安全、健康和公众福利方面的考虑逐渐引起人们的重视，使得室内设计师在掌握技术知识和创造技能之外，转向对人的需求、生态问题和文化发展的关注，对现代室内环境生活质量的提高给予更加全面综合的考虑。

### 为弱势群体的环境而设计

根据 Anita Rui Olds《儿童关怀设计指导》的研究表明，5 岁以下的孩子每三个孩子中就有一个需要部分时间照管或全日制照管。相反，到 2030 年，年龄超过 65 岁的人将约占人口总数的 26%，而且他们中的大多数更愿意在家养老，所谓“在适当的地方变老”。当前，室内设计师越来越关注为改善所有年龄和行为能力的人的生活环境而设计，设计师必须更多地了解包括老人、孩子和残疾人，甚至那些暂时需要帮助的弱势群体的各种各样的复杂需求。当然，与此紧密相连的就是设计的通用性，即室内设计师必须在一个单位空间内考虑不同人的多样化需求，这种需求往往是通过空间组织和家具与陈设布局来完成的，对于人的年龄和行为能力往往不做深入考虑。

### 为可持续发展的环境而设计

对资源的有限性以及我们生存环境脆弱性的认识进一步改变了室内设计观念，越来越多的室内设计师在设计过程中开始使用可再生的资源，努力保护环境。甚至在进行设计方案时就考虑到环境因素，利用可以再循环和可以回收的产品，这就是“可持续发展设计或绿色设计”（图 I-2）。

### 为多元文化的环境而设计

不同的文化对室内设计中的空间、色彩等视觉要素方面有着不同的理解，设计师需要协调社会多元文化对室内环境的需求。特别是随着知识的全球化和互联网的发展，设计师通常会涉及海外客户的工程项目，设计更加社会化，这样需要设计师对不同文化背景的客户的品位和喜好具有良好的敏感性，以便做出相适应的设计方案（图 I-3）。

## 室内设计师的相关知识

### 室内设计师与室内装饰师

室内设计师（在欧洲称为室内建筑师）和室内装饰师两个职业有着不同的含义。室内设计师是包含如前所述的定义和职责的职业，室内装饰、家具与陈设的选择和布置只是室内设计的重要组成部分。需要强调的是：虽然室内设计师要对涉及建筑结构的装饰设计方案负责，但室内设计并不包含建筑结构设计，涉及设备、电气系统和结构部分的工作内容时，室内设计师必须与相关的专业人员合作。

---

相关链接

美国室内设计教育研究基金会 http://www.fider.org

美国国家室内设计资格认证委员会 http://www.ncidq.org

---

A

图 I-2　这座以太阳能作为能源供给的住宅，用木块和泥土包裹轮胎形成墙体。墙面用水泥进行拉毛处理，西南墙面的室内形成黏土墙面的效果。窗户南向设置。A 图是建筑外观；B 图是室内大厅，回头看向前门；C 图是起居空间。（设计：Michael Reynolds；摄影：Philip A .Jones）

B

C

## 与相关职业的关系

在为客户进行新建空间项目设计或改造项目设计时，室内设计师可能要与建筑师、建造师、室内装饰师、景观设计师、设备工程师、电气工程师、结构工程师、产品设计师和平面设计师一起工作，甚至还有灯光音响和视频专业人员，历史文物保护学者，室内装饰、纺织品、家具和陈设品的专业承包人，设计师需要把自己当做设计团队的一员，因为设计工作的成功有赖于与各种专业人员的交流与合作。

## 室内设计师应具备的知识

为了能够胜任工作和有效地与相关专业人员沟通交流，设计师必须具有广博的技术知识和美学知识作为基础，本教材主要包括六个方面的知识。

第 1 部分：“室内设计概论”，

图 I-3　为老年人做设计需要敏锐地洞察老年人的特殊需要。这是位于日本太阳城的一处退休人员护理机构，也需要特别关注老年人的多元需求并在设计中加以体现。（设计：Hellmuth Obata；摄影：Jaime Ardiles-Arce）

首先讨论室内设计这个职业的发展历史，详细地讲述室内设计的工作程序。其次是设计表达，学生通过学习手工绘图和计算机辅助设计制图，掌握设计表达的主要方法——设计图学，它包含了所有设计职业都需要具备的视觉信息（图 I-4）。最后，以文字配插图的方式追溯了风格历史，说明了过去的社会历史发展是如何影响室内环境演变的。

第 2 部分：“设计基础”，是为所有从事创意工作的人员学习设计建立基础，包括基本美学法则，以及影响设计师在技术和美学设计方面做出决定时所需的设计理论和设计要点。

第 3 部分：“建筑系统”，重点强调建筑、电气和设备方面的工程设计。这部分知识可以帮助未来的设计师了解与结构电气、设备、工

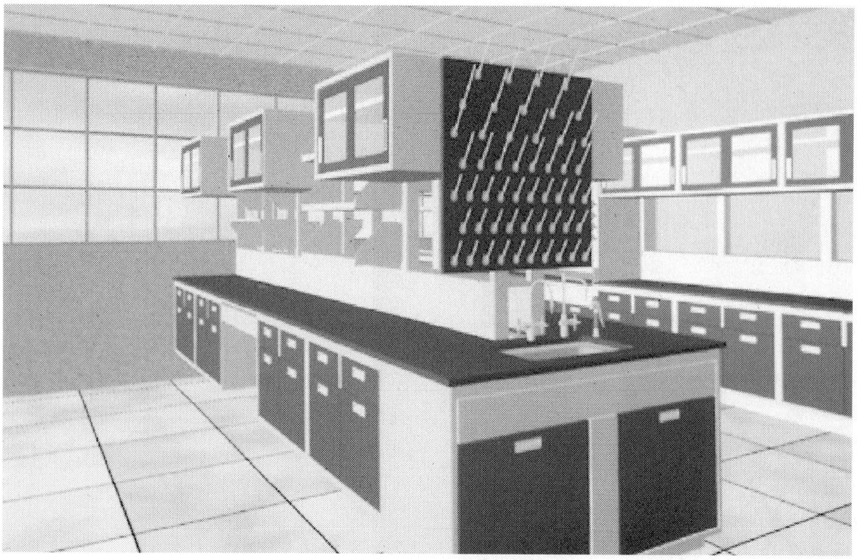

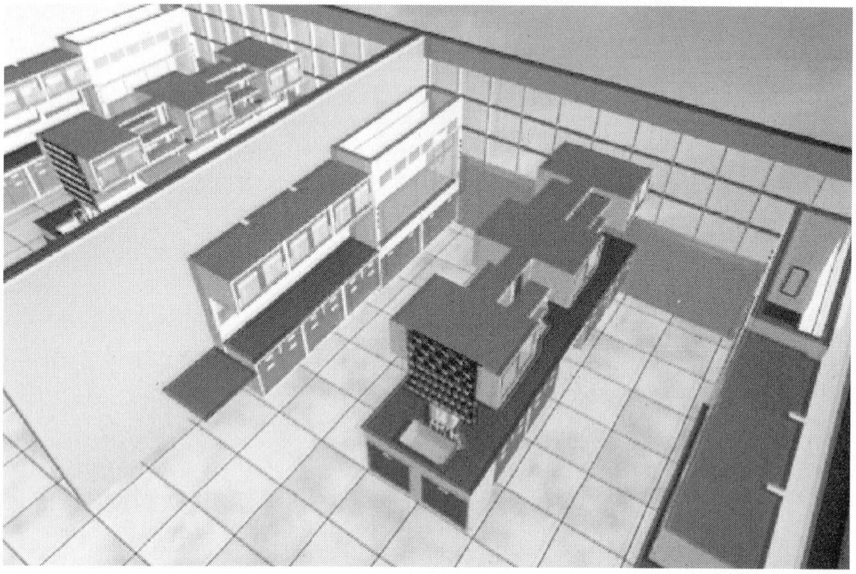

图 I-4　在这个实验室空间里，计算机辅助设计软件在草图和概念设计阶段为客户提供了视觉的可视性。这是设计师需要掌握的主要技能。计算机能够实现空间的转换，从多样的角度解读空间，帮助客户和设计师解决设计问题。（设计：Talka Connor）

程师以及客户和设计队伍中的其他成员共同合作时需要的技术信息。

第 4 部分："空间"，主要是协调技术因素和平面布置、空间需求的关系。设计师要学会看懂平面图，并思考和想象三维立体图，鼓励设计师从体积的角度认识空间，以"由里向外"的方法设计空间。

第 5 部分："家具、织物和背景要素"，是为设计师掌握和选择设计中大量的材料和产品奠定基础。例如，设计师需要掌握选择簇绒地毯或圈绒地毯，选择亚光乳胶漆或半亚光醇酸树脂漆的好处和弊端。

第 6 部分："室内设计的职业化"，论述成为室内设计专业人员所需要履行的程序，讨论基本的商务规则和职业道德规范，最后展望了室内设计职业的发展前景。

# 第1章

## 理解室内设计

图 1-1 这间卡罗来纳州的酒店大堂，充满暖意而又引人入胜，给客人宾至如归的舒适感，设计师从酒店经营者和客人双重角度进行设计，从而获得了室内的舒适感。（设计：Glave 公司；摄影 ：Robert Miller）

即使通过直接与间接的资料，我们仍很难了解原始社会室内整体的情形，但由于装饰和人的精神追求密不可分，所以原始社会人类居住的室内中一定或多或少地拥有装饰。古埃及、古希腊、古罗马时期产生的古代设计，奠定了室内设计的基础。中世纪和文艺复兴时期，装饰设计被广泛应用在室内环境中，这种现象在欧洲尤其突出。在18世纪，英国设计师罗伯特·亚当（Robert Adam）和他的家人把家具设计、室内建筑和装饰等室内环境必备的要素结合在一起，最初形成了一个具有商业化特征的创造性的室内空间（参见“风格历史”——英国风格）。罗伯特·亚当与他有相同观点的人，如摄政时期伦敦的主要设计者英国建筑师约翰·纳什（John Nash，1752—1835）和18世纪末19世纪初英国最伟大的建筑师约翰·索恩（John Soane，1753—1837）爵士等，以及橱柜制造商、油漆商、家具装饰用品商、石膏商、皮匠等人，从自己的住宅或工作室设计开始共同协作，进行室内环境设计，他们的理想就是完成一个：光、空间和装饰品完美结合的诗化建筑。可见，室内设计工作在职业确立之前就已经存在，当时从事室内设计的人主要是家具设计师、橱柜制造商、建筑师和其他在装饰艺术方面工作的人。

室内设计作为一个新兴的职业，到19世纪末期和20世纪早期才逐渐形成，在第二次世界大战期间完全确立起来。

## 1.1 室内设计职业的发展

19世纪50年代，工业革命的发展，导致了设计领域出现风格任意模仿和为商业销售而大规模生产的家庭用品美学质量低下的状况，社会普遍认为机器的使用创造了低劣的产品和设计。莫里斯（William Morris，1834—1896）把艺术和道德联系在一起，他认为：“整个社会的基础已经腐朽堕落得不可救药了”。他和19世纪60年代的英国工艺美术运动参与者共同倡导优秀的设计属于每个人：“若不是人人都能享受艺术，那艺术跟我们究竟有什么关系？”莫里斯在1877—1894年间发表了35篇著作和社会问题的演讲，并通过他的设计和公司产品来宣传他的思想。但是，莫里斯的学说注定了他在实践中必然走到自相矛盾的境地。首先，他背离了时代，认为现代生产方式破坏了社会的平衡，始终不能欣赏新的生产方式。其次，公司制作的手工艺产品比工业化制造的产品成本要高昂许多。因此，莫里斯未能实现他的理想。但是，他在艺术家、建筑师和评论家当中吸引了大批支持者，包括英国作家、道德说教士查尔斯·伊斯特莱克（Charles Eastlake）。伊斯特莱克在1868年出版了室内装饰方面最早的书籍《家庭品位指南》一书，在美国产生了很大影响。美国的工艺美术运动的领导者古斯塔夫·斯蒂克利（Gustav Stickley）也在19世纪初出版了以刊登大量的家居设计方面的文章为特色的《手工艺匠》杂志。到19世纪后期，各种各样的出版物，像《妇女杂志》《城市的商业区》《新月刊》和《妇女家庭杂志》等都推出了更出色的室内设计作品。1890年，坎德斯·惠勒（Candace Wheeler）发表了题为《作为女性职业的室内装饰》的文章，促成了今天室内设计师这一职业的产生。10年后，美国作家埃迪斯·华顿（Edith Wharton，1862—1937）和欧格登·考德曼（Ogden Codman）出版了《住宅装饰》专著，阐述室内装饰的目的是展示精心设计的房间比例尺度。其后，康耐特（W. C. Cannet）撰写并自行印刷了名为《美丽的住宅》的系列文章，受其影响和推动，相同标题的杂志于1896年首次大量公开出版发行。很快，促成了其他家居装饰期刊在市场上涌现，对室内设计的发展起到了推动作用。

在20世纪初，美国的学校开始讲授室内装饰的课程，有系统地推动了室内装饰的普及。1913年，南希·麦克兰莱（Nancy McClelland）在纽约的百货商店开设了第一个从事装饰服务的柜台。此后，在1924年美国第一家专业室内装饰公司——麦克米伦公司成立，使得室内装饰专业又大大向前推进了一步。

第二次世界大战以来，科学技术和经济飞速发展，随着人们对室内环境质量要求的不断提高，以及行为科学、环境心理学、人体工程学和技术美学等相关学科的影响，极大促进了室内设计学科的发展，并与建筑开始分离。室内设计师们开始认识到，早期现代主义的做法过于简单，已经无法适应时代发展的新要求，而应从形式美感、人文价值、个性化、民族性、地方性和人情化等各个方面来探寻现代室内设计，使室内设计既有高度的科学性，又有浓郁的人情味，使技术的物质水平与人性的精神需要平衡起来，使得室内设计开始走向多元化。

(1) 坎德斯·惠勒 (Candace Wheeler)

惠勒是纺织品设计师，受雇于路易斯·康福特·蒂凡尼（Louis Comfort Tiffany）的公司，管理纺织品方面的事务。他为美国铁路大亨范德比尔特（Cornelius Vanderbilt）和英国第一批舞台演出的社会知名女演员莉莉·兰季(Lily Langtry,1852—1929)设计的住宅墙面，采用自然图案为主题的纺织品装饰，表现了高贵优雅的格调；他还为马克·吐温（Mark Twain）在纽约的两栋住宅做了装饰设计。并且在19世纪70年代后期，他创立了装饰艺术协会，所以被很多人看做是第一位室内设计师。

(2) 埃尔西·德·沃尔夫 (Elsie de Wolfe)

沃尔夫既是一位演员又是一位设计监理，她不依靠艺术家和制作者，而是从美学和理性的角度，独立做出自己的判断和评价。因此，她成为了一位专门从事室内装饰设计的专业人员。

1898年，沃尔夫从自己纽约的家开始改造美国住宅中典型的维多利亚风格的室内装饰，将看似一个昏暗的、笨重的、杂乱的具有维多利亚风格的房间布置成简洁雅致、空间流畅、通风良好，具有新古典风格的室内环境（图1-2）。1901年，她作为“美国首位职业室内装饰师”开始了她的职业生涯。1910年，她通过系列讲座推广了作为自己标志的轻巧舒适的新古典风格，扩大了自己的影响，确立了自己在装饰领域的权威地位。直至1913年，沃尔夫出版了专著《高品位的居室》，由此为室内设计专业的形成奠定了基础。

通过她和同时期志同道合的设计师的共同推动，室内装饰职业创立起来。这些设计师包括以“白色”室内装饰闻名的英国设计师塞雷·莫姆（Syrie Mangham），装饰指南专栏著名主持多罗西·德雷珀（Dorothy Draper)，以至后来被尊称为“大师”的比利·鲍德温（Billy Baldwin)。

A

B

图1-2 图A是埃尔西·德·沃尔夫（Elsie de Wolfe）职业生涯早期设计的餐厅；图B是同一餐厅的重新设计，更加精致、鲜活，反映了她后期的设计特征。（照片来自纽约博物馆收藏）

(3) 弗兰克·劳埃德·赖特 (Frank Lloyd Wright)

20世纪早期的建筑师赖特在室内设计中把结构和设计结合起来，强调关注空间、功能、结构三者之间的关系。他通过家具的布置来限定和分隔空间，他把

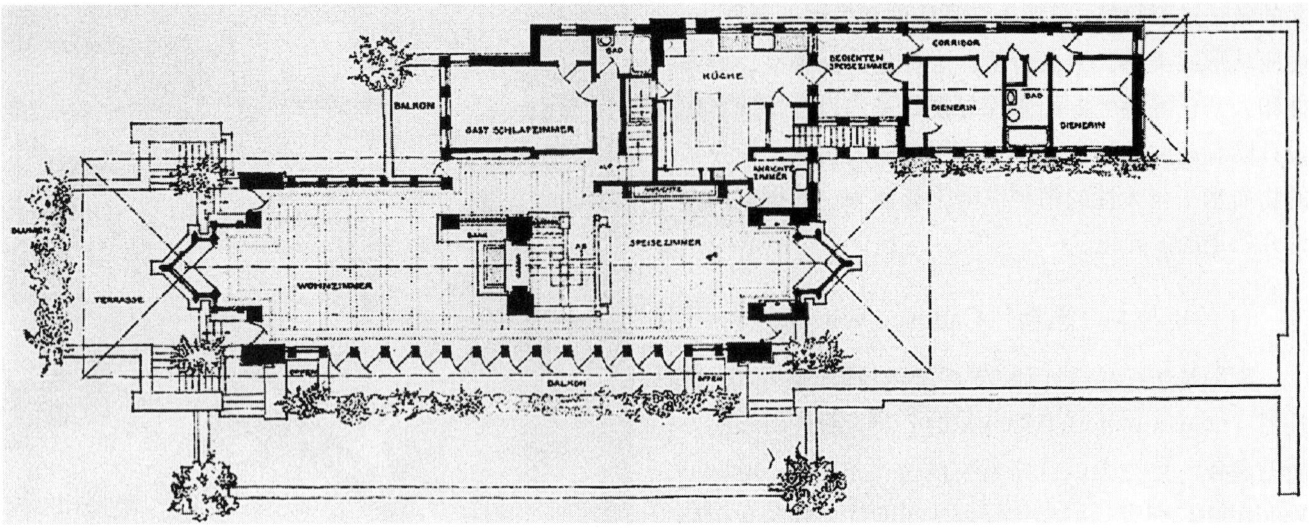


A

B

图 1-3　A 图是弗兰克 · 劳埃德 · 赖特（Frank Lloyd Wright）于 1909 年设计的罗比住宅平面图，赖特非常强调壁炉，将它放置在中央位置，作为住宅的中心；B 图是从餐厅往起居室方向看到的室内场景，左侧的窗框将室外景观引入室内。（A 图是赖特的手稿）

家具与陈设、灯具、装饰细部和建筑材料融合为一个整体，并称之为有机设计。如同他所有“草原式住宅”一样，罗比住宅（Robie House）（图 1-3）也把壁炉作为装饰的中心，用在室外的材料被引入室内成为壁炉的一部分，壁炉是住宅的中心或核心，作为美国家庭力量的象征。美国和欧洲其他进步的设计师也开始注意到：把室外环境与室内空间、家具与陈设相融合很受客户欢迎。

**相关链接**

关于罗伯特 · 亚当（Robert Adam）的相关信息　http://www.greatbuildings.com/architects/Robert_Adam.html

关于埃尔西 · 德 · 沃尔夫（Elsie de Wolfe）的相关信息 http://www.britannica.com/articles/de_ Wolfe_Elsie.html

弗兰克 · 劳埃德 · 赖特（Frank Lloyd Wright）基金会 http://www.franklloydwright.org/

约翰 · 纳什（John Nash）　http://zh.wikipedia.org/wiki

约翰 · 索恩（John Soane）　http://baike.baidu.com/view/ 1687851. html

## 1.2 室内设计职业组织

美国室内装饰者协会（AIID）的出色工作，给室内装饰这一新兴职业带来广泛的社会可信度，促使了职业设计师自己的室内设计协会在20世纪30年代正式成立。职业室内设计师协会章程规定，设计师必须受过专业教育并经过专业训练，才能成为会员。当时协会的重点是强调设计团队和设计院校学生的继续教育、道德规范和与相关职业的协作。

但第二次世界大战以后，商业市场快速发展，装饰师也开始从事酒店、办公室和百货商店等大型公共空间的环境设计，空间规划成为装饰师和设计团队共同关注的焦点。“装饰师”这个称呼开始不能适应他的工作内容，于是在1957年美国成立了第二个职业设计组织——国家室内设计师协会（NSID），1975年两个组织合并成美国室内设计师协会（ASID），成为当时世界上最大的设计专业组织。目前，美国室内设计师协会有31000名个人会员和13000个团体会员。

20世纪70年代和80年代，很多其他的专业设计组织发展起来。80年代和90年代间兴起了一个被称为“联合声音”的运动，运动的主旨是把所有室内设计组织团结在一起。1994年，商业设计师协会、室内设计师委员会和国际室内设计师协会三者合并成为国际室内设计联盟（IIDA）。无论是美国室内设计师协会还是国际室内设计联盟，都规定只有通过美国国家室内设计资格认证委员会（NCIDQ）的考试，才能成为该组织成员。2002年，美国室内设计师协会和国际室内设计联盟又试图合并成一个室内设计组织，遗憾的是，双方在关键的议题上没能达成一致意见。可是，两个组织仍然继续合作，尤其在地区范围内。关于这些组织的更多资料，在第6部分：“室内设计职业化”中讲述。

---

相关链接

美国室内设计师协会　http://www.asid.org

国际室内设计联盟　http://www.iida.org

国家室内设计资格认证委员会　http://www.ncidp.org

---

## 1.3 室内设计的目标

室内设计师深知，原始的室内环境对居住者生活的作用仅仅是庇护，现代室内环境需要设计师具备专业技术知识和美学鉴赏力，既能创造高效且使人愉悦的空间，又能为使用者提供生理和心理的舒适，同时设计师还应具有清晰的经济分配意识。简单说，设计师的最终目标是：如果室内空间既满足了客户对功能的需求，又符合美学标准，并且在客户经济预算范围内完成，这个项目就是成功的（图1-1）。

### 1.3.1 功能和人的因素

室内设计要履行它的预期功能：“满足使用者的需求”，人类才能生存下去。在设计工作开始阶段，需要对空间功能做认真的思考。决定空间功能时，人的因素是首要考虑的要素（图1-4），这是室内设计的第一个目标。例如孩子、老人和残疾人等有特殊需求的使用者的需要是必须考虑的，所以，进行托儿所、老年人福利院或大学教室等设计项目时，设计师所要考虑的人的因素的内容是完全不同的。

从心理学角度分析，人类对空间的比例尺度要感到舒适，需要从建筑顶面的高度、墙面的宽度和结构支撑等三维方面考虑。空间过大或过小，使用者都会觉得心理不适应。当然，满足人的心理需要同样涉及其他设计要素，包括造型、色彩、灯光、材料的选择和搭配。

室内空间和固定设备设施的尺寸既要符合使用者的比例，也要符合其生理的需求，并且根据功能需要设置一定比例的储存空间。例如，休闲椅不仅要符合使用者放松状态对尺寸的要求，而且与桌子的高度要相匹配，同时台灯要有足够的照度但没有眩光。

设计师创造的环境不仅满足客户的需求，而且使用起来也必须是安全的，这就要求必须遵守相应的建筑法规。无论室内空间看起来多么美观，如果不能在安全的前提下有效地满足使用者对空间活动和功能的需要，那么设计就是失败的。

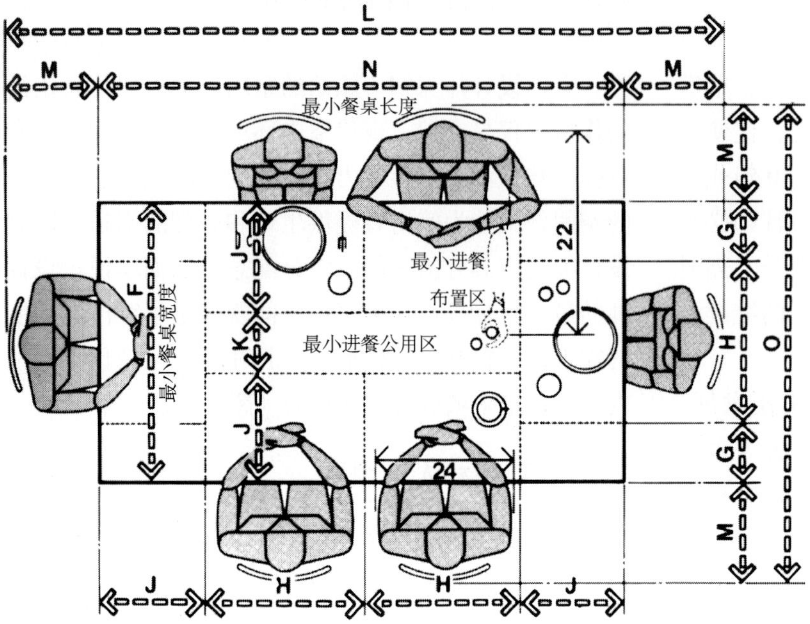

长方形餐桌 / 最小长度和宽度 / 六人用餐

| | in | cm |
|---|---|---|
| A | 54 | 137.2 |
| B | 12 | 30.5 |
| C | 30 | 76.2 |
| D | 48 | 121.9 |
| E | 18 | 45.7 |
| F | 42 | 106.7 |
| G | 9 | 22.9 |
| H | 24 | 61.0 |
| I | 40 | 101.6 |
| J | 16 | 40.6 |
| K | 10 | 25.4 |
| L | 116 ～ 128 | 294.6 ～ 325.1 |
| M | 18 ～ 24 | 45.7 ～ 61.0 |
| N | 80 | 203.2 |
| O | 78 ～ 90 | 198.1 ～ 228.6 |

图 1-4　这张图说明了六人桌所需的最小尺寸［引自 Panero 和 Zelnik 写的《Human Dimension & Interior Space》（《人体和室内空间》），1979］

### 1.3.2　美学

室内设计第二个目标是创造使人心情愉快和动人的空间环境，所以培养室内设计专业学生的审美意识和对美的敏感性是最基本的。这些室内环境包括住宅、办公空间、商业空间、医院和健康关怀中心等。

通常，任何人都可以表达个人的喜好，但是真正的审美鉴赏力需要高水平的辨别能力，这种辨别能力需要多年的训练和观察才能培养出来。出色的设计没有绝对的公式，可是，比例尺度、韵律、平衡、强调和协调等美学法则的成功应用，可以帮助设计师提升设计方案的艺术内涵，增加设计师项目成功的机会。下列的指导能够让初次从事室内设计这一职业的设计师拥有识别优秀设计项目的能力：

- 必须理解和应用设计要素和设计原理（在第 4 章讲述）；
- 必须认真观察自然界的事物，它们的光影、形状、质感、图案和色彩都是很好的设计范例（图 1-5）；

辐射状平衡

不对称的平衡

对称平衡

图 1-5　自然界的万物显示各式各样的平衡，蜘蛛网表示的是辐射状平衡，树表明的是不对称的平衡，而蝴蝶则是对称平衡的实例。

• 学习设计史是进行设计方案的基础；
• 设计期刊会提供有价值的参考；
• 时尚不是评价优质设计项目的标准；
• 简洁是优质设计项目的关键，著名的建筑师密斯·凡·德·罗（Ludwig Mies Van der Rohe）有一句名言：“少就是多”；
• 所有的设计决定和设计语汇应具有整体性；
• 优质的设计不仅仅是“取悦于人的”；
• 优质的设计是不受时间影响的。

创造出色设计所需具备的知识能够培养和教育客户，帮助设计师引导客户做出科学的设计选择。同时也体现出优秀的设计是一个长期的投资，尽管有时是昂贵的，却是值得花费的。

### 1.3.3 经济学和生态学

室内设计的第三个目标是不超出项目的预算，这通常被看做是设计师或设计机构信誉的标志。设计师的工作是通过设计满足客户的需求，并且控制在双方同意的合理预算范围内。如果设计师在方案阶段发现项目超出了最初的预算，设计师有道义上的责任告知客户。

在设计和选择室内材料及产品时，价格成为重要因素。设计师在考虑把哪些产品推荐给客户时，需要考虑长期的维护费，甚至是产品全生命周期的所需费用（产品使用周期内的制造、维护费用），这就是技术经济统筹。例如，客户书房用的座椅，在本地的办公用品商场可以用700元买到，但是座椅小脚轮很容易掉或设计没有满足人体工程学，它的价值就会很低；相反，一把有五点着地的基座，扶手、靠背和座面可调节的办公用椅通常被认为更具长期使用性，虽然价格比较贵，但对客户而言可能更值得。

经济的考虑也与生态和环境有关，经济应该是在生态学的平台上进行，设计师不能为了节约投资选用可能危害人体健康的材料。例如，一些价格便宜的地毯垫料能够使用，但是从垫料里释放出的气体对居住者是有害的。同样，设计师在使用一些稀有的、将对环境产生破坏的资源时，应考虑环境的长期消费。例如，珍贵的木材看起来很漂亮，设计师使用它们就会加速木材砍伐、破坏森林。优质的环境设计应该为下一代考虑，要尽量使用能确保环境可持续发展的材料来创造室内空间（图1-6）。可持续发展的设计方法在全书的各个章节都有论述。

A

B

图1-6 这间工业机械工程公司办公室，设计采用半透明顶棚将自然光的感觉引入室内，起到与自然采光类似的效果。（设计：Lippert和Palo Alto）

## 1.4 设计程序和服务范畴

知道与客户接触时从哪里开始，需要了解哪些信息，如何把空间配备完善并获得客户的认可，是一项复杂的工作。设计师需要按照设计进程，制订有创造性的、全面的设计方案。设计方案既要满足客户的需求和期望，同时又与室内设计的目标相符合（表 1-1）。

设计师可以用很多术语来描述完成一个项目的设计进程或方法，但是所有的术语和方法的核心都是设计方案的分析和综合。

分析的焦点是发现。分析一个设计项目需要收集信息、理解目标、搜集相关的法规和其他技术资料，全面理解设计难题，确定设计标准。设计师一旦吸收了这些资料，并开始综合处理，便产生设计方案。

像分析阶段一样，综合阶段也需要大量的当代设计思想。设计师发挥想象，针对设计项目做两套、甚至更多的设计方案，然后，设计师回到分析阶段，通过分析选择最佳解决方案并加以改进来满足客户需求。设计师要创造方案、选择方案并通过视觉信息交流的方法进行设计演示以接受客户审查。根据客户反馈的信息，设计师要回到分析阶段，重新思考并设计方案。

设计进程是动态和循环进行的，下面是根据室内设计的进程，设计师通常需要进行的程序和步骤。

### 1.4.1 客户接洽

最初的客户接触是设计进程中的必不可少的部分，设计师和客户通过最初的接触和交流来找出他们之间的一致性。设计师要对该项目是否适合他们公司的目标市场、时间安排有无问题和工作人员是否有能力承担进行评估。客户要对公司根据客户需要做的最初方案进行评价。客户和设计师要相互认真磋商寻找能合作的理由。最后，设计师确定服务范畴，制定大概的时限和预算，并确定与客户再一次会面的时间。

### 1.4.2 信息收集

在住宅项目中，设计师通常采用私人会晤的方法分析客户的需求。设计师应该和家庭中每一个成员会晤，附录 A 是一个典型的住宅客户信息收集的问卷调查。在公共建筑室内项目中，业主和设备供应商会作为客户与设计师接触，也许会指派一个工作团队与设计师交流。设计师要了解商业客户的公司文化、风格喜好、空间需求和工作内容的相互关系。有规划的信息收集帮助设计师形成对整个项目的设计观点。这方面的更多问题在第 3 部分中论述。

首先，设计师要对目前的状况和需要保留的物品(家具、艺术品等)进行分析整理。家具和艺术品要列出清单并拍照，

**表 1-1 设计程序**

| | | | | | | | |
|---|---|---|---|---|---|---|---|
| | | ← 服务范畴 | | | | → | |
| **设计师的术语** | 客户接洽 | 信息收集 | 概念设计<br>图解设计 | 设计深化 | 合同文件 | 合同履约 | 满意度回馈 |
| | | | | | └ 投标 ┘ | | |
| **设计程序步骤** | 项目委托 | 确定问题<br>收集资料 | 分析论证<br>产生观点<br>头脑风暴 | 选择和推敲 | 补充 | | 评价 |
| | ← 分析 | | → | ← 综合 | | | → |

帮助设计师提取其中的信息。家具清单实例参见附录B。

其次，绘制平面图。有时，客户有由家庭或建造者画的测量图，但设计师应该测量并绘制室内平面图。平面图通常被看做是设计师与客户进行视觉信息交流的第一步。

再次，设计师要查找相应项目的法律法规，如防火规范等。

最后，设计师应该全面综合项目信息，制定《设计概念说明》来概括项目所有的需要。这个工作也许只需要一个下午（例如：如果客户只需要进行一间小浴室的改造），或许需要数个月来完成（例如为有几百名员工的客户提供商业设计服务）。

通常一个设计项目的5%～15%的时间花费在信息收集上，而且设计师在进入下一个设计阶段之前，要和客户复查和确认最终形成的文件，并考虑客户反馈的信息。

### 1.4.3　草图和概念深化

在这个阶段，设计师要确切地表达自己的设计观点，包括项目的特点、功能要求和风格倾向，并且需要得到客户的确认。

#### （1）空间规划

在为客户做住宅改造设计时，设计师要给客户看平面布置图。首先，说明对新的和原有家具做了哪些布置调整。其次，设计师要向客户提供一些饰面材料和油漆样本，并做美学方面的指导。客户对平面图和需要选购的材料及家具全面理解后，设计师要花数小时陪同客户选择沙发、陈设品和织物。

但是，在公共建筑室内设计项目和定制的住宅项目中，设计师的工作首先要从绘制反映居住个体或部门工作内容和空间需求关系的矩阵图开始（有时称为共生矩阵）（图1-7A）。然后，绘制逻辑关系图，帮助客户分析空间需要（图1-7B），气泡逻辑关系图可以引导出空间逻辑形式图，帮助确定房间的流线和布局，形成最终的空间形式（图1-7C，D）。做多层住

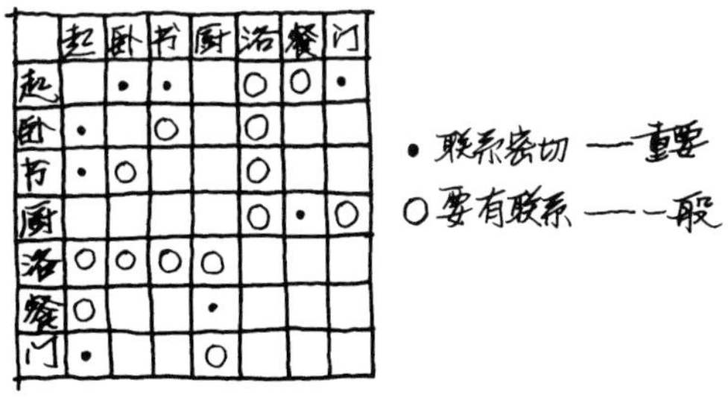


A　矩阵图

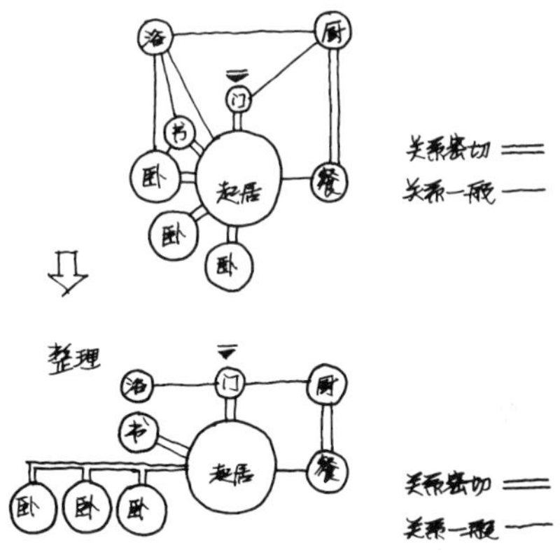


B　逻辑分析图

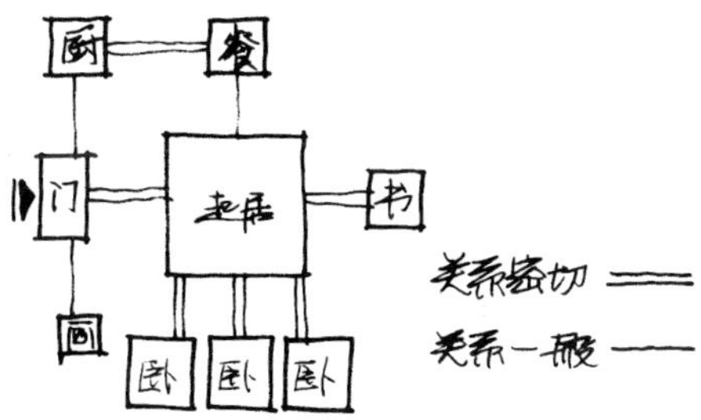


C　逻辑形式

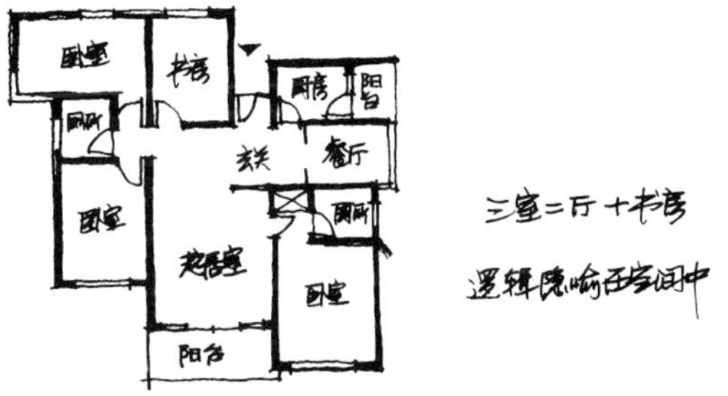


D　建筑形式（逻辑隐喻在空间中）

图1-7　这一系列图，展示了一个住宅户型平面图的概念设计过程。

宅或高使用率的办公空间的设计时可以绘制功能逻辑分析图（参见设计方案章节），帮助分析每层应该设置哪些部门的房间。

由此可以看出，设计师在楼层平面图上反映所有获得的信息，合理规划空间的布局，这一程序就是空间规划。

（2）概念表达

设计师为了帮助客户认识设计的新空间，需要通过一些图表、图样、草图和照片等增加视觉信息的沟通。主要包括项目中的色彩和主要材料的样品、织物和家具的概念性图片，以及设计师三维彩色立体图或透视图等。

（3）设计文件

设计文件主要包括项目相关法律法规、设计意图说明和造价概算等（所有这些都会在稍后的章节介绍）。只有这些文件获得客户同意后，设计师才可以进入下一个设计程序。通常概念设计阶段要用去整个设计阶段 15% ～ 20% 的时间。

### 1.4.4 设计深化

设计深化阶段是设计过程中一个关键阶段。在这个阶段，设计师首先根据客户在概念设计评估后反馈的信息来确定空间规划和家具布置，并对墙、窗、门、壁炉、楼梯和顶面等重要节点进行细化设计。其次是对家具、艺术品配置图表进行深化，以便将所有的家具、织物、五金件和照明设备选择好并请客户确认。

在这个阶段，全部的资料都要展示给客户。一个小型住宅项目，除平面图外，还包括选用家具的照片，织物、地面墙面材料的样品。如果可能，还需要带客户到商品陈列室或装饰艺术中心去选择。更复杂的住宅项目或公共建筑室内项目通常需要一系列的展板来说明室内空间设计方案（图 1-8），包括：黑白的或彩色的平面图、立面图、透视图；织物和设备的样品；家具、艺术品和附属物的照片；甚至做空间模型，例如入口大厅，或者高耸的天花设计等。当然，如果采用计算机辅助设计，更能够让客户通过计算机在室内做视觉漫步，有如身临其境（图 1-9）。

这个阶段约占用整个项目 25% ～ 30% 的时间。

### 1.4.5 合同文件

在这个阶段，设计师要把前面各设计阶段客户所确认的内容用图纸文件表达。设计师不仅要将平面图、立面图、构造详图等设计图提供给建筑师或相关机构进行沟通，同时还要和电气、设备、结构等方面的专业人员合作，对设计进行技术方面的综合考虑。

针对具体项目，独立住宅合同文件仅仅签订家具、织物和其他需要向商家购买或安装的购买清单。而大型住宅项目或公共建筑室内项目，设计师首先要深化平面图、立面图、构造详图等，并且要清楚注明材料规格，这些设计图纸是竞标的依据。其次，设计师还要提供所有家具和不依附于建筑物的、可移动的工程配套产品的说明书，以供经销商竞标。所有这些文件统一汇总后，进行审查通过，合同文件阶段才完成。

这个阶段既严谨又很重要，它大约用去整个设计阶段 30% ～ 50% 的时间。如果为预算做的这些准备是充分和有效的，投标结果就会和预算相符合。然而，设计师也必须做好材料、设备可替换的准备，因为客户有时会喜欢超出预算购买高档的材料和设备。

### 1.4.6 合同履约

合同履约是影响项目完成度的关键阶段，设计方案将变成现实，需要完全按照合同文件规定的条款执行。

对于小型住宅项目，设计师只需发出产品订单，并监督运输和安装过程。对于大型项目，设计师要定期地视察工程现场，以证实在按图施工，并且有计划地实施；界面施工完成后，设计师还要监督家具、陈设和灯具的安装；最后，设计师准备“穿孔一览表”，对没有完成或需要整改的所有项目进行标示；项目完成后余款才能付给承包商。

这个阶段要花去整个设计阶段5%～15%的时间。

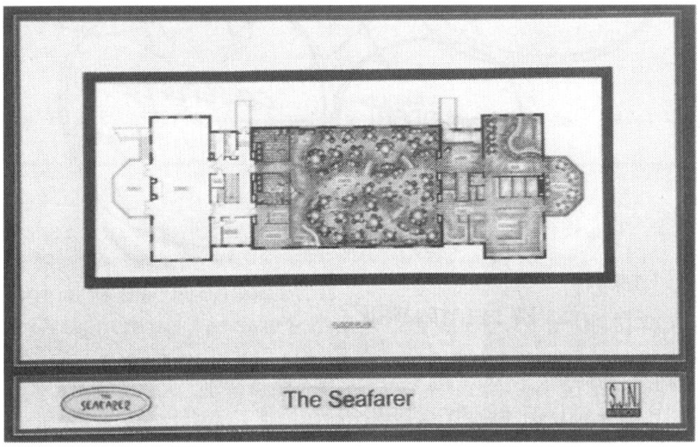


A

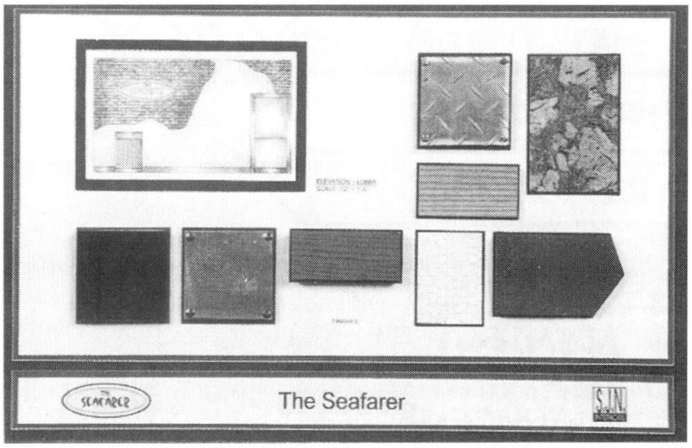


B

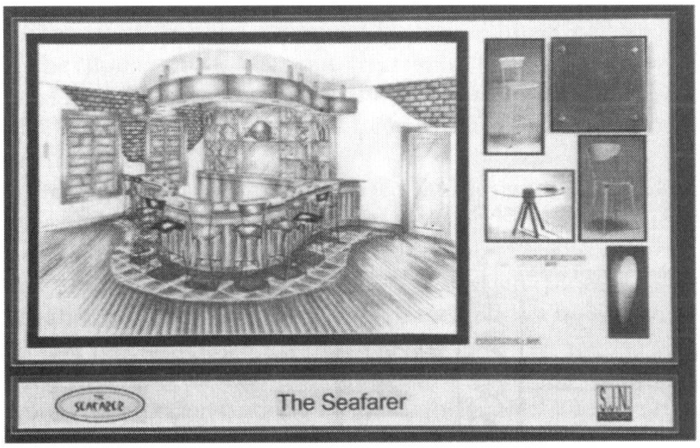


C

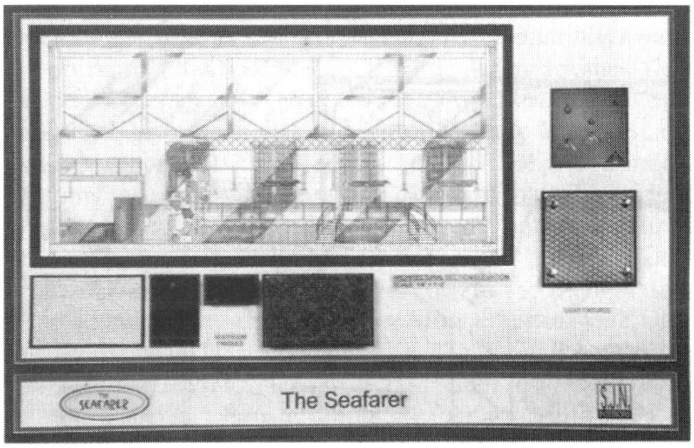


D

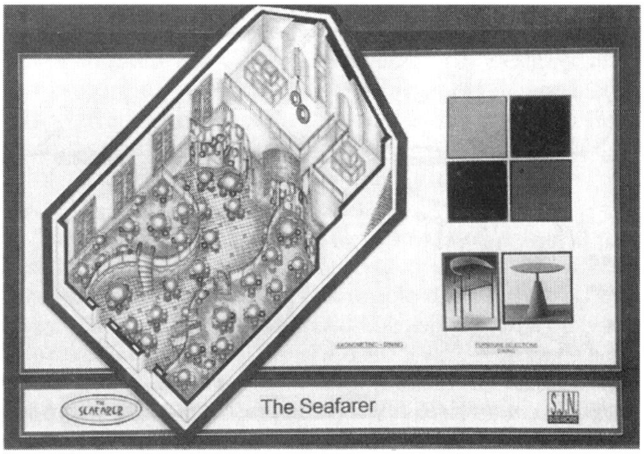


E

图 1-8　这家餐厅设计，客户要求是基于船坞元素的工业化风格。设计师准备了一系列图板，以说明整个餐厅设计过程。图 A 是平面构思图；图 B 是门厅的立面图和有关的装饰材料；图 C 是酒吧透视图和所用的装饰材料；图 D 通过主要空间的剖立面阐述餐厅设计；图 E 通过轴测图再次强调餐厅主要区域和陈设。(设计师：Shoko Nishimura)

## 1.4.7　满意度反馈

在设计的最后阶段，设计师与客户要对设计方案的有效性进行评估，设计师可以与客户面谈，了解他们对于新的室内空间的满意度，也可以拍摄照片分析设计结果。这种用户满意度和用户－环境适应度的评估方法，对项目作出改进并为将来的项目设计提高和积累专业知识提供了机会。

综上，美国国家室内设计资格认证委员会(NCIDQ)给出了关于室内设计定义的解释：室内设计进程要运用系统方法和协作方法，在设计创作过程

A

B

图 1-9　图 A 是计算机绘制的办公室大厅；图 B 是建成后的室内照片。(设计：Thomspson 和 Ventuletl；　摄影：Brian Gassel)

中，通过信息资料的研究、分析和综合以产生宜人的室内环境；同时，设计师在设计创作中把握设计进程的各个阶段，以确保室内空间不仅满足客户的需要，而且利于项目成功。

相关链接

设计进程 http://www.iida.org/DefinitionlD.html

# 1.5 室内设计职业说明

随着高品质的建筑、产品和配套设施等需求的增加，室内设计师的设计创作机会越来越多。如果以设计作为职业，设计师可以有多种多样的选择，包括住宅设计、公共建筑设计、产品设计或其他相关的设计专业。但不变的宗旨就是：设计师是为满足业主需求而解决问题的人，不是自身独立施展个性的行为。

## 1.5.1 住宅室内设计

住宅设计是指私人居住空间的设计，包括独立住宅、公寓、可移动的住宅，以及租赁的房屋（图 1-10）。具体设计类型为：厨房设计、浴室设计、灯光布置、房屋的修复改建，甚至包括为特殊人群，如老人、儿童或残疾人使用的住房提供设计。住宅设计师通常与他们的客户——空间的最终使用者密切合作，共同创造个性化的居住环境。

## 1.5.2 公共建筑室内设计

公共建筑室内设计是指非住宅项目设计，包括所有非住宅类的各种室内设计，主要有办公建筑、商业建筑、医疗护理建筑，以及监禁场所。这一类型设计最初称为合约设计，主要原因是公共建筑室内装修所有部件等是通过合同采购的，而不像住宅装修采用的材料部件是通过零售的方式购买的，而且这一类建筑设计要符合有关法律法规的要求，如必须严格遵守防火和安全规范，表面材料、织物、家具与陈设等必须不危及公众的健康、安全和利益等。

图 1-10　定制的桃花心木门给这个室内空间增加了韵味，设计师营造的环境强调了使用者的绘画收藏品和装饰艺术品。（摘自《亚特兰大家居和生活方式》）

公共建筑室内设计的机会很多，表 1-2 列举了几种公共建筑设计的类型，并为每个空间配有简短说明，所以公共建筑室内设计要为各种各样的客户工作，有些客户有可能不是最终的使用者。例如，从事饭店设计的设计师可能会和投资方、开发商和管理方会谈，来了解各方对环境的需求。而餐饮空间，设计师最终

**表 1-2　公共建筑设计的类型**

| 主要专业领域 | |
|---|---|
| 办公空间设计 | 包括大量的空间规划和设计，从小到大的公司办公环境。 |
| 健康护理中心设计 | 包括医院、诊所、养老院、残疾人和老年人保健机构、医生办公室。老年人保健中心把这些特殊需求和酒店空间的设计相融合，成为当下受欢迎的新趋势。餐饮酒店空间设计包括酒店、汽车旅馆、餐厅、赌场、度假村、酒吧和饭店。 |
| 公共机构设计 | 包括政府建筑例如法院、大会堂、图书馆、博物馆，也包括各种教育机构例如大学、中学和小学。 |
| 卖场设计 | 包括大型购物中心、超市、小商店、展览室。设计师必须能够把商品以合适的方式陈列在各种各样的环境中。 |
| **次要专业领域** | |
| 娱乐空间设计 | 包括剧院、音乐厅、会堂、会展中心。 |
| 金融机构空间设计 | 包括银行、股票交易中心、信贷联盟、储蓄和贷款机构。 |
| 工业建筑空间设计 | 包括货栈、工厂、实验室、车间、制造工厂。 |
| 运动健身空间设计 | 包括健康和 SPA 中心、游泳馆、保龄球馆，以及其他的体育运动机构。 |
| 交通运输空间设计 | 包括机场、火车站、地铁、轮船，以及收费站、监控中心等其他交通运输的服务机构。 |

却是为客户的客户——将在餐厅用餐的顾客做设计（图 1-11）。

另外要说明，工业、交通、信息技术、娱乐、政府机构等领域，都是具有挑战性的设计项目。

### 1.5.3 相关设计职业

当然，设计师也可以选择一个特定的领域或设计阶段作为职业。如音响与影视设计，展览展示设计，样板房设计，橱柜与系统家具设计；一些设计师可以把布料和窗帘的选择，或其他的家具与陈设的选用（例如地面和墙面的覆面材料的选用）作为重点，提供咨询服务；甚至有些设计师可能会发现他们有非常强的销售技巧，可以像销售代表一样工作；特别要强调的是，产品设计是一个特别需要有创造思想的领域，纺织品、墙面和地面材料、家具、灯具和五金件都是产品设计师创造的用于室内空间的重要设计元素。表 1-3 列举了设计行业相关的职业。

图 1-11　加利弗尼亚这家酒店用明快的冷色调营造舒适的用餐环境。

**表 1-3　设计行业相关的职业**

| | |
|---|---|
| 历史建筑改造设计师 | 为历史建筑的修复和重建工作的人员。 |
| 买家 | 为家具、部门或者商家选购商品的人员。 |
| 色彩咨询师 | 帮助客户解决居住空间或者非居住空间设计中与色彩相关问题的人员。 |
| 媒体设计人员 | 以报纸、杂志或出版为商机解决各种各样内部设计问题的人员。 |
| 绘图员 | 为建筑师、设计师、建造师、陈设与配饰制造商绘制精确设计图的人员，通常采用计算机绘图。 |
| 教育工作者 | 在获得较高的学位以后，在大学或者学院从事设计教育工作的人员。 |
| 物业管理人员 | 为公司服务，解决空间和设备使用等问题的人员。 |
| 纯艺术和配饰设计师 | 为个人或者公司选择和购买艺术品和配饰的人员。 |
| 历史建筑保护设计师 | 对历史建筑进行维修和保护，使其保持历史原貌的人员。 |
| 照明专家 | 在设计过程中进行照明规划设计的人员。 |
| 采购代理 | 按照设计师的要求制定订单、协调关系、组织安装的人员。 |
| 三维渲染人员 | 为室内空间制作三维的效果图，表达设计师的设计意图和理念的人员。 |
| 展示设计师或舞美师 | 为电视台、影剧院和影视公司工作，或者为家具公司、广告制造商进行展示设计的人员。 |
| 绿色设计顾问 | 帮助设计师或者业主选择材料，确保环境的可持续性的人员。 |
| 无障碍环境设计师 | 专为老年人或者残疾人士进行空间设计的人员。 |

## 1.6 相关职业

室内设计师必须与建筑和工业设计等方面的专业人员建立密切的工作关系，增强彼此的交流与合作，并形成设计团队，密切协作。

（1）建筑师

建筑师通常设计建筑外观和内部空间构成，并在结构和机械设备方面给出建议，直接为客户工作。建筑师和室内设计师通常在室内非承重构造方面合作，但不排除建筑师对室内设计中涉及建筑结构方面内容的监督。

（2）工程师

工程师与建筑师、设计师共同工作，为建筑绘制电气施工图、给排水和煤气管道施工图、采暖和通风工程图，以及弱电系统图和点位图。与工程师工作时，设计师要确保设计方案与工程师的技术限定相符合。

相关链接

美国工程师协会 http://www.asce.org

美国供暖、制冷和空调工程师协会 http://www.ashrae.org

（3）承包商

承包商通常控制整个建造过程，协调和其他合作专业团队的工作。

相关链接

美国一般承包商协会 http://www.agc.org

建造业国际妇女委员会 http://www.nawic.org

（4）平面设计师

在公共建筑室内设计中，平面设计师通常进行标识系统、产品包装，以及宣传册、菜单等设计。

（5）景观设计师

设计过程也包括景观设计师的参与，因为他们要参与最初的选址。景观设计师、建筑师交流可能会影响建筑造型和平面布局。在合同文件阶段，景观设计师要提供涉及水、可能的污染、植被等环境问题的确切方案。

### 本章小结

从19世纪末到20世纪初，室内设计已经从工业化大生产中突显出来，成为新兴的职业。正如美国国家室内设计资格认证委员会（NCIDQ）所阐述的，室内设计职业已经发展成包含社会责任、生活秩序、公共关系和市场机会的职业。因此，职业室内设计师的组织积极支持美国国家室内设计资格认证委员会（NCIDQ）的工作。例如美国室内设计师协会（ASID）和国际室内设计联盟（IIDA）规定只有通过美国国家室内设计资格认证委员会（NCIDQ）考试，才能成为协会会员。

设计师能够成功解决在室内环境设计中遇到的诸多方面问题，主要是依靠明确的设计目标：功能和人的因素、美学、经济学和生态学。在具体设计时，认真分析每一个设计项目所需的全部信息资料并进行综合分析，有利于产生合适的设计方案，可以推进设计进度，拓展服务范畴。设计过程中的每一个阶段是环环相扣的，每一阶段都可能产生客户需要的创造性的设计方案，当然，这些阶段都要考虑到低碳经济与可持续发展的问题。最后，只有相关设计职业共同合作，相互交流，才能创造成功的室内环境。

# IMS 健康战略技术公司的设计程序

这是IMS健康战略技术公司新的办公空间设计项目，主要供客户服务中心使用，总共三层，面积5574m²。由Godwin协会承担项目设计工作。

**信息收集**：表1-4至表1-6说明公司不同区域的空间需求。表1-7概括了空间的面积需求总和。

**概念设计**：Godwin协会通过对搜集的信息进行分析，制作了一个分层图解（图1-12）。逻辑关系图、矩阵图、初步的平面图形成后，示意性的家具布置图也展示给客户（图1-13），并将一些初步的选择方案与客户探讨。

**设计深化**：在客户对概念设计进行反馈并最终书面确认的情况下，Godwin协会继续深化设计方案，选择具有艺术性的陈设和家具，与客户协商设计的细节，进行立面设计。设计深化阶段有几个方面，包括用计算机绘制平面图（图1-14）和几个空间透视渲染图（图1-15至图1-17）。

**合同履约**：在合同文件阶段，Godwin协会绘制了一套精细的施工图和陈设说明。这里选择了14层的平面尺寸定位施工图（图1-18）、14层的天花施工图（图1-19）和电梯间施工详图（图1-20）作为案例。图1-21是开放式办公单元的家具设计施工图。图1-22至图1-24是建成后的电梯间和接待空间。

**表1-4　需求计划和公共区域预计面积（单位：$m^2$）**

| | | | | | | | |
|---|---|---|---|---|---|---|---|
| 销售技术 | | | | | | | |
| 整体设备计划 | | | | | | | |
| 1997年1月30日 | 现在—1997年 | | | | 工期 | | |
| 部门 | 工作区种类 | 数量 | 单元面积 | 总面积 | 数量 | 单元面积 | 总面积 |
| 接待区、会议室 | | | | | | | |
| 接待区 | | 1 | 56 | 56 | 0 | 56 | 0 |
| 接待员 | WS | 1 | 14 | 14 | 0 | 14 | 0 |
| 会议室 | | 1 | 46 | 138 | 0 | 46 | 0 |
| A/V储藏室 | | 1 | 14 | 14 | 0 | 14 | 0 |
| 小计 | | | | 222 | | | 0 |
| 35%运行因素 | | | | 78 | | | 0 |
| 部门总计 | | | | 300 | | | 0 |

注意事项：
1．所有会议室包括如下：布告板、白板、投影仪和独立HVAC区。
2．会议室有计算机工作区。
3．A/V储藏室有移动式投影仪可供所有的会议室使用。
4．供两个接待员使用的办公系统及以下附属设施：
（1）嵌入式信息屏幕
（2）传真机
（3）打印机
（4）办公桌线路管理
（5）现在无传真机，但将要购置一台
（6）需要票券分发区
（7）收集票券的交易区

**表1-5　需求计划和专业工作区域预计面积（单位：$m^2$）**

| | | | | | | | |
|---|---|---|---|---|---|---|---|
| 销售技术 | | | | | | | |
| 整体设备计划 | | | | | | | |
| 1997年1月30日 | 现在—1997年 | | | | 工期 | | |
| 部门 | 工作区种类 | 数量 | 单元面积 | 总面积 | 数量 | 单元面积 | 总面积 |
| 专业服务工具 | | | | | | | |
| 董事长 | PO | 1 | 14 | 14 | 0 | 14 | 0 |
| 董事 | PO | 2 | 14 | 28 | 0 | 14 | 0 |
| 经理 | PO | 4 | 14 | 56 | 1 | 14 | 14 |
| 客服经理 | WS | 18 | 6 | 108 | 4 | 6 | 24 |
| 客服专家 | WS | 16 | 6 | 96 | 3 | 6 | 18 |
| 方案经理 | WS | 4 | 6 | 24 | 1 | 6 | 6 |
| 实习医生 | WS | 1 | 6 | 6 | 0 | 6 | 0 |
| 设备专家 | | 8 | 6 | 48 | 2 | 6 | 12 |
| 部门共享区 | | | | | | | |
| 储藏区 | | 1 | 11 | 11 | 0 | 11 | 0 |
| 测试区 | | 1 | 28 | 28 | 0 | 28 | 0 |
| 总小计 | | | | 419 | | | 78 |
| 35%运行因素 | | | | 146 | | | 26 |
| 部门总计 | | | | 565 | | | 104 |

注意事项：
1．建议部门位置与信息技术服务区、客服区、产品管理、质量控制区相邻。
2．设备总共是8组双向档案架和2个杂志分类架。
3．测试区是围合的清水墙，有边灯和音响、电视设备。

| 表 1-6　需求计划和实验训练区域预计面积（单位：$m^2$） | | | | | | | |
|---|---|---|---|---|---|---|---|
| 销售技术 | | | | | | | |
| 整体设备计划 | | | | | | | |
| 1997 年 1 月 30 日 | 现在—1997 年 | | | | 工期 | | |
| 部门 / 区域 | 工作区种类 | 数量 | 单元面积 | 总面积 | 数量 | 单元面积 | 总面积 |
| 实验训练班 | | | | | | | |
| 客户培训部经理 | PO | 1 | 14 | 14 | 0 | 14 | 0 |
| 技术培训协调人 | PO | 1 | 6 | 6 | 0 | 6 | 0 |
| 团队领导、主要培训协调人 | PO | 1 | 6 | 6 | 0 | 6 | 0 |
| 主要培训协调人 | WS | 2 | 6 | 12 | 0 | 6 | 0 |
| 培训协调人 | WS | 5 | 6 | 30 | 0 | 6 | 0 |
| 团队领导、主要设备设计师 | WS | 1 | 6 | 6 | 0 | 6 | 0 |
| 主要设备设计师 | WS | 1 | 6 | 6 | 0 | 6 | 0 |
| 设备设计 | WS | 4 | 6 | 24 | 0 | 6 | 0 |
| 部门共享区 | | | | | | | |
| 储藏区和实验室 | | 1 | 28 | 28 | 0 | 28 | 0 |
| 测试区 | | 1 | 28 | 28 | 0 | 28 | 0 |
| 实验室 | | 1 | 74 | 74 | 0 | 74 | 0 |
| 训练室 | | 2 | 111 | 222 | 0 | 111 | 0 |
| 准备室 | | 1 | 28 | 28 | 0 | 28 | 0 |
| 电话间 | | 4 | 2 | 8 | 0 | 2 | 0 |
| 设备储藏室 | | 1 | 11 | 11 | 0 | 11 | 0 |
| 总小计 | | | | 503 | | | 0 |
| 35% 运行因素 | | | | 734 | | | 0 |
| 部门总计 | | | | 681 | | | 0 |

注意事项：

1. 测试区是围合的清水墙，非工作站，有边灯和音响、电视设备。
2. 实验室需要 2 个嵌入口，一个要远离主要接待区。
3. 训练室有 11 个档案架和储藏柜。
4. 训练室将设置可移动墙体系统，以便创造 2 个独立的空间。

| 表 1-7　各需求的面积总和（单位：$m^2$） | | | | |
|---|---|---|---|---|
| Godwin 协会的项目 #96088 | | | | 1997 年 1 月 30 日 |
| | | | | |
| 修订 #1 | | | | |
| 部门 / 区域 | 雇员总计 | 现在—1997 年面积（包括运行） | 现在以及增加雇员总计 | 现在以及增加面积（包括运行） |
| 接待室、会议室 | 1 | 301 | 1 | 301 |
| 行政部门 | 9 | 304 | 10 | 332 |
| 法务部 | 3 | 64 | 3 | 64 |
| 开发部 | 64 | 881 | 69 | 966 |
| 销售和市场部 | 5 | 76 | 5 | 76 |
| 信息技术和服务部门 | 4 | 43 | 4 | 43 |
| 专业设备服务部 | 54 | 562 | 65 | 661 |
| 信息服务部 | 10 | 626 | 11 | 634 |
| 财务部 | 7 | 132 | 9 | 148 |
| 咖啡吧 | 4 | 32 | 4 | 32 |
| 旅行服务部 | 5 | 69 | 5 | 69 |
| 实验室、训练室 | 16 | 681 | 16 | 681 |
| 快递、复印室 | 1 | 85 | 1 | 85 |
| 共享区—A | 6 | 223 | 0 | 223 |
| 共享区—B | 0 | 98 | 0 | 98 |
| 共享区—C | 0 | 142 | 0 | 142 |
| 总计 | 191 | 4473 | 216 | 4725 |

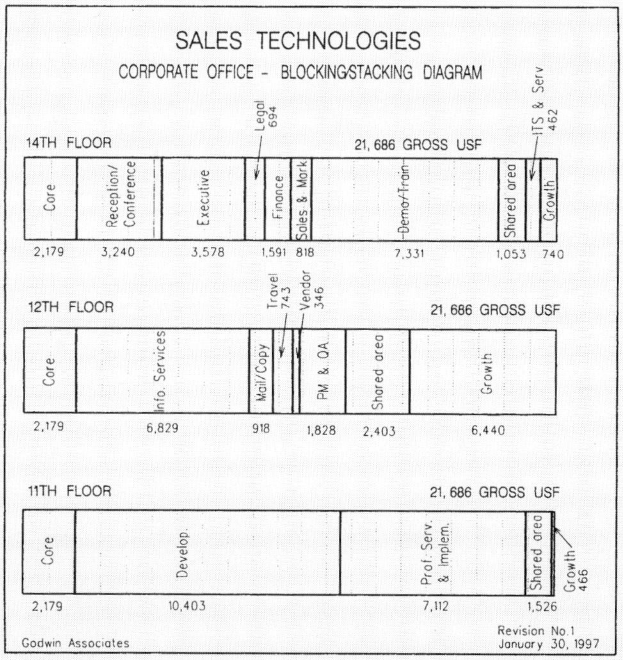


图 1-12　分层图解

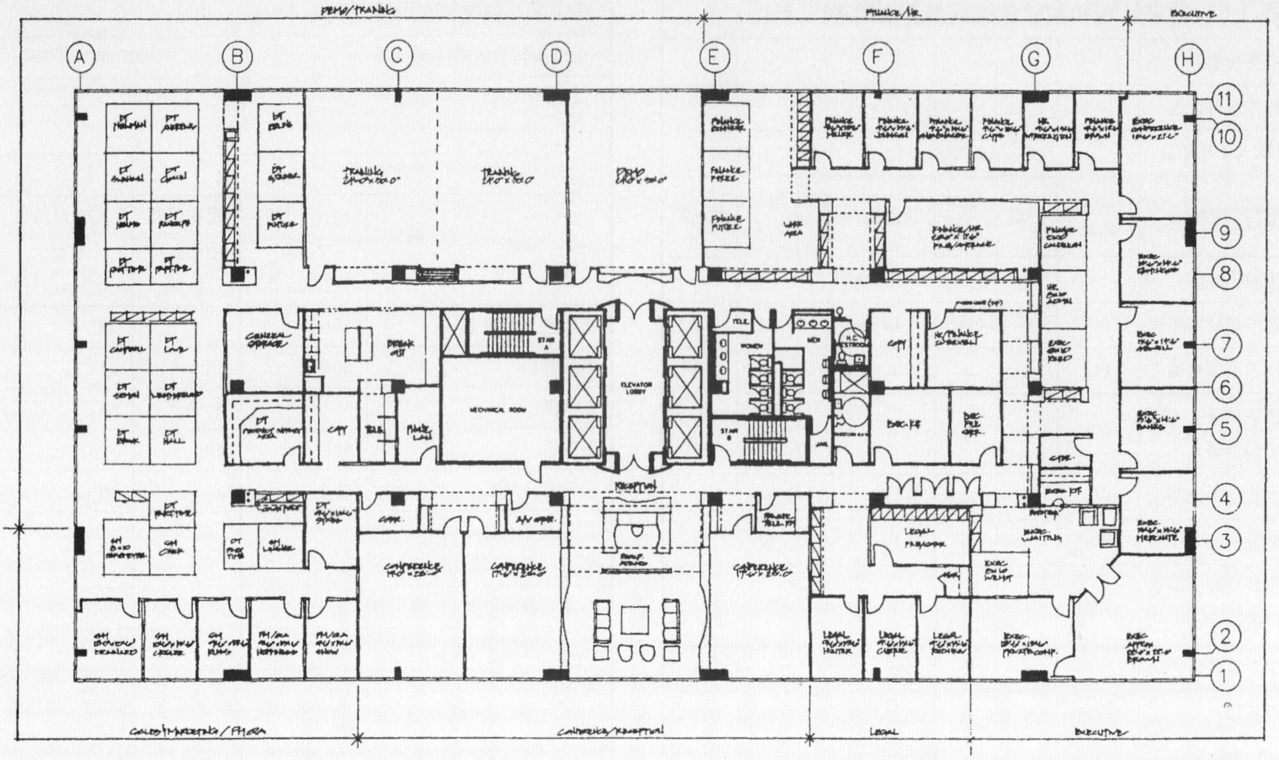


图 1-13　第 14 层平面图解

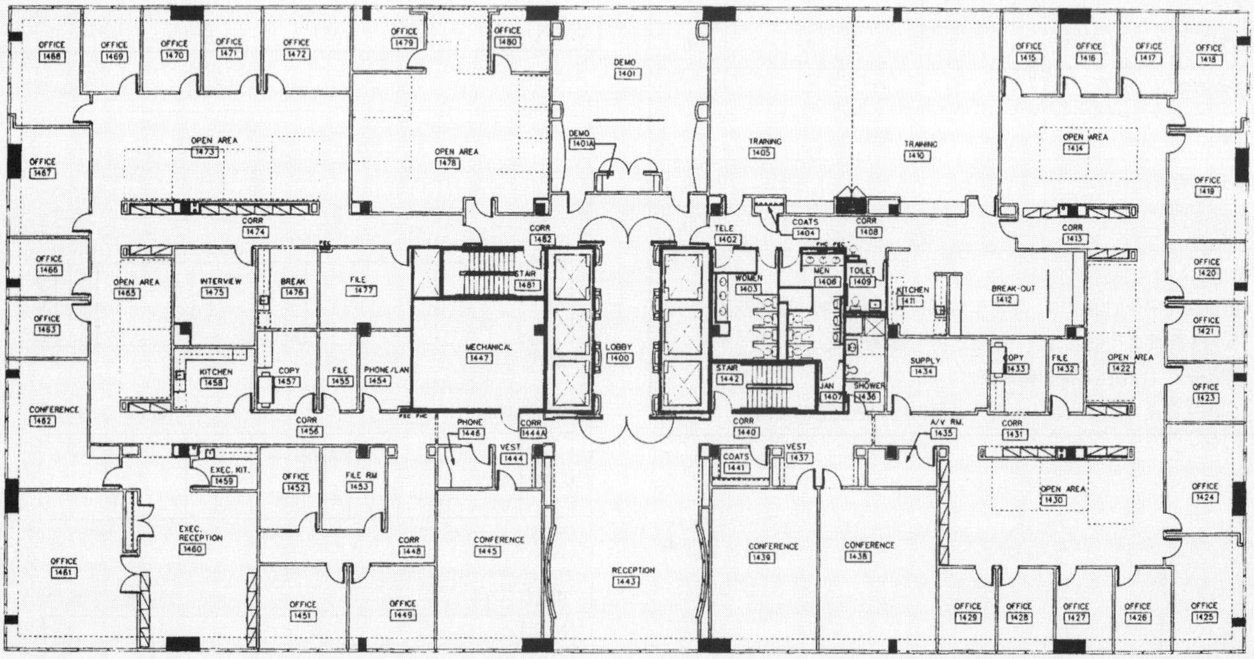


图 1-14　设计深化——计算机绘制的第 14 层平面图

图 1-15　设计深化——电梯间透视渲染图

图 1-16　设计深化——接待室透视渲染图

图 1-17　设计深化——开放式办公室透视渲染图

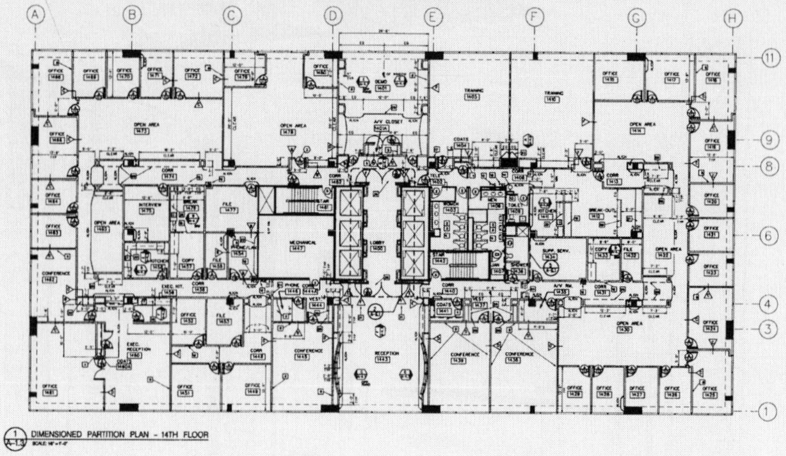


图 1-18　14 层平面尺寸定位施工图

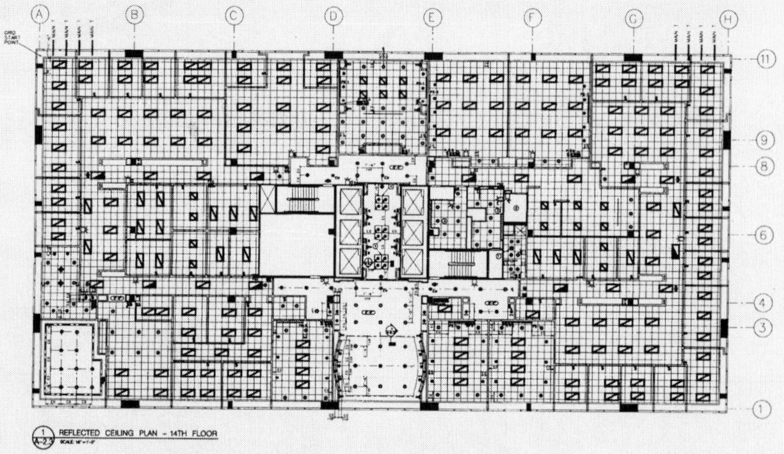


图 1-19　14 层天花施工图

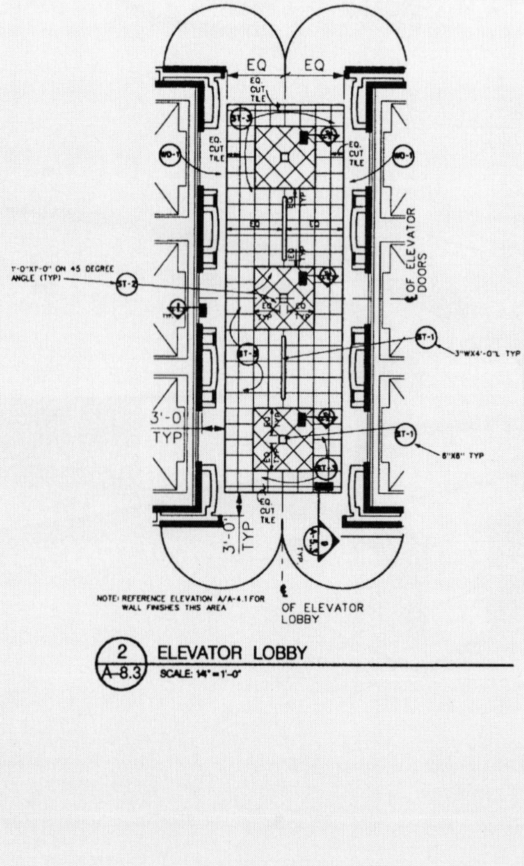


图 1-20　电梯间竣工图的细节

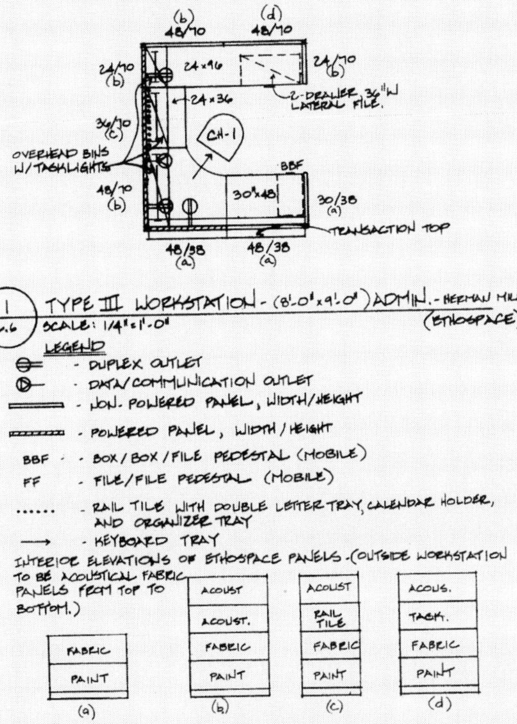


图 1-21　开放式工作站的固定家具施工图

图 1-22　建成后的空间——电梯间

图 1-23　建成后的空间——接待台

图 1-24　建成后的空间——接待区

# 第2章 风格的历史及其演变

图 2-1　泰姬陵建造于 1631 年，是印度历史上莫卧尔穆斯林王朝的第 5 位皇帝沙贾汗（Shah Jaham）为纪念他的妻子而修建。泰姬陵可以看做是“花冠宫殿”，穹顶为白色大理石，墙面是瓷砖拼合的复杂图案。（摄影：Prentice Hall）

设计的艺术性通常包括基本美学法则和风格流派为代表的文化内涵两个方面。对设计风格的了解不仅可以加深室内设计师的美学鉴赏能力，还会成为设计师创造性设计思维的孵化器。

室内设计风格的形成，是不同时代思潮和地区特点通过创作构思的表现，从而发展成为具有代表性的室内设计形式。一种典型风格的形成除了与空间环境、视觉环境、物理环境和心理环境等因素有关之外，还与自然环境、历史文脉、宗教和政治背景等多种环境因素密切相关。往往是这些环境因素的变化，影响设计师不断修正和发展以前的设计理论和设计思想，并在随后的创作实践上得到体现。历史本身就是不断流动的过程，所以设计风格不仅没有明确的起点和终点，而且不同地区的设计风格相互影响、相互交融共同发展。

本章以图解方式讲述设计风格，简单勾勒出了对建筑和室内发展有影响的主要风格流派。第一部分是设计风格历史及其发展的介绍，将各类古典设计风格结合他们与设计历史的关系进行讲述。其中古代、中世纪、文艺复兴和巴洛克时期等普遍认知的设计风格以纵向历史发展阶段进行介绍；而法国风格、中国风格、西班牙风格、非洲风格、日本风格、英国风格和美国风格等以横向地区特点进行介绍。第二部分现代设计的演变，则关注现代设计的发展和这些设计风格与设计哲学思想的关系。

---

相关链接

世界著名建筑浏览 http://www.greatbuildings.com/

华盛顿大学世界5000建筑索引 http://www.washington.edu/ark2/

设计历史 http://www.dezignare.com/library.html

---

## 2.1 工业社会前的设计

欧洲18世纪爆发的工业革命（也称产业革命）是人类文明史上一个极其重要的转折点，它是西方世界真正从封建社会进入资本主义社会的标志，又是人类从手工业时代进入工业文明的开端。社会历史学家一般将1760年前后的这段时间作为这一转折点的分界，尽管本书认为这并不等于设计史的真正历史划分点，但工业革命的产生是触发工业设计生成的最直接、最深刻的原因，这却是毫无疑义的。

室内设计和装饰的历史可以追溯至旧石器时期。在一些历史遗迹中可以逐步得到证实：首先是在石器、象牙和陶器上的雕刻上描述了象征繁殖能力的人体形状；其次，在西班牙和法国的洞穴里发现了具有空间组合图案的墙面装饰，并且具有透视效果；第三，制陶技术的发展使人类摆脱了自然材料的局限，成为进一步发挥创造力的开端。通过这些绘画和手工艺术品可以得出以下两个重要结论：

（1）人具有本能的创造性表达。

（2）设计艺术与人类的历史同时发展，并成为人类精神世界的一个组成部分。

在过去几千年间，古埃及出现了世界上第一批纪念性建筑，它纷繁的艺术形式和建筑型制对室内设计领域的发展做出了持久的贡献。

### 2.1.1 古埃及（公元前4500—前330）

（1）古埃及的设计与社会地位密切相关，因国王和法老的陵墓金字塔而著名。

（2）产生横梁式结构，其中竖向立柱支撑横梁。

（3）象形文字雕刻于墙面。

（4）最原始的圆柱可能就是成捆的纸莎草秆做成的，其竖向线条导致了圆柱开槽形式的形成。

（5）家具造型遵循严格的对称规则，华贵中呈现威仪、拘谨中具有动感。

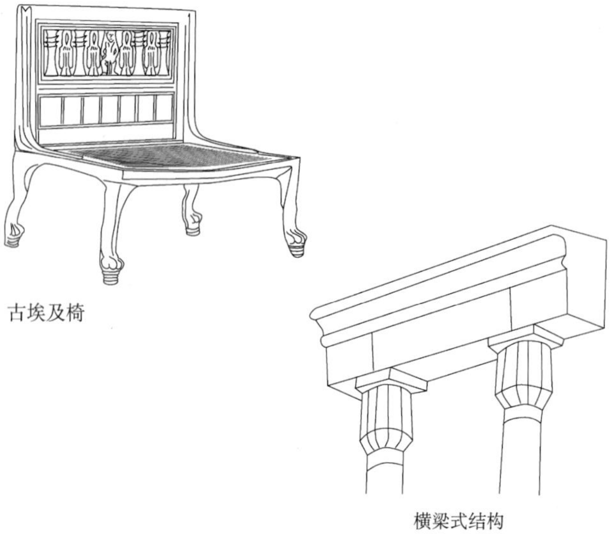


图 2-2　带有实木雕刻腿的古埃及椅和横梁式结构

图 2-3　帕台农神庙位于希腊雅典地区的雅典卫城，公元前 438 年建成，是雅典娜女神的祭祀庙。建筑四面是多立克柱廊。（摄影：Adam Crowley）

（6）家具中使用榫卯结构。

（7）家具高型化，出现猛兽、太阳等具有体现权贵的装饰。

（8）家具装饰手法多为豪华的镶嵌、涂饰和雕刻。

（9）家具图案包括莲花茎、芦苇、纸莎草和百合花。

（10）跟随拿破仑参加埃及战争的艺术家们将这埃及家具图样带回欧洲，强烈影响了 19 世纪初期的欧洲家具发展。

### 2.1.2　古希腊（公元前 3000—公元 150）

（1）民主的社会结构，对古代希腊艺术、文学、哲学和科学诸方面产生重要影响。

（2）造型适合人类生活的要求，实现了功能与形式的统一，因设计的规则、比例和优雅而著名。

（3）建造祭拜神灵的庙宇，四周围绕门廊和立柱。如图 2-3。

（4）发展形成桁架建筑体系，通过三角承重结构支撑斜屋顶，这个三角体构造就叫山形墙。

（5）古希腊人的住宅面积没有古罗马人住宅面积大，只是在最小限度内配备必要的房间和满足功能的家具，这对于现在的室内设计具有指导意义。

（6）发展形成了带有细部的建筑柱式系统，包括多立克柱式、爱奥尼柱式和科林斯柱式。如图 2-4。

图 2-4　古希腊装饰

（7）掌握了利用大理石进行人像雕刻的艺术手法，并开始将人像雕刻成柱式。

（8）与古埃及家具的僵直线条不同，受妇女喜爱的轻便的克里斯莫斯椅（klismos）出现，后来在 19 世纪初期的英国和法国，这种椅子作为“摄政式”椅子而复兴。

### 2.1.3 古罗马（公元前 750—公元 400）

（1）工程技术发展起步，特别是道路和输水管道发展情况。

（2）对希腊设计的掌握。

（3）罗马建筑师维特鲁威，制定了建筑尺度和柱式标准比例。如图 2-5。

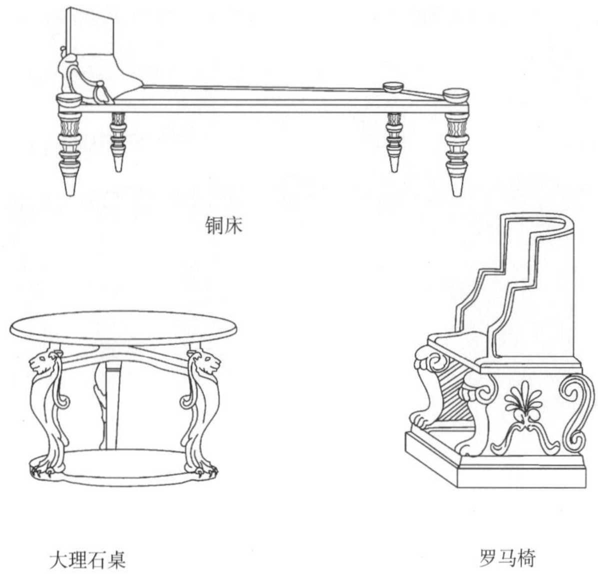


图 2-6　古罗马家具式样

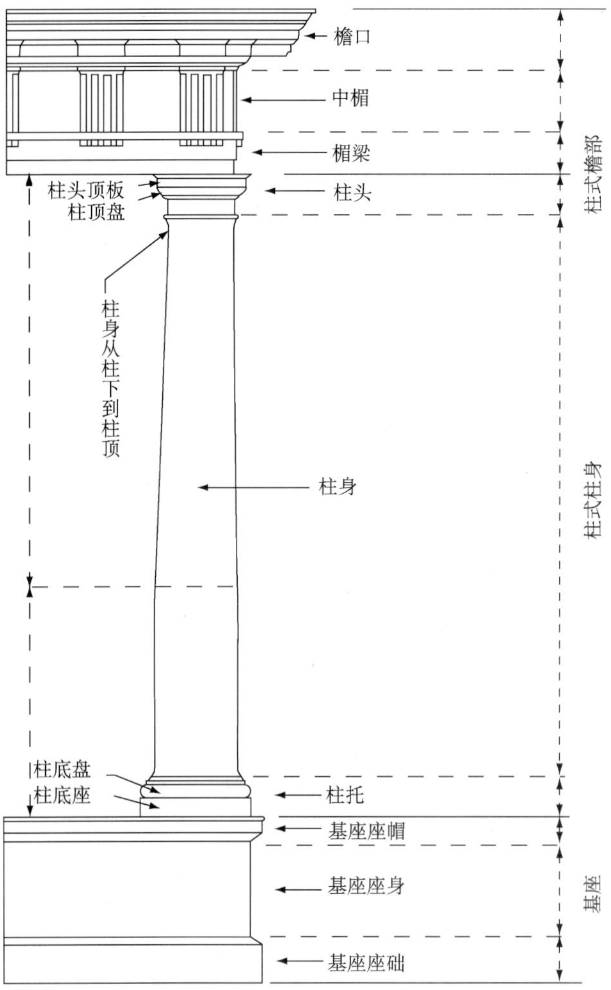


图 2-5　维特鲁威（Vitruvius）确定的塔斯干柱式

塔斯干式柱头　　混合式柱头

图 2-7　古罗马柱式

图 2-8　罗马万神庙内部

（4）不仅出现壁柱（柱子的一部分在墙面以内），还增加了两种古典柱式：与多立克柱式相同不过没有柱面开槽的塔斯干柱式，以及柱头是卷叶和螺旋纹的混合体的混合柱式。如图 2-7。

（5）出现混凝土建筑，以及拱顶和穹窿顶建筑形式。

（6）装饰图案内容有海豚、鹰、天鹅和各种幻想的人体或动物的奇异图形。

（7）古罗马上层倾心于建造高级住宅，于是在继承中庭式格局基础上形成了院落式和公寓式两种住宅方式。

## 2.1.4 中世纪（325—1500）

“中世纪”一词最早出于文艺复兴时代，意思是从罗马帝国灭亡到文艺复兴时代中间的这段漫长时期。在这个时期，艺术被宗教垄断，特别是基督教成为这一时期设计领域的主宰，主要分为四个时期：

（1）基督教早期（325—800）：巴西里卡斯教堂布置为代表：矩形平面，长向空间两侧布置走廊，有高侧窗为内部采光。

（2）拜占庭时期（330—1450）：以古罗马的贵族生活方式和文化为基础，融古希腊文化的精美艺术和东方宫廷的华丽表现形式为一体。它的建筑的突破之处，就是创造了四个或更多的独立支柱上架设大型穹顶的结构方法和相应集中式建筑型制。它的装饰艺术是在希腊晚期的镶嵌画和两河流域传统装饰基础上形成的彩色玻璃镶嵌画。

（3）罗马时期（诺曼人统治英国时期，800—1150）：是罗马文化与民间艺术的融合，由浓重的宗教气氛统治，沉重的墙、柱墩和拱顶引起信徒忧郁而内省的情绪。所以建筑中传统因素很多，一直保留着稳定、平展、简洁的古典建筑性格。它的建筑特色在于半圆形造型，拱券和筒形拱顶成为这一时期的主体结构。建筑装饰从门窗洞口线脚的几何纹样或植物形象逐渐过渡到主体空间立面的圣者雕像。家具采用曲面构件，成为后来温莎式家具的基础。

（4）哥特时期（1150—1500）：市民开始用教堂来荣耀自己的城市，教堂建筑围绕教义展开设计，教堂以垂直向上的动势形象地展现了一切朝向上帝的宗教精神，主要包括尖顶拱架、飞扶壁和尖拱镶嵌彩色玻璃窗等建筑装饰（图 2-10）。另外，贵族生活方式开始由城堡向府邸转化。

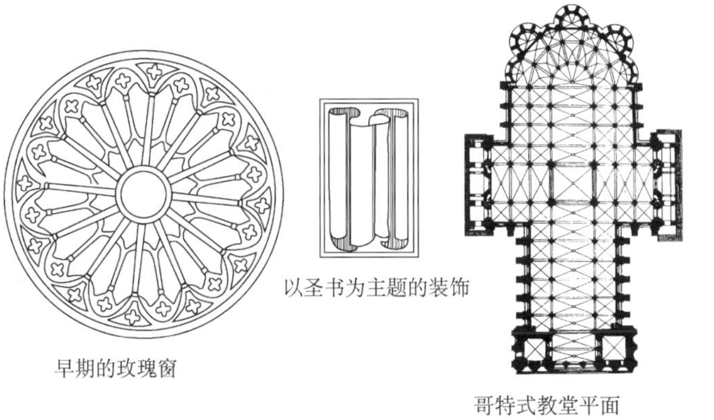


图 2-9　中世纪主要建筑特征

图 2-10　法国巴黎的夏尔特尔圣母大教堂（Chartres cathedral）是哥特式教堂的代表作，具有典型的彩画窗和高耸的室内空间。

## 2.1.5 文艺复兴时期（1400—1660）

（1）文艺复兴的意义在于“再生”，它在形式上表现为对古希腊罗马文化的重新振兴，但在实际内容上却包含着资产阶级文化的萌芽。

（2）主要源于毛纺业和金融业中心意大利佛罗伦萨，然后影响整个欧洲。

（3）它是对中世纪设计思想的抛弃和古典设计思想的回归，设计上追求庄严、含蓄和均衡的艺术效果，为后来的巴洛克、洛可可风格的设计提供了进一步精雕细琢的条件。

（4）大师级代表人物有帕拉第奥（Andrea Palladio）（图 2-12）、米开朗基罗（Michelangelo）和达·芬奇（Leonardo da Vinci）。

（5）文艺复兴后期形成了设计的概念，其中包括计划、意图和图样的含义。

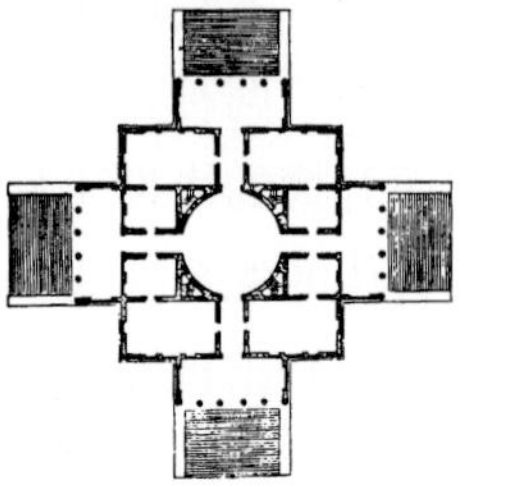

帕拉第奥设计的著名圆厅别墅是集中式组合平面的代表

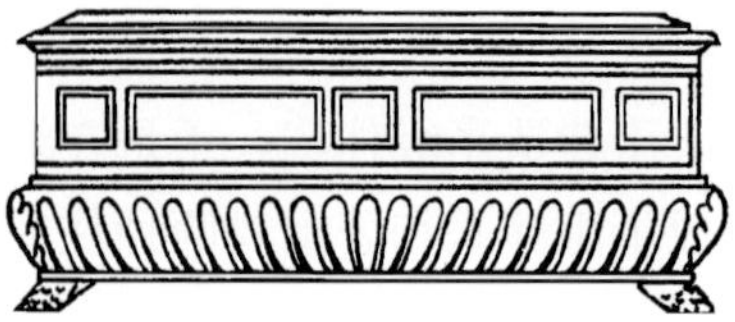

兼作储藏和陈设品的卡索奈长箱，是文艺复兴时期最典型的婚礼用家具

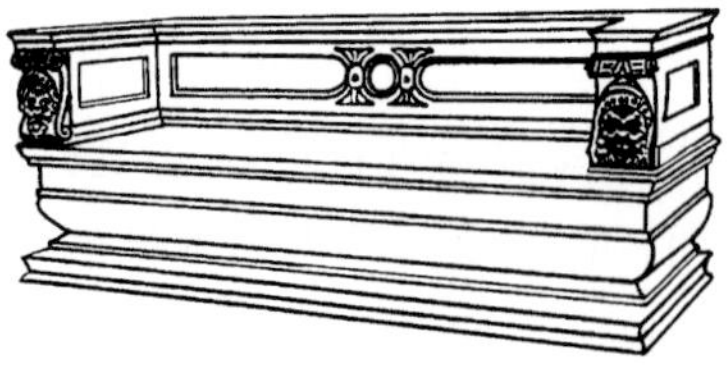

文艺复兴时期代表性的卡萨盘卡椅，由长箱加上靠背和扶手演变而来，可以说是原始的长沙发

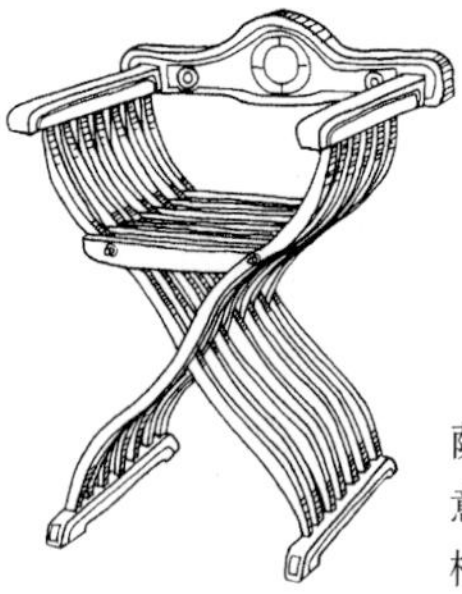

萨佛纳罗拉（Savonarola,1452—1498 年）椅是以意大利“但丁”（Alighieri Dante,1265—1321 年）椅子为基础制作的，这种椅子能够折叠，靠背大部分是固定的

图 2-11　文艺复兴时期主要建筑特征

图 2-12　由帕拉第奥设计于 1552 年在维琴察（vicenza）设计的圆厅别墅促使了古典风格建筑的产生。

## 2.1.6 巴洛克时期（1600—1715）

（1）巴洛克一词源于西班牙文 Barrcco，意思是“畸形的珍珠”，含有扭曲、怪诞的意思。

（2）由于文艺复兴在西欧各地兴起时间有差别，因此巴洛克发展也不一致，最早发源地是意大利和法国。

（3）以浪漫主义精神作为形式设计的出发点强调华丽非对称设计，以及夸张的大比例尺度。

（4）家具造型上细部集中处理并且服从整体结构，开创了家具设计的新途径。

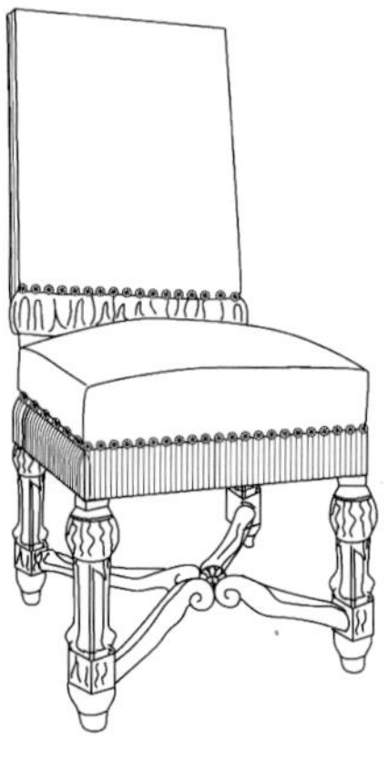

图 2-13　巴洛克风格的靠背椅

图 2-14　罗马的圣彼得主教堂是意大利文艺复兴时期最伟大的里程碑，世界上最大的天主教堂，文艺复兴盛期的著名建筑师和艺术家几乎都参与了设计与施工。

图 2-15　这座多功能的可容纳 10000 人的建筑组合群，由路易十四宫中艺术总管查尔斯 · 勒 · 布伦（Charles Le Brun）组织设计，它的巴洛克风格的环境设计成为以后法国都市设计的范例。

## 2.1.7 法国风格

### 2.1.7.1 洛可可风格——路易十五时期（1715—1774）

（1）洛可可一词源于法语，简称 Rococo，意思是“岩石和贝壳”。暗示出这种装饰的自然造型。

（2）用于室内设计比用于建筑的部分多。

（3）设计风格追求柔美细腻的情调，注重精美的细节装饰和自由曲线。如图 2-16。

（4）色彩鲜艳。

（5）采用鎏金、描色或中国式亮漆面家具。

（6）是法国宫廷中形成的一种室内装饰手法，盛行于路易十五时期，蓬帕杜尔（Pompadour）夫人是最初的影响者。

（7）设计图案多为回形纹饰和受中国传统装饰影响的异域风情的花草、鸟、宝塔、动物等。

### 2.1.7.2 新古典主义风格——路易十六时期（1760—1789）

（1）将中国自然主义设计和希腊风格为基调的古典主义样式融合，形成盛行于世的新古典主义风格。

（2）风格与洛可可相似，不过主要采用直线条、矩形轮廓和对称体量布局。

(3) 设计主题和设计风格受到庞贝古城遗迹的影响。

（4）玛丽·安托瓦内（Maria Antoinette，1755—1793）王后引领了设计热潮。

贵妇们在沙龙内使用的安乐椅

陈设台及镜子

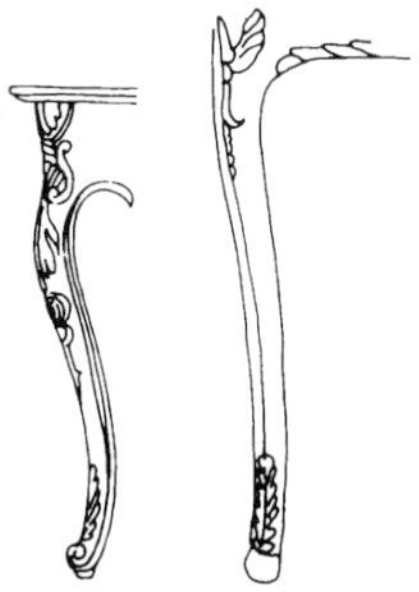

强调转角和腿端装饰的曲线桌腿

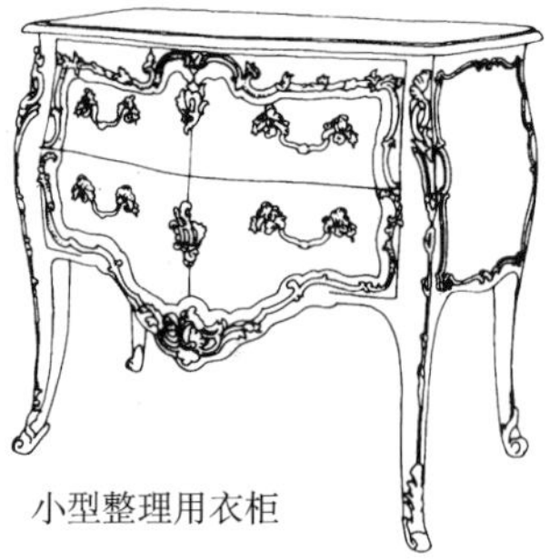

小型整理用衣柜

躺椅

图 2-16　法国路易十五时期的洛可可风格家具

佛提尤（Fauteuil）会议用扶手椅

贝尔杰尔（Bergère）安乐椅

花环为代表题材的镀金饰品

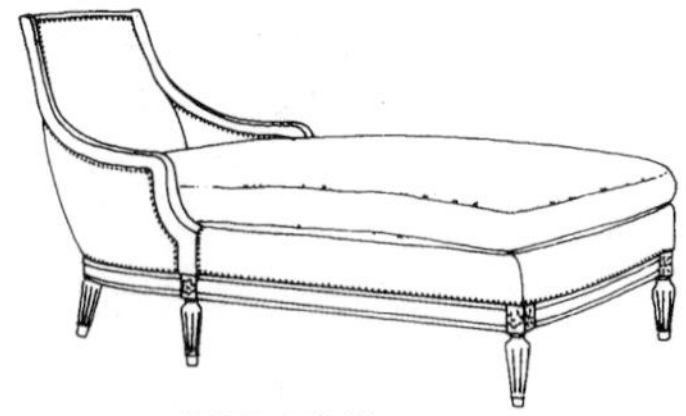

罗马式靠榻

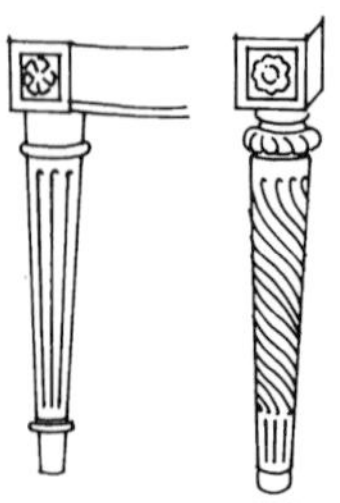

腿部凹槽装饰

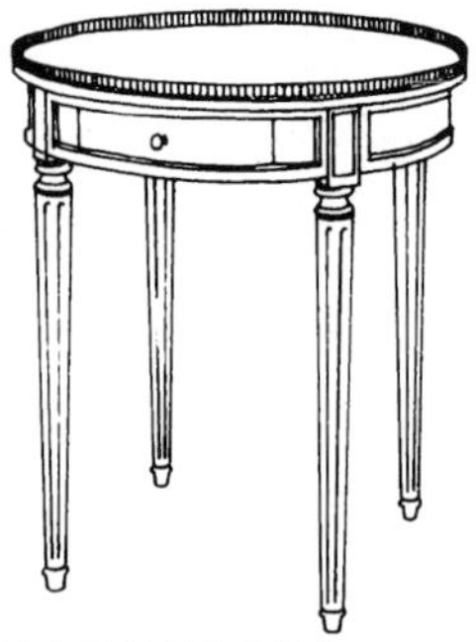

维也纳的新古典茶几

图 2-17　路易十六时期主要家具装饰

### 2.1.7.3　帝政式样（1804—1815）

（1）盛行于拿破仑（Napoleon）统治时期，艺术成为显示权利的象征。

（2）提倡回到过去强盛时期古希腊、罗马和埃及的设计标准。

（3）厚重、严谨对称的设计构图形式。

灵镜

古埃及胜利女神雕饰摆设台

具有权利象征的桌腿支撑装饰

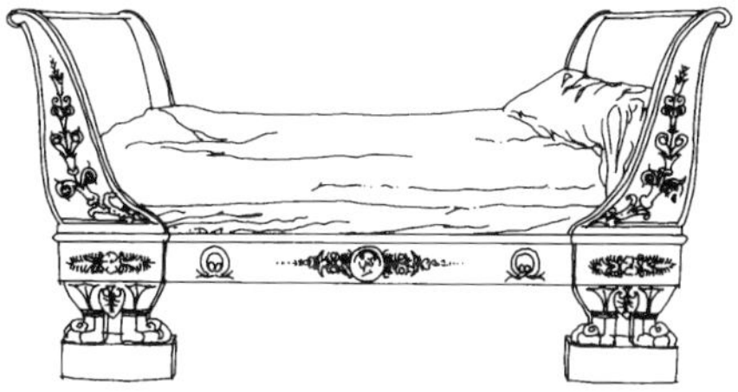
以古代罗马床为基础的法式船形床

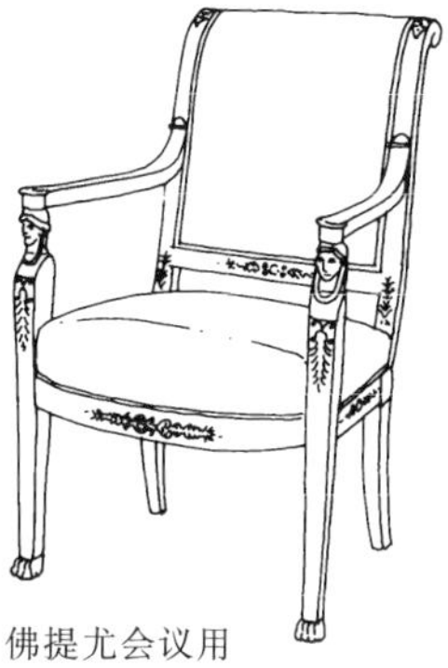
佛提尤会议用扶手椅

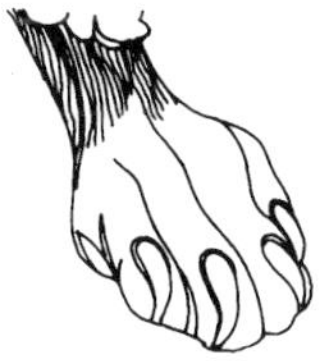
狮爪足

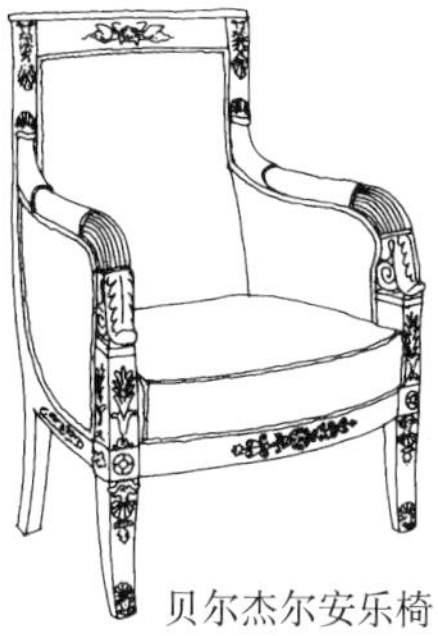
贝尔杰尔安乐椅

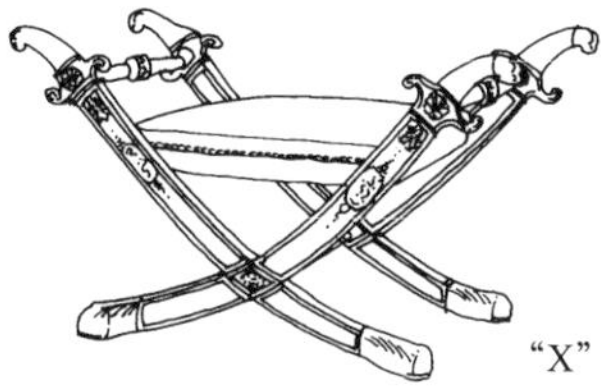
“X”形座凳

图 2-18　帝政式样家具和装饰

### 2.1.7.4　乡土风格（18 世纪至今）

（1）比较乡村化或非商业化的风格。

（2）复制或采用洛可可和新古典风格的某些手法，不过更加简单，装饰较少，如图 2-19。

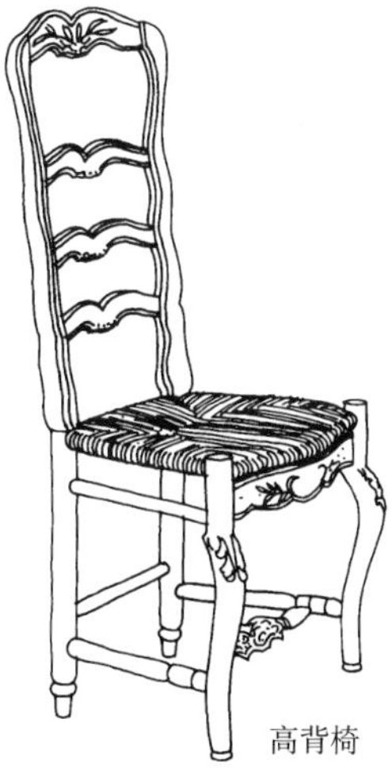
高背椅

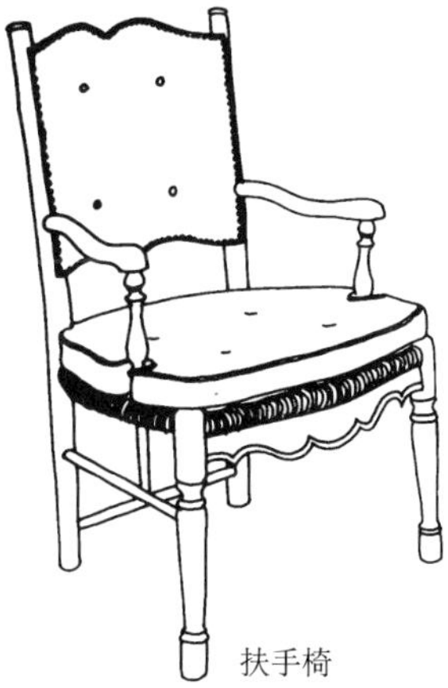
扶手椅

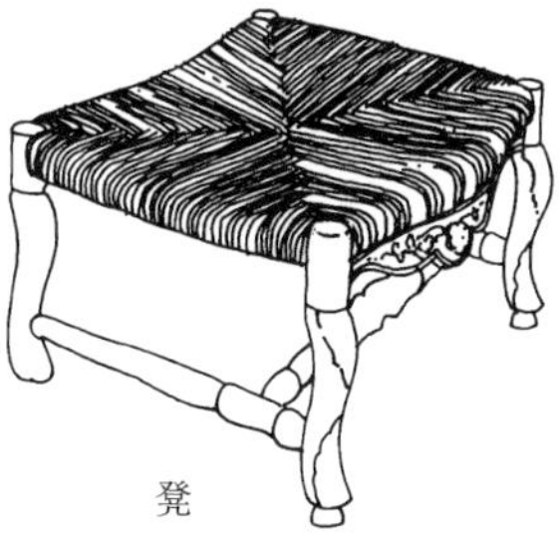
凳

高身柜

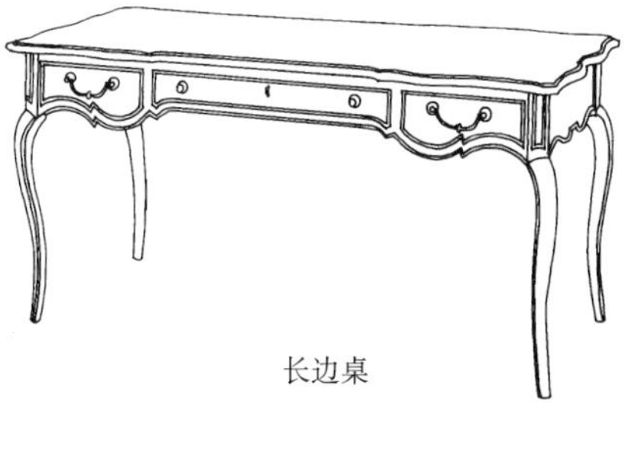
长边桌

图 2-19　乡土风格家具式样

## 2.1.8 中国风格（古代至今）

（1）中国古代建筑是通过屋顶形式和开间多少来体现建筑等级和明确功能的。

（2）对法国洛可可和新古典风格影响巨大。

（3）明显具有中国特征的是中国家具。

（4）设计主题与动物、宝塔等吉祥物和宫廷人物有关。

陶瓷花瓶

中式藤面交椅

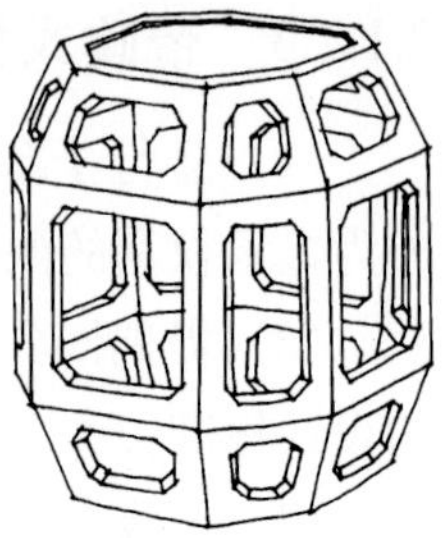
陶瓷庭院凳

黑漆描金柜

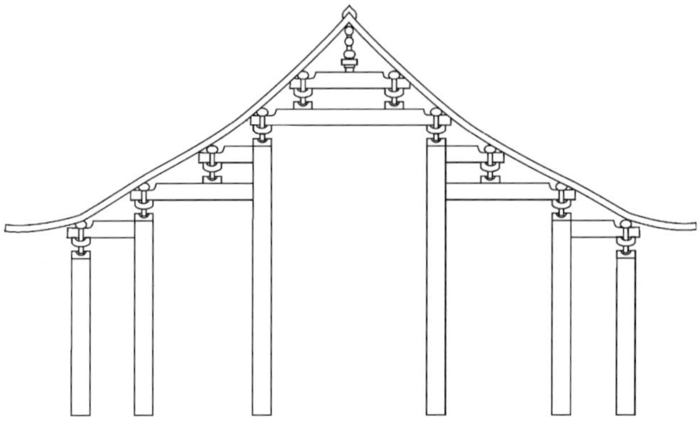
中国古建筑构架

中国艺术风格题材

图 2-20　中国传统艺术

## 2.1.9 西班牙风格（1200 年至今）

（1）受到摩尔人影响，与中东、意大利文艺复兴风格相似。

（2）摩尔风格室内装饰精美，喜欢用马蹄形拱。

（3）常用大理石、几何形图案、瓦坯墙体和铸铁饰件。

（4）雕花木门、百叶窗、木镶板式屋顶。

（5）美洲地区受此影响产生的建筑叫做殖民地风格。

牧师椅

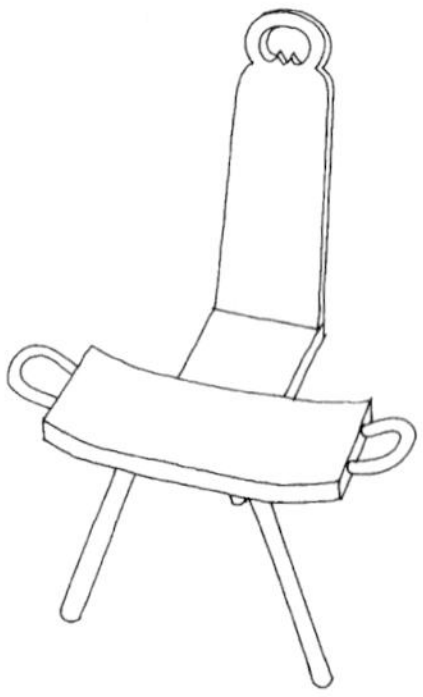
梯背椅

镶板门

摩尔拱券

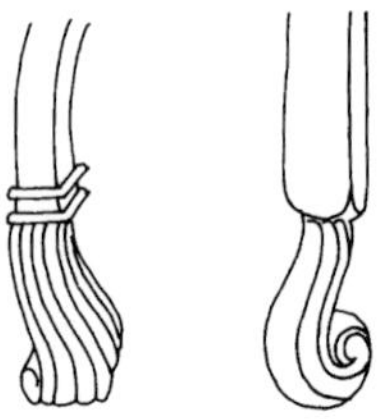
西班牙式家具脚

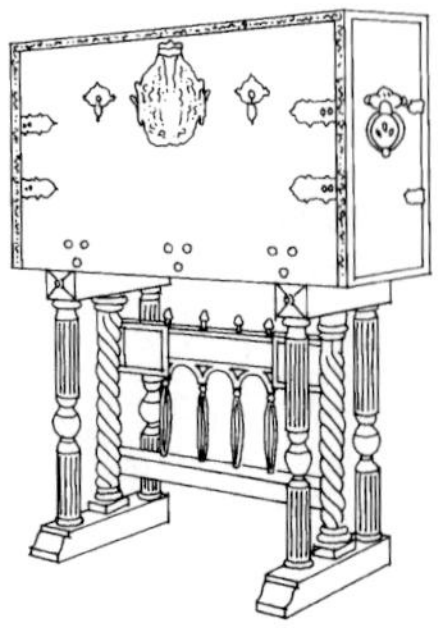
西班牙式橱柜

图 2-21　西班牙装饰艺术

### 2.1.10 非洲风格（1000 年至今）

（1）建筑和设计受到宗教影响。

（2）艺术作品用于化解争端、教育人民和传递宗教信仰。

（3）视觉文化财富丰富，各类图式包含文化蕴意。

（4）每个家具都是非常个性化的物品。

（5）广泛运用几何图案，黑檀木和象牙镶嵌较常见。

扎伊尔圆屋

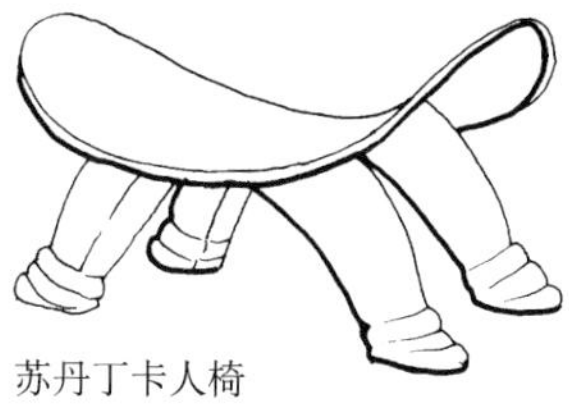

苏丹丁卡人椅

图 2-23 扎伊尔圆屋和苏丹丁卡人椅（引用乔治亚梅肯市塔布曼非裔美国人博物馆的诺埃尔收藏）

图 2-22 伟大的 Djenne 清真寺（建于 1906—1909）

图 2-24 库苏部落的扎伊尔木椅

### 2.1.11 日本风格（古代至今）

（1）强调朴素、水平线条和非对称平衡。

（2）房间内部围绕榻榻米布置。

（3）用半透明材料制作的推拉门分隔房间内部空间。

（4）壁龛作为室内凹进部分放置特殊的展示物品，如用于陈列插花、画轴或其他艺术品。

（5）地方设计思想作为一种艺术表现形式影响了美国建筑学家弗兰克·劳埃德·赖特（Frank Lioyd Wright，1869—1959）、苏格兰建筑学家查尔斯·伦尼·麦金托什（Charles Rennie Mackintosh，1766—1843）等一批现代设计师。

配有黄铜饰件和“动物爪”腿立柜

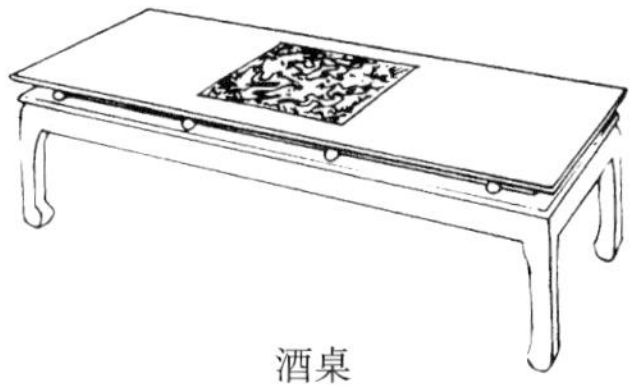

酒桌

日本传统建筑

木质扶手椅

藤制扶手椅

图 2-25 日本传统艺术

## 2.1.12 英国风格

### 2.1.12.1 都铎建筑风格，伊丽莎白时期和詹姆士一世时期式样（约1440—1700）

（1）主要流行厚重、阳刚气质的设计。

（2）建筑特征体现在半木构造房屋（建筑外观为木质材料）和凸窗（突出开间立面）。

（3）室内特征是朴素的抹灰墙面或华丽的雕刻嵌板墙面。

（4）家具材料常采用橡木。

（5）伊丽莎白式样家具具有球形腿。

（6）詹姆士一世式样家具腿部有旋转线条。

都铎式半木构造建筑

镶板大厅

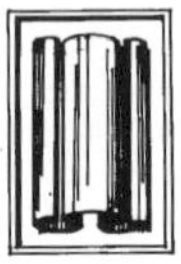

装饰主题

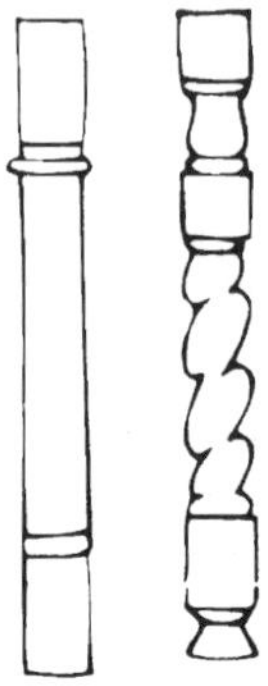

1612 年与 1656 年椅腿

詹姆士一世扶手椅

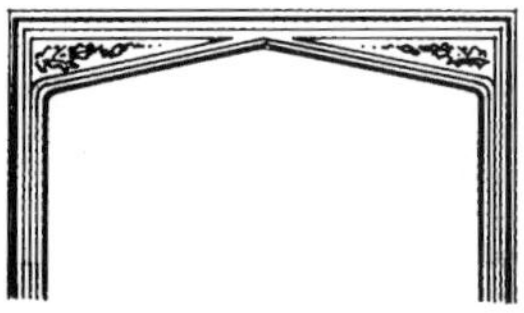

都铎式拱券

詹姆士一世坐卧两用椅

图 2-26 英国都铎建筑与装饰特征

### 2.1.12.2 早期乔治王时期和安妮女王时期式样（1700—1745）

（1）国民生活水平迅速上升，大量建造豪华住宅。

（2）设计对称，显示庄重，反映了古希腊、罗马建筑特点。

（3）安妮女王时期家具具有轻盈、优美、典雅的曲线。

（4）最著名家具是薄板靠背椅。

雷恩·乔治式建筑

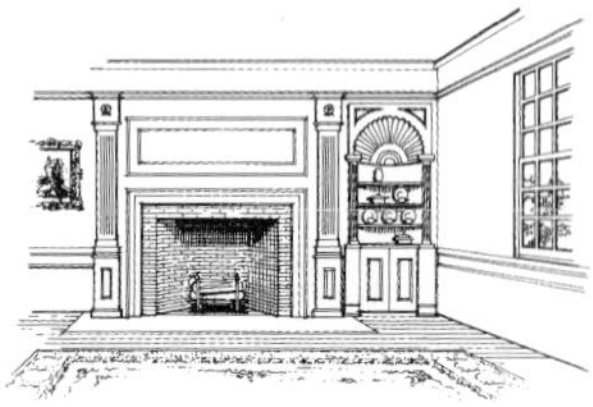

有贝壳装饰的壁柜

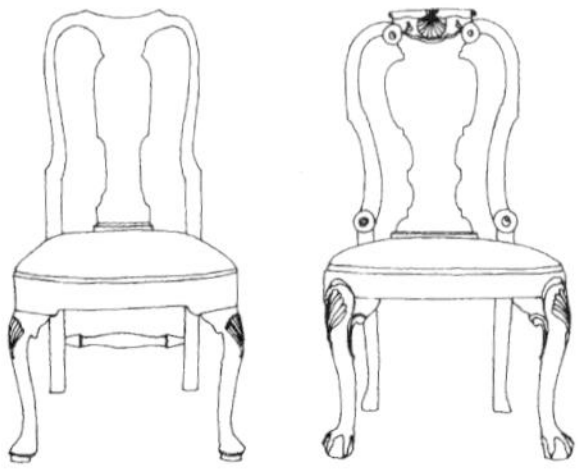

1705 年和 1710 年的薄板靠背椅

尖顶饰

高脚桌

圆屋顶

矮脚高柜

图 2-27 早期乔治王时期和安妮女王时期建筑与装饰特征

### 2.1.12.3 乔治王早期的奇彭代尔式样（1745—1770）

（1）是家具师的黄金时代，其中包括英国著名家具师托马斯·奇彭代尔（Thomas Chippendale，1718—1779），他是第一个以设计师的名字而命名家具风格的，从而打破了历来以君主而命名家具风格的习惯。如图 2-29。

（2）1754 年奇彭代尔写下《绅士与细木工作指南》。

（3）奇彭代尔椅是最具有代表性的，其座板在中国式、安妮女王式、哥特式、法国式和新古典式家具中较为突出。

（4）风格形成最初受到法国摄政式的影响，从 18 世纪 50 年代起受路易十五影响，大胆采用洛可可式的自由曲线。

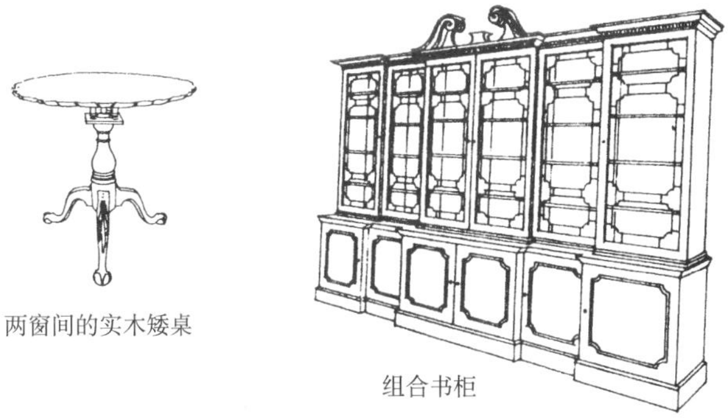


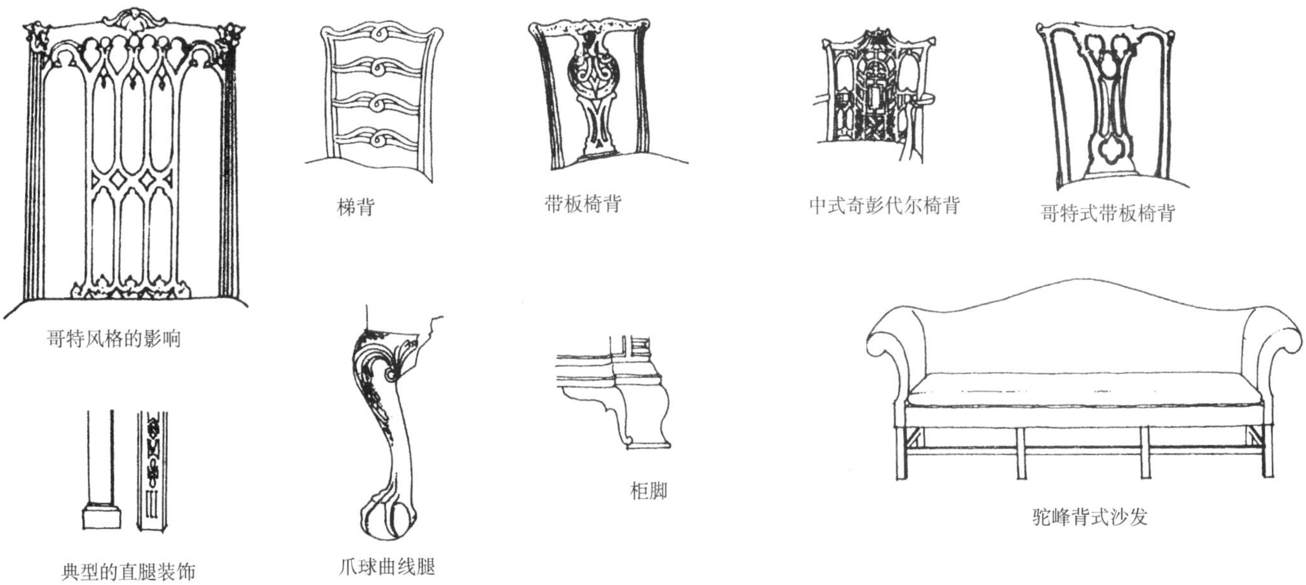


图 2-28　奇彭代尔式样

图 2-29　瑞士温特图尔博物馆的乔治亚风格皇家港口展厅。乔治亚风格包括具有安妮女王装饰的奇彭代尔家具，典型的东方风格地毯，以及木地板、护壁板、檐板和断山花顶饰。（温特图尔博物馆提供）

### 2.1.12.4 乔治王后期、新古典、亚当式样

（1）亚当式样：亚当兄弟是著名家具和建筑师，其中以罗伯特·亚当（Robert adam，1728—1792）为代表，开创了家具和建筑的英国新古典主义风格，历史上称为“英国的路易十六式”。

（2）赫普尔怀特式样：19 世纪末期英国设计师赫普尔怀特（Georgo Hepplewhite，1700—1786）命名的家具式样，呈现出轻巧优雅的轮廓、兼有古典式的华丽和路易十六的纤巧。设计特点是直线条、正方形、楔形腿，以及盾形或心形椅背。

（3）托马斯·谢拉顿式样：源于 1800 年，谢拉顿（Thomas Sheraton，1751—1806）是乔治王朝四大名师的最后一位，他塑造了以简洁的设计、直线、细腿及古典装饰为特征的英国家具风格，开创了轻便和朴素的现代家具先河。

（4）建筑受到帕拉第奥（Roman Palladian）式样影响。如图 2-31。

（5）有法国新古典风格印迹，受庞贝古城发现的影响。

（6）罗伯特·亚当和他的四个儿子设计了古典风格室内作品。主要特点是餐具柜设计，擅长用玫瑰花瓣装饰。

图 2-31　1750 年建造的朗佛罗住宅具有古典细部和帕拉第奥风格

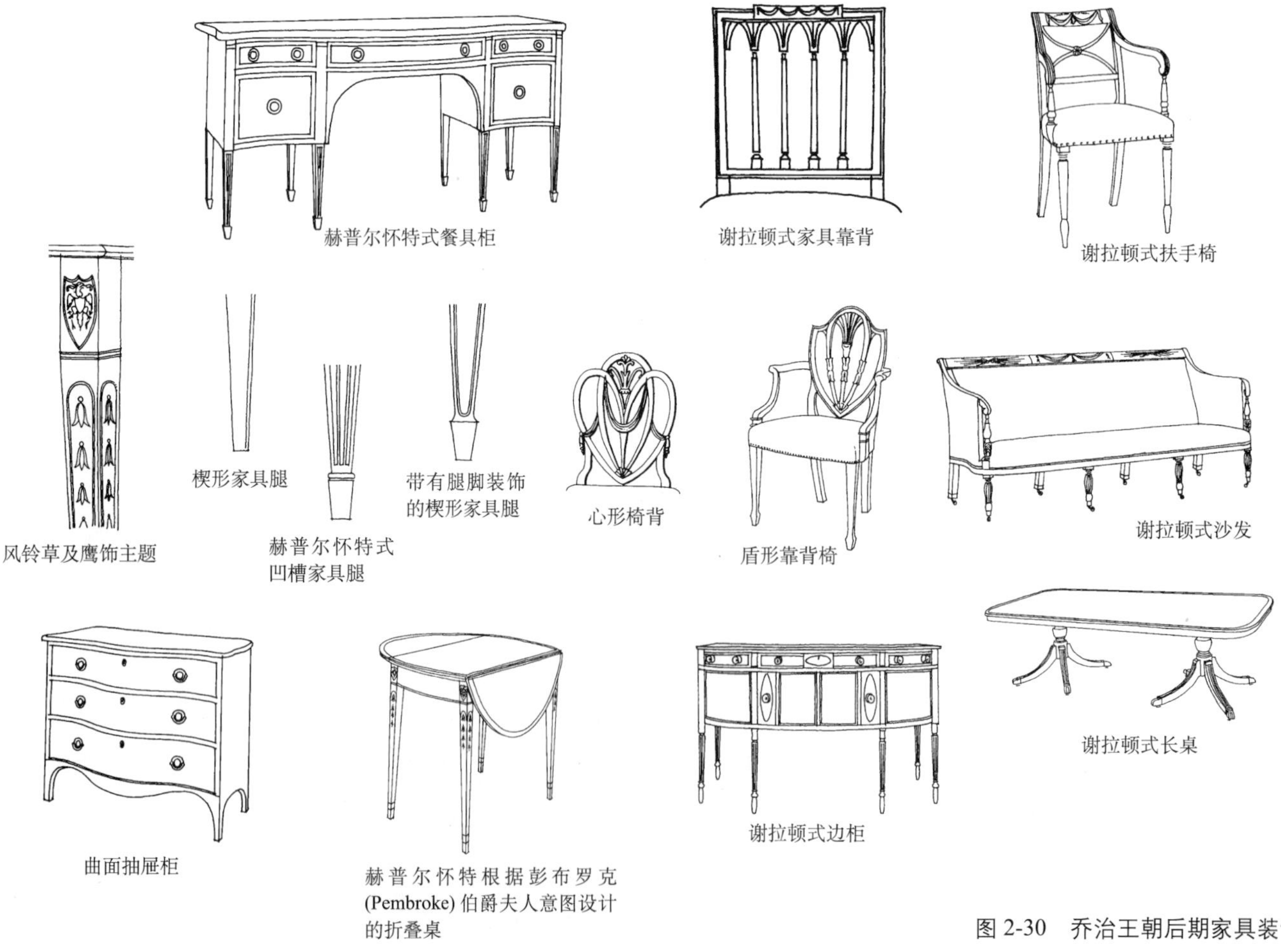


图 2-30　乔治王朝后期家具装饰

## 2.1.13 美国风格

### 2.1.13.1 殖民地风格（1600—1700）

（1）受到荷兰、德国、瑞典、英国、法国和西班牙风格的影响。

（2）公认的美国地方建筑设计风格特点如下（图 2-32 和图 2-33）：

不对称双坡顶房屋：房屋的前部房间和后部房间各在一个坡度内。

要塞式（突堤码头式房屋）：第二层立面伸出第一层形成挑出层。

复折顶式房屋：屋顶有一个折线，使得顶层阁楼使用空间加大。

（3）其他特点包括老虎窗、乔治亚风格的细部和双框窗。

（4）大多数早期美国建筑室内受到都铎式、伊丽莎白式、詹姆士一世式和西班牙殖民地风格的影响。

（5）在美国南部，家具风格叫圣达菲风格（美国圣达菲风格：始于17世纪60年代的农民装束，是须边、天鹅绒、流苏、刺绣、装饰、拖地长裙、短胖珠子等的大联欢），色彩粗犷，常用几何图案。

图 2-32 殖民地时期的典型建筑形式

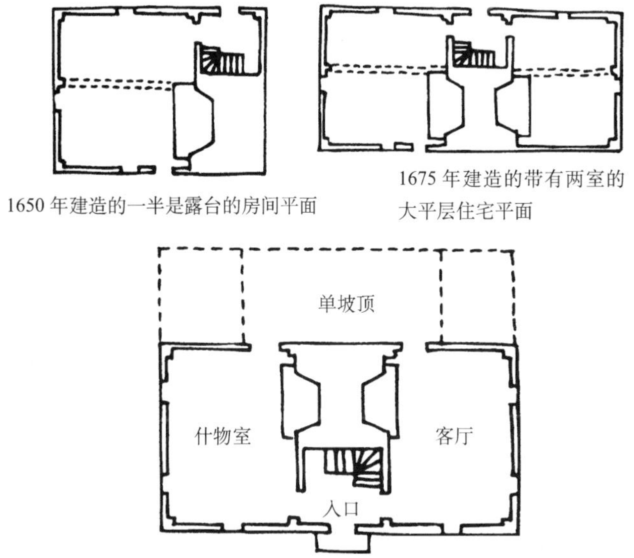


单坡顶或不对称双坡顶平面（Lean-to 单坡顶、Keeping room 什物室、Parlor 客厅、Entry 入口）

图 2-33 殖民地时期的典型住宅平面

图 2-34 温特图尔博物馆的牡蛎湾住宅室内是典型的 17 世纪室内场景：东方风格地毯搭配木地板、粉刷墙面、肋梁屋顶、大火炉和简单的木家具。（温特图尔博物馆提供）

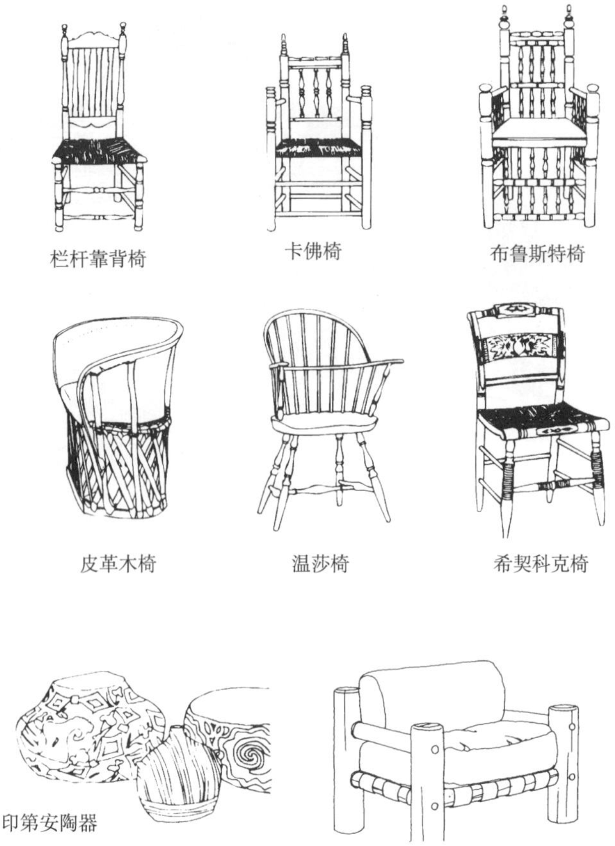


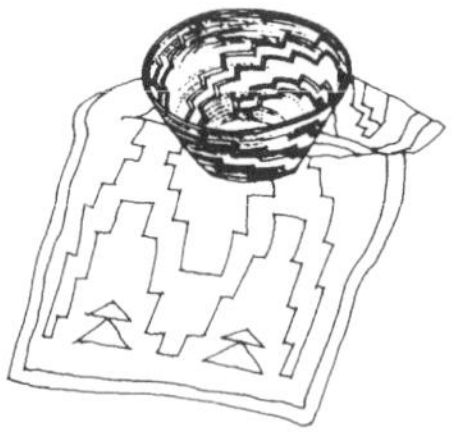


图 2-35　乔治王时期家具和陈设品类型

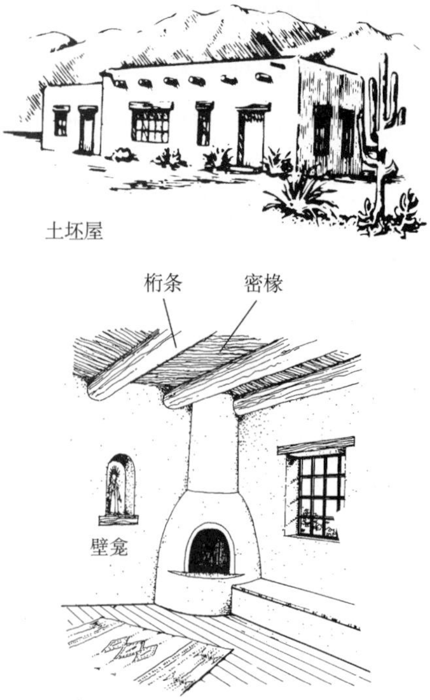


图 2-36　土坯屋及其室内（Viga 桁条、Latillas 密椽、Niche 壁龛）

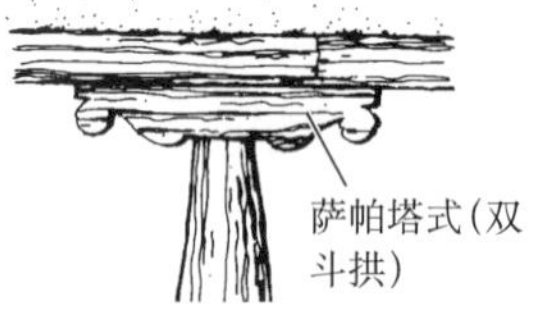


图 2-37　典型结构形式：萨帕塔式（双斗拱）

图 2-38　经过粉刷墙面的圣达菲风格建筑室内，火炉旁有凹槽壁龛、墨西哥地砖和多变幻的木桁条支撑体。室内还配置了墨西哥风格、美国乡村风格、西班牙风格和现代风格的家具和饰件。(摄影：Pam Singleton)

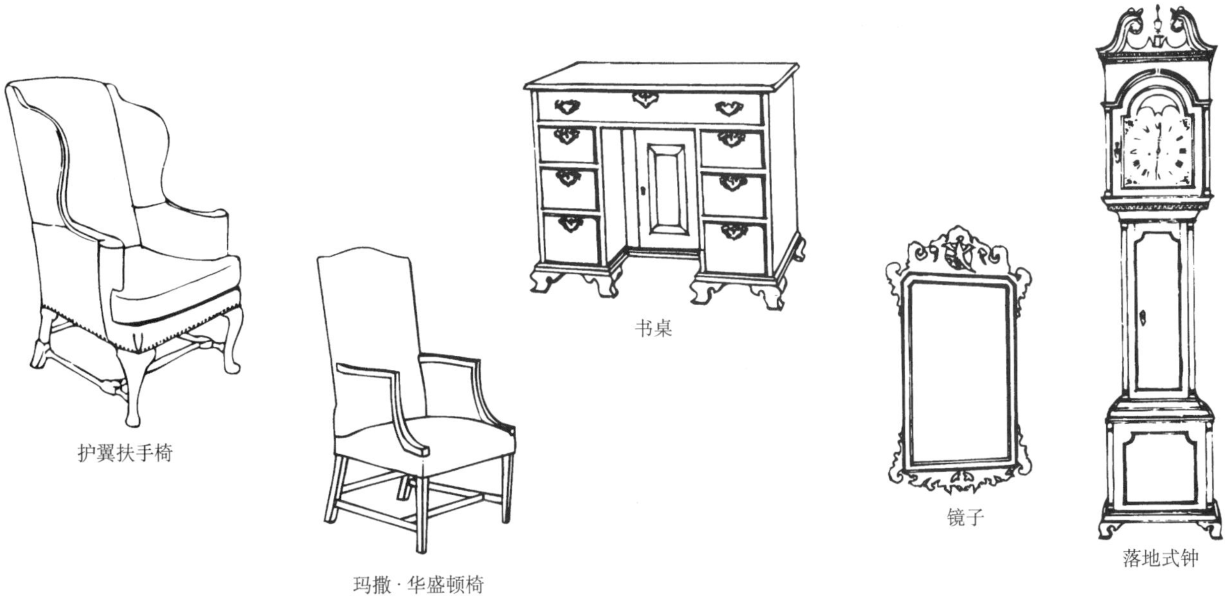


图 2-39　受英国乔治时期风格强烈影响的家具与陈设，在木材选择、装饰特征和比例关系方面均有变化。

### 2.1.13.2　乔治殖民时期（1700—1790）

（1）英国乔治时代的多变化的平面为早期美国带来了对活力、智慧和创造力的独特而崭新的理解。

（2）主要受到欧洲庄园形式的影响，使房间更具功能性。

（3）早期美国人开始从丰富的森林中伐木，木材 ideas 可靠性、易加工性，以及灵活性为早期的建造者提供了快速施工和建造不同类型建筑的可能，所以不仅强调木材使用的变化，而且强调特定的装饰形式和设计比例。

### 2.1.13.3　新古典时期（1790—1845）

（1）联邦式设计风格：1783 年美国独立战争获得胜利，在设计史上也将独立后至 19 世纪上半期的家具称为联邦式。自独立战争后，美国在政治上脱离英国而转向法国，另外法国大革命后有许多法国新古典主义设计师和流亡贵族来到美国，促成了法国路易十六式家具在美国的传播和推广。当然，也强调希腊罗马设计风格的改进，托马斯·杰弗逊（Thomas Jefferson，1743—1826）是提倡者（图 2-40）。

（2）希腊复兴风格：黑奴解放运动和南北战争高

图 2-40　由托马斯·杰弗逊设计。杰弗逊为早期古典复兴风格添加了民间风格气息。建筑受到联邦风格影响，尤其在 18 世纪晚期和 19 世纪早期，其特点是古典形式与典型美国图案的联合采用。

邓肯·法夫设计的长椅

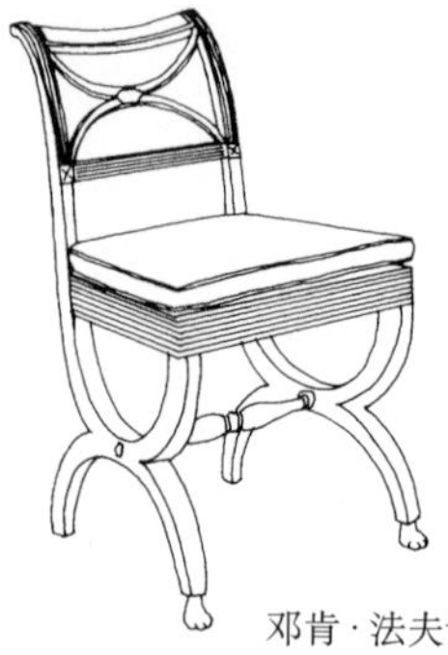

邓肯·法夫设计的显贵椅

美国帝政式窗间桌

火焰纹牛眼镜

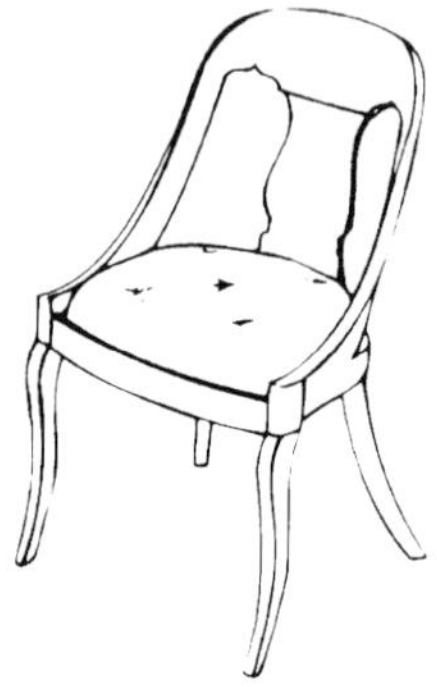

带羊角腿的邓肯·法夫沙发

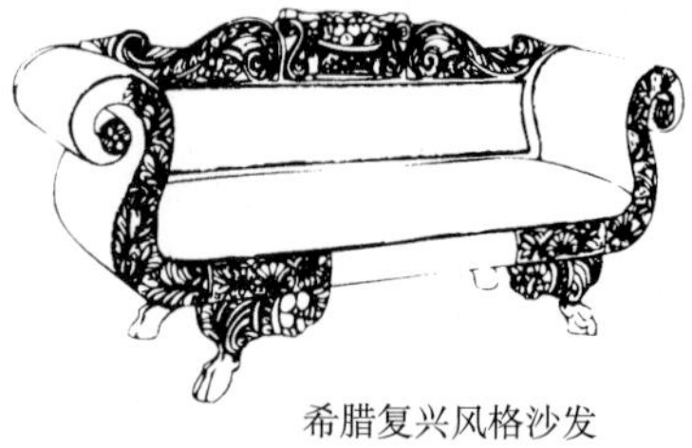

希腊复兴风格沙发

图 2-41　新古典风格家具

图 2-42　1826 年建成的农庄会堂，位于南卡罗来纳州彭德尔顿市，是希腊复兴建筑的杰出样板。

扬起“人权”和“自由”的旗帜，以致希腊复兴建筑在美国南部种植园地区非常流行，主要是西方古典建筑风格在美国小型建筑上应用（图 2-43）。

（3）美国建筑曾受希腊设计强烈影响，其中希腊复兴建筑风格在美国南部建筑中尤其明显。

（4）法夫风格：此风格的家具以美国家具师邓肯·法夫（Duncan Phyfe，1768—1854）的名字命名，它以完美的比例和简洁线条为特征。艺术史学家认为，这类家具与其说是对亚当家具（Robert Adam）、谢拉顿家具（Sheraton）、赫普尔怀特式家具（Hepplewhite）和帝政式风格家具（Empire）的修正和改良，不如说是一种自成一格的风格体系。

（5）工业革命（约 19 世纪 30 年代—1900）带来机械制造、大批量生产的家具，而家具制作艺术水准逐步下降。

## 本节小结

设计有自己的循环规律。先从最纯净最单纯的形式开始，然后进行一而再，再而三的装饰，到下一代人就去打破束缚（或重生），形成新的古典形式。下面的叙述开始于另一个装饰繁复的时代——维多利亚时期。在这个装饰精美的环境里，设计师一次次推进设计作品和设计思想，最终建筑师和室内设计师进入了现代纪元。

图 2-43　希腊复兴风格和帝国风格的客厅室内设计

图 2-44　当代希腊复兴风格室内设计项目。通过金色和蓝绿色、地毯图案、灯台和狮爪足躺椅的非对称布置塑造了 19 世纪早期风格。

## 美国的文化遗产

在设计历史的学习中，会发现有一个明显的设计断层在工业革命时期产生。手工艺生产的优质家具被大批量机械生产的家具产品掩盖。因此，设计历史，或者是古典家具的设计历史到19世纪30年代被停滞。也是在同一时期，美国人第一次认识到保护国家遗产的必要性。

可持续设计的一个最好例子就是历史建筑的保护和再利用。美国的文化遗产保护需求起因于19世纪的寻根运动，随着认识活动的发展，保护意识完全灌输到社区大众认识水平之中。第一个得到保护的建筑是乔治·华盛顿（George Washington）的家，房主是佛农（Mount Vernon）先生。19世纪80年代佛农夫人协助建立基金会规划和购买，恢复了故居原样。佛农夫人还协助负责日常维护和接待参观。

到了20世纪，美国人都认可了保护国家财产的要求。大面积的国家景观被建立为国家公园（这是美国发展出的一个概念）、国家级纪念地和历史遗址。1914年国家公园管理处建立，处理这些地方的管理工作和未来需求。20世纪早期，许多住宅和其他建筑物被确定为美国国家遗产并得到保护和修复，成为博物馆。威廉斯堡（Williamsburg）就是其中一个重建的村庄，里面显现早期美国的社区里人民是如何生活和工作的。1933年国家公园管理处组织了美国历史建筑调查（Historic American Buildings Survey，简称HABS）。初步测绘记录了24000栋美国具有历史意义的建筑。

1949年美国“国家自信”历史保护组织（The National Trust for Historic Preservation 简称NTHP）在华盛顿特区成立，它是美国最大的社会组织，致力于历史建筑、历史地区和历史街道的保护。NTHP组织以社会和个人捐赠支持工作，保持了国家历史材料登记处理（the National Historic Register，简称NHR）制度。NTHP还管理成为博物馆的历史建筑，广泛发布关于私人和公共建筑的保护资料，协助在全国范围扩展保护、恢复和复原历史遗迹。不过NHR不明确支持建筑的保护，这点需要重点说明。NHR只是在政府的建筑被提议拆毁的报告审批之前预先需要的一个关于环境认证的说明。如果一个社区决定保持当地的历史风貌，社区必须确立专门法令和法规进行结构性保护。

20世纪50年代、60年代、70年代在“发展”的借口下许多国家遗产被破坏。30年代HABS调查的建筑，半数遭到破坏。意识到国家历史遗产保护的重要性，寻根运动组织游说国会，1980年国家《历史保护方案》得到很大加强。税收减免和补助费（来源于其他重要的立法机构）都促进了保护事业。城市商业区通过主要商业街的项目筹集资金保证其他街区能保存原有特色。商业化操作的修复历史住宅、公共建筑甚至工厂等项目促使设计专业新设计方向的应运而生。

通过寻根运动对个人和各类组织的影响，不管是欧洲殖民时期还是南北战争以后的美国文化遗产可以在建筑群落、历史遗址和各类社区得以保存，就像在国家公园和历史纪念地遗址这样的广阔空间一样。美国人已经意识到保护这些地方的意义。他们知道自然资源、精美的建筑和独特的遗址细节一旦破坏，难以修复，而且许多是不可修复的。

图2-45　建于1910年的美国黄石国家公园老信徒客栈被列入美国国家历史建筑名录。设计师设计了一种乡村农屋形式为人们提供安全的避难场所。设计采用当时流行的维多利亚风格、艺术和手工艺运动手法和瑞典风格细部处理。

## 2.2 现代设计的演变

现代思想的根源可以追溯到工业革命时期，就是从 19 世纪初期到 20 世纪早期。这个时期机器开始制造家具和其他现代日常用品，改变了人们的生活。技术进步和新材料的发展推动了建筑上的革新。例如，金属构件结构可以使建筑构筑成巨大的封闭空间，用在铁路站台、展览馆、图书馆、股票交易场、戏院和其他公共建筑上。

1851 年伦敦举办的第一次世界博览会是现代设计的开始。博览会水晶宫的设计师帕克斯顿（Joseph Paxton）利用玻璃和钢材设计了 1851 英尺长、宽 408 英尺的空间，并且用 9 个月就建成，体现了先进的技术成果。博览会连接了历史和现代设计风格，虽然现代结构和机械化房屋到 21 世纪才出现，但建筑装饰和建筑构件的机械化生产已经开始。

### 2.2.1 维多利亚时期（约 1840—1920）

（1）盛行于维多利亚女王时期。

（2）利用机器制作复杂的图案、产品细部和雕刻，体现怀旧的风格。

（3）其他维多利亚风格包括异国情调追求的复苏（图 2-47）。

（4）各种有图案的墙纸、织物和地毯大量应用于室内装饰。

（5）法国洛可可风格、新古典风格、哥特风格、文艺复兴风格、东方风格和伊丽莎白风格的家具被广泛使用。

卡彭特哥特式建筑

复折式维多利亚风格

安妮女王风格

意大利维多利亚风格

图 2-46 不同的维多利亚风格建筑

伊斯莱克椅

带形刻花红木沙发

图 2-48 典型维多利亚风格家具

图 2-47 当代维多利亚风格室内设计，设计师显示了折衷主义倾向。室内主要包含了都铎风格、摩尔风格、法国风格和希腊复兴风格等，其中地毯图案和大量的饰品传递了维多利亚风格的感觉。（摄影：Phillip Ennis）

## 2.2.2 传统复兴（约 1880—1920）

（1）欧洲中世纪风格的复兴。

（2）最具代表性的项目是由贝利（Charles Baeey，1795—1860）和普金（A. W. N Pugin，1812—1852）合作设计的英国国会大厦。

（3）包括法国学院派艺术风格、古堡风格（Chateauesque，源于法国 16 世纪古城堡建筑，将早期哥特风格和文艺复兴装饰技艺融于一体）、乔治亚复兴风格、西班牙殖民地风格、新古典风格、都铎风格、殖民地复兴风格、法国折衷风格和意大利文艺复兴风格（图 2-50）。

## 2.2.3 早期现代主义

（1）与维多利亚时期和传统复兴有关。

（2）前期设计师反对历史折衷主义。

（3）使用先进技术工艺，如铁结构框架、层压板和平板玻璃窗。

（4）桥梁艺术和技术的发展。

（5）早期的设计来自夏克尔风格（Shaker，其特征为简洁、无装饰、实用并做工精良），这是一个宗教团体，相信美存在于基本的功能和简洁的装饰中。

（6）奥地利设计师托奈特（Michael Thonet，1830—1870），掌握了把木材弯曲成曲线的技术，他的设计今天仍在使用（图 2-51）。

图 2-49　1911 年建成的乔治亚州亚特兰大市装饰艺术风格住宅，位于著名的德鲁山历史保护地区。（摄影：Lynn M. Jones）

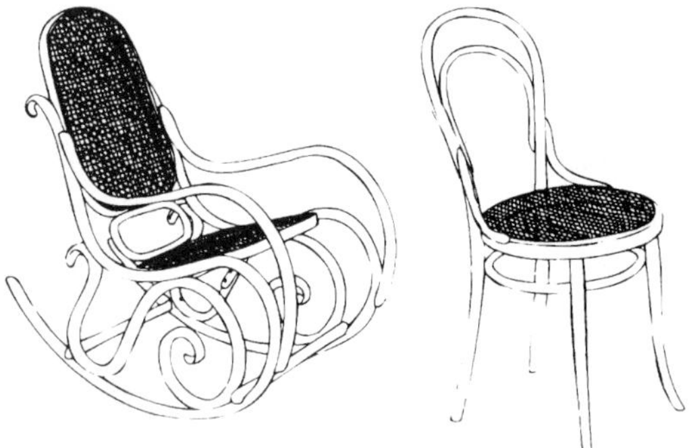

弯曲木摇椅　维也纳咖啡椅

图 2-51　迈克尔·托奈特的弯曲木摇椅和维也纳咖啡椅

图 2-50　博缪公寓（1888—1895）是建筑师理查德·莫里斯·亨特为美国航运大王乔治·威廉·范德比尔设计的仿制文艺复兴古堡风格府邸。

### 2.2.3.1　手工艺运动（1860—1920）

（1）抵制机械制造的产品。

（2）提倡手工家具（图 2-52）和装饰品。

（3）著名英国建筑师和家具设计师有：威廉·莫里斯、查尔斯·伊斯特莱克、爱德华·戈德温、菲利普·韦伯（Philip Speakman Webb，1831—1915）、欧内斯特·吉姆森（Ernest Gimson，1863—1919）和查尔斯·伏伊赛（Charles F. A. Voysey，1857—1941）。

（4）著名美国建筑师和家具设计师有：古斯塔夫·斯蒂克利（Gustav Stickley，1858—1942）、赖特（Frank Lloyd Wright，1869—1959）、理查森（Henry Hobson Richardson）、格林兄弟（图 2-53）和亨利（Charles and Henry Greene）。

（5）格林兄弟发展了豪华别墅设计。

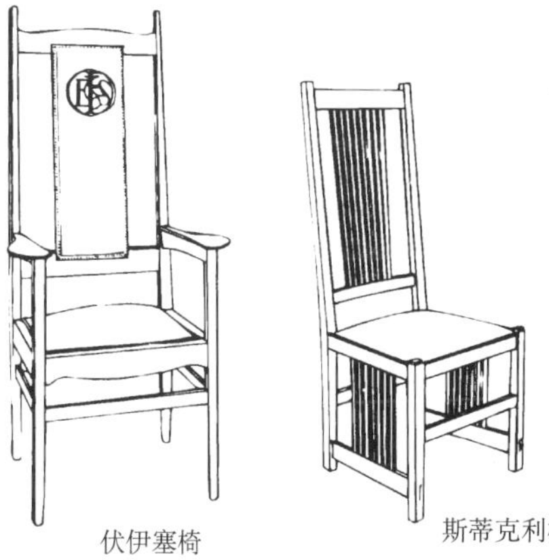


图 2-52　手工艺时期典型座椅

图 2-53　格林兄弟设计的位于加利福尼亚州帕萨迪那市的甘布住宅，是手工艺在建筑中运用的最好样板。下图为甘布住宅室内场景，其中建筑构件和家具均为手工制作。

### 2.2.3.2 摩天楼（1880—1920）

（1）虽然第一幢金属框架建筑出现在纽约，但摩天楼的名称还是与芝加哥的建筑师密切相连。

（2）摩天楼之父路易斯·沙利文（Louis Henry Sullivan，1856—1924）提出“形式追随功能”，为功能主义的设计思想开辟了道路。

（3）许多摩天楼反映了柱式三部分的特点：底层、中间楼层和屋顶（图 2-54）。

图 2-54 W.L. 詹尼的芝加哥家庭保险公司大楼（1883—1885）是第一座全钢构架建筑，他就学于巴黎中央工艺美术学院制造专业，不幸的是办公楼 1931 年被毁。

### 2.2.3.3 新艺术运动（约 1890—1910）

（1）基于自然，有机曲线形式的风格。

（2）主要提倡者包括维克多·霍塔（Victor Horta，1861—1947）（图 2-55）、亨利·温迪（Henri van de Velde，1863—1957）、赫克托·吉玛尔（Hector Guimard）和安东尼奥·高迪（Antonio Gaudi）。

（3）麦金托什（Charles Rennie Mackintosh，1868—1928）把新艺术表现用鲜明的几何形式加以归类。

（4）蒂凡尼（Louis Comfort Tiffany，1848—1933）发展了一种用于玻璃门窗、灯罩和其他装饰品的最著名新艺术风格的彩绘玻璃设计。

图 2-55 塔塞尔住宅（1892—1893）位于比利时布鲁塞尔，是维克多·霍塔的著名住宅设计之一，也是最早的新艺术风格的私人住宅之一。旋涡形装饰布满建筑，优雅的楼梯扶手和踏步板是铁制品。

赫克托·吉玛尔的新艺术风格椅

安东尼奥·高迪的新艺术风格椅

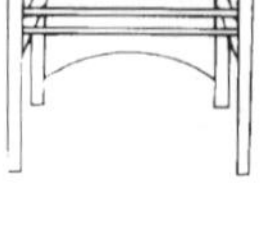

麦金托什阿盖尔椅

图 2-56 新艺术运动典型家具作品

## 2.2.4 现代风格

### 2.2.4.1 有机建筑（约 1894 至今）

（1）建筑的特征表现为“如出自于自然环境”。

（2）最重要人物是赖特。

（3）赖特发展了草原风格住宅（图 2-57）。

### 2.2.4.2 国际风格（20 世纪初至 50 年代）

（1）国际风格的基本内涵是功能主义和线条纯净。

（2）设计术语遵从美国建筑师菲利普·约翰逊（Philip Johnson）的理念（图 2-63）。

（3）常用材料包括钢筋混凝土、钢和玻璃。

（4）开放的建筑平面和大面积延展的玻璃窗。

（5）国际风格运动推动了设计发展的一些全新风格的出现：

分离派：以奥地利瓦格纳（Otto Wagner，1841—1918）为首的一个艺术运动，宣称要和过去的传统决裂，主张造型简洁和集中装饰。

风格派：以荷兰为中心的设计流派，把设计元素减少到最基本，甚至颜色只包括红、蓝、黄、黑、灰和白。代表人物有画家蒙特利安（Piet Mondrian，1872—1944）、建筑师里特维德（Gerrit Reitveld，1888—1964）（图 2-58）。

包豪斯：德国实验性设计学校，提倡简单设计风格，追求最纯粹的功能及恰当比例的机械制造。著名人物有格罗皮乌斯（Walter Gropius，1883—1969）和密斯·凡·德·罗（Ludwig Mies van der

图 2-57 流水别墅（1936）是赖特的现代住宅设计作品，位于宾夕法尼亚州匹兹堡附近的一处瀑布之上。体现了设计师的哲学理念：建筑应该来自大地。

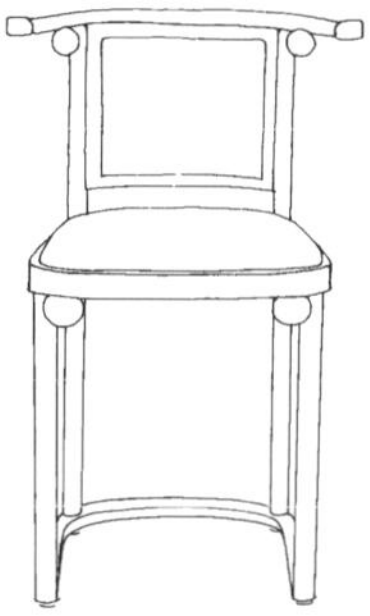

约瑟夫·霍夫曼的蝙蝠椅

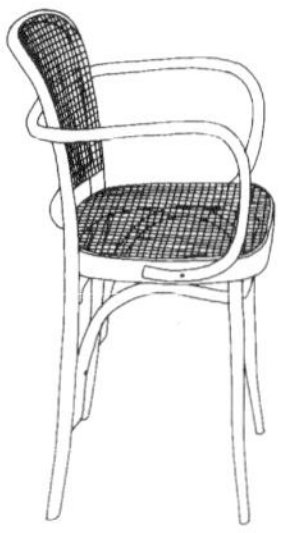

约瑟夫·霍夫曼的布拉格椅

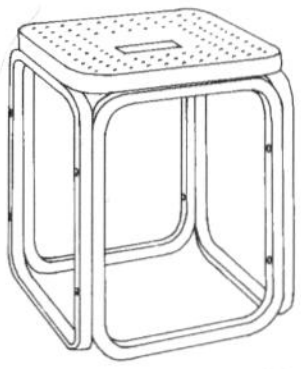

奥托·瓦格纳的分离派风格椅

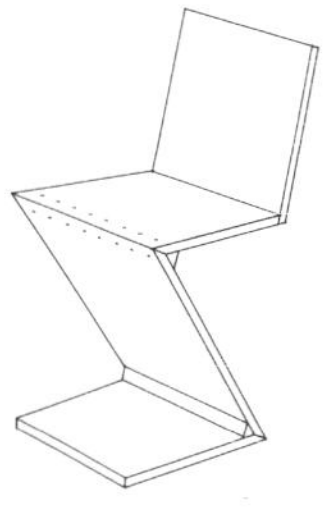

吉瑞特·里特维德的“Z”形椅

约瑟夫·霍夫曼的汉斯椅

图 2-59 国际风格的典型家具作品

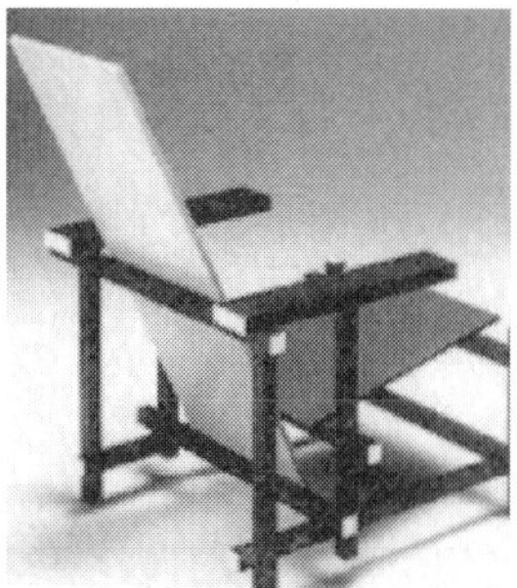

图 2-58 最好的风格派家具作品是红蓝椅（1918），荷兰的里特维德设计，采用抽象的木结构构架原理，色彩有红、蓝、黄、黑。

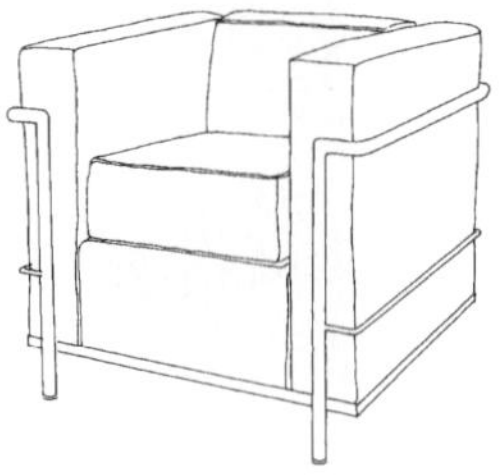

图 2-60　建筑及家具设计大师马歇·布劳耶的经典包豪斯家具，从左到右，塞斯卡椅、辣椒桌和瓦西里休闲椅，都是布劳耶在包豪斯教学时期的作品。最右侧的沙发是他 1935 年在英格兰设计的。

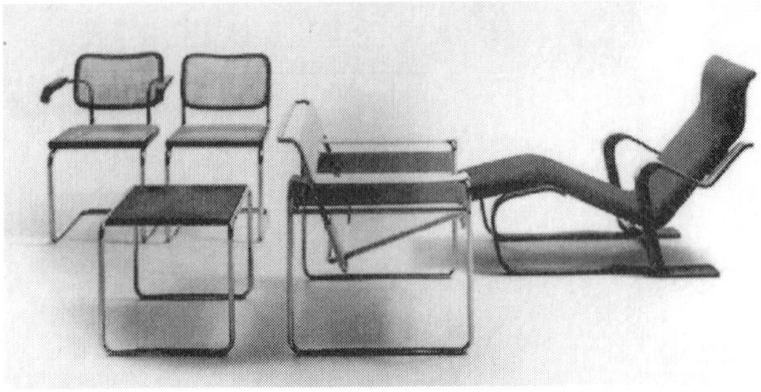

图 2-61　密斯·凡·德·罗的巴塞罗那椅和柯布西耶的安乐椅

图 2-62　柯布西耶的萨沃伊别墅：开敞露台，三层屋顶花园。柯布西耶认为：这是居住的机器。

图2-63　建筑师菲利普·约翰逊设计的位于康涅狄格州纽卡纳安的“玻璃房”，主要采用玻璃墙面和密斯·凡·德·罗的巴塞罗那椅。（摄影：Bill Maris）

Rohe），密斯的名句是“少就是多”。

勒·柯布西耶（Le Corbusier, 真名是 Charles-Edouard Jeanneret-Gris，1886—1965）：现代建筑巨匠，设计作品有萨沃伊别墅（Villa Savoye，1928—1930）（图2-62）、朗香教堂（the chapel at Ronchamp）和家具杰作。

### 2.2.4.3　装饰艺术风格（约 1909—1940）

（1）装饰艺术风格提倡完全的几何形状，如金字塔、中亚神塔（梯形金字塔）、锯齿形和太阳光四射形状。

（2）灵感来自电影和戏剧的魅力，还有爵士音乐、非洲艺术和新科技。

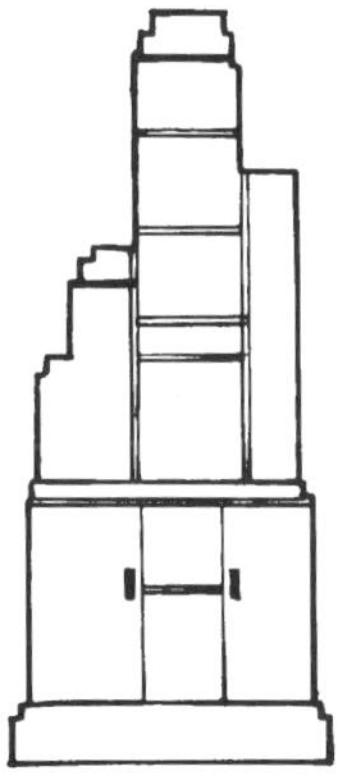

图 2-64　保罗·法兰克促进了 20 世纪二三十年代美国家具的发展，并将独特的美国高层建筑设计灵感作为一种艺术装饰风格主题被用于自己的作品之中。

图 2-65　老沙里宁 1929 年在克兰布鲁克艺术学院设计的蓝椅，蓝色漆框配以金箔的艺术装饰。

### 2.2.4.4　二战以后风格（20 世纪 50—70 年代）

（1）新建筑风格出现（图 2-66）。

（2）以设备和材料为代表的新技术出现。

（3）独特的斯堪的纳维亚设计师，有阿尔瓦·阿尔托（Alvar Aalto，1898—1976）（图 2-68）、汉斯·威格纳（Hans Wegner，1914—2007）。

（4）意大利设计师维科·马吉斯特提（Vico Magistretti，1920—）对高分子材料深入研究和应用。

（5）美国设计师有下面几位：

查尔斯·伊姆斯（Charles Eames，1907—1978）：美国设计师，将多层胶合板椅从双向弯曲发展到了三维曲面椅，成为家具设计的杰出人物。

艾罗·沙里宁（Eero Saarinen，1910—1961）：芬兰裔美国建筑师，他曾设计了密歇根州通用汽车技术中心（1951—1955）和纽约市肯尼迪国际机场候机楼，以其胎式椅和郁金香球椅知名。

野兽派艺术的发展是以国际主义风格的对立面而发展的，代表作品是耶鲁大学艺术馆（1954）。

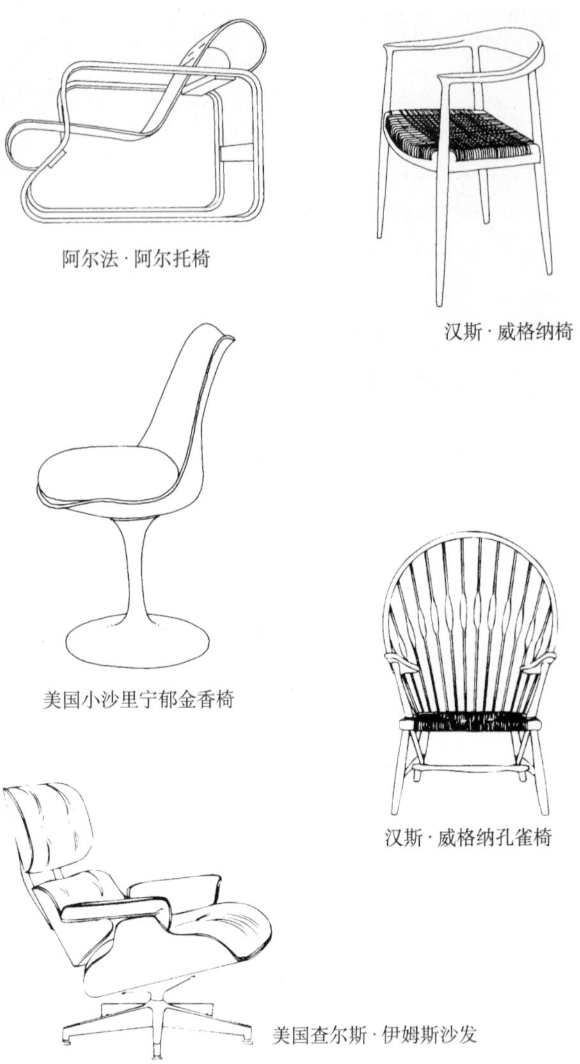


图 2-67　现代主义风格的杰出作品

图 2-66　1967 年蒙特利尔世博会穹顶帐篷美国馆，富勒设计，是构造化几何圆顶建筑，获专利的建筑形式。

图 2-68　芬兰设计师阿尔托 1946 年设计的悬臂椅和桦木桌，采用桦木层压板作为主要材料，是斯堪的纳维亚现代家具的杰出设计作品。

#### 2.2.4.5 后现代风格（20 世纪 60 年代至今）

（1）风格借用了过去的风格。

（2）主要代表有格雷夫斯（Michael Graves，1903—1972）、文丘里（Robert Venturi，1925—）、摩尔（Charles Moore，1925—1993），以及把后现代主义归结为文脉主义、隐喻主义和装饰主义的美国建筑师斯特恩（Robert Stern）。

（3）家具设计风格包括手工艺复兴、艺术家具、人体工程家具和为配合工作场所而制作的家具。

（4）其他后现代时期的设计趋势通常分为四类：

高技派：注重工业技术的倾向，创新地采用工业化部件和预制化装配。

孟菲斯风格：后现代主义的设计流派，推崇风格、色彩和形态的自由表现。

新古典主义：受古希腊设计影响，倡导古典、简洁优雅。

解构主义：对现代设计领域的极端否定，代表人物是盖里（Frank O. Gehry）（图 2-73）。

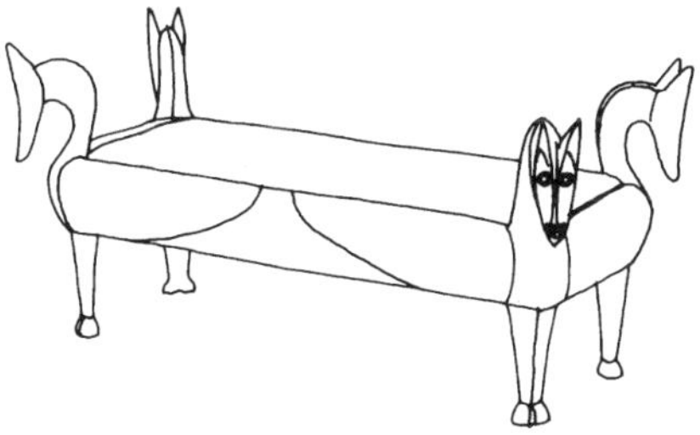

朱迪·玛柯设计的马形长凳

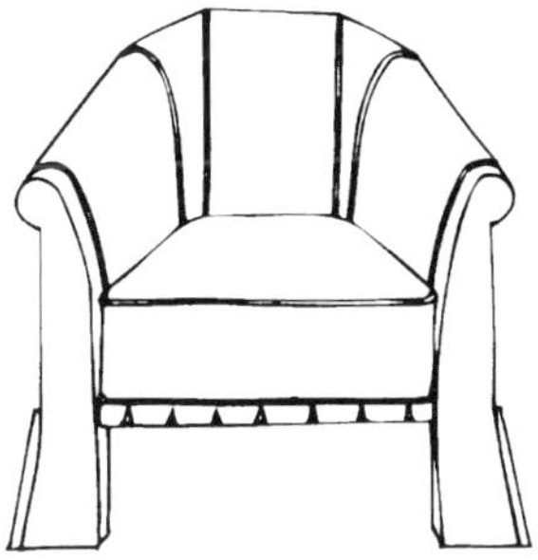

后现代的格雷夫斯椅

后现代的文丘里椅

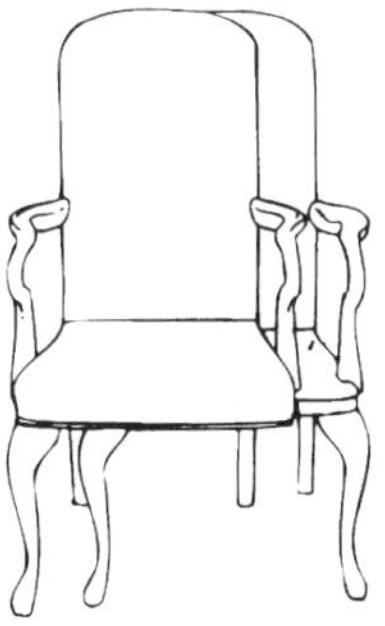

特伦斯与劳拉设计的安妮女王风格艺术家具

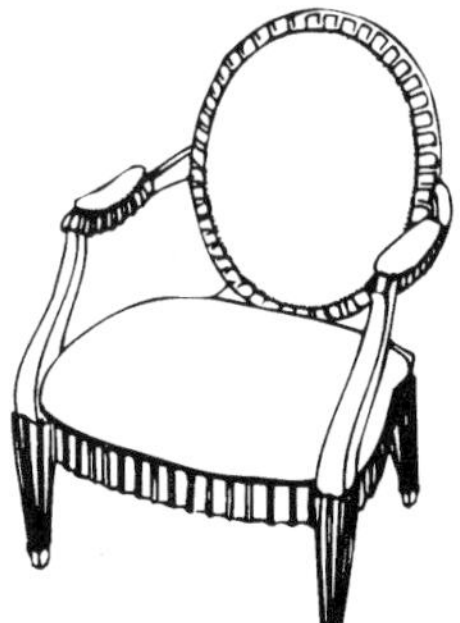

现代经典安吉拉·冬黑尔凹槽椅

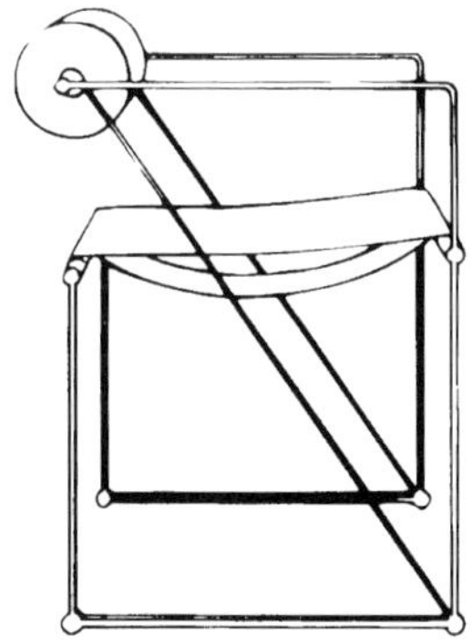

意大利马里奥·博塔设计的设计作品

图 2-69　后现代风格的家具

图 2-70　达科塔·杰克逊设计了许多功能多种多样的家具。

图 2-71 迈克尔 · 格拉夫 1986 年在新泽西设计的后现代住宅。入口处埃及风格的柱头笼罩在高处的灯柱之中。而在远处的起居室，壁炉主宰了空间。

图 2-72 这个独特的现代沙发采用亮色的织物软垫显示出孟菲斯风格，来自 1981 年奥地利出生的意大利设计师爱托尔 · 索特塞司的创意，提倡自由表达，特别是多种色彩和图形的组合。

图 2-73 1997 年建成的西班牙毕尔巴鄂的古根海姆博物馆，设计师弗兰克 · 盖里创造性地采用钛板覆盖的曲线形外轮廓。

### 2.2.4.6 新现代主义（20 世纪 60 年代至今）

（1）产生于后现代社会背景。

（2）继承了现代主义，但对现代主义加以改良，发展和丰富了现代主义。

（3）成为一种重要的设计倾向。

（4）代表人物有安藤忠雄、贝聿铭，著名的“纽约五”。

## 本章小结

我们很难指出下个百年的室内设计发展主流。当前的流行趋势可能只是有一个设计运动的开始，设计似乎永远处在一个理念循环的过程中。

## 风格的选择

对以上这些设计风格的学习，可以让你认真考虑如何在当前的室内设计中对设计风格流派的取舍和铺陈。选择某一设计风格，需要完全了解业主对此的感受。通常古典风格、新现代风格、田园风格、后现代风格和折衷风格会对业主有一定指导作用。

### 古典风格

古典风格是古代设计风格的精心提炼。许多古典设计风格都源于 18 世纪和 19 世纪早期的西方繁荣时期，当时艺术活动兴旺。这个时期的法国和英国家具风格尽显富贵、大气和高雅。有些风格的家具经调整和修改，既保持原有特色又适应了现在的需要。传统风格的范围包括有英国的安妮女王式、奇彭代尔式、亚当式、赫波怀特式和谢拉顿式；法国宫廷风格的路易十五式、路易十六式和帝政式；美国联邦式等。

### 新现代风格

主要强调既具理性、重视功能，与环境融合，又体现设计师个性和文化内涵。新现代风格气氛可以通过现代家具、装饰品和室内背景装饰的配置所产生的雅致的装饰环境形成。新艺术风格、装饰艺术风格、新古典风格和后现代风格的家具都很适合。

### 田园风格

从历史上看，田园风格的家具都产于乡村。这种家具采用当地木材和手工技术，模仿精美奢侈的家具。乡村的室内装饰通常是手工的，简朴而简单，外观平常。家具观感朴实、舒适而粗糙，多种地区风格家具可以相互搭配，哪怕有些历史久远的家具都可以相互组合，显现田园魅力和休闲气氛（图 14-6）。最普遍的能够产生这种感觉的是美国殖民地风格、英国中世纪风格、法国乡村风格和西班牙风格。

### 后现代风格

无数风格形式的现代家具充斥市场，主要是欧洲、东方和美国设计师的作品。一个后现代风格家具的产生通常是不经意构造的选定和混合饰面、简单材料、朴素表面的使用（图 14-1）。后现代家具还采用有趣、有形的设计。塑料和可变家具也属于这个类型。后现代家具风格与斯堪的纳维亚风格非常相似，受到日本元素和手工艺复兴风格的启发。

### 折衷风格

折衷主义设计不是大杂烩。家具的尺度和选材制作是有具体要求的。通常是一些元素的整合以表达主题。例如田园风格的形成，重点是不要太正式，所有的田园风格家具不论在哪里使用都是折衷设计的结果。而传统家具的形成中，庄重是重点，几乎所有的精髓都能够进行组合成为美好的新家具。折衷主义风格可以利用在大胆而富于想象的室内空间（图 14-3）。

任何形式的房间，室内表现都不能过分单一，否则会有单调的感觉。有惊喜才有情趣。例如，一把维多利亚椅放置在现代空间会为房间增色。一个现代风格的沙发会使展示空间新颖、前卫。而经过仔细推敲的现代装饰背景会成为高艺术价值古董的最有效背景。

## 推荐阅读书目

意大利设计．腾守尧．四川人民出版社，2000.

20 世纪风格与设计．腾守尧．四川人民出版社，2000.

西方历代家具风格．董玉库．东北林业大学出版社，1990.

室内设计原理．来增祥，陆震纬．中国建筑工业出版社，2006.

现代建筑设计思想的演变．汪坦．中国建筑工业出版社，1987.

# 设计基础

# II

*Design Fundamentals*

图 II-1　美国迪斯尼的飞鱼餐厅，“鱼”概念渗透设计的各个要素。怪诞的形态似乎要将用餐者吞没。餐厅采用过山车、跳伞、鱼身和鱼尾、鱼形灯具等元素，应用抽象的、梦幻般的色彩，创造了超越现实的快感和神秘感的氛围。（设计：Dorf Reber 团队；摄影：Peter Paige，迪斯尼企业）

每一种文化，都是从视觉认知开始的。孩子从出生开始学习字母、拼读、语法，通过拼读训练写作能力，并综合应用得以完美的表达。同样，室内环境设计也需要掌握视觉认知的特性。

## 环境认知

对环境的知觉是连接行为与环境的重要心理过程，人由于受到物理环境的刺激而获得感知，从而对各种心理活动产生效果，这被称为物理环境的知觉特性。我们要想在环境中有所行动，第一步就是要了解环境，用视觉、听觉、嗅觉、触觉、味觉等感觉接受环境信息。在人的各种感官中视觉最为重要，人们从外界接受的信息中有87%是通过眼睛的。人不仅能够使眼睛自动记录看到的关键要素，而且能对视觉信息进行组织和分类。典型的例子就是卢宾反转图形（图II-2），白色的杯子和黑色的双人侧面像可互为图形和背景。这说明图形与背景的关系是相对的，

图 II-2　在这个例子中，眼睛试图探寻图形的含义：图形可以是互相对视的脸部的侧影，可以是杯子。

在某些人看来是图形，而另一些人会将之看成为背景，这就是“图形背景理论”，即人们倾向于将物体理解为背景上的图形，这有助于我们看清这个五彩缤纷的世界。图形较清晰，背景较模糊；图形较小，背景较大；图形是注意力的焦点，背景是图形的衬托。当然，运动着的图形在静止的背景上往往容易被感知，如街道上的人和汽车、喷泉和瀑布、闪烁的霓虹灯，通常都能抢占人们的视线。不过动与静是相对的，动背景前的一个静物和静止背景前的动者均为注意力的焦点。一般来说，图形与背景差别越大，图形就越容易被感知。

环境知觉依赖于环境信息和知觉者自身的经验，事实上我们一切经验、知觉和情感的各种因素都同时在起作用，不可分割。环境知觉有以下几个特点：

- 知觉的意匠作用：知觉是一个主动的过程。一条笔直的道路，虽然看似两边路缘石的延长线会交在一起，但我们却知道它们是平行的，这说明经验与知识起着支配作用。
- 知觉常性：一张方桌子，无论它在视网膜上形成何种图形，它总是被看成方形的，因为感知桌子的是人，而不是视网膜。这些知觉常性是人类不断学习并反复强化，建立牢固的心理表象的结果。

## 格式塔心理学

知觉活动意味着辨认形态，这

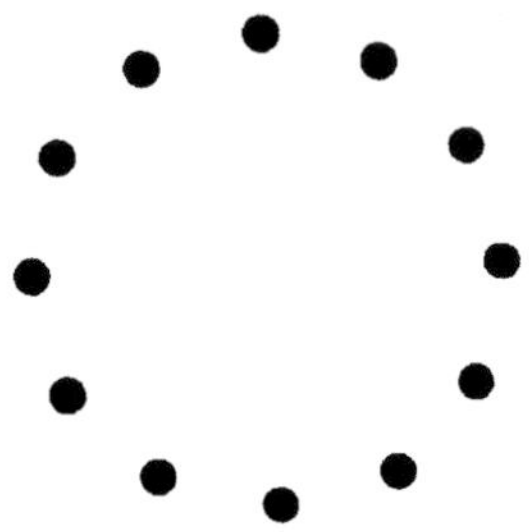

图 II-3

方面有杰出贡献的就是格式塔学派，他们提出的重要概念就是“言简意赅”，即任何图形都以尽可能简单、清楚和易于理解的方式被感知。见图 II-3，你首先感觉到的是一个圆还是 12 个点？其中有下列三条规律：

- 接近律：当一些对象的位置靠得很近时，人们在感觉上往往把它们当做一个整体来接受。例如，图 II-4 虽然有 11 个截然不同的图形，眼睛却按照相近性的原则把这些图形自然分成三组。图 II-5 与此相同，图中布置了 13 件家具，设计师利用相似性把它们分成三个会客区。
- 相同律：人们可以立刻辨认出相同或相似的形状和图案，并理解成一组。在图 II-6 中，眼睛趋向于把三角形和圆形组织成有秩序的斜线。设计师在陈列客户的藏品，或者为酒店的宴会厅选择不同的椅子时，可以采用这种组织形式。图 II-6 验证了物体的排列如何引导眼睛按照期望的方向运动，这个例子应用了对角线布局。
- 连续率：一个不完整的形体在眼睛看来是连续的、完整的，

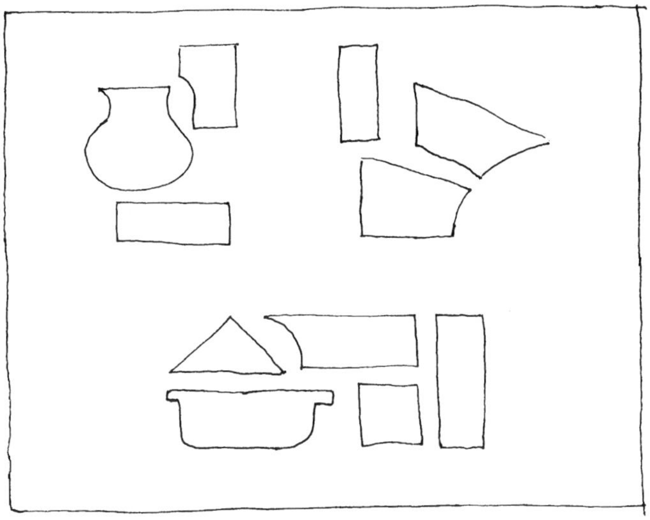

图 II-4　利用相似性组织要素

图 II-5　利用相似性组织相关要素进行室内的平面布局

眼睛对所表达的图像的认知具有整体性，这是人类认知的感觉闭合特性。在图 II-7 中，眼睛感知的是正方形和圆形，而不是一系列的直线。这种技术被用在常用的标志设计中，虽然世界上存在 3000 种语言，标志因为具有视觉认知特性，跨越了语言差异的障碍，如图 II-8，眼睛完成对男性和女性形体特征的捕捉、对不许吸烟和残障标志的理解。设计师在空间不具有四面墙体、顶面和地面围合时，通常利用感觉闭合特性进行设计。眼睛可以通过感知吊顶高度、质感、形态或色彩的变化界定空间，甚至有时仅仅是一块艺术地毯就可以限定客厅的会客区。

## 认知容量

心理学家早已经认识到人的认知能力是有限的。例如，路上撒了一把五颜六色的石子，人能立刻记住的石子数量不会超过 7 颗。这种注意力的局限性对设计师有很大的启示，一个过于复杂的环境看起来会凌乱不堪，如何把各视觉要素组织在少数几个系统中是视觉形态设计的关键之一。

## 对环境的无意识

“熟视无睹”这一成语最能贴切地说明人的这一特性，我们往往主动观察环境的某些方面，却同时忽略了另一些方面。

## 个体差异

同样的环境，不同的人会有不同的知觉和反应。不同的知觉能力、不同的经历、感知者不同的目标，都会导致不同的环境知觉。

图 II-6　利用相似图形的有序排列产生视觉倾向性

图 II-7　利用感知闭合特性感知图像

图 II-8　标志利用了视觉认知特性：男生和女生的标志利用了形态的近似效应。请勿吸烟和残障标志利用了感知闭合特性，即眼睛可以自动填补图像的空隙和细节感知图像的整体。

## 形式组合

一般的建筑物总是由许多空间组成的，包含单一空间的建筑物寥寥无几，按照这些空间的功能、相似性或用连接通道，将一个建筑物的各个空间，彼此联系起来，这就是组合。弗朗西斯·钦（Francis Ching）在《建筑：形式、空间、秩序》一书中讲述了形式和空间组合的五种形式：集中式、线式、辐射式、组团式和网格式。

- 集中式的形式作为视觉的主体，要求有几何的规则性、位置集中的特征，如球体、圆形或多面体。由于它的集中性，所以这些形式同样具有点和圆的自我向心性。建筑作为环境中的一个独立单体，或空间中的控制点，或在一定范围内占据中心地位等。它可以具体表现神圣或崇高的场所，或纪念具有重要意义的人物或事件。它的组合是在一个中心主导空间周围组合一系列次要空间。如文艺复兴时期带中央圆形大厅的别墅就是上层社会集中式布局的范例。
- 线型形式是沿轴线方向布置一系列形体的方式，它可以起到组合要素的作用，各种形体可以依附于它而进行组合。在机场登机口设置时，很多设计师是按照线性组合的。另外，超高层建筑是按垂直方向设置的线型形式。
- 辐射式的组合常见于处理行李的航空终点站，即内部的工作处于中心的位置，服务如同聚集的车轮的辐条从中心区域向四周扩散。有时小学的平面布局也是基于辐射的方式，以餐厅、体育馆、艺术或者音乐教室等常用的公共设施为中心，围绕它设置各个不同的年级、班级。它是把集中式和线式合二为一，中心位置是象征性或功能性的核心，可以设计成视觉上占主导地位的形式，或者能和放射出的翼部结合变成它的附属部分。这些翼部可以伸出去，并使自身与环境特定面貌发生关系，或依附于该环境。长长的外表面可朝向所需要的日照、风向和景观。
- 组团式是根据位置接近、共同的视觉特性或共同的关系而组合的空间。它缺乏集中式的内向性和几何规则性，它的组合灵活可变，可以由尺寸、形状和功能上大致相等的形式组合而成，以适应多种大小、形状和区位的场地。第 4 章中美国联邦快递公司的设计案例最初就是基于组团的构想。
- 网格平面布局的典型案例解释开放式办公空间的工作单元布置，参见图 II-10 和图 II-11 提供的三得利集团的项目资料，就是网格平面布局。网格组合需要注意灵活处理，避免呆板。如图 II-9 可以有组织地将网格看成是网络图、流动的河水或者一组卵石。

图 II-9　有机图形应用网格形式排列

## 概念引导

概念是最初设计时的要素。通常设计师会通过一系列图片向客户传递一种视觉刺激，引导客户从图片中了解设计师对项目设计方案的基本的思想。例如，在美容店设计时会选择大海、卵石、树叶等画面给客户建立一个“自然、放松、营养”的美容概念。还有在办公空间设计时，会选择在洒满阳光的树林中操作电脑的工作画面，以此说明“阳光、空气、树木和群体生活”是工作理想状态的概念。这就说明，在空间的设计特征中，要优先考虑与概念有关的物理特性和抽象特性。

飞鱼餐厅（图 II-1）就是一个概念设计的典型案例。餐厅的名字来源于过山车盛行的时代。首先，设计师设置蜿蜒曲折、穿越黑暗隧道并从百米高空坠落的过山车，反映了冒险者的心态。其次，抓住过山车的衍生产品，即依赖惯性旋转的汽车飞鱼。所以，餐厅在很多方面体现了上述概念：长条形餐椅的形状类似于过山车上的固定座椅；地毯采用在波浪和沙滩图案之间逆流而上游动的飞鱼的图像，让人产生海浪景象的联想。可以看出，概念使项目具有整体性和特征性，是设计师确定设计方案的参考因素。概念的形成可以参考公司的业务特征、企业形象或典型产品；也可以以客户喜爱的歌曲、绘画作品或诗歌为参考；也可以发源于设计师的设想。学生可以利用这个主题，以水果、蔬菜、狗的衍生，或者汽车作为设计的基本概念，设计一个房间。

---

**相关链接**

国际视觉认知协会 http://www.ivla.org

国际视觉认知协会生理研究部 http://www.ivla.org/news/rdocs/vlbib

---

## 推荐阅读书目

建筑：形式、空间和秩序.（美）弗朗西斯·钦. 邹德侬，方千里译. 中国建筑工业出版社，1987.

自然设计.（英）艾伦·鲍尔斯. 王立非，刘民，王艳译. 江苏美术出版社，2001.

# 设计案例 三得利集团概念设计的发展过程

三得利集团（Suntory Water Group）项目阐述了概念的设计过程。这是三得利集团向顾客介绍公司升级水产品和客户代表熟悉水产品的电话客服中心。以前多数三得利客服中心都是住宅性质的小公司。这次新的水业务客服中心设计工作由Idea/Span设计公司承担，单层楼面积1880m$^2$。下面的一系列图表（表II-1和图II-10～图II-13）是讨论概念如何转化为形式，来解决设计问题的。

值得注意的是不同专业人士之间，以及专业和非专业人士之间的知觉差异。人一旦接受了正规的职业教育之后，看待世界的方式也会变得很特殊。很多调查发现，设计人员和非设计人员在环境评价上有显著差异，甚至不同的设计团队之间也有分歧。第3章通过设计要素和设计美学原则的阐述，为设计风格、结构和装饰设计作铺垫。这些要素和原则能够增强认知和概念理论。

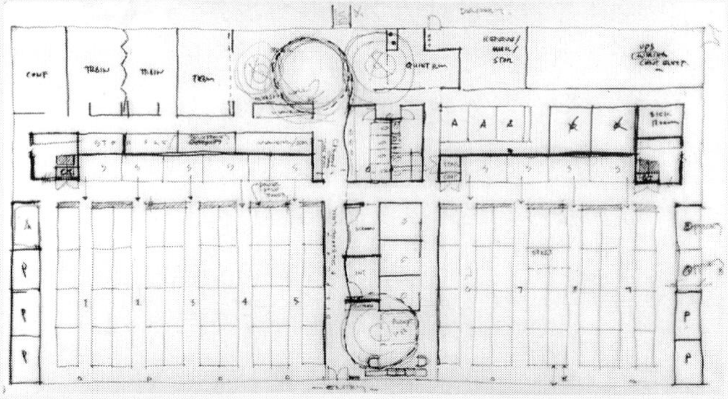

A

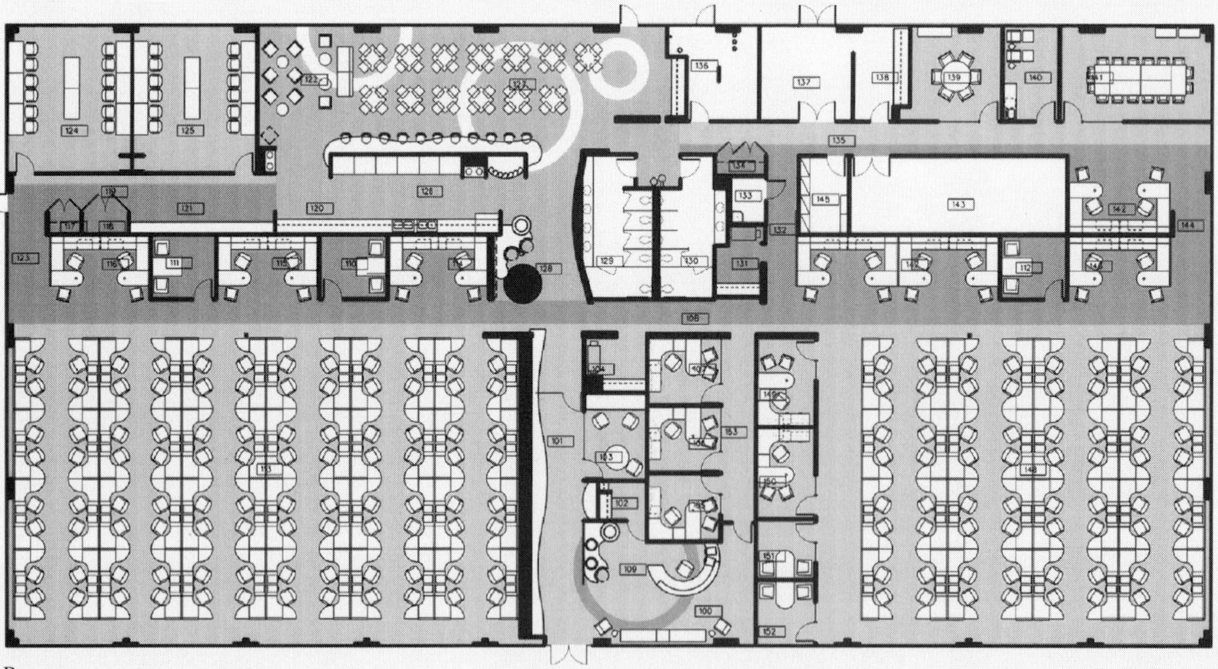

B

图II-10　基于概念和图解设计的寓意，设计了包含设备、家具的平面布置图。概念1（针对客户代表）设计了一个空间，以鼓励客户服务代表与客户接触并在不同的领域熟悉所有的产品；概念2创造一种空间氛围，使客户服务代表的形象因为所处空间而被提升；概念3是维护业主和潜在客户的健康。本图是按照这种理念设计的平面图。

**表 II-1　三得利公司项目需求**

| | | | |
|---|---|---|---|
| **私密空间** | | | |
| **面积和说明** | **总人数** | **面积（$m^2$）** | **扩展需求面积（$m^2$）** |
| 高管办公室 | 5 | 12 | 60 |
| 督导员 | 9 | 8 | 72 |
| 客户服务代表 | 135 | 4 | 540 |
| 行政人员 | 7 | 8 | 56 |
| 小计 | 156 | | 728 |
| 扩展需求系数（0.5） | | | 364 |
| 职员总和 | 156 | | 1092 |
| **公共空间** | | | |
| **面积和说明** | **房间数量** | **面积（$m^2$）** | **扩展需求面积（$m^2$）** |
| 服务功能需求 | | | |
| 高管办公室 | 5 | 9 | 45 |
| 项目团队办公室（16 人座） | 1 | 4 | 4 |
| 计算机培训中心（24 人座） | 1 | 8 | 8 |
| 会议室（12 人座） | 1 | 4 | 4 |
| 接待室 | 1 | 6 | 6 |
| 放映室（2～3 人座） | 1 | 10 | 10 |
| H.R. 文件区 | 1 | 12 | 12 |
| 信息中心 | 1 | 30 | 30 |
| 设备区 | 2 | 10 | 20 |
| 休息区（50 人座） | 1 | 120 | 120 |
| 接待区（4～6 人座） | 1 | 50 | 50 |
| 静音室 | 1 | 20 | 20 |
| 康复室 | 1 | 10 | 1 |
| 存衣间 | 4 | 2 | 8 |
| 储藏间 | 3 | 8 | 24 |
| 小计 | | | 342 |
| 扩展需求系数（0.45） | | | 154 |
| 服务功能总需求 | | | 496 |
| 计算机功能需求 | | | |
| MDF/UPS 房间 | 1 | 80 | 80 |
| 配电室 | 1 | 15 | 15 |
| 数据中心 | 1 | 10 | 10 |
| 休息室 | 2 | 45 | 90 |
| 值班室 | 1 | 6 | 6 |
| 小计 | | | 201 |
| 扩展需求系数（0.45） | | | 90.45 |
| 计算机功能需求总量 | | | 291.45 |
| **统计** | **总人数** | | **总面积（$m^2$）** |
| 职员 | | | 1092 |
| 服务功能需求 | | | 496 |
| 计算机功能需求 | | | 291.45 |
| **总计** | **156** | | **1879.45** |

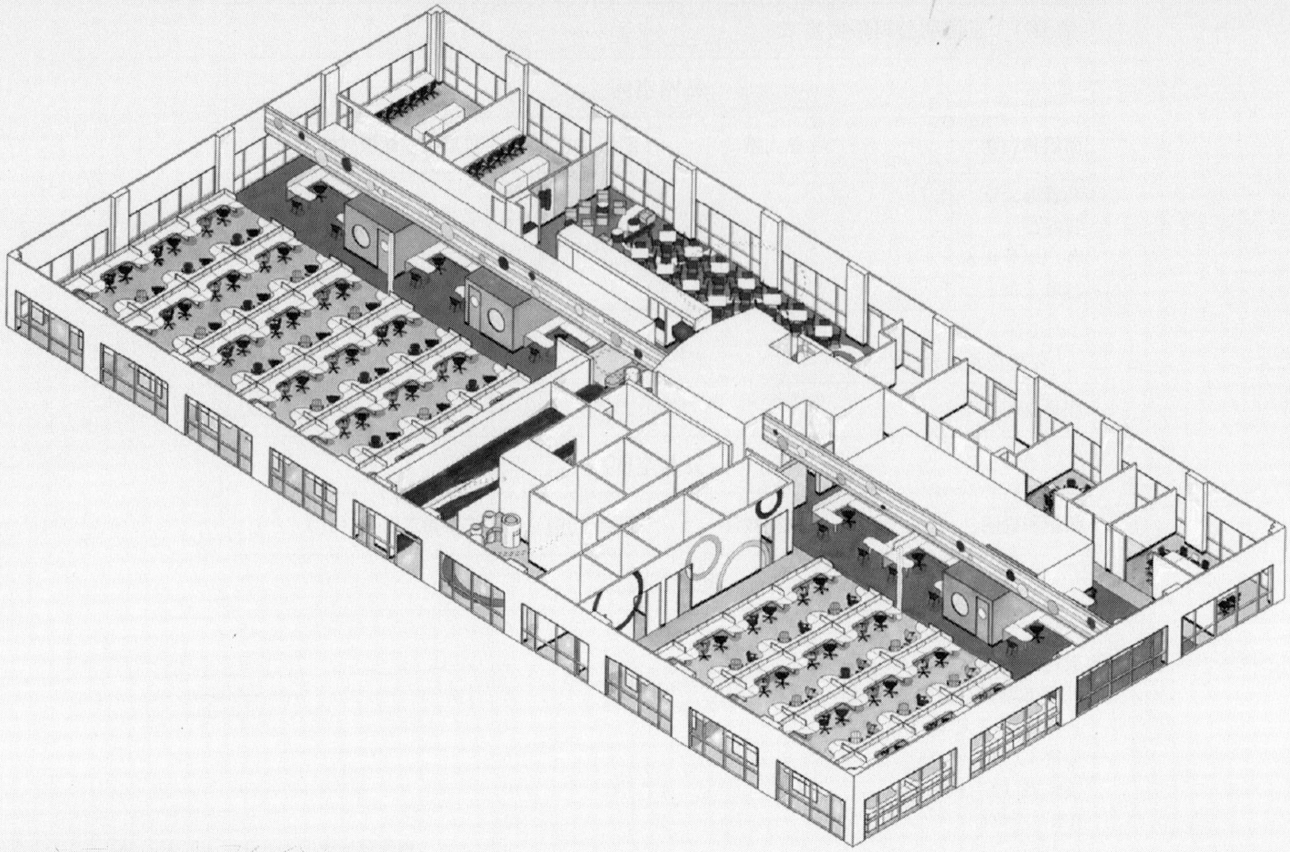

图 II-11　在设计发展阶段继续发展和深化设计方案。把产品融合在入口的一面展示墙上，体现了概念 1 的精神。概念 2 也利用了展示墙，向客户服务代表介绍每月新产品。空间使用了带有水的形象的材料，地毯和室内建筑也都融合了波浪图案。休息室是一个“退避的区域”，职员可以聚集在一起，坐在沙发上进行更多交流。在工作区域的布置中坚持人体工程学的原理。以此形成更加直观的三维轴测投影图。

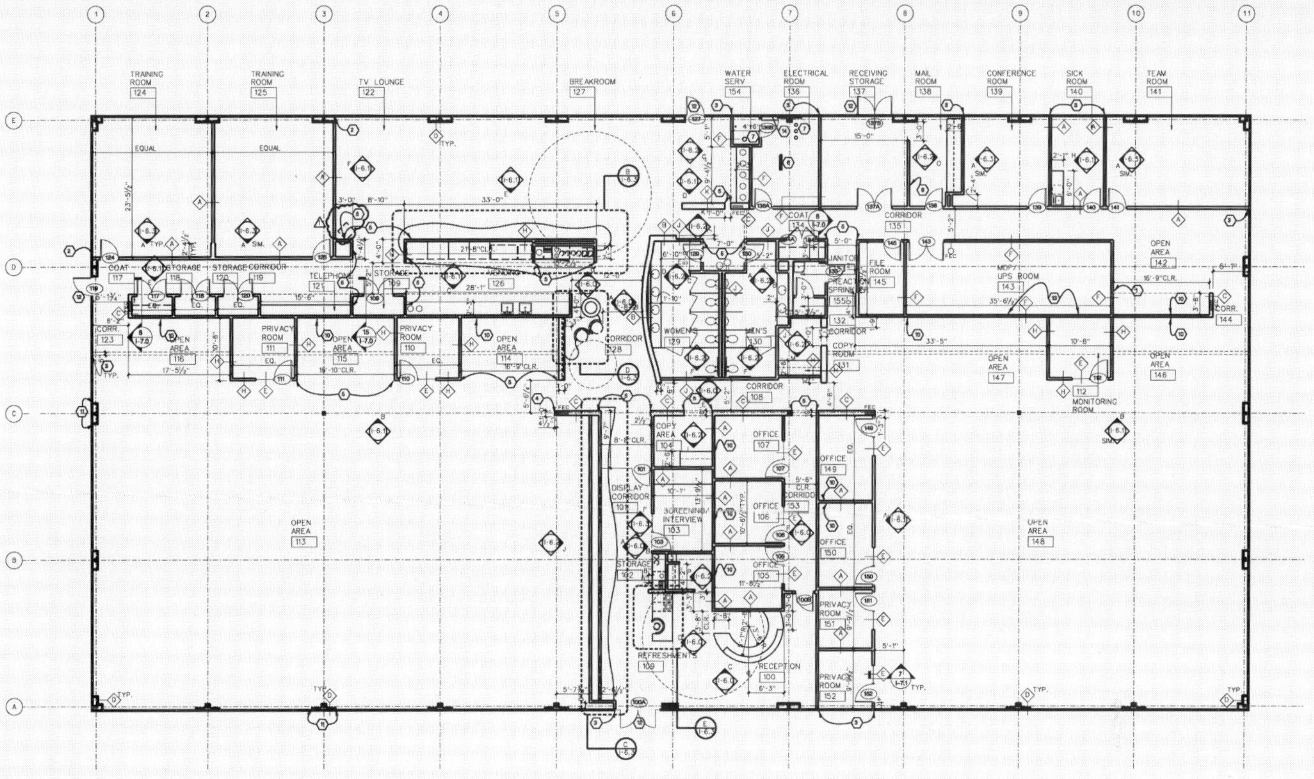


A

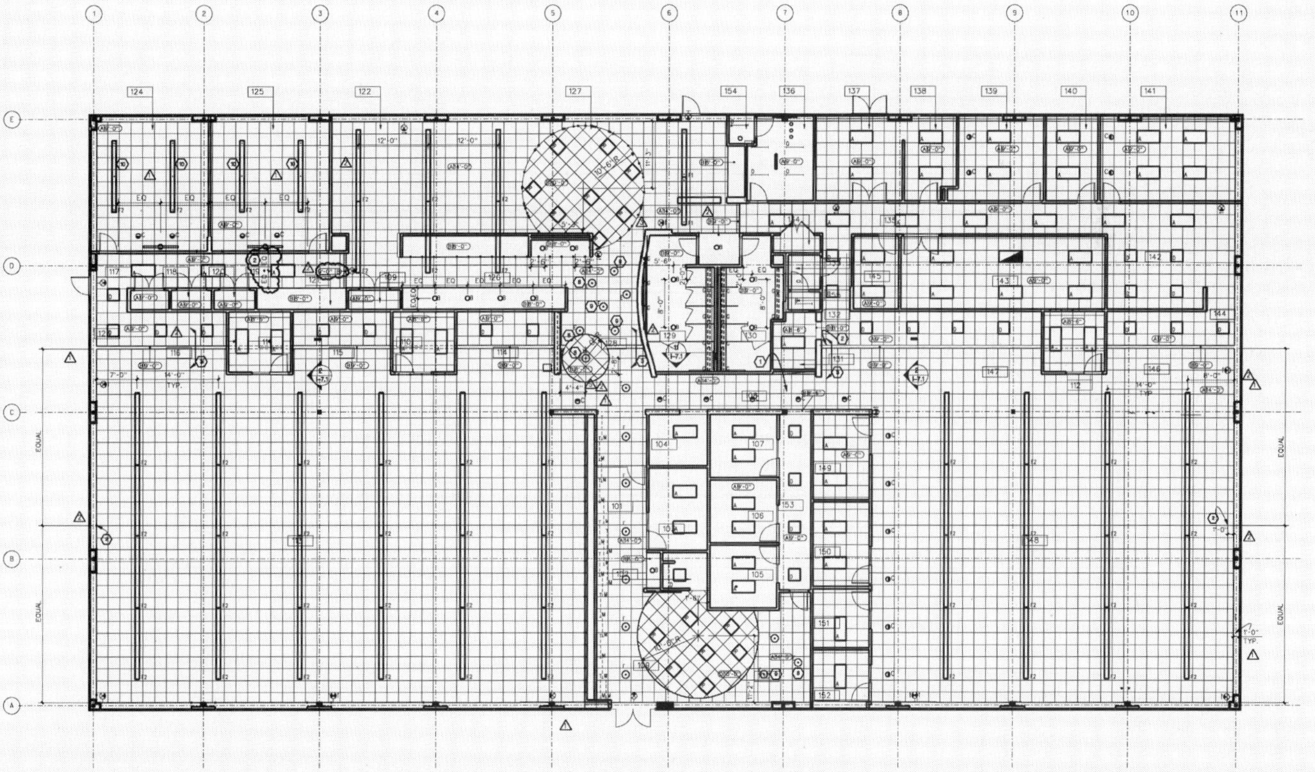

B

图 II-12 在设计文件阶段，制定了一系列的家具说明书，并请机电公司绘制设备结构图和电路图等。系列图纸中包括顶面布置图、家具布置图、接待区域的立面图。

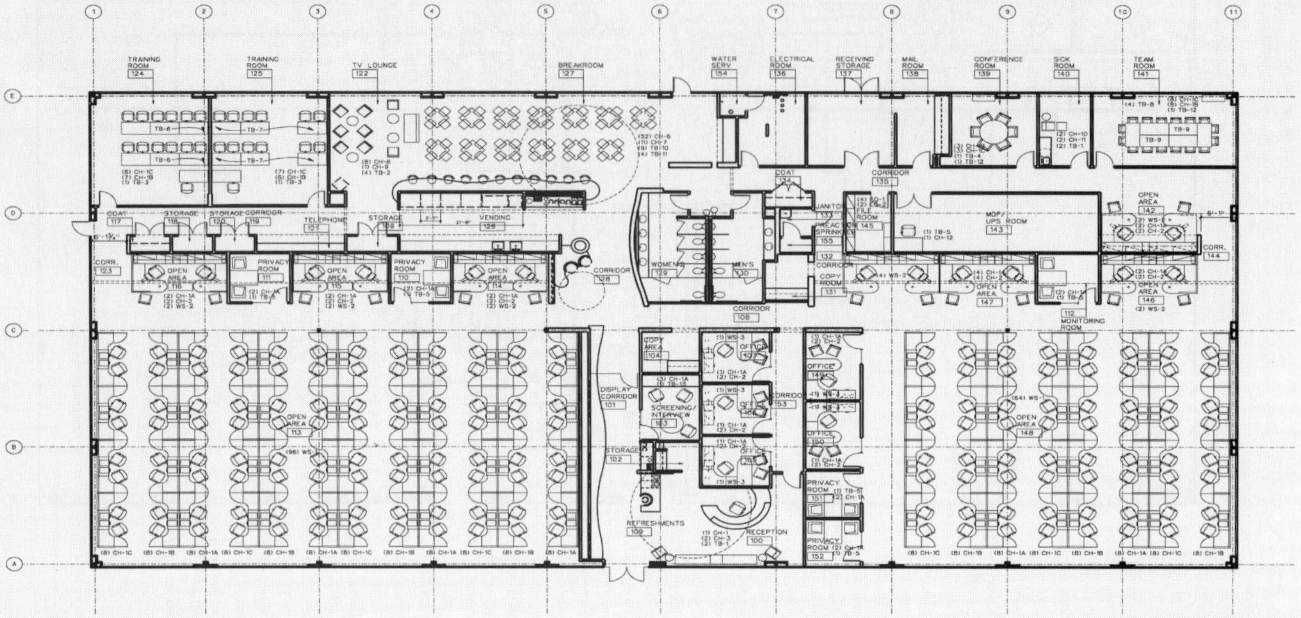

C

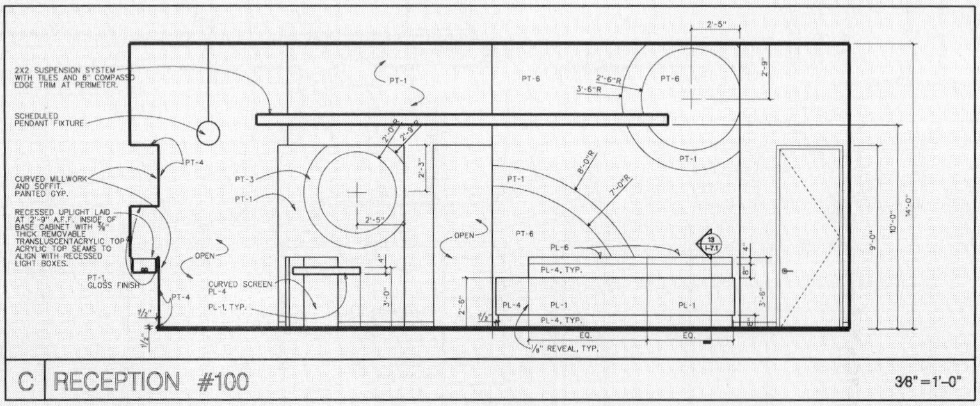

2X2 SUSPENSION SYSTEM WITH TILES AND 6" COMPASSED EDGE TRIM AT PERIMETER.
SCHEDULED PENDANT FIXTURE
CURVED MILLWORK AND SOFFIT. PAINTED GYP.
PT-1 GLOSS FINISH
CURVED SCREEN PL-4
PL-1, TYP.
PL-4, TYP.
C RECEPTION #100
3/8"=1'-0"


D

图 II-12 （续）

A

B

图 II-13　圆形和波浪形状加强了水的概念。在接待区域（图 II-13A）设计概念通过室内空间的形态、设备、空间规划等体现进入接待区以后，使用者穿过展示长廊，进入中心聚集区。由于中心聚集区位于休息室的外面，设计者把重点放在展示公司的产品以及消费这些产品的顾客。

C

图 II-13 （续）

# 第3章

## 设计要素和原则

图 3-1 一个 $520m^2$ 的厂房改造成一个开发中心。设计师把新旧融合在一起，形成独特的设计风格。粗糙的石灰岩墙面、具有自然味道的麻垫与光滑的家具和墙板互为补充。（设计：HOK 设计公司；摄影：Steve Hall/Hedrich-Blessing）

# 3.1 设计类型

当你手中拿着这本教材在阅读的时候，很有可能就在室内。阅读的光线是自然光还是人工照明？座椅和书桌高度合适吗？墙面的色彩你喜欢吗？环境氛围是否赏心悦目？所有这些都需要设计师事先对室内环境进行构思设计。所以，设计就是有策略地应用一系列基本要素和准则创造画面、形体和环境（图 3-1）。作为一名优秀的设计师，不管设计的作品是一把座椅，还是一栋办公建筑，都需要认真分析造型（点、线、面、体）、色彩、光线、质感四大构成要素，并通过尺度、比例、均衡、节奏和重点这些原理把它们组织起来，进行室内设计。所以，介绍初学者首先要了解设计要素和准则，普遍是从最基本的结构设计和装饰设计两种设计类型（图 3-2）入手的，因为设计的功能性既有结构的也有装饰的。

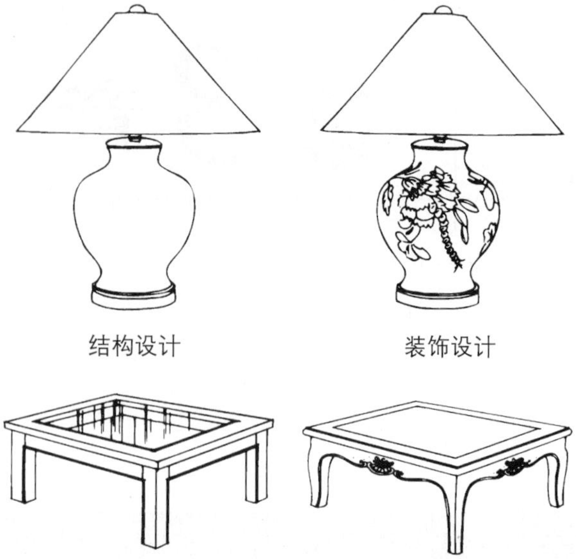

图 3-2　结构设计和装饰设计

## 3.1.1 结构设计

我们初学绘画时，老师经常讲结构是生命，说明结构是设计的重要组成部分。但是，结构受到大小、形状、材料和技术的制约。例如，古埃及金字塔的结构设计就是由石块砌筑的外表所决定的。而现代设计更强调了建筑内部和外部基本结构和用材的清晰关系，例如木材、金属、砖、石头以及混凝土的运用（图 3-3）。同样，一件现代家具也包含着结构设计的内容。图 3-15 所示的巴塞罗那椅就是结构和装饰完美的结合。

这里要强调，结构与比例、结构与安全、结构与材料三者的关系是结构设计的关键。例如，无论古代东方的木构宫殿建筑，还是欧洲的传统石材宗教建筑，都清晰地表明了垂直方向的力的传递关系，塑造了稳重、牢固的视觉形象，说明结构清晰、材料匹配是最重要的。

图 3-3　在这间餐厅中，简洁的设计也掩盖不了结构细节：环形灯带不仅勾勒了顶部结构，还强化了下部餐桌的进餐区域。（设计：Bruce Benning，ASID/CID, Benning 设计协会；摄影：David Duncan Livingston）

## 3.1.2 装饰设计

装饰设计就是利用色彩、线条、肌理和图案对物体的表面进行美化和修饰。例如，现代风格的家具通过强调结构设计来凸显使用功能和民主平等的观念，

图 3-4　装饰图案遍布这间卧室的每一个表面，从块毯的图案到椅子、墙板和壁炉上巴洛克风格的装饰性雕刻。（设计：Ron Grimaldi 和 Rose Cumming 公司；摄影：Phillip Ennis）

而传统家具就是通过大量的装饰雕刻尽显尊贵和典雅。与家具设计不同，在室内装饰设计中更强调织物、墙纸、块毯、装饰品及其他陈设等具有吸引力的元素（图 3-4）。装饰设计元素的激发源泉主要是依靠大自然、人的形体、抽象图形和几何图案，在室内设计中主要表现为四种基本装饰类型（图 3-5）：自然主义、风格主义、抽象主义和几何主义。

（1）自然主义的设计主题主要运用在反映现实主义的室内环境设计中，强调采用自然界中的各种自然形态，如花的形态，就像在花园里或者田野里生长的花一样。

（2）风格主义的设计主题也来源于自然，但是更强调符合被装饰的物体的形态和用途。例如，花仍然是花，但是已经发生改变或轻微调整。这种设计类型通常应用在室内陈设上。

（3）抽象主义设计强调将主题从自然中提炼出来，相关要素是非写实的。

（4）几何主义设计以几何形态为主体组成，例如条纹、格子、V 形和 Z 形。

当然，成功的装饰设计依赖于恰当选择装饰部位、装饰形式、与物体功能的匹配度，并且在装饰设计的应用中，应该注意表面装饰的数量和形式，同时注意

自然主义

风格主义

抽象主义

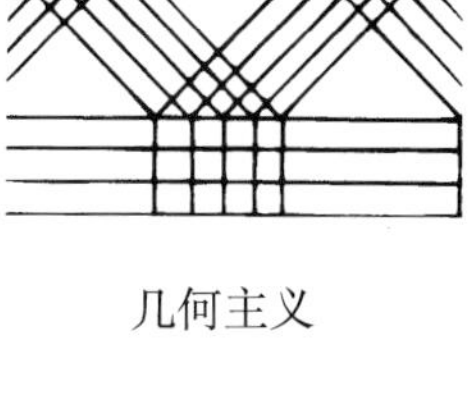

几何主义

图 3-5　实用装饰的类型

A

B

图 3-6　这个走廊的设计例证了结构设计与装饰设计的不同。图 A 是芝加哥康复医疗中心，采用结构设计类型，强调垂直和水平的线条，以强化建筑的角部，装饰设计是受到限制的（设计：Farrington 设计公司；设计指导：Hiro Isogai；摄影：Hedrich Blessing）。图 B 是芝加哥亚特兰大 MTV 网络中心，强调装饰设计，应用色彩装饰要素形成彩色的墙面和装饰性的地毯（设计：Hiro Isogai；摄影：Rion Rizzo）。

不能破坏基本结构。图 3-6 是结构设计和装饰设计的比较。最后要提请注意的是，对年轻人而言，纪念品的选择和摆放对装饰设计是非常重要的。

## 3.2　设计要素

设计要素是指空间、线、面和体、质感、光、色彩和图案。这些要素是设计师创造视觉环境的工具和手段。

### 3.2.1　空间

建筑设计从过去的房间设计进展到空间设计是建筑学的一大进步。古典主义把建筑视为由地面、顶面和四周墙面围合而成的房间。现代设计运动之后发展了建筑空间理论，空间则是由内部和外部物体围合而成的。建筑大师赖特的有机建筑理论，发展了建筑设计中室内与室外空间的交替与渗透。由此空间的限定突破了六面体的概念，空间可以由各种面、线所限定，也可以由在地面上划分的范围所限定，由上部的天花板或装饰所限定，空间还可以由连续的表面所限定，进而产生空间的流动性。

2000 年前老子在道德经中提出了“埏植以为器，当其无，有器之用；凿户牖以为室，当其无，有室之用。故有之以为利，无之以为用。”提出“无”才是使用空间，有功能的作用。这正是现代建筑理论中功能空间论，建筑的功能部分不在建筑本身，而在于建筑所形成的空间。建筑空间论代替了传统的建筑六面体的房间概念，功能空间的形式取决于人的行为环境的要求，也就是说空间就是人活动的区域或范围。线、面、体、色彩、质感等都是空间内共同作

A

B

图 3-7　在这两幅作品中，艺术家创造了积极空间和消极空间。图 A 体现更多的自然主义和装饰性，图 B 体现了几何主义和结构设计特性。

用的系列要素，形成了相互制约的积极空间形态和消极空间形态（图 3-7）。设计中，通常把交通通道划为消极空间，家具与陈设划为积极空间。

但是，在实际设计工作中，很多住宅室内面临的问题是空间不够满足基本功能的需求。所以，设计师经常不得不劝说客户放弃他们的某些需求。在商业环境中，空间的数量同等重要，不论是购买还是租赁商铺，设计师都要有效地利用空间来满足商家利益最大化的经营需求。一方面，我们谨记设计的原则，即少就是多。另一方面，引用路易斯 · 沙利文（Louis Sullivan）的话："少意味着乏味。"因此，设计师必须敏锐地洞悉客户的需求。

### 3.2.2 线

一个点可以延伸成一条线。从概念上讲，一条线有长度，但没有宽度和深度。一个点是自然静止的，而一条线，即运动中的一点所描述的一条途径，却能够在视觉上表现出方向、运动和生长，也就是说线能够表达设计的趋向和情感。所以，线的熟练应用在当代艺术和室内设计中尤为重要（图 3-8）。

从表面上看，线能够使物体或者整个房间的比例发生变化。例如，图 3-9 中，两个容易识别的长方形被分割，一个垂直分割，另一个水平分割。当眼睛沿

图 3-8　阿肯色州教堂中耸立的直线和交叉的斜线形成的光影效果，产生视觉和精神的双重冲击。（设计：E.Fay Jones）

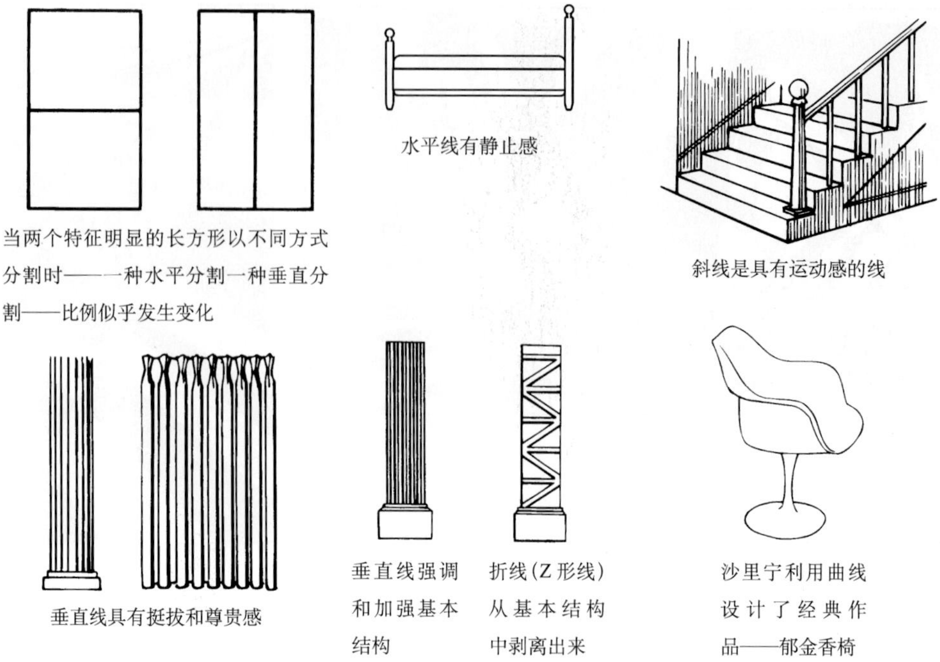


图 3-9　线的应用

着垂直线条运动时，长方形好像高些；沿着水平被分割区域运动时，眼睛被引导着横穿长方形，长方形显得更宽些。说明房间中每一种线都让使用者有不同的心理反应。为了获得理想的设计效果，室内设计师应该注意区分每种线的效果。

垂直线要素，如柱子、方尖碑和塔，在历史上各个时期都有应用，以纪念有重大意义的事件，具有高大、强壮和肯定的表情。垂直线的这些表情在有柱廊的建筑物外表显得特别明显，在拥有垂直建筑要素的室内也很明显，一件高大的家具、垂直百叶窗和布幔长长的直线也产生这种表情。

水平线具有静止和稳定的表情。一般这些线在建筑檐口、柱身、书架和低矮的直线形家具上使用。赖特设计的著名的流水别墅就是水平线应用在建筑上的一个经典的例证。

斜线使房间产生积极和运动的感觉。斜面的顶棚、楼梯间、哥特式尖拱和有斜线的家具等都体现了这种表情。可是，房间中太多的斜线会产生不安定感。

曲线在房间中体现优雅和精致的特性。曲线常用于拱券和其他曲线形建筑，以及帷幔的挂落、圆形或曲线形家具。曲线有下列四种常见类别：

- 大的凸起的曲线具有上升的趋势，例如凸起的楼梯间。
- 大的内凹的曲线产生稳固感，凹陷的曲线，例如圆顶或系列的拱券非常引人注目。但在艺术作品中甚至有忧伤的感觉（艺术家常应用这种线型来激发哀悼和不愉快的情感）。
- 与水平线相连的曲线，如同短线和曲折蜿蜒的山路一样，预示着躁动和多变。
- 小的曲线，例如经常在地毯、块毯、织物图案中见到的曲线，表现轻松和快乐，为空间增添生活气息和特征。

空间中太多的线的运 用能够激发不稳定的情绪，所以线的运用也离不开均衡的原则，均衡会使空间产生舒适与安定的感觉。设计师可以用线创造风格、表达情感、引导人流、产生视错觉、获得均衡和韵律，通过各种线型的熟练混合应用，使房间产生变化和统一。

### 3.2.3　面和体

在可见结构的造型中，面可以起到限定体积界限的作用。因为作为视觉艺术的建筑是专门处理形式和空间的三度体积问题，每个面的属性（尺寸、形状、色彩、质感）以及它们之间的空间关系都影响到它们围合起来的三度空间的质量。基本的体或面有下面三种类别：

图 3-10　这间浴室里曲面是重点。精致的瓷砖图案、流动的玻璃台面和有机形态的卫浴产品是设计的细节所在。（设计：Chrales Greenwood, IIDA, Greenwood 设计集团公司；摄影：Robert Thien）

（1）长方形和正方形是建筑和室内设计中最主要的形态。它们具有统一和稳定的感觉，容易互相协调，常常用来转换空间。可是，过多的长方形和正方形产生单调的感觉，空间中融入圆形和一定的角度可以减少单调感。

（2）斜面形态通常由三角形的面开始。各种各样的其他形式的斜线组成的面都由此形成体积。这种形态在倾斜的吊顶以及织物和墙纸的花边上容易见到。三角形、菱形以及其他类型的斜面通常用在地面材料、家具、陈设等处，创造动态的效果。

（3）曲面形态包括球面、圆形面、圆锥面和柱面。曲面形态在自然界中随处可见（人体的形态就是曲面的）。曲面形态具有连续、统一和愉悦感。应用于室内环境中的曲面形态还具有动感（图 3-10），例如旋转楼梯和圆顶，曲面形态的物体还有陶器、餐具、灯具、圆桌、雕塑等陈设品。

单一形状或形态的室内空间几乎是不存在的。可是，过多的形态或形式会造成空间混乱。视觉从一个形态向另一个形态的转换应该是自然的和愉悦的。例如，曲线形的地面规划和矩形的空间配合使用时，产生的效果如图 3-11 所示。各种形态的复杂组合，在现代风格和传统风格的设计中都很常见。

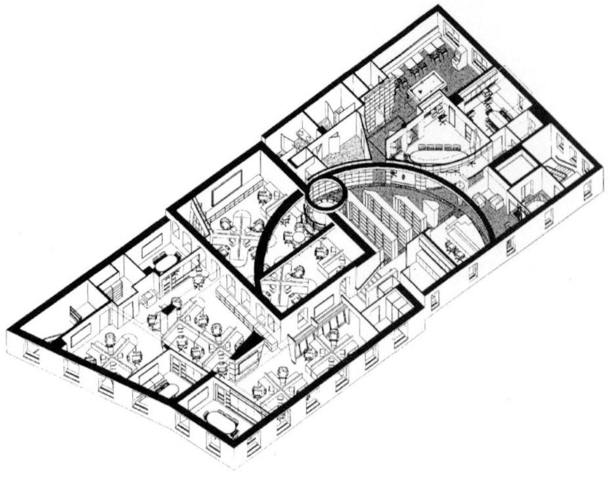

图 3-11　在这个曲面形态的办公空间里，设计师在图书资料室的对面创造了一个圆弧空间。圆弧形的走道造型贯通矩形形态的商业空间的地面，吊顶和家具也是相似的曲面形态。（建造 / 设计：Alan J.Feltoon 公司；摄影：Peter Aaron/Esto）

## 3.2.4　质感

由于物体表面不都是光滑的，材料质感的粗糙程度可以唤起人们对材料表面的触觉，质感就是物体表面的品质或特性。质感不但能够通过触觉感知，而且能够唤起记忆感知。室内设计中，由于质感使材料极易识别：砂岩的粗糙、羊毛地毯的柔软、玻璃的光滑、正在生长中的植物叶片的光泽，所有这些都会产生不同的感觉。大致来说，质感有如下几种：软或硬、光滑或粗糙、有光泽或无光泽。自古以来，光滑、光洁度高的表面，如金属、丝绸和大理石等这些材料的质感就象征着财富和地位；相反，粗糙、简陋的织物是低收入阶层的象征。但是，这些观念现在正逐步改变，如很多有地位的人越来越喜欢手工制品。此外，光滑和有光泽的表面往往在高规格的室内空间中采用，而无光泽、粗糙的质感都用来处理非正式的空间。不管风格如何，质感的合理有效应用都能够赋予空间某种意义和特征。接下来探讨质感的特征和决定因素。

### 3.2.4.1　视觉

早期希腊人认为光滑、美丽的大理石地面令人心情愉悦；伊朗人以质感优美的手工地毯而自豪；日本人喜欢草编榻榻米的天然材料编织质感。表面质感反映了特定的地域文化或心理感受。

### 3.2.4.2　反射

每一种质感都可以通过反射改变光的特性。玻璃、镜子、缎子、瓷器、高抛光木材等光滑、光洁的表面，比砖、混凝土、石头和粗糙的木材等粗糙、无光泽的表面反射的光多。

### 3.2.4.3　维护

质感的选择由材料表面的维护情况决定。光滑的质感会显现手指的印痕，有光泽的质感容易产生擦痕，粗糙的质感更耐久，却容易在缝隙堆积灰尘。

### 3.2.4.4　声学

材料能够吸收和反射声音。光滑坚硬的表面使声音增大，而柔软和粗糙的材料有吸收声音的效果。走过一间未装修过的地面材料冷硬的房间会有很响的脚步声。如果房间铺设地毯，使用织物和帷幔，并设置

图 3-12　为了强化空间的秩序感，选择了具有精美、精细、柔滑质感的材料。具有东方风格的毛绒地毯和软垫沙发增加了室内空间的层次感，并使空间更显豪华。（摄影：Alex Groves）

了家具，声音就会被降低。设计中通过不同质感的材料的组合，可以控制空间的音响效果。

#### 3.2.4.5　组合

房间中占主导地位的质感通常由建筑的背景来确定。例如，传统观念认为，纹理优美和高度抛光的木质墙板，通常习惯上会搭配更加有光泽的木制家具和织物，而不是纹理模糊的木材或曝露构造的砖石。现代人应用质感时，可能会打破这些传统的规则，产生令人惊奇的效果。无论是标新立异的环境，还是保守的环境氛围，多种质感的组合都会强化视觉体验（图 3-12）。

### 3.2.5　光

房间的功能和艺术氛围离不开光。缺乏变化的光使人心理上缺乏激情，光的变化不仅能够影响空间色彩的感知，还能创造空间的情趣。没有光，任何视觉要素都不能被感知。光对使用者的影响，以及它的正确设置和选择会在后面深入探讨。

### 3.2.6　色彩

色彩能够改变人对物体的形状、尺度和位置的感知。它能够使质感产生错觉、激发情趣、平定嘈杂。色彩对使用者有强烈的心理影响。因为色彩在设计中处于核心地位，我们将在第 4 章中作重点介绍。

### 3.2.7　图案

图案是装饰艺术中的一种，它不作为独立的艺术形式出现，而是从属于某种主体艺术而存在。如建筑装饰的图案、绘画图案、纺织品图案和壁纸图案等。图案特别强调形式美，对形式感加以突出和夸张，才能具有图案性的装饰效果。图案在表现手法上是多种多样的，可以通过不同的方式取得装饰性效果，并需要和空间、线、质感、光、色彩等其他要素互相作用和组合使用，形成创新的装饰风格。例如，赖特设计的芝加哥罗贝住宅，由建筑立面形成的图案在窗户的设计中体现出来（图 3-13）。这些图案的比例通常接近黄金分割比，以便眼睛感知图案，寻找空间秩序。而日本的装饰设计以精致的细小图案组

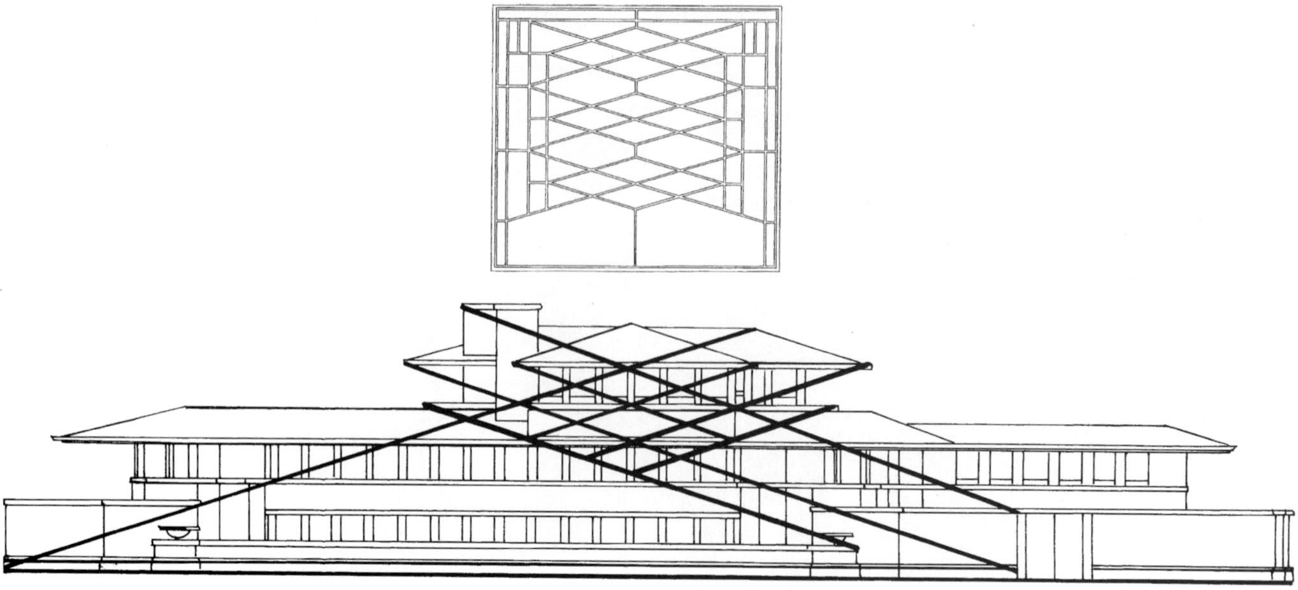

图 3-13 赖特设计的罗贝住宅的立面，创造了一个斜线的图案。赖特把这个图案缩小，在窗户上重复使用。

合而著称。从远处看，材料或表面装饰呈现为一个整体。只有近距离的观察，才能发现这些图案显露出来的亲和感。

## 3.3 设计原则

设计原则是几个世纪以来人类通过对自然和艺术的仔细观察发展而来的。尺度和比例、均衡、节奏、强调和协调这些设计的原则促成了设计目标的实现。虽然在一个具体的设计项目中没有纯粹的设计准则，但是大多数室内空间设计都忠于基本的指导方针。尽管一些成功的当代设计师在设计中有意打破这些经过时间检验的准则，但是我们要明白，理解这些准则可以提高室内设计师的创造力，这对于初学者也是必不可少的。

### 3.3.1 尺度

尺度和比例有关，但尺度涉及具体的尺寸大小。在实践中应考虑如何使建筑形象正确地反映建筑物的真实大小，避免大而不见其大，小而不见其小的现象，即失去应有的尺度感。对建筑真实大小的判断的唯一标准是人体，所谓尺度即建筑的大小与人体大小的相对关系。所以，室内设计相关的尺寸要符合人体的尺度（图 3-14 和图 3-15）。

当然，尺度也需要感知，一个物体如果被其他物体包围，它的尺度看起来会发生变化。注意图 3-16，被其他圆形包围的中间的圆形的尺寸好像发生了变化。这就是家具的尺度应该与周围环境以及房间的尺度相匹配的原因。如大尺寸的家具如果塞在一个小房间里，会使房间显得更小；而体量太小的家具放置在尺度很大的房间时，家具也会显得更小。所以巨大的软体家具不应该放置在一个小起居室里（图 3-17）。

同样，镜子、挂画和台灯等陈设品需要与所处的环境以及周围的物品在比例和尺度上协调。台灯通常不能超过桌子尺寸；但也不能太小，否则看起来过于滑稽。灯罩和基座比例上要协调。

尺度是相对的概念，依赖于另外一个已知物体的尺寸。比例也是一个相对的概念，但是它不依赖于一个已知物体的尺寸而存在，它讲究物体间的相互关系。

### 3.3.2 比例

比例是贯穿各个时代的创造性思维的焦点。希腊人在 2000 年前就发现了一些好的比例的秘密，制定了一些规则，并且流传使用至今。例如，正方形的空间被认为是视觉感受最乏味的空间类型，希腊人创造了宽度和长度比为 2∶3 的黄金分割比矩形。黄金分割成为最愉悦的比例关系，并一直应用十分

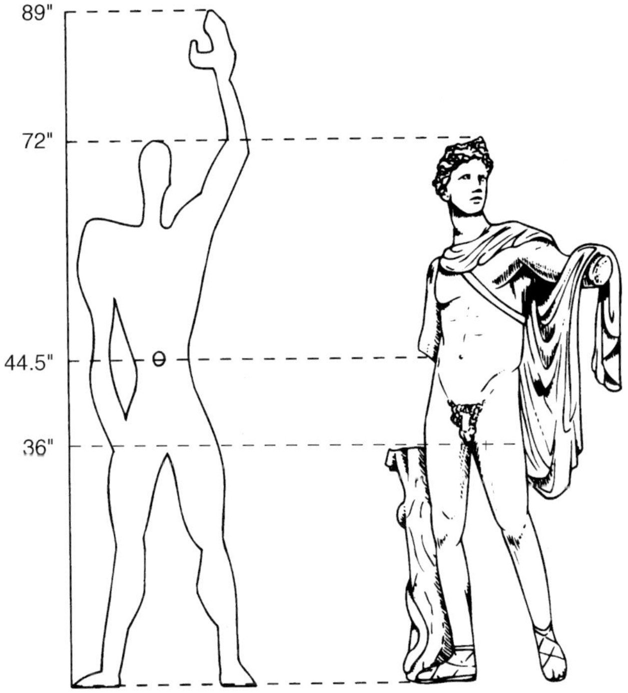


图 3-14　勒·柯布西耶（Le Corbusier）在进行建筑设计时，都会把人体模型的比例作为依据（左）。同样的理想比例在雕塑中也得到应用。

图 3-15　1929 年巴塞罗那展览会上，密斯·凡·德·罗（Ludwig Mies van der Rohe）设计的著名的巴塞罗那椅，因其优美的线条和匀称的比例而广受赞誉，成为传世经典作品。

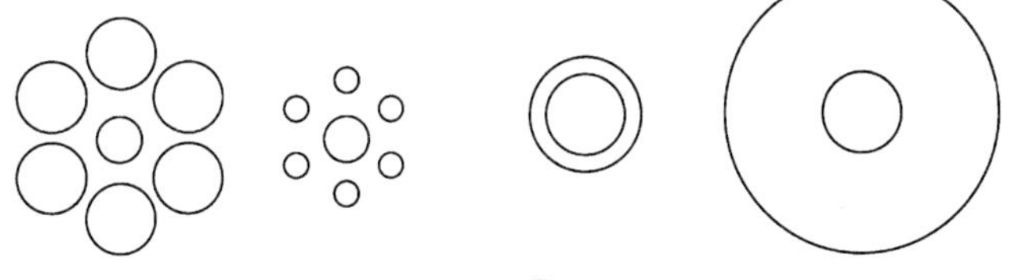


图 3-16　注意观察：每一组图形位于中心的圆是完全相同的，由于围绕中心圆周围的圆尺寸不同，中心圆的尺度看起来明显不同。

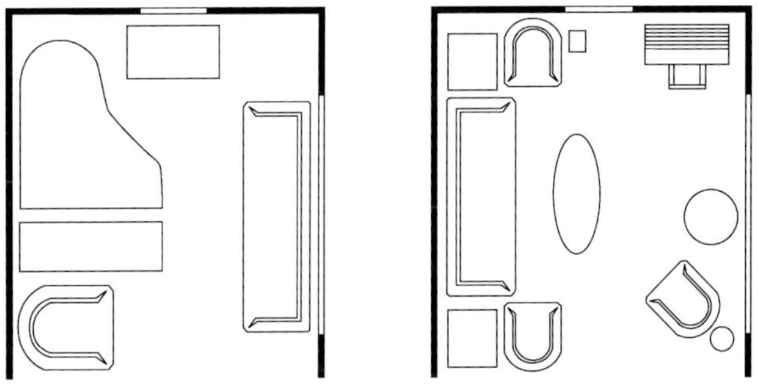


图 3-17　这两组平面图通过比较揭示了家具与空间尺度和比例上的协调与不协调关系。

普遍。设计师也可以通过艺术地处理家具和室内其他陈设品，让正方形的空间具有长方形空间的视觉效果（图 3-18）。

黄金分割还包含线和图形的分割，如图 3-19，在这里，短线段和长线段的比率与长线段和整体的比率相同，级数 2、3、5、8、13、21、34 等，后面的数字都是前面两个数字的和，是黄金分割的近似值。例如，2：3 大约等于 3：5，5：8 大约等于 8：13，以此类推。另外一个优美的比率是 4：7。这些比率能够帮助设计师决定房间的尺寸和形状，窗户或者壁炉的外框以及开口的比例和尺度。事实上，这些比例在平面规划以及陈设品布置时主要用于确定空间尺寸与面积的关系。例如，如果一个房间的长度是 7.5m，理想的宽度就是 4.2m。另外一个例子是一件 1.2m 宽的家具依托在 2.1m 长的墙边放置。这种尺寸能够得到期望的 4：7 的比率（图 3-20）。甚至人体本身包含着黄金分割。从脚到肚脐尺寸和人身高的比率是 1：1.618，是精确的黄金分割比率。

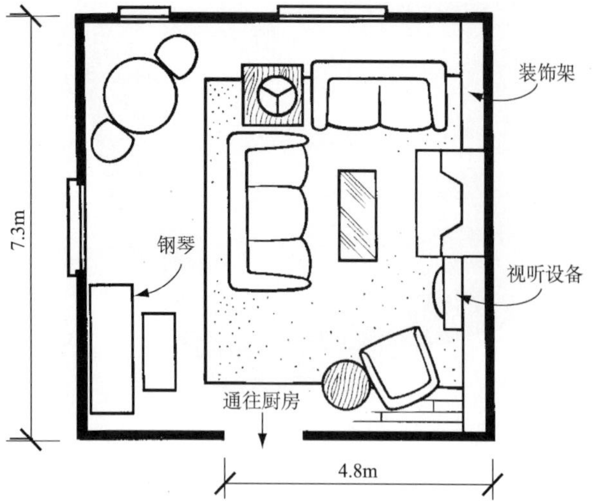


图 3-18　在这个由车库改造的楼层平面图中，设计师通过设置家具和运用不同的地面材料，使会客区座椅排列紧凑，比例上接近黄金比矩形。

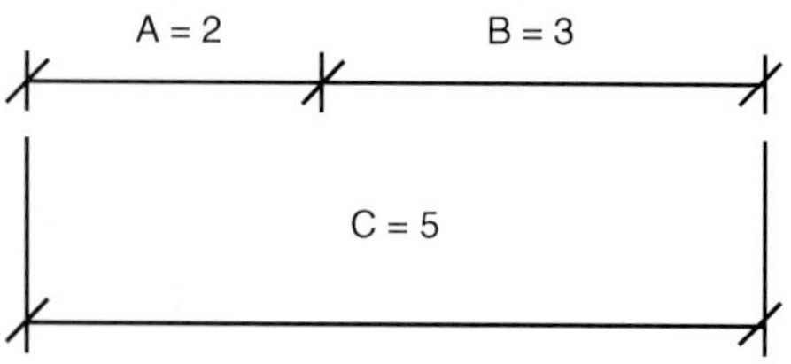


图 3-19　在黄金分割中，A 比 B 的比率等于 B 比 C 的比率；2/3 近似等于 3/5。精确比率是 1 ∶ 1.618。

雅典的帕台农神殿（Parthenon）基于 1 ∶ 1.6 的几何比率建造，接近于精确的黄金分割比矩形。由于频繁的应用于艺术中，黄金分割比矩形几个世纪以来得到诸多专家的吹捧。

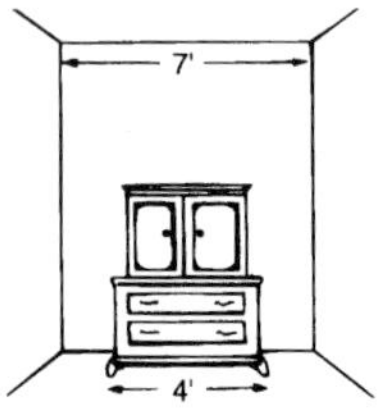


4 ∶ 7 是优美的比例。

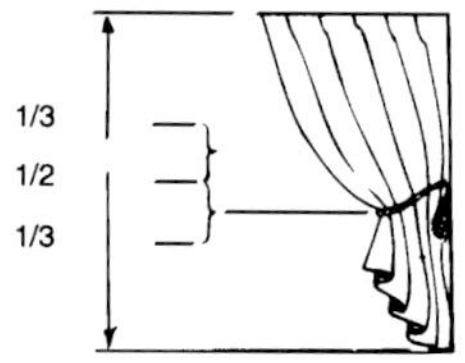


按照黄金分割，线的分割在 1/2 或者 1/3 处最优美。

图 3-20　黄金分割比的应用

一条直线的分割点位于总长度的 1/2 或者 1/3 处时最优美，这是另一个古希腊发现。这种分割被称之为中庸之道，可以被用来规划墙面的所有组成部分，例如壁炉的高度、悬挂画框、镜子以及烛台的位置。

希腊人也观察到，奇数比偶数引人注目。由三件物品组成的一组物体比两件或者四件更让人愉快。例如，通常应用在为沙发选择软垫或者在墙上悬挂画作时。

除了形态，在决定比例和尺度时也需要考虑色彩、质感、图案和文化传统等要素。具有粗糙质感、大幅图案和厚重色彩的物体似乎比具有光洁质感、小幅图案和轻快明亮色彩的同种物体显得大。熟练应用这些规则，房间和物体的尺度和比例可以达到令人愉悦的效果。

相关链接

黄金分割比　http://www.mcs.surrey.ac.uk/Personal/R.Knott/Fibonacci/fiblnArt.html

斐波纳契数　http://www.math.vt.edu/people/gao/math/godensection/index.html

### 3.3.3 均衡

均衡给人以稳定的感觉，人的眼睛习惯于均衡的视觉感受。均衡而稳定的建筑不仅是安全的，感觉上也是舒适的。均衡有对称均衡和不对称均衡。对称本身就是均衡的，中轴线的两侧保持相互制约的关系，对称均衡是古典主义建筑达到整体统一的重要手法。不对称的均衡则没有严格的约束，适应性强，造型显得生动活泼，所以现代建筑理论则探索一种动态平衡。《A Primer of Visual Literacy》（《视觉认知入门》）一书中指出了运动均衡的重要性。在图 3-21 中，第一个圆是均衡和静止的，第二个圆显然有向右滚动的趋势。

均衡也会带来秩序感。例如，图 3-22 中，A 中的正方形体现均衡，点位于正方形的中心位置；B 中正方形里的点虽然不在中心位置，但由于位于对角线上，视觉感觉也很舒适；而 C 中点的位置产生不安和不确定的感觉。另外，空间中的建筑要素门、窗、墙板、壁炉以及配套设施，也需要通过有效的排列达到均衡和稳定的视觉效果。关于均衡运用需要考虑以下几个方面：

- 室内空间、界面以及物体离不开高与矮、大与小的合理搭配，从而达到舒适的均衡效果。
- 陈设品放置在视平线以上，比放置在视平线以下显得厚重。
- 明亮的色彩、厚重的质感、特殊的形状、稳重的图案和强烈的照明容易引起注意力，并且 在一个空间中获得多维度的均衡。
- 空间中大型陈设品可以用与之相邻放置的一组小物体来补充，产生鲜明的对比。均衡包括对称、不对称和发散三种类型（图 3-23）。

#### 3.3.3.1 对称均衡

在对称均衡中，相同的物体被同等放置在假想轴线的两边。这种均衡在传统或者高规格的环境中经常使用，增加高贵感。对称均衡会产生悠闲和平和的心理效果，这种均衡容易被感知和欣赏，但是过多的对称运用使空间显得单调乏味。

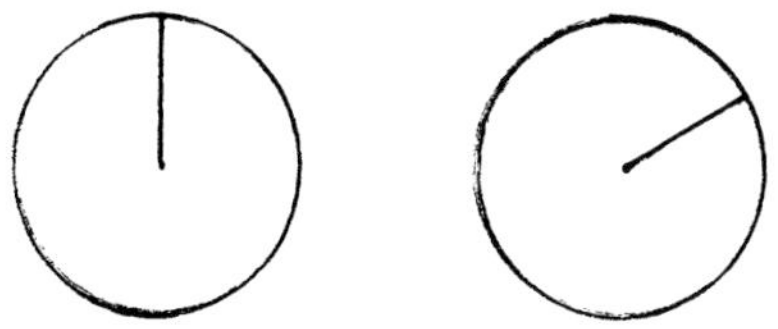

图 3-21 请注意，垂直的直线获得均衡的效果，而第二个圆中的斜线增加了圆的动感。

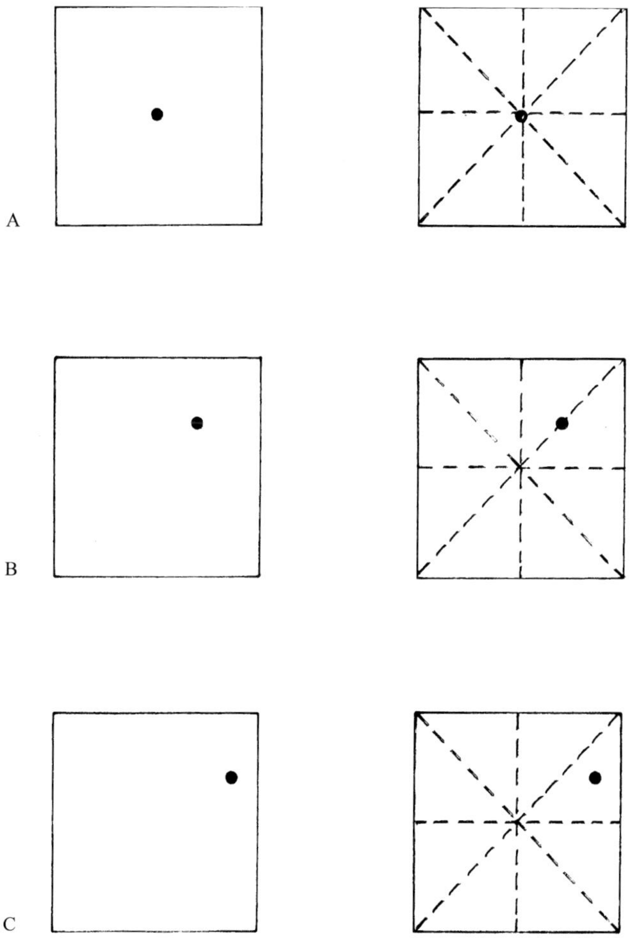


图 3-22 正方形 A 和 B，点放置在垂直或对角轴线处，产生秩序感。正方形 C 中的点随意放置，产生不安定感。

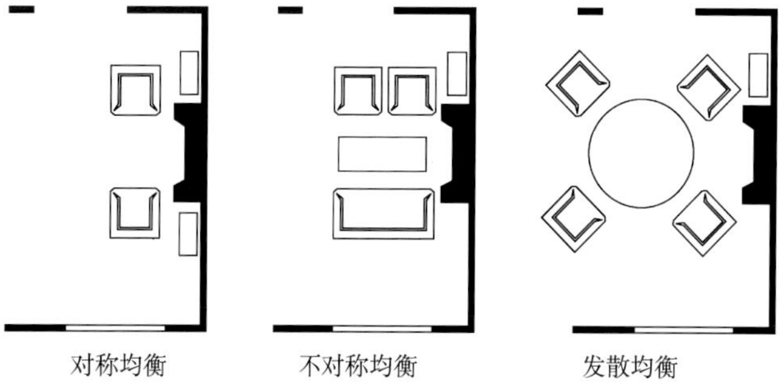


图 3-23 三种类型的均衡

图 3-24 美国住宅受斯堪的纳维亚风格影响，展示了有机体与国际主义风格的协调共生。清澈的白色墙面搭配自然纹理的线条，窗户线条向外扩张与艺术作品达到均衡。放置在房间右侧的座椅是1956年丹麦设计师保尔·凯尔霍姆（Poul Kjaerholm，1929—1980）的作品，座椅具有典型的现代斯堪的纳维亚风格：既亲切，又不失现代美的气息。（摄影：Ezra Stoller©Esto）

### 3.3.3.2 不对称均衡

不对称均衡比对称均衡更敏锐，创造不对称均衡需要更深入的思考和想象，一旦实现，就会在较长时间保持这种情趣（图 3-24）。这种均衡中，不同尺寸、不同形状、不同色彩的物体可以无限制地组合：两个小的物体可以和一个大的物体产生均衡；一个小的富有光泽的物体可以与一件大的灰暗的物体产生均衡；色彩明亮的点可以和大面积的非彩色系产生均衡；一件向中心点移动的大的物体可以与一件远离中心点的较小的物体产生均衡（图 3-25）。关于这些不同的物体放置在哪一点会产生非对称均衡，不像黄金分割一样有具体的比例数据，非对称均衡在哪一点才能达到均衡需要进行判断：

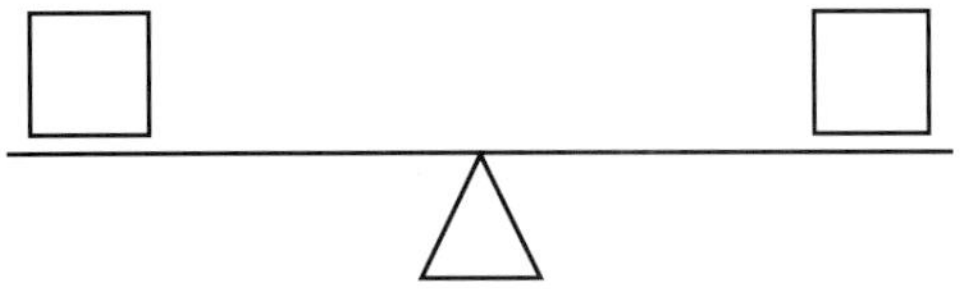

A. 对称均衡

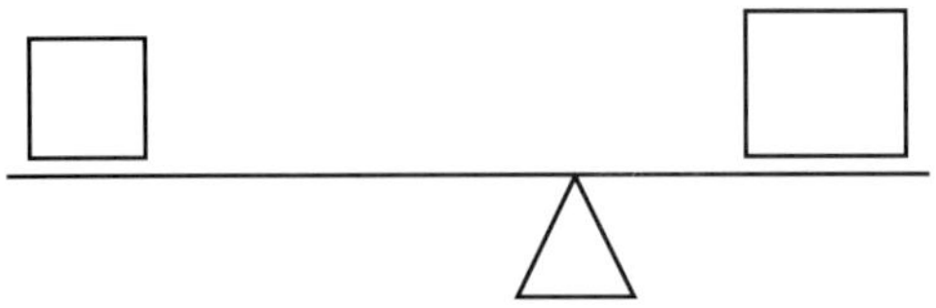

B. 不对称均衡

图 3-25 在不对称均衡中，三角形平衡点必须向右移动，才能保持跷跷板的平衡。

- 具有从中心转移注意力的趋势，通过视觉张力创造不同物体之间的均衡。
- 在当代室内设计中处于优先地位。
- 通常比对称均衡更积极、活跃。
- 产生更宽泛的表情。

### 3.3.3.3 发散均衡

发散均衡中，所有的设计要素从中心点向外发散。例如，房间中围绕圆形桌子设置的座椅、花瓣一样排列的陈设品、枝形吊灯等就是这种均衡。发散均衡也用于宽大的有聚集效应的空间，例如酒店和办公室门厅（图 3-26）以及购物广场的中心区。发散均衡通常与另外两种均衡相配合，创造愉悦的视觉空间。

图 3-26　这个投资公司的门厅，从圆顶、地面图案到家具布置应用了发散均衡的设计方法。（设计：VOA设计团队；摄影：StevenHall/Hedrich Blessing）

### 3.3.4 节奏与韵律

条理性和重复性是创造节奏和韵律的必要条件。节奏与韵律有助于眼睛快速从一个区域向另一个区域移动，创造流动的空间效果。节奏可以通过重复、渐变或过渡获得（图 3-27）。节奏的有效应用可以创造连续的效果。

重复是指通过色彩、图案、质感、线型、光或形态等创造的节奏和韵律。例如，沙发表面包覆织物的色彩可以在座椅、窗帘和靠枕上重复，产生韵律感和节奏感。重复还包括物体或图案的重复出现(图 3-28)。空间设计中应用重复最容易获得节奏感和韵律感，但是过多的重复，会使空间缺乏变化，显得单调、乏味。

过渡也是重复的一种，设计一条具有韵律感的曲线使视觉跨过建筑的要素或者陈设品周围的物体，脱颖而出。例如拱形窗或帷幕的装饰节奏。再比如，一张圆桌搭配一把曲线形座椅，摆放在房间角落里，能够弱化墙角和墙面的界限，使视觉在空间流动。

渐变

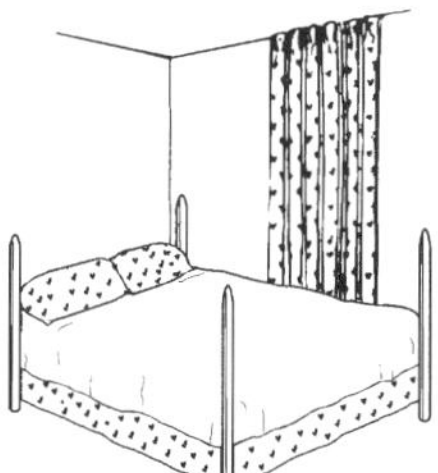

重复

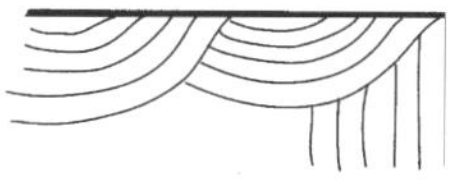

过渡

图 3-27　韵律的种类：渐变、重复、过渡。

图 3-28　这个商业空间从建筑到室内大厅，重复应用了正方形。用网格区分柱子和地面地砖，桌子的材质采用与之产生对比效果的木材，也采用网格形式，加以重复。（设计：Godwin 及其合伙人；摄影：Gabe Benzur）

在图 3-29 中，弧形窗户柔化了房间的角落，而且产生连续的韵律感。

渐变的韵律，通过物体尺寸由大到小的变化，或者色彩由暗到明的转换获得。辐射线不仅能创造均衡的形式美（如前所述），也能够获得渐变的韵律美（注意图 3-26 空间顶部的造型）。渐变韵律的例子还有：从一个等级向另一个等级的渐进，小的储盐罐到中等大小的糖罐，再到大型的面粉罐的渐进变化；同一个餐桌上的红酒杯、果汁杯、白酒杯、茶杯彼此之间也存在渐变和比例关系；地毯的色彩由边缘向中部依次渐变——深色的边缘，到较明亮的中部，再到明亮的内部等。

### 3.3.5　重点

室内空间的重点又称为焦点，是指空间中引起视觉注意的中心物体。重点的应用使房间具有秩序感和统一的美感。一个缺少重点的房间，由于视觉上无趣而产生枯燥单调感。过多的重点也会让人烦躁不安。

重点受视觉感知影响。我们的眼睛通过扫视房间，搜寻重点获得寄托。一旦搜寻到影像，眼睛首先观察影像的左下角。广告设计中，公司的标志通常设计在这个位置。线性排列和网格排列也可以产生重点，引导视线到达预定的位置。分析房间的组成要素，确定重点和从属，是一项具有挑战性的工作。常规的方法是查找房间的四个基本层次的重点，然后确定哪些组成部分被强调。

第一层次是重点：这些特征可能包括惹人注目的景物、壁炉或者建筑要素。例如，如果建筑本身有壁炉，壁炉自然成为空间的重点；此外，燃烧的火焰预示着温暖、运动、色彩和好客——必然成为安排会客区主

图 3-29 在这个大房间里，圆弧形窗户和大型沙发使建筑空间柔美，柔化建筑空间的边角。建筑的视觉中心是壁炉一侧的墙面。绘画作品因为悬挂在壁炉上方，异常引人注目，设计要素的应用把视觉注意力从空间的任何位置吸引过来。（室内设计师：Carol Conway; 建筑师：Kevin Bain ; 摄影：Mark Boisclair）

要座位的地点。

第二层次是强调：在很多案例中，几乎所有的设计师都需要通过强调获得理想的视觉效果。如果一个房间缺少惹人注目的景物，就需要创造一个占主导地位的焦点。这种情况下，壁炉可能不是建筑上的重点，但是可以通过强调使其成为空间的重点。其他可以强调的特征包括整个墙面的书籍、一组挂画、一件精美的家具或者花园景观。

第三层次是次重点：主要指为突出焦点而设置的陈设品，以及大件的家具或窗户、吊顶、地面处理等，也包括为突出壁炉的重点而在壁炉前放置的家具（图 3-29）。

第四层次是附属物：包括台灯、植物、艺术品、小型家具等陈设。

把空间组成物按照上述的层次进行分级，对设计师是有帮助的。首先，陈设品以及建筑功能可以在上述四个层次框架内按照预期效果重新排列。然后是应用设计要素以及美学法则，对空间的重点进行巧妙的设计和处理，有如下具体方式：

- 色彩是最重要的要素，它可以使物体快速被 识别，艺术性地运用色彩可以突出重点。
- 形态通常包括布置在空间中的家具和设置陈设品，使之成为空间的重点，当陈设品与建筑特征具有不

图 3-30　这是一个宾馆的大堂，色彩、形态、质感、光和图案都为视觉中心服务。植物弱化建筑的边角，民俗风情的地毯界定休息区和大楼梯。（设计：Marcia Davis 和其合伙人；摄影：Peter Paige; 感谢：Lacey-Champion 公司）

寻常或者独特的形态，可以进行强调。

- 质感无论粗糙的、光滑的，还是有光泽的或者灰暗的，都能够吸引视觉注意。设计师可以应用质感特征对某一部分或者某个物体进行强调。
- 巧妙地应用照明，可以把各个层次紧密地联系在一起，使其戏剧化，吸引注意力，或创造视觉焦点。
- 图案，尤其是具有明亮色调和强烈对比的独特设计，能够创造视觉中心。

应用设计要素对空间的重点进行艺术性处理的时候，需要注意所有的部分都要互相依托和互相联系（图 3-30）。

### 3.3.6 协调

协调是统一与变化的混合体。下面是在居住空间创造协调的最重要的要素：

- 每个房间的设计类型都是决定性要素，但首先是结构设计类型，然后才是装饰设计类型。建筑的室外与室内要一致，家具与陈设也要与背景协调统一。例如，模压塑料座椅不能与具有 18 世纪风格的护墙板一同搭配，路易十六风格的座椅也不能以混凝土砖墙为背景。把似乎不相关的物体反常态的并置，可以增加轻松愉快的气氛，但是需要进行复杂的比较和判断才能实现。
- 无论房间大小，家具比例应该与空间符合。例如，如果建筑要素采用梁和砖石结构曝露在外的粗壮形象，那么家具应该具有相同的特征，反映相同的材料表情。
- 由于现代室内设计在色彩应用上具有更大的灵活性，色彩与陈设品的风格和比例相协调的问题需要认真考虑。色彩协调在考虑陈设品和背景的关系的时候，还需要考虑风格，风格是创造协调空

图 3-31　这个位于乔治亚州的精美的居住空间里，有效地运用了所有的设计要素和原则。这个具有折衷主义风格的房间结合了 18 世纪英国和法国风格，并作了全新的富有现代意义的诠释，最终的配饰使空间更具特色。（摄影：David Schilling）

间的关键所在。

- 光滑、粗糙、明亮、灰暗等材料表面的质感是创造协调需要考虑的要素。所选物体的质感要与所有陈设品的风格和设计相一致。例如，粗糙的手织物不能与赫普尔怀特（Hepplewhite, 18 世纪英国家具设计师）椅搭配，精致的丝织锦缎也不能与粗糙的有手工痕迹的橡木座椅搭配。
- 窗户的处理有助于整个房间的协调。主题风格与线形处理是紧密联系的。例如，东方风格的房子里不适合搭配褶皱的乡村风格的窗帘，纤巧的锦缎垂饰不适合乡村农舍。
- 认真选择地面材料有助于主题的统一。常规的地面材料，如木材、地砖、石材等硬质地面材料符合生活空间的需要；但局部波斯地毯和墙壁软包装饰搭配，会使空间成为整体。
- 辅助设备也会影响空间效果。房间的最终格调比设备更容易显示主人的品格，因此在设计中不能忽略设备和品位的关系（图 3-31）。例如，优雅的涡卷装饰的铸铁烛台为西班牙风格或者中世纪风格添彩，如果放置在设备精致的现代素色房间就不合时宜。
- 统一或者协调通过实现基本的风格而获得。风格不能盲目模仿，统一的氛围需要贯彻始终（参见第 2 章）。设计是可以借鉴各个时期的不同风格，为我所用，创造统一与协调的空间氛围。在借鉴所有的风格的同时，应用变化和情趣可以创造更富魅力和个性的空间。设计理念的确立和执行，也能获得统一或者协调的效果。设计理念与风格相符，但是不仅指具体的要素，还包括抽象的特征。

## 本章小结

设计要素（空间、线、面和体、质感、光、色彩、图案）和设计原则（比例与尺度、均衡、节奏、重点、协调）是设计的基础。这些原理和要素的有序应用产生视觉认知，结合第 1 章的设计程序和方法，能够形成符合顾客功能需求和期望的高品质的设计。所有的设计要素和原则，包括色彩和照明（在后面的章节论述），有助于设计师创造符合生理和心理需求的，并且具有独特视觉吸引力的室内环境。

## 推荐阅读书目

建筑环境观赏．荆其敏．天津大学出版社，1993.

# 第4章

# 色 彩

图 4-1 这家极具视觉震撼力的餐厅运用了高纯度的鲜艳的颜色，可见色彩在这个室内空间中的决定性作用。(设计：Engstrom 设计小组；摄影：Dennis Anderson)



**设计案例：**美国联邦快递公司

到过牛津大学的都知道拉斯金学院，它是根据英国著名作家、艺术评论家约翰·拉斯金（John Ruskin，1819—1900）命名的，他领导了英国工艺美术运动/艺术与工艺运动，在他所著的《现代画家》中曾说过："色彩在所有可视的事物中是最神圣的元素。"的确，在我们以视觉认识世界的感觉经验积累过程中，色彩始终与人们形影不离，人们对客观世界的感觉经验80%以上依赖于视觉的信息积累。设计师们也认为色彩是最重要和最具表现力的设计元素（图4-1）。所以，掌握关于色彩的完整的知识体系是必要的，包括各种不同色彩的属性、个性、色彩理论、配色方案、色彩关系，以及色彩在住宅及商业室内设计中应用等。

色彩不仅形成视觉效果，也可以产生心理感受，甚至影响人的情绪。它既能使一个房间变得活泼也可以营造一种柔和的氛围。与色彩不可分割的要素——光线，也有同样的效果，光线会影响我们所看见的色彩。在午后明亮的阳光下，色彩是清晰的、亮丽的；在傍晚日落时分，红色和橙色的色调是温暖、炽热的；在烛光中或月光下，色彩则变得暗哑而迟钝。所以，当我们学习色彩的时候首先有必要知道色彩是源于光线的。

## 4.1　光与色

《圣经》的开篇就提到光，不仅是色彩，还包括后面几章中讲到的其他几个室内设计的基本要素，都需要依靠光来体现效果。光是一切物体颜色的唯一来源，光刺激到人的视网膜时形成色觉，没有光，就没有色彩。古希腊哲学家亚里士多德就认为：光即是色彩，只有光的存在才能有色彩，因为没有它就没有任何景象。

光作为一种能源形式，来源于太阳，以及火焰、电等人工光源，光是电磁光谱的一部分。光的波长范围很广，当波长过长（红外光区）或过短（紫外光区）时，人的肉眼就无法看见。只有波长在380～760nm之间时人眼在正常情况下所能见到的光线，称为可见光（简称光）。红外线、X射线，甚至收音机的声波也是电磁光谱的一部分，但是人类的眼睛是看不见的。有了上面的前提，再谈到色彩，就知道色彩是光线分散成不同波长振动的电磁光谱。波长最长的形成红色，随后是橙色、黄色、绿色、蓝色和紫色，我们可以在彩虹中看到这一效果，或者当光线穿过棱镜的时候，分离成光谱也可以看到（图4-2）。当然，再一次提醒你，没有光也就不存在颜色，这点是很重要的。

我们所见到的物体的颜色取决于光源的种类、物体吸收及反射光线的方式。当光线照射到一个不透明的物体上时，物体表面会吸收大部分可见光，而将一部分可见光反射回来，反射光线的颜色就是物体的本色。也就是说，我们客观所见的一个物体的色彩是没有被物体吸收的光色，并通过物体的表面反射到我们

### 可持续设计

#### 天然矿物颜料

天然矿物颜料是在矿物中发现的无机色素，主要是泥土中的氧化铁。通过清洗和沉淀，然后和其他物质混合产生油漆或颜料。矿物颜料通常包括赭土（黄色），黄土，氧化铁（红色），棕土（褐色），绿土（绿色）。

矿物颜料已使用长达几千年。例如，早在远古的埃及人已采用这些颜料来绘制坟墓的壁画，中世纪和文艺复兴的艺术家在他们的绘画中也使用矿物颜料。

矿物颜料至今仍有很多用途，特别是防腐。它是目前可获取的最持久的颜料，通常无毒，而且不受大气情况的影响。

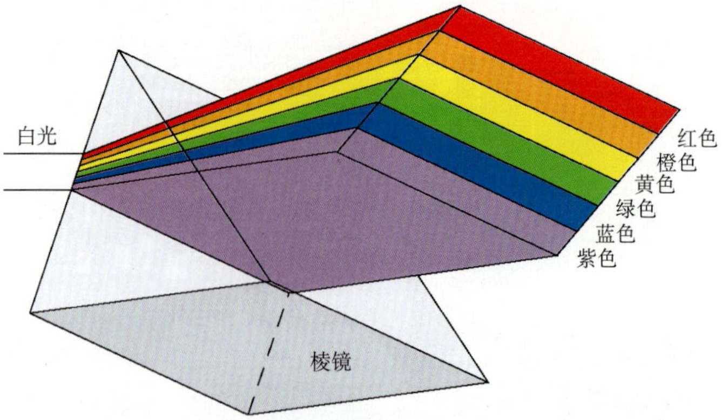


图4-2　光线透过棱镜分离出清晰的色彩。在可见的光谱中，波长最长的是红色，紧接着是橙色、黄色、绿色、蓝色，以及可见波长最短的紫色。

眼中。例如，一块毛毯吸收了除蓝色和绿色以外几乎所有的波长，蓝色和绿色的波长被反射了回来。而白色物体几乎反射光线中所有的颜色，黑色物体几乎吸收所有的颜色。

色彩研究是一项非常复杂的工作，长期以来很多学者致力于色彩研究，但最终一无所获。直至目前，普遍认可的也只有三种不同的色彩理论：物理学家在光线的基础上形成一套理论；心理学家在情感基础上形成了一套理论；而艺术家则在颜料和染料基础上也形成了一套理论。我们主要关注第三种理论，因为无论是专业室内设计师，还是喜欢 DIY 装修的人，都必须和颜料打交道。

## 4.2 色彩与视知觉

色彩对人引起的视觉效果会产生如冷暖、远近、轻重、大小等不同的感受，这不但是由于物体本身对光的吸收和反射程度不同的结果，而且还存在着色彩间相互作用的关系所形成的错觉，这些在室内设计中有时可以“大显身手”。

### 4.2.1 温度感

色彩有各种分类方式，最简单的分类方式是将所有的颜色区分为暖色、冷色和中性色。

(1) 暖色

光谱的暖色包括红色、橙红色、橙色、黄橙色和黄色。人们长期的感觉经验告诉我们，通常暖色让人好像看到太阳、火等，感觉热，会带来动人的、活跃的、愉快的、舒适的，甚至有时是刺激的感觉。

(2) 冷色

冷色有蓝色、蓝绿色、绿色、紫色和蓝紫色。冷色让人好像看到江河湖海、绿色的田野等，会让人感觉放松，给人凉爽、休息、抚慰的感觉。

(3) 中性色和中性化色彩

所谓中性色，通常是以视觉感受来界定的。黑与白以及黑、白之间的各种不同明度的灰色都叫“中性色”。从色彩光学上来说，黑、白、灰属于无彩色系，它们对光源的光波各波长的反射没有选择性，所以是中性色。但在分析色相的冷暖关系时，通常也会将紫红色调和绿色调等无明显冷暖感觉的色彩也称做中性色。这是针对色彩的冷暖感觉而言的，与色彩光学所提出的中性色含义有实质性不同，不能混淆。甚至在实际配色应用中，有时将处在暖色和冷色之间的浅褐色、褐色、乳酪色、象牙色、彩白色（白色中加入少量任何一种色彩）等这些颜色称做中性化色彩，中性化色彩在每种配色方案中都会遇到，是很重要的。

### 4.2.2 距离感

色彩可以使人感觉进退、凹凸、远近的不同，一般暖色系和明度高的色彩具有前进、凸出、接近的效果；而冷色系和明度较低的色彩则具有后退、凹进、远离的效果。画家们一直依靠这一原理在画布上创造出空间感和层次感，室内设计中也可以利用色彩的这些特点去改变空间的大小和高低。

### 4.2.3 重量感

色彩的重量感主要取决于明度和纯度，明度和纯度高的显得轻，如桃红、浅黄色；明度和纯度低的显得重，如黑色、咖啡色和深蓝色。在室内设计的构图中常以此达到平衡和稳定的要求，以及表现性格的需要，如轻快、庄重等。

### 4.2.4 尺度感

暖色和明度高的色彩具有扩散作用，因此物体显得大；而冷色和暗色则具有内聚作用，因此物体显得小。同样面积的黄色与深蓝色，看起来黄色大蓝色小。在室内设计中，室内不同家具、物体的大小和整个室内空间的色彩处理有密切的关系，可以利用色彩来改变物体的尺度、体积和空间感，使室内各部分之间的关系更为协调。

### 4.2.5 错视

同一个色彩，在不同的情况下观看，也会有不同的视觉效果，这是由于色彩的对比作用产生“错视”

现象。当我们注视红色一定时间后，再转视白墙或闭上眼睛，就仿佛会看到绿色（即红色的补色）。此外，以同样明亮的纯色作为底色，色域内嵌入一块灰色，如果纯色为绿色，则灰色块看起来带有红味（即绿色的补色），反之亦然。这种现象，前者称为“连续对比”，后者称为“同时对比”。因为视觉器官按照自然的生理条件，对色彩的刺激本能地进行调剂，以保持视觉上的生理平衡，并且只有在色彩的互补关系建立时，视觉才得到满足而趋于平衡。

除此以外，还有其他错视现象。相同的橙色，放在红色底色上会偏黄，而在黄色底色上会偏红。这是由于橙色是由红色和黄色调配出来的，两种颜色中相同的色彩被融合后，相异的成分会更加突出，这是色相错视。而同一明度的灰色，分别放在黑色和白色背景上比较，会发现白色上的灰看上去更暗一些，而黑色上的灰看上去亮一些，这是明度错视。

## 4.3 色彩的属性

色彩具有三种属性，也称色彩三要素，即色相、明度和彩度，这三者在任何一个物体上是同时显示出来的，不可分割。依靠色彩的三个维度 ( 色相、明度和彩度 ) 才能正确地测量、想象和描述色彩。

### 4.3.1 色相

色相就是色彩所呈现的面貌、色彩的名称，是每个颜色有别于所有其他颜色的一个特定属性，如红色、蓝色、紫色等称谓，通常以循环的色相环表示。当然，一种颜色可以明亮或者昏暗，可以纯度高些或者纯度低些。例如，如果色相是蓝色，则不论结果是浅蓝色、深蓝色、明亮的蓝色或灰暗的蓝色，每一种颜色的色相都是蓝色。

### 4.3.2 明度

明度是色彩的明暗程度。通常从黑色到白色分成若干阶段作为衡量尺度，接近白色的明度高，接近黑色的明度低。总之，由于黑色、白色的加入，使一种色相有时变得明亮、有时变得黑暗。图 4-3 告诉了我们最常见的九个明度等级。

这里要说明，任何色相单独增加白色后明度能被提升，形成浅色；而单独增加黑色或其他暗色后明度被降低，成为深色。除了深色和浅色，第三种就是在一种色相中同时增加黑色和白色而形成的，这种灰度的色相在创造色调方面是非常有用的，就是设计中常说的“高级灰”(图 4-4)。

### 4.3.3 彩度

彩度也称纯度，是指色彩的纯净度。彩度描述了一种色相包含的纯色的明暗强弱的差异性。正如当任何颜色在加入白色或黑色后他的明度可能被提高或者降低，同样色彩的纯度也可能因加入高纯度的色彩而加强或加入它的补色而减弱 ( 补色在标准色环中位于该颜色的对面 )。色彩的补色加入得越多，则最初所包含的色相纯度越低。两个颜色可能有相同的色相和相同的明度，但仍然可能因为有不同的色彩纯度而变得不同 ( 图 4-5)。

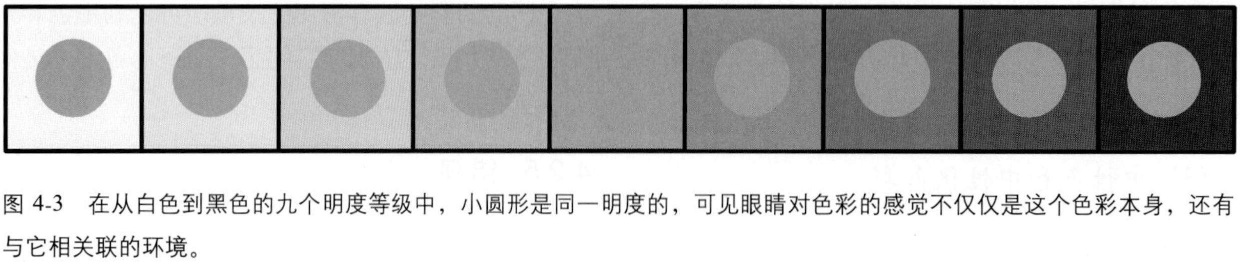


图 4-3　在从白色到黑色的九个明度等级中，小圆形是同一明度的，可见眼睛对色彩的感觉不仅仅是这个色彩本身，还有与它相关联的环境。

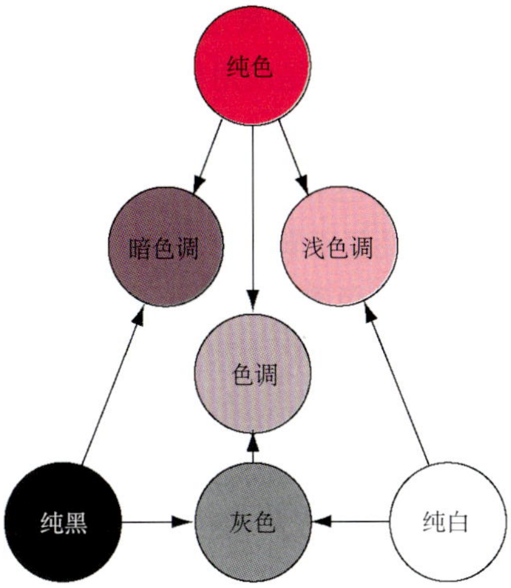


图 4-4　虽然黑色和白色被认为不是真正的色彩，但它们被加入色彩后可以形成浅色、深色和灰度色。任何色相增加黑色后形成深色；增加白色后形成浅色；而在色相中增加灰色则形成灰度色。

A　　B

图 4-5　在这个图例中，左边的绿色是高纯度的，但是当绿色加入它的互补色红色的时候纯度就减弱了。

### 4.3.4　色立体

色立体也称为色标，是色彩的标定方法。根据色彩的三个属性，可以组成一个包括一切色彩的三度立体模型。根据不同色彩系统可以形成各种形状的色立体，但它们有统一的原则，即色立体的中轴是无彩色的明度等级，色相环以此轴为圆心排列，彩度等级从圆心向外辐射。这样，色立体的每一个水平切面，就代表处于一定明度水平的可供采用的全部色阶，越接近切面的外边，颜色越饱和，即彩度越高；越接近中轴线，其加入同一明度的灰色越多，即彩度越低。

## 4.4　色彩理论与色标系统

### 4.4.1　色彩理论

有许多的色彩理论或色彩系统，被室内设计师应用并予以发展，但理解和应用色彩的关键点是色环。在中世纪的欧洲，习俗的概念是：红色是日出、日落的象征，黑、白则是黑夜与白昼的象征，因而认为自然界的复色现象只是由于白光与阴影混合而构成的，基于这一认识，出现了半圆形的平面色彩图（以半圆象征日出、日落），在此图水平上放置黑色、白色，黄色靠近白色，蓝色伴着黑色，而红、绿色则居中安置。1666 年，牛顿用他在三棱镜分光实验中所得到的色带排列出色彩环。在三棱镜实验中，牛顿得出两个重要结论：光谱上的色彩是连续变化的；这些连续变化的色彩应分为七个色区。牛顿将他发现的光谱色分列在圆图中，圆心为色光合成的白色，并用红、橙、黄、绿、青、蓝、紫七个色区分布一圈，展示了色光混合规律的平面色彩图，这就是最初的“牛顿七色论”。1686 年，瓦勒提出了以红、黄、绿、蓝四色组成的方形色彩图，其构想启迪了后世学者，在 19 世纪终于形成了独树一帜而与三原色学说相反的赫林四色学说，其构成原理给现代以很大影响，这是唯一反对赫姆霍兹色觉三色学说的理论。他的理论是基于色彩总是成对出现，而且相互是互补的、对抗的。总之，在这数百年的发展中，出现了多种结构、外形的平面色彩图，其中还包括著名文学家、色彩学家歌德的圆形色彩图，也有马克斯威尔的金字塔形色彩图，以及近代画家克利（Klee，1879—1940）的圆形色彩图。而最为有名的是 1931 年，国际照明委员会公布的其制订的以 XYZ 坐标系统色彩表示法的 CIE 色彩图，具有色标高度准确无误的优点，但并不便于普及应用。

在平面色彩图发展、演变的同时，1772 年，拉姆伯特提出了锥体色彩图，而栾琴则于 1810 年展示了三维空间的球状色彩图构想，构成了近代立体色彩图（色立体）的雏型。1874 年和 1893 年，德国心理学家冯特（W.Wundt，1832—1920）先后提出了球状、圆锥状两种色彩图结构。1905年，蒙赛尔（Albert H. Munsell）设想了规则球体结构，进而在1915年形成至今流传、外形不规则的蒙塞尔色立体。而另一著名的复圆锥体状的奥斯特瓦尔德（Friedrich Wilhelm Ostwald，1853—1932）色立体则是1917年形成的。而后的几十年中，众多的学者继续对立体的色彩图结构进行探索，发表了多种见解，其纯色相联结的轨迹线既有水平状的，也有倾斜的，或做波状起伏的封闭曲线，外形则更为多样化，但是，作为科学色标体系色彩图的基本结构和理论，都没有能突破蒙塞尔、奥斯特瓦德两大色标系统而另辟蹊径，从而终于形成了迄今为止国际学术界公认的两大色标体系——蒙塞尔色标系统、奥斯特瓦德色标系统。直至约翰尼斯·伊顿（Johannes Itten，1889—1967）1919—1923年间应聘于德国包豪斯（Bauhaus）学校任教时，他将色环进一步完善，使其在国际上成为艺术和设计教育以及设计行业中通用的标准工具。约翰尼斯·伊顿建立的标准色环一边是红、橙、黄这类暖色，另一边是绿、蓝、紫这类冷色，这就是使用标准色环最容易区别暖色和冷色的原因（图4-6），到目前为止涂料供应商仍然根据暖色、冷色和中性色来编码。这里要说明的是，标准色环是基于黄、红和蓝三原色（图4-7），三原色中任意两个色彩的等量调和可以形成一种二次色(图4-8)。这样色相环中就形成三种二次色：绿色，由黄色和蓝色混合产生；紫色，由蓝色和红色混合产生；橙色，由红色和黄色混合产生。如果再将一种原色与相邻二次色混合就会产生三次色（图4-9）。以此类推，常用的五种绘画颜色——三原色加上黑色和白色，就可以产生所有的颜色了。

相关链接

谢文·威廉姆斯色环术语 http://www.sherwin-williams.com/DIY/ interior/colorselect/confidence/dwc4.asp

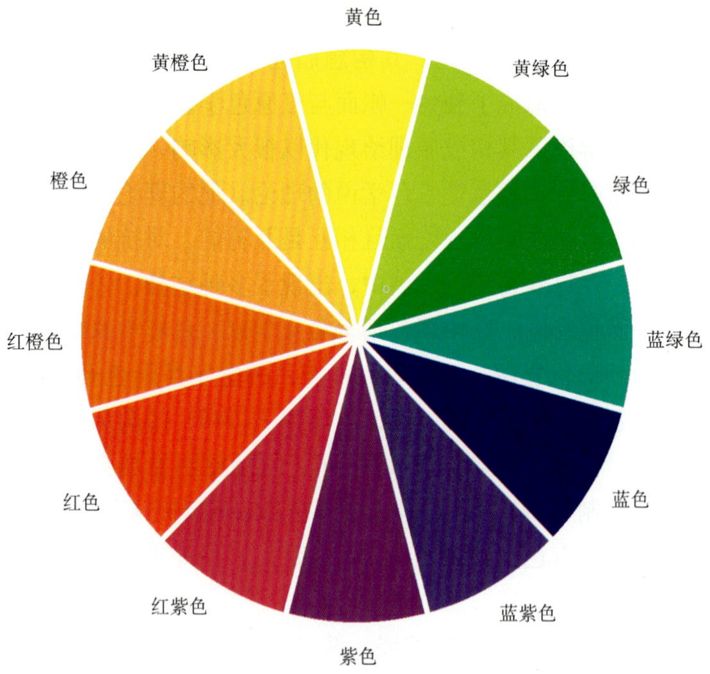


图4-6　标准色环

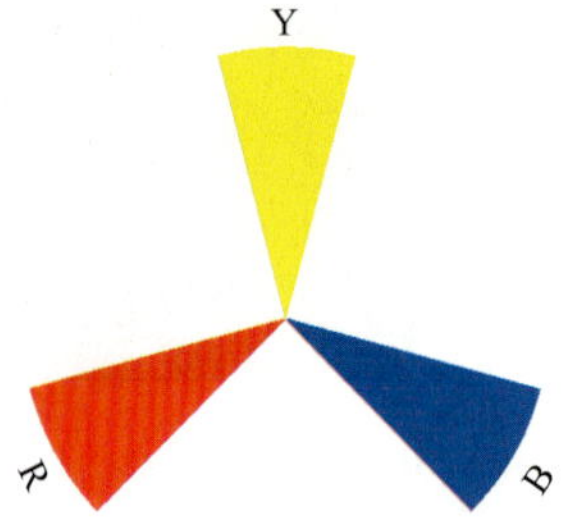


图4-7　原　色

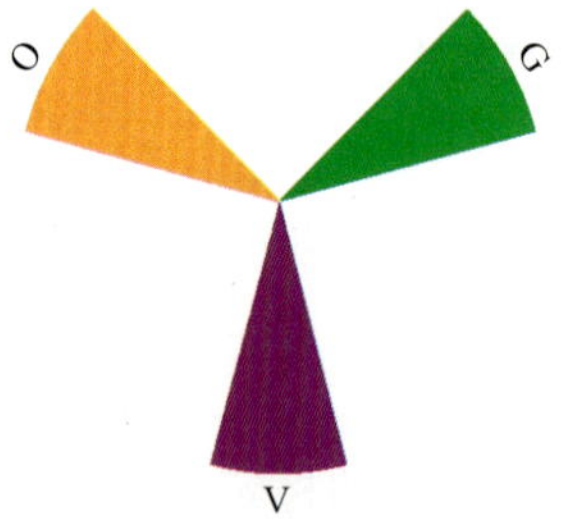


图4-8　二次色或间色

图4-9　三次色或复色

## 4.4.2 色标系统

色标系统就是有组织地对色彩进行排列和命名，最著名的就是勃鲁斯特（D. Brewster）、奥斯特瓦德和蒙赛尔色标系统。每个色标系统都基于不同的基本色：勃鲁斯特色标系统是基于黄色、红色和蓝色三原色；奥斯华德色标系统是基于黄色、红色、蓝色和绿色四种主要色彩，另外加上黑色和白色；蒙赛尔色标系统由黄色、红色、蓝色、绿色和紫色五种色彩开始。在这里对室内设计中主要应用的后两个色标系统进行介绍。

### （1）蒙赛尔色标系统

蒙赛尔色标系统以蒙赛尔的名字命名，他是美国色彩学家、美术教育家。美国国家标准局、光学学会对他提出的色标系统进行多年反复测定并几度修订，使这一色标系统成为学者们研究的比较透彻的一个系统。

蒙赛尔色标系统以红（R）、黄（Y）、绿（G）、蓝（B）、紫（P）五种基本色相组成，在邻近的色相间再分别插入黄红（YR）、黄绿（YG）、蓝绿（BG）、蓝紫（BP）、红紫（RP）五个中间色。每一种色相再细分为四种颜

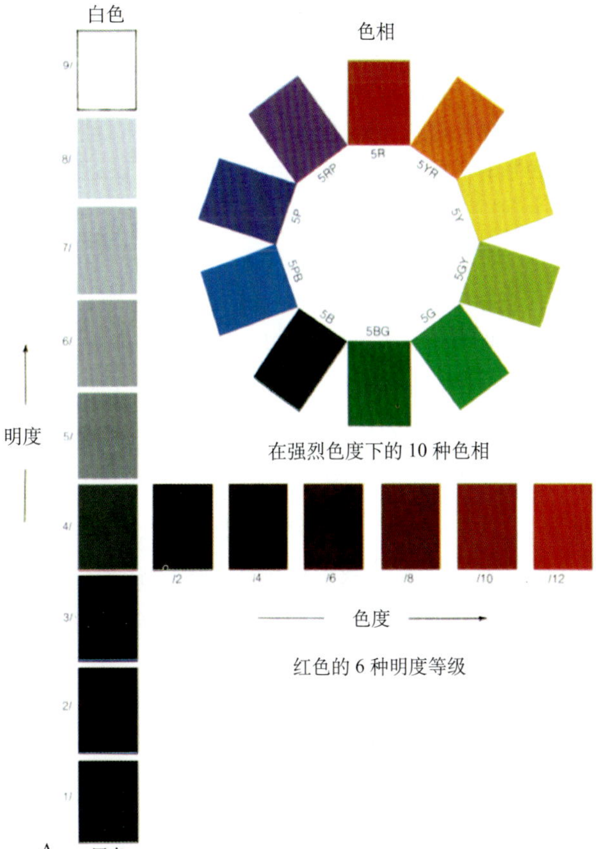


A

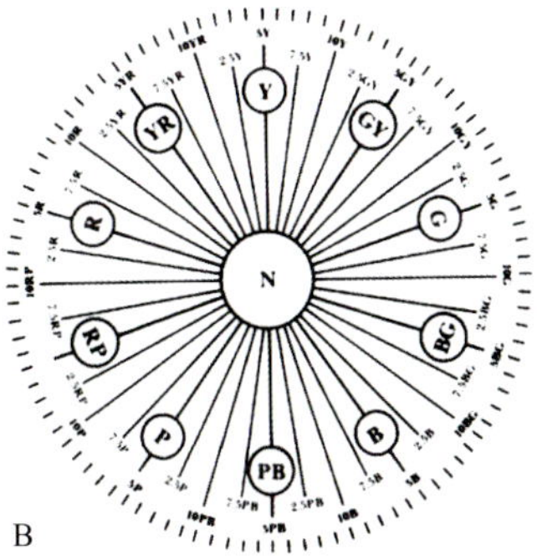


B

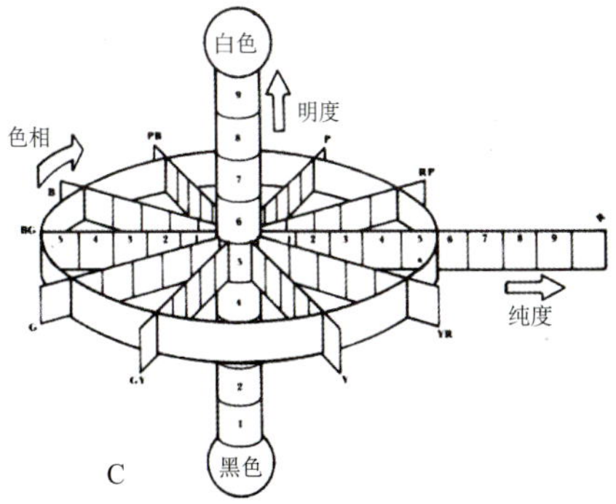


C

图 4-10　蒙赛尔表色系，包括色相、明度以及彩度的关系。A 图圆环表现了色相的适当序列。竖直方向的中轴代表了明度等级。由中心沿半径向外延展的彩度轴显示出纯度随数值的增加而渐次增强。B 图表色系以色相环上的 5 个基本色和 5 个中间色为基准，若细分为 100 种色相如图表外圈所示。而每种色相细分为 4 种颜色（2.5，5，7.5 和 10），从而形成的 40 种色相在蒙赛尔表色系的图表中间有所标示。C 图色相、明度以及彩度的标示显示出它们互相关联。圆环表现了色相的适当序列。竖直方向的中轴代表了明度等级。由中心沿半径向外延展的彩度轴显示出纯度随数值的增加而渐次增强。

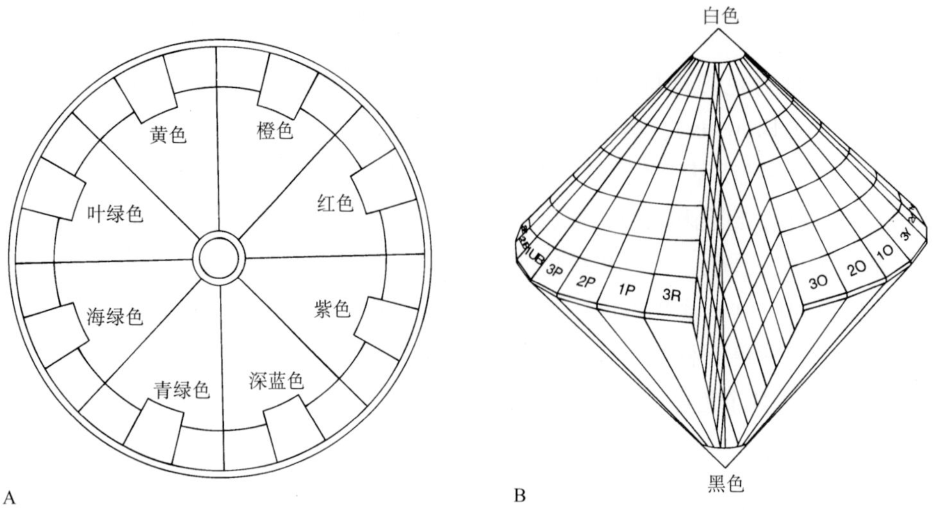


图 4-11　奥斯特瓦德表色系。A 图为奥斯特瓦德表色系，以 24 种色相为基础，并由这些色相以及它们加入一定量白色和黑色构成。主要的色相是黄色、橙色、红色、紫色、深蓝色、青绿色、海绿色和叶绿色。其他 16 种色相是这些色相的中间色。B 图为色相和它们的明度以及纯度被安排形成一个三维空间的圆锥体。

色，用数字 2.5、5、7.5、10 来表示。这样在色相前面标上这些数字，色相就可以精确表达了。

蒙赛尔色标系统是以色彩的三属性色相（H）、明度（V）和彩度（C）为色彩表示法的，其色彩记号的表达方式是 HV/C（图 4-10），即色相用大写字母 H 表示，随后的一个分数中分子表示明度、分母表示彩度。在图中，色相被表示成圆形的带子；水平线的色组为同一明度而纯度渐变的纯度序列；纵向直线上的色组为同一纯度而明度渐变的明度序列。

（2）奥斯特瓦德色标系统

奥斯特瓦德色标系统以他的创作者奥斯特瓦尔德命名，他是德国物理、化学家，1909 年诺贝尔化学奖获得者，1921 年出版了《奥斯特瓦德色谱》。奥斯特瓦德色环，使用黄色、橙色、红色、紫色、深蓝色、青绿色、海绿色和叶绿色为八种基本色相，他的色彩记号的表达方法是色相号 / 含白量 / 含黑量 ( 图 4-11)。

## 4.5　色彩的配色方法

设计师普遍认为色彩是最经济且最富有视觉效果的设计要素，进一步讲，室内色彩设计更重要的是配色。课堂上常讲：只有不恰当的配色，没有不可用的颜色。因为色彩的装饰效果取决于不同色彩之间的相互关系，同一颜色在不同的背景条件下，其色彩效果可以迥然不同，这是色彩所特有的依存性，因此，处理好色彩之间的协调关系是配色的关键。特别是色彩不像结构和设备设计那样具有很强的技术性，我们自然会优先考虑具有个人风格的因素，这样就会有很多色彩方案的选择，通过色彩的合理搭配与巧妙组合，使室内色彩达到多样与统一，创造出神奇的室内环境效果。有时甚至还要兼顾时尚和受地域文化影响的风水等因素，所以，设计和组织配色方案是一项具有挑战性和成就感的工作。

### 4.5.1　室内色调的分类与选择

#### 4.5.1.1　无彩色设计

无彩色设计的配色方案是由黑色、白色和各种不同的灰色形成的。黑、白、灰这些色彩在物理上并不认为它们是色，但在心理上以及设计与艺术上都把它们作为出色的色彩来对待。尤其在中国，自古以来就有墨分五彩之说。它虽然没有明确的色调，只有明暗关系（图 4-12），但在这样的室内环境中平静而高雅，可以重点装饰彩色的艺术品或绿化，这是由于明暗的

图 4-12　无彩色的配色方案在这个阳光房里是一个有效的选择，室内色彩明亮的花卉随着季节的变化而改变。

图 4-13　这个复杂而又让人放松的室内空间应用了单色配色方案。一点淡黄色为这个居住空间增加了温暖感，而强烈对比的艺术品形成了视觉中心，同时增加了空间趣味。（设计师：David Mitchell；摄影：Scott Frances）

变化比彩度的变化在视觉心理上有更强烈的作用。

在某些黑白系统中，也可以加进一种或几种色相，也就是说相对于无彩色设计包含了一些色彩，但彩色只起到点缀作用，配色方案仍是由一个低彩度的色彩形成的。例如，暖色和冷色之间的中性化的颜色，最典型的中性色或单调色包含彩白色（白色中间夹杂着一些少量的其他颜色）、米色、乳白色、棕褐色和褐色（图 4-13）。这种配色丰富而不紊乱，彩色面积小而重点突出。重点使用在小家具及装饰品上的高彩度色彩，在不影响中性色调的同时还能增加视觉冲击力。

图 4-14 在这个充满戏剧性的单色调房间内，设计师展现了一个简单、乏味的室内界面，但很好地承托了红色的织物沙发和各种材质的家具陈设。( 设计师：Jackie Naylor；摄影：Robert Thien)

### 4.5.1.2 单色调设计

这种方法指的是室内空间以一个色相作为整个色彩的主调，当然色彩的明度和彩度可以有所变化。这种配色适用于小空间或静态空间，可以产生单纯细腻的色彩韵味。在单色调配色方案中人们往往可能存在着一种担心，那就是会导致单调，然而看看自然界中玫瑰花的花瓣，我们可以从柔和的明暗中看到清淡的粉红色到深红色的变化。当然，更不能忽视图案、黑白灰色调等为单色调配色方案的调剂（图 4-14）。

### 4.5.1.3 类似色设计

类似色配色方案是运用标准色环上任何部分的相邻颜色，如图 4-15。所以，类似色有相近的性格，很容易协调，是最容易使用的配色方案。比如黄色，是橙色和绿色中都有的颜色，而通过橙黄色和黄绿色等中间色的使用，室内设计师就可以用许多种明度和纯度形成一种相近的类似色设计。这种方法容易形成高雅、华美的视觉效果，适用于中型空间或动态空间。

### 4.5.1.4 互补色设计

这是设计师在大型动态空间设计中擅长使用的一种配色方案。互补色或称对比色配色方案是运用色环上相对位置的色彩，如红与绿、黄与紫，其中一个为原色，另一个为二次色。互补色配色方案一定同时包

图 4-15　这是个充满温暖和魅力的房间。就拿桌子来说，高度是根据客户的身材为他们量身打造的；墙面增加了设计的层次和纹理；仿古和传统的照明设备的组合加强了类似色的配色方案。（设计：Tory Winn 和 Agora 工作室；摄影：Brian Gassel）

含暖色和冷色，因为它们处在色环上的对立面，所以室内会生动而且快速赢得注意和引起兴趣。当然，有时会通过明度或彩度的变化而对过强的对比色加以“软化”，以获得平静的效果。设计中往往会涉及六种互补色配色方案：直接互补、分离互补、三色互补、两色互补、交替互补、四角互补（图 4-16），但前三种是最常用的。

### （1）直接互补

直接互补是最简单的补色配色方案，它的形成就是在色环上使用两个直接相对的颜色（图 4-17），但色调中的一个颜色占主导地位。如果在房间中使用相同数量、相同强度的补色，颜色冲突，这就制造了一个令人不愉快的环境因素。最好使用二次色作为中性色或是在局部使用。

### （2）分离互补

分离互补是由任意一种颜色加上它的对比色相邻的两个颜色所组成的三色配色方案。例如，如果黄色被选中为主色调，红紫和蓝紫是对比色，这样没有直

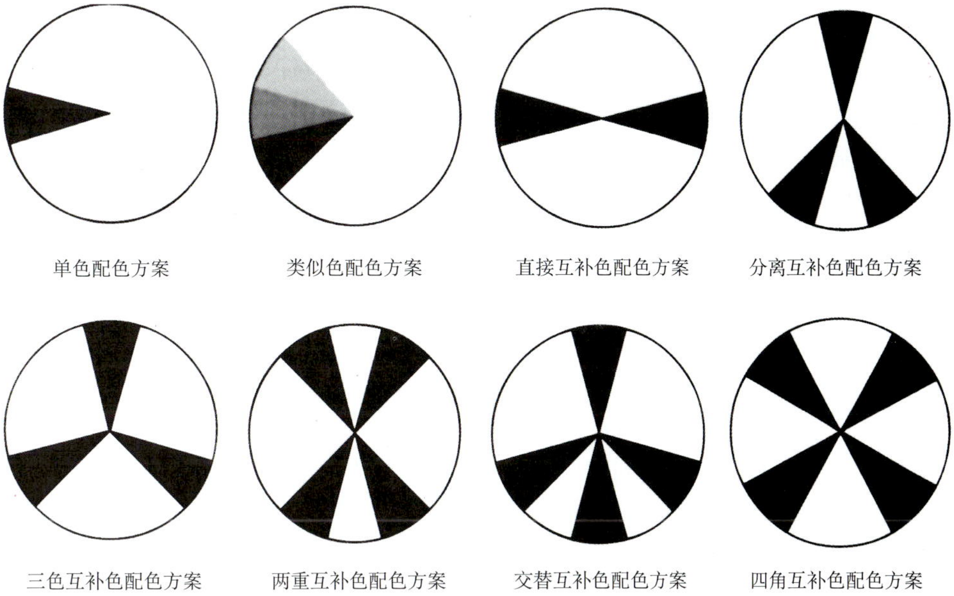


图 4-16　源于色环的基本配色方案

图 4-17　接待区域运用补色配色方案。蓝色地毯用以指明等候区，而低纯度的橙色墙体划定了接待台位置。下沉的天花板和悬浮的照明设备系统则突出了公司的产品。（设计师：Grad Associates；摄影：Peter Paige）

接对比色——紫色那么强烈，使得方案看起来更加柔和，同时也更富于变化。

### (3) 三色互补

三色互补是另一个三色对比色配色方案。互补的三色是由色环上三个距离相等的颜色组成的，这些颜色或许会形成鲜明的对比。使用有很强纯度的颜色如三原色：红，黄，蓝；或是橙红、黄绿和蓝紫，或是它们的中间色，在明度上提高或是降低以此产生一个平衡的配色方案。

### 4.5.2 传统色彩文化

色彩如同音乐一样，是一门国际语言。全世界许多物体都可以通过色彩被识别。一般认为，人们的居住环境对色彩的主观爱好的形成有很大影响。人们在世代居住生活的环境中感受着色彩、形体、声音等各种知觉刺激，形成了对色彩的喜、厌方面的种种感情，这就是生活环境、民族文化对色彩运用的影响。

从生活环境讲，太阳的照射率、居住地区的经济、文化及视觉地理环境都是构成人们色彩爱好的重要因素。地球上各个地区由于阳光照射量的不同，阳光色素也是不同的。这种不同光源条件对人们心理色彩因素所产生的影响称为“演色性”。例如，意大利的居民喜欢砖红色，建筑外表也用砖红色，而室内装饰色彩则向补色环境调整，倾向蓝、绿色；北欧的居民喜欢蓝、青、绿色，建筑外表也喜欢这些颜色，而室内装饰则倾向暖色。

设计师为来自不同文化背景的客户服务，对于色彩与文化的关系要敏感。比如在西方文化中，白色与纯洁和虔诚相联系，而在许多亚洲文化中，白色是一种悲恸的颜色。再比如古代中国，黄色是虔诚、权力的象征，但在古代希腊和罗马人们把紫色作为古代帝王的色彩，因此只有贵族才能使用——于是便有“紫色王权”的术语。当然，从民族文化讲，一些欧洲学者认为，在古代文明的文化圈中，属于东南亚地区的日本、中国是典型传统文化的代表。

#### 4.5.2.1 日本色彩文化

提起日本色彩文化，西方人都会用 shibui 或是 shibusa 这两个词描述，在英语中没有一个单词可以十分准确地描述 shibui，简单讲就是品尝“橄榄”的味道：开始有些香甜但跟着又有青涩的味道。如果把中国传统色彩文化比做上釉青花瓷，日本传统色彩文化就是未上釉的陶器。这个比喻表达了日本人对美的理解，平静和谐，杜绝炫耀卖弄，崇尚自然的本性。为了达到这种效果，在一个和谐的整体中色彩以互相增强的方式而并置在一起，从而才能更好地满足长久耐看的需要。所以，配色方案必须有一定的深度和复杂度，否则，它们将很快会变得非常乏味。我们从包括美国建筑师赖特（Frank Lloyd Wright，1867—1959）等大师的设计作品中总结出一些特征（图 4-18）：

- 色彩概念是基于自然的，大面积使用的都是一些平静的、中性化颜色，而明亮的、有变化的色彩只能小面积使用。
- 自然界有千万种颜色，但是它们中没有完全相同的。在自然中，越深越纯的色彩常出现在脚下，而当你向上看时，色彩就会变得很浅很微妙，这就是常说的“地浊天青”。
- 大多数自然景观呈现出少许发光或是闪闪发光的不光滑的表面，就像太阳照在泛起波纹的水面上波光粼粼的场景。
- 通过细心的观察不难发现，自然界中到处都有美妙的图案和材质。没有两个图案是一样的，但自然界却相当和谐统一。尽管自然界的色彩、材质和图案

图 4-18　这是个典型的美国室内空间，微妙、含蓄地强调了材料质地和简单的配色。植物的树叶让人联想到了自然。（摄影：Norman McGrath）

看起来很简单，但通过仔细的观察会发现它们其实是十分复杂的。

#### 4.5.2.2 中国色彩文化

在中国传统文化中总会提到“风水”。风水的配色方案是源于一个罗盘的神话，上有一个八边形符号对应于罗盘的八个方位（四个方位和四个复合方位），并且和人的命运联系。所以，风水学的配色方案对于不同年份出生的人的解释是不同的，这还和人的基本元素——金、木、水、火、土有关。例如，绿色表示木，因此属木的人可能会用绿色作为配色方案，他会避免使用红色，因为红色会联系到火，而火克木。

在风水学的配色方案中，白色是很宝贵的，因为它象征着光明。而黑色则是有选择性地运用，因为它表现的是水和金钱，黑色也是宝贵的，但它是光明的对立面，因此应谨慎使用。

风水的另一个法则是阴阳适当平衡，这也代表了互补色或二元论的平衡。成功的风水配色方案能协调这些因素的平衡。另外，许多设计师认为风水有对空间再平衡的能力。

## 4.6 色彩的生理和心理效应

色彩能产生强烈的心理和生理上的作用。心理作用是思想上感觉到的；生理作用实际上引起身体的变化。我们可以发觉，面对相同的色彩人们可能产生不同的反应，以下几点研究成果是设计中必须关注的：

- 色彩影响人对空间的情绪或感觉：淡色和冷色使空间扩张；暗色和暖色使空间缩小。
- 色彩影响眼睛对于体量和尺度的知觉：暗色和暖色看上去比淡色和冷色沉重，然而有趣的是在实际的时装设计中效果却相反。暗色往往使人从视觉上显得苗条，而淡色则通常使人变得肥胖。
- 色彩影响人的温度知觉：人在看了各种不同的颜色后，人的体温确实有变化。举例来说，红色、橙色和黄色能使人的体温升高；而冷色则有相反的效果。
- 色彩能引起人厌烦或平静、刺激或活泼的感觉：色彩能使紧张的神经系统变得不安，使身体在否定的方法中应对这种刺激。
- 色彩能影响人对声音、味道、气味和时间等知觉的反应。
- 色彩能增加病人恢复的比率等。

### 4.6.1 色彩的感觉和反应

对色彩的情绪反应是自然的，这种反应通常是对色彩的感觉而不是色彩本身，可能是积极的，也可能是消极的。

#### 4.6.1.1 红色（暖色－原色）

心理和生理上的联想：勇气、激情、爱情、兴奋、危险、痛苦、生气、热情、力量。

应用：红色无论出现在哪里都很明显，由于它令人兴奋、感觉激动，所以应谨慎使用。红色很容易同其他色彩相调合，任何一种红色调的使用大多都能增添房间活力。红色形成了许多流行色，它在原色上或者加亮或者加深，或者鲜艳或者暗哑。例如，红色加深变暗哑后形成栗色，而当加亮时变成粉红色，粉红色是一种优雅的和令人喜爱的颜色。强烈的对比色通常可以增加它的效果，它还特别容易同灰色、褐色、绿色、蓝色和紫色相协调。

#### 4.6.1.2 黄色（暖色－原色）

心理和生理上的联想：懦弱、欺骗、日光、乐观、温暖、启发和交流。

应用：黄色是最抢眼、最费神的，因而有必要斟酌使用。破晓时分的灰黄色能衬托明度更低的色彩，如粉红色、蓝色和淡绿色。午后的暖黄色能衬托更丰富、更暖的木色。打磨后的黄铜是镀金色，给房间带来了生机。金色给人一种优雅、豪华的感觉，尤其是用于重点部位和配件上。几乎所有的黄色物体都能很好地反射光线，能更好地呈现其它色彩的色调，增加令人满意的亮点。

#### 4.6.1.3 橙色（暖色－二次色）

心理和生理上的联想：高兴、鼓舞、日落、兴奋。当加亮并变得暗哑后，这种让人喜欢的色调会给人凉爽和提神的感觉。

应用：像红色一样，橙色也是鼓舞人心的色彩，但不如红色强烈。这种令人喜欢的色调能使人们肤色更有魅力。同时，它又可作为暖色和冷色的桥梁，部分原因是由于它让人联想到水果。

#### 4.6.1.4 蓝色（冷色－原色）

心理和生理上的联想：诚实、事实、忠诚、男性、拘谨、静止、宁静、清醒、天空、深海。

应用：蓝色让人感觉凉爽和抚慰，令人想起天空、水和冰。蓝色不容易同其他色彩相调合，在不同的光线下变化很多。和其他色彩相比，蓝色更容易受到材料本身的影响。例如，反光较好的漆器和玻璃可以加强蓝色；在一大堆地毯中，蓝色的显得最深；粗糙的织物使蓝色变得柔软；浅蓝色能给天花板一个凉爽和天空的感觉。但如果使用不当，蓝色会给人忧郁、冰冷，甚至阴沉的感觉。

#### 4.6.1.5 绿色（冷色－二次色）

心理和生理上的联想：自然、平静、希望、羡慕、安全、和平、被动、安全。

应用：绿色是自然的色彩，新鲜而友善，而且很容易同其他色彩相调合，尤其是黄绿色和云杉绿或者森林绿。当绿色被变灰、变暖或者变冷时，能形成一个漂亮的背景色；淡绿色是谦逊的和宁静的；在食品区，绿色特别受欢迎；深黑绿色是一种十分适合的地板色。

#### 4.6.1.6 紫色（冷色－二次色）

心理和生理上的联想：王权、高贵、势利、权力、戏剧、富裕、神秘、崇拜、尊贵。

应用：一般而言，深紫色是红色和蓝色的混合物。当粉红色加入时，变成暖色；而加入蓝色后变成冷色。紫色不仅能同粉红色和蓝色很好地调合，而且经常作为重点部分小面积地使用。大面积地使用紫色会形成戏剧性的，甚至是烦扰的效果。

#### 4.6.1.7 白色（中性色－无彩色）和彩白色（中性化色彩）

心理和生理上的联想：纯净、清晰、贫瘠、高雅、崭新。

白色和彩白色能使房间里所有的颜色看上去更清晰更活泼。暖色调的彩白色在协调不同木质材料和风格的家具上表现非凡、无与伦比，可谓是最柔和的背景色了。但如果仅使用白色和彩白色，就会形成贫乏和空虚的氛围。

#### 4.6.1.8 黑色（中性色－无彩色）和彩黑色（黑褐色－中性化色彩）

心理和生理上的联想：悲恸、悲哀、沮丧、高雅、神秘、魔力、夜晚。

应用：在家具、小面积的织物和重要的配件上使用黑色和彩黑色（一种深黑褐色），会使其他颜色更干脆和明晰。当大面积使用时，黑色可能产生极端的夸张，甚至会让人产生压抑感和幽闭恐惧感。

#### 4.6.1.9 灰色（中性色－无彩色）

心理和生理上的联想：忏悔、忧郁、暴怒、迷惑、沮丧、智慧、商业、高技、高雅。

应用：当空间环境需要中性色，我们会使用灰色。但如果没有其他色彩的家具来点缀，灰色的空间可能令人感觉厌倦、单调。灰色很容易同其他色彩相调合，尤其是粉红色、紫色和蓝色。大面积使用深灰色会让人感觉压抑，但淡灰色大量使用是一种很好的背景色。

#### 4.6.1.10 褐色（中性化色彩）

心理和生理上的联想：土地、木材、温暖、舒适、安全、支持、安定。

应用：褐色的家居感使他特别受欢迎，尤其是褐色的木制家具。从奶酪般的浅米色到巧克力似的深褐色，这些色调以及其浅色和深色能在一个房间中搭配出无数种类型。

以上这些色彩和心理与生理关系的知识，对设计师设计住宅和公共空间都很有价值。例如，由于我们普遍认为：红色能刺激人们的行为而蓝色能舒缓人们的焦虑，一些运动教练用明亮的红色和橙色装饰自己的更衣室，而对手的更衣室则用浅蓝色装饰，教练声称这确实有效；在令人愉快的色彩环境中比在单调的色彩环境中更有工作效率；当颜色单调的拘留所墙面被换成明亮的色彩时，里面青年的反应会更果断；大部分人喜欢用白色的餐具吃饭，而不是彩色的；医生的办公室用柔和的平静的色彩而不是呆板的白色装饰，会使病人更加舒适；快餐店用明亮的暖色装饰室内是为了刺激顾客的食欲和加快顾客的进食速度；暖色用在医院和疗养院是最好的，冷而平静的色彩更适合需特别谨慎的场所。当工人们抱怨他们的黑色箱子搬起来很重之后，色彩专家把箱子漆成蓝色，这时工人们很高兴主管把箱子减轻了。这些关于色彩效应的知识是很肤浅的，但是色彩一定和情绪是相联系的，不同的人对色彩的反应也不同，而且每个人对色彩都有明显的偏爱。

### 4.6.2 体现个性

色彩是一种彰显个性的有效手段。如果几个人同时居住在相同的室内空间，就会看到不同的色彩选择。当然与个性化色彩联系最紧密的就是流行趋势，但那也不是决定性因素。不管流行色是什么，居住者的个人喜好才是我们考虑的主要因素。所以在确定最终的色彩方案之前，应该考虑居住者的意见。

### 4.6.3 空间氛围塑造

和其他因素相比，色彩更易于创造房间的氛围。比如浓郁的高纯度色彩倾向于非正式的环境，而柔和的中性色一般用在较正式的场合。因为对在室内活动的人来说，房间只是一个背景，因此没有特殊要求的时候，通常都根据功能要求选择大面积色彩。例如大面积地使用高纯度色调，其心理作用是刺激的，不适于书房。在书房这类思考的空间里柔和的中性色调作为房间大面积的背景是明智的选择。

门厅是进入家中的过渡空间，同样，接待区域或者大堂是进入办公空间或者旅馆的过渡空间(图 4-19)。入口区域色彩方案能有效地形成空间的第一感受。

活动室、会议室和谈判室，在较正式的使用时，一般用中性的配色方案，形成一种宁静的气氛。

用餐空间的配色设计与餐厅主题有关，一般可兼容并蓄时效果最好，既可以在桌上放置各种各样的装饰品，也可以创造一个宁静的用餐气氛，总之餐厅配色设计越来越多元化了。

图 4-19　棕榈庭餐厅（The Palm Court）的设计确立了位于辛辛那提的历史上著名的荷兰广场酒店丰富的装饰艺术情调。

图 4-20　在孩子们的房间里，孩子选择了一个人工艺术画作为背景。为了适应孩子的成长变化，家具选择了中性色。聪明的是，延伸到天棚上的壁画，增加了房间的高度感。（设计师：Shannon Pable；摄影：John Orth）

非正式的活动区，像家中娱乐室一般用鲜艳的色彩设计，能产生一个令人愉快和随意的环境。厨房和休息室会大面积使用明亮的、鲜艳的和看上去干净的色彩。

卧室是私人空间，选择色彩的决定性因素是个人的喜好。通常，主卧室使用宁静的色彩，往往令人满意。孩子们也应有机会为他们自己的房间选择色彩（图 4-20）。

高管办公室和卧室一样也是私人空间，个人的喜好应当是主要因素。而医生办公室内的检查室应当是色彩温暖和有人情味的。

浴室的配色方案首先反映相连的房间的风格和情

调；第二是暗哑色调的暖色能加强对肤色的衬托；第三，浴室的固定设施：洗面盆、坐便器和淋浴器替换困难而且昂贵，这时应当选择浅的中性色；最后，墙面、地毯及其他家具和装饰要素上，也同样应使用中性色。

## 4.7 色彩选择的因素

色彩与设计要素和设计原则是相互影响的，下面就讨论色彩和它们的关系。

### 4.7.1 空间

由于空间和距离不同，色彩会看上去有所不同。比如，同一个颜色在近距离看上去会变暗，远距离则显得更灿烂，所以纯度高、明度低的颜色用在小房间里比用在大房间里似乎更合适。而当色彩被大面积使用时，其纯度会更强，例如当为一个房间选定了色样，但是刷在四面墙上时会比色样更浓和更明亮，因为色样的面积已经被相乘了成千上万次，所以为一个墙面选择色彩小样时最好是比既定的空间色彩在明度上浅几层。最便捷的方式就是在正式粉刷之前，在房间的对面拐角处的两面墙上各刷一个大小相等的色块，并在白天、黑夜不同的时间里观察它们。

### 4.7.2 质地

质地不同，色彩也会看上去不同。例如，像地毯、天鹅绒和各种各样的粗糙织物的表面会产生细微的阴影。所以，这种材料用相同的色相、明度和彩度染成的颜色相对于光滑质地的织物颜色要深得多。特别是在灯光下，粗糙墙面上的阴影会使它变得更灰。

### 4.7.3 比例

一般吸引眼球的物体看上去会比较大，因此当家具漆上高纯度的色彩或套上高纯度色彩的装饰面料，会显得比较大。而浅色和冷色能使一个房间延展，空间更大。所以，熟练地运用色彩不仅能使房间的尺度明显改变，而且可以调整装饰细部和家具的效果。

### 4.7.4 平衡

上面提过吸引眼睛的物体看上去是较大的，所以小面积的明亮色调能够平衡大面积的柔和色调。例如，放在长桌一端的小束鲜花能平衡放在另一端的大的柔色灯，一个亮蓝色的椅子能平衡较大的淡蓝色沙发，扩展至整个房间而言，亮而深的墙能够被房间另一边的黑色而厚实的家具平衡。

### 4.7.5 色彩并列

色彩自身并不重要，重要的是将不同的色彩并置一起的效果。眼睛感觉得到的色彩，与它所处的环境相关。生理学家声称人们不会只对一种颜色色盲，往往是两种或是四种，眼睛对色彩的感受是成对的而不是单独的。如果你盯着任何一种色彩 30 秒，然后看一张白纸，眼前就会出现这种颜色的补色。当眼睛看到一个彩色物体，在这个物体周围的环境中就可以产生这个色彩的补色（图 4-21）。例如，当一个绿色椅子放在一个浅的中性色背景中，眼睛就会在那个背景中微微看到一点红色。

当两种原色挨着，它们当中会微微带有另一种原色。例如，当红色放在蓝色旁边，红色略带一些黄

图 4-21　盯着上面图片中心下方的黑点看 30s，然后看下面白纸上的黑点。长时间专心看任何一种色彩能减弱眼睛对它的敏感度，而相反的颜色（补色）不受影响，影像会有一个短暂的时间停留直到恢复平衡。

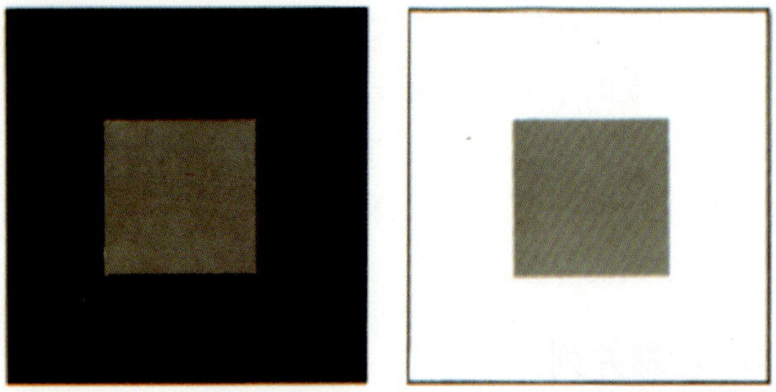
A

B

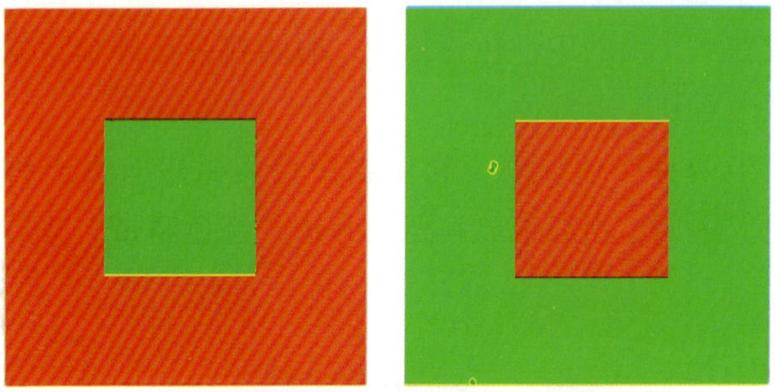
C

图 4-22　这些图表说明邻近的色彩之间的影响：A 图为灰色在白色对比下会比在黑色对比下深得多；B 图为灰色或中性色在彩色的背景下比在补色的背景下更有色彩感；C 图为相同亮度的补色放在一起时，会有更明显的对比，不同亮度的补色则能相互加强。（图片由 Large Lamp Department，General Electric Company 赠送）

色。当对比色或互补色用高纯度和相同的明度并置，它们会相互冲突并使人产生疲劳的感觉（图 4-22）。当对比色以不同的明度并置在一起，它们会互相突出而不会抵触。例如，如果一幅橙色为主色调的油画挂在蓝色墙上，则橙色会更鲜明。

黑色和白色能使放在一起的其他色彩有更为明显的视觉效果。黑色使相近的色彩更鲜艳，白色能使邻近的色彩更明亮。缺少生气的房间可以通过加入黑色、白色或者两者都加入来产生活力和趣味。

色彩并置的关系，不只在色相，也在明度上。例如，强调某一个物体可以用强烈的明度对比。当黑色挨着白色时，白色会更白，黑色则更黑。明度相近的混合色能隐蔽一个物体，对比的色彩能突出一个物体，例如一件家具放在明度相同的背景前是不显眼的（图 4-23）。

在对一个房间进行设计和家具布置时，可以有多种明度方案。当一个物体的明度变高，它的尺度看上去会增大。一个低明度的织物与高明度的织物相比，会使其包裹的椅子看上去更小，因为淡色是后退色，深色是前进色。我们可以运用色彩技术改变局部细节或整个房间的大小或比例的感觉，在小的房间里，高明度色能扩大墙面和天花板；在狭窄的房间里，用深色涂在最远的那面墙上，能使空间看上去缩短些。

房间或物体的大小比例的感觉可以通过纯度的运用来改变，高纯度通常能加大一个物体，当墙面是高纯度的，同时又是深色、前进色时，能使一个房间看上去更小。

浅色椅子在相似亮度的背景中形成混淆

深色椅子放在浅色背景中产生对比

浅色椅子放在深色背景中产生更明显的对比

图 4-23　明度的作用——三种处理方法

### 4.7.6 光

像先前讨论的，没有光，色彩就不能显现，由于光和色彩的关系很密切，所以有必要简要讨论光与色彩的关系（第5章有详细叙述）。为一个房间设计配色方案主要考虑光的质量和数量以及照明的方法。

照明的数值影响色彩的表现。当光线明亮的时候，色彩可能是刺激的，光线黑暗则会产生一种柔和的感觉。光线不足使色彩变得呆板、沉闷没有生机。一般当照明亮度提高，色彩会鲜明，然而太强的光线又消弱色彩。照度低的房间能更好地发挥反光性色彩的优势；照度高的房间能更好地发挥吸光性色彩的优势。

设计师需注意的一点是，怎么利用各种各样的自然光和人造光来改变表面的视觉效果。例如，两种织物的色彩在白天的日光下是协调的，而在夜晚的灯光下是不协调的。所有类型的光线（自然光和人工光，例如白炽光、荧光和卤素光等）都有独特的效果：自然光的品质主要看它来自什么方向和时间；人工光的颜色由其光线种类和使用的设备决定。因此，当选择背景和家具的色彩时，需要观察每一个表面在不同的光线下的效果，以确保这些颜色的协调。

观察色环证明：使一种色彩变灰或是中性化，应该增加它的补色；而强化一种色彩，应该增加它的基准色。光线也能产生同样的效果。暖光能加强暖色而减弱冷色；冷光能加强冷色而减弱暖色。例如，黄色的光使黄色显现黄绿色和黄橙色，冷色的光使蓝色显现蓝绿色和蓝紫色。暖色光使物体和谐、统一；冷色光能扩大空间，营造活泼的气氛，显现个别物体。

照明的方式也能影响色彩。直接照明，在物体表面形成一个熠熠发光的区域。来自天花板反射的间接照明，能产生一种正午日光的感觉。

从上面可以看出，为光和色彩的运用确立详细的规则是不切实际的。因此在最终选择前，尽量尝试每一种色彩在环境中的使用，并且在白天和夜晚的不同时间观察它的变化。

## 4.8 室内色彩构图

室内装饰的品种、材料、质地、造型和彼此在空间内的层次具有多样性和复杂性，一般室内色彩构图会从背景色、主体色和重点色三方面进行分析。

### 4.8.1 顶面

顶面是房间中最大的未被利用的界面，它的色彩对房间的整体感觉起很重要的作用。如果要让墙面和顶面看上去相同，顶面应该比墙面的颜色浅，因为来自墙面和地面的反射，使天花板看上去要比实际上深一些。如果墙面贴上壁纸，顶面应当用背景中的淡色或壁纸中最亮的色彩。当墙面用深色木饰，顶面应该用白的或亮的浅木色才会出效果。如果木饰是白色的，白色的顶面会更适合。当顶面太高时，更深的深色或鲜艳的色相能使它看上去低些。而层高较低时，相反的方法能使它看上去高些（图4-24）。

### 4.8.2 护墙板

如果房间饰以深色调的木饰，墙面可以用高纯度的色彩，因为深色的木饰，吸收色彩。如果饰面板是浅色，而且想要有协调的效果，房间可以用浅色的和低纯度的色彩。较庄重的木质镶板，有较稳重的配色方案；如果木镶板是轻松、自然的，色彩应该增加淡雅的效果。

### 4.8.3 窗户

任何房间的成功多依赖窗户的处理方式，以及用在窗幔、窗帘、挡光板、屏风、遮阳板、百叶窗和其他窗饰的色彩。如果要有一个非常协调的背景，窗户的处理应当使用与墙面相同的色相、明度和彩度。如果想要对比的效果，就应用与墙面相对比的色彩，但是它必须同房间的其他颜色相协调。通常人们会喜爱白色和彩白色的窗帘，但需要注意没衬里的窗帘或薄窗帘会被室外看到。

### 4.8.4 木装饰

门套、天花板、地板和其他建筑细部的木饰色彩，对房间的主要色调是很重要的。上色时，木饰可以是像墙面一样的色相、亮度和彩度，也可以选择比墙面的色调深一些的颜色，这样能使墙壁边界显现。大多数专业设计师主张用相同色彩的木饰，以便在整个室内环境中，房间之间可以很好地过渡。

图 4-24　在这个餐厅中，设计师用淡黄绿色装饰天花板。这个冷色调使顶棚后退。（设计师：Kimberly Latham；摄影：Dominique Vorillon）

图 4-25　在这个办公空间内，我们看到了纹理细致的木材、温暖精致的织物，产生了高贵感。（设计师：Martha Burns；摄影：Peter Paige）

### 4.8.5 木材的色彩

由于木材本身有颜色，因此在做一个色彩方案时，材色很重要。质地粗糙的木材比细密的有更重的纹理和色彩，如图 4-25 所示。混合不同的木材能增加房间的趣味，但要达到相似的感觉，用相似的木材是明智的。例如粗糙的金黄色橡木和匀称的红褐色桃花心木材就不是很搭配。但是细致的淡棕色枫木和褐色的核桃木通常搭配得很好。

在设计室内环境色彩时，所有以上这些都应该考虑，下面给初学者介绍选择配色方案的步骤。

## 4.9 配色方案的选择

在设计一个配色方案时，设计师们应首先考虑客户的需求，但很多时候客户会选择一种特殊的色彩作为室内环境的基准色。正如我们前面讨论的，配色方案应源于并忠于室内设计的创意。无论设计师从哪里着手，空间的配色方案应遵循色彩适宜分配和空间过渡的规律。当然，配色方案也可以从漂亮的壁纸、一块地毯或一幅珍爱的绘画和一件艺术作品中汲取灵感，甚至是根据公司的标志开始配色设计。

### 4.9.1 色彩的分配

色彩是室内设计师最有用的统一元素，而且熟练地配置会使空间统一、协调，完成色彩分配主要有两种方法：

#### 4.9.1.1 明度

根据明度分配是必需的一步。根据需要的效果，每一个房间都会用一些浅色、深色和中间色来加以区分。大部分情况下，最深的色用在最小的空间，而纯度较低或是较中性的色被用在大空间，剩余的空间用中等明度。这种明度的应用叫做色彩分配法则。当我们在一个房间内应用这个法则，背景色如地板、墙面和天花板用最中性的色调，大件家具用中等的饱和色，而小椅子、附件用最纯的颜色。

#### 4.9.1.2 色调

许多成功的设计都围绕着一个主色调设计。这种色彩不需要用在所有主要家具上，但是至少应当被重复一次使用以产生统一的感受。用一种包含于所有其他色彩的颜色，也能够达到统一。例如在色环上顺时针方向，从红橙色到蓝绿色的色调中，都包含黄色，而能很好地协调在一起。黄色是包含于其他色彩的一种颜色，是后退色，而且能够使其他色彩突出。

尽管上述原则描述了房间配色的最稳妥的方法，但是偏离它们也有可能产生令人满意的效果（图 4-26 和图 4-14）。

例如，深色墙面能产生一个舒适的温暖和安全的感觉，而且能够统一房间的家具。浅色地板能增加空间，而且和深色墙面相邻，能产生戏剧性效果。通常，深色天花板会缩小空间、令人压抑。而另一方面，依靠建筑结构，用深色天花板能产生一个夜晚天空无边无际的幻想空间。在商业设计中，深色天花板经常被用在饭店和零售机构，是为了隐蔽管线和设备。

### 4.9.2 相邻房间的过渡

当两个房间相邻，它们的色彩就应该有联系。例如，在门厅壁纸上的主色调，可以降低纯度用在相连的起居室的墙面上，也可以通过一块织物来强调。下面是一些最常用和最成功的色彩过渡的设计方法：

- 许多专业设计师让相邻房间的地板保持一致。例如，除了入口、会议室和公共空间，一块灰色地毯可能被用在所有的房间。
- 相似的墙面和顶面能让相邻房间形成一个连贯的色彩过渡。
- 各种家具和窗饰的色彩，应当考虑色彩过渡的效果。
- 从一个室内空间到另一个室内空间的室内陈设色彩，有助于创造一个有效的色彩流动。

发展运用配色方案的技巧，理性地使用色彩分类法则和考虑空间的过渡需要花费时间和耐心。设计师们最好是在房间施工以前，先展现房间效果图。

### 4.9.3 形象化的视觉交流

客户在脑海中形成一个色彩并置效果的图像是不容易的，所以设计师和客户需要视觉化图像的辅助。形象的视觉交流方式，能在帮助客户的同时也有助于

图 4-26　在这个男性化的休息空间中，主要采用了黑色和中明度的色彩，创造了一个舒适的效果。高明度的，像图片、咖啡桌、配套的家具则作为视觉重点，使用人工照明使整个房间具有戏剧化的效果。（设计：Renny B. Saltzman, Inc；摄影：Phillip Ennis）

设计师们形成完整空间的形象化的概念。下面是配色方案的形象化交流的三种方法。它们一般在概念设计和方案设计阶段使用。

- 将各种元素，像墙面、顶面、家具和其他配件按比例画出来，而且包括织物、颜料和原材料样本，这种方法能完整地显示项目的细节和整体效果。
- 把所有将用到的材料样本按比例组合起来，这种方法更接近完成房间的视觉效果。
- 许多专业设计师擅长用着色的平面图、立面图和透视图，以及家具和织物样本的图片（图 4-27）。

其他的色彩工具对设计师也是有用的，如油漆公司有成套的色卡等等。无论用什么方法，重要的是记住你的目的是向客户形象地解释最终的配色效果。

## 4.10　流行色

在色彩应用上的某种自我主张，得到大众的认可、追随与模仿，使之形成某种倾向，就出现了流行色。现在主要出于商业策略，为了事先把握准市场脉搏，或预测出可能出现的流行，或人为地由某些特定任务确定并推出流行色，从而获取品牌影响力。美国色彩调查机构根据社会、经济、政治上的影响研究色彩，预测未来色彩是结合新技术产生新的色彩维度和深度的感觉，比如金属色、珠光色甚至是有仿麂皮织物的色彩。美国室内设计师协会权威也指出：“海蓝色、猎人绿或者森林绿、勃朗第红葡萄酒色、赤土色、黑色和白色这些经典的色彩将会永远流行。”

回顾各种专业渠道选出的流行色预测，重要的是记住在任何特定时代，没有绝对的色彩规律可以遵照。

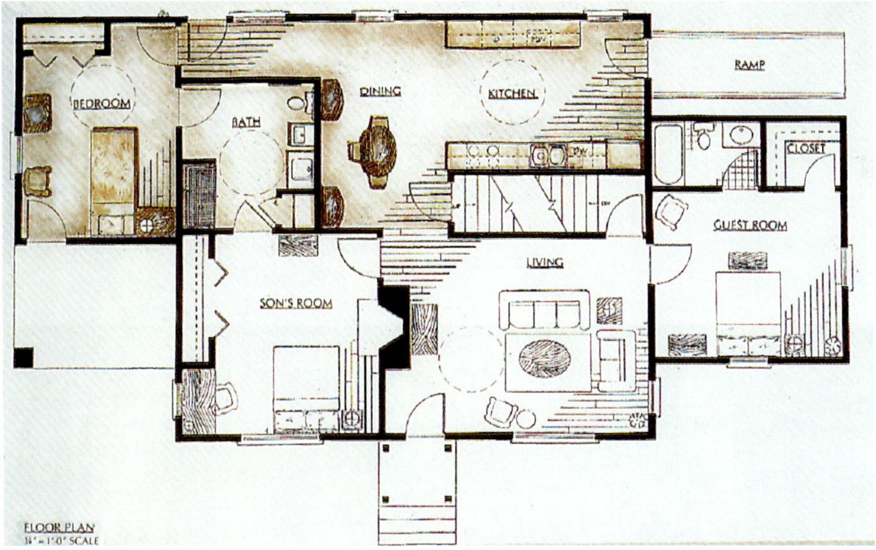


图 4-27　这个住宅设计是国际室内设计学会的竞赛项目，要求为一个患有风湿性关节炎的女士设计。在获得第一名的方案中，平面图阐述了整个家中的家具和房间的布局，设计师增加了一些最终的效果，包括硬木地板铺设地面、木制家具和瓷砖。在第二个板块中显示了一个有卧室的轴测图，这有助于客户理解创造的这个抽象空间。它还包括卫生间的立面图。所有的图画都是彩色的，用来强调配色方案，在展板的下面是真实织物的样品。（由 Shoko Nishimura 设计）

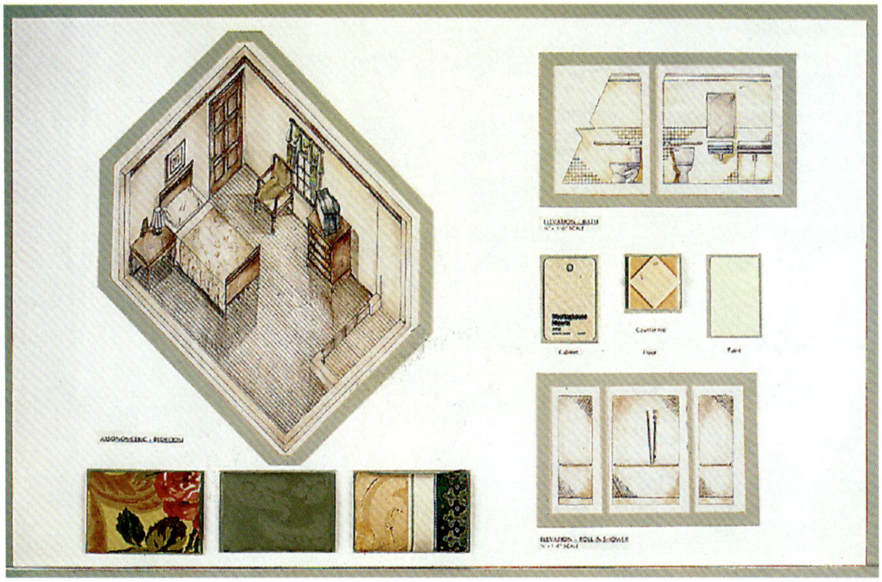

了解色彩的流行趋势是好的，但是个人偏爱的舒适和满意的色彩，才是最终最有价值的选择。室内设计师的责任是协助客户挑选出适合他个人的环境色彩。

## 本章小结

光与色的相互作用，丰富了设计师的设计语言，同时也提出了挑战（图 4-28)。本章特别提请注意：首先，正确的设计和规划要求确定客户对配色方案的个人品味；其次，配色方案的产生可能源于色环、自然景观或某一种物品（如地毯图案），但是这些色彩也应当符合客户的个人品味；再次，配色方案的深化应当考虑不同色彩的排列、设计要素和设计原则的合理运用；最后，对任何设计师来讲，最好的结果是满足客户需求和获得满意的报酬。

图 4-28　丰富的肌理和变化的光线，在这个温馨、华美的室内环境中，扮演着重要的角色。设计师尤其注意光在一整天变化中，其效果对环境所产生的影响。地板和顶棚的反射表面同粗糙石墙的对比增添了空间的个性。(设计：Gandy/Peace，Inc；摄影：Cbris A.Little)

美国晋思设计公司（Gensler）是世界最大的室内设计公司之一，承担了中国目前在建最高的“上海中心”的建筑设计工作。下面是它为美国联邦快递公司进行的室内设计案例，这里主要说明设计概念是如何发展完善和实施的。

项目是亚特兰大办事处，建筑前身是一个家具制造厂，改造面积达 167000m$^2$，将会容纳包括公司开发团队、信息技术专家和投资顾问在内的 650 名员工。公司的企业文化是为了把 UPS 变成一个全球化的顶级商业公司而一起努力工作，实现“使物品流通得更快”这一工作理念。

首先是规划，设计人员同 UPS 的这群“电子商务创始人”共同分析了项目建设目标并明确了改建的项目定位。设计师通过会议逐一明确了每个部门的设计目标，并分析以前和现在工作环境对新目标的适用性。这三个新目标是：公司长远战略规划和最佳投资方式；提供一个吸引和留住高水平信息技术专家的环境；提供一个培养和鼓励创造思想的环境。图 4-29 至图 4-31 列举了项目文件中抽取的几页。

其次是概念性设计，在设计师和客户的合作过程中，设计构思要围绕最终设计：那就是绿色的建筑环境、优质的声学性能、安全保障体系和能保持思考的静态

| | Year end 2000 | Year end 2001 | Year end 2002 | Hard Office Year end 2002 | Type of work |
|---|---|---|---|---|---|
| *Service Parts Logistics* | 70 | 75 | 80 | 4 | Internet/other software development |
| *Ups Capital* | 30 | 45 | 60 | 3 | |
| *PSI* | 30 | 50 | 50 | 5 | |
| | | | | | |
| *eVentures Core* | 30 | 30 | 30 | 12 | Incubation |
| *eVentures Team X* | 12 | 12 | 12 | | |
| *eVentures Team Y* | 12 | 12 | 12 | | |
| *Consumer Direct* | 115 | 120 | 150 | | |
| *eLogistics* | 120 | 120 | 120 | | |
| | | | | | |
| *Worldwide Logistics* | 60 | 80 | 100 | 5 | IT Developers, WWL and transportation developers |
| *eSolutions Development* | 131 | 300 | 450 | 23 | |
| *Interactive Communications* | 15 | 20 | 25 | 1 | |
| *Interactive Marketing* | 5 | 5 | 5 | 0 | |
| *EC Marketing* | | | | | |
| *Document Exchange* | | | | | |
| | | | | | |
| *CIM/eDeployment* | 10 | 15 | 18 | 1 | |
| *CIM/Functional Requirements* | 23 | 53 | 87 | 5 | |
| *CIM/Implementation & Support* | 25 | 30 | 33 | 1 | |
| | | | | | |
| *Human Resources* | 5 | 7 | 8 | 3 | |
| | | | | | |
| *Facilities* | 2 | 2 | 2 | 0 | |
| | | | | | |
| *Enterprise Support* | 3 | 4 | 6 | 0 | |
| | | | | | |
| *Total* | 698 | 980 | 1248 | 63 | |

图 4-29　作为项目文件的一部分，这是一个安置员工的计划表，标有每个部门预计员工的数目。（设计：美国晋思设计有限公司）

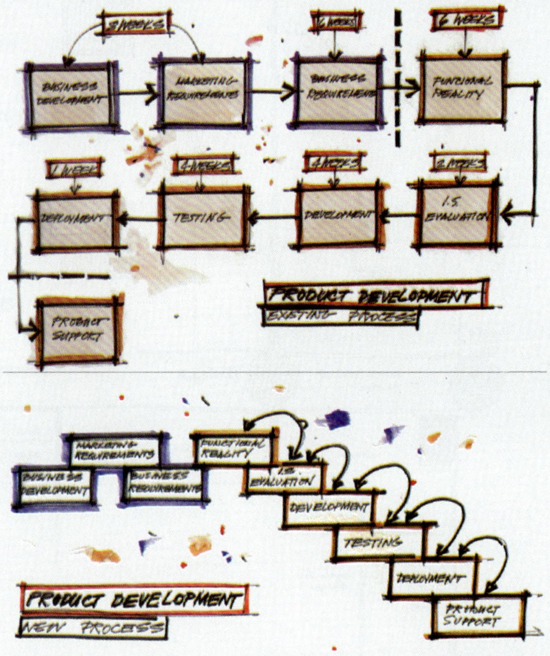


图 4-30　项目文件有时需要包括用图示来体现现有产品和新产品的生产过程。（设计：美国晋思设计有限公司）

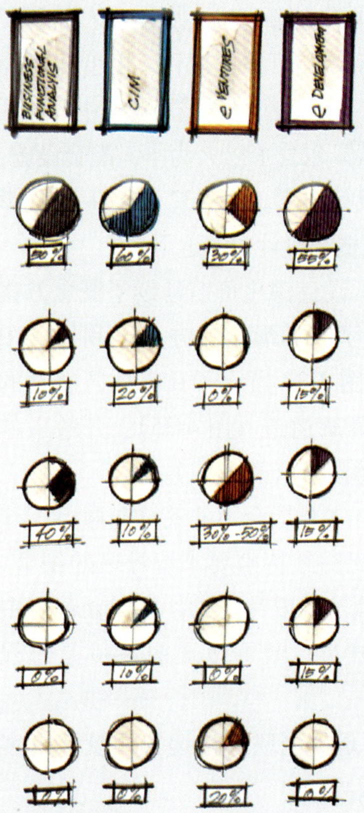


图 4-31　在观察不同员工的工作方式以后，晋思为每个部门的员工做了作息表。（设计：美国晋思设计有限公司）

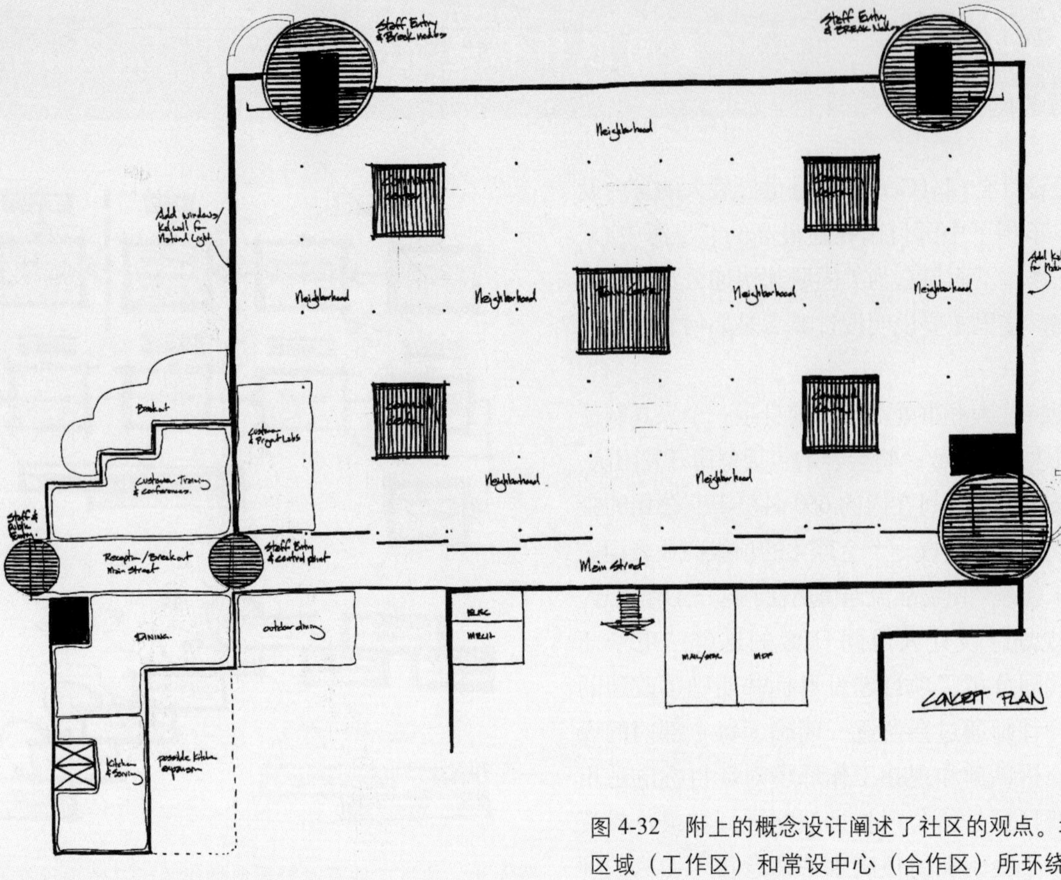


图 4-32　附上的概念设计阐述了社区的观点。城镇中心被相邻区域（工作区）和常设中心（合作区）所环绕。（设计：美国晋思设计有限公司）

空间，最重要的是激励自由创新行为，鼓励“交叉授粉”的这类交流活动空间，以及可根据项目不断变化所需要的弹性工作空间。所有这些都源于城市规划中“社区”这一词语，因为“社区”包含了以人为本、配套设施、相互关系这些重要的设计要素。图 4-32 和图 4-33 列举了“社区”这一理念在概念设计中的运用。

第三是设计深化，设计深化仍旧延续了概念方案的想法。图 4-34 表达了家具形成的办公区和社区中心的网络。图 4-35 至图 4-37 描绘了具有社区感觉的室内空间，包括主要外廊通道（图 4-35）、开敞工作区（图 4-36）和社区休息区（图 4-37）。

第四是合约管理，主要是合同的签订与履行，这个项目建筑的施工深化图纸特别要求有社区的细节，以及在概念设计阶段确定的设计要求，所以在合同中要表述清楚这些设计细节。图 4-38 至图 4-40 是过程中用到的图纸样本。

图 4-41 至图 4-45 是美国联邦快递公司设计方案完成的室内空间实际效果。

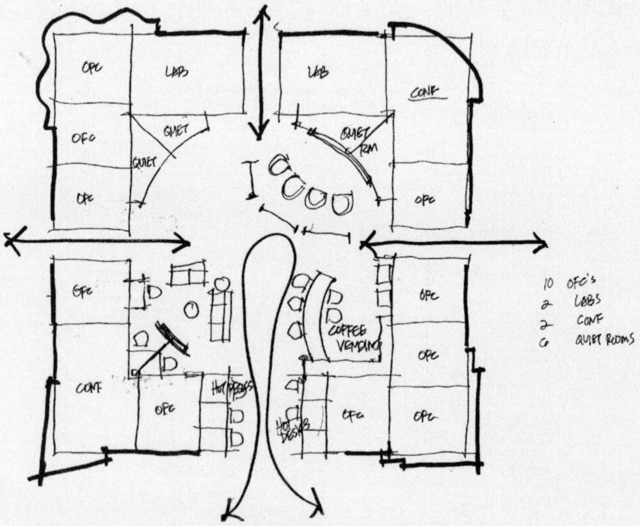


图 4-33　在一个更独特的概念设计中，办公室、实验室、会议室和休息区围绕常设中心架构了一个框架。（设计：美国晋思设计有限公司）

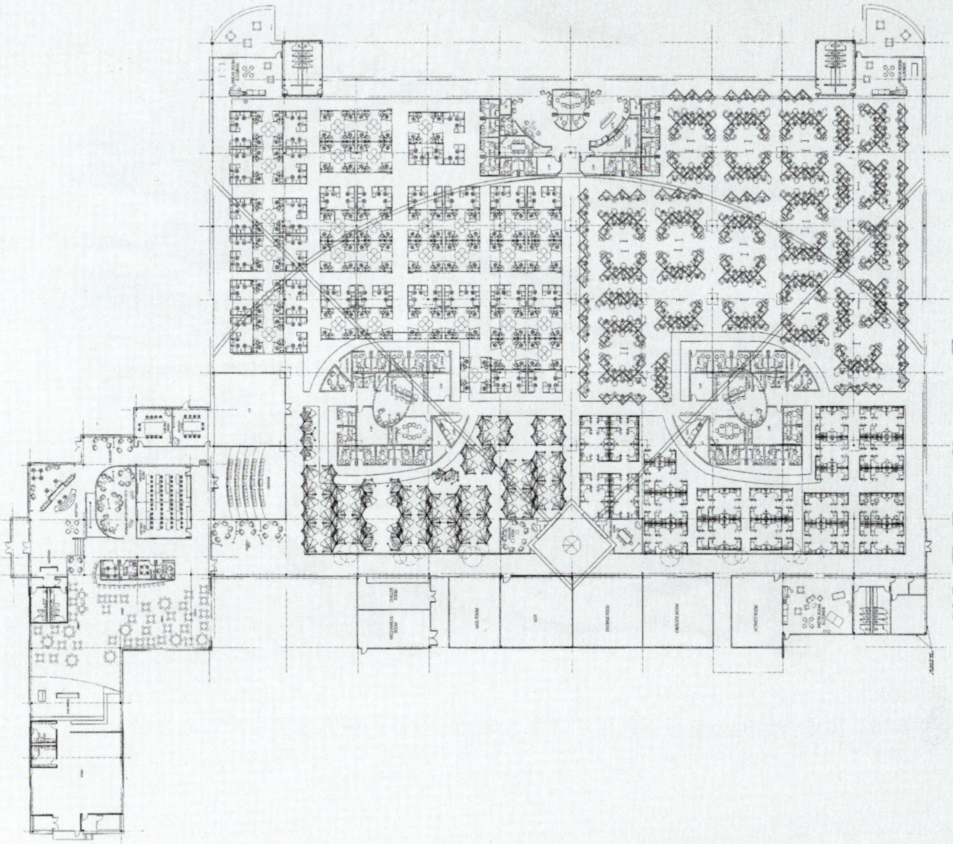

图 4-34　将社区观念融入特定的建筑设计中，则呈现了一个家具布置的平面图，举例说明潜在的墙壁、开敞办公室和走廊。（设计：美国晋思设计有限公司）

图 4-35　呈现主通道入口的透视效果图（设计：美国晋思设计有限公司）

图 4-36　呈现开敞办公室相邻区域的透视效果图（设计：美国晋思设计有限公司）

图 4-37　呈现公共休息区域的透视效果图（设计：美国晋思设计有限公司）

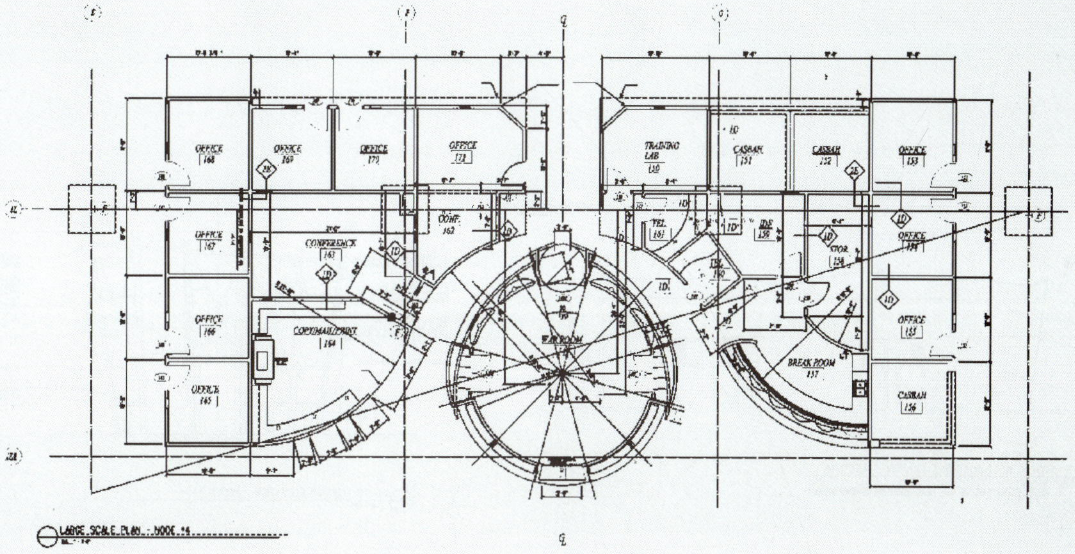


图 4-38　交流空间的分割图 ( 设计：美国晋思设计有限公司 )

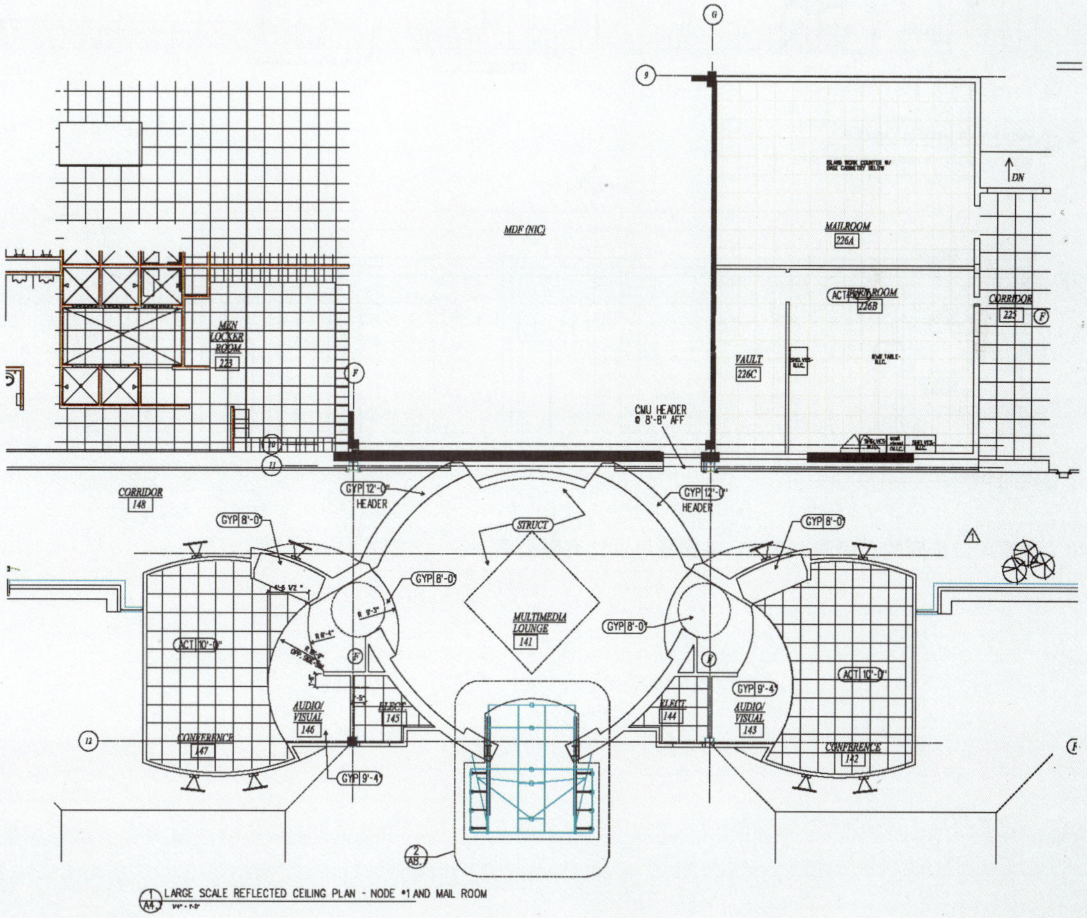


图 4-39　多媒体休息室的分割平面图 ( 设计：美国晋思设计有限公司 )

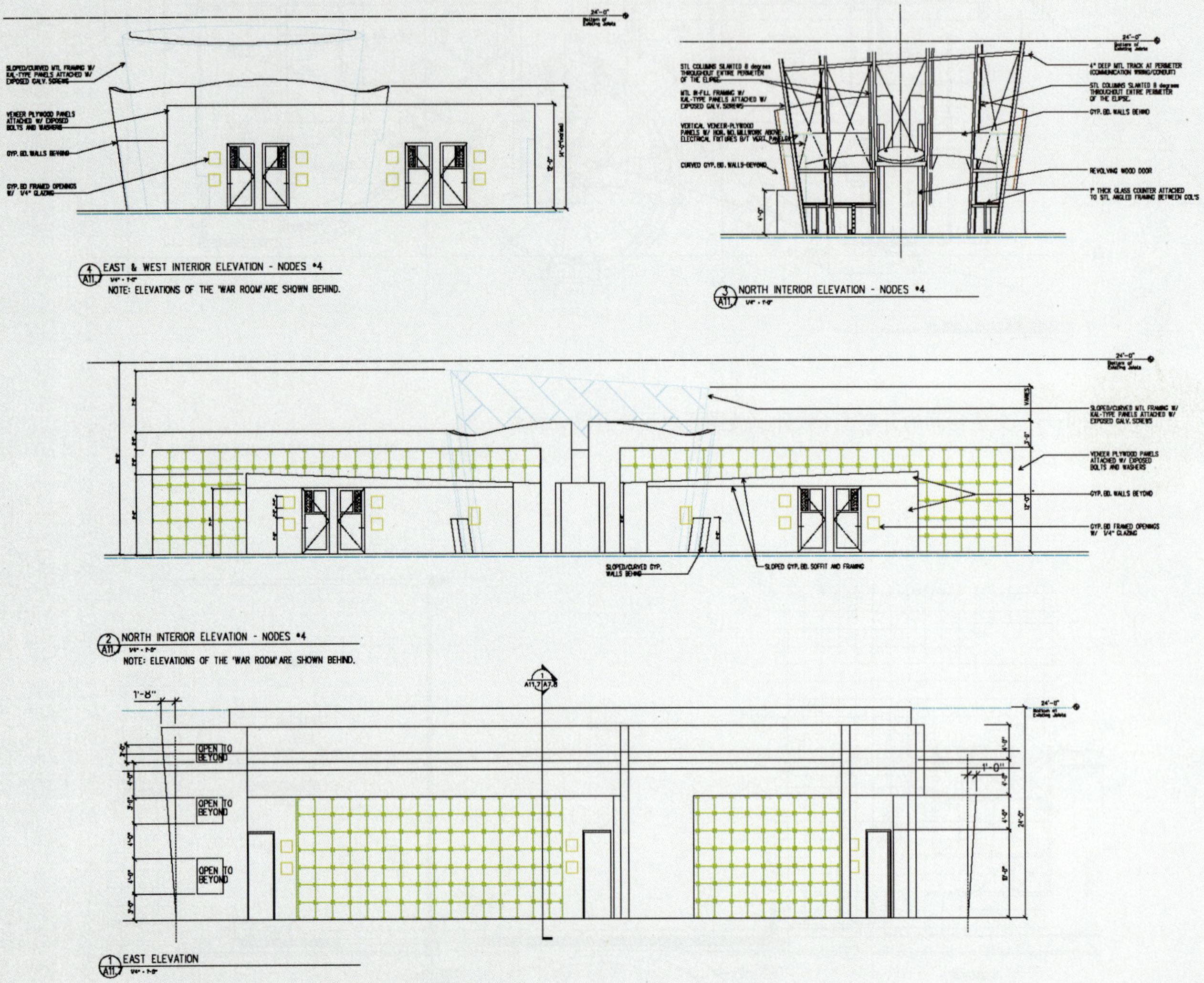


图 4-40　主要入口走廊的立面图（设计：美国晋思设计有限公司）

图 4-41　在主通道的走廊上，大胆的色彩、交叉的墙面和强烈的轴线，营造了充满乐趣和刺激氛围的室内环境。( 设计：美国晋思设计有限公司；摄影：Robert Thien)

图 4-42 和图 4-43　在社区观念的前提下，以及“多功能合作”区域的要求，在主通道边设置了座位区，可以进行自然的交谈。(设计：美国晋思设计有限公司；摄影：Robert Thien)

图 4-44　在另一个开敞的公共区域中，鼓励职员在“酒吧”进行非正式的交流。强烈的色调、弯曲的墙壁、有趣的艺术品增加了室内空间的生气与活力。(设计：美国晋思设计有限公司；摄影：Robert Thien)

图 4-45　从其中一个常设中心的入口看，你可以发现环境始终是激发创造力的。仍然是交叉的平面，强烈的色调，但降低的天花板和抬高的围合区域，确立了场所的正式性和比较强烈的次序感。(设计：美国晋思设计有限公司；摄影：Robert Thien)

# 小型独立住宅建筑系统

*Building Systems*

III

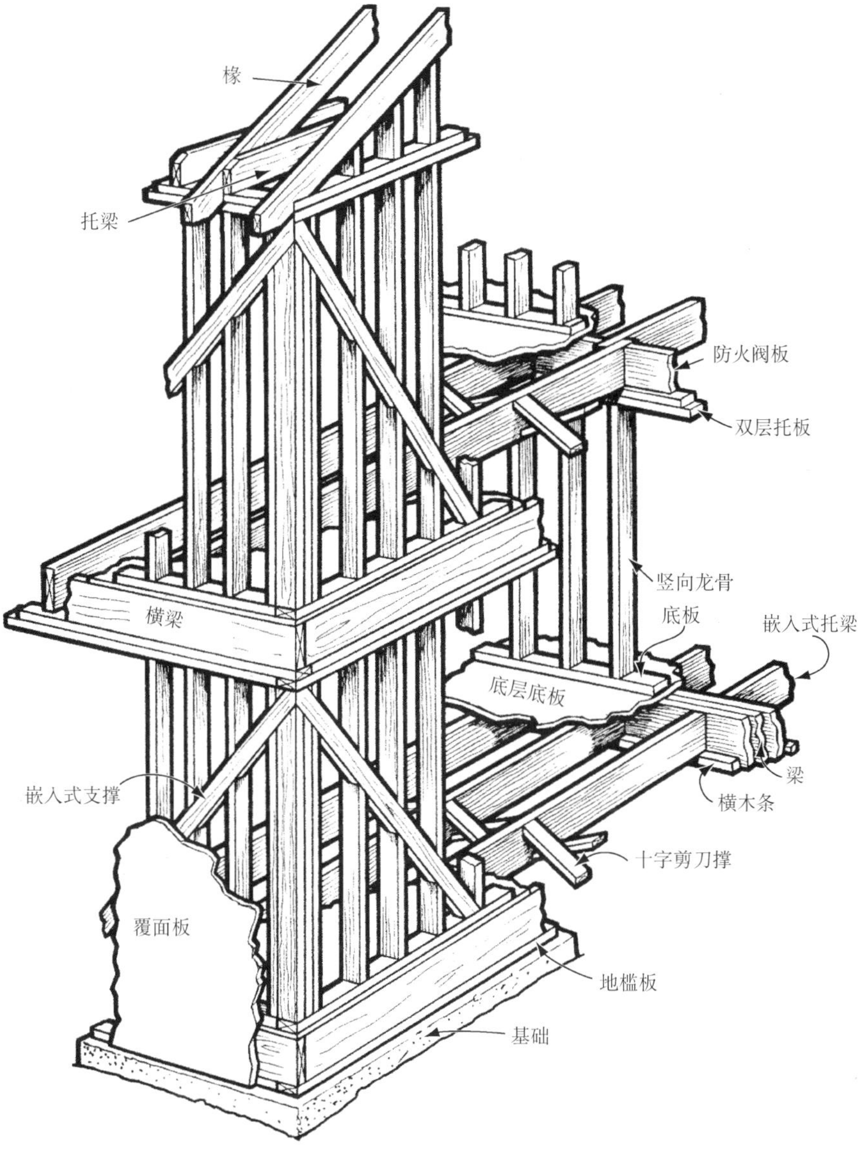


图 III-1　典型北美轻型木结构以及各部分名称

知名设计师越来越重视与业主和其他相关专业人士进行“交流、沟通和协作”，这个三“C”原则已经成为设计团队创造成功设计作品的法宝。室内设计师不单需要熟悉建筑内部的知识，还应该了解基本建筑理论和构造技术。这里主要通过小型独立住宅的建造过程来讲述建筑的基本知识。

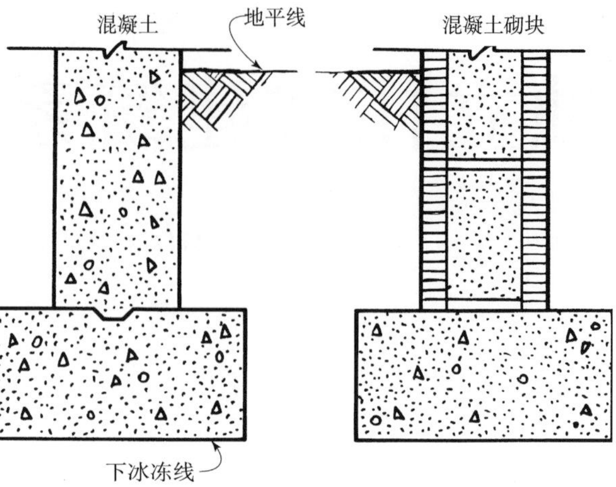

图 III-2　左侧图为现浇混凝土基础及基础墙，右图也是现浇混凝土基础，但基础墙为混凝土砌块。

## 选址

项目地点选择是工程建设的第一步，它主要包括以下几个方面：

（1）基地应以所在城市的总体规划、分区规划、控制性详细规划以及当地主管部门提出的规划条件为依据。

（2）基地应结合工程特点、使用要求，注重节地、节能、节约水资源，以适应建设发展的需要。

（3）基地应结合用地自然地形、周围环境、地域文脉和建筑环境，因地制宜地确定设计思想，力求有新意。

（4）基地应崇尚自然、保护自然植被、自然水域、水系、自然景观，保护生态环境。

（5）基地应路网清晰，人流车流有序，并对建筑群体、竖向、道路、环境景观、绿化格局，管线设计综合考虑。

（6）基地内建筑应根据不同功能争取最好的朝向和自然通风，满足防火卫生要求，甚至噪声干扰。

（7）基地还应考虑远期发展与近期使用相结合。

## 地基和基础

首先建地基，对于两层楼的小型独立建筑只需要做混凝土地基板，其基脚至少要深达基准标高以下 305mm，如果基脚穿越冰冻线，或者为了排雨水应在基脚下面铺设砾石。有时为了支撑承重墙，甚至需要在混凝土板中部设置柱式基脚（图 III-2）。

另外，在浇注混凝土板时，应该将固定上部木框架的螺栓预埋在混凝土中，还应留出水管、电管等位置。

## 墙体框架

框架墙包括支撑二层楼地板、天花板和外墙以及内墙立柱和水平木构件。其步骤如下：

（1）在地板上标好所有外墙和内墙位置，然后用长条板材做外墙的底木，用螺栓将底木固定。

（2）在底板上标注全部竖向龙骨位置，竖向龙骨间距 400～600mm。

（3）截取高度等于墙高的全部竖向龙骨以及所有需要不同长度的短立柱、小立柱和楣梁。

（4）用钉子将长条底板、竖向龙骨和长条顶板固定形成墙体基本框架，然后在墙角和内外墙交界处增加立柱，接着安装门窗的上下楣梁（图 III-3）。

（5）安装定向结构板制作的墙板，同时内部竖向龙骨间填充绝热隔声材料。

（6）安装二层地板首先是安装托梁，托梁一端固定在外墙长条顶板上，另一头固定在内部承重墙长条形顶板上，托梁的间距 400～600mm，但同时要留出楼梯开口位置。

（7）托梁之间要安装横撑龙骨以保证托梁彼此平行，然后用定向结构板覆面。

（8）装配二楼墙壁，方法同前 5 个步骤。

（9）屋顶装配首先是装配脊檩，然后是安装连接脊檩和外墙上部长顶板的椽子，椽子间距 400～600mm（图 III-4 和图 III-5）。

（10）安装封檐板。

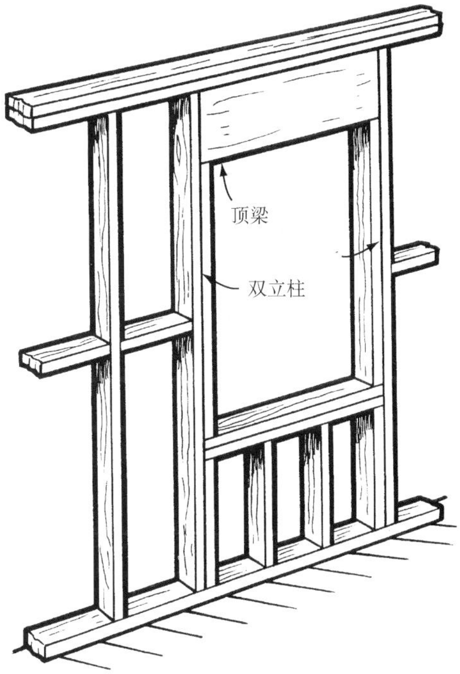


图 III-3　龙骨和顶梁增强了开口框架强度，保证房间窗户稳定性。

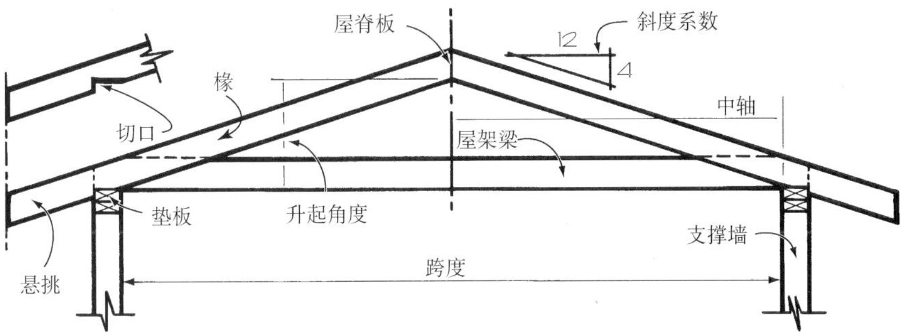


图 III-4　屋顶框架组合及其术语（斜度为 4/12）

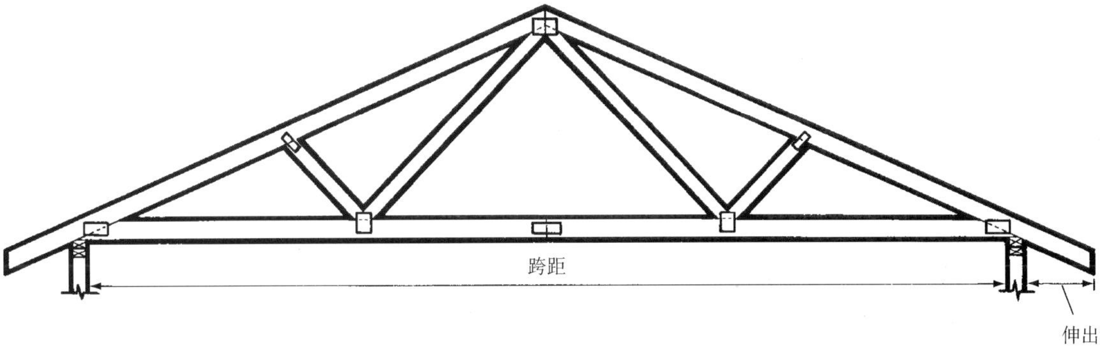


图 III-5　工业化预制装配屋架系统

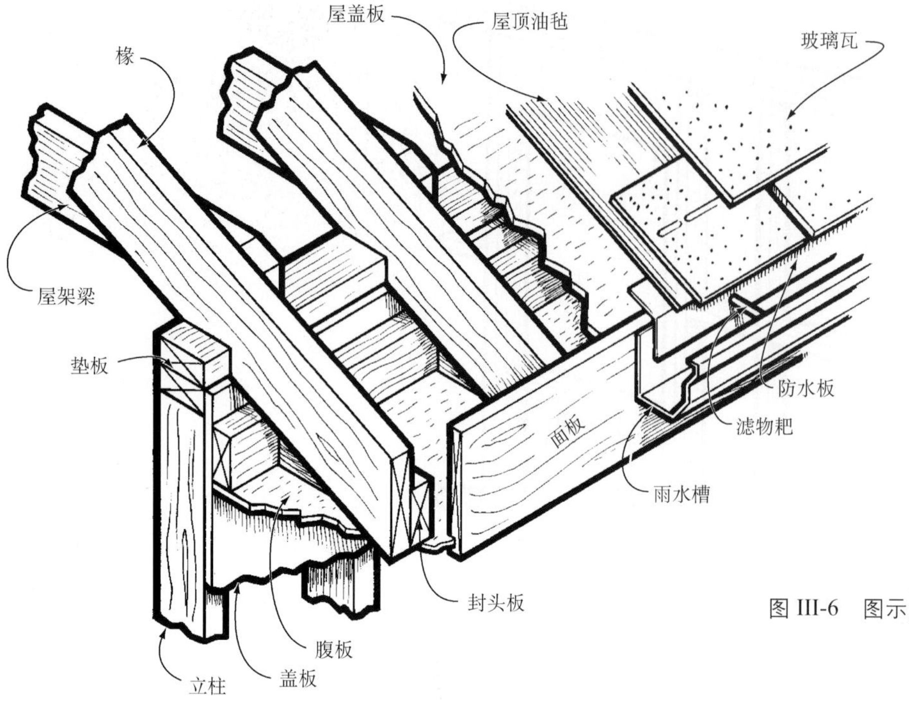

图 III-6 图示为屋顶与墙面交接点详图

(11) 在椽子上安装屋面的定向结构板基层，铺设防水和隔热层，外饰屋面瓦（图 III-6）。

如果是翻修工程，设计师需要同建筑师或结构工程师一起讨论是否要调整承重墙，这项工作必须由注册建筑师、结构工程师或专业施工单位认可。

## 内外装饰

建筑的外墙普遍采用雨淋板或墙砖进行装饰，还有门窗套、走道、木平台、建筑四周栏杆维护工程等。

内墙体表面装饰材料在后面会具体讲述。但固定式家具、厨房家具、管道设施、电器设备、家具布置，艺术品和摆设品安排还是要仔细考虑的。

最后成品保护。搬运者可能会在门框碰撞出凹坑或破坏墙面，灯泡可能烧坏或爆裂等等。建筑师或室内设计师需要确保在工程交付前一切都完好无损。

以下两个章节提供更多的关于建筑体系的细节信息。如建筑符号的识别、建筑系统各组成部分的认识和要求等，将有助于设计师更好地为业主服务和与相关专业人士的沟通。

## 推荐阅读书目


全国民用建筑工程设计技术措施．住房和城乡建设部工程质量安全监管司．中国建筑标准设计研究所，2009．

木结构房屋施工．美国农业部林业处农业手册 73．1989．

GB50005—2003 木结构设计规范．中国建筑工业出版社，2003．


相关链接

地下部分施工 http://b4ubuild.com/resources/index.shtml# sitework

混凝土施工工序 http://www.b4ubuild.com/photos/footing/foot_p01.shtml

图示建筑框架 http://www.b4ubuild.com/photos/contents.shtml#framing

居住建筑案例 http://www.b4ubuild.com/resources/schedule/6kproj.shtml

建筑构造名词术语 http://www.homebuildingmanual.com/Glossary.htm

居住建筑场地规划 http://www.b4ubuild.com/

美国住宅协会 http://www.nahb.com/ National Association of Homebuilders

美国住宅协会研究中心 http://www.nahbrc.org National Association of Homebuilders Res-earch Center

# 第5章

## 建筑构造和设备

图 5-1　二层木制独立住宅主体建造过程（Photo Disc 提供照片）

现代建筑不仅是指风格，更重要的是现代技术与设备，这是与传统建筑的主要区别。现代建筑是多学科的综合体，学习和掌握建筑技术与设备的基本知识，了解设备的功能和用途，学会建筑设备的基本布局及其规范、规定，才能更好地表达设计意图，创造出有生命力的作品（图 5-1）。本章通过一系列工程图纸中的建筑构造组成，简述各种与室内设计相关的设备和技术规范、法规等。

## 5.1 设计深度规定

为了保证建筑工程质量，国家对设计阶段设计文件的质量和完整性，对方案设计、初步设计和施工设计各个阶段的设计深度都有明确规定。对小型独立式住宅这类简单的建筑工程，可以适应简化设计阶段，通常包括以下内容：

目录
建筑总平面图和地形图
环境景观图
基础平面图
各层平面图，通常从最底层开始，逐层向上
灯具布置图
电器和通讯设备布置图
装修图
室外立面图
室内立面图
剖面图
设计说明
节点图和固定家具图
屋顶平面图
配套专业工程图纸，如结构、灯光、电器、通讯、给排水、采暖通风空调、消防和安保等布置图。

### 5.1.1 平面图

平面图表示从上向下见到的场地或建筑不同平面的布置情况。平面图通常按照 1∶25 或 1∶50 的比例绘制。图 5-2、图 5-3 所示是美国常用建筑符号。

相关链接

现场施工中常见构造符号和术语 http://www.construction-worknews. com/field-manual/index2.html

住宅设计常用术语 http://www.hometime.com/projects/conbasic.htm

（1）总平面图

总平面图主要提供对建筑定位、景观朝向和日照方向的信息。在总平面图上至少应标明：

地形和地物。
测量坐标网、坐标值、场地施工坐标网、坐 标值。
场地四界的测量坐标和施工坐标。
建筑物、构筑物的定位施工坐标和室内地面设计标高及层数。
道路、铁路和排水沟等的施工坐标，以及路 面宽度和平曲线要素。

（2）景观设计图

主要标注绿化用地范围和苗木种植，以及建筑小品的位置和坐标、设计标高。

（3）建筑平面图

各层建筑平面图对设计师非常重要。平面图主要是明确承重与非承重墙体、门、窗、卫浴设施、厨具（图 5-4）和楼梯（图 5-5、图 5-6）等具体位置。

（4）灯具平面布置图

灯具平面布置图需要室内设计师根据设备工程师提供的总用电量和从灯具厂商处收集的资料进行设计。在住宅设计中，灯具平面图常常和电气、通信设备一起设计。商业建筑的设计中，灯具平面图还要反映采暖通风空调设备和喷淋管线等配合情况。

（5）室内装修图

室内装修图需要表达出四个层次的内容：

第一层次：要表示出围合成室内空间的界面和门窗的内部装饰材料和做法；

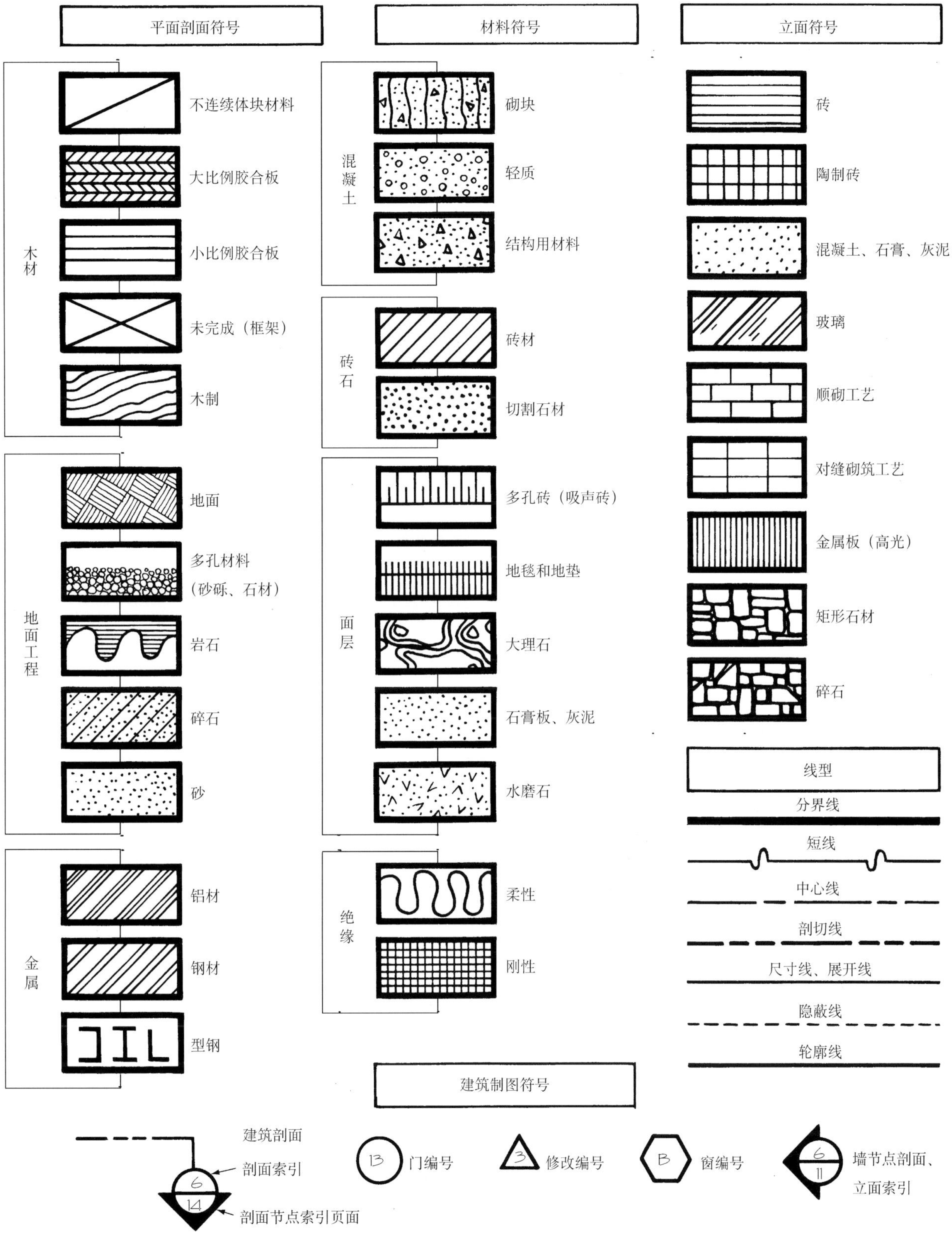


图 5-2　平、立、剖面建筑材料符号

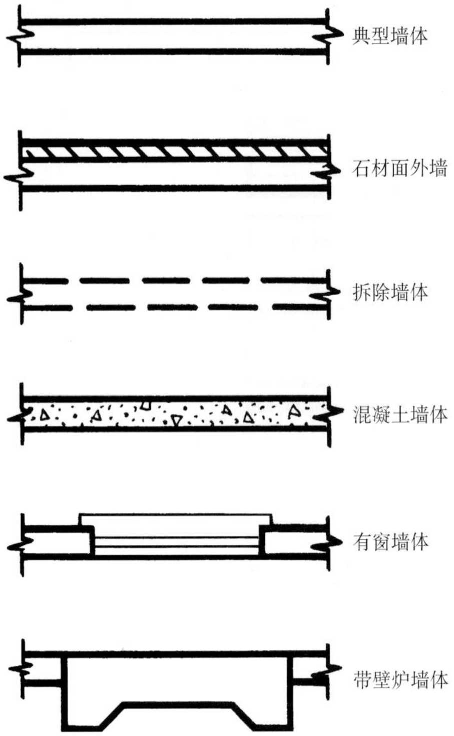


图 5-3　墙面符号

图 5-5　受到艺术与手工艺运动影响的螺旋楼梯，位于美国林业与纸业协会办公楼。（设计：Greenwell Goetz；摄影：David Patterson）

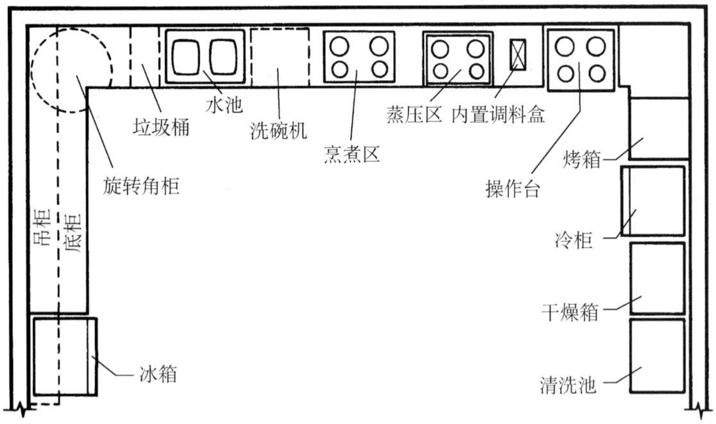


图 5-4　厨房设施图示

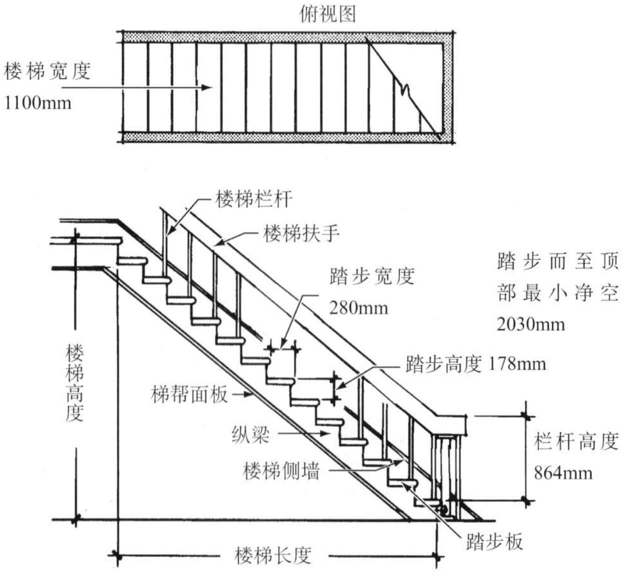


图 5-6　楼梯设计图示

第二层次：要表示出洁具、厨房家具等固定设备设施的位置和必要的规格尺寸；

第三层次：要表示出活动家具的位置、规格尺寸和种类；

第四层次：要表示出室内陈设品的位置和类型。

### 5.1.2 立面图

立面图是显示墙面的内外装修图，各个方向的立面一般均应绘全。外立面除了表示建筑外表面的装修材料和装修尺寸、位置的关系外，还要注明室外楼梯、阳台、栏杆、台阶、坡道、雨篷、烟囱、门窗、落水管和空调机位。内立面需要显示固定家具或墙面的设计内容（图 5-7）。此外要说明如果立面图上有画框或装饰品，不是指要挂这类艺术品，而是提请注意墙面内部结构要有一定的握钉力，便于今后悬挂。

### 5.1.3 剖面图

剖面图是沿建筑的一个构造处剖开取景显示的情况（图 5-8）。剖面位置应选在层高不同、层数不同、内外空间比较复杂、最有代表性的部位。建筑空间局部不同处应绘制室内墙体和家具的局部剖面（图 5-9 和图 5-10）。

图 5-7　典型的带有壁炉的正立面图

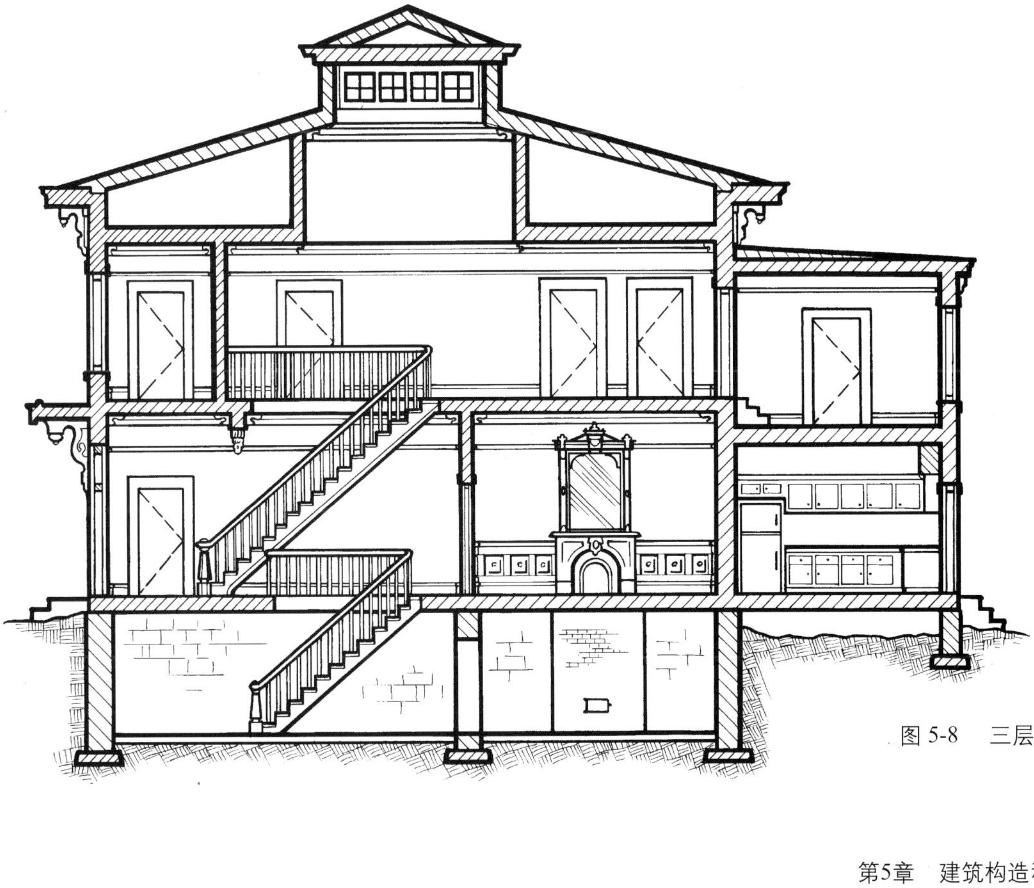

图 5-8　三层建筑的剖面图

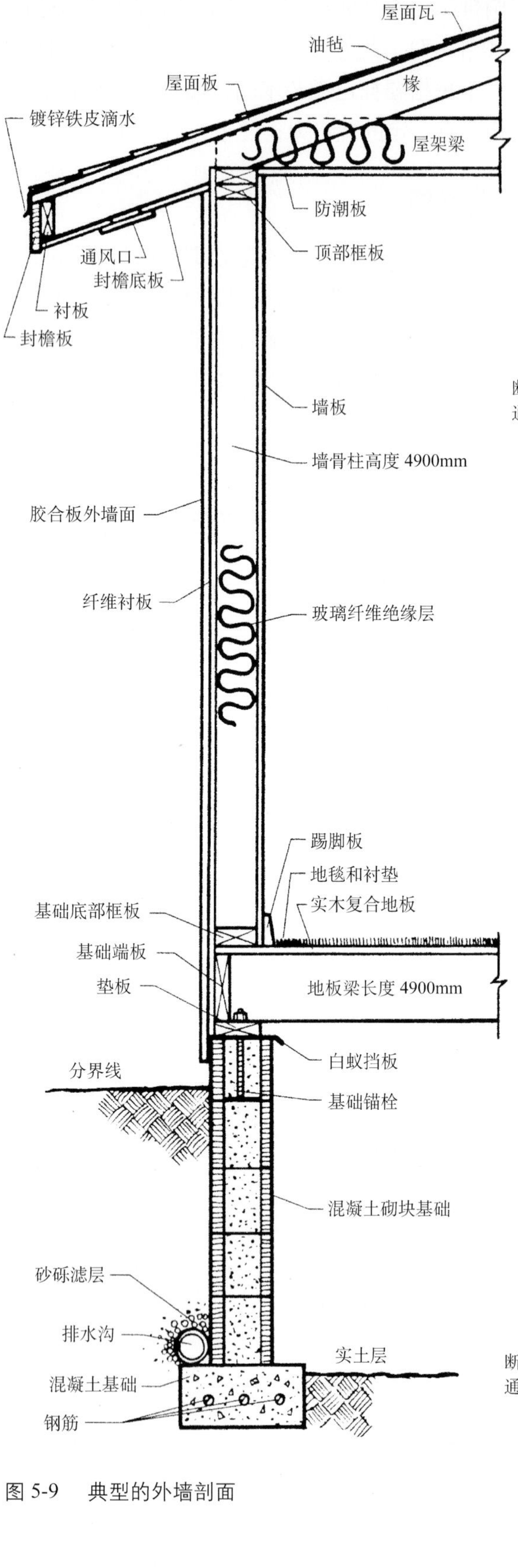


图 5-9　典型的外墙剖面

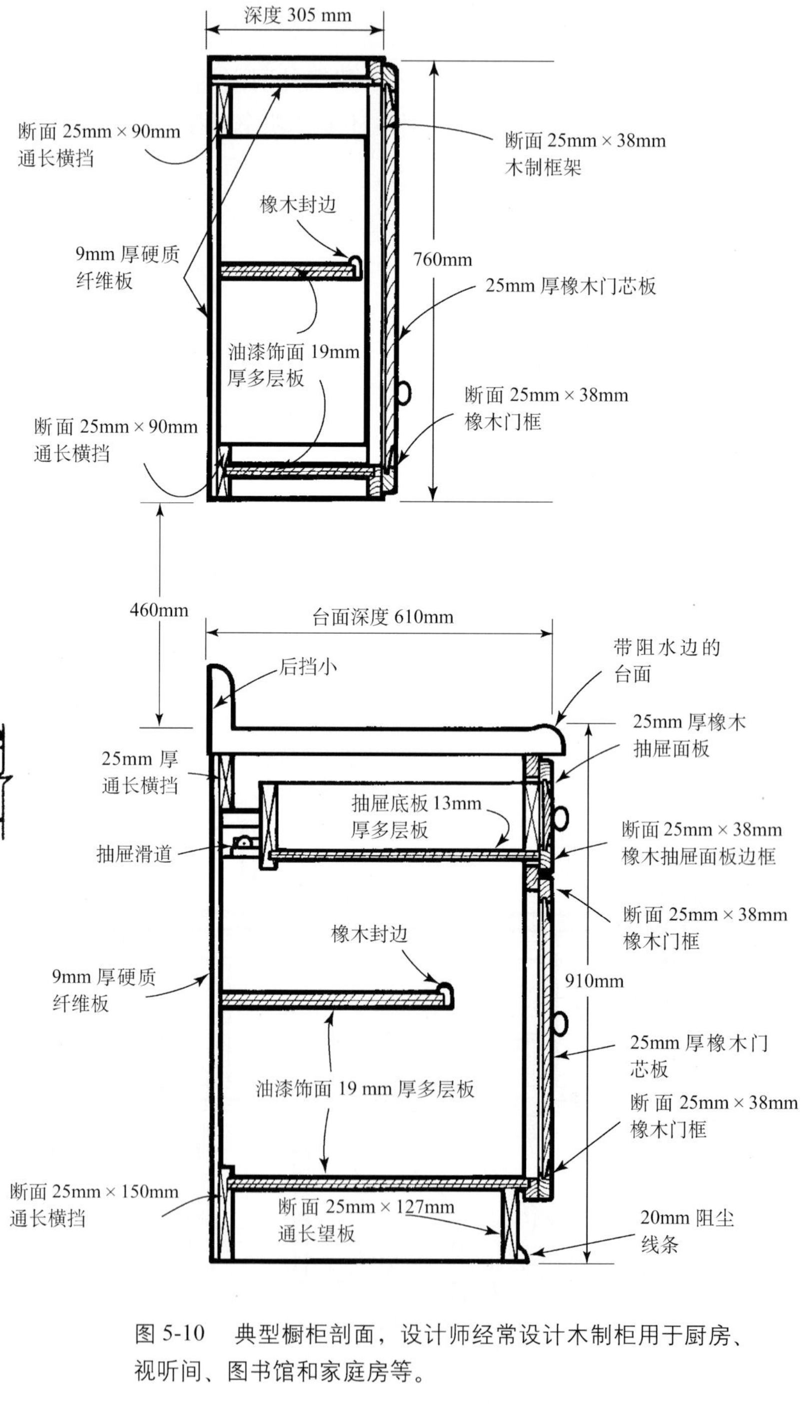


图 5-10　典型橱柜剖面，设计师经常设计木制柜用于厨房、视听间、图书馆和家庭房等。

### 5.1.4 设计说明

主要说明本工程的建筑概况，应包括建筑名称、建设地点、建设单位、建筑面积、建筑等级和建筑层数等。除此之外，还有材料表和门窗表(表5-1)对建筑、室内装修材料和做法予以描述。

### 5.1.5 节点详图

节点详图是对上述所有图纸仍尚未清楚表示的一些局部放大的构造和建筑装饰细部。室内设计与建筑设计相比节点详图会更多，主要是室内墙面装饰线条和室内固定家具。家具的造型与结构紧密相关，如盖门的不同形式就体现了不同的风格：图5-11和图5-12是可用传统合页和木制导轨安装的盖门式样；而图5-13和图5-14必须采用铰链才能实现板面连续而完整。

相关链接

美国木工协会 http://www.awinet.org/

橱柜制造商协会 http://www.kcma.org/

柜体构造 http://www.kraftmaid.com/Main/DoorConstr.htm

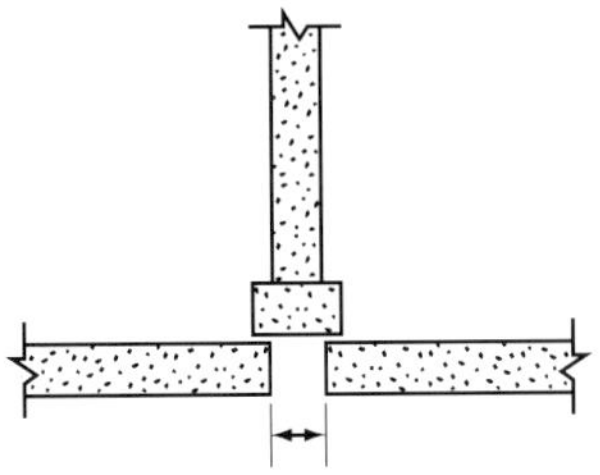


图5-11 两个柜门与旁板的剖面关系，注意门缝构造。

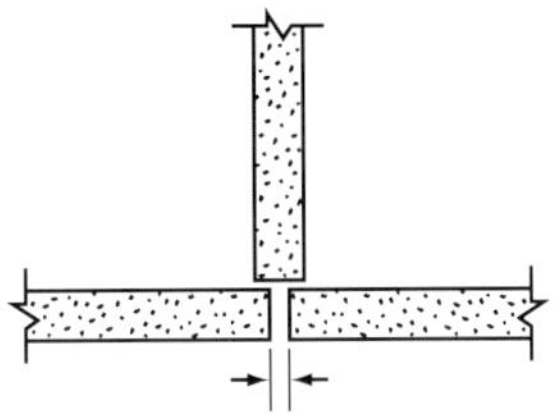


图5-13 两个柜门与旁板的剖面关系，注意更具有外观连续性的窄门缝设计。

图5-12 这组橱柜给人既古典又温馨的感觉。(Texwood橱柜公司提供)

图5-14 这个卫浴间的柜体用无框结构使表面光洁清爽，樱桃木面板搭配镀铬配件使整体显示现代风格。(设计：Lippert； 摄影：Don Roper)

**表5-1 窗表**

| 设计编号 | 数量 | 规格（mm） | 类型 | 标准图集编号 | 中梃（mm） | 备注 |
|---|---|---|---|---|---|---|
| W-1 | 3 | 890×760 | 推拉窗 | 3W1748 | 无 | 油漆 |
| W-2 | 8 | 1168×760 | 推拉窗 | 3W1783B | 390 | 染色 |
| W-3 | 7 | 1143×760 | 推拉窗 | 3W1785 | 690 | 染色 |
| W-4 | 2 | 1500×965 | 平开窗 | 3W1880 | 无 | 见详图 |
| W-5 | 4 | 1346×711 | 平开窗 | AA6 1440 | 无 | 染色 |

### 5.1.6 配套专业工程图

配套专业工程图帮助设计师更好地了解建筑内部情况，主要包括结构、给排水、电气、弱电和智能化控制、采暖通风空调、节能等。

## 5.2 采暖通风空调（HVAC）系统

采暖通风空调系统的设计是为了保证人们能够在室内有舒适的温度、湿度环境和高品质的空气质量。

### 5.2.1 采暖系统

被动采暖、辐射采暖和太阳能采暖（见阅读材料“可持续设计：太阳能”）是最普遍的采暖系统。

（1）被动采暖

被动采暖需要锅炉和管道。锅炉加热气流，通过鼓风机使热气进入管道，回流管道携带冷气流返回锅炉继续加热，如此反复。

（2）辐射采暖

辐射采暖可以通过蒸汽加热系统、电器设备和火炉提供热量。在蒸汽加热系统中，水经锅炉或蒸汽炉加热进入蒸汽管道提供热源，管道周围的叶片以辐射方式将热量送到房间内部。

不管是被动采暖还是辐射采暖都需要使用独立的加湿器调节空气湿度。

### 5.2.2 通风系统

通风系统可以调节室内空气。自然通风在门窗开启时，由微风引入室内，室内产生的热风、污浊空气需要通过天窗、高窗或换气扇排出。

如果新鲜空气无法进入室内，污浊的空气和塑料制品、装修中的化学制剂、烟雾和其他空气污染产生的有害气体会滞留在建筑内部，产生不良建筑物综合征，这时需要设计机械通风系统。美国制定了采暖、制冷和空气调节标准 ASHRAE # 62-1989。

### 5.2.3 空气调节系统

空气调节系统是提供内部空气调节的系统，如室内热空气被动地由热气管道导出，同时独立的冷气系统开始制冷。设计师在选择空调系统时应关注四个方面：气流的需求量、气流是可调节的、气流在室内是按照舒适性组织的以及空调风口等设施与室内空间的协调。图 5-15 是基本的空调系统布置方式。

图 5-15 集中式空调系统示意图

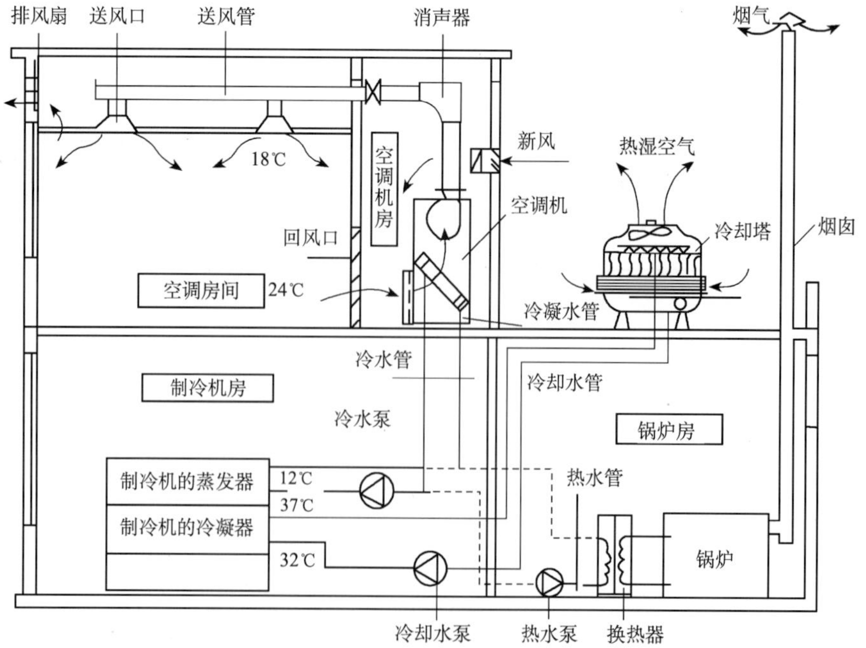

## 5.3 给排水系统

给排水系统包括供水系统、热水系统、分流水阀系统、废水处理系统和系统必需的排气系统，以及消防喷淋系统（图 5-16）。

### 5.3.1 供水系统

我们使用的水来自地区或城市内部的供水管道。在边远干旱地区，雨水可以收集到大型的蓄水池里通过管道供建筑使用。不管采用什么方式，水都必须加压才能到达末端水龙头。

### 5.3.2 排污系统

废水处理有三个主要方面：

（1）坐便器的废水需要管径不小于 4cm 的管道水平方向排出建筑，而垂直污水管需要设置下行管井。

（2）所有的污水管线必须有直通屋顶的排气口释放废气。

（3）废水依靠重力流进市政下水管道系统。因此所有的下水管在水平方向都要有 2% 的泄水坡度。如果地下室排水沟低于化粪池或市政下水管系统，需要在排水沟安置排水泵，把废水抽出建筑。图 5-17 显示一个典型的居住建筑排水系统。

图 5-16A　室内排水系统示意图

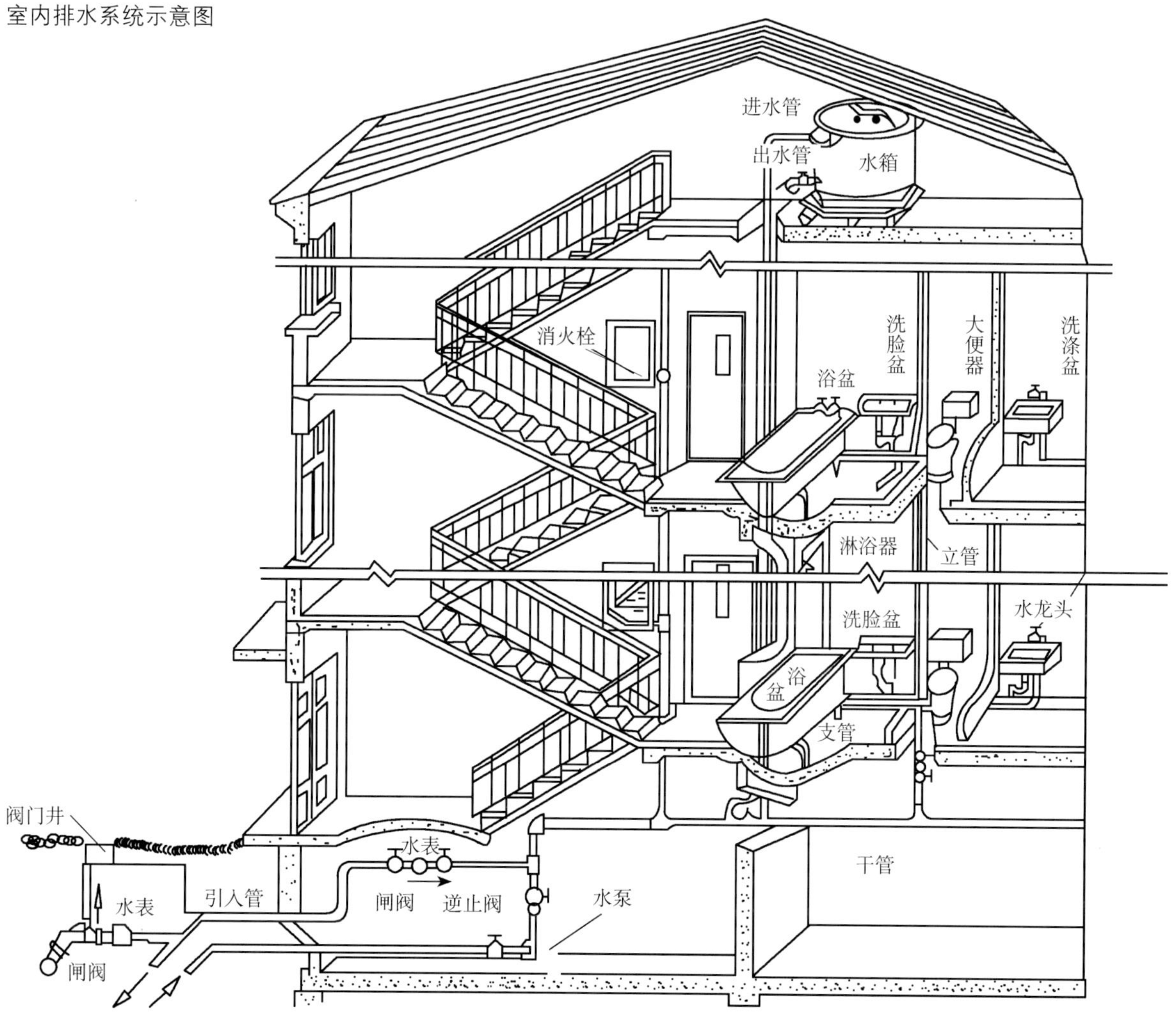

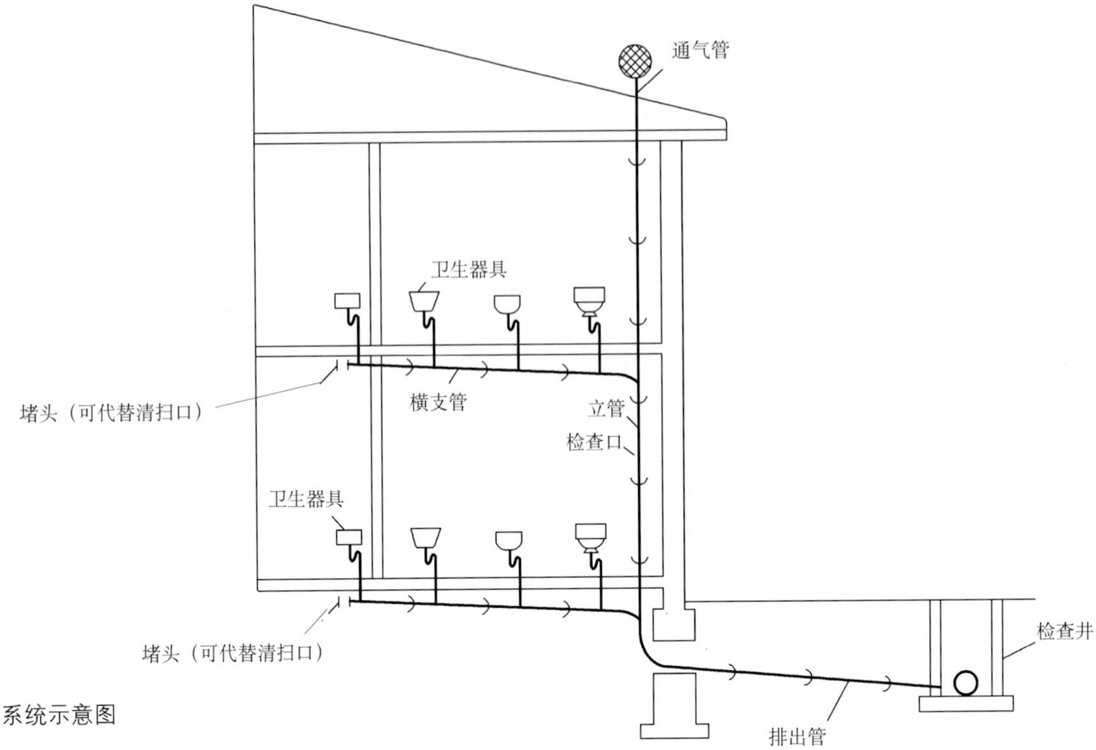


图 5-16B　室内排水系统示意图

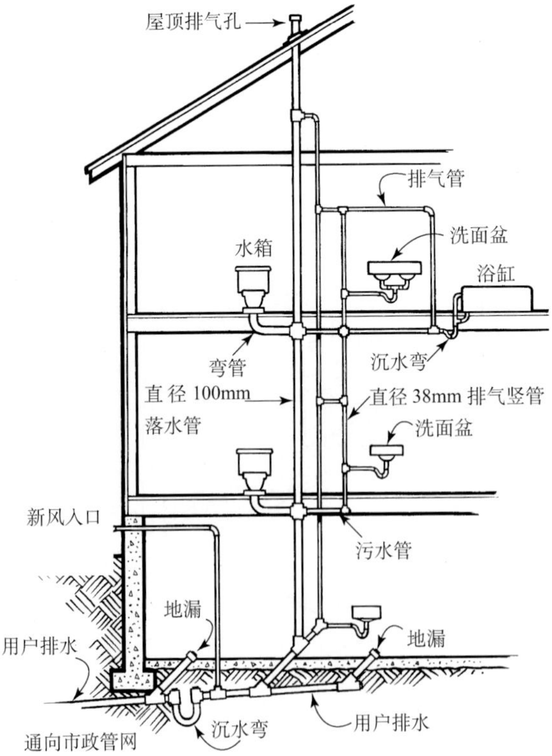


图 5-17　室内排水系统示意

## 可持续设计

### 太阳能

太阳能建筑是利用太阳能提供舒适空间的建筑。

**被动太阳能系统** 是非机械方式的吸收和储藏太阳能量并用于建筑的系统。

建筑朝向设计时需要注意，主要所用空间应南向。

南向窗受到限制时，可以考虑东侧和西侧墙面开窗。

建筑北侧尽量减小面宽或用土覆盖。

常绿乔木栽种在建筑北侧阻挡冬季寒风。

落叶树栽种在建筑南侧，夏季遮阳，冬季利于采光。

屋檐的出挑应与阳光照射角度有一些关联，利于冬季阳光照入室内，夏季又能够遮阳。

建筑的蓄热部位，像石材墙面，火炉、石材地面或室内水池等应注意朝向，能够白天吸收太阳热量，晚间向室内释放。

外门内部留一段狭小通道，可以起到空气阀的作用。

高效火炉可以作为辅助加热设备。

夏季，低窗可以打开吸收冷气，而天窗、天花排气扇和高窗可以把热气排出室内。

在建筑南侧栽种生长缓慢的爬藤和灌木，造成墙面的变化，减少太阳反射。

**主动太阳能系统** 是采用机械系统——光电板、鼓风机、抽水泵等（除了被动太阳能设计）吸收和利用太阳能的系统。

主动太阳能系统能够为建筑提供一定电流。光电板把太阳光转换成直流电，储藏在一系列的蓄电池组中，再把直流电转换成交流电，成为建筑中常用的电流形式。

太阳能热水器可以用在阳光较充足地区。这种热水器在晴朗天气晒上半天就可以提供热水，能够让水保持温暖直到日落很久以后。

---

相关链接

国际太阳能协会 http://www.ises.org/ises.nsf!Open

太阳能工业协会 http://www.seia.org/

---

### 5.3.3 热水系统

水可以通过燃气、电力、炉火或太阳能加热，当然燃气和电力最为普遍。水加热装置应该相对靠近它们的加热源，输水管道应该保温，高标准的设计甚至要求计算热水出水时间不短于 4s，从安全考虑，卫生间热水不允许用电加热。

### 5.3.4 五金配件

为盥洗台、浴室和卫生间配套的管道配件来自许多品牌的厂家，其中白色和中性色最普遍，而黑色和其他暗色配件容易产生肥皂水的水渍，当然还需要考虑房间整体格调（图 5-18 和图 5-19）。

对于水龙头，公共环境通常采用感应式，冷热水混用龙头不宜选择需紧握的，而高档场所必须使用冷、热水分别设置的独立龙头。

所有的面盆，包括独立支架式的，都应有搁置盥洗用品的平台。洁具的选择主要是要求边角光滑，没有藏污纳垢的缝隙。

图 5-18　这个玻璃水槽巧妙地设置在平整的地柜之上。伸出墙面的水龙头提供冷热水。把手适合沾满肥皂水的手去开启。

图 5-19　这是经过改造的卫浴，设计师布置了一系列聚光灯和进行了古典风格的细部处理，形成一个有机而雅致空间氛围。（设计：Jackie Naylor 设计事务所；摄影：Robert Thien）

## 可持续设计

### 室内空气质量（IAQ）

大多数人熟悉室外空气污染，其实室内空气污染同样对身体有害，而美国人有90%的时间花在室内。通常，室内空气污染会导致不良建筑物综合征，简称SBS，它是人们长时间在建筑中产生的不适应性健康疾病：如呼吸道问题，过敏炎症和疲劳症。室内空气污染源是综合性问题，可以细分为三种类型的污染：

生物污染——有机污染，像细菌、真菌、灰尘颗粒和昆虫。

自然材料污染——有害的自然材料，如水泥板碎屑、石棉和氡。

挥发性化学污染（VOCs）——从建筑材料、家具、织物、装修材料以及建筑建造过程中挥发到空气中的化学气体。典型的VOCs有甲醛、聚乙烯和苯。

室内污染产生的主要途径如下：

建筑本身产生的，如保护层、绝缘层、涂料、填缝材料和黏结剂。

设备和家具，如地毯、地毯衬垫和黏结剂以及家具和装修材料的碎屑。

地板蜡、抛光剂、溶剂和杀虫剂。

机械和电脑，如计算机屏幕、打印机、激光产品，计算机甚至会释放电磁场。

洗照片的处理过程、香水和喷雾剂。

正在运行的设备、非充分过滤、差的空调系统或冷凝水。

作为设计师应该熟悉室内空气质量的内容，如美国地毯和毛毯研究委员会（CRI）已经统一了测试地毯、衬垫和黏合剂的标准。生产商必须降低VOCs的释放量才能获得标识。美国地毯和毛毯研究委员会还提供了以下地毯安装建议：

认真根据制造商的安装指南安装地毯。

安装过程采用自然空气调节方式和安装后保持48～72h的自然通风。

用真空吸尘器打扫地毯。

安装地毯前清洁底层地板。

采用低VOCs的黏结剂粘结地毯。

使用低挥发性衬垫。

对新地毯使用高效真空吸尘器清理，用高效颗粒过滤器过滤，确保所有的湿气和杂物得以除去。

在对产品进行认真选择时，设计师应该记住以下几个方面：

在处理窗户或家具时避免阻隔空气出入口。

在有烟雾部位、卫生间、厨房和其他有化学产品或喷洒制剂的地方，需要在安装时设排气风扇。

提供湿度控制器。

鼓励完善的产品维护。

在开敞办公空间作业时，容许气流从底部上扬。

合理安排电脑终端，让使用者的座位尽可能远离电脑屏幕，防止电磁场。

还一种有效的室内空气质量处理方法就是室内放置植物，担当过滤室内空气、吸收室内有害污染气体的作用。如天南星和吊兰吸收甲醛，通常洁净的百合吸收苯。然而植物不能快速修复受污染的建筑，植物的净化工作需要持续而充足的光源。

最后，设计师要留意市场上的室内空气质量的研究进展情况，而且收集保留有助于提高室内空气质量的设计相关文档。

相关链接

能源与环境建筑协会　http://www.eeba.org/default.htm

可持续建筑产业委员会　http://www.sbicouncil.org/

绿色建筑导则　http://www.energybuilder.com/greenbld.htm

美国胶合板协会　http://www.epa.gov/iaq/atozindex.html EPA Indoor Air Quality Index

环境有害气体普及机构　www.envirosense.org

空气质量研究所　http://www.rmi.org/

地毯和毛毯研究委员会　http://www.carpet-rug.com/

美国呼吸系统研究协会赞助的健康住宅信息网　http://www.healthhouse.org/

## 5.4　声学

随着建筑空间的不断丰富，以及功能的不断拓展，建筑声学显得越来越重要。从简单的音响设置，对窗帘的选择，到办公空间顶面矿棉板吸声率的要求，甚至圆形空间声聚焦的消除等等。

声音大小由分贝（dB）表示。比如 0dB 是人们能够听到的最安静声音，130dB 是人们对高音的忍受极限，30dB 是保证人们能够专注工作的最大音量。

从构造上，居住区和商业空间常常划分区间，将安静和吵闹空间分隔。如壁橱和书架可以起到对嘈杂空间的缓冲作用，在影视厅门口设置双道门作为声闸。同时墙体采用多层叠合、高密度绝缘、避免声桥等方式阻隔声音传播。

从装饰材料上，声音也可以通过材料不同的吸音量来控制。硬质材料如混凝土地面和地砖密度高，可以起隔音作用，不过它们会增加反射声，影响音质；地毯、窗框软处理、布艺家具和吸音板等吸收声波，有助于房间内部的安静，但过多的吸声材料会因为强吸声环境而使谈话者疲劳。对于复杂的声学设计的影剧院需要专业工程师的配合，通常设计师只要在天花板、系统家具、声罩系统和隔声材料四个主要方面加以考虑就可以了。

（1）天花板设计不能含有硬质材料，应当根据功能需要选择不同的吸声或者穿孔材料，必要时甚至采用枝状装饰吊灯来破坏反射声和声聚焦。

（2）用于隔断的系统家具也有声学要求。如侧板高于 1650mm 隔音最好。

（3）声罩系统可以提供一个遮蔽环境背景噪音的空间，可以遮蔽一些无关杂音。

（4）减少空间噪声的重要设计因素是在装修材料中添加隔声材料，可以大大增强室内隔音效果。

另外还有一些减轻噪声的方法，如墙面的一定侧斜角度，可以把声音引向其他空间。直角和平行表面可以使声音变得清晰。

## 5.5 隐蔽工程

### 5.5.1 中央吸尘系统

在建筑内部安装中央吸尘系统就不需要楼上楼下移动吸尘设备了。它在墙壁上留有吸尘插口，管道安装在室内隔墙内，灰尘和废物通过管道进入末端的集中处理设备。但要说明，出于经济性考虑，动力配置不会很高，一般插口同时使用不能超过70%。

### 5.5.2 安全监控系统

主要应用于远距离或不便于人们直接观察的场所监控。主要有火灾自动报警、闭路电视监控等方式。如红外探测系统的敏感设备可以通过温感发现潜入者，激活警报，打开应急照明，甚至能够连接当地相关警署或保安公司。

### 5.5.3 消防系统

在建筑规范中严格要求公共建筑布置消防系统，主要包括消火栓给水和自动喷淋灭火。绝大多数喷淋系统采用水，不过还是有一些采用粉末阻燃。

在居住环境，住宅内部需要在厨房、起居室和卧室安装烟感探测器，提醒居住者防止潜在的火苗。

## 5.6 法规标准

室内设计师应具有责任感并遵守相关的法规标准。目前国际上整体趋势是对健康、安全和环保的要求越来越高。整体上主要有五个方面的规范标准：

（1）国家法律法规标准：主要包括单体工程的设计、施工、验收规范，以及主要建筑和装饰材料的标准。如美国制定的室内设计最常用的法律是《美国无障碍法案》（ADA）、《住宅合理性法案》（FHA）和《职业安全和健康法案》（OSHA），这里强调的是法律，而不是法规或标准。

（2）地方和行业法规标准：主要针对不同地区和行业特殊状况制定的，多为设计、验收规范，但必须高于国家标准。

（3）政策性法规：主要是根据国家或地方发展需要而颁布的，如节能、智能化等方面前瞻性的导则。

（4）设计文件深度和制图标准：这方面与各地经济发达程度和设计公司的规模水平有关，目前还没有统一。

（5）企业资质要求和从业资格标准：主要是加强企业和设计师的管理，推进职业化进程，提升产品质量，促进持续发展。

表5-2详细描述了美国相关建筑规范。

**表5-2 美国建筑规范**

| 类型 | 适用范围 | 规范名称 |
| --- | --- | --- |
| 基本建筑规范 | 明确建筑目的，限制有害物质的使用 | 国家建筑规范（NBC）<br>标准建筑规范（SBC）<br>统一建筑规范（UBC）<br>国际建筑规范（IBC） |
| 给排水和电气设备规范 | 在确定建筑内部设备数量时有帮助 | 国家电气规范（NEC） |
| 生命安全和防火规范 | 明确消防的最低标准 | 生命安全标准（LSC） |
| 住宅规范 | 为1个或2个家庭式的住宅确定规范 | 1个或2个家庭式住宅规范（OTFDC）<br>国际住宅规范（IRC） |

相关链接

国际法规协会　http://www.intlcode.org/

建筑法规管理　http://www.bocai.org/

建筑官方国际会议网　http://www.icbo.org/

南部建筑法规协会　http://www.sbcci.org

国家消防协会　http://www.nfpa.org/Home/index.asp National Fire Protection Association

美国国家标准协会　http://www.ansi.org

住宅交流管理办公室　http://www.hud.gov/offices/hsg/

职业安全与健康管理　http://www.osha.gov/

美国无障碍法案　http://www.usdoj.gov/crt/ada/adahom1.htm

美国无障碍法案指南　http://www.access-board.gov/adaag/html/adaag.htmADA Guide

美国无障碍法案指导　http://www.ed.gov/offices/OSERS/NIDRR/About/ADA assistance

## 推荐阅读书目


建筑设备．陈妙芳．同济大学出版社，2003.

家庭装饰装修行业技术标准规范汇编．中国建筑装饰协会．中国建筑工业出版社，2004.

室内设计原理．来增祥，陆震纬．中国建筑工业出版社，2001.

# 第6章

## 采光和照明

图 6-1　在这个法式啤酒店中，设计师采用周边照明让空间显得更加宽敞，同时强调出其独特的边界形状，并采用吊灯增加轻松愉快的氛围。（设计：knauer 公司；摄影：Steinkamp/Ballogg）

光，是我们认识形体、色彩和质感的先决条件。第4章中我们讨论过照明与色彩的关系，可以看出，照明不仅是室内设计的基本元素之一，也是最终实现环境整体效果富有创造力的途径。通常，光同色彩一样，会产生心理和生理效应，有时光源甚至可以设计成装饰艺术品或雕塑，提升室内空间的个性（图6-1）。

室内设计师恰当地运用照明，可以改变室内空间的视觉效果、聚焦视觉的重点、影响情绪、表现材质或者创造特定的氛围。这就需要室内设计师必须具备一些基本的技能，如了解光的科学原理、掌握在室内设计中如何运用光线、随时与工程师和承包商交流设计思想等等。

在开始了解怎样去运用光线之前，设计师必须先熟悉基本的术语，掌握关于照明设计的基本原则。灯具和光源的专业术语与我们日常生活中接触到的是不同的：灯泡被称为光源，是光的源头；包围光源和其他必要附件或装饰性附件（诸如遮光器、反射器和透镜等）的物理结构叫做灯具外壳。光源和灯具外壳一起构成灯具。

## 6.1 光度量

照明的数量通常用光度量来表示。根据被度量方位的不同，有以下几种基本光度量（图6-2）。

### （1）光通量

光通量 $\Phi$（单位是流[明]，符号为lx）是度量光源发出的光流，在照明工程中，光通量是说明光源发光能力的基本量。例如，通常的60W白炽灯，其光通量约为500 lm；普通36W的T8灯管的光通量约为2500 lm；28W的T5灯管的光通量约为2600 lm；70W的陶瓷金属卤化物灯的光通量约为6600 lm。可以看出lm也决定了光源的发光效率，即用流明除以瓦数（光源消耗的功率）可以得到光源的光效，单位为流明/瓦（lm/W）。例如，一支新的75W白炽灯产生1180 lm的光，则1180 lm除以75W等于15.7 lm/W就是光效。光效越高，说明光源的效率越高。在实践中，要选择最节能的光源，就应当选那些低功耗而高流明输出的光源。

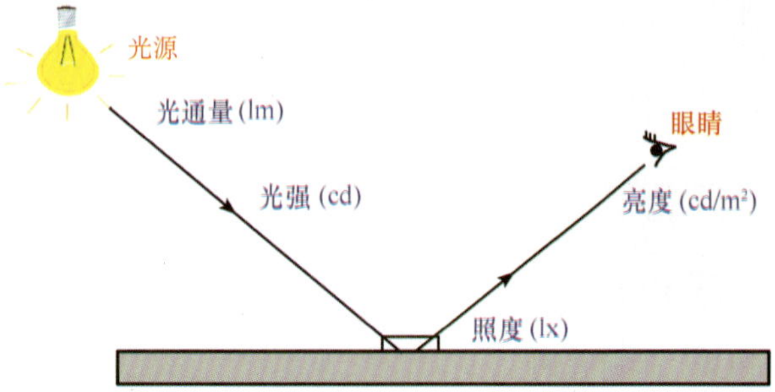

图6-2　四种基本光度量：光通量（lm）、光强(cd)、照度（lx）和亮度（cd/m²）。（飞利浦照明提供）

### （2）光强

光强 $I$（单位是坎[德拉]，符号为cd）是光源在给定方向上的发光强度，常用于说明光源和照明灯具发出的光通量在空间各方向或在选定方向上的分布密度。例如，一只40W的白炽灯泡发出350 lm的光通量，它的平均光强为28 cd。在此灯泡上面配白色陶瓷灯罩，灯的正下方发光强度能提高到70～80cd。如果配上聚焦合适的镜面反射罩，则灯下方的发光强度可以高达数百坎[德拉]。后两种情况下，灯泡发出的光通量并没有变化，只是光通量在空间的分布更为集中了。

### （3）照度

照度 $E$（单位是勒[克斯]，符号lx）是指受照平面上接受光通量的面密度。1 lx等于1 lm的光通量均匀分布在1 $m^2$ 表面上所产生的照度，当然，受照面离光源越远，得到的照度值越低。通常，夏季中午日光下，地平面上照度可达 $10^5$ lx；月光下的照度只有几个勒[克斯]；而装有40W台灯的桌面上，照度平均为200～300 lx。

### （4）亮度

亮度 $L$（单位是坎[德拉]/米²，符号 $cd/m^2$）作为一种主观的评价和感觉，和照度的概念不同，它是表示由被照面的单位面积所反射出来的光通量，也称发光度，实际上指被看到的光，因此与被照面的反射率有关。例如，在同样照度下，白纸看起来比黑纸要亮，浅色的光亮墙面反射的照度通常会超过80%，而深色的粗糙纤维墙面反射的照度会小于

2%。当然有许多因素影响亮度的评价，诸如照度、表面材料特征、视觉、背景、注视的持续时间甚至包括人眼的特征。一般白炽灯的亮度为 $2 \times 10^6 \sim 20 \times 10^6 cd/m^2$，荧光灯的亮度为 $0.5 \times 10^4 \sim 3 \times 10^4 cd/m^2$，电视屏幕的亮度为 $1.7 \times 10^4 \sim 3.5 \times 10^4 cd/m^2$，而太阳的亮度可达 $2 \times 10^9 cd/m^2$。

## 6.2 照明的质量

采光照明质量的决定因素，包括照度水平、照明均匀度、亮度空间分布、光的方向性（光照方向和漫射程度）、眩光和显色性等。

光是以电磁波形式传播的辐射能。电磁辐射的波长范围很广，只有波长在 380～760nm 的这部分辐射才能引起光视觉，称为可见光（简称光）。所以说光是由光源（例如太阳或灯泡）发出不同的波长的辐射而产生的，不同波长的光在视觉上呈现不同颜色，例如 700 nm 的光呈红色，580 nm 的光呈黄色，470 nm 的光呈蓝色，可见长波产生暖色光，短波产生冷色光，而且单一波长的光呈现一种颜色，称为单色光。一个光源发出的光经常是由许多不同波长单色辐射组成的，每个波长的辐射功率也不一样。光源的各单色辐射功率，按波长的相关分布称作光源的光谱功率分布（或称光谱能量分布），它决定着光的色表和显色性能。这里要注意光谱的辐射功率单位是 μm/(10nm · lm)，而不同于辐射功率单位 $W/m^2$，在博物馆照明设计中，对书画等特殊展品选择光源时需要应用这方面的知识（图 6-3）。正如在第 4 章中所讨论的，当混合了不同波长的光被物体反射进入人的眼睛，人眼就能看到物体的颜色。例如，黄色的物体，其表面会反射光谱黄色区域的波，而吸收别的颜色的波。目前，人工光源不能完全地模拟自然光的颜色光谱，尽管有些已经比较接近了。例如，通常白炽灯的颜色光谱强调了偏暖的红色波。

### (1) 光亮与阴影

光线有不同的层次，从直射光、漫射光到半阴影和阴影。阴影不是光线的对立面，而是其基本特征，是最好地表现光线存在的形式。一间既有光亮又有

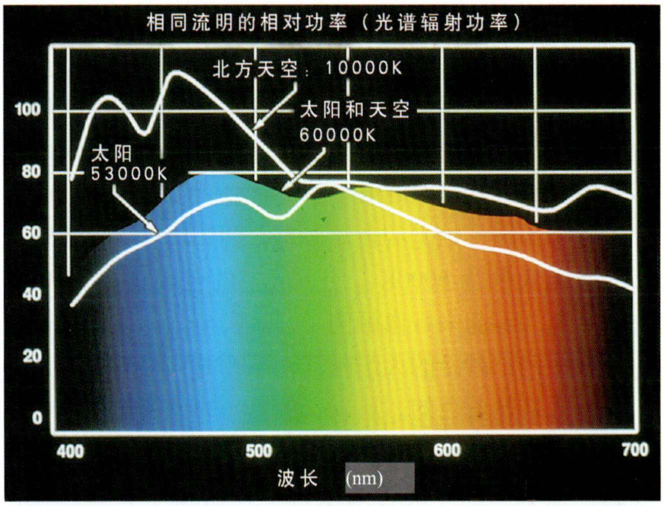


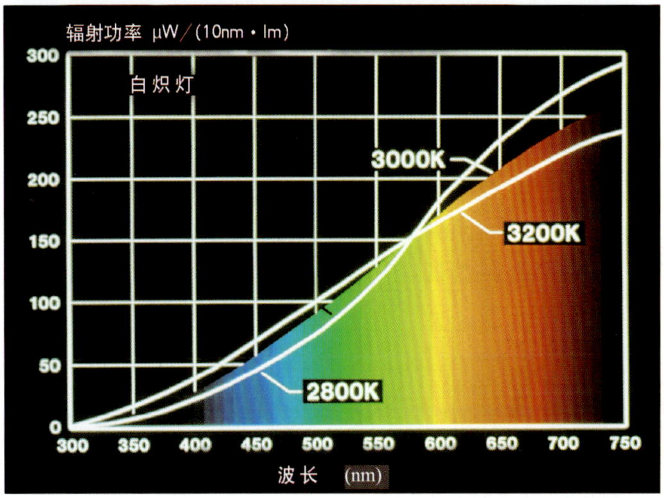


图 6-3　上：自然光产生的颜色光谱；下：白炽灯的颜色光谱。

阴影的房间才会使人感受到其空间、深度、形状和结构。

### (2) 显色指数 Ra

人工光源产生的光谱越接近自然光，显色性越高，光的质量也就越高，这一特性是用显色指数（CRI）来表示的。CRI 的范围在 0～100 之间，在一些对光的显色性要求较高的应用领域，如检查印刷样张或挑选服装时，CRI 至少在 80 以上；而 CRI 在 60～80 之间则属于一般水平；CRI 低于 60 的，主要应用在街道照明或其他对颜色分辨要求不高的区域。虽然高显色指数的灯是理想选择，但是这类灯往往光效不高，如白炽灯。反之，光效很高的高压钠灯的显色指数又很低，所以，实际的选择应当是显色性与光效二者兼顾。

### (3) 色温 CT

衡量照明质量的另一个参数是光的色温，用绝对温标开（K）表示，常见的色温在 3000K（通常的暖色荧光灯管）至 6000K（晴天）之间（图 6-4）。根据该度量方法，烛光的色温较低，约 2000K；通常晴天的色温大约为 6000K；北方天空的色温可达 8500K。这一概念看起来好像颠倒了，其实与气体火焰或炉火是相似的：越冷的火焰越红，越暖的火焰越黄，而最热的火焰是蓝色的。所以，红色光的色温低，蓝色光的色温高。我们将光源色的色温大于 5300K 的称为冷色，小于 3300K 的称为暖色，将色温介于 3300K 和 5300K 之间的称为中间色。

| 光源种类 | 色温Tc |
|---|---|
| 日光灯管 82系列 | 2650K |
| 日光灯管 84系列 | 4000K |
| 日光灯管 54系列 | 6500K |
| 高压钠灯 | 2300K |
| 高压汞灯 | 4000K |
| 金卤灯 | 4200K |
| 金卤灯 | 5600K |

图 6-4　光源的色温比较

### (4) 照明布局

照明的质量还依赖于灯光的分布。设计师必须精心布置光源，否则会造成视觉疲劳、引发烦躁情绪等（图 6-5）。此外，在使用便携式灯具时，为了防止眩光，可采用磨砂灯泡、玻璃漫射罩或灯罩等提高照明质量的措施。

---

相关链接

国际照明信息网，包含术语解释　http://www.schorsch.com/

大学照明研究中心，由 Rensselaer Polytechni 学院创建　http://www.lrc.rpi.edu/

照明信息网，由建筑照明杂志创建　http://www.lightforum.com/architecurallighting/about_us/site_map.jsp

照明设计师和购买者的信息网，含信息中心　http://www.lightsearch.com/resources/index.html

---

## 6.3　天然光源

光作为能量的一种形式，自身能发光的物体通常被称为光源。目前我们采用的光源可以分为两类：天然采光和人工光源。天然采光主要指对日光的有效利用。日光发出辐射光谱中的可见光，以及不可见的红

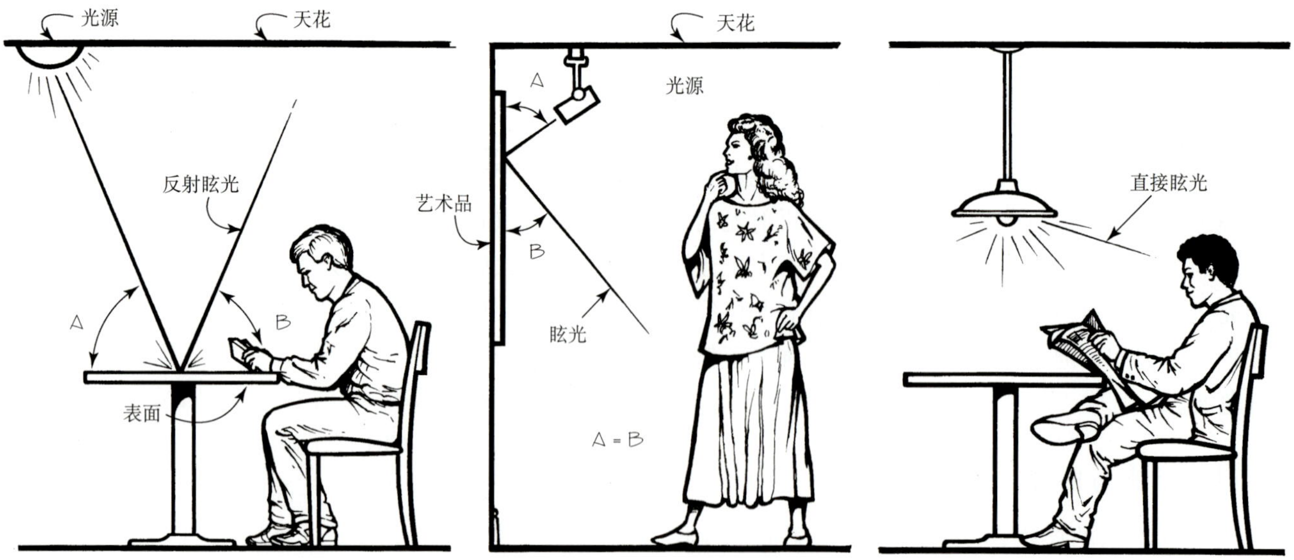


图 6-5　光照射在物体表面上时，反射角与入射角相等。在这些图中，意味着角 A 等于角 B。当反射光直接进入视线或观察者直接看到光源就会产生眩光。

图 6-6 Canlis 餐厅，西雅图晚餐的著名地点之一，自 20 世纪 50 年代建成后进行了翻新。在晚餐室内采用了壁炉照明。（建筑师：James Cutle；室内设计师：Doug Raser；摄影：Michael Jensen）

外线（长波，产生热量）和紫外线（短波）。由于日光包含紫外光线，可以辐射能量、带来温暖，这对于人们的健康和生活都至关重要。

在可持续发展原则的指导下，天然采光和自然通风日益受到各方的重视。但是对设计师来说，设计的难点在于对日光入射量和入射方向的控制。从早晨到晚上，随时间的变化，日光发生变化，所以在朝南、朝西的房间内，设计师会采用暗哑的冷调子来与耀眼的阳光和暖意相配合。设计师还可以根据项目的方位、地理位置和气候来设计最合适的采光窗，在降低眩光的同时引入日光，提升室内环境。

在电灯发明之前，以燃烧光作为天然光源是唯一的补充照明方法，像火焰、油灯、蜡烛和煤气灯等（图 6-6）。现在，在一些住宅设计和餐饮类商业项目中，这些早期的天然光源已经被作为装饰元素了，这主要是由于它们不仅能够补充热量，而且能够发出柔和的光线，创造温馨的氛围。

## 6.4 人工光源

人工光源是通过转化电能而发光的光源，采用不同的瓦数来标识其功率。最常见的人工光源是白炽灯和气体放电灯（包含荧光灯），另外一种在室内照明中出现的新光源是 LED，即发光二极管。

### 6.4.1 白炽灯

白炽灯在 1879 年由托马斯·爱迪生发明。白炽灯发出的光是通过电流加热玻璃泡壳内的金属灯丝至 2500～3000K 的高温而产生的，因此白炽灯也叫热辐射光源。白炽灯的分类没有统一的规定，这里按照白炽灯的结构分为普通白炽灯、反射型白炽灯、卤钨灯、低压卤钨灯和氙灯等（图 6-7）。

#### （1）普通白炽灯

普通白炽灯简称普泡，也称为 GLS 灯（General Lighting Service Lamps），它是最普遍的白炽灯产品。灯的泡壳既有透明泡，又有磨砂泡或乳白泡形式，磨砂泡发出的光较柔和。灯的功率范围主要集中在 25～200W 区域。特别说明的是，灯泡的类型通常用字母来表示，字母后的数字是以 1/8 in 的倍数表示的灯泡的直径，例如 MR16 表示灯泡的直径为 2 in。下面来介绍白炽灯的主要特性：

- 具有不同的大小、外形、颜色和类型；
- 体积小，方便使用；
- 发出暖白色的光，有些偏淡红或黄的色调；

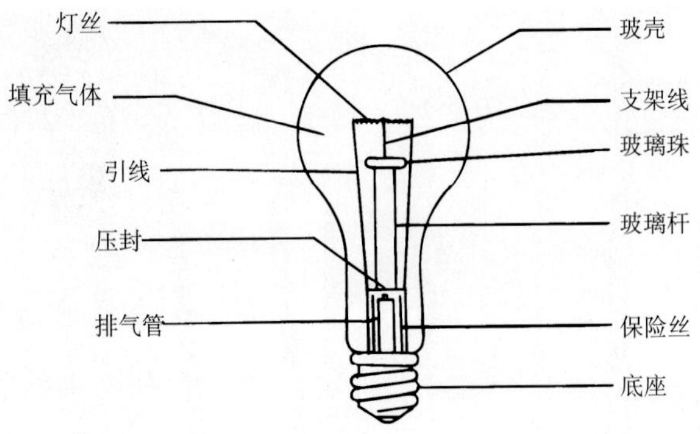


(a) 剖面

- 比较适合表现多种肌肤的色调，显色性最佳；
- 有效地表现材料的质感和纹理；
- 可调光；
- 价格相对较低，但光效低导致使用成本较高；
- 产生热量，增加空调系统的负担；
- 便于产生精确的配光，可用做重点照明和作业照明；
- 曝露时会产生眩光；
- 可调和冷色调。

### (2) 反射型白炽灯

正如它们的名字所暗示的，这类灯泡具有内置的反射器来改善光分布，使灯光射向预定的方向，这样也可以使灯具设计简化。

根据泡壳的加工方法，可分为压制泡壳和吹制泡壳两类。压制泡壳反射型白炽灯常称为白炽 PAR 灯，意为镀铝的抛物反射型灯。它是以硬质耐热玻璃压制成型的，前面的棱镜玻璃有不同的图样，可获得聚光、泛光等各种光束分布，主要用于室内外投光照明。

吹制泡壳反射型白炽灯的泡壳是吹制而成的，泡壳后部为抛物面形状的反射镜面，靠灯丝的位置控制灯的光束宽度，也有聚光、泛光等不同品种。它的尺寸小，重量轻，价格低，有功率较小的产品，所以在室内通常作为轻型投光灯及嵌入式暗灯使用。

### (3) 卤钨灯

填充气体内含有部分卤族元素或卤化物的充气白炽灯，称为卤钨灯。在普通白炽灯中，灯丝的高温造成钨的蒸发，蒸发出来的钨沉积在泡壳上，产生灯泡泡壳发黑现象。将卤族元素，如碘或溴等添加在普泡

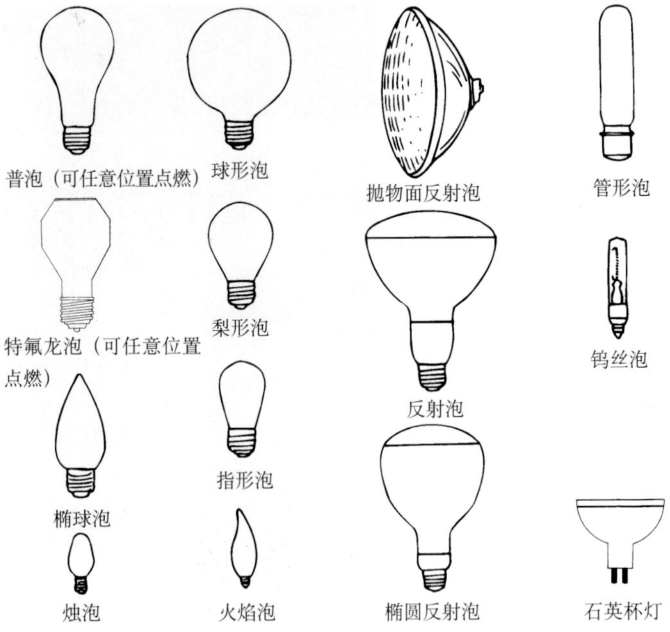


(b) 常用的灯泡类型

图 6-7　白炽灯

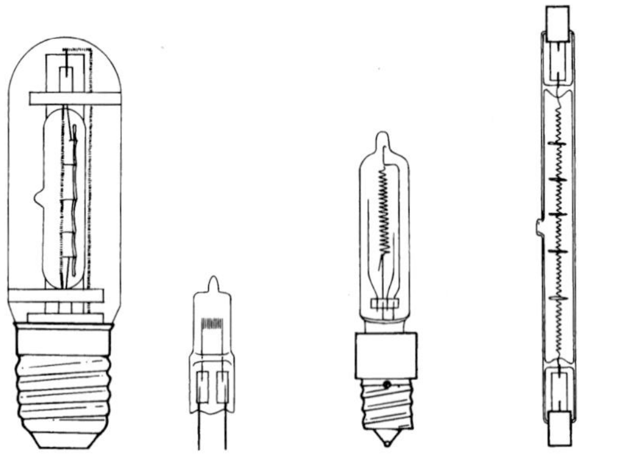

单端 150W 管形卤钨灯

低压(50W)迷你型卤钨灯，适用于小型作业照明用灯具

带迷你底座的标准单端灯泡，50～250W，主要适用于作业照明

标准的 300W 线形光源，用于小型泛光照明和其他灯具

图 6-8　不同形式的卤钨灯

充入的气体中，能和游离的钨合成气态的碘化钨或溴化钨。这种化合物很不稳定，当它们靠近高温的灯丝时就要分解，分解出来的钨重新附着在灯丝上，而卤素又继续进行新的循环。为了使泡壳处生成的卤化钨处于气态，卤钨灯泡壳的温度要比普通白炽灯高得多。相应地，卤钨灯的泡壳尺寸就更小得多，必须使用耐高温的石英玻璃或硬玻璃。由于泡壳的尺寸小、强度高，灯内允许的气压就高，加之工作温度高，故灯内

的工作气压要比普泡高很多。由于卤钨灯中钨的蒸发受到有力的抑制，同时卤钨循环作用消除了灯泡的黑化，因此，灯丝的工作温度和光效就可大为提高，而灯的寿命也相应得到延长。卤钨灯若是采用封闭坚硬的小石英管代替灯丝，可加热至更高的温度，产生更强的光，具有更高的光输出。卤钨灯虽然也具有多种形式（图6-8），但所有卤钨灯的主要特性是一致的：

- 光输出稳定；
- 较高的工作温度（约3000K），产生更强的光；
- 光效寿命上升，是普通白炽灯泡寿命的2～4倍；
- 体积小、坚固；
- 价格较高；
- 不可以直接接触皮肤；
- 产生大量的热，所以不可与易燃物临近放置；
- 必须进行遮光处理，不可以用做直接照明光源。

(4) 低压卤钨灯

低压卤钨灯主要是指迷你型的卤钨灯，多用于商业陈列照明。这些灯泡的工作电压通常为12V或24V，因此往往需要单独的变压器隐藏于附近的顶面或墙壁中，但变压器必须可以接触到，以便于维护。

(5) 氙灯

氙灯也是白炽灯的一种。像卤钨灯一样，这类灯泡发出耀眼的白光。它在低电压、低瓦数时会有较高的光输出，主要用于工作台面的重点照明或勾勒曲线（图6-9）。原世贸大厦的“光之塔”采用的就是氙灯。

### 6.4.2 气体放电灯

前面说过，白炽灯发出的光是电流通过灯丝，将灯丝加热到高温而产生的，因此白炽灯属于热辐射光源。而气体放电灯没有灯丝，它是借助两极之间气体激发而发光的，称为冷光源。常见的气体放电灯有：荧光灯、HID（高强气体放电灯）和冷阴极管。

(1) 荧光灯

荧光灯在第二次世界大战后广泛应用，其玻璃管壁涂有荧光粉，内充汞蒸汽和氩气，端头密封。当气体被通过的电流激发后，产生的紫外线激发管壁的

图6-9　在这个现代住宅中，设计的重点在于对天花上的曲线进行了勾勒。室内通过地面材质的变化和天花的设计来区分空间。曲形灯槽中采用的是氙灯。吧台上的定制灯具是手工制作的，模拟橄榄枝。（设计：Greenwood设计公司；摄影：Robert Thien）

图 6-10　各种形式的荧光灯

荧光粉，发出可见光。荧光灯具有不同的形状和尺寸（图 6-10），目前中国市场上最常见的是 T8 灯管，直径 26mm，长度在 300～1200mm 之间。它的主要特性是：

- 荧光灯比白炽灯发出的热量少；
- 尽管光源较贵，但光效高（图 6-11），寿命是白炽灯的 15 倍，消耗的能量却只有 1/3；
- 紧凑型的荧光灯可以取代大多数的白炽灯；
- 荧光灯光源体积较大，照明的范围也比白炽灯大些；
- 产生漫射的、无阴影的光线；
- 荧光灯主要用于：医院、学校、办公室、商店、工厂和其他大型公共区域；
- 荧光灯不像白炽灯那样容易调光。

以前，荧光灯的显色指数 CRI 较低，但是目前已经改善了，所以设计师需指定显色性高的光源来获得好的色彩显现。

（2）HID 光源

还有一类气体放电灯是 HID（高强气体放电灯）。这是由于欧美习惯用灯的发光管壁负荷对气体放电灯进行分类：凡管壁负荷大于 3W/cm$^2$ 的称为高强气体放电灯，简称 HID。它将白炽灯和荧光灯的优点结合起来，采用类似荧光灯的发光原理，但是外观类似白炽灯，只是稍大一些（图 6-12）。常见的三种 HID 光源包括：高压汞灯（发出的光偏蓝）、高压钠灯（发出橘黄色的光，是三种光源中光效最高的）和金属卤化物灯（显色性最好）等。HID 光源具有如下特性：

- 寿命达 16000 ～ 24000h；

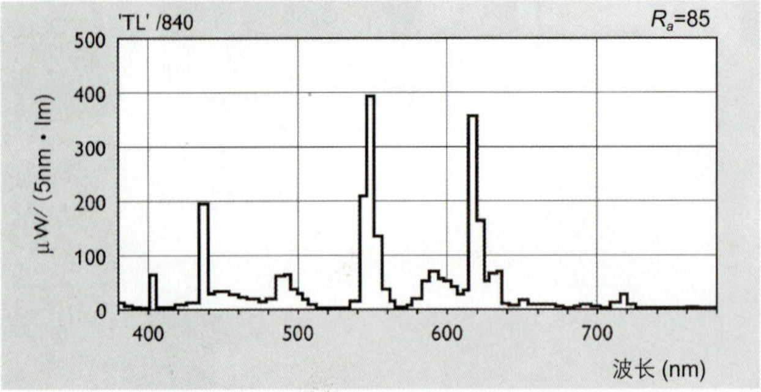


图 6-11　TL/840 荧光灯管具有高光效和高显色指数。色温约 4000K。

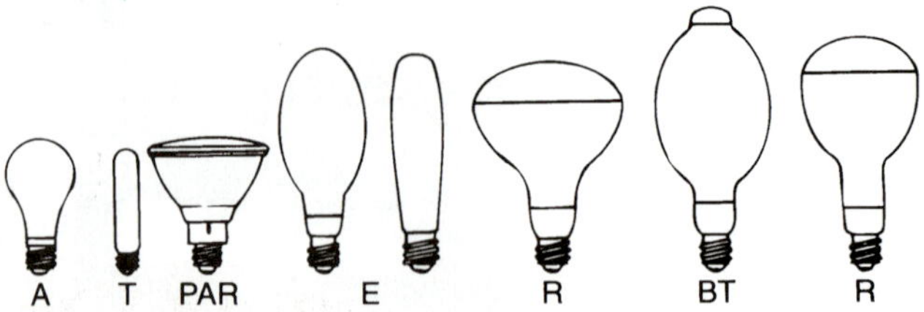


A：标准（可任意位置点燃）　T：管状　PAR：双抛物面铝反射器
E：椭圆形（圆锥形的或有凹纹）　BT：球根状管形　R：反射型

图 6-12　常见的 HID 光源类型

- 光效约是白炽灯的 10 倍；
- 满足节能的商业目的，符合相应法规；
- 有些显色性较差；
- 有噪声，因此在小型商业空间和住宅空间中应用有局限；
- 启动后约需 9min 达到 100% 的光输出。

由于光强较高，因此使用 HID 光源时需要遮挡以降低眩光。通常这类光源会用于高大的顶棚空间中，这时光源与观察者的距离较大，以降低眩光。

(3) 冷阴极管

冷阴极管属于低压气体放电灯，其光效较高，工作温度比荧光灯还低，但使用时由于使用高压变压器，会发出噪声和热，所以进行设计选型时需要仔细斟酌，它主要用于要求的曲线较长、档次不是很高的区域。

冷阴极管的灯管可根据需要弯成各种装饰形状，包括曲线（图 6-13）。而且，灯管中充入不同的气体，会产生不同的颜色：充氖气的发红光，充氩气的发蓝绿光。有的灯管外面也涂有荧光粉，可产生从蓝色到粉红色，甚至暖白色的不同颜色光。我们所熟知的霓虹灯大多数采用的是冷阴极管。

### 6.4.3 LED 光源

发光二极管是室内照明出现的一种新光源，简称 LED。通常在录像机（VCR）和汽车仪表盘上所用的照明就是 LED。其寿命长达 100000 h，不用加热灯丝，属于电场作用发光，体积也较小（直径约 5mm），由

图 6-13　冷阴极管为图中的儿童外科中心增添了情趣。曲形的天花造型和星星状的照明为室内增添了愉悦的气氛。（设计：Kathy Heim 及伙伴设计事务所；摄影：Quandrant）

图 6-14 在图示的商业照明中，采用了多种照明手法。通过照明控制系统的配合，LED 光源在简单的香草图案的墙面和天花上可产生变化丰富的色彩，立柱采用了包金属处理，为室内的变化增添了亮点。(设计：Greenwood 设计公司；摄影：Robert Thien)

于相对的光输出较低，所以在室内应用中，通常将大量的 LED 光源聚集在一个较大的泡壳中。

LED 发出的光常见的有：琥珀色、蓝色、绿色、红色和冷白色。也可以采用不同颜色的组合来进行变色，这时往往需要配合照明控制系统（图 6-14）。LED 也通常用于装饰照明，或者用来强调平面设计上的变化（例如台阶）和柜台、灯具的边缘。

---

相关链接

LED 信息　http://www.colorkinetics.com/

---

## 6.5　灯具

作为照明设备来说，光源和灯具外壳是密不可分的整体，通常我们把光源和灯具外壳总称为照明灯具。从严格意义上来讲，灯具是一种产生、控制和分配光的器件。它一般由下列部件组成完整的照明单元：一个或几个灯泡；用来分配光的光学部件；固定灯泡并提供电气连接的电气部件（灯座、镇流器等）；用于支撑和安装的机械部件。在灯具设计和应用中最为强调的是两点：首先是灯具的控光部件；其次是灯具的照明方式，主要是向下投光的直接照明，以及向上投光的间接照明，也称反射照明。

### 6.5.1　建筑照明灯具

考虑室内照明的布置时应首先考虑使灯具的布置与建筑结合起来，这有利于建筑空间对照明线路的隐蔽，使建筑照明成为整个室内环境的有机组成部分。这一类安装在墙壁上的、顶面上的、与室内空间结构紧密相关的灯具通常被称为建筑照明灯具。在整套室内设计图纸中是包含电气照明部分的。

（1）墙壁安装灯具（图 6-15）

挑篷式灯具：主要用于一般照明，常见于浴室和厨房中。

灯槽：一般布置在墙面与顶面交接处，灯光投向顶面，提升空间高度感，也会用于勾勒周边轮廓，从视觉上延伸空间，显得更加宽敞，甚至塑造出剪影效果。

壁灯：直接安装于墙壁表面的装饰性灯具，风格

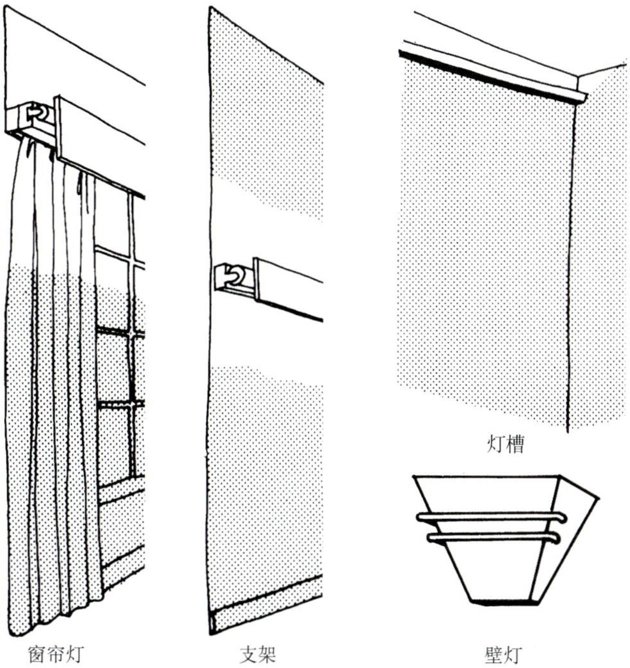


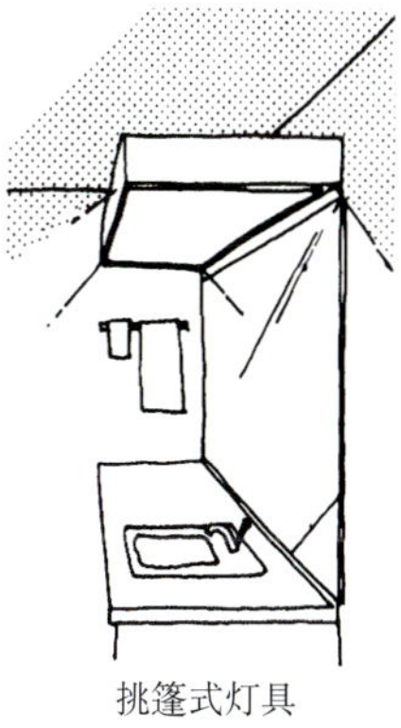


A

B

图 6-15　A 为常见的几种壁灯；B 为满足室内空间要求，Starfire 公司定制的装饰型壁灯，混合了刻花玻璃和金属。（图片由 Starfire 灯具公司提供）

或古典或现代，可提供直接或间接照明。但考虑到人可触及高度所带来的灯具带电的不安全因素，灯具生产厂家提供的灯具应当符合相应的行业标准。

窗帘灯：光源通常安装于窗帘盒内，光线投射到窗帘上不仅增加图案的立体感，而且从私密性考虑，

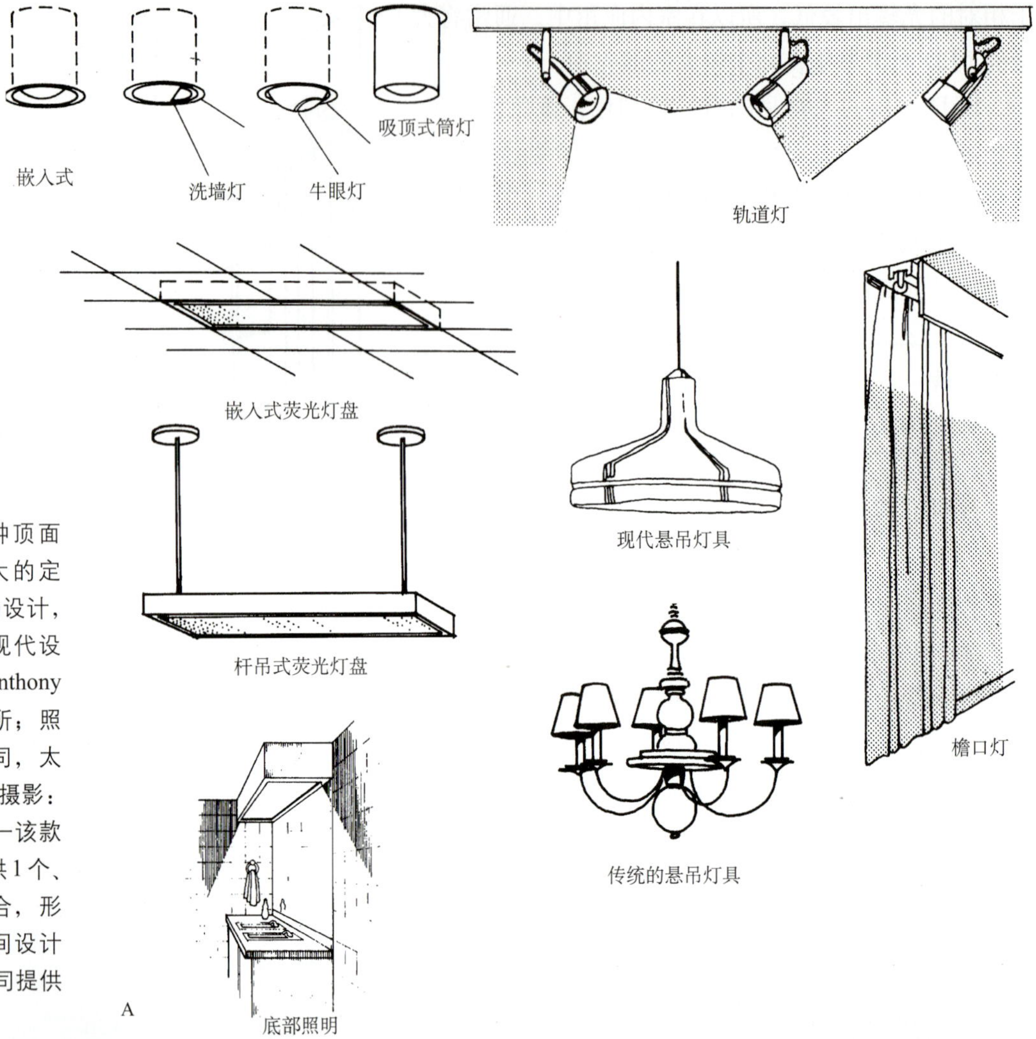


A

图 6-16 A 为常见的几种顶面安装灯具；B 为一款庞大的定制悬吊灯具，为零售商场设计，彩色霓虹灯强调了具有现代设计风格的立柱（设计：Anthony Bellucchi 建筑设计事务所；照明设计：Roeder 设计公司，太平洋照明设计公司分部；摄影：Robt. Ames Cook）；C 为一该款锥形的悬吊式灯具，可提供 1 个、3 个、8 个或 12 个的组合，形成不同的尺寸以符合空间设计的要求。（由美国 Flos 公司提供的“Fucsia”灯具）

B

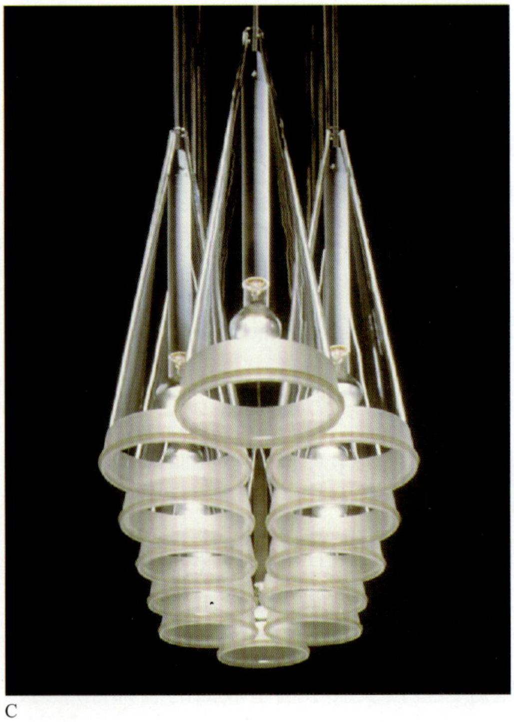

C

减少了室内人员靠窗活动时身影投射到窗帘上的可能。

（2）顶面安装灯具（图 6-16）

该类灯具主要采用以下三种形式安装于顶面上：光源安装在顶面内的嵌入式灯具；整个灯具都曝露在顶面外的吸顶式灯具；安装在顶面上的悬吊式灯具。

筒灯（灯具行业中常用此称谓）：外观呈圆筒形，内置光源。根据设计的不同，筒灯可嵌入式或吸顶式安装。该类灯具包括下射灯、洗墙灯和牛眼灯。下射灯主要用于投射光线至目的物上或者将许多只排列起来提供一般照明。洗墙灯的投射角度可任意调节来“洗”亮墙面。牛眼灯的形式和洗墙灯类似，但是内部可旋转，不是灯具旋转，聚焦光线于目的物上。

檐口灯：主要安装于顶面上，向下照明。檐口灯和窗帘灯相似，其区别主要在于安装位置的不同。当其直接安装于窗户上方时，在夜晚可以用做窗户采光照明，降低镜子的黑光效应或消除眩光。

荧光灯盘：可嵌入式、直接或悬吊安装。为降低成本，常见的荧光灯盘的标准尺寸为 600mm × 600mm 和 600mm × 1200mm。同时该类灯具可配合不同形式的透光罩或格栅柔化光线，降低眩光，这在使用计算机显示屏和 VDT（视觉显示终端）的房间中尤其重要。考虑到顶面的整体性，它可以和空调风口结合。

悬吊灯具：顾名思义是在顶面下方吊装的灯具。其款式和光源的种类多种多样（有时还可定制）。考虑空间比例效果，在高约 2400mm 的房间中，通常的安装高度在餐桌上方大约 750mm 处，并随着房间高度每增加 300mm，安装高度提高 75mm。

吸顶灯：紧贴于顶面安装的封闭式灯具。该种类型的灯具多用于浴室、厨房以及一体化的家具中，直接向下提供充足的照明。

轨道灯：灯具通常直接夹装在顶面的轨道或线槽上，并且灯具位置可任意调节，产生精确的配光，创造不同的效果，配合空间多功能的需求（图 6-17）。

定制灯具：定制的建筑照明灯具可用于强调台阶、扶手的安全照明和其他装饰设计元素。如嵌入式的地灯主要用于飞机上、剧场里或台阶上的安全引导照明。

光纤：这是一类满足定制效果的装饰性灯具（图 6-18）。光纤由一束细长的圆柱形纤维组成，它本身并不发光，但它传导光，光线通过光纤传输到另一端形成照明。光纤体小质轻，可隐藏在楼梯扶手或商业展示柜中作为重点照明。

图 6-17　在该展示空间中，采用了精细的线性轨道灯照明了雕塑和图画，采用卤钨光源。（设计：环境室内设计公司；Robert Thien 摄于亚特兰大的家居 & 生活馆）

图 6-18 室内空间中采用了装饰型光纤产生星空般的效果，其中光纤产品由 Swaro 水晶建筑照明公司提供。(Starfire 照明公司提供)

相关链接

美国照明协会 http://www.americanlightingassoc.com/

## 6.5.2 家具一体化灯具

正如在第 9 章中所讨论的，电气照明系统可以隐藏于家具中，二者可以一体化设计。这种将照明灯具置于家具内，既照射桌面、又照射顶棚的装置，是一种节能照明装置，桌面的局部照明可以单独灵活控制。这种局部照明与环境照明相结合的照明方式，比在顶面均匀布置灯具的一般照明方式减少用电量 30% 以上，而且照明质量好。照明电源由地板暗插座中引出，灯的维修也比较方便。如厨房家具中的吊柜，既可以从底部安装灯具照亮下方的工作面，也可以安装于吊柜侧面进行辅助工作照明，甚至还可以像落地灯一样向顶面投射光线增加环境气氛。

## 6.5.3 便携式灯具

便携式灯具指灯具采用非固定式安装，常见的是台灯和落地灯。它是最古老的室内电气照明的灯具形式，可在住宅或公共空间中采用，不仅有局部照明功能，往往还会塑造小空间的装饰性气氛（图 6-19）。

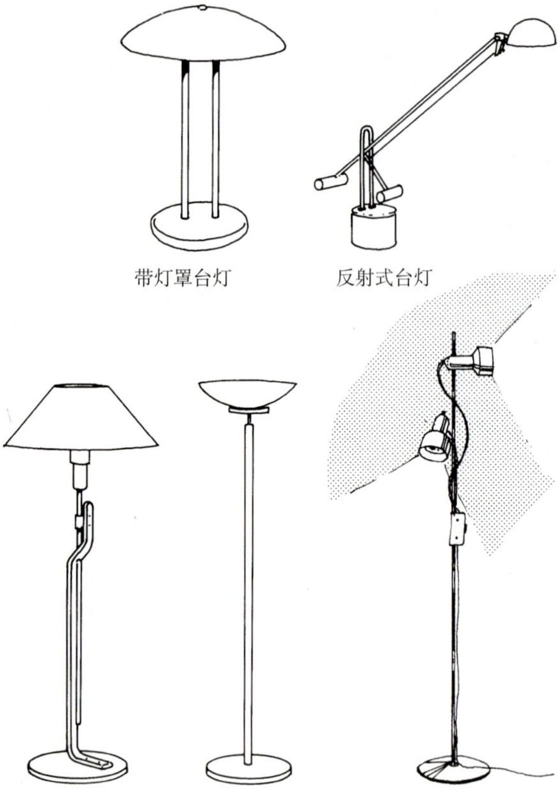

B

C

图 6-19 A 为常见的几款可移式灯具；B 为“新螺旋”台灯（HRS 设计公司提供）；C 为“金属块”台灯（HRS 设计公司提供）。

（1）台灯

放于柜子、桌面和床头柜上的灯具，主要有以下三种：

带罩式：灯泡用灯罩罩住，以减少眩光，向上和向下弥散直接光线。这种灯亲切宜人，广泛用在私密性场合。

球状灯：灯罩的材料常为毛玻璃或纸，能降低光源的亮度，散发出漫射的光线。这种灯的外形美观，但也易形成眩光和单调的效果。

反光灯：在不透光的反光镜内装上普通的或者反光的白炽灯泡，控制其只向一个方向投射光线，这种灯常常是可调的。反光灯很适合阅读和工作照明，但其产生的光线亮度对比太强烈，最好增加一些其他的光源来减少对比。

（2）落地灯

立于地面的灯具，其主要种类和台灯相同。另外还有一种上射式的落地灯，即所有光线向上投放，形成间接的普照光，采用的是白炽灯、高强气体放电灯或卤钨灯。常用于办公空间和公共空间的环境照明，有着迷人的效果。

## 6.6 灯具的选择和更新

在第 1 章中介绍过，室内灯具必须根据空间功能、人的因素、外观质量、经济性和生态效应等方面进行选择，这里对照明设计中灯具的选用原则进行了总结：

- 合适的配光。通常灯具的配光特性决定了灯具的发光效率和眩光控制。
- 符合使用场所的环境条件。这需要考虑到灯具的防触电等级、防水和防潮性、防尘性和封闭性等。例如，安装高度在人可触摸到的位置的灯具，应当采用低压的或具有防触电等级的灯具。
- 经济性。如灯具光输出比、电气安装容量、初始投资及维护运行费用。
- 外形与建筑和室内空间相协调，烘托室内空间主题气氛。
- 按照灯具的安装方式选择灯具。
- 按照灯具光线的投射方向选择灯具，如直接照明、间接照明和半间接照明。

### 6.6.1 功能因素

照明方式按照功能划分主要有一般照明、局部照明和重点照明三类，室内空间中通常需要对这些不同照明方式进行组合（图 6-20）：

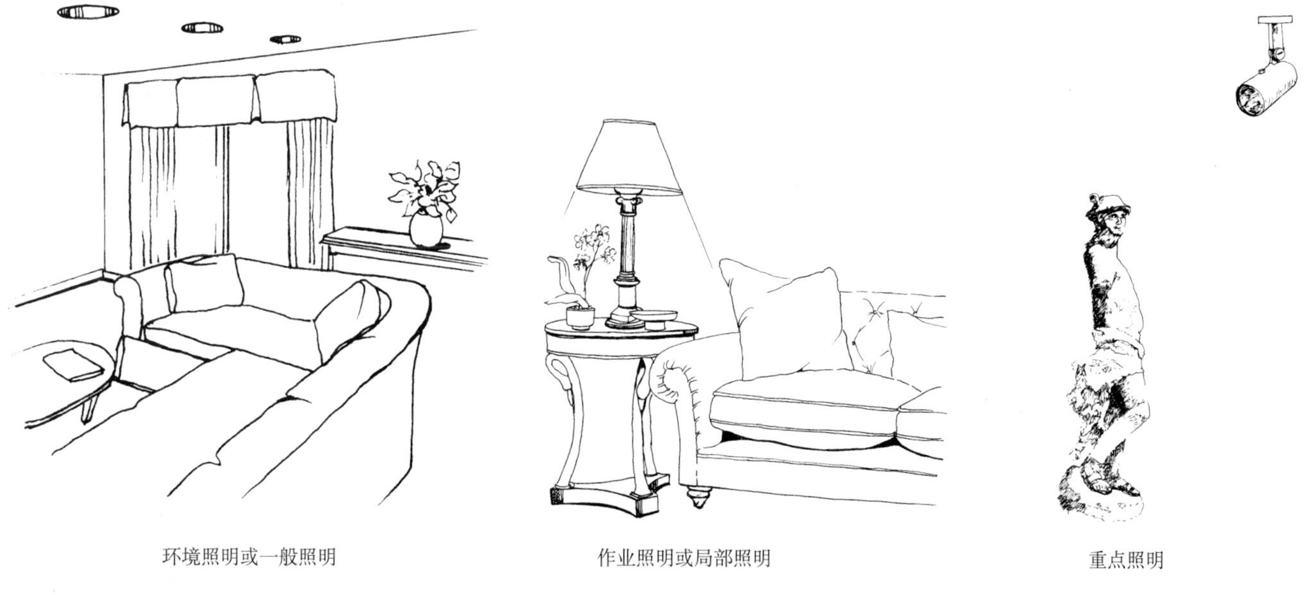


图 6-20　人工照明的三大功能

一般照明：也称环境照明，在整个室内空间中均匀分布光线，降低集中照明产生的高对比度，所以通常作为背景照明。

局部照明：主要为诸如办公室台面工作、家庭备餐或整理等活动提供的局部功能性的照明，所以有时称为作业照明。这一类照明通常与活动区域临近，要注意控制眩光、冲淡阴影（图 6-21）。

重点照明：采用集中的光束强调出特定的物体或区域。

此外，光源的尺寸、形状和灯具的式样，决定了不同的光输出类型。为帮助选择出合适的灯具，灯具厂商的样本目录中往往会提供光分布图表（配光图表）（图 6-22）。通过这些图表，可以读出不同高度上的照度值，这样设计师就可以挑选出合适的灯具和光源了。但照明产品的选用还需要可靠和耐用。例如，在儿童医疗中心内，就不适合选用易碎的霓虹灯；像应急灯，通常应采用电池工作，这一点在断电和火警时非常重要，因此照明设计有其特殊的要求。

从人性化角度来考虑，人随年龄增长视力会消退，老年人或视力受到损伤的人往往会要求更亮的照明。

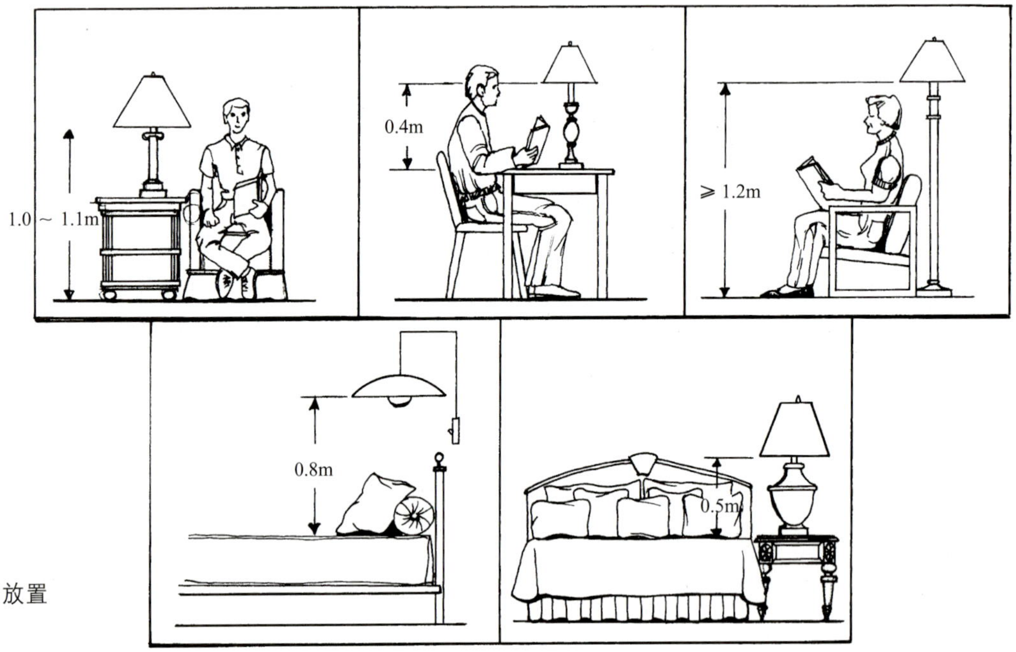


图 6-21　局部照明用灯具的放置应当降低眩光、冲淡阴影。

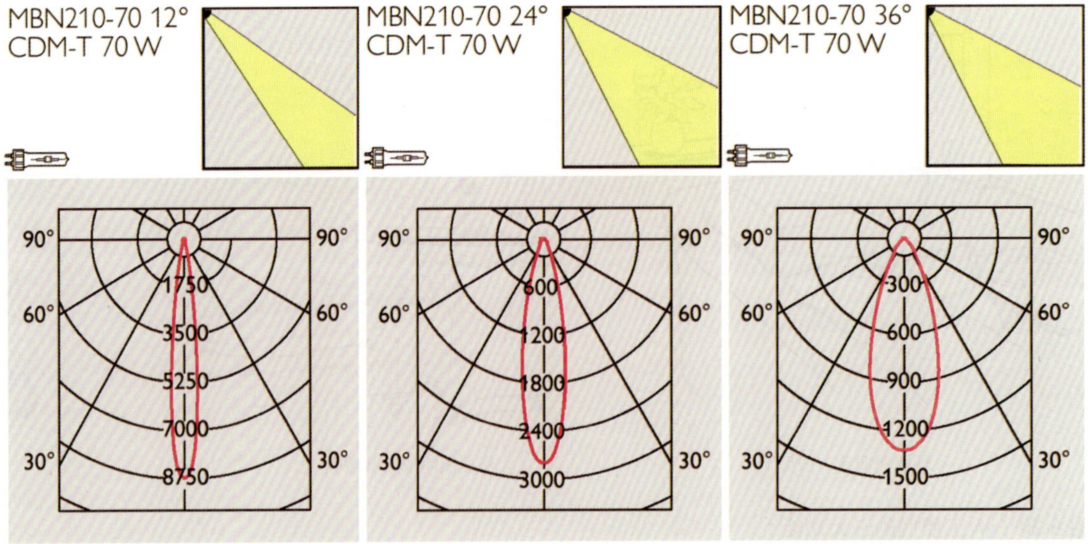


图 6-22　常见的配光图表：上部是不同灯具的型号，下部是对应的极坐标曲线。许多像飞利浦照明一样的灯具厂，都在光盘中提供类似的数据。（飞利浦照明提供）

对他们，设计师应当提供较高的照度水平或采用便携式灯具提供个人照明。但在进行住宅和商业空间的照明设计时，除了需要考虑照明的物理参数和人的生理需求外，还需要注意其对人产生的心理效应。如照明会影响人的情感，成功的照明设计提高人的自我认知度。就心理效应而言，光具有如下特性：①光与人的生活和人本身息息相关；②光可传递安全、温暖和舒适等多种感觉；③光可激发人的情感，例如，较暗的光环境会带来亲密、舒适和轻松，明亮的光环境则带来激励和活力；④缺少充足的照明会带来沮丧、忧伤，甚至恐惧的感觉，冬季抑郁症（SAD）就主要发生在缺少日光照射的人群中；⑤过度的照明和眩光会带来刺激感、不舒适感、烦恼、不安，甚至行为反常。

### 6.6.2 美学因素

就美学方面而言，照明应当真实反映并且提升室内的设计风格。选取灯具时应当考虑到室内装饰材料和空间比例。通常，选取的装饰型灯具越简单，越不突兀，越与室内的设计相符合，得到的效果就越好。但也有一些个性化灯具的选择会成为室内环境的焦点（图 6-23）。

设计师通常采用下列方法，合理地选取和布置灯具以创造出空间的装饰效果：

- 采用聚光灯重点强调某个物体或某个点状区域；
- 采用散光灯，光斑范围比聚光灯的要大，可以强调出某个区域；
- 洗墙灯，其功能介于聚光灯和散光灯之间，通常用于照明墙面上的艺术品或其他陈列，可将整面墙都洗亮；
- 掠射灯，与洗墙灯的效果相类似，但光线掠射过墙体表面，主要用于强调出墙面上的织物或纹理；
- 周边照明，主要用于从视觉上提升室内空间尺度；
- 剪影照明，可以勾勒出物体的装饰性轮廓。有时，可以将植物或者铁艺装饰安装在灯光前面，在附近的表面上产生有趣的阴影。

图 6-23　铸铁的镂空天花装饰与其背后的照明融合在一起，强调了该酒店大堂的入口处。（镂空天花装饰由亚利桑那州 Mesa 地区的照明设计产品公司提供）

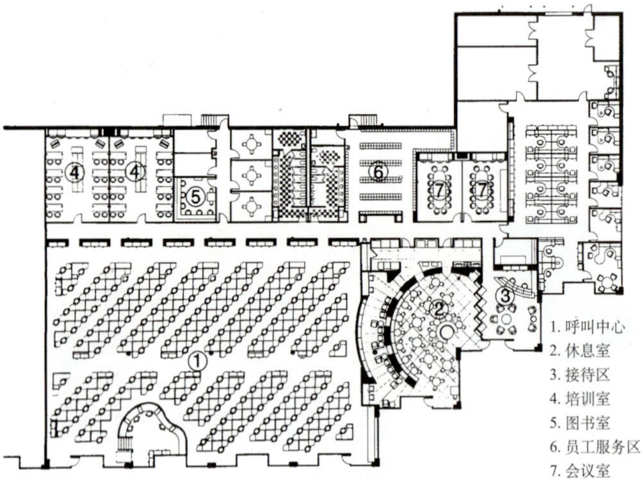

图 6-24　在该服务区内，同时采用了上照光和下射光，不仅满足了功能性的要求，而且在 300mm × 300mm 的标准天花上形成了视觉兴趣点。照明设计师在这里选用了悬吊灯、荧光灯灯槽、高效抛物面格栅灯和筒灯。（设计：Hnedak Bobo 集团公司；照明设计：Benya 照明设计公司；摄影：Jeffrey Jacobs 建筑摄影公司）

### 6.6.3 经济因素

设计师对灯具的选择一定不能超过业主的预算，除了需要考虑初始的购买和安装的费用，还需要考虑电能消耗的和维修保养的费用。设计师在照明设计和采购上的丰富经验可以在提供充足照明的同时，降低成本。下面的一些原则可以有助于节能：

- 照明应当满足相应的功能要求。例如厨房的操作台和写字台上会比周围的非工作区域要求更明亮。
- 采用调光设备，根据不同功能要求，可以调节照度水平，延长光源寿命，并且节能。
- 采用多级开关，或者在每一个出口都放置开关，就可以方便地获得局部区域所需的灯光。
- 有时采用可调节位置或投射方向的灯具不失为明智之举。例如，轨道灯具有很大的灵活性，可以调节其投射的方向和角度。
- 反射灯泡主要用于重点照明和作业照明。在需要强烈的会聚光束的区域，可选用低压聚光灯。
- 必须选取光效高的光源。随光源功率和颜色的不同，光源的光效差别很大。例如，荧光灯与白炽灯相比，大约可以节约80%的电能，产生5～30倍的光输出，寿命长约20倍。因此，通常会在商业空间中采用荧光灯，可参考图6-24。
- 在诸如仓库和地窖等灯具外形不重要的区域，采用具有工业反射器的灯具是一种经济之举。
- 浅色的顶面、墙面、地板和家具可以反射较多的光线，而颜色较深的房间会吸收较多的光线，因此需要更多的照明。
- 保持灯具上反射器、漫射器和光源的清洁有助于延长灯具寿命。

## 6.7 各类型空间的照明设计

照明设计的宗旨是让合理的光线落在合适的地方，但是选择和布置合适的灯具是一个复杂的过程，下面给出的是特定区域照明设计的常规引导。

大堂和入口区域的风格，往往奠定了室内设计的整体基调，照明在其中扮演了重要的角色。在白天，该区域应当保证充足的照明，以方便人们从明亮的室外过渡到较暗的室内；在晚上，照度需要稍微低一些，为重点照明提供一定的背景照度，但至少要保证视觉所需的基本照度。当然接待台会设计得比周围亮一些，以引导人流。入口区域通常也是设计出戏剧化照明效果的理想之地，可以用灯光强调陈设艺术品。

等候室和起居室内一般会采用柔和的背景照明，并在局部加以重点照明(图6-25)，要达到这样的效果，往往将间接照明和直接照明两种方式进行组合，但需注意，过度的间接照明会失去设计重点，所以会通过布置精心挑选的便携式灯具突出房间的视觉焦点，创造舒适的感觉。

对于会议室和餐厅，在其桌面区域周围应得到多功能的照明，以满足不同的功能要求。一般照明提供的背景照度较低，通过调光器控制，可以创造不同的室内气氛，甚至降低到一定程度来满足视听演示的要求。在住宅和餐馆中，创造性地运用重点照明，可以避免平淡的照明效果，创造视觉兴趣点，如同采用烛光可以更好地表现皮肤的色调，创造浪漫气氛一样（图6-26）。

在办公室、图书馆和学校内要求采用一般照明。使用计算机的地方，来自于上方的灯光应当被恰当地漫射开，防止眩光，采用配备了双抛物面遮光格栅的荧光灯具效果特别好。在学习和工作区域作业照明也是基本的配备（图6-21）。

家庭娱乐室中，会进行各种活动，因此需要灵活的照明设计。可采用一般照明提供基本照度，并在局部活动区增加作业照明。当看电视或工作时，电视机或电脑屏幕本身就可以反射光线，有效构成照明环境，所以可以将照明调暗到一定水平，以降低照度对比，避免产生眩光。

工作室、厨房、教室和器材室等，需要安全、高效的一般照明。可采用吸顶式灯具、嵌入式灯具、轨道为灯等来提供一般照明，消除阴影；同时也会在工作区或壁橱下加设嵌入式灯具或台灯（图6-27）。

同会议室相类似，教室有时也会需要调光至低照度水平，以放映幻灯或投影，但必须采用左手采光，即一般人是右手写字，所以必须窗户在左侧，合理利

图 6-25　这是一间圣塔菲（Santa Fe）风格的起居室，嵌入式筒灯、高处的灯槽、便携式灯具和壁炉带来温暖、舒适的氛围。（摄影：Mark Boisclair）

图 6-26　这是纽约的一家日本式餐厅，综合运用了多种照明设计手法：天花处的木装饰条上安装了轨道射灯；装饰型的壁灯、吊灯、灯槽、下射灯和上射灯定义了精心设计的阴阳符号。下射光透过磨砂板为吧台台面提供了漫射光。(定制灯具：Adam D. Tihany；建筑 / 设计：Adam D. Tihany 国际公司；摄影：Peter Paige)

用自然光线，这也是设置黑板位置的前提条件。

卧室里需要舒适的一般照明和合适的作业照明来进行阅读、化妆、工作和其他活动。可以在橱柜上、壁橱里、座椅旁和床头等位置设置直接照明，效果较好；夜晚，需提供较暗的夜灯照明；在挂画或墙面的陈列品上，可以采用重点照明来烘托。

浴室里应当为剃须、梳妆等提供无阴影的照明，可在顶面上布置灯具、在梳妆镜两侧布置灯具或利用浅色台盆的反射光来向上照明。对于普通尺寸的浴室，采用镜前灯就可以了；但对于有浴盆和淋浴的房间，还需要增加一般照明，灯具甚至必须采用密闭防水型的。

楼梯间内需要为安全通道提供一般照明，应当保证能够看清台阶。可以在楼梯的上下半平台上设置带遮光罩的灯具，避免眩光。

走道通常不建议人们停留，所以提供通行所需的基本照度就可以了，当然也可以通过对艺术品的重点照明创造戏剧性的效果，消除单调的感觉。

夜晚的室外花园、平台、庭院、道路的照明可以增加视觉舒适度。这在住宅、商业和教育建筑中已经很平常了。而且，室外照明将室内的灯光延伸至了室

图 6-27　这是一间当代的厨房。照明设计除了满足了功能性要求，还创造了视觉兴趣点。在厚的玻璃吊柜前，采用了线型低压轨道灯提供作业照明。（设计：Steven J. Livingston；摄影：Ellen Perlson）

图 6-28　这间优雅的餐厅位于佛罗里达州一家私人住宅内，采用了曲线柔和的吊灯和家具来跟室内建筑平直的几何线条相对比。艺术性地照明了悬挂在墙上的建筑装饰物，使室外空间成为室内空间不可分割的一部分。（设计：Michael de Santis，美国室内设计师协会 ASID，Michael de Santis 设计公司；摄影：Philip Ennis）

图 6-29　这里采用了设计风格独特的灯具将人们吸引进来。灯具由彩色玻璃制作，采用了太阳能供电的荧光灯管。（建筑设计：Michael Reynolds；摄影：Philip A. Jones）

外环境中，这样，从室内向外看时，室内外亮度差得到平衡，减轻了黑玻璃效应（图 6-28）。这些用于室外具有防风和防雨功能的灯具，不仅可以配置在挑檐下方或外墙面上，还经常会用它们来装饰花园中的重要区域。通过外露的或者暗藏的安装方式，将灯光向上、向下或从多个方向投射到树木、植被、花园中的雕像、喷水池、露台、凉亭，以及其他一些花园景点中，以此来创造一种视觉享受。当然，室外照明的入口通常被设计成视觉的焦点（图 6-29）。

## 6.8　照明行业组织和技术规范

照明是室内环境中复杂的构成元素之一。专业的设计师首先必须通晓紧急状况下的有关建筑物出口指示照明的规范；其次，照明会影响人的健康；另外，不断地有照明新产品和节能产品在市场上推出。现在已经有专业的照明组织可以帮助设计师进行照明设计的工作。

北美照明学会（IESNA）是一个技术性的组织，其目的是推广前沿的照明知识和信息，提升照明环境，有益于社会。国际照明设计师协会（IALD）是针对独立照明顾问的专业组织。国际照明委员会（CIE）是一个全球性的照明技术组织。中国照明学会（CIES）是中国照明行业的技术组织，是在 CIE 中代表中国的唯一组织。

从 20 世纪 90 年代开始，作为对工业照明设计师资格的评估，美国设立了国家专业照明顾问资格理事会（NCQLP）。通过经验、实践和测试，专业照明顾问可以获得（但不是必需的）相应的资格证书。

与其他建筑系统一样，照明系统也有相应的规范标准。在美国，照明设计必须符合国家电气标准（NEC），设备的选择必须符合承保人实验室（UL）的标准。像 ANSI 之类的标准，与应急照明相关。带蓄电池的灯具或发电机驱动的灯具必须能够正确地引导人们通过走廊、台阶和应急出口。一些标准对室内的最低照度水平进行了规定。1992 年的能源政策行动，要求各州都必须采用节约能源的标准。这些标准，旨在保存能源，规定了建筑物每平方英尺上实际消耗的功率。在中国，目前主要执行的是 2004 年颁布的 GB50034《建筑照明设计标准》。

**相关链接**

国际照明设计师协会 http://www.iald.org

北美照明学会 http://www.iesna.org

美国国家专业照明顾问资格理事会 http://www.ncqlp.org

中国照明学会 http://www.lightingchina.com

## 6.9 开关和插座

开关、强电插座和弱电插座的选择布置与灯具的选择布置紧密相关。

所有的房间都至少需要一个开关来控制上方的照明或可移动式灯具。开关通常放置在门锁旁距地面 1200mm 的高度。在走廊的两端和楼梯的上下半平台都需要放置开关。根据空间的不同需要，可以采用单向、双向，或者三向的开关来控制灯具。当采用作业照明时，开关的位置通常设置在作业区附近，而不是在入口处。采用调光开关，可以有效调节白炽灯，但调光时光色会发生变化（普通的调光开关不能直接用于调节荧光灯）。采用调光控制，可以为空间提供多级的灯光场景控制，创造合适的氛围，节约能源，延长光源寿命。

在美国，一般常见的电气插座采用两孔的，主要适用于 120V 的电压；在中国，主要适用于 220V 的电压。一些高功率设备，例如复印机，通常需要特殊的插座，并采用独立的电气回路。

靠近水源（像浴室或厨房水槽等）的和所有室外插座必须具有接地保护（GFI），室外插座还必须配备防水罩。对于像电动剃须刀等 110V 的电气设备，就需要配备 110V 的电源插座。

在室内空间中，针对各种不同的活动，需要配备大量的插座。在厨房间、设备区和浴室内，插座的设置应当便于电脑和其他设备的连接。当房间的功能确定下来了，就可以根据当地的设计规范确定插座的位置了。通常，在从门到落地窗的墙面上，每隔 2m 安放一个插座，对于危险环境，则可以间距大一些。一般在无障碍空间中，插座布置在距地面 30cm 的高度上，当然，也可以根据需要布置在其他高度上。

电话插座应当靠近可能放置电话的位置布置。通常在办公室、研究室、图书馆和其他可放置电脑的房间中，电话线和网络线需要靠近布置。同其他电气插座一样，电话插座一般布置在距地面 30cm 的高度上，当然，也可以根据需要布置在其他高度上。

其他弱电线路，像有线电视线、音响线和计算机网络线等，都应当布置在可能需要的位置。而且，电话线等弱电线路必须与强电线路保持一定间距，以免产生通讯干扰。通常，在建造和改建过程中增加额外的插座和弱电线路，成本要比工程完工后再增加低得多。

## 6.10 设计图样的表示方法

照明、强电和弱电系统通常会采用以下形式在图纸上表示出来：第一，照明平面布置图：标识了灯具的位置和型号以及开关的位置；第二，电气平面布置图：标识了强电、弱电和插座的位置；第三，顶面吊顶平面图：与照明平面布置图类似，主要用于商业照明设计中，标识了 HVAC 系统（供暖、通风及空气调节）和应急照明系统的位置，以及顶面的材料和高度。当然，对于一些小型项目，可将上面第一和第二点所

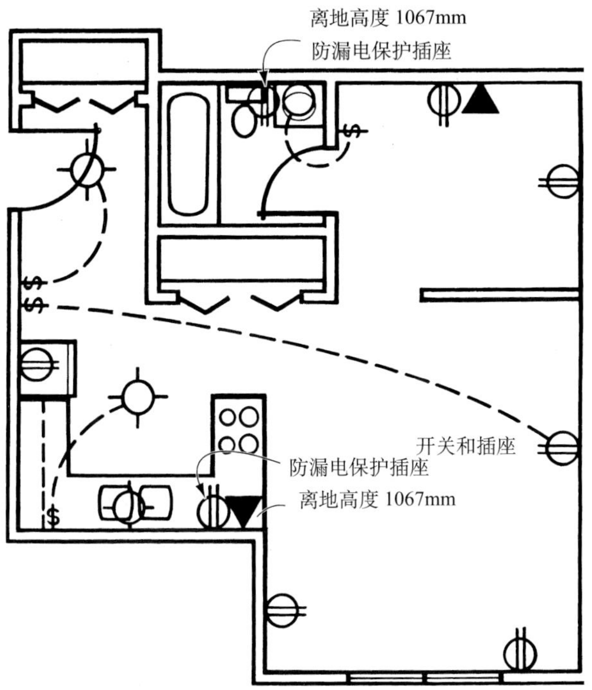


图 6-30　电气照明平面布置图，表示了灯具、插座和开关的位置以及回路设计，这可以帮助室内设计师决定家具的布置。

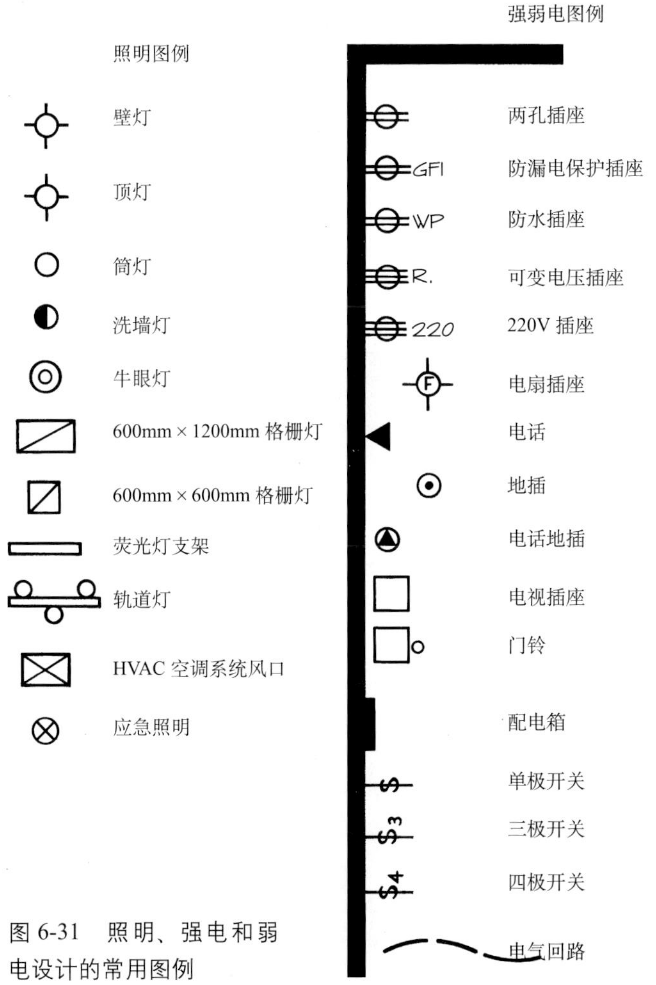


图 6-31　照明、强电和弱电设计的常用图例

示的平面合并成一张（图 6-30）。图 6-31 表示了一般照明、强电和弱电设计的常用图例。

无论采用何种方式协调照明、强电和弱电的设计，设计师都必须明确以下一些要点：

（1）电气工程师会确定设置灯具和插座的电路数量，设计师仅仅指定灯具和插座的风格、位置和数量。

（2）设计师必须保证 HVAC 系统和管道系统不影响关键灯具和插座的布置；有时，可能会因为实用性和经济原因采取折中的方法。

（3）照明设计需要专业的设计支持。小型的住宅项目，电气工程师就可以协作完成；但是大型的商业项目通常需要聘请专业的照明设计师和设计顾问来准确地把握照明效果。

（4）所有的电气元件必须符合地区、省和国家的相应标准。

（5）照明设计软件可以帮助设计师确定照明效果。

（6）对照明难题创造性的解决方案需要深度研究，并划分空间区别对待。

后面补充的设计案例是关于一个健身中心的更新改造设计。配置了方案阶段的一系列图纸和展板。设计师通过这些图纸要向工程师和施工人员明确设计细部和对照明设计的技术要求。

## 本章小结

室内设计师必须了解有关照明的各方面知识，包括照明的数量、质量、光源和灯具的正确选用等。设计师必须将所有这些知识融会贯通，在满足室内空间功能需求和创造美感之外，更重要的是节约能源。为此，设计师可借助于照度标准、不同表面的反射率、显色指数 CRI、色温、光谱分布和配光曲线等有效参数和手段来完成。

有效地吸收本章中的这些信息，并能够正确地使用，就可以创造出非凡的效果。在一些大型项目中，许多室内设计师将照明设计委托给专业的照明顾问，但是，顾问只能协助项目的进程，所设计空间的特性和所需要创造的效果还需要由室内设计师来决定。一般而言，照明设计师必须具备能够顺利完成灯具、强弱电的选择和布置，并绘制相应的平面图与工程师和承建商进行交流的能力。

这是一个健身中心的更新改造设计案例。通常一个健身中心主要包括登记刷卡的服务台、健身用品商店、提供饮料的水吧和餐厅、儿童托管室、更衣与洗浴区域、附带儿童嬉水池的游泳池、有氧运动区、等重量区、自由重量区、拉伸区、瑜伽房、操房、动感单车、乒乓球室、壁球室等，条件允许还会配置一定的室外运动场地。

在这个项目的改造设计时，业主根据自身经营管理的经验，首先在整体效果上希望设计师能够延续已有木材和钢材的运用，但是要塑造出比原有环境更加温暖的感觉；其次，环境整体淡雅，造型简洁轻松，能够突出健身器械和健身者；第三，从室内空气质量和经济性考虑要求采用曝露建筑顶面结构和通风管道的设计方法。在具体细节设计方面还要注意以下几个方面：

- 服务台需要配置电脑、打印机、电话等管理设备，以及水槽、冷藏柜、饮料柜等水吧的服务设施，甚至需要兼顾残疾人所需要的高度和尺度要求。
- 在入口和服务台区域需要采用曲线造型和木地板烘托温馨的气氛。
- 空间上可以采用一些艺术化的设计，使人达到放松的感觉，如墙面采用镜面处理健身时展示自身形象，或在女士健身区摆放插花塑造亲切柔和的氛围，或通过设置电视来消除健身时单调的情绪。
- 健身的不同功能区域需要选择不同弹性的地面材料，配合功能的需要。
- 所有健身区域应该以教练岛为核心成辐射状布置，已保证健身教练必要的指导。

结合本章讲授采光与照明的内容，在设计深化阶段根据健身中心为了更加温暖的环境氛围需要，墙面、天花板应该选择更加明亮的色彩，墙面即使选择天然石材也应该是暖色、小尺寸和毛面的。由于没有吊顶，管道全部是曝露的，所以需要用灯光来划分不同的功能区域，并且适当降低灯具的安装高度，以达到既节约能源又增加了亮度的要求，如果条件允许可以采用LED灯具，通过光色变化增添活跃的气氛。

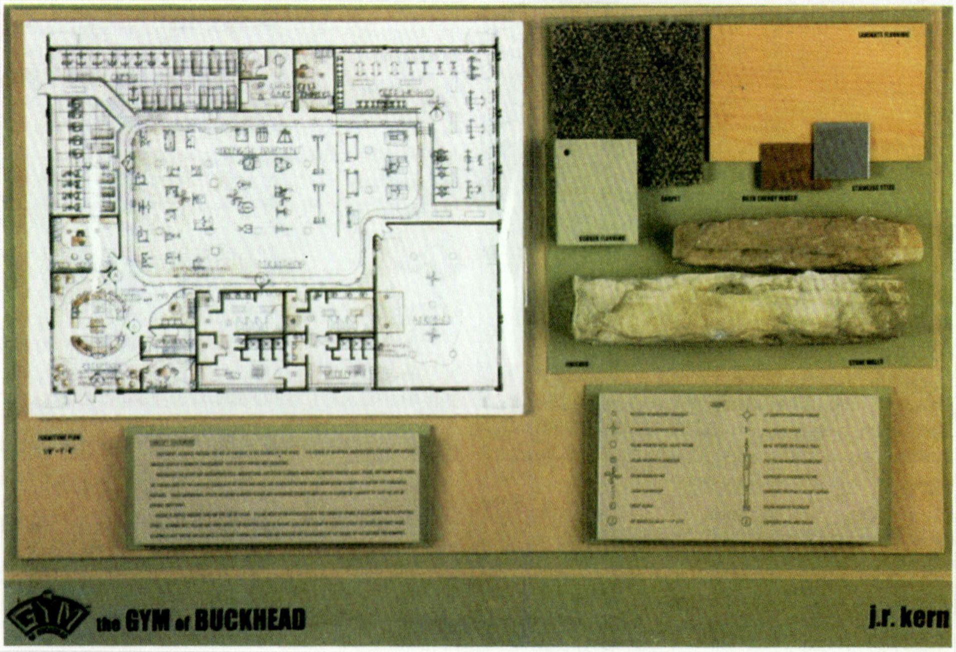


图6-32 这块图版展示了健身中心的平面设计包括了地面铺装材料设计，另外材料样板强调以暖色调为主，并展示了墙面文化石和木饰面等装饰材料的搭配效果。

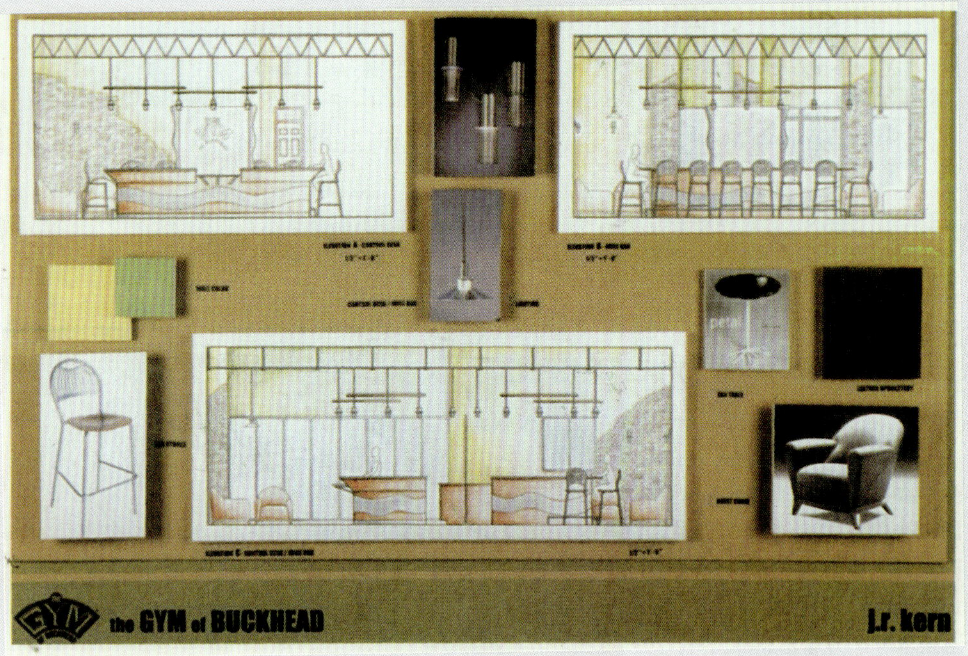


图 6-33 个立面设计不仅清晰的表示了服务台、水吧的设计，而且家具选择业强调了温暖感，目的是吸引会员享受这个休闲环境。

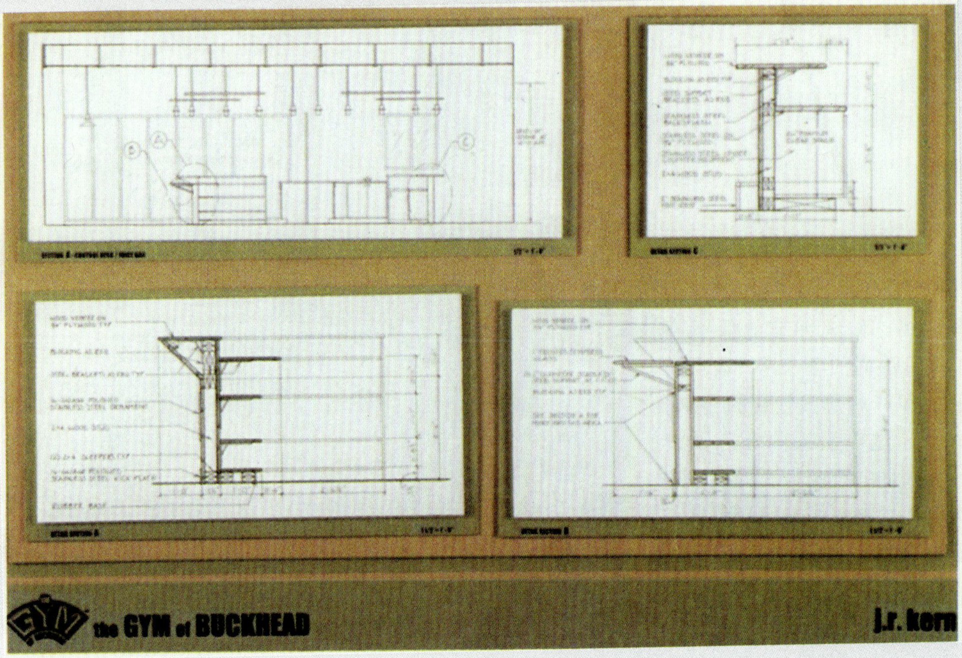


图 6-34 对于客户而言，服务台和水吧是特别需要考虑的部分，设计师需要采用一系列细节设计来区分不同客户的特殊需求。诸如一些习惯的做法，甚至是残疾人的需要，以此为设计方案增加个性化。

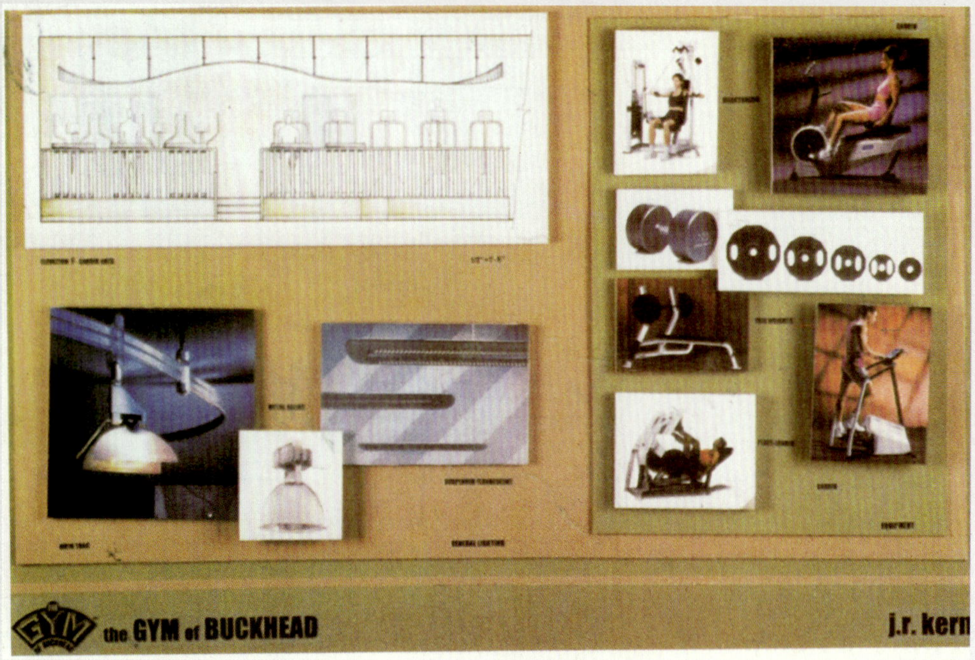


图 6-35　灯具选择和设备布置是这个方案中最重要的要素，这里展示出的是选择的一些特定产品，能从视觉上向客户表达整个设计的来龙去脉。

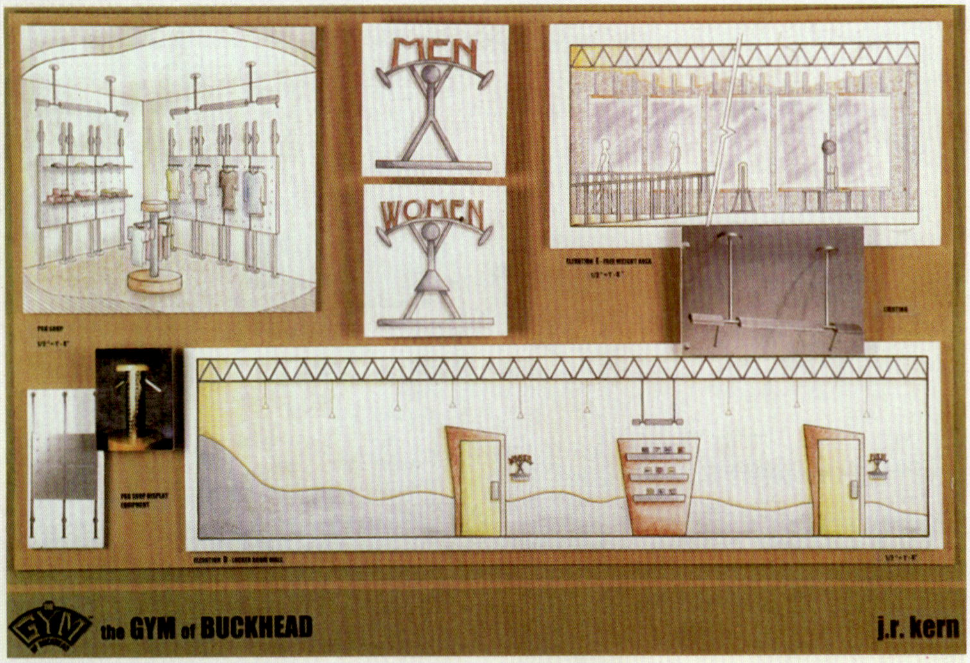


图 6-36　传统细节的保留不仅为设计增加了个性，而且满足了客户对回归传统的需求。这里通过吸引人的暖色调设计、降低的天花板、传统的动感墙面（如采用镜面）和具有幽默感的标识设计反映了设计师对这次改造中客户需求新的理解。

# 空间 IV

*Space*

图 IV-1　宽大而低矮的床对面放置了一个高耸的大衣橱，这起到平衡卧室垂直空间的作用，而床头上方的艺术品也提升了空间高度。

图 IV-2　这组图显示了设计从平面到立面再到三维的形成过程。图 IV-1 是已经装修完成后的房间效果。(Carol Platt 编写的《设计图解》)

在第 3 章中已经讲述过，空间是设计中最重要的元素之一，空间的合理规划决定着室内设计的成功。空间规划首先要保证人们在室内的活动顺利展开。假设室内有精美的织物，亮丽的色彩和舒适的坐具，但是如果人在其中没有足够的空间来活动，这些美丽的陈设就浪费了。本部分的内容突出强调设计师不应仅局限于平面布置，必须立体地组织空间，去分析所有水平的、垂直的以及它们之间的过渡空间。认识到学习空间规划的关键所在是从三维角度来理解和观察空间（图 IV-1、图 IV-2、图 IV-3）。

如第 1 章中讨论的，在商业环境里，室内设计师需要在几天、几周甚至几个月的时间和客户一起工作，以满足空间的需求。在居住环境里，设计师和建筑师同样需要一起研究房间的形状和尺寸以满足客户的需要。建筑师通常关心房子的外观，而室内设计师更关心房子的使用。通常，设计师越早参与到项目设计团队之中，设计解决方案就越成功，如根据内部功能需要某些墙体可能需要建筑重新定位。室内设计师接触的住宅项目主要是已建成的空间，家具摆放自然成为空间规划中的重要部分，设计师巧妙地选购并摆放家具，同样可使空间利用效率更佳。

## 造型与空间

设计师创造的空间分为虚实两个部分。实空间指的是家具物件所占据的部分，虚空间指的是物体之间的空余部分。路径或交通通道是常见的虚空间，它们便于人们在空间中的移动（图 IV-4）。宾馆大堂需要大量的虚空间，以便适用于各种活动和大量人群的活动。而饭店的餐厅需要较少的虚空间，因为在其中人们进行的活动较少。同时，装饰较少的房间往往比过度装饰的房间更具吸引力。研究表明，过度拥挤的空间会给居住者的心理带来负面效应，而一个完全无装饰的房间却是苍白而缺少魅力的。因此，我们要避免过

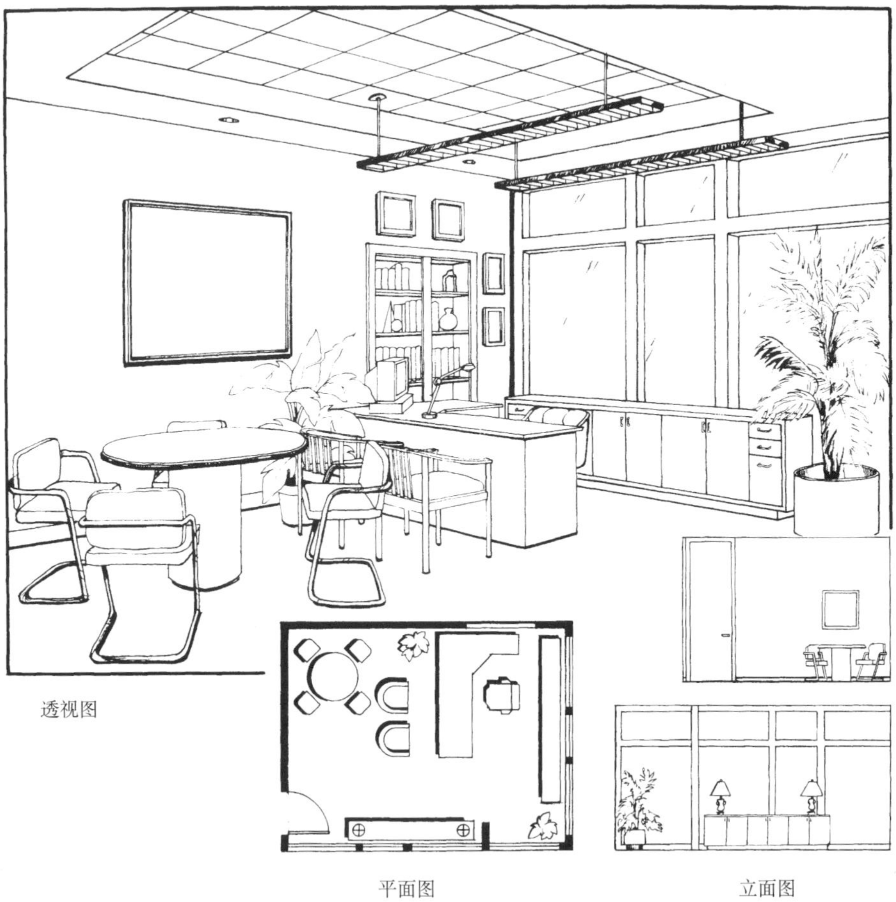


图 IV-3　这是一间典型的董事长办公室布置。展示了二维平面和立面与三维立体空间的相互关系，同时也强调了窗户、灯具、家具的匹配平衡。

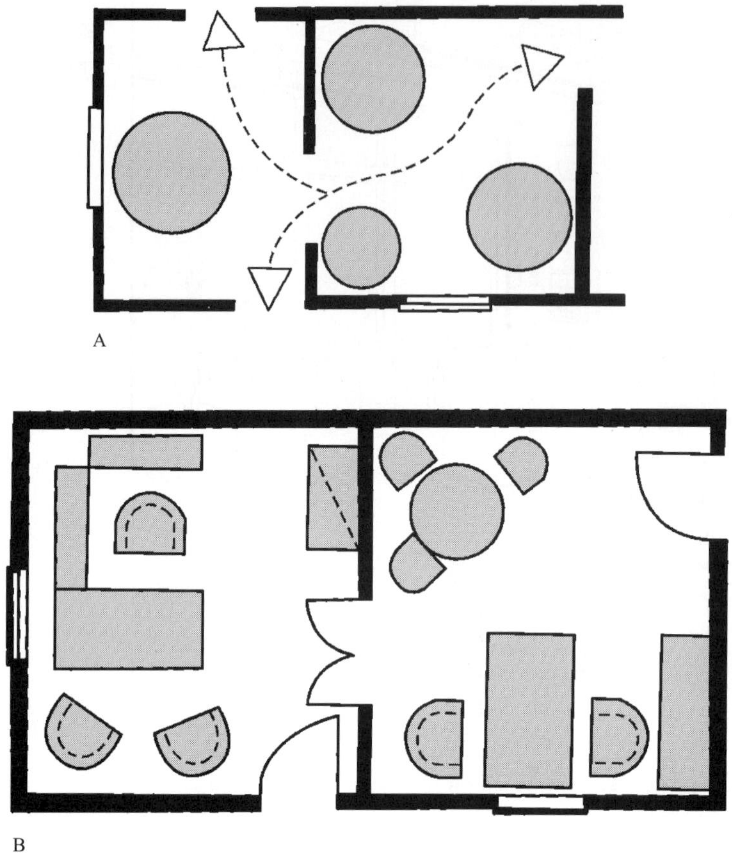


图 IV-4　图 A 虚线所表示的是用于交通的消极空间，而图 B 强调的是家具组合而成的积极空间。

度装饰和无装饰的两种极端情况。

## 空间规划

在很多情况下，客户要求在住宅中营造家的感觉，因而要求设计师能通过设计使空间满足他们的要求。比如，当客户仅仅关注家的某种风格样式而没有认识到功能布局的重要性时，他们会为了追求风格效果而投入整个预算资金，甚至会选用低档的五金配件。这样的后果是：虽然家具式样不错，但是室内的家具布置却很糟糕。在公共建筑中，尤其是一些大型项目，由于投资大，客户通常会选择专业的设计团队参与整体的设计，而不仅仅关注于室内的风格样式，从而能避免了这种错误的产生。

本书强调一种从内到外的设计方法，对很多客户来说，这需要改变思维模式。客户在设计之前应该与设计师签好合同，与设计师一起分析空间需求，让设计师做一个符合预算的设计。在第 7 章和第 8 章将讨论这种从内到外的空间规划方法。在整个设计过程中，强调对房间垂直特征的关注，以体量来规划室内空间。

# 第7章 空间规划：家具与房间的关系

图 7-1 这个餐厅的桌子为任何一位就餐者都留出足够空间。餐具柜提供服务、储藏和展示多重功能，而没有扶手的餐椅有助于规范坐姿。（设计师：Drysdale 设计事务所；Antoine bootz；摄影经 Southern Accents 许可）

室内设计的目标正如第 1 章中所讨论的，包括功能、人的因素、美学以及经济性和生态化，这些目标必须在空间规划中去实施。

# 7.1　空间规划的前期

## 7.1.1　经济投入

无论客户是寻找一个新的办公空间还是安置一个新家，建筑和它的装饰可能是他们要做的最昂贵的投资，他们希望花费的每一笔钱都尽可能大地发挥它的价值。设计师应该懂得研究成本并仔细考虑可支配预算、客户需求、材料和所需内容、时间限制、建筑要求以及法律规范等方面的内容。

对于小型建筑单体而言，成本取决于很多因素：规模、结构类型、地理位置、材料选择、独特的建筑特征（诸如抬高的天花、曲线的空间、定制的门窗等）以及当地的人力成本。

成本还与家具陈设的选择有关。一个价廉物美的沙发可能只花费几百元，而一个制作精美的定制沙发可能需要上万元，这表明设计师必须在客户预算内选择家具陈设的档次。当然，决定因素是产品的质量，而不是价格。如果客户无力购买有质量保证的产品，最好办法就是等它降价。将廉价低质的家具陈设放进空间最终会令客户遗憾，甚至不安全。选择几件造型优美、质量高档的家具比堆满房间的廉价替代品要好得多。

---

**相关链接**

成本评估资源　http://www.jsc.nasa.gov/bu2/resources.html

---

## 7.1.2　功能需求

在与客户的最初接触过程中，设计师会问大量的问题，以便决定室内的功能、客户的设计倾向以及空间需求。但为住宅客户服务的设计师应该首先完成一份居住者的个人调研，并分析关于客户生活习惯的问题。而非住宅的项目则应组织与公司管理者和某些员工的谈话。因为设计师只有理解客户错综复杂的问题，才能为空间需求做出仔细的规划。所以，国际设计协会对设计师的职业表述是：为满足业主需求而解决问题的人。

## 7.1.3　人的因素

在空间规划过程中，居住者生理与心理的舒适是一个重要的方面，而空间设计起到了决定性的作用。人们普遍关心色彩、材料在设计中的运用，而深层次的是空间的三维尺度对人的影响，空间过大或太小，人们都会感到不适应。特别是当前高层建筑的发展，越来越关注在高空办公的人的生理与心理感受。

就家具而言，首先应该有舒适宜人的尺度，并满足目的性和使用效率，甚至有时要求家具易于使用和操作。例如，书桌和椅子应该根据使用者不同而满足其不同的高度要求，储物柜内应该有分类设置的抽屉与隔板，而简便的支架家具应该容易搬动或临时摆放且易于清洁。以下几个专业术语与设计和人的舒适相关：人体测量学、工效学和空间关系学。

（1）人体测量学

主要研究人体的尺寸与比例，如典型的人体高度、宽度以及各种姿态的尺寸，这些信息可以被用来确定最佳的空间需求，考虑人体尺度对工作环境的影响，把有关的测量数据应用到室内空间设计中去，按照人体测量学的原则做出许多标准布置，供设计人员参考（图 7-2）。

| | | A | | B | | C | | D | | E | | F | | G | |
|---|---|---|---|---|---|---|---|---|---|---|---|---|---|---|---|
| | | in | cm | in | cm | in | cm | in | cm | in | cm | in | cm | in | cm |
| 95 | 男 | 36.2 | 91.9 | 47.3 | 120.1 | 68.6 | 174.2 | 20.7 | 52.6 | 27.3 | 69.3 | 37.0 | 94.0 | 33.9 | 86.1 |
| | 女 | 32.0 | 81.3 | 43.6 | 110.7 | 64.1 | 162.8 | 17.0 | 43.2 | 24.6 | 62.5 | 37.0 | 94.0 | 31.7 | 80.5 |
| 5 | 男 | 30.8 | 78.2 | 41.3 | 104.9 | 60.8 | 154.4 | 17.4 | 44.2 | 23.7 | 60.2 | 32.0 | 81.3 | 30.0 | 76.2 |
| | 女 | 26.8 | 68.1 | 38.6 | 98.0 | 56.3 | 143.0 | 14.9 | 37.8 | 21.2 | 53.8 | 27.0 | 68.6 | 28.1 | 71.4 |

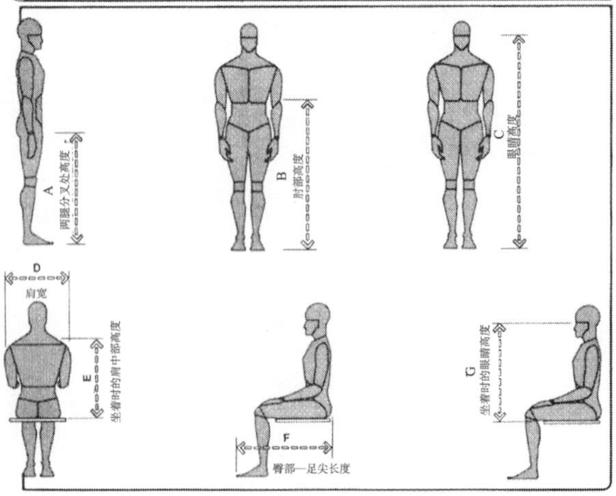


图 7-2　人体结构尺度的测量表（引自《人体尺度与室内空间》；Panero 和 Zelnick 著；龚锦编译；1979）

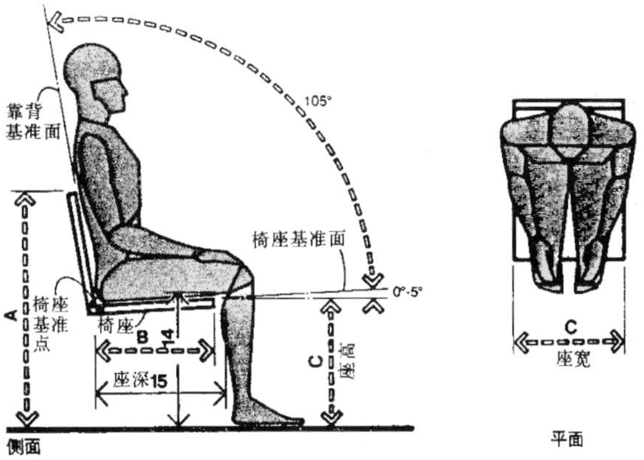


| | in | cm |
|---|---|---|
| A | 31~33 | 78.7~83.8 |
| B | 15.5~16 | 39.4~40.6 |
| C | 16~17 | 40.6~43.2 |
| D | 17~24 | 43.2~61.0 |
| E | 0~6 | 0.0~15.2 |
| F | 15.5~18 | 39.4~45.7 |
| G | 8~10 | 20.3~25.4 |
| H | 12 | 30.5 |
| I | 18~20 | 45.7~50.8 |
| J | 24~28 | 61.0~71.1 |
| K | 23~29 | 58.4~73.7 |

A

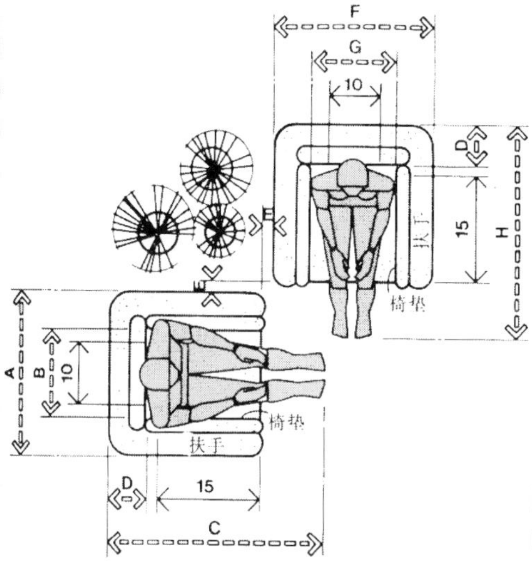


| | in | cm |
|---|---|---|
| A | 34~40 | 86.4~101.6 |
| B | 28 | 71.1 |
| C | 42~48 | 106.7~121.9 |
| D | 6~9 | 15.2~22.9 |
| E | 3 | 7.6 |
| F | 32~38 | 81.3~96.5 |
| G | 26 | 66.0 |
| H | 40~46 | 101.6~116.8 |
| I | 48~60 | 121.9~152.4 |
| J | 3~6 | 7.6~15.2 |

图 7-3　人体测量研究与工效学知识相结合，A 是一般用椅，B 是拐角座位的安排。（引自《人体尺度与室内空间》，Panero 和 Zelnick 著，龚锦编译，1979）

B

（2）工效学

是人类工程学的别称，主要研究人和人对各种工作条件和环境的反应，如何使人在统一的人机系统中发挥自身的工作效能。例如，提供舒适的背部、手臂、腰部支撑的电脑椅，就是经过工效学设计的典型产品（图 7-3），设计学习过程中往往采用这种典型产品设计带动整体教学的方式。

（3）空间关系学

主要研究特定文化环境中人们对空间的使用。每个人周围空间都有一个不可见的舒适区域（图 7-4）。我们常说在居住空间中存在决定设计，而公共空间中设计决定存在。就是说你的生活行为方式和对住宅长期使用的特点决定了室内设计最终的效果，而商业空间的短暂停留和个性化体验的需求决定了什么样的设计就会给顾客带来什么样的感受，这就是全世界酒店几乎没有因为客房色彩装饰而提出退房要求的。所以尤其是在非居住空间里这种空间关系会表现得很突出，比如同样的两个人在餐厅、酒吧、办公室，所需要的交流空间大小是不同的，同样在一张餐桌用餐的同事、情侣、家人对餐桌尺度各自感受是不同的。敏感的设计师应该会根据这些来布置家具陈设。

相关链接

人体测量学与工效学 http://www.deign-tecnology.info/anthropometrics

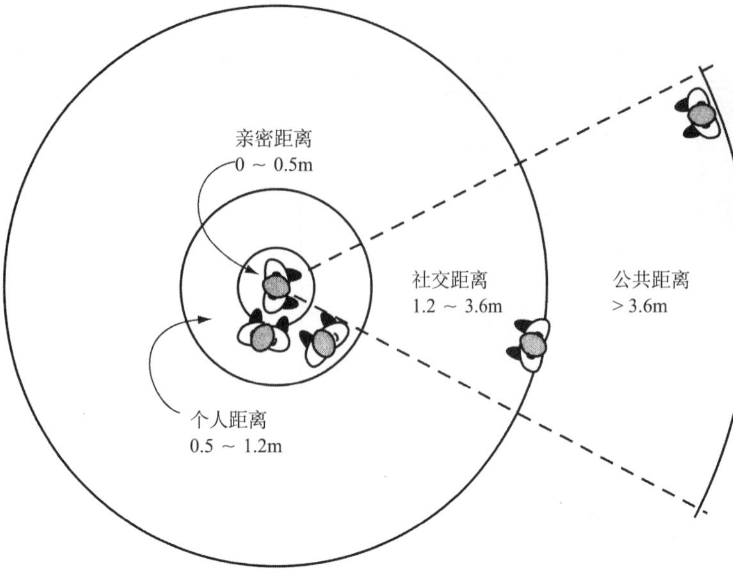


图 7-4　人类学家霍尔（Edward T. Hall）在《看不见的尺度》中讨论了亲密距离、个人距离、社交距离和公共距离。

此外，设计师在为住宅和其他各类空间做规划时，还必须考虑老人、婴儿和残疾人在安全、便捷和舒适方面的需求。正如第一部分已经讨论的，在公共环境中，我们的设计必须满足不同年龄和行为能力的人的需要，例如，法律规定在公共场所要为残疾人设置无障碍通道（图 7-5）。这里主要谈无障碍环境的设计。无障碍设计表现为没有障碍或阻隔，允许弱势群体自由行动。所以，设计师必须清楚这方面的法规，并掌握设计解决方案：

- 为行动不便者设置的停车位不能在斜坡上，必须在便捷的位置并有清晰的标识。
- 使用轮椅或拐杖的人，或者徒步者可以轻易地在各种不同的区域间穿行（图 7-5）。门的宽度至少在 90cm 以上，开启方向没有任何障碍物。
- 走廊宽度要足够使用轮椅或拐杖。
- 硬质、防滑的地面铺装对于依靠轮椅、拐杖行动的人最为有利。如果使用地毯，应该是质密、短毛的，边缘是扁平的，厚度不超过 1.5cm。

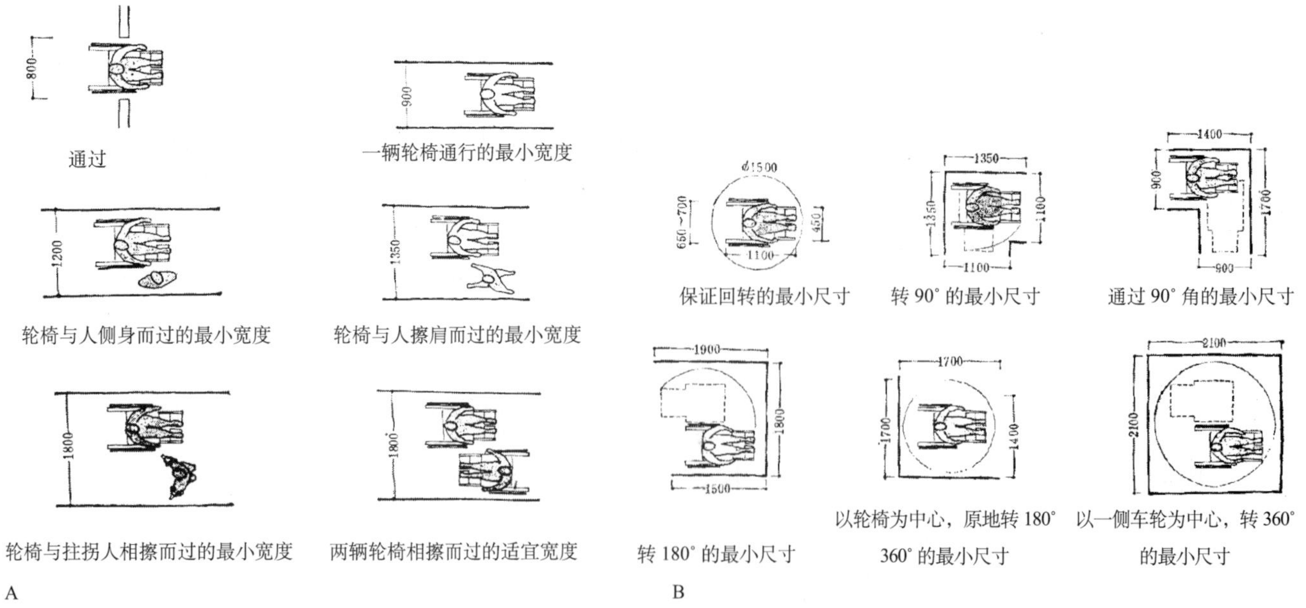


图 7-5　A 为轮椅通行；B 为回转空间。（单位：mm）

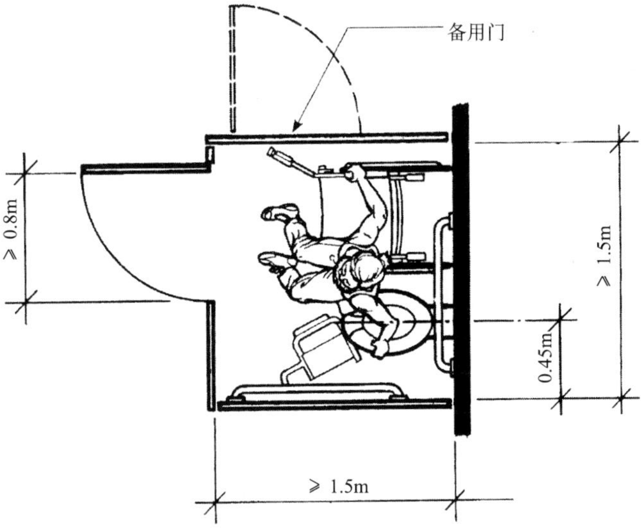


图 7-6　一个典型的残疾人公共卫生间布置单元（引自美国住宅与城市发展局资料）

- 在厨房，人们特别容易发生意外。对使用轮椅者来说，烤炉和洗碗机的门安装在侧面是比较方便的。但是，对于有幼儿的家庭来说，尽量选择设备的控制面板不在前面的。
- 卫生间应留有足够的空间满足轮椅使用（图 7-6）。
- 标志牌、灭火喷淋、可移动的烛台、电话和 报警设备也必须易于残疾人使用。

相关链接

通用与无障碍设计和术语　http://www.dezignare.com/newsletter/ergonomics.html

环境适应的非盈利性组织　http://www.adaptiveenvironments.org/ about/index.php

美国无障碍设计　http://usdoj.gov/crt/ada/adahoml.htm

无障碍设计　http://www.arthritis.org/resource/Home Life/design.asp

### 7.1.4　家具功能尺寸

作为整个设计规划的一部分，设计师必须有家具实际尺寸和操作所需空间的应用知识。设计师通常查阅国家标准、设计手册等技术资料，这里表 7-1 和表 7-2 列出了家具的主要功能尺寸。家具一旦被确定下来，设计师就要分析主要的和辅助通道所需的空间，即动线组织（表 7-3 和图 7-7）。

**表 7-1　主要家具功能尺寸（单位：mm）**

| 家具类型 | 技术要求 | |
|---|---|---|
| 桌类 | 桌面高680~760 | |
| | 中间净空高≥ 580 | |
| | 中间净空宽≥520 | |
| | 桌、椅配套产品的高差250~320 | |
| 椅凳类 | 座高400~440，软面400~460 | |
| | 扶手椅扶手内宽≥460 | |
| 柜类 | 挂衣棍上沿至底板内表面间距 | 挂长衣≥1400<br>挂短衣≥900 |
| | 挂衣空间深度≥530 | |
| | 折叠衣物放置空间深≥450 | |
| | 书柜层间净高≥230，或≥310 | |
| 床类 | 床铺面净长1920，1970，2020，2120 | |
| | 床铺面宽720，800，900，1000，1200，1350，1500 | |
| | 床铺面高：有床垫240~280，无床垫 400~440 | |
| | 双层床床间净空高：有床垫≥1150，无床垫≥980 | |
| | 双层床安全栏板高：有床垫≥380，无床垫≥200 | |
| | 双层床安全栏板缺口长500~600 | |

**表 7-2　厨房家具功能尺寸（单位：mm）**

| | |
|---|---|
| 底柜高度 | 700~900 |
| 底柜深度 | ≥450 |
| 台面伸出量 | 10~30 |
| 吊柜深度 | ≤400 |
| 底座凹口高度 | ≥100 |
| 底座凹口深度 | ≥50 |
| 后挡水板高度 | ≥30 |

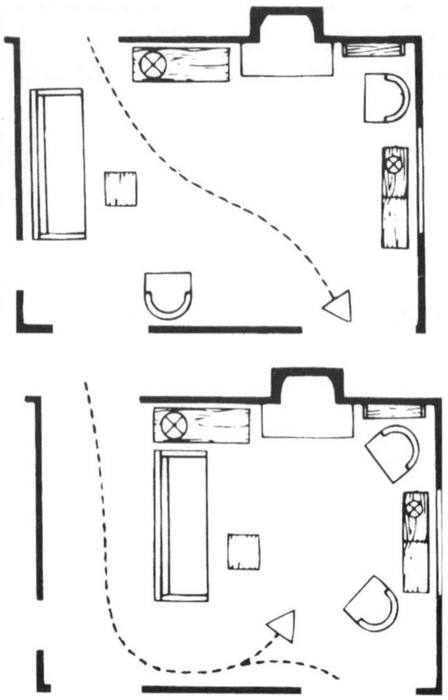

图 7-7　不同动线组织的家具布置

| 表 7-3　空间尺度要求（单位：mm） |
| --- |
| 通道宽度<br>大型商业：≥1524<br>大型住宅：1220~1524<br>小型商业：900~1220<br>小型住宅：450~1200<br>身体极限：允许最小值为800<br>单向通道：最小900<br>双向通道：最小1500<br>转角：最小1000 |
| 交谈区<br>沙发或椅子与咖啡桌的容腿空间：≥300<br>椅子前面容腿空间：460~760<br>书桌或钢琴前面放置椅子或长凳的空间：900 |
| 餐饮和会议区<br>人坐下后椅子所要的空间：460~560<br>进入椅子所需的空间：560~900<br>桌子和坐人的椅子周围的交通路径：460~600 |
| 工作空间<br>书桌与书柜之间的空间：1000~1200<br>文件柜前的空间：760~900<br>书桌前客人座椅所需空间：1000~1200 |
| 睡眠区域<br>整理床铺所需空间：460~610<br>两个床之间的空间：460~700<br>抽屉柜前面的空间：900<br>梳妆台前面的空间：900~1200 |
| 食物准备区<br>橱柜前的工作空间：900~1800<br>设备之间的柜台空间：900~1200<br>为某些设施后部的附件所留的通风空间：900~1500 |
| 卫生区<br>浴缸的前部与对面的墙之间的距离：760~1000<br>梳洗台前面的空间：460~610<br>梳洗台左右的空间：300~460<br>固定设备前端之间的空间：760~900 |

## 7.2　特定活动区域规划

在室内设计中，基本上有八类特定活动，并形成相应的功能区域表 7-4。表 7-4 显示了上述 8 类功能区域在商业和居住环境中的用途。理解了它们每一个区域对空间的要求，设计师才能进行整个房间的空间规划。为了使设计更加完善，设计师需要与建筑师，施工方一起合作，来确定空间尺寸。商业和居住环境中特定的功能和空间要求是相似的，但是商业环境尤其需要更宽的通道。在确定房间面积尺寸时，需要考虑以下 8 个方面的内容：

### （1）交谈区

无论是商业还是居住环境中，交谈区为沟通提供了必要的空间。交谈区应该离开交通流线，并有足够的空间便于人们进入该区域。彼此间交谈距离最远不

**表7-4　在商业和住宅空间设计中的典型／特定活动区域**

| 典型／特定活动 | 商业用途 | 居住用途 |
| --- | --- | --- |
| 交谈区域 | 宾馆和医疗机构大厅<br>早餐厅<br>接待厅 | 起居室<br>家庭室<br>卧室 |
| 就餐、会议、讲座 | 饭店<br>宾馆舞厅<br>公司办公室<br>演讲厅<br>自助餐厅<br>教室 | 餐厅<br>早餐室 |
| 视频、电视观看和演讲 | 宾馆和医疗机构大厅<br>行政或职员办公室<br>教室<br>等待室<br>早餐室<br>宾馆客房<br>会议室<br>病房 | 起居室<br>家庭室<br>卧室<br>影音室 |
| 办工、学习和信息处理 | 设计合同约定的所有区域 | 家庭办公室<br>图书馆<br>书房<br>儿童房 |
| 睡眠 | 宾馆客房<br>健康护理病房<br>总裁套房 | 卧室<br>客卧 |
| 储藏 | 设计合同约定的所有区域 | 住宅内所有区域 |
| 准备食物 | 饭店<br>宾馆<br>医院<br>自助餐厅 | 厨房 |
| 卫生间 | 设计合同约定的所有区域 | 卫生间 |

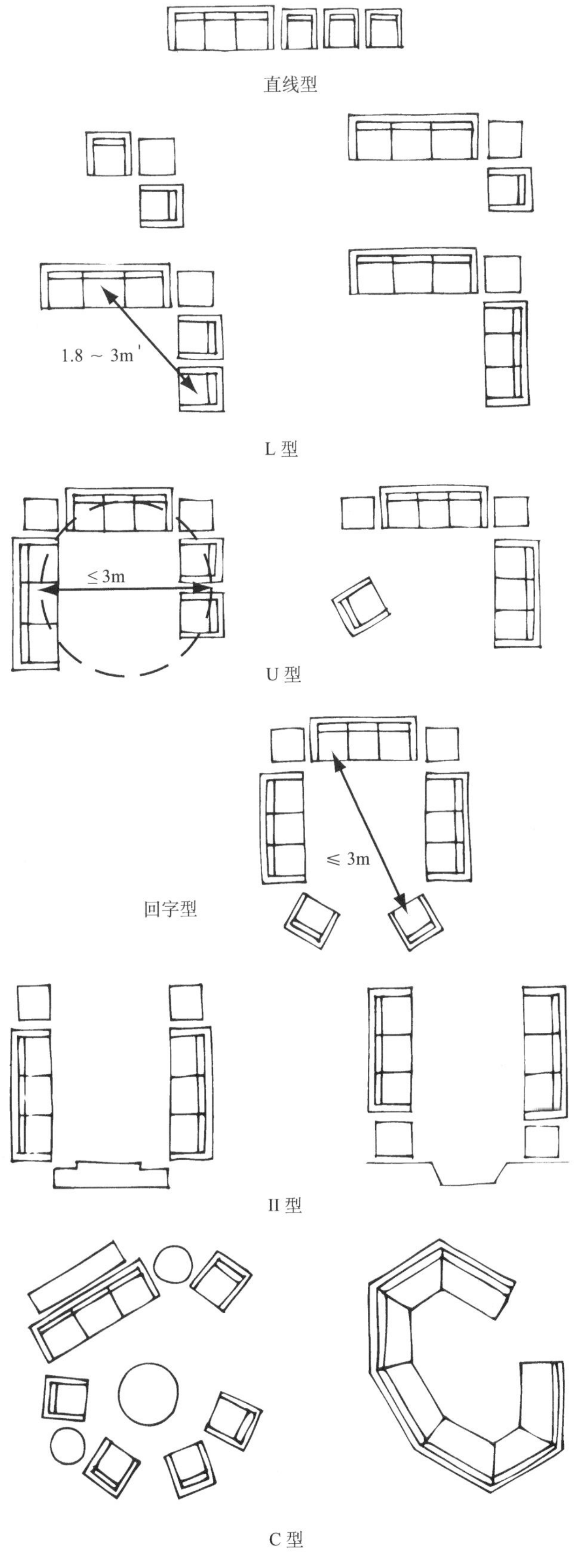


图 7-8 6 种基本的交谈区域组合形式

能超过 3m，而 1.8 ~ 2.4m 是最为理想的。图 7-8 说明了六种基本的交谈区域组合形式。

- 直线型虽然不利于隐秘的交谈，但是适合在 等候区等公共场合设置。
- L 型非常有利于交谈，并且适合大小不同的 空间。
- U 型因为它有足够的围合空间，是非常舒适并且吸引人的。L 型和 U 型都可以在大型的酒 店、医院或者办公楼的门厅内重复使用。
- 回字型适合在空间充足的地方，但入口要留 出足够的空间以提供吸引人流。
- Ⅱ型是一种令人愉快的交谈组合方式，平行的方式强调一个现有的焦点，诸如壁炉或者有特色的墙壁等。
- C 型这种方式将环绕整个房间，因为它有围合起来的坐具，所以这样的安排很有吸引力。

家具组合确定后，设计师就能确定房间的大小（图 7-9）。当然，还要考虑房间内其他的功能，或者特殊的艺术装饰，这些都需要增加房间面积。

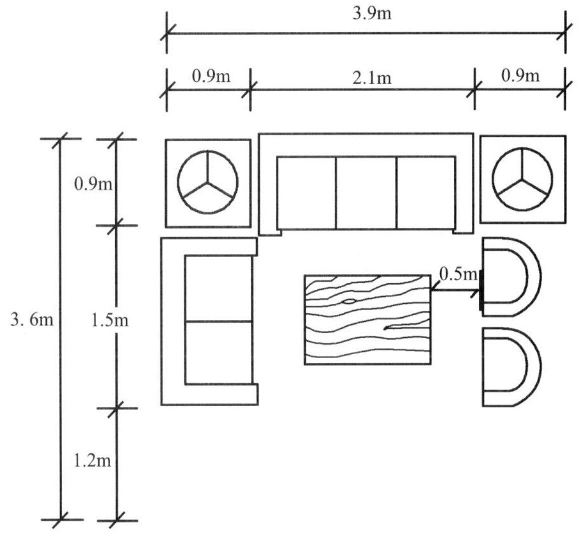


图 7-9 如果选择了一个 7 人座谈的 U 型组合，设计师需要计算周边尺寸，从而决定房间的大小。这个空间至少需要 3.6m × 3.9m。

（2）就餐、会议、讲座区

设计师必须了解就餐、会议、讲座区域内要容纳多少人。为2～6个客人准备的空间和为2～16对夫妇准备的空间是完全不同的，而为200人准备的空间需要对人体尺度更为敏感。规划的目的是为一个能容纳所有人的空间，而较少人使用时，也不会觉得空而无物。

会议桌或者餐桌可以是圆的、方的、矩形的、椭圆形的或者船形的，会议桌的形式是根据客户的需要而个性化布置的。

每一位使用者需要座椅前面大概60～80cm的桌面空间用来摆放餐具或会议文件。在桌子和墙之间应留出0.9～1.2m的距离。在餐饮空间中，通常圆桌直径为900、1200、1350、1500和1800mm；方桌宽度为750、900和1200mm；而对长桌而言，宽度为800、900、1050和1200mm，长度为1200、1500、1650、1800、2100和2400mm。图7-10列举了有代表性的布置方式，但在商务活动中可能会根据会议级别、宴请档次扩大桌面尺寸，或减少座位来满足服务员对客人的一对一高端服务需要。

确定会议室和餐厅面积大小的过程和决定交谈区面积的过程是一致的（图7-11），当桌子被组合在一起时，比如在餐厅或咖啡厅里，它们之空间至少留出1.1m的距离。服务区和贮藏室是需要另外附加空间的。并且，在会议室和教室里，还需要有演说的地方。

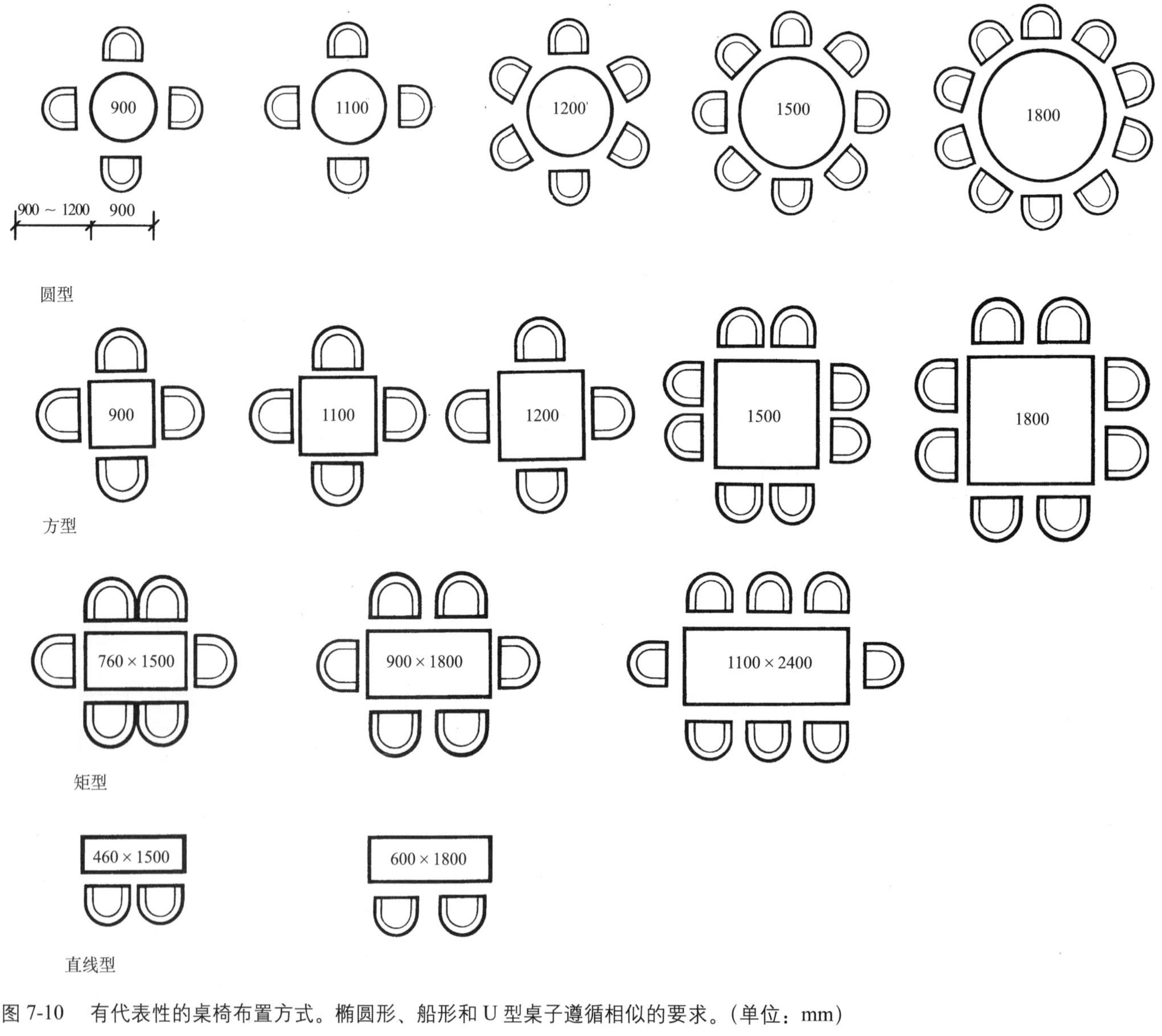


图7-10　有代表性的桌椅布置方式。椭圆形、船形和U型桌子遵循相似的要求。（单位：mm）

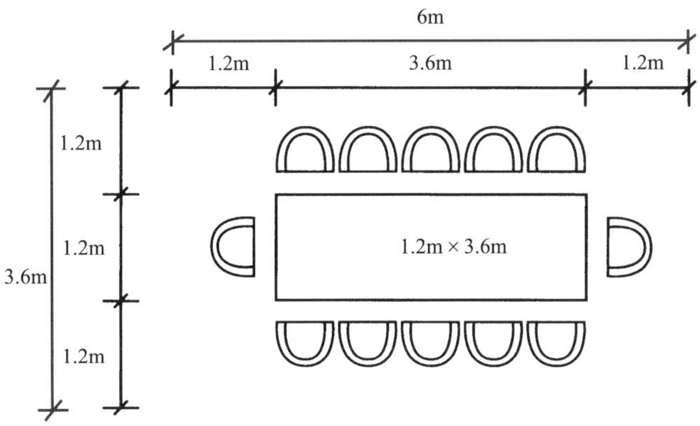


图 7-11　如果房间里必须坐 12 个人，设计师首先要确定桌子的最小尺寸：每个人需要 60 ～ 78cm 桌面宽度（取决于所需要的椅子的尺寸），然后两端在加上 30 ～ 45cm。椅子和交通通道的尺寸也加上去，这个房间最小需要 3.6m × 6m。

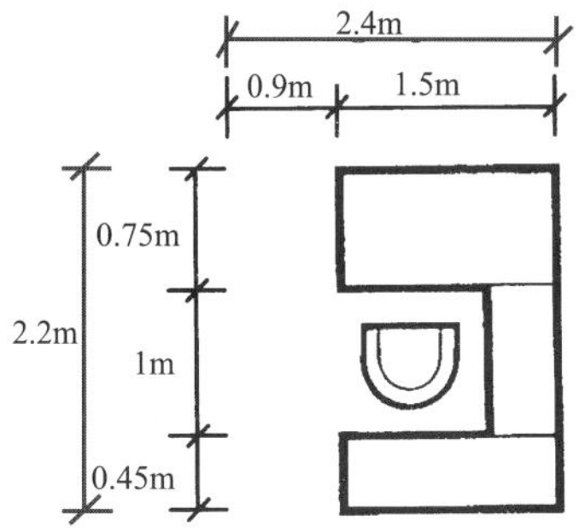


图 7-13　所示的书桌、转角桌和背柜的组合是最有效的工作空间。为一个典型的办公组合计算所需要的空间，画出家具，留出交通通道，合计尺寸，得到总的面积至少需要 5.7m$^2$。

图 7-12　在这间非正式的早餐室里，电视机被巧妙地隐藏到橱内。（设计：Lovick Design；摄影：Martin Fine）

### （3）视频、电视观看和演讲区

直线形、L 形和 U 形的组合是适合视频观看的形式。同时根据屏幕的尺寸，观看电视的距离在 1.8 ～ 3.6m 之间是最合适的。如果选择了平行的组合，而视频中心不在焦点位置，则媒体的屏幕就需要遮挡起来（图 7-12）。当然，在办公室内多媒体系统一般都被隐藏起来，使空间更有整体感。

### （4）办公、学习和信息处理区

家庭办公室已成为一个普遍现象，在全世界上网就像打个电话一样平常，旅馆也正在迎合这些需求。因此，居住和商业空间的设计师都必须有办公室设计的知识。图 7-13 所示的书桌、转角桌和书柜的组合是最有效的工作空间。显示器和键盘可以放在转角桌或者书柜上。打印机和机箱可以放在书柜上面或者里面。有些客户喜

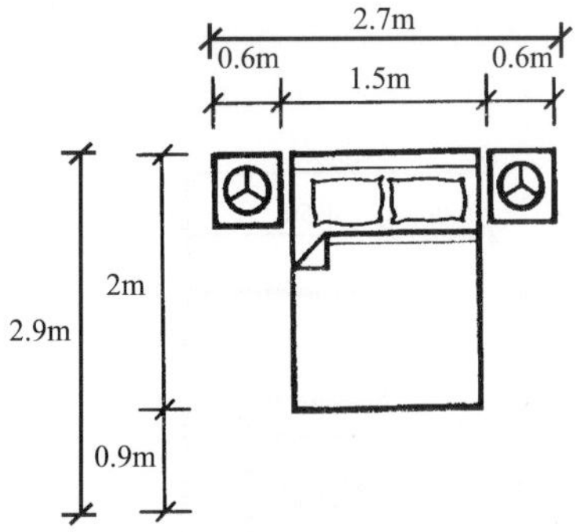


图 7-14　在这个平面中，最少需要 $8m^2$。

欢在书柜上设置可以拉出来的键盘托盘，或者不用转角桌。无论何种情况，对空间的需求是一样的。办公室空间也需要书架、给客人坐的椅子、归档箱、储藏室或者会议区。设计师必须增加面积来满足这些需求。

（5）睡眠区

无论设计主卧套间还是旅馆客房，设计师都必须了解睡眠区的空间要求（图 7-14）。如果客户需要，还应该考虑储藏、休闲和观看电视的区域。但在医院设计中，空间还应该满足医疗设备、病人护理和访客的需要，并且给可移动医疗设备留出足够的交通空间。

（6）储藏区

梳妆台、衣柜、箱子、档案柜和层架有各种各样的尺寸，在摆放这些家具时，为打开抽屉或柜门应在家具前面留出充足的空间（通常为 78cm 的距离）。而住宅的储藏空间应不低于住宅面积的 8%。

（7）备餐区

在住宅设计中，备餐区包括冰箱、水槽、炉灶等相关活动的范围。由于大多数厨房的布局是基于建筑局限的，所以厨房设计将在第 8 章中进行讨论。商用厨房设计是设计中一个非常专业的领域，需要与专业厂商与工程师一起合作。

（8）卫生间

合理的卫生间布局和厨房一样，是基于建筑特征的，也将在第 8 章中进行讨论。

## 7.3　平面布置

平面布置图是沟通的工具，它以图形方式说明了家具和设备的空间规划以及它们和墙壁、门窗、壁炉等建筑特征之间的关系。为了做好平面布置，设计师必须综合以下方面信息：

- 设计的原则和元素；
- 空间的功能；
- 客户的需求及愿望；
- 家具的尺寸；
- 空间与家具的三维形态；
- 交通路径和所需的空余空间；
- 基本的家具组合和空间需求。

设计是要把所有这些信息综合表现在一张平面布置图里。平面表现图（将在第 8 章中具体讨论）是和客户一起讨论解释设计的。平面表现图必须和为客户画的立面图以及透视图一致。下一节中会给出几张为不同房间作的初步的平面布置图和透视研究。

## 7.4　特定房间空间设计

由于各个房间里的活动都大不相同，所以每一个房间都有独特的要求，都需要专门研究。

### 7.4.1　入口门厅

（1）住宅入口

住宅或建筑的设计应该在入口的细节和装修上得到反映。在住宅里，入口就是一个过道，就像所有好的设计，它不应该是乱糟糟的。一条流畅自如的交通线路是最为根本的。还需要为外套、鞋子、包裹等设计足够的储藏空间。入口门厅里的合理家具包括一张有涡卷形支架的桌子或者边桌，一面镜子，一个衣帽架和相关附件。许多客户要求一张长凳或者小椅子，可以在换鞋的时候坐一坐。

当入户门直接面向起居室开启的情况下，令人满意的想法是不仅要设置一个畅通无阻的入口，并且可以改变交通方向，从而提供一些私密性。强调入口的一个好办法是设置一堵嵌入的或者独立的储物墙。如果空间允许，一个较厚的储物墙的一侧可以用作放置外衣的壁橱，另一侧可以用作摆放书籍或展示品的装

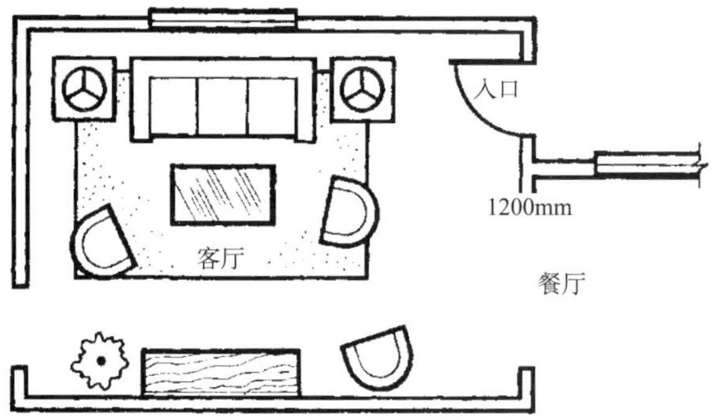


改造前

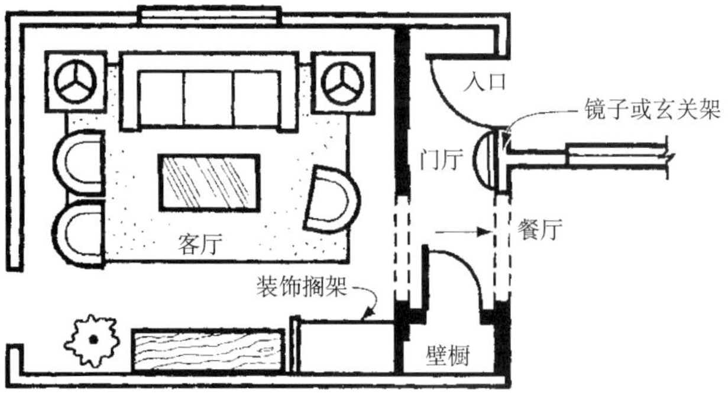


改造后

图 7-15　设计前正门打开直接进入起居室，后面经过设计的方案增加一面墙，不仅得到一个更私密的入口，同时壁橱提供了必要的储藏空间，另外还增加了镜子和衣架提高了便捷性。稍稍调整了家具使交谈区域更加紧凑。在这个平面里，要注意所有家具的脚都落在地毯上，不仅搭配更好了，而且地毯可以减小热传导系数，使足部不致感觉冷。

饰架。这样这堵有储藏功能的隔墙作为功能要素的同时，也是一件不错的装饰物（图 7-15）。

在空间不允许设置厚重隔墙的地方，独立的或附着的屏风可以起到部分分隔的作用。在小房间里，由于任何形式的隔断都会割裂所需空间，因此需要通过重新组织家具来改变交通流线的方向，比如旋转沙发、桌子或椅子使之面向房间，并且和门要有正确的角度关系，留出一条通道用作交通（图 7-16）。这样的设计提供了有限的私密性，并且创造了入口的感觉。

### （2）办公接待门厅

在接待区域，客户通常需要接待员的工作空间和三到四个客人的等待区域。但是，医生办公室的等待区，可能需要十个或更多的位置。

接待员除了接待客人，还会负责接听并转接电话，可能担负起办公室经理或秘书的职责。所以，在设计这个重要的工作空间之前，获得准确的信息是非常重要的。很多情况下，接待员在一张高挑的前台后面工作，这不仅使接待员有私密的感觉，还可以自如地从事文案工作。前台还可以增加搁板，让客人在和接待员交谈的时候放一放东西。这个挑高前台通常高于桌面 30cm，离地面 105cm。

走进接待区的客人应该能够立即和接待员有视线交流。等待区应该和接待区是相连的，但看不到办公室的工作。图 7-17 展示了一个相对合理的接待区解决方案。

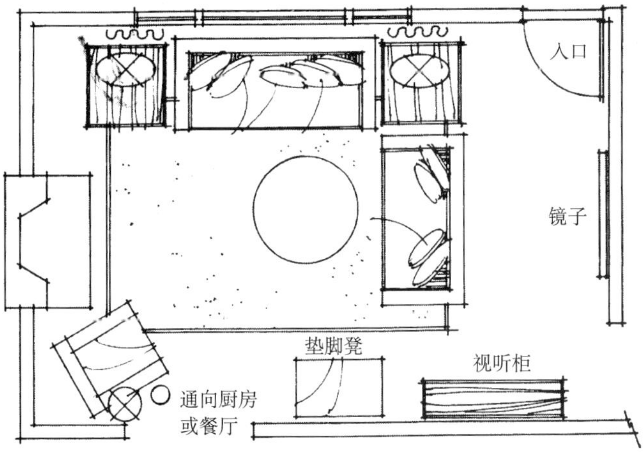

图 7-16　设计师将家具与入户门垂直摆放，并且添加了镜子和小桌子，从而在这间住宅内创造了门厅的效果。（设计：Stephen 和 Kurt Stephen；摄影：Simon watson）

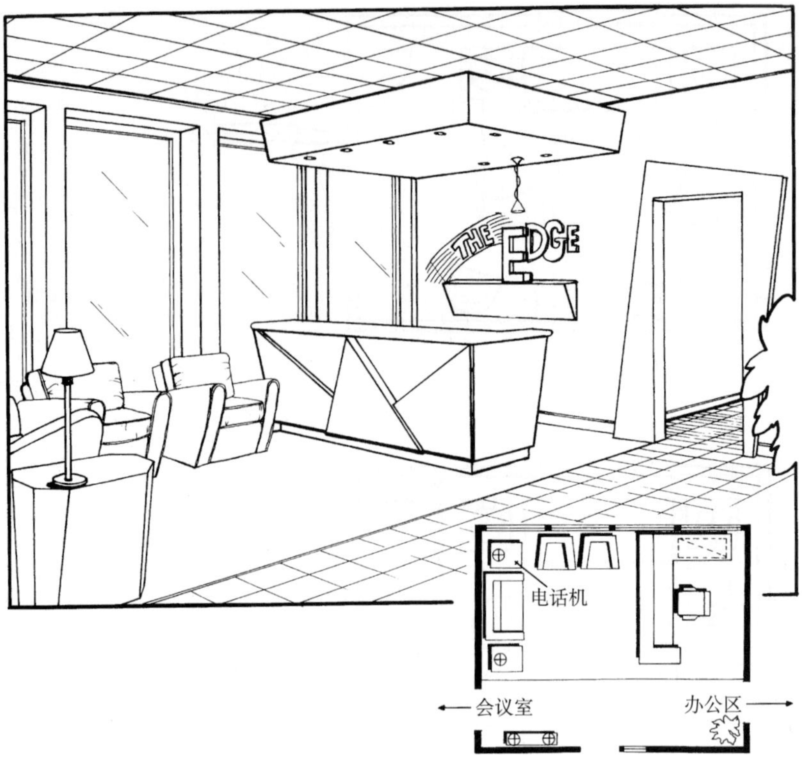


图 7-17　规划需求：有电话、电脑、键盘和打印机的接待工作区；能坐四个人的等待区；通往会议室的入口；保证办公室的私密性。这个规划有许多优点：客人可以立刻得到接待员的迎接；等待区能够适应四位客人的需要；有一个可以供客人使用的电话；设置在接待台后面的墙上的公司的名称和标志和对面双人沙发上方的艺术画形成对比；定制的接待台有足够工作区域和文件储藏空间；一株高的植物，门、边灯、桌案和镜子，都有助于与对面的玻璃幕墙相平衡。

交谈区需要大约 9m², 工作区大概需要 6 m², 整个房间大概 22 m²。4.8 m ×4.5 m 的房间符合这个客户的要求。硬质铺地划分出入口，并且耐磨，还有一个宜人的比例。地毯面积为 3 m×4.8m，与矩形的黄金比例相一致。

当然，大厅要满足很多不同的功能需求。例如，旅馆的大厅需要足够的空间用来摆放座椅、行李、接待台、指示牌，还要有服务员和迎宾站立的地方，甚至还需要一个能够渲染气氛的焦点，比如喷泉或者雕塑等。

## 7.4.2　起居室和交谈区

起居室里最常见的功能是交谈、视频和电视观看，其他功能还有阅读、听音乐、写作，还可能是喝茶或咖啡等。

首先应该把经常使用房间的人数确定下来，就可以选择座椅了。通常固定的座椅没有可移动的沙发和椅子那么舒服和灵活，严格摆放的椅子会让客人感觉移动它们是非常厌烦的事情。因此，最好的是选择各种样式和尺寸的极具灵活性的起居室座椅。

将家具远离房间的墙壁摆放更有利于亲密的交谈(图 7-18)。转角的或略带曲线的沙发比笔直的长沙发更有利于交谈。经验表明，组合沙发的曲线部分总是最先被人占据，就像饭店里角落处的桌子总是最受欢迎的。

柔和、低亮度的灯光令交谈区域更有私密性，但是这个区域也不能过于昏暗，因为人们需要看清楚交谈对象的容貌。落地灯不仅能够把人们聚到一起，并且适合阅读。

家中摆放钢琴也是一种挑战。阳光的直射和气候的变化对钢琴有损伤，所以摆放就会受到限制。立式钢琴可以靠墙摆放，而三角钢琴由于尺寸大，并且曲线一面应该面向听众，这样当琴盖被支起时，声音就会被投向听众。另外，弹琴者和听者应该能够互相看见，如图 7-19 所示。如果温度和光照条件允许，凸窗可以布置成三角钢琴的漂亮背景。

在起居室，房间里的每个座位边上都应该有个桌子，而桌子的大小、形状、高度要满足它的功能，并且和它相伴的椅子或沙发的尺寸相符。咖啡桌的正确高度通常是 41cm。摆放在沙发或椅子扶手边上的桌子应该和扶手的高度一致，以免人们碰倒桌上的物品。有时，支架式桌子、镜子和画相结合时，既有功能又有装饰性。

成对物品能够创造平衡并将不同风格和功能的家具组合在一起。一对椅子能够创造数种交谈组合的方式：并排放在沙发对面起到平衡作用（图 7-18A，C)，放在壁炉两侧或是桌子一角，以营造亲密的氛围（图 7-18B)。在空间足够的地方，还可以使用一对情侣座位或沙发来

A

B

C

图 7-18　在这个十九世纪风格的新奥尔良别墅中，家具远离墙壁放置，从而得到最适宜的交谈组合。（设计：Chrestia & Staub；摄影：Tria Giovan）

图 7-19　将大型钢琴放在房间的对角线上，这样在座的人都能够更好地聆听音乐，并且关注钢琴师。（摄影：Pam Singleton）

图 7-20　规划需求：六个人的交谈座位、大型钢琴、壁炉。这个布置的优点：交谈区家具组合使壁炉这个焦点更加明确；钢琴面向房间，远离窗户，并与对面的双开门相平衡；有足够的桌子摆放茶水和灯具；墙上的小桌和大件艺术品与壁炉相平衡；一盆绿花柔化了房间的角落并且使左边墙角的尽端有了高度；房间里各种形式和高度的家具没有沿着墙排列。

交谈区需要大约 15 $m^2$，房间大概需要 26$m^2$。一个 4.2 m × 6m 左右的房间不仅符合客户的要求，而且这个尺寸也符合矩形的黄金比例。

代替单把椅子，在沙发前放一对桌子，作为一张标准咖啡桌的灵活替代品。在任何房间，将两个相似的箱柜放在门厅、走道两侧或者壁炉边上，都会取得不错的视觉效果。同样，成对的灯、烛台和墙上配饰，都会让人感到协调。但是，如果大量使用成对的物件，就会让人感到乏味。图 7-20 显示了起居室的一个出色的方案。

### 7.4.3 家庭室

家庭室是家里使用频率最高的房间。大家聚在一起阅读、交谈、玩游戏以及进行娱乐活动。和其他房间相比，这里的家具安排最重要的是易于调整以适应各种活动。下面就是安排家具的指导性原则：功能、便捷和实用性（图 7-21）。

（1）交谈所需家具布置的方案和起居室里所谈到的类似：如果观看电视是重要的活动，就以易于观看为目的来安排座位；空间面积足够大，可以为各种活动安排额外的灵活座位。

图 7-21　地毯上热烈的红色和丰富的蓝色被汲取出来运用于壁炉上方的油画、椅子上的软垫和沙发上的抱枕。透明的玻璃茶几使人从各个角度都能看到地毯。来自非洲部落和美国西南部的艺术品巧妙地搭配在一起，展示了主人的个人兴趣。（摄影：Mark Boisclair）

（2）布置若干桌子会使坐着的人更加舒适：大的咖啡桌可以摆放饮料和食品，边桌可以放置灯具和其他必需的物品。

（3）对于家庭活动室来说，足够的光线是最基本的，同时光线必须舒适并且可以调节以适应各种活动。

（4）一套视听娱乐系统是家庭活动室的重要部分，需要专业设计来布置电视机、电影屏幕、立体声系统或整套娱乐中心，以最好的利用空间。

（5）家庭室也可能进行一些安静的游戏。因此，也应该考虑在房间里放入一张游戏桌。

由于多功能的需求，家庭室设计非常困难。图 7-22 展示了一个家庭活动室的成功案例。

### 7.4.4 餐厅和会议室

除了家具选择，餐厅和会议室对空间的要求是非常相似的。根据椅子围绕桌子摆放的规律，由于餐桌比会议桌小，所以餐椅比会议椅相对较小。但是，从进餐舒适性考虑座椅应当是有扶手的，而从进餐形象要求往往采用没有扶手的椅子，以保证坐姿。此外，会议椅还应该安装滑轮，以便于移动；内缩的桌腿处理为膝盖提供了最大的空间；圆形和椭圆形的桌子比较容易加进一个临时的与会者。

在餐厅和会议室里需要设置服务区：餐厅称为接手台，主要放置餐具和服务准备等工作，而会议室是茶水柜。在会议室里，有时会用高的家具展示产品并给房间增添高贵和垂直效果。在住宅里，采用餐具柜用于储藏并展示物品。图 7-23 是一个餐厅的设计方案。

无论在餐厅还是会议室里，照明是一个关键因素。会议室里进行演讲时，需要暗淡的灯光，而在餐厅同样需要灯光创造氛围，但光色却是不同的。参见第 6 章对于照明的深入讨论。

在会议室里，需要安排视频会议、幻灯观看和表演展示的区域（图 7-24），这些区域需要能设计灯光控制系统。有时某些会议室还需要包括一个交谈区域用作讨论。

### 7.4.5 独立办公室

家庭和商业办公室空间需要的设施大部分是相同的。但商业办公室通常需要两个客人座位，甚至包括会议区域或者是交谈区。此外，在商业空间里，家具会靠着玻璃幕墙摆放，以此获得优美的风景。

图 7-22　规划需求：4 人的舒适座位、需要看电视、有游戏活动、休闲阅读和储藏。这个布置的优点包括：沙发放在窗台下部平衡了对面进入早餐室的拱门；四张大尺度座椅用来看电视，其中一张的倾斜靠背提供了休闲阅读功能；厅柜包括储藏和放置娱乐设备；特大抱枕增加了休憩的位置。

会客区需要大约 9m$^2$，整个房间大概需要 14m$^2$。一个 3m × 4.5m 左右的房间符合这个设计要求，而且也符合黄金比例。

图 7-23　规划需求：4~8 人的座位、餐具柜、备餐台。这个布置的优点包括：餐具柜安放在厨房门的旁边、瓷器柜既能储藏，又平衡了大窗户，而且增添了空间的高度和趣味性；大幅油画和餐具柜相对应；一共有八个舒适的座位。

餐桌区需要大约 16m$^2$，整个房间大概需要 22m$^2$。一个 3.9m × 5.4m 左右的房间符合这个设计要求。

设计办公室的时候，最好将电脑和窗户成 90° 摆放，以避免眩光：如果电脑靠近窗户，阳光和低亮度的屏幕间的强烈反差会使眼睛感到疲劳；当屏幕和窗户相对时，则会产生大量的眩光。另外，办公桌应朝向进门位置，便于看到进来的人。

最后，要考虑电源和电话的插座与家具布置的匹配。在住宅内，书房需要阅读椅和书架，特别是一把舒服的符合人体工程学的办公椅，由于椅子可能被不同的家庭成员所使用，因此需要它能够很容易调节。图 7-25 是一个商业办公室的方案。

图 7-24　这是 18 人的会议室。视听设备全部隐藏，灯光是可以根据演示需要进行调节的，边柜也可以为各种附加需求提供服务。（设计：Daroff 设计公司；摄影：Elliott Kaufman）

### 7.4.6 卧室

无论是在家里、医院里，或是旅馆里，卧室都是一个休息的地方。由于床的尺寸很大，所以它常常成为房间的焦点。基于对夜间行走的精心考虑，交通路线会围绕着床设计。床边还应设置床头柜、衣柜等储藏空间，而且这种储藏空间是必不可少的。另外，桌子应靠近沙发扶手，床头柜与床垫高度也应保持一致。

在住宅布置中储藏是很必要的。床底抽屉可以变成储藏空间。有时在儿童房，自然风格的松木箱子既能用作储藏，也可以作为凳子。在房间里，还需要一把椅子提供简单阅读、家务需要。

旅馆的房间对储藏空间要求不高，但是需要工作面和座位区域来满足商务办公功能（图 7-26）。此外，电视机的位置和安放行李的地方需要仔细考虑。

在住宅布置中，主卧不仅需要电视机，还需要配置一组两人的亲密座位，或者是一张可以躺下的休息椅。

儿童和青少年的卧室需要将学习区域、玩耍区域和玩具储藏区域需要被包容进去。

所有卧室都需要设置镜子。它可以是装在墙上的，或者是装在某件家具的橱门上。而且，所有卧室都应该有紧靠着床的便捷的照明设备。图 7-27 展示了一个为小面积主卧套间所做的布局。

图 7-25　规划需求：书桌、书柜、两把沙发椅、文件柜和搁架储藏。这个布置的优点包括：足够的贮存和存放搁架的空间，办公人员能够看到门口，有两个客人座位，易于从文件柜内和架子上选取东西。陈设和门一起平衡了玻璃幕墙。计算机应该放置在边柜上，与窗子成 90° 角，两件有特色的会客椅增添了趣味。

工作区需要大约 $6m^2$，房间大概需要 $11m^2$。一个 $3m \times 3.6m$ 左右的房间正好适合做一个典型的办公室。

图 7-26　位于维真岛的卡尼尔湾旅店以装修简洁、雅致的热带风情客房而著称。（设计：Dallas；摄影：Mike Wilson）

图 7-27　规划需求：大床、三门衣橱、两个座位、内有电视机的大橱，从视线上该满足从床上可看到电视画面。这个布置的优点包括：衣物存储靠近储藏室和卫生间；有电视的大橱和房间门平衡了床和有窗户的墙；有镜子的三门衣橱提供了储藏空间，同时平衡了对面的座位组合；有足够的空间铺床以及开启橱柜和进入储藏室；座位区和床两侧都布置了照明。

睡眠区大概需要 8m$^2$，座位区需要 5.5m$^2$，整个房间大概需要 20m$^2$。一个 3.6m × 5.1m 左右的空间是一个主卧所需要的，这个尺寸也接近于理想的黄金比例尺度。

## 7.5 家具组织空间

在实际的大量工作中，室内设计师往往被限定在已经建成的空间中进行设计，所以设计师很少有改变空间真实尺寸的构思和想法，只能巧妙的通过设计原理、方法、元素等使房间从视觉上显得或大或小。对于设计师而言，要想扩大空间感，不仅要进行合理的室内流线分析，从而减少通道面积。更重要的是在家具选择上要考虑到四个方面：第一是在小空间内应选择简约的家具；第二，家具形式上应采用有腿支撑的而不是箱型的，因为箱型家具需要很大的空间才能适合；第三，应采用圆形转角、玻璃装饰等家具细部来弱化家具体量；第四，家具装饰上尽可能采用藤编、镂空透雕等视觉通透感强的手法（图 7-28）。

当家具与织物搭配时，与房间的背景相融合的素色或小碎花织物容易营造舒适的视觉空间。而在不同家具上重复使用同一种织物，有助于统一家具风格，并会塑造出空间感，如果选择没有裙边的织物装饰会使房间显得更加整洁。

高而浅的储藏家具会增加视觉上的高度，特别是离地 30cm 和离顶 60cm 区域的装饰，会强化空间的视觉感受。较小的储物家具，诸如服务台、储物柜、餐具柜和书桌都可以挂在墙上，从而没有了家具的腿脚对空间的需求，这就是设计中的“借天不借地”（图 7-29）。

组织空间时也应考虑到，和墙体成角度布置的家具使房间没有固定的中心，看起来更佳舒适。再加上让视线可以从房间看见外面的花园、露台或自然景色将更吸引人。最后提醒，房间应该有一个相对空旷的角落，避免显得过于混乱。

对于大房间用于居住最重要的是要考虑尺度问题。可以选择厚重的家具、超尺度的图案以及大幅的装饰画，但是，陈设品不需要很大。在大件的家具奠定了房间的基本格局以后，可以用一些轻便的装饰品来补足剩余空间。

在大房间里布置太小的家具，会产生冰冷无趣的感觉。但是，和体量相比更重要的是家具组织。最好的方法就是要规划出几间不同尺度的区域，要运用建筑元素，如地板、天花板的变化，以此来创造与人体尺度相适宜的大空间；一些比较小或者是紧凑的空间，另外一些可能会是更开放的（图 7-30）会通过家具移动使彼此之间建立联系，组织布局。

图 7-28　这些线条画体现了简约与厚重的家具风格：简约风格会使房间增加空间感，而厚重的家具给房间带来强烈的装饰性。

图 7-29　圆角的壁挂式隔板只占据很小的空间

图 7-30　在 Michael Kreiss 设计的这个豪华起居室里，光鲜夺目的艺术品成了室内主角。嵌入式的家具陈设和古埃及风格的椅子将人体尺度带进这个大空间里。设计师收藏的家具陈设与织物给空间增添了温暖，并且柔化了建筑物的边角。（设计师：Michael Kreiss）

## 本章小结

在为客户做家具陈设的空间规划时，成功的设计师通常牢记以下原则：

- 设计要符合空间的功能；
- 设计要满足客户的需求并且不超出客户的预算；
- 留出足够的交通流线和活动空间；
- 遵循和空间及空间规划相关的设计原则与要素；
- 通过选择不同规格的家具可以从心理上重新认识空间。

在新建建筑项目中，和建筑师或建造者一起工作，在建筑之前优先建立尺寸与形状都合适的房间。在已经存在的建筑物中，不仅要学会利用空间分隔满足功能需要，更重要的是善于在三维空间里布置家具。

## 推荐阅读书目

室内设计资料集．张绮曼，郑曙旸．中国建筑工业出版社，1992．

人体尺度与室内空间．Panero & Zelnick 著．龚锦编译．天津科学技术出版社，1987．

现代设计词典．张宪荣．北京理工大学出版社，1998．

# 第 8 章
# 空间规划：房间与建筑的关系

图 8-1 大厅确定了空间温暖的整体基调。简洁、优雅的线条和精致的装修营造了温馨的氛围。（设计师：Gandy；摄影：Chris A. Little）

室内空间的活动主体是人，每个人在日常生活中都有独特的行为方式和共性的行为模式。对于设计师而言，要创造一个舒适的人性化室内空间，往往需要仔细分析人的功能需求，根据人的行为对室内进行分区，进而对室内空间进行合理地组织和规划。“人”是设计师不可忽略的设计因素，人的心理、性格、需求、爱好、行为等既是设计的制约条件，也是设计过程中灵感的源泉。本章主要分析住宅和商业两种类型的室内环境，讨论设计师是如何充分考虑人的因素进行室内空间的组织以及如何形成室内区域的。

在实际工作中，室内设计师常常和建筑师合作，他们共同探讨室内空间的分区、各个区域的相互关系和各自的体量大小。一个设计项目中室内空间分区往往取决于人的功能需求，室内设计师进行空间规划时，往往首先要根据功能需求来确定基本的空间区域。通常我们将室内空间分为公共区和私密区。公共区满足人们社会交往的需求，私密区则与此相反，满足人们对私密性的要求。建筑空间的墙体、窗户、门等界面都可以有效保证人对私密空间的要求，我们往往从建筑室内的平面图就可得知空间的私密程度和开放程度。以餐厅为例，“后场”是私密区，指的是厨房和储藏区域，“前场”则是公共区，主要是客人就餐区域。在商务办公室中，公共区主要是接待区和会议室等区域，而主管办公室、会计室、复印室以及其他类似的空间则是私密区。而在住宅中，卧室属于私密区，客厅和餐厅属于公共区。

## 8.1 居住建筑空间

居住建筑空间是人们生活的主体空间，它不仅能满足人们生活起居待客的需求，而且满足人们对于“家”的精神需求。这些需求的满足方式多种多样，既需要设计师创造性地运用室内空间，又受到人的复杂行为的影响。设计师需要针对客户的个体差异、生活方式、文化习俗等因素，结合功能需求和人的行为对住宅进行综合分析，协调组织各部分空间，对空间进行规划设计。按照人的私密性要求，居住建筑和公共建筑一样，可以分为公共区和私密区，而且室内的私密性可以根据主人的需求进行调整。例如，人口多的

图 8-2　暖黄色的色调不仅为传统门厅增添了家的随意也使这种典型传统风格的装饰背景看起来增加了新鲜的、非正式的感觉。(摄影：Antoine Bootz；版权所有：Southern Accents)

图 8-3　在这个庄重的传统门厅中，嵌有橡木的大理石拼花地面为空间营造了优雅的基调。(设计师：Ewing；摄影：Tria Giovan；版权所有：Southern Accents)

大家庭或许会喜欢开放的大空间，而在必要时又可将之进行调整成私密性更强的小空间。

一般住宅内的公共区域主要是门厅、起居室、餐厅等较为正式的区域，以及厨房、早餐厅和家庭娱乐室等非正式的公共区。私密区域则主要是卧室、化妆间、卫生间和洗衣房。主人如果在家办公，其书房对客人开放，则将书房视为公共区的一部分，否则，则是私密区的一部分。区域划分是住宅设计中的重要环节，经合理划分的区域会很实用，满足人们的各项需求。

### 8.1.1 公共区

人们在家中的社交活动主要是家人相聚和招待朋友，满足这些日常谈话、游戏、聚会、就餐和看电视等活动的场地是住宅中的公共区。公共区是住宅中利用率最高的区域，它的规划设计因人和家庭而有所不同，而且还具有一定的变通性。主人年龄的增长、阅历的丰富、经济地位的改变都可能引起公共区规划设计的改变。例如，儿童玩耍空间在他们长大之后可能变成家庭的公共阅读室。

公共区的设计要遵循一些基本的设计原则。第一，公共区要与厨房工作区、主通道密切相连；第二，公共区最好面向室外景观、露台、阳台等户外生活区，且通过栅栏、篱笆、墙体与室外行人有一定的视线隔挡；第三，大的开放性空间可以通过家具的摆放、天花高度的变化、地台的设置对空间进行分割且不影响视觉上的自由感和空间感，而且能满足各种社交活动的需要；第四，空间允许的条件下，可以设置两个或两个以上互不干扰的公共活动区，为不同的活动提供场所，且有助于家庭成员间的和睦相处。

#### （1）门厅

门厅是进入住宅的第一个区域，也是室外空间到室内空间的过渡区域，它不仅留给客人深刻的第一印象，而且是进入其他区域的主要通道。门厅的设计非常强调功能性，通过摆放一些家具以满足主人和客人的需求。常见的家具包括衣橱、换鞋凳、鞋柜、镜子和台面等（图 8-1 至图 8-3）。衣橱一般靠近门口，深度合适，可挂一些宽大的衣服；鞋柜则尽量宽敞，根据鞋的种类和大小对内部空间进行仔细的规划以保证空间的最大利用；换鞋凳最好轻巧耐用，高度适宜；镜子主要检查妆容，允许的话面积可大一些；台面用于放置包、手套、钥匙，可以是桌子、支架、隔板，它的设计可随空间风格而有很强的设计感，为空间增添个性。

作为住宅的主要通道，门厅通常既可通往正式的社交区域，也可与非正式的私密区域相连。门厅与私密区域连通时，它的设计要充分考虑人的视线干扰，通过一些空间界面的处理使门厅与其他区域在视线上有所阻挡，保证空间的私密性。

#### （2）起居室

起居室是住宅中人们聚集的地方，如其名字一样，为所有家庭成员和客人所使用。起居室的设计要注重气氛的营造，轻松欢快的空间能满足家庭成员交流、听音乐、阅读、放松以及其他的功能（图 8-4）。宽敞

图 8-4　这是一个门厅、餐厅和接待区巧妙过渡的设计案例。壁炉成为接待区的背景，高耸的天花、暖色调的照明、室内绿化为空间增添了舒适。（设计：Fine Decorators，Hallandale，FL/Ted Fine with Robert Perlberg；摄影：Brantley Ocean Ridge，版权所有：On Design）

的空间、舒适的座椅、柔和的灯光无疑是设计师营造适宜起居空间的利器。在起居室中，设计师会突出室内的视觉焦点，视觉焦点可以是电视机，或者是壁炉，通过织物、色彩、灯光和陈设突出它们，对之加以强调。

正式的起居室一般远离主要通道，设计师可以通过独立的门厅将人引入起居室。而且，门厅与起居室的流线应该非常流畅，门厅可以方便地通往起居室。当然从门厅到起居室的过渡空间也是设计师要考虑的重点。

(3) 餐厅

餐厅是住宅中提供人们就餐的地方，根据空间状况和主人的就餐习惯，设计师可以将餐厅设计成独立的区域或者是开放式的空间。尽管餐厅的设计强调就餐氛围的营造，但在现代家庭中，餐厅往往是多功能的，可以是家庭聚会的地方、图书室或书房。餐厅的设计风格因人因空间而不同，但让餐厅和起居室的主题、氛围保持一致，会产生愉悦的空间转换感（图 8-4）。而且如果餐厅与起居室相连，可在墙面贴上墙纸或者涂上颜色不同但相呼应的涂料来凸显餐厅氛围，或者用独立式屏风、绿化或地毯来限定独特的就餐空间（图 8-5）。

图 8-5　在这个空间改造项目中，餐厅区域通过一块东方格调的地毯加以区分，玻璃桌子光滑线条的运用更加凸显古典座椅。(设计师：Dana Maye；摄影：Erica George Dines)

(4) 厨房

在许多住宅中，厨房往往是家庭的中心——在这里人们可以准备食物、烹饪、吃饭和进行其他的交流活动。厨房的位置需要设计师仔细考虑，它最好靠近车库或入口，便于人们将货物带到家中；而且必须与正式的餐厅连通，但两个空间在视线上要有所阻挡。

厨房的布置以人体工程学为基本的设计原则，以高效省力舒适为终极设计目标，设计师要充分考虑各个因素对设计的影响，如主人的家务需求、身高情况、就餐习惯、家庭成员数量等等。基本的厨房布置形式有 U 型、L 型、岛型、Ⅰ字型、Ⅱ字型，图 8-6 对此做了一些说明。

厨房的规划通常围绕着三个工作中心展开。首先，第一个区域是冰箱和储藏区，这是厨房的准备区。设计时要预留一个至少 45 $cm^2$ 宽的台面，并使之与冰箱相连，主要用来放置物品。第二个区域是洗涤区（用于烹饪准备和洗涤），通常位于储藏区和烹饪区之间。洗涤区包括洗碗机、垃圾处理机或垃圾箱、储藏空间以及在水槽两端至少要有 45$cm^2$ 的操作台面。洗涤区域上方需要设置辅助照明，以保证足够的工作照明。第三个区域是烹饪区（灶台或烤箱、微波炉等），如果厨房设计成两人使用，微波炉和烤箱可在灶台两边分开放置，且两端留出 45 ~ 60 $cm^2$ 的空间。此外，烤箱和灶台都应该有通风设备，而且在开启烤箱门时，不能妨碍通行。

储藏区是厨房设计的关键，一个成功的厨房设计一定有宽敞的橱柜。橱柜主要用来储放食物（干货、易腐品、饭类和罐头类）、餐具（平底器皿、碟子、餐巾），洗涤用品（地板清洗剂、肥皂、纸制品、毛巾等）以及烹饪用具。可移动的设备如捣碎器、食物处理器、搅拌器、榨汁器、咖啡机和其他工作设备可以放置在较低的橱柜或吊柜。厨房内的移动设备要便于取放，而且不能占用准备食物之

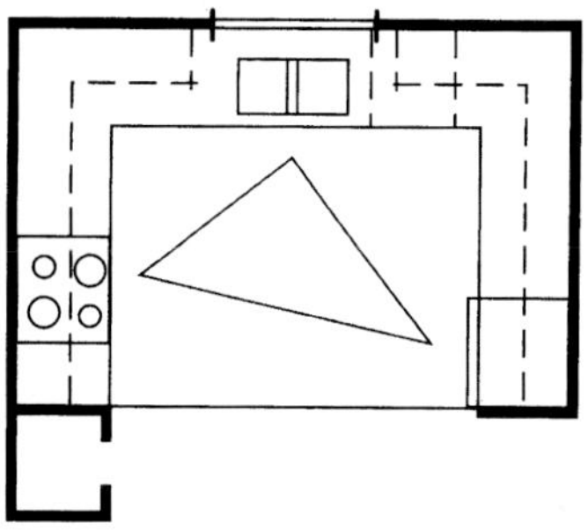

U 型厨房　通常被认为是最舒适、最有效的布局。它的工作中心不在通道上，便于布置。

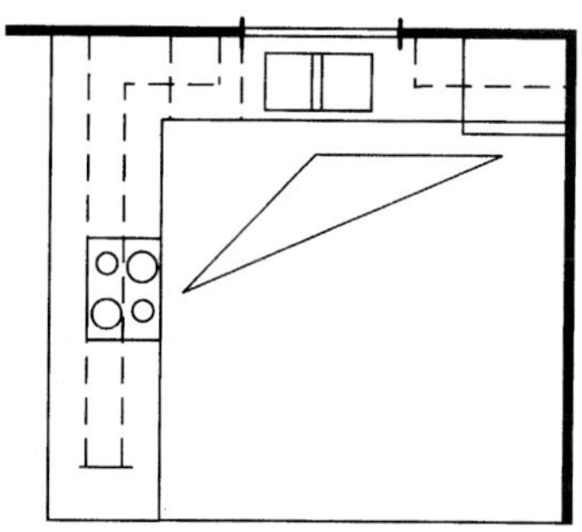

L 型厨房　由于空间内不用考虑交通通道，L 型厨房比平行布置的厨房工作效率更高一些。设计师很容易布置工作中心，正反 L 型的选择由主人的左右手操作习惯来决定。

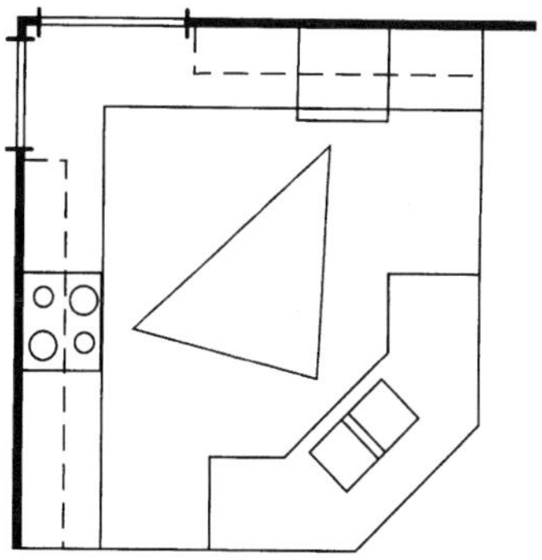

岛型厨房　与 U 型厨房的效果相近，增加出来的独立操作台可营造一个愉快的家庭交流空间，但考虑不周的话会影响空间的流线。

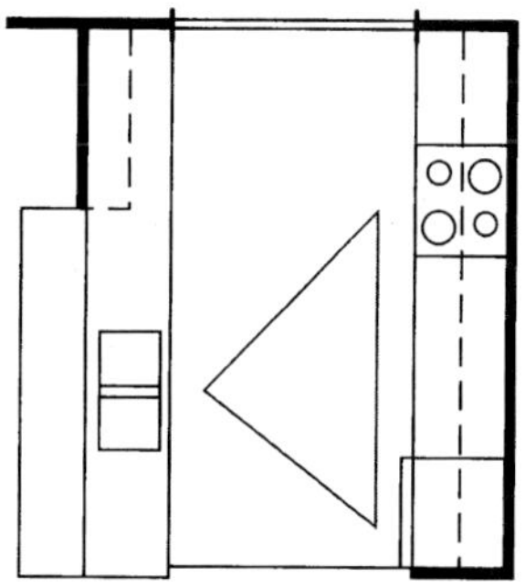

II 型厨房　流线不太受欢迎，特别是当门位于任何一个端头的时候。II 型厨房的工作中心比 I 字型厨房更容易设置，最好容纳 1 人。

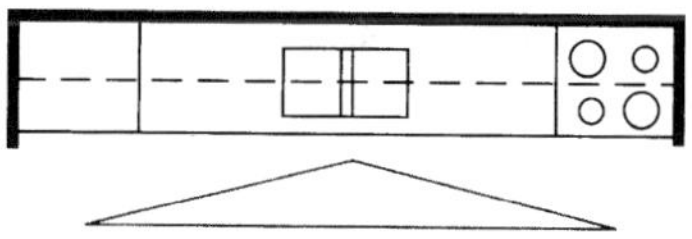

I 型厨房　利用了排设水管装置的墙面，可以隐藏在折叠门后面，不占用很多的室内空间，非常经济。通常适用于公寓和小空间。柜体空间少，工作流线长。由于炉灶和水槽在同一直边，从风水讲“水火不相容”，所以有时客户会回避这种布局的厨房。

图 8-6　基本的厨房布局

用的操作台面。

**相关链接**

厨房和卫生间协会网站　http://www.nkba.org/

厨房和卫生间商业杂志　http://www.kitchen-bath.com/kitchenandbath/ideas/index.jsp

### (5) 早餐室

在一天当中，家庭就餐有许多种模式：早上在厨房台面上吃一些简单的早饭，白天边看电视边吃饭，晚上一家人团聚很休闲地进餐。因此在有些家庭会单独设置一个非正式的就餐区用于吃早饭，称之为早餐室。早餐室一般位于厨房内，将吧台作为早餐区，配有吧凳或附属的凳子（图 8-7），随意且方便；有的早餐室靠近厨房，而且与观景阳台相连，或者有视线较好的窗户（图 8-8）。

### (6) 家庭娱乐室

随着科技文明的进步，现代人的生活习惯和生活模式发生了很大的变化，将剧院、电影院、音乐厅、娱乐中心带回家成了许多人的梦想。这促使家庭娱乐室在住宅规划中受到了人们越来越多的重视。作为家庭主要的生活区，家庭娱乐室的位置需要认真规划，一般将它设置在靠近厨房和入口的区域，可快速通往

图 8-7　这个富有流动感、格调高雅的厨房内设有吃快餐和点心的早餐吧，早餐吧强调整齐的线条和现代风格的装饰。（设计：Burns Century Interiors；摄影：Billy Howard；版权所有：Brenau University）

图 8-8　这个厨房操作区平行布置，端头有一个传统、休闲的餐厅区。住宅内的地中海风格延伸到厨房区域。（设计：Perla Lichi,Perla Lichi Design,ID 1727,Tamarac,FL.；摄影：Barry Grossman；版权所有：On Design）

室外，而且必须远离卧室、起居室和书房等安静的区域，做到动静分离。

在住宅所有房间中，家庭娱乐室需要规划完善的储物空间用来容纳棋牌桌、折叠椅、游戏软件、CD、摄像机、书，甚至屏幕和投影仪。

电视机和音响设备是家庭娱乐室中最基本的配置。良好的家庭娱乐室应该座位舒适、声光控制合适。座位要放在与屏幕中心成 30° 的空间范围内，屏幕的高度尽可能与视平线相当，并且考虑合适的灯光，使之不直接照射到屏幕上也不照射到人的眼睛，避免视觉干扰。电视机在室内的摆设可随主人的要求而定，或者设计成嵌入墙面使之作为墙体的一部分（图 8-9），或者放在移动式的架子上，使主人可从多个角度观看电视。当在一个房间内要同时摆放壁炉和电视机时，可以将壁炉和电视机呈 L 型放置（图 8-10），两者可相互呼应协调。

在家庭娱乐室中，人们不仅可以满足影视娱乐活动的需要，还可以进行就餐、玩游戏、交谈的活动，设计师在进行空间规划时，要充分考虑到这些需求，创造出一个流线顺畅、视觉丰富的流动性空间。

### （7）客用卫生间

在住宅中的公共区域，设计师需要规划一个客用卫生间，方便实用。一般客用卫生间包括坐便器和洗脸盆，可以不设置浴缸或淋浴间。本章节后面部分将重点讨论典型的卫生间布置。

### （8）洗衣房

每个家庭每天都有大量的衣物需要洗涤熨烫，在住宅中规划一个洗衣房非常必要。洗衣房根据住宅的状况可大可小，小洗衣房只能放下小水槽和脸盆，大洗衣房则设备齐全，包括洗衣盆、水池、宽敞的台面、烘干区、熨烫区、宽敞的储藏区和良好的照明。如果

图 8-9　视听设备与壁炉呈角度摆放，增添了空间的围合感。（设计：Marc-Michaels；摄影：Kim Sargent；开发商：Addison）

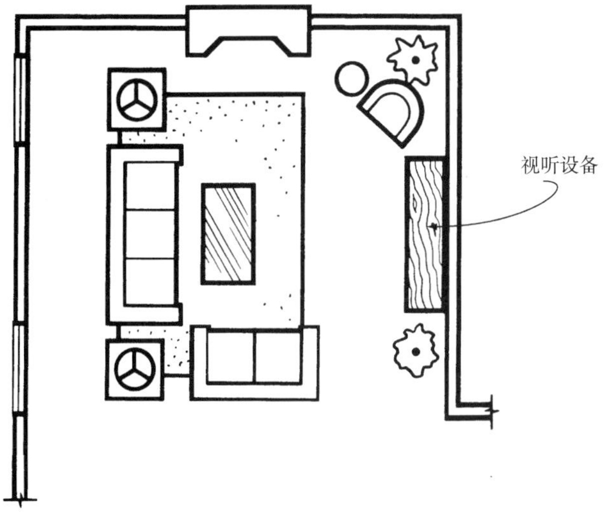


图 8-10　这个平面图是同时摆放壁炉和电视机的标准模式

是独立的洗衣房则会配置烘干机。

设计师规划洗衣房和设备区时，要考虑到功能和便利性，最好将洗衣房靠近衣帽间和卫生间。但是仍有一些规划不合理的洗衣房被“扔”在厨房或车库旁边，主人要抱着衣服上下楼梯或者穿过家中的社交区域才能到洗衣房。一些客户倾向于将洗衣区靠近厨房，以方便日常活动。

洗衣房内应该便于清洁，墙壁方便洗刷，洗涤台面防锈耐用，地板防滑。

#### （9）书房、学习室和办公室

随着越来越多的人将工作带到家中，客户常被邀请进入书房，甚至在书房会有一些采访的活动。因此书房应该靠近门厅，方便客人的进出。同时考虑到书房的性质，应该将之远离住宅中吵闹区域。如果仅是主人自己使用书房，只需将之偏离家庭娱乐室、厨房和设备房等喧闹的区域就可以了。

越来越多的家庭活动要使用计算机，计算机已成为日常家务操作的中心。在许多家庭，儿童有自己的计算机和书房。便利的手提电脑让任何台面都能成为一个办公区。

### 8.1.2　私密区

规划私密区时，最重要的是保证这些区域的私密性。常用的方法是将私密区集中规划在住宅的一侧，另一侧集中布置公共区。将私密区规划在单独的楼层也是一个不错的方法，例如，将卧室和浴室安排在二楼，起居室、厨房和餐厅安排在一楼，二楼自然就能保证私密性。有时在一些特殊的建筑中，如山坡地形的房屋，位置互换，

图 8-11　这个靠近大海的样板房，主卧室面朝大海。室内布置有写字区和轻松的交谈区。（室内：Fine Decorators, Hallandale, FL/Ted Fine with Robert Perlberg；摄影：Brantley，Ocean Ridge ,FL.；版权所有：On Design）

将私密空间放在公共空间之下，也能起到不错的效果。

（1）主卧室

人的一生有三分之一的时间在床上度过，卧室的舒适、保暖和私密性如何将直接影响人的睡眠质量，进而影响人的生活质量。主卧室是逃离日常生活、工作压力和紧张气氛的庇护所——放松和睡眠的地方，设计良好的主卧室不仅大小适中、用途多样，而且最好偏离所有其他房间，当然浴室和特殊需要的育婴室除外，以保证足够的私密性。

通常主卧室是家中最豪华的场所（图 8-11），里面有壁炉、酒吧、电视机、阅读区、交谈区、办公区，甚至还有健身区。

（2）儿童房

儿童房和主卧室一样，位于住宅中安静的区域。儿童的需要不同于成人的需要，设计师应对儿童的需求很敏感，必要时可直接与儿童交谈，了解他们对这个特殊区域的需求和愿望。当然，随着儿童的成长，他们的需求会发生变化，因此儿童房的设计最好有一定的灵活性。

儿童天性活泼好动，设计师应特别考虑他们的安全问题。在儿童房中，要避免家具的尖角，避免有坚硬边缘的台阶。玻璃、镜子、电器设备、电线和电源插座等危险物品最好不要放在儿童能够触及的地方。此外，儿童房的设计还需要充分考虑舒适性，使儿童得以健康成长。适宜的椅子、书桌尺寸有助于减少儿童不舒适的姿势，避免引起身体的疾病。

（3）衣帽间

储藏空间是住宅中很重要的部分，充足的储藏区可确保室内的舒适整洁。规划储藏空间，需要设计师对储藏物品、空间大小、空间形态做仔细的分析，使之分门别类。衣帽间是位于卧室和浴室附近的储藏区，可以设计成独立的步入式空间，也可以是壁橱式的（图 8-12）。衣帽间存放的物品多而杂，衣裤、鞋帽、领带、珠宝、被子、席子、行李箱等物品要分门别类地存放

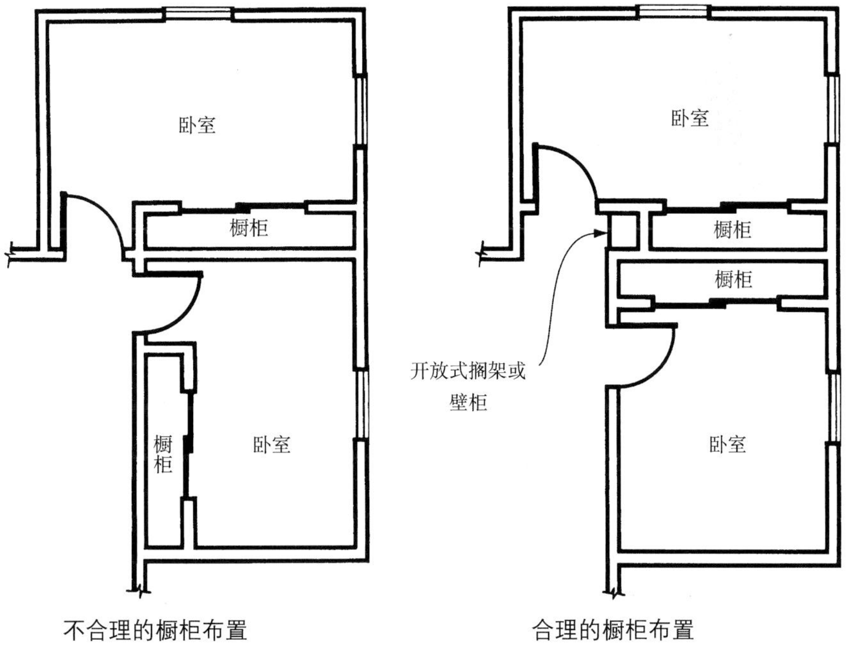


图 8-12　合理与不合理的橱柜布置

图 8-13　在这个现代改造项目中，设计师在主卫生间打造了一种花房的效果。（设计：T.Duffy 公司；摄影 @Robert Thien）

整齐，对设计师而言具有一定的挑战性。

（4）客房

现代人的住宅相比以往狭窄一些，在住宅中设计专门的客房显得比较奢侈。但是，如果空间允许，设计一个温暖而舒适的客房还是很有必要的。在客房的内部，交通流线应围绕着床展开，并摆放阅读和看电视的座椅。此外，还应设置有放衣服和其他个人用品的橱柜，为客人营造一个属于自己的个人空间。

客房应与浴室相通，远离活动区域和私密区。客人可以方便地进到厨房或家庭娱乐室等其他公共区域。

（5）卫生间

自 20 世纪初以来，卫生间的设计发生了很大变化。最初，人们使用共用的卫生间，这种卫生间一般处于厅的端头。随着人们对私密性要求的增加以及生

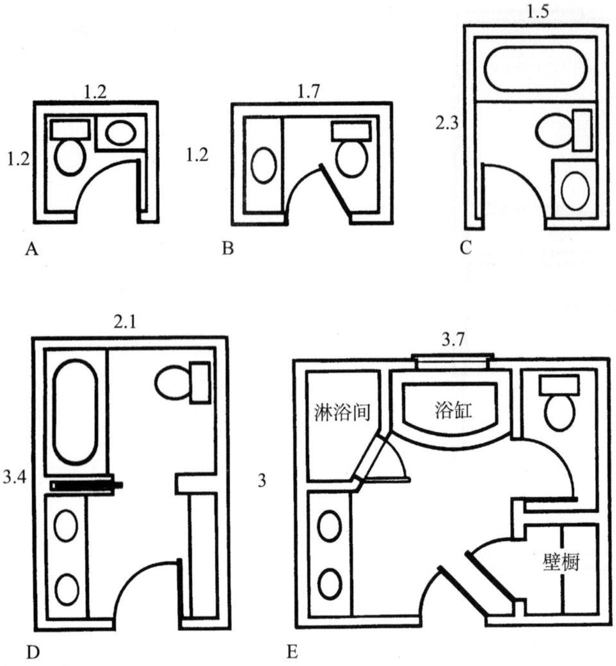


图 8-14　典型的卫生间布置。A 很紧凑，适用于附近有橱柜的卫生间。B 相比 A, 是更好的解决方案。C 是最紧凑的三件套布置。D 是针对面积更大的主卫生间的设计方案，比较常用。E 是一间高级卫生间的图解说明。（单位：m）

活条件的改善，卫生间成为卧室的个人附属空间。如今的卫生间，既实用又豪华，配有各种豪华的洗浴设施：旋涡浴池、桑拿浴、水疗等（图 8-13），而且与采光顶棚、花园、露台相连，将室外景观引入室内。

卫生间的标准设备包括浴缸、坐便器和台盆三大基本设施，有时会额外设计存放毛巾、药品、美容用品和洗涤用品的橱柜以及专门放脏衣服的地方。主卧室常常设有两个台盆、浴缸和淋浴间。浴缸可放在房间里的任何地方，包括房间的中央，可以是任何形状、任何设计、任何颜色和任何尺寸，有时甚至将浴缸靠着视野宽阔的大窗户摆放，让主人享受身体沐浴的同时享受窗外的美景。设计师一般将浴缸设计成下沉式的，这样比较安全。拾阶而上的浴缸在潮湿时很容易滑倒。图 8-14 是一些常见的浴室平面布置。

相关链接

美国厨房和卫生间协会网　http://www.nkba.org/

卫生间设计　http://www.abathroomguide.com/html/bathroomdesign.htm

## 8.2　公共建筑空间

和住宅建筑一样，公共建筑空间同样分为私密区和公共区两大类。图 8-15 至图 8-19 是一个成功的办公室设计案例，本章节将以它为例进行详细说明。这里要强调的是，目前国际上办公空间与酒店空间的环境标准区别越来越接近，在一幢办公建筑中往往都分为普通办公区和精品办公区。设计重点也从过去的总经理办公室、接待室和会议室逐步转向公共区域，如电梯厅、走廊、咖啡吧。由于访客到达这些区域的频率高，所以成为体现公司形象的重点。

### 8.2.1　公共区

顾名思义，公共建筑中的公共区是面向所有客户开放的地方，客户可以方便地在公共区通行、办事和等候。公共区的设计要体现其公共性和开放性，不仅要让客户感觉舒适宜人，而且客户的活动不会对私密区产生干扰。

#### （1）接待室

办公空间的接待室是比较重要的门脸，良好的设计不仅能体现公司的企业文化，给客户留下深刻的第一印象，而且可为客户提供良好的服务。接待室一般包括等候区和前台工作区。在室内规划时，接待室的位置要适宜，一般与前厅连接，并且靠近会议室，便于工作人员进入办公区（图 8-15 和图 8-16）。高级接待室与咖啡厅相连接，客人等待时，工作人员可为他们提供点心，甚至提供存放衣服、雨伞的储藏空间。

#### （2）会议室

会议室是办公空间中正式的公共区，它是企业集体决策、谈判和员工会议的场所。一般会议室可以直接通往接待区（图 8-16）。正式的会议室通常规划设备房，用于隐藏视听设备。

### 8.2.2　私密区

办公空间除了有正式的公共空间，还有一些私密

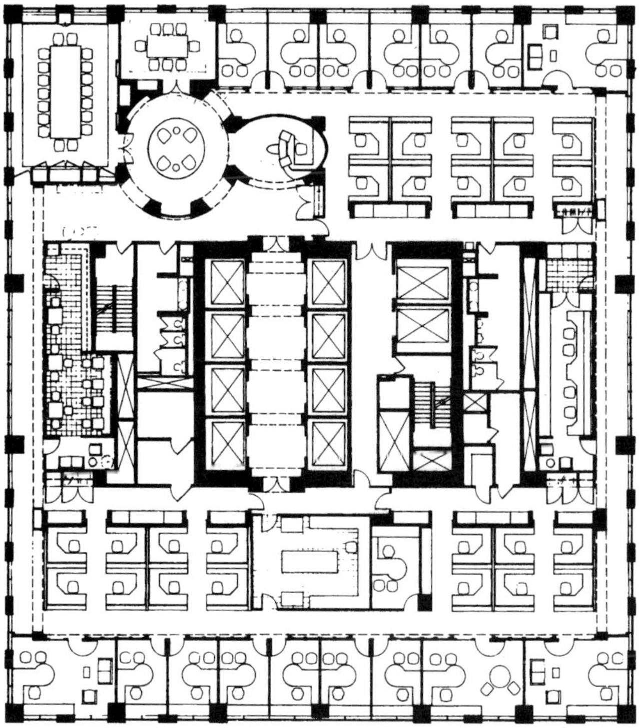

图 8-15　放射型大厅界定了空间并为整个办公室定下基调。(设计：VOA 公司；摄影：Steve Hall/Hedrich-Blessing)

图 8-16　两个会议室位于接待区的外面。(设计：VOA 公司；摄影：Steve Hall/Hedrich-Blessing)

区。由于办公空间的特殊性，虽称之为私密区，但更准确地应称为“半私密区”。因为与住宅建筑中的私密区相比较，这些区域仍具有一定的公共性，客户因为工作需要往往会光顾它们。

### (1) 办公室

办公室是主要的办公场所，其设计随着时代的发展不断地发生变化。最早的办公室是封闭式的，总经理或经理在一间单独的房间办公，秘书则在外面单独设置的办公室办公。其他的职员安排在一个大房间里工作。到 19 世纪中叶，出现了开放式办公室，所有的员工、经理和工作人员在一个开敞的空间办公，并采用可移动的隔板和家具将空间进行围合。随后办公空间的设计又转向开敞式和传统型相结合的方式。普通员工的办公室仍采用开敞式空间，根据部门工作职责，设计成弹性的空间。而高级管理人员可以是单独房间，包括秘书室、小型会议室、办公室、卫生间和休息间。高级管理人员办公室通常位于建筑的私密区域，往往设在建筑的顶层（图 8-17）。

办公室一般位于安静区域，其内部设计要综合考虑工作性质，选用合适的工作设备和家具，从而营造一个舒适轻松高效的工作环境。

### (2) 开放式办公室

和封闭式办公室一样，开放式办公室也远离喧闹区（图 8-18），其内部往往根据工作部门进行规划。这种开放式办公室弱化了等级观念，便于员工之间的交流与合作，提高了工作效率，缺点是缺少私密性。

### (3) 秘书间

秘书或行政秘书一般为许多人提供服务，他们的工作区域必须靠近复印区、文件区和储藏区。

图 8-17　高级管理人员办公室位于主要公共区域视线不及的地方（设计：VOA 公司；摄影：Steve Hall/Hedrich-Blessing）

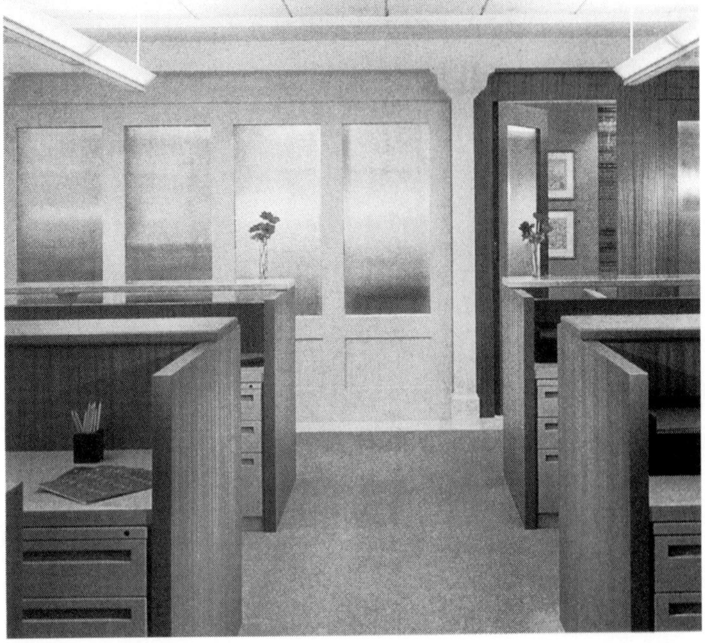

图 8-18　开放式办公空间（设计：VOA 公司；摄影：Steve Hall/Hedrich-Blessing）

图 8-19　辅助区域位于中央与公共区分隔开，这些区域同样具有贯穿整个办公室的统一特征和经典细部设计。(设计：VOA 公司；摄影：Steve Hall/Hedrich-Blessing)

(4) 附属区

附属区主要包括复印区和传真区，它们一般位于较中心的区域以方便员工使用。有污染和噪声大的复印机和打印机要规划单独的区域，不能影响员工的安静工作。

(5) 咖啡吧

咖啡吧是办公空间中的休闲区，员工边喝着咖啡边轻松的聊天，往往在不经意间会有思想碰撞的火花，产生出好的点子。咖啡吧的大小很大程度上取决于客户的需要，但无论空间大小如何，其空间规划是一样的。咖啡吧一般与公共区域分隔开来，并且需要做些隔音处理。此外，由于大多数咖啡吧需要水槽，因此将它们安放在靠近水管的流线上（图 8-19）。

(6) 卫生间

在商业空间中，卫生间的位置是由管道布局决定的。高层建筑中的卫生间位于服务于整个楼层的核心位置，服务于整个楼层。在较小的办公室中，卫生间应该位于公共区域和私人区域之间，同时满足员工和客户的需要。卫生间的设计水平越来越成为写字楼档次的标志。

# 8.3 分区基本原则

无论是为住宅客户还是商业客户做设计，设计师都应考虑空间区域划分的原则。

## 8.3.1 空间设计原则

设计师规划空间或布置家具时的要点如下：

第一，通过合理的空间规划调整房间的比例。例如，将长而高的空间划分成小空间，同时降低顶面高度，地面配置毛毯，可以塑造亲密氛围（图 8-20）。另外，通过家具与墙面垂直布置，可以创造更小的使用空间。

第二，房间的比例很大程度上受陈设的影响。家具比例必须与房间比例一致。如果家具太大，房间会显得拥挤；家具若太小的话，房间则显得空荡且不吸引人。

第三，陈设应该均衡摆放。厚重的家具摆放在大的建筑特征如观景窗和壁炉的对面，而坡屋顶房间的厚重家具应该靠高墙摆放。

第四，通过高低错落的家具取得平衡。房间内全是高的家具会让空间显得沉闷，而全是低矮的家具则让空间看上去低矮，像是为儿童设计的一样。

第五，家具布置节奏可让人视线舒适转换。直背餐椅或茶几的重复运用增加了空间的连续性，人们可顺着连续的台阶从起居室进入餐厅。建筑细部、家具和地毯形成了一个坐标轴，将人们指引到恰当的地方（图 8-21）。在办公楼、酒店、机场走廊改建时应采用对称布局，来帮助顾客增加方向的识别性。相反，在一些商业设计中应该有意识地改变这种对称、重复设

图 8-20　在这间正方形的房间，一块长方形的地毯增加了区域感，同时调整了房间比例。

图 8-21　位于购物中心的这家咖啡厅内，设计师通过建筑轴线、天花和照明的强调，将客户引导至主要的接待台。（设计：Engstrom 设计公司；摄影：Greg Murphey）

图 8-22　这个位于温哥华威斯汀大酒店的总统套房，是设计原则和设计元素协调运用的很好实例。温暖的基调、柔和的照明和现代陈设非常统一。点缀的黑色、大片的窗帘营造了戏剧性和富有变化的效果。（设计：NBBJ 公司；摄影：Assassi Productions）

计的方式，形成流线利于走动。

第六，所有房间必须有一个视觉焦点。视觉焦点可以是服务台、绘画、雕塑、咖啡桌，也可以是一个全景。在许多房间中，主要的会议室、接待区和起居室，以及比较大的房间也是为视觉焦点服务的。一旦房间的视觉焦点被确定，它应该符合装饰和走廊的布局。

第七，设计师进行空间规划时，如果综合考虑空间的统一性和差异性，就能做到设计的和谐。办公室是需要桌子和椅子，而起居室需要沙发和边几，洗手间应该位于卧室附近，接待室应该位于入口附近，正是这种室内空间的一些典型的陈设和房间布局让客户在空间中感到舒适，而墙、椅子、饰品、建筑元素的综合运用，会加强房间的气氛，增加客户的兴趣（图 8-22）。

## 8.3.2　空间和流线组织

办公空间的室内流线应该顺而不乱。所谓“顺”，指的是导向明确，通道空间充足，区域布置合理。在设计过程中，设计师可以通过草图的方式对室内流线进行分析，模拟内部员工与外来客户在室内的行走路线，看看是否有交叉和是否顺畅。

设计师在规划满足客户需求的空间时，要把握以下空间流线的组织原则。

第一，住宅和办公室的风格可以指导房间布局。有些客户喜欢采用分区明显的、稳妥的室内设计，以取得形态平衡的空间。有的客户则喜欢室内分区模糊，采用开放式的区域规划。

第二，要有足够大的地面、墙面空间来确保能放置大件家具以及搁架、档案以及艺术品。空间的相互联系离不开门的设置，但门不能占用每一面墙，否则会影响空间利用和整体感。

第三，通道不能横穿谈话区、观看电视的区域、工作区以及厨房区域。

第四，每一个房间都应该有直接采光的窗户，自然光线让人们感觉舒适，工作自在。但贮藏室、衣橱、橱柜、浴室、档案室、影院，以及一些类似的场所不应有自然光。

第五，窗户的设置不能影响墙面的利用，同时使窗的开启和关闭便捷，而且易于清洗保养（图 8-23）。

第六，走廊的端头应该是一面墙或者空间的视觉焦点，而不是房门。

第七，人们从入口处不能看到卫生间、卧室、厨房、早餐厅、复印室、办公室等私密空间。

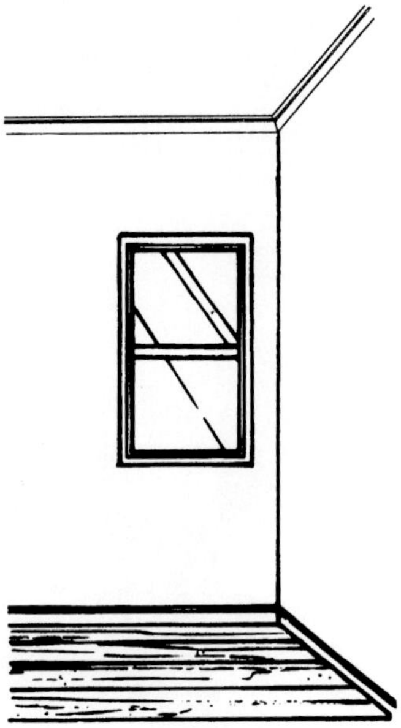
设置不合理的窗户位置

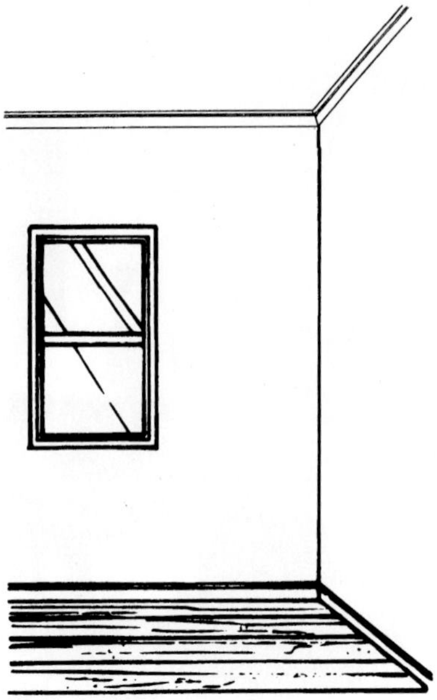
设置合理的窗户位置

图 8-23　窗户位置

第八，无论住宅建筑还是办公建筑都要有足够的储藏空间。

第九，管线综合设计可以节省成本，如水平管线的分层设置，竖向管线的集中布置。

第十，考虑到房间的整体性，辅助区域如壁橱、楼梯或卫生间不应该突出房间形成不规则形状（图 8-12）。

第十一，设计师必须遵守当地的建筑法律法规，避免在设计过程中方案因此而更改。

第十二，设计师应考虑空间未来的需求，一个好的方案能有效地解决今后室内规划的调整需求，通常称为潜伏性设计。

### 8.3.3　空间与环境

建筑师和室内设计师不仅要了解建筑物本身的情况，还应该了解其周边环境并对之进行分析。例如，进行住宅选址时，设计师对周边学校的资源配置、交通便捷性、警察和消防部门的应急措施、邻居的素质、公共市政设施（水、下水道、能源、垃圾站）的完善、出租户数量等因素要做综合地分析。

所有的客户都想生活在一个充满阳光、流水、空气、树木，景色优美的环境。“可持续性设计：空间规划的经济性”提出了空间规划和场地选择的标准。

#### 可持续设计

空间规划的经济性

可持续性环境一个最重要的方面就是建筑布局与自然的良好结合。以下绿色设计的标准要点能促使设计师认真地选择材料种类和能源方式。

- 建筑外形越简单建造成本越低，也就是说建筑体形系数尽可能小。建筑平面的凹进或突出都会增加建造的成本，如图 8-24 所示。相同面积的两层建筑与一层建筑相比，会消耗更少的建造成本，因为屋顶和地基同时为两层空间所用，而且建筑二层起到夏天隔热和冬天阻挡冷空气的额外作用。

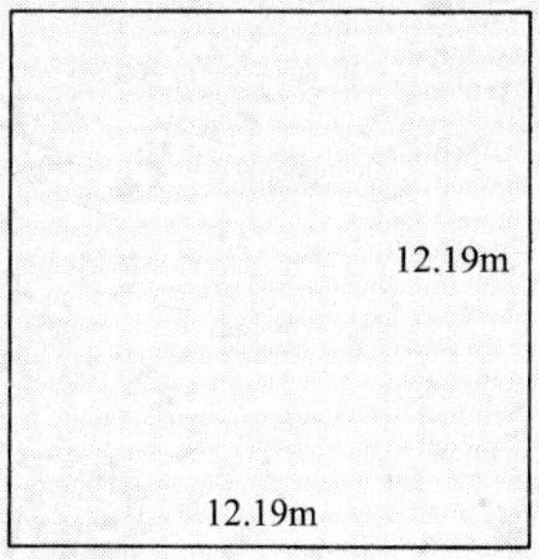


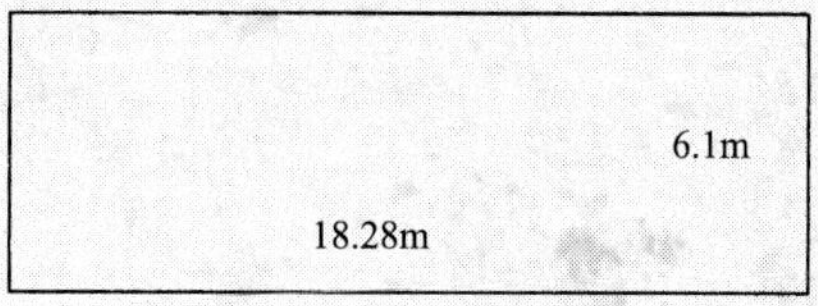


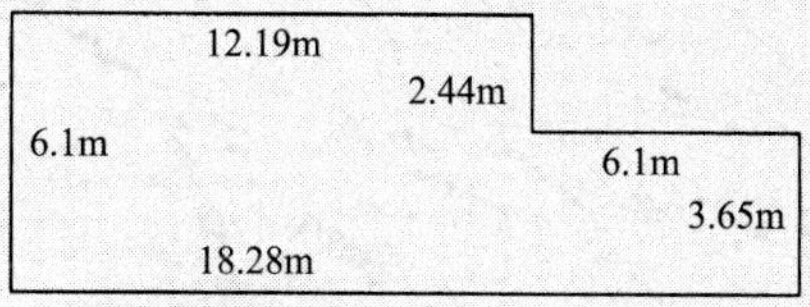


图 8-24　成本和面积。通过三个外墙长度相同的围合体，说明了随着空间平方数的变化，单位平方造价是如何增加的。

- 必要的建筑保温隔热能减少取暖的成本。应该达到相应的节能设计规范要求。
- 充分利用气候条件进行选址能节约取暖和空调的费用。例如，在冬日主人希望阳光洒在墙和大窗上，但在夏天却要求建筑有遮挡大面积的玻璃，使午后阳光不进入室内 ( 图 8-25)。

图 8-25　出色的设计：屋面将 12 月温暖的阳光洒进室内，将 7 月酷热的暑气阻挡在室外。

- 好的建筑选址能减少从道路到住宅的水、电、燃气等公共事业的支出费用。
- 中央集中的供水可节约能源。卫生间一般背靠背布置，如图 8-26 所示，或者上下层布置。厨房和公共用房的水管布置可利用同一条主要的水管。
- 壁炉的布置与烟囱相结合（图 8-27）。

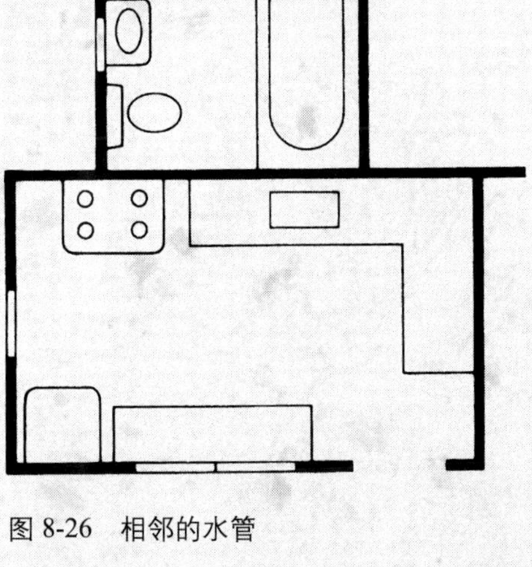

图 8-26　相邻的水管

图 8-27　两个壁炉可共用一个烟囱

- 建造房屋所在地的材料，称为“本土材料”，使用它们可节约建造成本。
- 要考虑建筑材料循环使用中的费用，这种费用称为生命周期成本。有些早期花费较多的项目长期看来却是最经济的。例如，砖比框架外墙成本高，但它不需要涂饰，而且砖墙建筑再出售时的价格往往高于同样的木构建筑。硬木栏杆比松木栏杆费用高，但松木栏杆很容易损坏，很快就要更换。这样使用松木栏杆加起来的费用比使用硬木栏杆要高。

**相关链接**

能源协会 http://www.southface.org/

美国太阳能组织 http://www.ases.org/

国际太阳能组织 http://www.ises.org/ises.nsf !Open

太阳能工业协会 http://www.seia.org/

可持续性设计的一个简单原则是设计满足客户需求的空间，而且空间不要“太大”。建筑师 Sarah Susanka 将“不需太大住宅”的概念进行了普及推广。许多“不需太大”的设计哲学遵循可持续设计原则，其总体目标是创造高质量的室内空间，而不是追求数量（图 8-28 和图 8-29）。其他的设计原则包括：表现客户的个性，关注细节，所有空间日常都会使用，定制产品以满足多功能需求，设置个人的私密空间，有对角线的景观和中心区景观，壁龛装饰和靠窗的座位，引入自然光和室外景观，类似于船艇或优质房车的有效利用，引人入胜的住宅入口（不通过洗衣房）。

**相关链接**

“不需太大住宅”网站 http://www.notsobighouse.com/

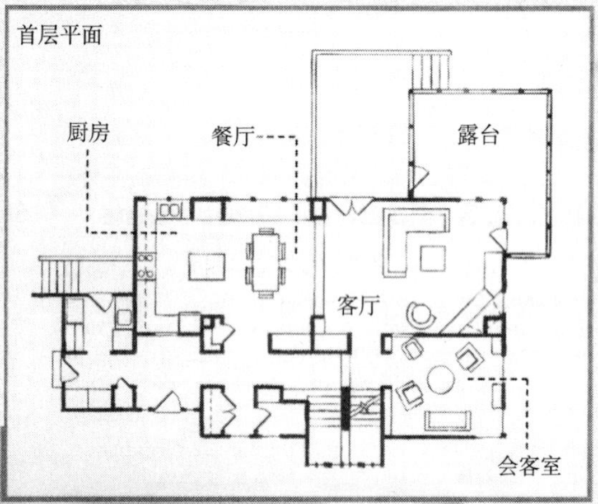

图 8-28 和图 8-29　这个住宅中显然运用了一些“不需太大”的设计原则。请注意家庭入口是如何与主要的前厅入口相连的。偏离的房间很安静，既可是非正式的公共空间，也可是正式的公共空间。宽大的窗户将室外与室内联系起来。壁龛、窗前座位和定制的橱柜，用来满足家庭需要，且空间利用率高。（版权归 Tauton Press 所有）

# 8.4 住宅建筑平面分析

住宅设计的平面有多种形式，图 8-30 列出了其中的一部分。设计师为了更好地为客户服务，应该记住以下一些设计要点：

（1）住宅选址时应该强化室外景观的效果。比如正方形、矩形很难创造出这种好的视觉效果，它们与 L 形等有角度的形状相比缺少了吸引力。

（2）建筑平面每增加一个角度，增加一个凹进突出，其建造成本都将随之增加。

（3）平面的形状会影响人们在室内的活动组织。例如，因为正方形平面不够灵活，设计师划分功能区域时会比较困难。

（4）与正方形或长方形平面图相比，多边形平面更加容易设计。

（5）随着建筑平面长宽比的增加，供热和供冷系统的成本会增加，但空间的采光和通风效果会更好些。

（6）长宽比的增加，反映在建筑平面中就是两翼侧厅数量的增加，这样内部空间延伸区域增大，就需要增加采光和照明，以及空气流通。

（7）有一些平面类型能够为家具布置提供有趣的方案，如 T、U、H 和回字型平面。

（8）T、U、H 和回字型适用于室外庭院的布局，但正方形不行。

（9）从审美角度来看，车库应通往住宅的侧门，而不是正门。但这种布置方式占地面积更大，建造成本也更高。

## 8.4.1 正方形平面

正方形平面是一种集优缺点于一身简单而成本较低的空间形式，这一点与长方形平面类似。大多数设计师需要通过创意地运用设计元素，尽量去减少或改变这种方盒子形状（图 8-31）。规划正方形平面时，要考虑的因素如下：

第一，正方形平面只有四个角，建造费用最低，它的费用主要用于屋顶和地基。

第二，房间的布置要流线顺畅。对设计师来说，确定正方形平面中入口和门的位置是最难的。

第三，好的平面设计应该提供足够的采光和通风，这恰恰是正方形平面问题所在。正方形平面四边距中心距离较远，所以，室内的采光和通风往往不足。往往通过在中心设置天井的方式解决采光、通风问题。

第四，正方形平面缺乏趣味性，设计师需要通过景观设计，或者平面旋转一定的角度形成斜线或钻石型平面。

第五，正方形平面的内部分隔受到许多条件的限制。

图 8-32 所示的基本正方形平面包含一些常用的设计技巧，例如：建筑设计考虑到房间面向海景，窗户设计应提供面向海洋的最佳景观；车库可以通过相连的建筑所围合而增加便利性；在别墅中公共区和社交区的明确分割是很重要的；将橱柜和储藏区域融入到设计方案中；第一层和第二层的卫生间设置在上下层的同一个区域，便于管线集中配置和节约层高；增设后面的楼梯提供直通二层和三层的第二个出入口。

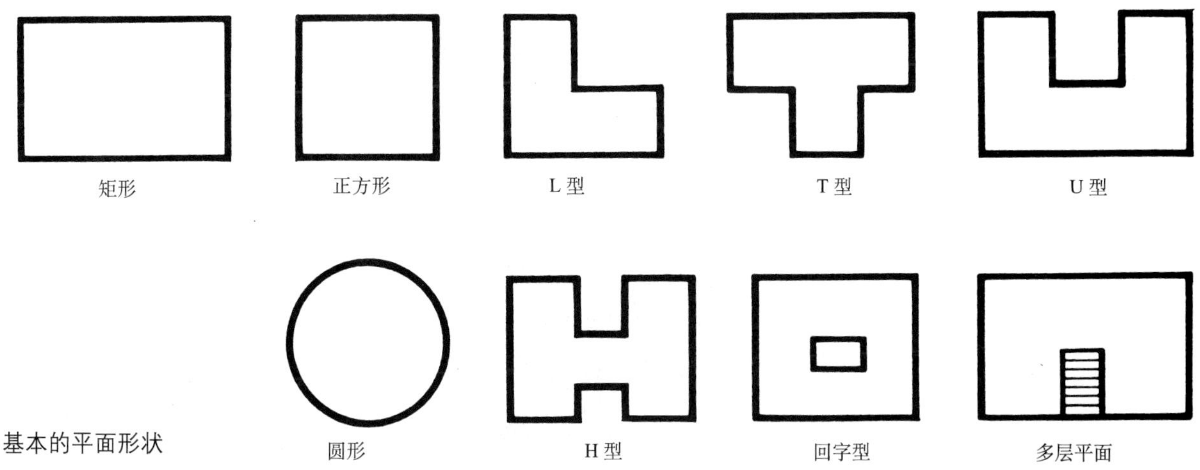


图 8-30　基本的平面形状

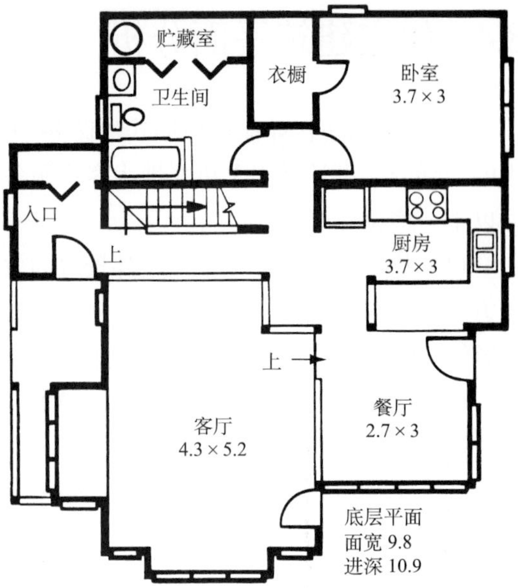


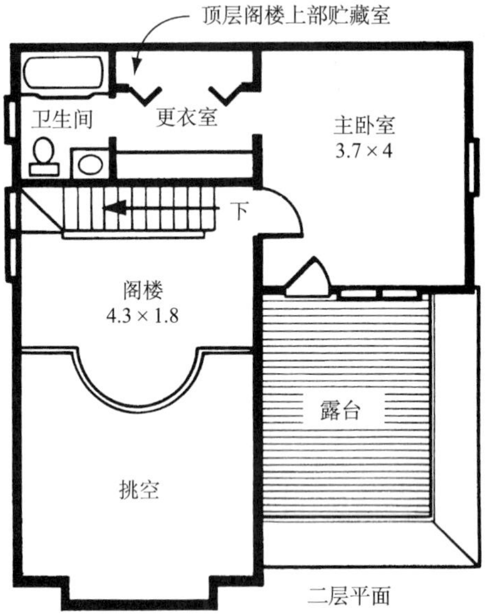

图 8-31　相对较小，面积不超过 120.8m² 的建筑平面，以方形为基础，有效地利用了空间。高耸的起居室天花增添了空间的宏大感。(单位：m)(设计师：Wolf-Lyon Architects)

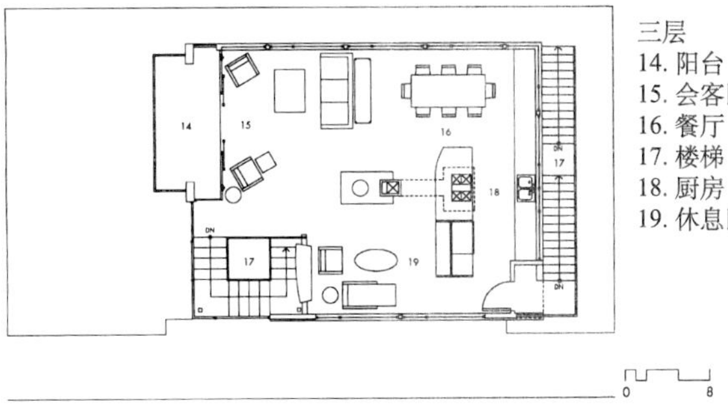

三层
14. 阳台
15. 会客区
16. 餐厅
17. 楼梯
18. 厨房
19. 休息区

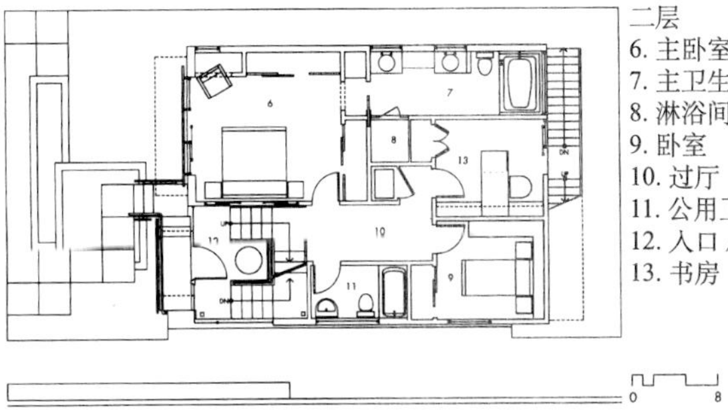

二层
6. 主卧室
7. 主卫生间
8. 淋浴间
9. 卧室
10. 过厅
11. 公用卫生间
12. 入口／楼梯
13. 书房

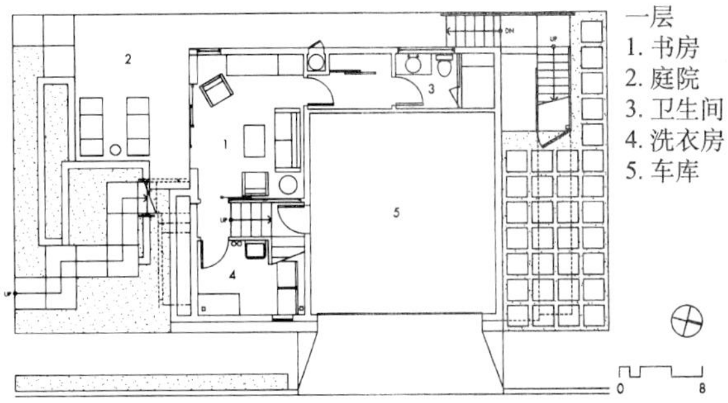

一层
1. 书房
2. 庭院
3. 卫生间
4. 洗衣房
5. 车库

图 8-32 A　这个独特的平面很好地适应了场地情况。为了看到最美的海景，设计师将公共区域位于上层。开放的楼梯将各个楼层连接，橱柜、储藏空间和卫生间没有破坏空间的整体感。(设计：Rockefeller/Hricak Architects；摄影：David Glomb)

图 8-32 B　主卧室内定制的双人床放置在一排百叶门前面，百叶移门可以推开，完全可以看到楼梯井和其他延伸区域。(设计：Rockefeller / Hricak Architects; 摄影：David GlomB)

## 8.4.2 矩形平面

矩形是最简单和最常见的平面，平面形状越偏离矩形，其花费成本则越高。每一个凹进突出和额外的坡顶都意味着要增加额外的建造成本。图 8-33 是一个矩形平面，它有以下的特点：

第一，门厅是室内交通路线规划的起点。

第二，恰当地划分基本的私密区与公共区，并且使他们处于便捷的位置。

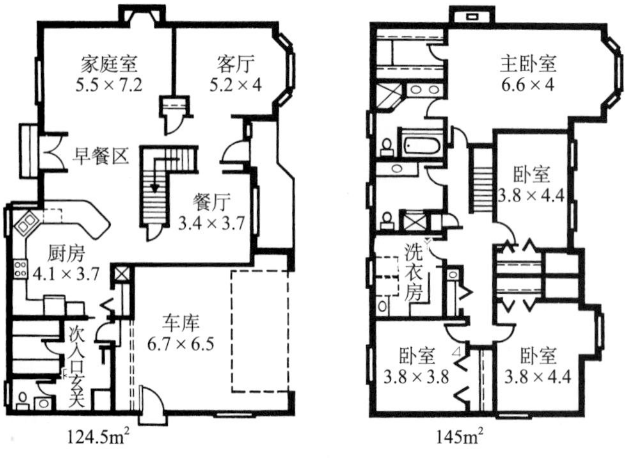


图 8-33　基本的矩形平面，设计有一些凹凸和凸窗，增加了趣味性。(单位：m)（版权所有：Knight and West Construction）

第三，私密区的水管要相互临近，减少噪声影响的范围。

第四，窗户和洞口要有足够的通风和采光。

第五，家庭室可以很方便地通往室外和厨房。尽管壁炉偏离室内中心，位置尴尬，但在同一堵墙的地方形成了娱乐中心。

第六，从厨房、设备房到室外和车库的流线很通畅。

第七，提供不少于使用面积 8% 的储藏空间。

第八，车库位于住宅侧边且在门廊处增加一个通往车库的门。

## 8.4.3 多层平面

多层平面提供两层或更多的生活空间，从图 8-34 可知这种平面的特点：

第一，减少了平面上很多不必要的凹进与突出。

第二，两层平面使室内各种区域更加容易组织。

第三，门厅设计了一条贯穿住宅的通道。

第四，门窗的位置布置恰当。

第五，过道应当使出入便捷，对大家庭而言，楼梯的尽端设计尤其重要。

第六，通常橱柜和储藏区的设计不能影响房间的基本形状。

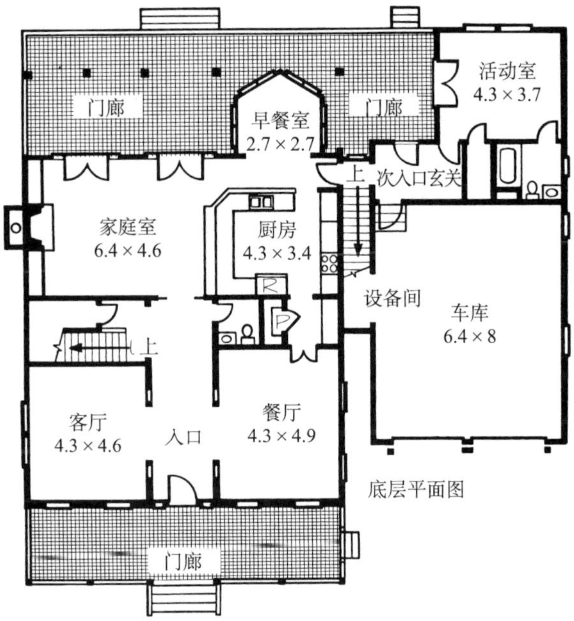


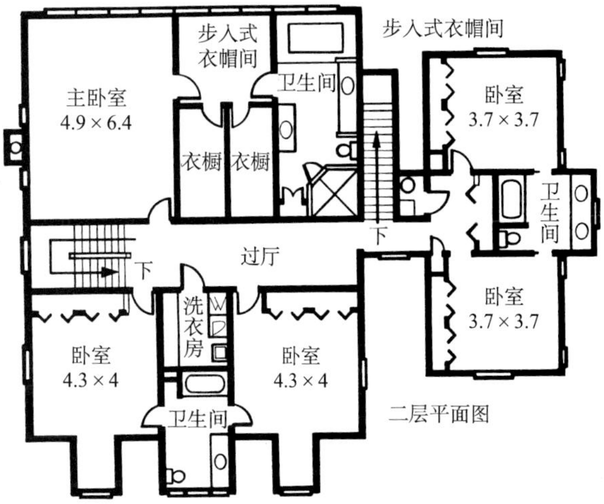


图 8-34　设计合理的有 5 个卧室的多层住宅。(单位：m)(设计：Cooper Johnson Smith 建筑设计公司)

第七，洗衣房放置在楼上，并选择了恰当的位置。

第八，由于是矩形平面，如果场地允许，车库门可改为侧开。

## 8.4.4　T、U 和 H 型平面

T、U 和 H 型平面与矩形平面相比延伸了室内空间，它们的优点是房间有更多的可变性，喧闹区和安静区可轻易区分开来，室内交通流线更加顺畅，增加了更多的自然采光、通风和室外美景。这种平面的缺点是增加了取暖制冷的设备成本和地基、屋顶、凹凸面的土建费用，而且占地面积更大。图 8-35 是典型的 U 型平面，它有分区设计的卧室。

## 8.4.5　L 型平面

L 型平面（图 8-36）是在矩形平面基础上对空间做一些延伸，空间变化更多。L 型平面有如下特征：

第一，平面要满足功能空间配置的基本需求。

第二，设计吸引人的中央入口。

第三，通过家庭室与厨房相连，创造非正式的活动区。

第四，车库门设在住宅的侧边，并有通往厨房的方便之门。

第五，二楼卫生间位于公共区和私密区之间，位

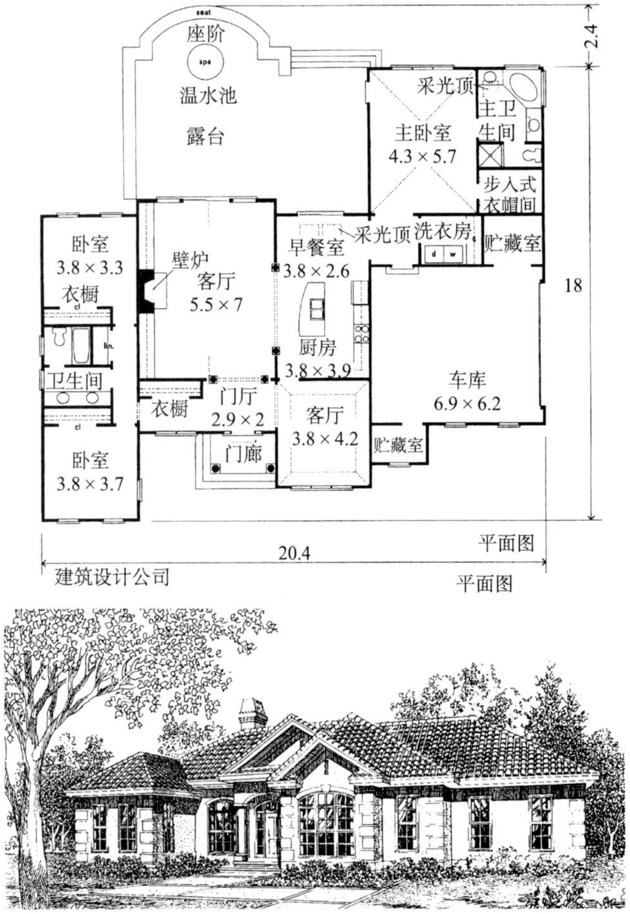


图 8-35 设计合理的 U 型平面，有分区的卧室，这一点类似图 8-36，但它的平面变化更多。(单位：m)(Donald A.Gardner 建筑设计公司)

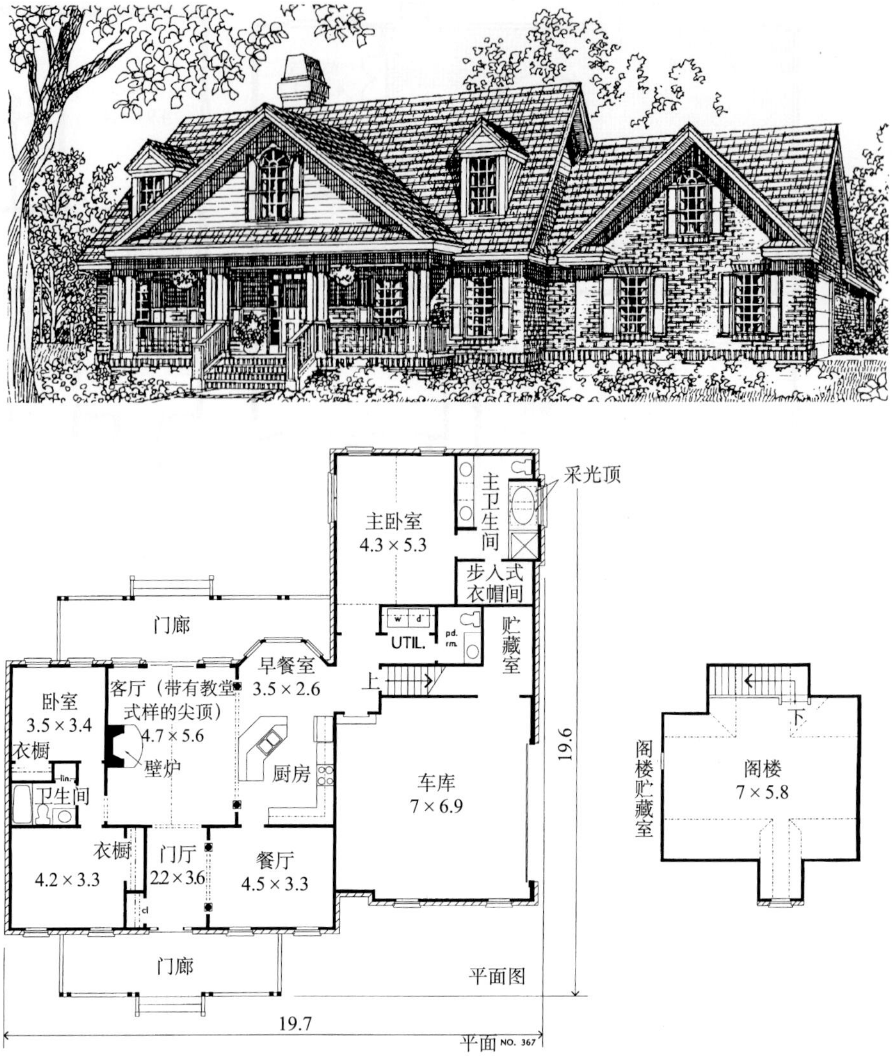


图 8-36　设计合理的 L 型平面，成排柱子的门廊为空间增添了个性。(单位：m)（Donald A.Gardner 建筑设计公司）

置恰当。

第六，厢房／耳房远离公共区。这种分开的卧室形成更多的私密空间。

第七，橱柜的位置需要做适当的考虑。

第八，吧台设在家庭室便于主人吃快餐，独立的餐厅主要进行正式的就餐。

第九，顶层房间不仅可以满足大家庭的需求，还可以有多重功能，甚至可以作为办公室。

### 8.4.6　中庭平面

古罗马人经常使用带有内部庭院的中庭平面（图 8-37)，而今在气候宜人的区域仍被普遍使用。庭院作为整个住宅的中心焦点可以完全封闭，或者围合成 U 型平面。

### 8.4.7　圆形平面

圆形平面通常被认为是最不合适的形状，因为圆形的设计会带来很多问题。但是如果设计合理的话，这种与众不同的设计会形成独特的空间。图 8-38 是一个设计巧妙的圆形平面。

### 8.4.8　阁楼平面

在城市和近郊地区，空置的仓库和工业建筑正在被改造成公寓。这是保留历史建筑的适应性运用方法，历史建筑的改造在城市的更新中起着非常重要的作用。这些翻新扩建的建筑形成了一种独特的住宅空间，它们的主要特征是高大的天花、宽敞的空间、天窗、外露的建筑结构件（图 8-39)。

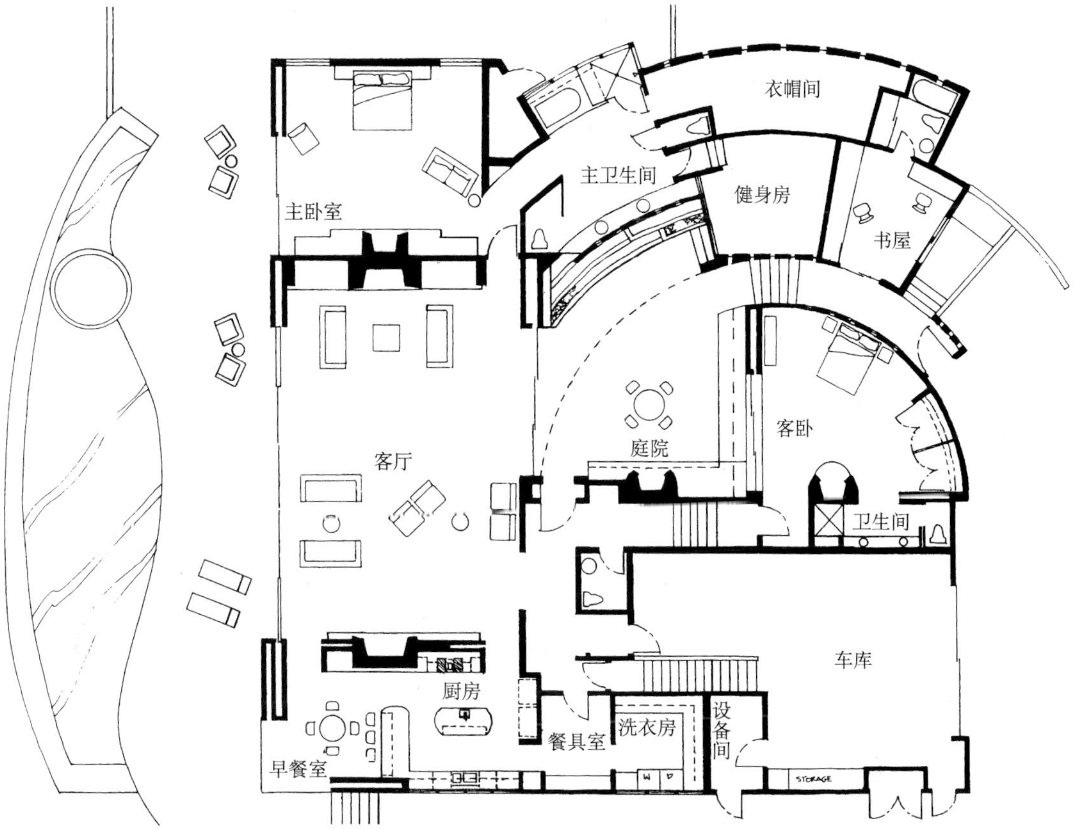

图 8-37　在这个中庭平面中，建筑师和室内设计师创造了一个独特的、强调海景的平面布局。作为餐厅的开放小院作为餐厅，同时将海景引入客卧。嵌入式壁炉、弯曲的墙体和变化的天花高度增加了海岸线的轮廓和清晰感。客户的个人艺术收藏品通过精心地摆放和恰当的建筑照明被凸显出来。（设计师：Mindy Meisel；建筑师：Ken Ronchetti Designs；摄影：Christopher Dow）

图 8-38　一览无遗的室内空间充满一种流动性和动感。椅子靠背、橱柜和天花细节不断重复曲线形的设计。(设计师：Brukoff 设计协会；摄影：Richard Barnes)

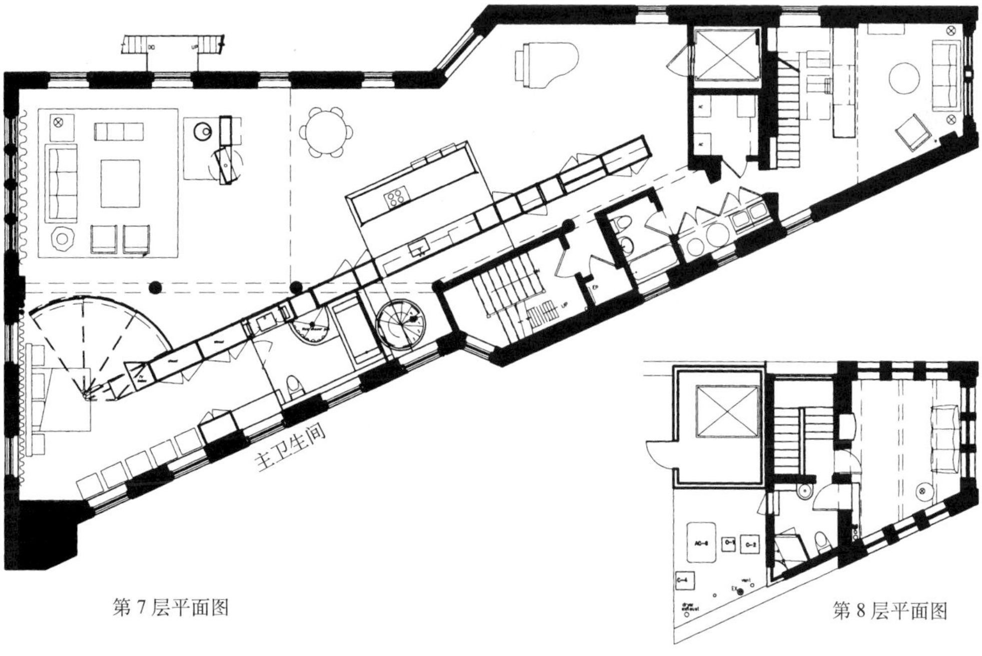


第 7 层平面图

第 8 层平面图

图 8-39　位于纽约的这个建筑，在设计师接受设计任务之前遭受了严重的破坏。室内改造时设计师拆除了低矮的下沉式天花板，以及砖墙外覆盖的墙板。但保留了建筑独特的尖角形状，高 7.6m 宽 4.5m 的窗户是住宅显著的特点。此外还要特别指出空间内主卧室有可移动的半透明墙和嵌入式橱柜。（平面图为 Kligerman Barkley Architects 授权；摄影 Durtesy Saylor）

## 8.4.9 集合住宅平面

如今，建筑师正设计一种高密度的住宅单元用来满足各种生活方式和生活品位的人们。进行高层建筑改造时，设计师主要考虑的是空间的有效利用、噪声控制、私密性、维护的便利、安全性和节能。图 8-40 是一个居住单元，供一对夫妇或一个人居住。

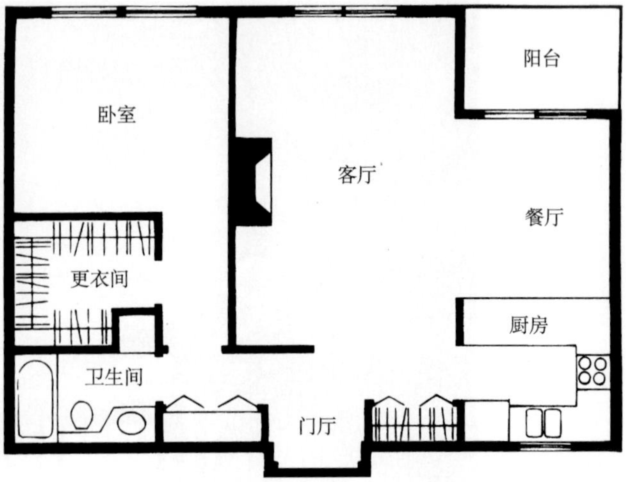


图 8-40　一个居住单元

## 8.4.10 布置合理的平面

图 8-41 的空间尽管由于平面有很多形状角度和凹凸而造价高，但它能满足适合居住的住宅空间所需要的许多需求。这个平面的优点有：

第一，设计良好、宽敞的公共区（比如较为正式的客厅和非正式的起居室等）和私密区。

第二，通过开放和封闭设计的、富有创意和独特的空间设计可满足居住者个人的需求。

第三，墙体和门洞设置合理和方便，并有足够的摆放家具的空间。

第四，内部走廊布置合理；从入口到公共区域方便；贯穿室内的主走廊要求宽敞；入口区域应相对开阔。

第五，车库很方便地通往厨房，车库门不对着街道。

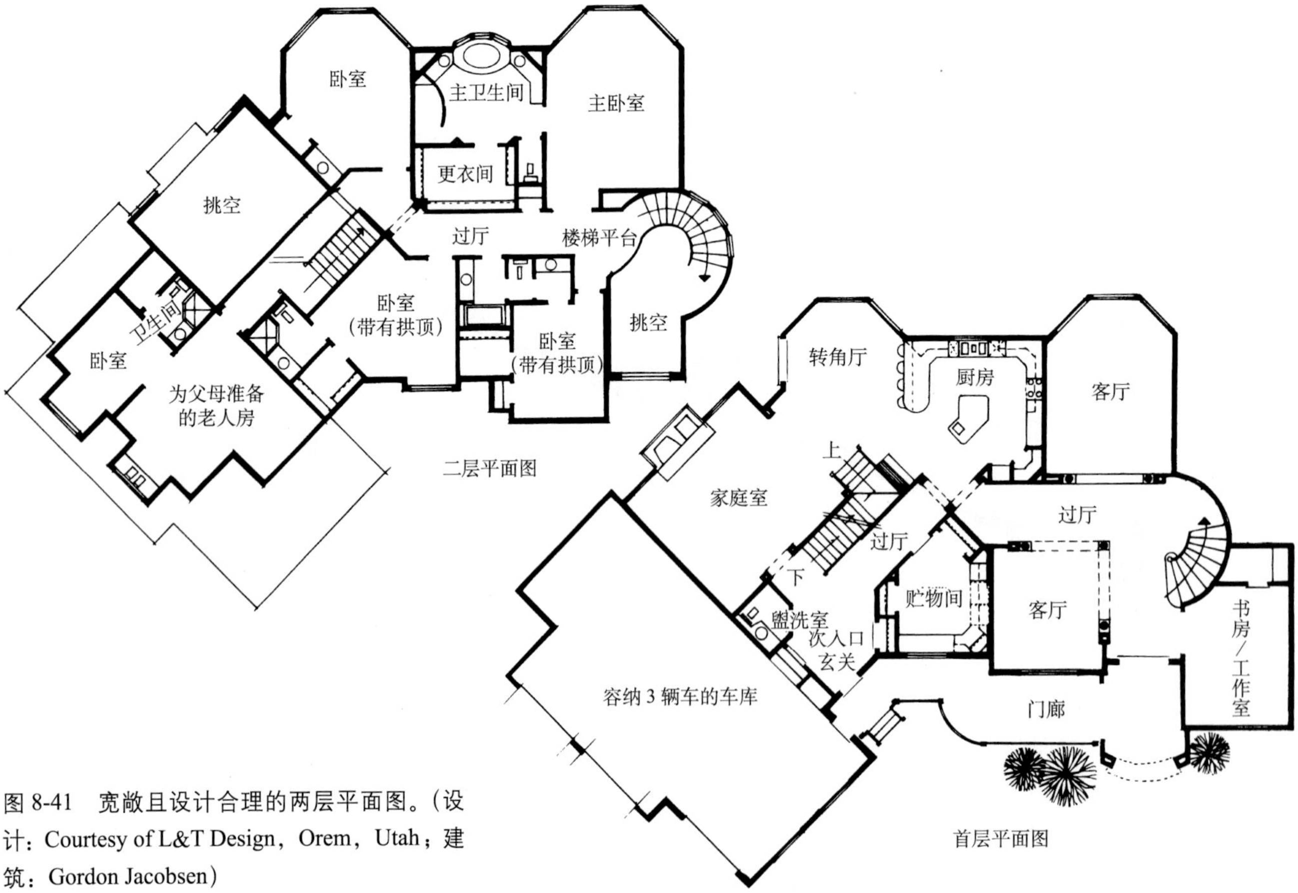


图 8-41　宽敞且设计合理的两层平面图。(设计：Courtesy of L&T Design，Orem，Utah；建筑：Gordon Jacobsen)

### 8.4.11 布置不合理的平面

图 8-42 是一个布置不合理的平面，它具有许多常见的缺点：

第一，入口空间缺乏独立性，起居室像一个大的过道。

第二，大门位置不合理，产生交通流线的问题。壁炉周边无法形成一个私密的交谈区。

第三，进餐区缺乏私密性。

第四，车库的布置让货物搬运显得很混乱。

第五，从厨房到三件套的卫生间必须穿过卧室。

第六，水管的布置不经济。

第七，洗衣机和烘干机被摆放在厨房不方便的位置。

第八，窗户尺寸和位置不合适。

第九，位于左上角的小卧室窗户靠墙过近，同时起居室窗户过小，采光不够。

第十，喧闹区和安静区没有很好地区分开。

第十一，忽略了私密的非正式的起居空间，例如电视机不得不放在起居室。

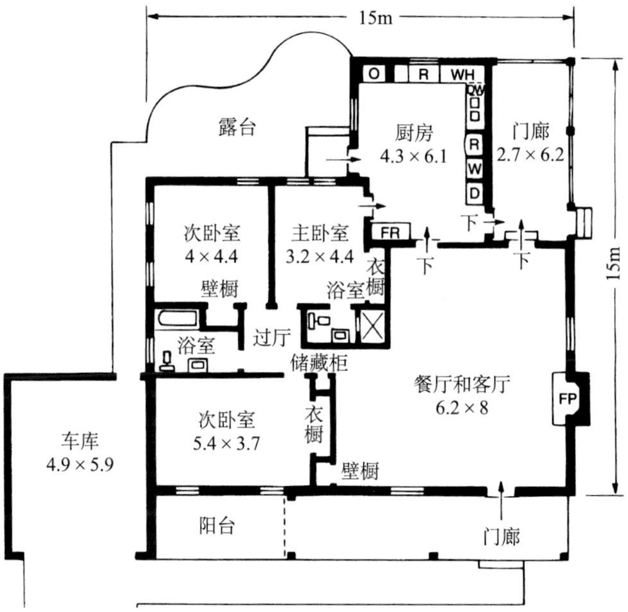


图 8-42　不合理的平面设计。(单位：m)

## 8.5 公共建筑平面分析

和住宅平面图一样，不同类型的公共建筑以不同的方式满足客户需求，设计师在设计之初应熟悉基本的建筑平面类型。

(1) 独栋商业建筑：因为建筑要用来满足自用的特定需要，所以，应该让客户参与设计。

(2) 沿街商铺：一般由产权人租用，产权人从整体商业价值出发，不仅需要对其进行维护，甚至会控制业态以及外观效果。这种沿街商铺营业时间不会受到限制，而且可以吸引顾客很方便地进入。

(3) 集中商业（商城）：也是向产权人租用，由整体规模大会吸引大量稳定的顾客群，比沿街商铺有更稳定的客源，但营业时间会受到限制。

(4) 多层商业建筑：客户会租用一层或者几个楼层，由产权人提供保洁、安防等物业服务。从方便角度卫生设施有时会设置在建筑中心区域，但有时也会设置在商业价值不高的区域。甚至有时会通过外立面多面墙体的钻石型设计来强化建筑形象，提升公司威望，同时也创造了更加丰富有趣味的室内空间。

本章的设计案例是一栋多层历史建筑。第一个设计案例中，客户希望将空间改造成住宅，第二个设计案例中，客户希望将空间改造成房地产企业办公室。设计师通过分析项目信息确定了两种平面。设计师对相关信息进行综合分析和归纳，展开设计，形成最终的设计方案。

### 本章小结

空间规划就像将各种困惑放在一起，设计师要不断地理解空间，理解从空间到体块的关系。空间规划的过程是分析家具，将家具成组，形成空间区域，再将这些综合性的区域进行分区，最终形成空间。空间分析需要设计师在分析客户需求的基础之上，不停地绘制草图来推敲各种空间形态，最终确定最适宜的空间类型。图 8-43 图解说明了这个过程。

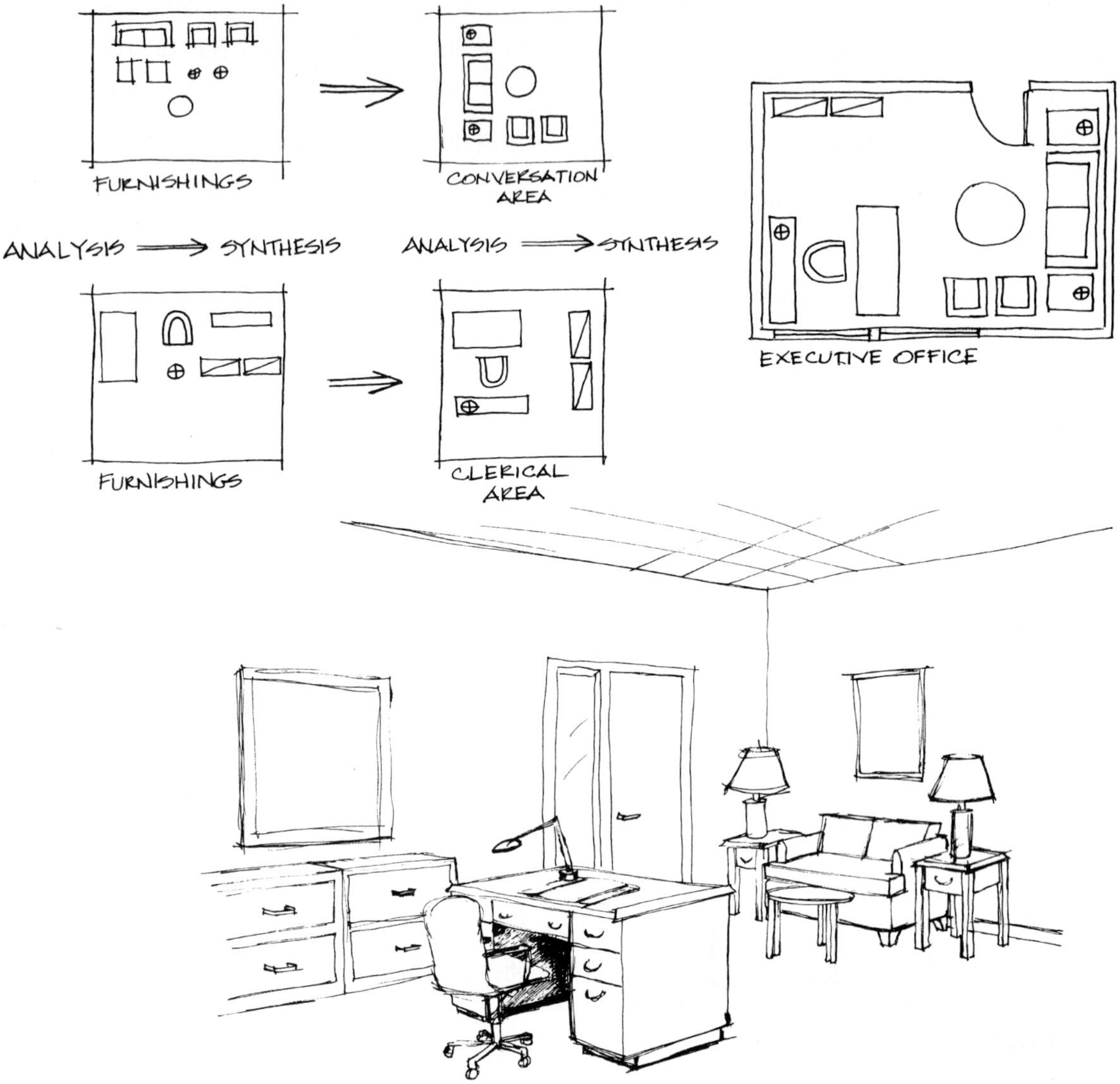


图 8-43　在空间规划过程中，家具的分析往往基于客户的需求。在特定的活动区域，家具一般成组布置，并保证充足的通道。设计师分析人们的活动，将活动区域成组地布置在房间里，然后通过设计过程、设计元素和设计原理的系列运用，最后形成空间。

# 设计案例　历史建筑改造与更新——空间设计的可持续性

在这两个设计案例中，一栋历史建筑空间将转换成住宅和房产企业办公室。这两个项目说明了设计师是如何分析客户的空间需求的过程和方法。

## 改造为住宅空间的设计

第一个案例中，一个单身女性购买了一幢旧建筑并将之转换成一个住宅。房源经济人告诉她，此栋建筑不能改动任何窗户、外墙和走廊，水管的排设也受限制。业主仔细盘算之后觉得不改动建筑物的这些特征并不会对居住造成影响，随后签订了购房合同，支付了定金，开始聘请设计师进行设计。设计师在研究客户需求之后，确定了以下的空间规划需求。

### （1）入口

- 有门厅；
- 配置橱柜。

### （2）起居区

- 至少有 4 个人的座位；
- 可作为客人的卧室；
- 需要有室外景观；
- 4 个座位都能看到电视；
- 应有吧台。

### （3）餐厅

- 通往厨房和起居室；
- 需要洗碗机和微波炉。

### （4）厨房

- 主要设备：冰箱、烤箱和水槽；
- 需要洗碗机和微波炉；
- 食品贮藏间。

### （5）主卧室

- 应配有大床；
- 有存放衣服的贮藏区；
- 有座椅或阅读椅；
- 书架至少 6m 长；
- 应引入室外景观；
- 有存放衣服的橱柜和其他各种储藏区。

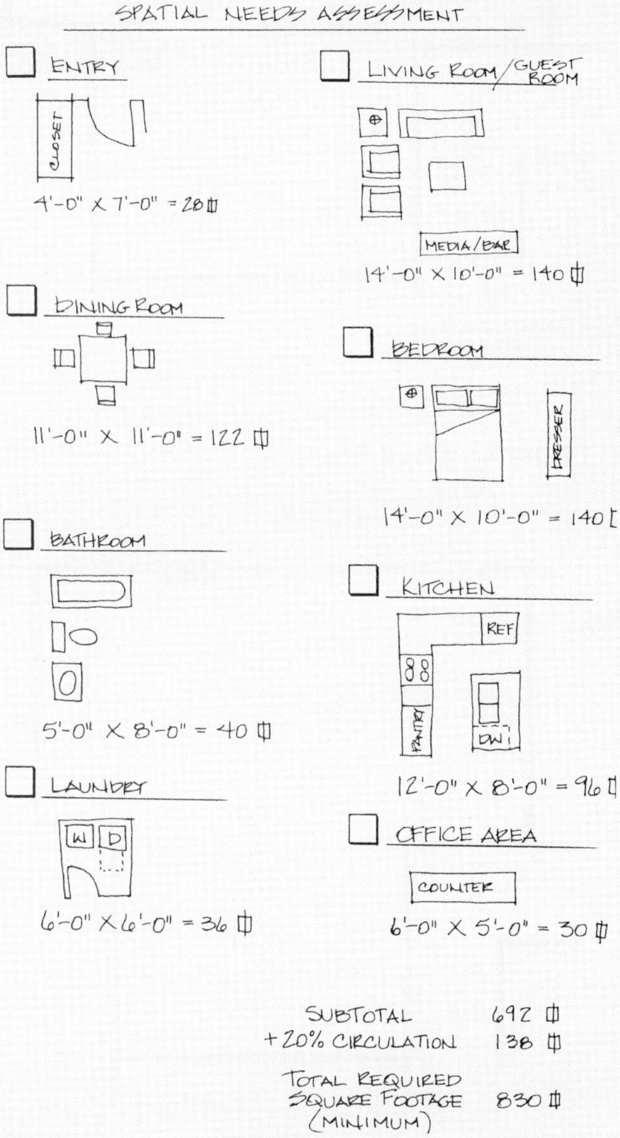


图 8-44　住宅空间的需求评价

### (6) 卫生间

- 需要满足主人和客人的需求；

### (7) 洗衣区

- 应有洗衣机和烘干机（可放在一起）。

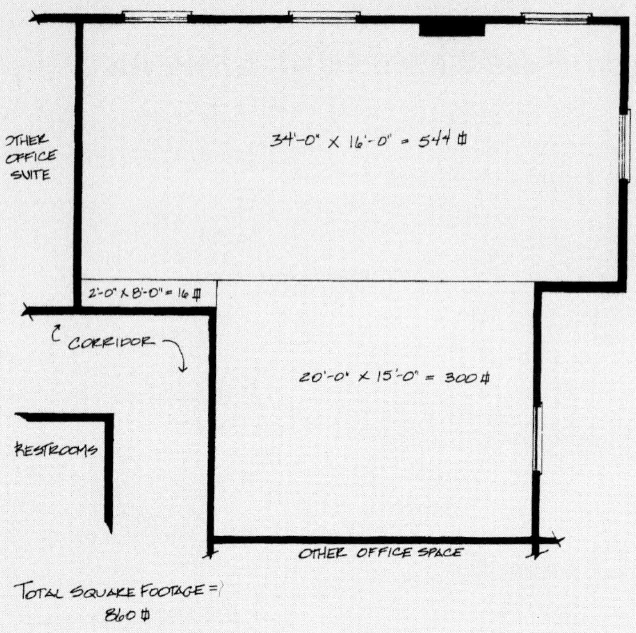


图 8-45　设计师规划了约 80m² 的空间，办公室或者租户分别位于设定空间的两侧，空间的中央核心区为公共卫生间和电梯。

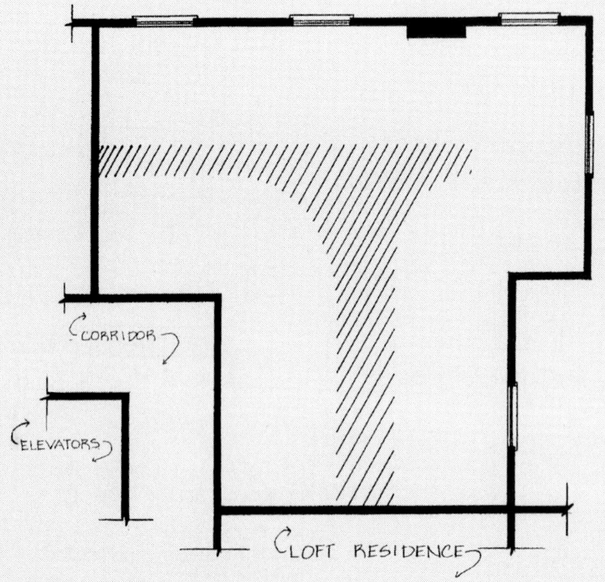


图 8-46　为了让污水管管线保持合适的倾斜度，所有卫生间设备必须位于阴影区的外面。

### (8) 办公区

- 有摆放计算机、打印机、传真机和文件的房间。

设计师确定了客户的空间规划需求之后，通过运用空间规划原理（第 7 章和第 8 章讨论过），形成空间的需求评估。在此基础之上，设计师一般会在门厅和有环形交通流线区域另外增加 20% 的空间预留（图 8-44）。

设计师对客户所需要的空间进行平面规划（图 8-45），得出全部的空间面积是 77.1m²，低于现有的 80m²。因此，设计师根据客户对各种活动区域的需求，对空间进行相应的调整。此外，设计师还应该了解污水管管线排设的位置。购房合同上规定污水管管线必须排设在距离走廊或外墙 2.44m 的位置。图 8-46 用来说明污水管的合适位置。

此外，设计师还要分析各种活动区域之间的关系。例如，因为住宅只有一个入口，厨房和起居室必须靠近门厅；从起居室必须完全看不到卫生间。图 8-47 是此项目设计的空间关系图。

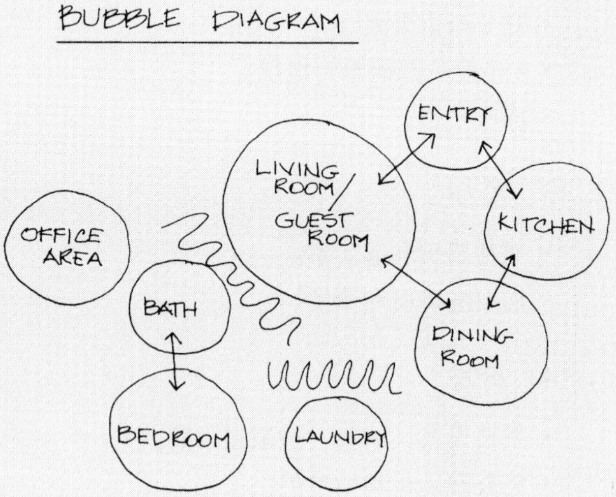


图 8-47　通过逻辑分析图的邻近与否来明确出空间的关系。箭头意味着关系密切，要有直接的通道。波浪线意味着需要私密或遮挡的区域。

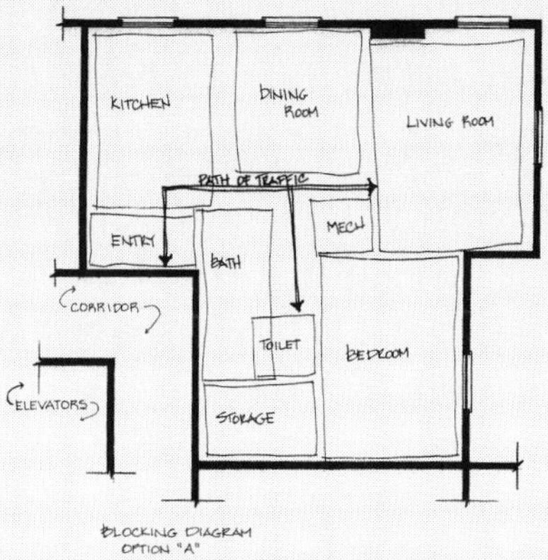


图 8-48A　方案 A 步骤 1，确定逻辑形式。

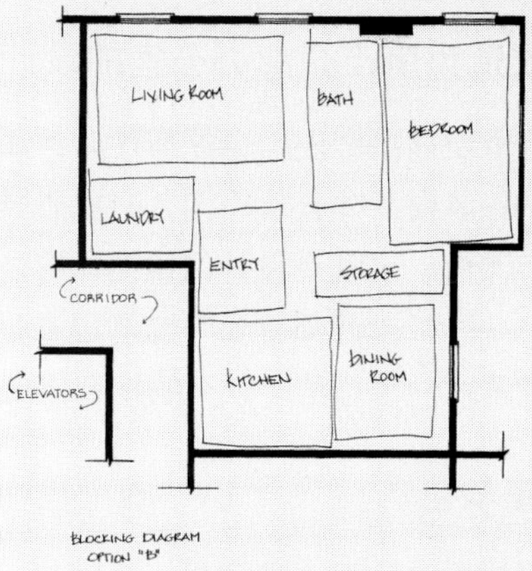


图 8-48B　方案 B 步骤 1，确定逻辑形式。

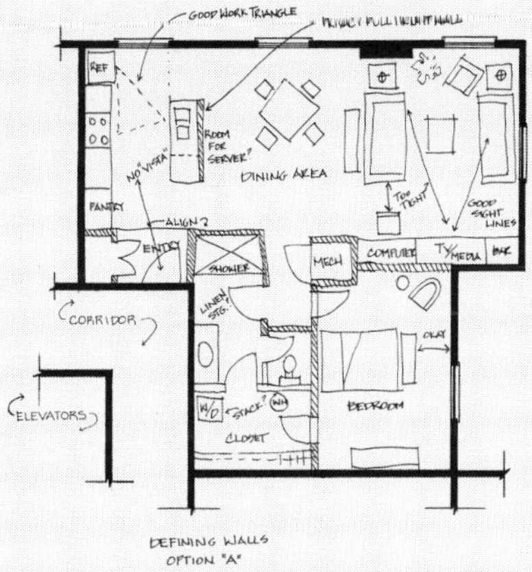


图 8-48A　方案 A 步骤 2，确定墙体。

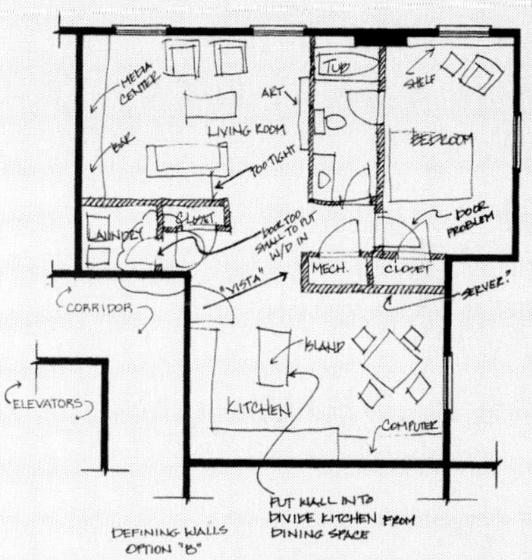


图 8-48B　方案 B 步骤 2，确定墙体。

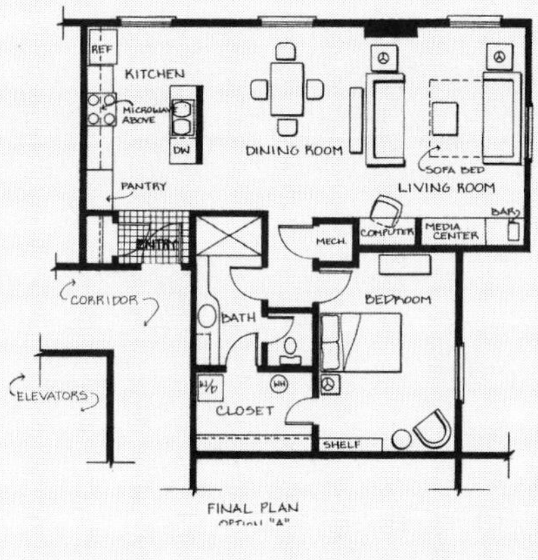


图 8-48A　方案 A 步骤 3，提交给客户的最终平面图。

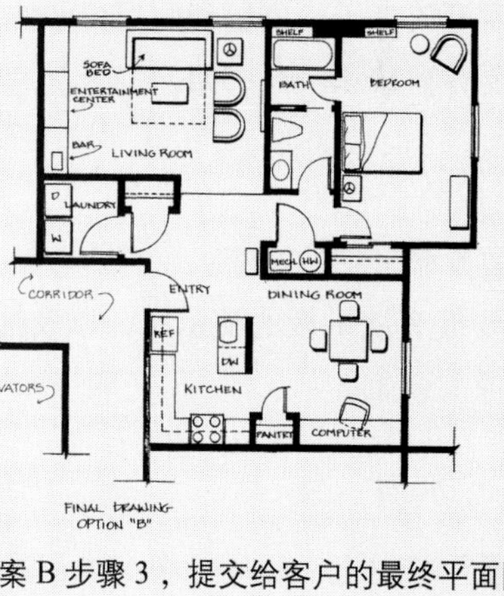


图 8-48B　方案 B 步骤 3，提交给客户的最终平面图，也是客户选定的平面图。

设计师一旦获得上述信息，就要着手对这些信息进行综合分析。首先，设计师绘制块状图，将各种活动区域画成方块状，进而确定基本方案 A（图 8-48A，步骤 1）和方案 B（图 8-48B，步骤 1）。

第二个步骤是确定墙体的步骤：即图 8-48A，步骤 2 和图 8-48B，步骤 2。设计师用标记标出要深入考虑的区域或者方案中的亮点。在方案 A 中（图 8-48A，步骤 2），设计师不满意大门直通厨房，没有景观。

第三个步骤是深化设计，完成最终的方案。客户比较了方案 A 和方案 B，决定在方案 B 的基础上做深化设计（图 8-48B，步骤 3）。

### 改造为房产企业办公室的设计

在第 2 个设计案例中，一家房产公司租用这个历史建筑，并聘请设计师分析空间，对能否满足公司的需求做一个评估，这就是设计的前期研究。与面对住宅阁楼客户一样，设计师首要考虑的因素是满足房产公司的使用需求，并总结了以下的规划需求：

(1) 接待区

- 需要放置计算机、打印机、打字机、摆放文件和电话的桌子；
- 可放下 4 张椅子的房间；
- 接待员能接待客人，但客人坐下时不会看到办公室的工作场景；
- 接待员必须靠近主管。

(2) 营销代表

- 需要桌子、书柜和除自己坐椅外另外需要两把椅子；
- 需要有窗户和一些书架。

(3) 三个营销代表助理

- 需要可放桌子、书柜和两把椅子的办公空间；
- 需要有窗户和一些书架。

(4) 会议室

- 需要 6 张舒适的椅子；
- 需要放有演讲板的演示区，以及播放房产公司投影和声像的设备。

(5) 茶水间

- 可通往收发室、复印机和小冰箱的柜台；
- 需要存放纸、办公用品和咖啡的橱柜；
- 靠近接待员。

设计师在分析客户需求的基础上做出了空间需求评估（图 8-49），得出业主需要 $81.5m^2$ 的空间需求。现有的空间面积只有 $80m^2$，虽然室内空间会有些紧凑，但客户的所有要求都能得到满足。

公司现在只有 3 个雇员，但计划今后 3 到 5 年再增加 2 个营销代表助理，设计师要根据未来的业主要求进行空间规划分析。为了更好满足客户需求和理解活动区之间的关系，设计师设计了一个相容矩阵（图 8-50）并绘制了空间关系图（图 8-51）。

设计师进行空间规划分析中的关键步骤是分区。图 8-52A 和 B 图解分析了方案 A 和方案 B。

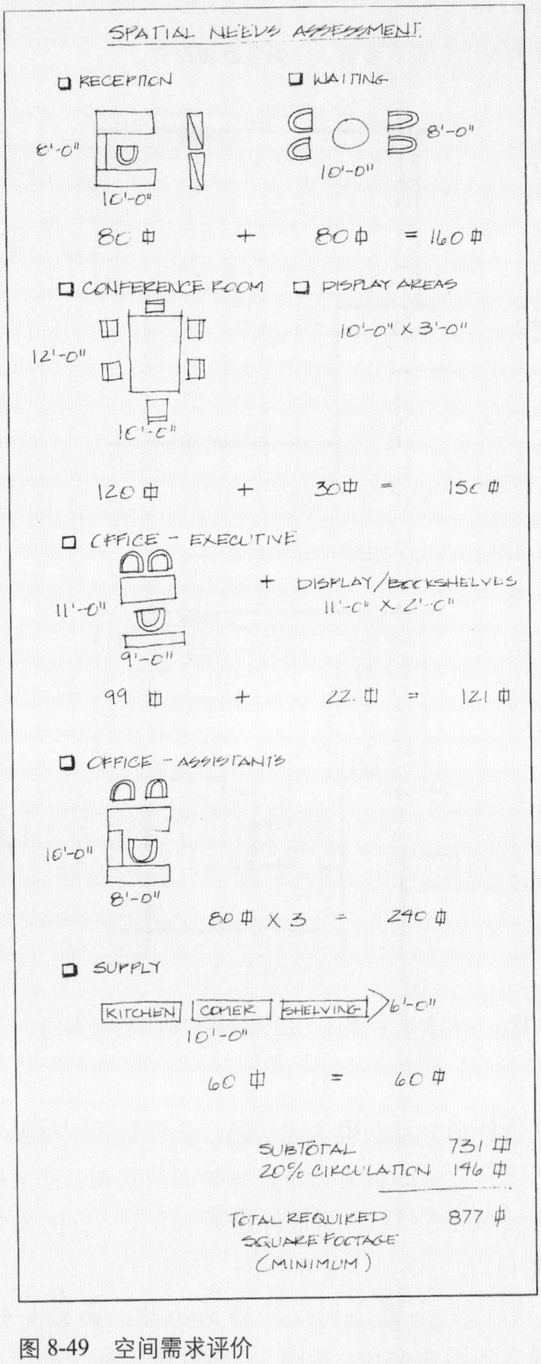


图 8-49　空间需求评价

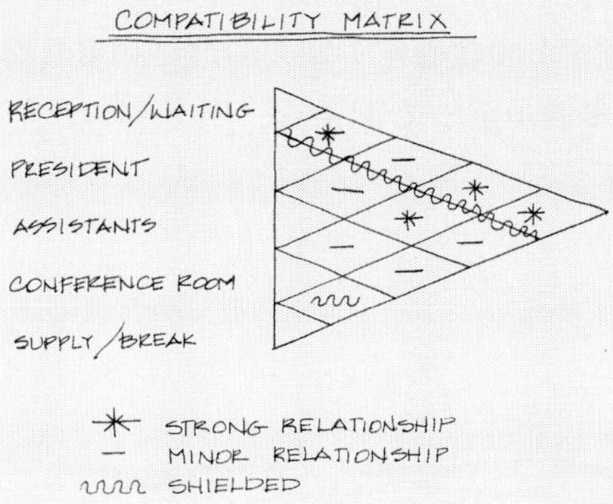


图 8-50　相容矩阵

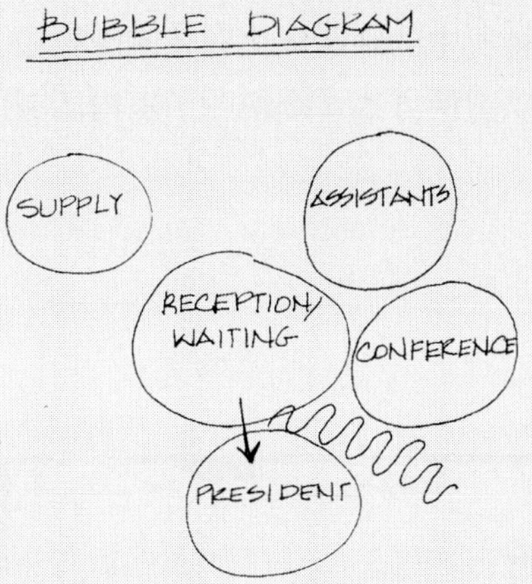


图 8-51　逻辑分析图

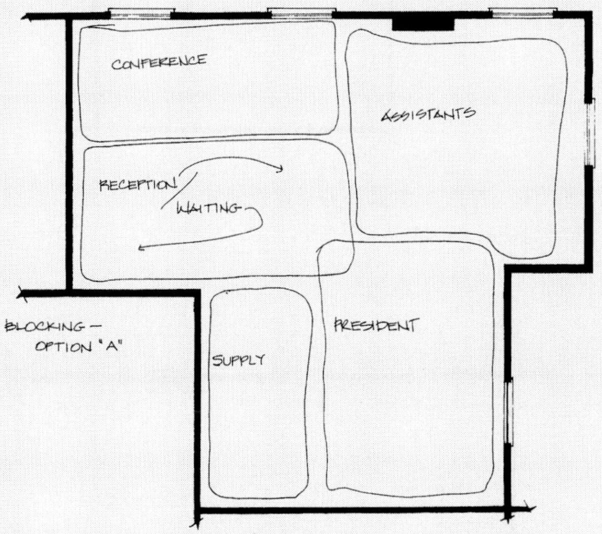


图 8-52A　方案 A 的逻辑形式

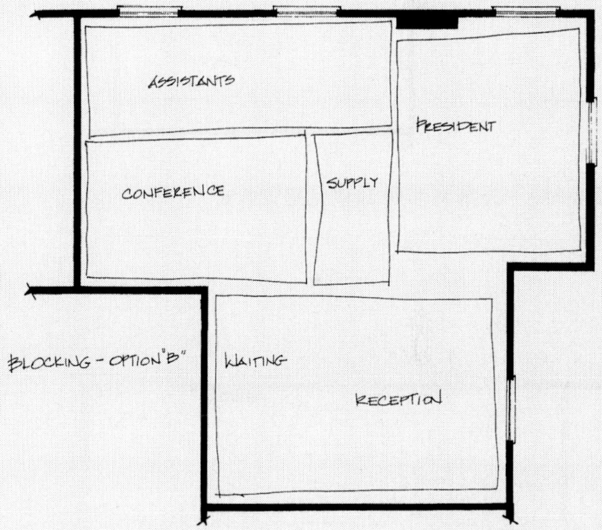


图 8-52B　方案 B 的逻辑形式

**方案A**

在这个办公场所中确定墙体比在住宅阁楼中更具挑战性。设计师以图例方式详细说明了室内区域的划分，通过4个步骤确定了室内的墙体和家具摆设（图8-53A，步骤1至步聚4）。

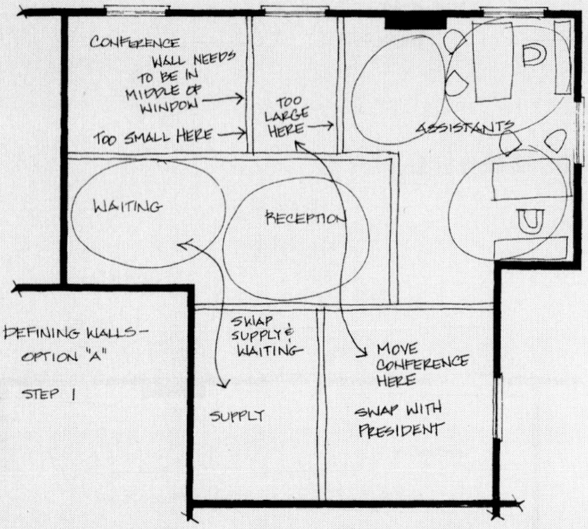


图8-53A　方案A步骤1，确定建筑形式

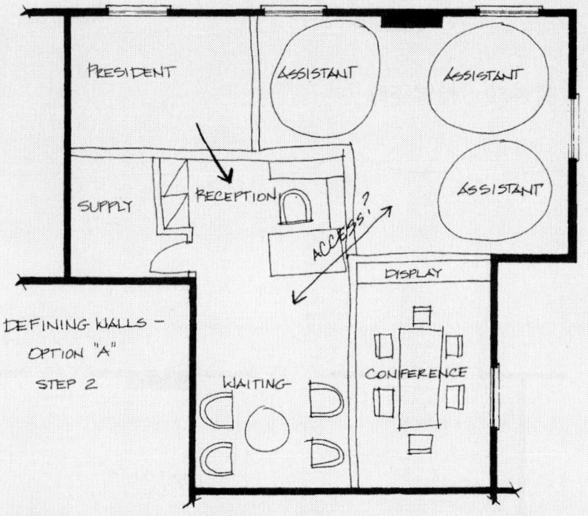


图8-53A　方案A步骤2，分析建筑形式

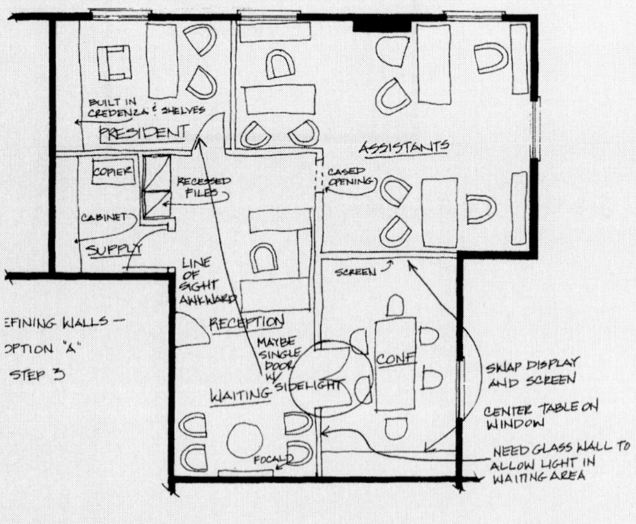


图8-53A　方案A步骤3，进一步分析和细化

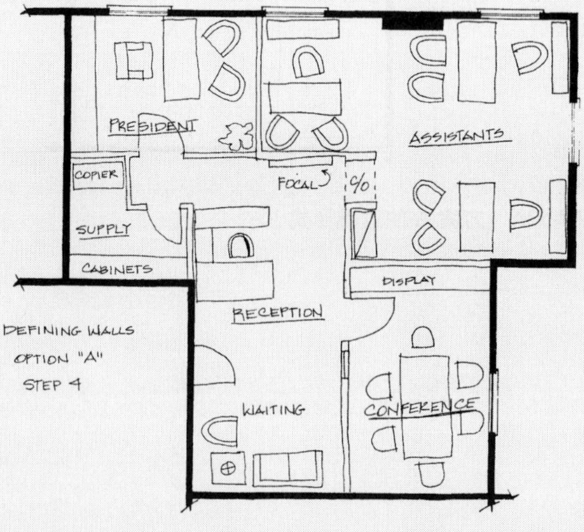


图8-53A　方案A步骤4，确定最终的家具和建筑形式

**方案 B**

方案 B 中划分墙体稍简单一些。设计师在完成了步骤 1 和步骤 2 之后（图 8-53B，步骤 1 和 2），做了一个详细的家具规划（图 8-54），便于设计师和客户的沟通。

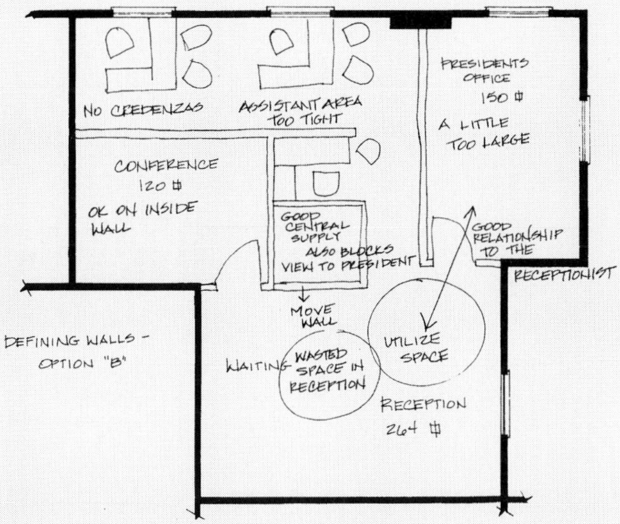


图 8-53B　方案 B 步骤 1, 确定建筑形式

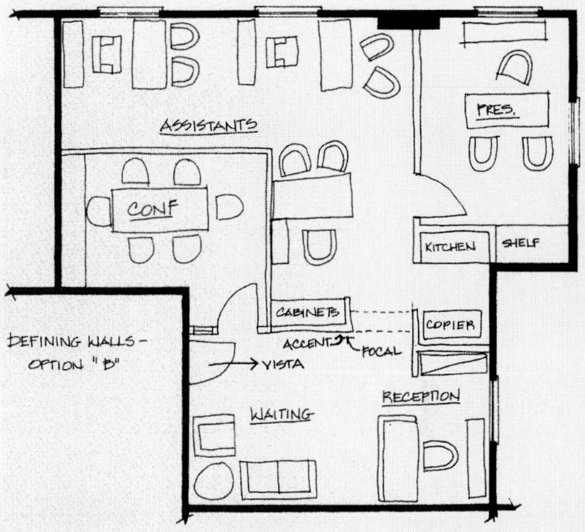


图 8-53B　方案 B 步骤 2, 确定最终的家具和建筑形式

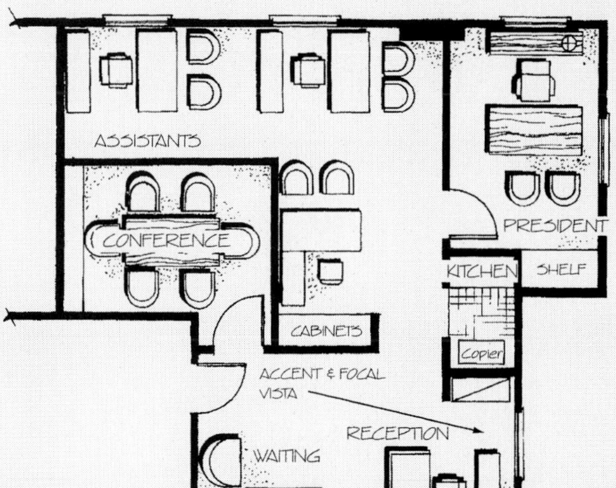


图 8-54　最终成图

# 家具、织物和背景要素

*Furnishings, Fabrics*

*And Background Elements*

V

图 V-1　设计师在曼哈顿的希尔顿酒店创造了一个使客人置身于“18 世纪仅限会员使用”的环境氛围。制作精良的木质镶板，流苏装饰的软靠垫和精美的地毯为房间平添了高贵典雅的气氛。(设计：Brennan Beer Gorman Monk；摄影：Jim Raycroft 和 Anthony P.Albarello)

图 V-2　将高品质的 Steelcase 家具产品放置于开放式办公环境中。注重员工人体工程学的需求。（设计：Steelcase 办公家具公司）

在各种类型的室内空间中，家具、陈设品、织物等这些可变化的部分必须同时发挥作用，才能创造一个协调、统一的环境，烘托空间气氛（图 V-1）。所以，第 5 部分包括家具、陈设品和纺织品的选用，以及地面、顶面和墙面的表面装饰材料和工艺的选择等共计五章内容。最后一章对门窗和壁炉的装饰方法也作了详细介绍。

如第 1 章所论述的，设计的目标包括功能和人类功效学、美学、经济学和生态学等，设计师在选择家具、织物，以及地面、顶面和墙面这些背景要素时同样必须遵循这个目标。

## 功能

在一个环境中，室内装饰用材和构成空间的要素必须与空间的功能相符。空间的功能主要涉及耐久性、防火性、保温隔声、美观要求、经济性，以及空气环境质量等方面。

## 人因要素

在所有的室内材料选择上，设计师为了实现使产品与使用者身心间取得最匹配的设计基本理念，必须清楚知道客户的需求。不同的个体实现相同的功能会需要不同的家具。

选择家具时，满足特殊个体的需求是非常重要的。就像服装，一个客户穿着合适并不意味着另一个客户穿着也合适。家具也是如此，一种尺寸规格并不能适合所有人的使用。设计时必须特别注意工效学方面的要求。

例如，老年客户需要高扶手、硬坐垫的座椅，以便于他们轻松地站起来，年轻客户可能喜欢懒洋洋地躺在松软的沙发上。而商用办公空间的客户则需要配备可调节的座椅，以满足不同雇员的使用需求（图 V-2）。

## 耐久性

被选用的产品必须是耐用的，这一点对地面尤其重要。例如，白色的地毯用于主卧室看起来棒极了，用于接待空间就是一个灾难。墙面涂饰和织物的耐久性同样重要，如人流通过频繁的公共走道需要可清洗的饰面材料，而图书馆就大可不必了。

家具同样要考虑经常使用造成的磨损。家庭餐椅摆放在会议室里造型虽然可以协调，但是强度应相应提高，就像家庭书柜就

图 V-3　独特的火炬状灯具和具有地方特色的铁艺为饭店增添了温暖和活跃的气氛。由于空间层高很高，噪声的控制十分重要。（设计：Engstrom 设计公司；摄影：Andrew Kramer）

图 V-4　设计师和客户紧密合作，创造了一个艺术氛围浓郁的餐饮空间。镶嵌在地板上的玻璃起到视觉上分割餐饮空间和起居室的作用。（设计：Stevenson 设计事务所，摄影：Robert Brantley）

不能承受办公室大量文件的折磨。

## 安全

满足功能需求同样需要遵守耐火性、防滑性和无障碍等相关规范。现在失火等特殊情况下满足安全的设计手段越来越被关注，如酒店的塑料门把手在失火时熔化，造成客人无法逃生；同样由于失火造成的烟雾使客人无法看清消防逃生图，使之形同虚设。

## 声学

墙纸、地毯和窗帘等弹性材料不仅可以在生理上和视觉上弱化硬朗的建筑，还会影响室内的声音效果。如餐馆设计中，来自厨房的盘子碰撞的声音是不希望在餐厅被听到的（图 V-3）。与之相类似的高管办公室、书房、图书馆、教室和会议室同样需要隔声处理，而电影院和演奏厅需要更加专业的声学设计。

## 美学

如房间的功能与人类功效学相符一样，美学也要与人类功效学相符。住宅设计中，个人喜好尤其重要。设计师不仅要倾听客户的需求，甚至还要观察客户的穿着，进一步判断他们的审美价值。饰面材料的色彩、肌理和质感是最有助于表达空间特征的元素，每一个组成部分都必须服务空间的主旋律和环境背景。正如第 1 章讲述的，设计师通过认真地观察和体验，培养洞察力。

## 经济性

设计师必须有清晰的经济分配意识。对于家具、织物、墙地面材料的价值必须从产品的质量、成本和生态环境等方面进行综合评价。

## 质量

一件家具是如何制造的，所用材料质量怎样，是设计师和用户最关注的问题。结构、材料和涂料的质量多种多样，设计师通常依赖制造商的诚信度和销售员的介绍做出判断。其实，有品牌的制造商不仅出售产品，甚至把安装服务也看做是培育品牌美誉度的组成部分。

## 成本

在绘制空间的平面图和配置空间时，必须考虑客户的预算。高水平的设计师甚至还从维护、修理和更换配件的角度分析后期运营费用。

## 生态学

设计师也有责任要求用户不选用对环境和对健康造成危害的产品和材料。具体参见家具与配置、纺织品和背景的相关章节中有关可持续发展部分的内容。

## 推荐阅读书目


GB50222—1995建筑内部装修设计防火规范.

GB50325—2001 民用建筑工程室内环境污染控制规范.

GB18580—2001 室内装饰装修材料人造板及其制品中甲醛释放限量.

GB18581—2001 室内装饰装修材料溶剂型木器涂料中有害物质限量.

GB18582—2001 室内装饰装修材料内墙涂料中有害物质限量.

GB18584—2001 室内装饰装修材料木家具中有害物质限量.

GB18585—2001 室内装饰装修材料壁纸中有害物质限量.

# 第9章

## 家具和配饰

图 9-1 在这个气氛活跃的现代风格的起居室里，设计师别有新意的通过艺术品摆放，在视觉上丰富空间。重点装饰的靠垫和具有民俗风情的地毯十分引人注目。（设计：Stevenson 设计事务所；摄影：Robert Brantley）

## 9.1 家具

因为家具要伴随我们一生，花心思布置房间是一件值得做的事情。所以对设计师来说，选配家具和空间设计同样重要，这样做需要花些时间和精力，但是会长期受益。只有仔细地研究和认真地规划家具布局才能有助于设计师和客户做出明智的购买决定。

设计师首先要具有甄别持久性的设计和仅流行一时的设计的能力，这是非常重要的。因为家具风格虽然多种多样，但都遵循点、线、面、体，以及比例、重复等基本设计要素与设计原则，所以要知道一件家具设计精品是如何制造的，有助于我们选购家具。当然，家具可以是一个简单的吧凳，作为实用物品来选择，也可以同放置在家具上面或四周的陈设品组合起来成为房间的一个艺术焦点（图 9-1）。

### 9.1.1 家具类型

在古埃及、古希腊和古罗马时期，家具不仅具有优美的造型和高雅的装饰，而且满足功能和美学两方面的需求。而对北美最具有影响力的是英国和法国家具设计（图 9-2），以及 20 世纪以来，大量涌现的系统家具、嵌入式家具和标准化装配式家具。图 9-3 是家具类型实例。

#### 9.1.1.1 椅子

人们每天都在使用椅子，从不同时期的风格到满足不同品位需求之间变化。通常，在一个室内环境中需要各种尺寸规格和式样的椅子。但选配椅子时，离不开以下三方面考虑：座高、座深和座宽要适合人体特征；可调节的椅子能够适合不同的使用者；以人体测量学研究为基础的人体工效学设计，为使用者提供最大限度的舒适性。图 9-4 至图 9-10 列举了不同类型的椅子。

图 9-2　这个设计从法国洛可可和新古典主义风格中获取灵感。原建筑的顶被遮盖，只留有一个圆形的阁楼窗。纺织品的图案和质感虽各不相同，但又相得益彰。（设计：Holly Hock, Suzanne Rheinstein；摄影：Tria Giovan）

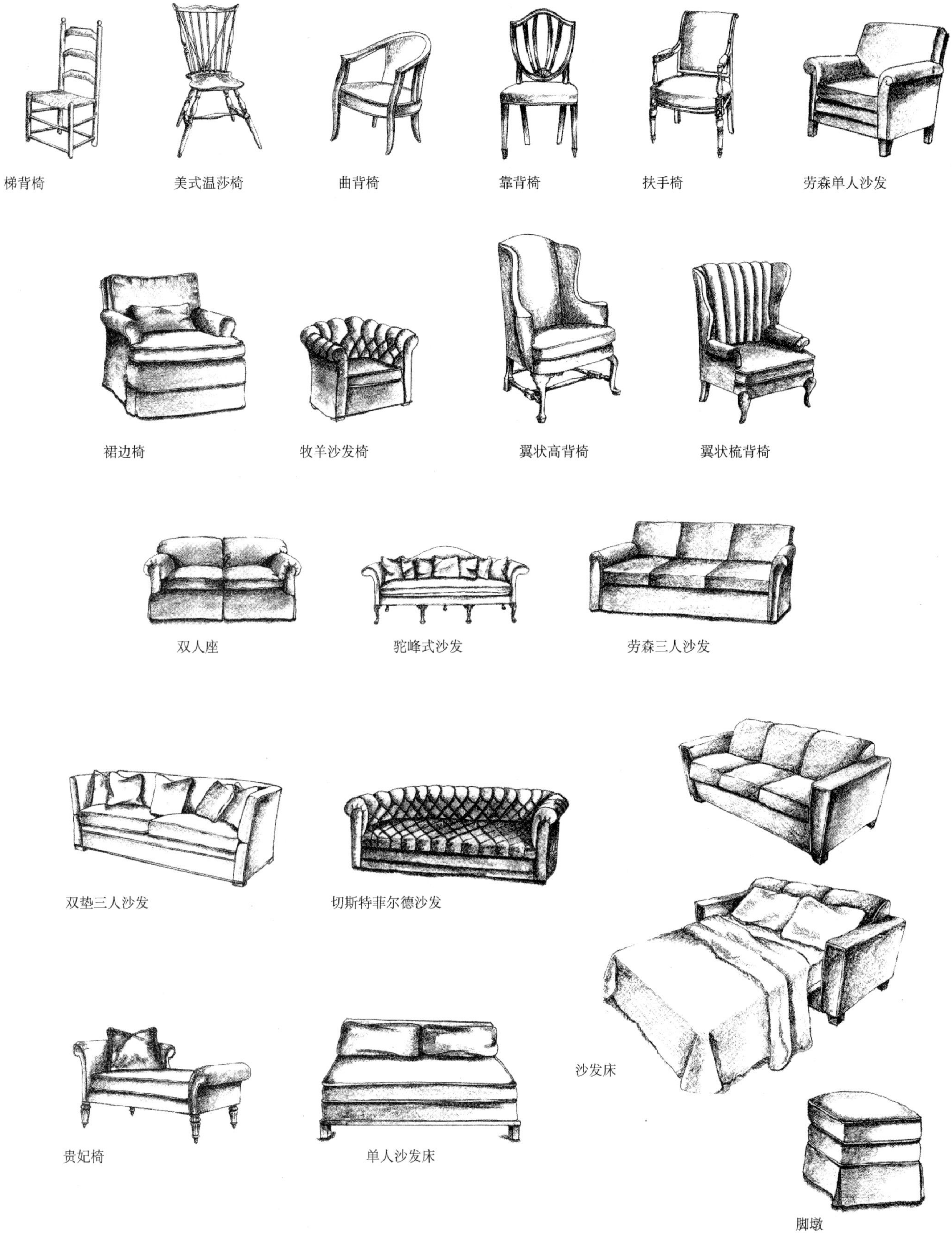


图 9-3　家具类型：坐具和床

图 9-3（续） 家具类型：餐桌、柜类家具、书桌、钢琴和床

图 9-4　安妮女王时期的“高靠背扶手椅”，由于椅子左右两边的扶手升高成为高靠背，形似鸟翼而闻名，成为 17 世纪英国上流社会最受欢迎的椅子。（Kindel 提供）

图 9-5　图示为奇彭代尔式透雕细木靠背椅的复制品，原作于 1760 年和 1780 年之间生产，特点是椅子 S 形前弯腿上雕刻有莨苕叶形团，结束于球爪形脚。（Kindel 提供）

图 9-6　查尔斯•依姆斯（Charles Eames，1907—1978）和夫人针对木材的特点作了大量的家具有机设计的尝试。这款胡桃木模压胶合板成型的座椅（1943—1953）是当时世界范围内的标准办公用椅。（Herman Miller 办公家具公司提供）

图 9-7　这件名为“Royale”的沙发椅具有舒适的皮质蒙面，适合于商业空间的大堂、休息室和居住空间的客厅。

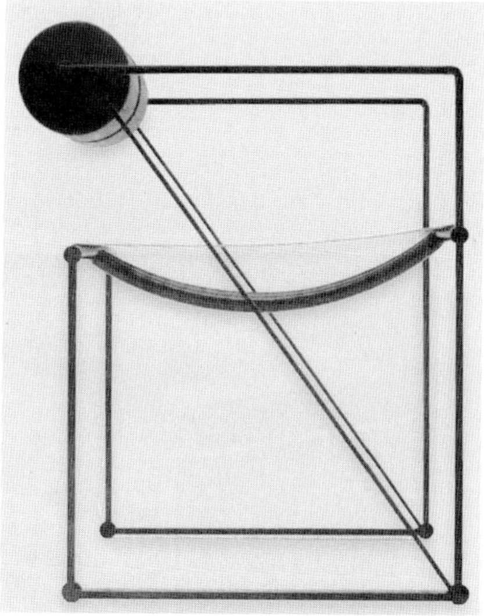

图 9-8　Seconda 扶手椅（1982 年）由瑞士著名建筑师博塔（Mario Botta）设计。骨架是钢管，椅座为黑色或银色穿孔金属板，椅背是深灰色聚氨酯。（ICF 提供）

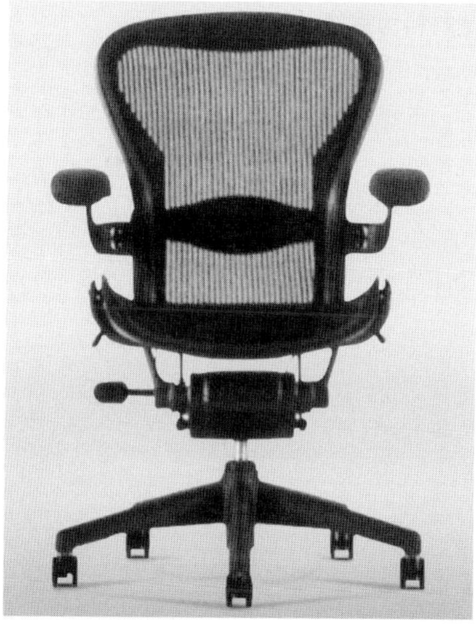

图 9-9　这款人体工程学座椅被称为“Aeron”，是米勒办公家具公司的经典产品。其特点是不仅能够支撑腰椎，而且扶手、座面、靠背根据使用者自己的需要都可调节，尺寸也可以变化，最大限度满足舒适性需求。（摄影：Nick Merrick/Hedrich-Blessing；Herman Miller 提供）

图 9-10　Maestro 是适用于办公室、会堂、培训室等空间的可以叠放的众多椅子类型的一种。座椅的座面材料为聚丙烯，椅腿材料为镀铬。(KI 提供)

### 9.1.1.2　沙发

沙发是适合二人或多人共同使用的配有软包覆面的坐具（图 9-11）。和椅子一样，沙发也要适合使用者，使用者要选择适合自己的感觉舒适的沙发。需要特别注意的是，座面材料的硬度要符合使用目的。例如，老年福利中心需要配备座面具有很好刚性的高扶手椅，以辅助老年人站起；为一个坐轮椅的残疾人设计的环境需要配备一个没有扶手的座面硬朗的沙发，残疾人可以很容易的从轮椅移坐到沙发上。下列是家具贸易中经常使用的一些商品叫法，设计师在选购商品时应有所了解：

- Lawson 一词是指配有比靠背低的平坦的扶手的沙发（图 9-12）。
- Chaise lounge 一词是指供一个人使用的沙发，是由有靠垫的椅子和无靠背的睡榻的组合形式。
- Tuxedo 一词是指扶手和靠背高度一致的全部蒙面式沙发（图 9-13）。
- Chestfield 一词是指尺寸较大的、有靠背的、端部有软包的、木材不曝露在外的软体式长沙发。
- Divan 一词是指无扶手或靠背的矮沙发，该词是从土耳其人坐时使用的堆放有毛毯的坐具演化而来，

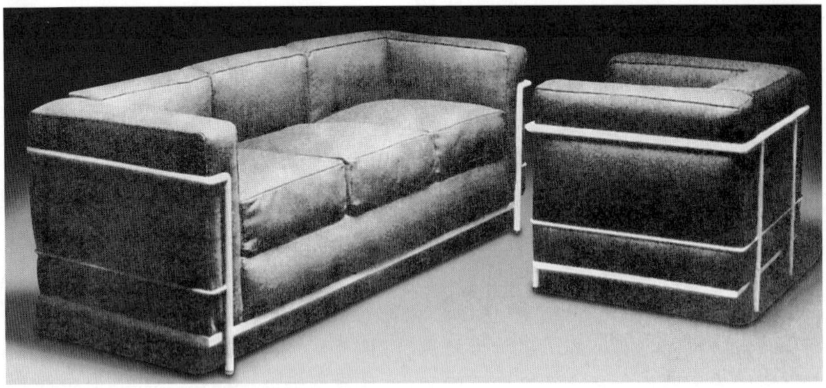

图 9-11　现代主义建筑大师勒·柯布西耶 (Le Corbusier，1887~1965) 在 1928 年设计安乐椅时，摒弃了软体式座椅的传统结构，开始表现关于功能性、经济性以及标准化的设计思想。(Cassina 家具公司提供)

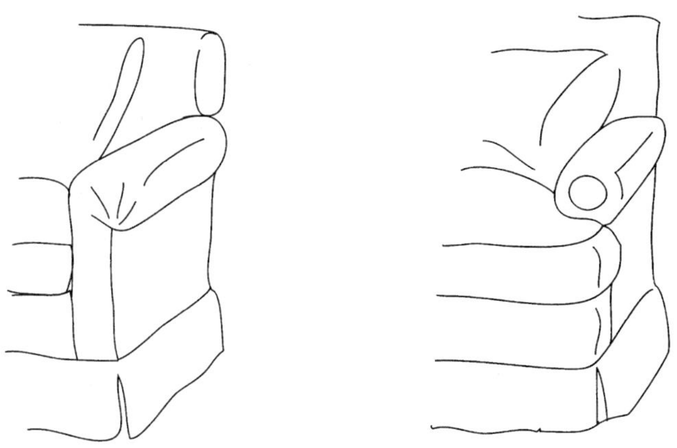

图 9-12　Lawson 带扶手沙发

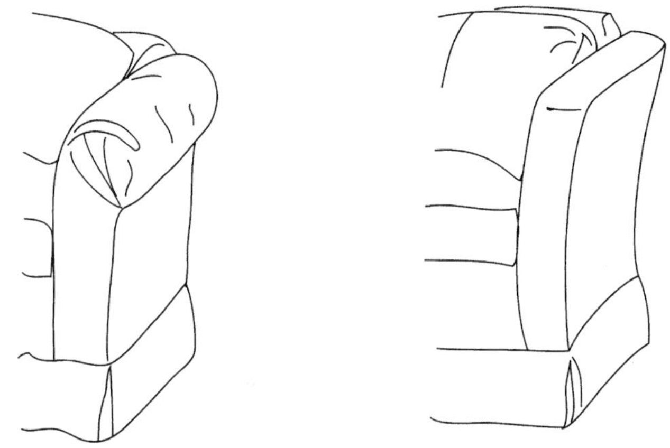

图 9-13　Tuxedo 带扶手沙发

图 9-14　“Old Hickory”长靠椅是 19 世纪初早期主要用在有纪念意义的印第安木屋中。(Old Hickory 家具公司提供)

通常靠墙放置，上面堆放软垫。

- Love seat 一词是指两人坐的小沙发。
- Settee 也是两人用的，带有靠背、扶手，并配有简单的软体的轻便沙发（图 9-14）。
- Settles 是全木制的、高靠背的沙发，原是用在美国殖民时期家庭的壁炉前，以保持炉火的热量。
- Davenport 是指由床转化而来的沙发，这是一个古老的名词，它原是以设计者名字命名的带抽屉的翻板写字台，现指沙发床。
- Modular and sectional sofas 是由几个单体并排排列组合而成的一个大的沙发单元，称为单体组合式沙发。

### 9.1.1.3　桌子

和沙发一样，桌子有很多种类，包括餐桌、咖啡桌、边几（图 9-15）、游戏用桌、沙发用桌。所有的桌子首先是牢固，再考虑合适的尺寸和高度。如餐桌、厨房和游戏用的桌子通常 740~760mm 高（图 9-16），而边几要尽可能与沙发的扶手高度相匹配（图 9-17），沙发背桌要与沙发靠背高度相匹配，咖啡桌的高度要与沙发上的软垫高度大致相当等。当然，桌子有时也可以经过与坐椅组合达到特殊需要（图 9-18）。

图 9-15　这款圆桌名为“Vector”，来自于 Carolina 商用家具公司，材料为木材和金属。其典型特征是风车状桌面。(Carolina 商用家具提供)

图 9-16　这组舒适的桌椅是为了在天气变化时便于折叠并搬动而设计的，桌子有多种多样的尺寸。(Smith&Hawken 提供)

图 9-17　这种常规设计的边桌既能够和高扶手椅相配合使用，也能够和靠背椅相配合使用。(设计：Gandy/Peace 公司；摄影：Chris A.Little)

图 9-18　这款带有书写桌的座椅适合于休息区和演讲厅使用。Michael Shieds 设计。（图片由 Brayton 公司提供）

图 9-19　这种伸缩式键盘架可以调节，能够支承腕部，配备相连的鼠标垫托架。这三点都是基于人体工程学因素的设计。（Inwood 办公家具公司提供）

### 9.1.1.4　书桌

由于家庭办公人数的增加，以及对符合功效学家具的重要性的认识不断深入，书桌的设计与计算机关联越来越重要。

带键盘架的书桌和辅桌会使使用者感觉舒适（图 9-19）。键盘支架的理想高度是当人坐在计算机前时弯曲肘部的高度，必要时键盘架的高度应该具有可调节性。

书桌抽屉尺寸是变化的。有适合于悬挂文件夹的抽屉，有适合存放铅笔、回形针和其他办公用品的薄抽屉，也有适合存放文具、计算机磁盘和 CD 光盘的中等深度的抽屉。书桌也可以配有隐藏计算机电缆、电话线和与电有关管线通道的穿线孔。

接待空间的服务台也要有一个适合接待用的台面，这个台面通常 1050~1110mm 高。它有两种功能，一是来访者站立在台前，可以把资料放置在接待台面上，二是挡住来访者的视线，避免来访者看到接待台里侧台面的文件（图 9-20）。为了满足坐轮椅的客人的需求，接待用台面还应该配有不超过 900mm 高的台面区域。

图 9-20　这个工作单元里设置了一个嵌入式的工作柜台。枫木和樱桃木的材质通过黑色石材加以衬托，黑色的条形台面是交易台面，各种管线、纸张和文件都是隐藏起来的。（设计师：Leers，Weinzapfel；摄影：Chuck Choi）

图 9-21　这款现代风格的装饰柜，20 世纪初由苏格兰建筑师麦金托什（Charles Rennie Mackintosh，1868—1928）设计，1974 年被再次复制。这件家具以乌木为主材，配以彩绘玻璃形成对比，具有简单母体重复使用的韵律美。（Cassina 公司提供）

图 9-22　Dakota Lackson 是纽约家具设计师，设计了这款被称为“Nuevo Tango”系列的独特的储藏单元。（Dakota Jackson 设计和提供）

### 9.1.1.5　存储单元

满足各种存储功能的存储单元随处可见。存放音响的电视机和 VCD(DVD) 的嵌入式存储单元。五斗橱、橱柜、餐具柜、箱子、瓷器柜、搁架、博古架、装饰柜、文件柜等，都是便捷而高效的存储家具（图 9-21 和图 9-22）。

### 9.1.1.6　床

根据风格不同，床的种类很多，包括四柱床、墨菲床（一种可以靠墙折起的床）、装有脚轮的矮床（不用时可以推入另一张床下面）、双层床、水床等。即使同一种床也可以设计成使用不同弹簧床垫的形式(图 9-23)。

### 9.1.1.7　嵌入式墙体单元

嵌入式墙体单元和墙体构成整体，可以有座椅、桌子、床和存贮等功能，它的优点是使空间具有统一性和开阔感（图 9-20），缺点是不可随意搬动。

### 9.1.1.8　系统家具

系统家具是用于办公室设计项目的标准化部件。它们由工作台面、存储单元和垂直板件组成一个工作区域。这些标准化部件可以组合成多种多样的布局以适应空间的需求，它们可以为经理、主管、秘书、文员提供办公服务（图 9-24）。

### 9.1.1.9　移动家具

随着家庭办公越来越普遍，家具设计的灵活性越来越重要。办公室同样可以根据需要由一个部门变成另一个部门，可移动的工作单元使房间的布置具有多变性（图 9-25）。

图 9-23　这间卧室的设计获得美国室内设计师协会奖。设计师创造了一个禅宗精神的氛围。冷色调的墙面、玻璃、木质材料、地毯的质感和编织椅的搭配，相得益彰。（设计：Bruce Benning，摄影：David Duncan Livingston）

图 9-24 这个现代风格的办公空间配备了开放式办公家具系统。管线被隐藏在隔断内部。织物包镶的隔断墙板不仅可以吸声而且可以有多种面料选择。工作灯被隐藏在头部上方的储藏柜下面，不仅提供局部照明而且可以在个人加班时节约用电。（摄影：Nick Merrick/Hedrick Blessing；Herman Miller 公司提供）

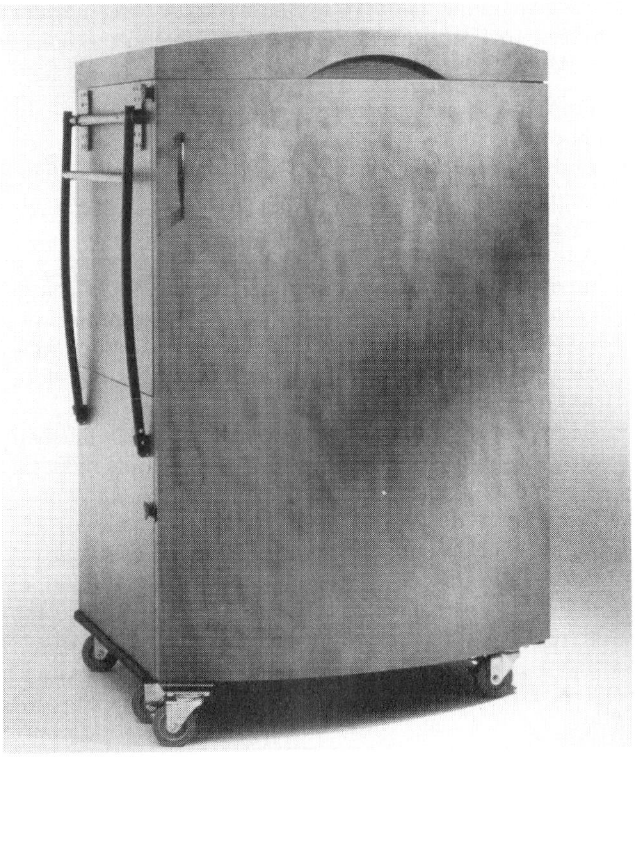

图 9-25 这个独立轻便的办公单元可以使任何房间的一个角落成为办公空间。打开时，系统提供一个 3.6m 的工作台面，包括键盘架、写字板、布告板等。（Haworth 办公家具公司提供照片）

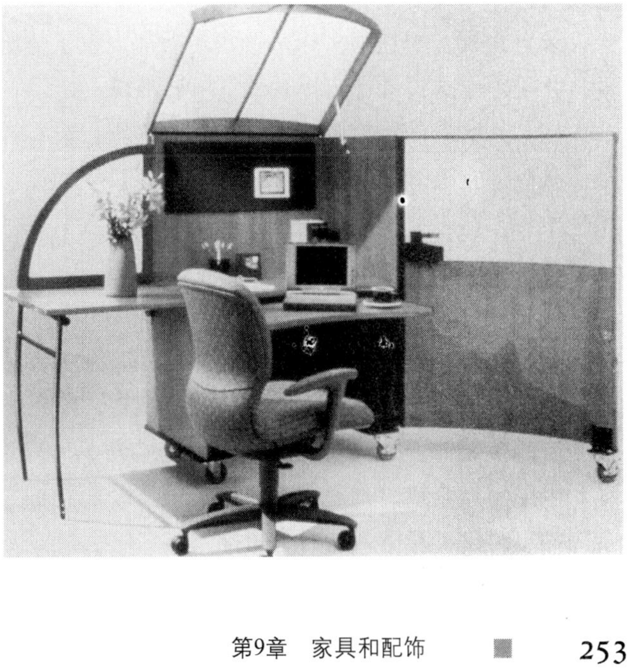

## 9.1.2 风格式样

典型的家具风格是指传统或现代的，可是，设计师要熟悉一些称谓：

古董（Antique）：根据美国法律，至少有 100 年以上历史的一件家具或艺术品才可以被称为古董。

复制品（Reproduction）：原始时期的物品的复制，有些复制品制造得非常精细，甚至只有经过专家才能甄别，有些现代的复制品就很粗糙。

改制物（Adaptation）：一件物品的一些原始要素已经被新的设计取代。

传统风格（Period style）：主要用于说明一个特定时期或具有代表性的时代的物品或整体室内，包括建筑、家具和陈设艺术品，这种类型通常是传统的。

当代风格（Contemporary style）：在一定程度上受历史或现代影响的设计风格，通常指简洁、美观的 20 世纪的设计。

现代风格（Modern style）：可以出现在任何时代，无论是音乐、建筑、家具，只要打破了先前设计形式的束缚，就是现代的。

## 9.1.3 材质工艺

了解一件家具的工艺和结构的品质有助于确定产品的价值。设计师需要了解家具结构的本质，以便为客户提供明智的购买建议。结构特征包括以下几点：

（1）家具应该比例匀称和舒适。坐在椅子或沙发上可以测试其舒适性，检查座面的深度和靠背与扶手的高度。如果椅子是为一个特定的人选择的，要让那个人亲自去试。现在很多床垫销售场所都设置了体验间，就是考虑购买者在选择时躺下不够雅观。

（2）好的表面涂饰的涂层是光滑、平整，没有流坠、皱皮、空鼓等现象的。优质的木制家具表面涂层光色柔和，这主要是因为工艺上增加擦漆的次数，消耗大量的时间和劳力，因而也增加了成本。

（3）背板应该安装在背板槽上，并涂饰光滑。

（4）抽屉和门板等活动部件必须耐用，并便于操作（图 9-26）。质量好的抽屉有牢固的侧板，不会发生抽屉底板翘曲变形。所有板件都经过抛光和封边处理，用燕尾榫连接。抽屉都要有阻尼装置，防止抽屉全部抽出时撞击身体，同时防止推入时夹伤手指。

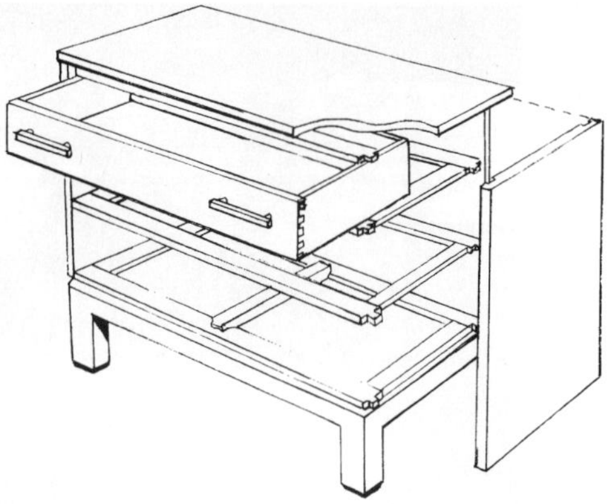

图 9-26　这款家具的内部结构表明它很耐用：硬木材质，榫卯结构，重负荷的抽屉滑轨，抽屉面板和背板与旁板的连接采用燕尾榫结合，抽屉旁板耐用，抽屉底板连接在榫槽里，柜子的背板延伸到地面，顶板和旁板固定牢固，抽屉做封边处理。

（5）抽屉导轨和拉手等五金件，应该牢固耐用。

（6）桌子、橱柜、书桌等有工作台面的家具应该选择耐用材料制作，以满足功能需要，并具有良好的外观。实际上，一些材料可能有一些缺陷，例如：大理石易污，玻璃易碎，塑料易断裂，硬木易划伤等。

（7）桌子或其他家具的边角处特别容易破损和造成人身伤害。采用圆形的边角，或实木收边，都是防止破损和增加安全性的有效方法。这是酒店在配置家具时非常关注的。

总之，家具的各个部分必须安全连接。下边将就家具材料和家具结构方面进行介绍。

### 9.1.3.1　木材

木材是家具构造的主要材料，最广泛地用于家具制造业的木材有松木、桦木、枫木、橡木、樱桃木、胡桃木、桃花心木、榉木和柚木等。每种木材都有自己的特性，各个国家对木材也有自己的偏好。但家具用木材必须经过正确的干燥处理，满足预期的构造、功能、表面装饰、尺寸和风格需要。表 9-1 列举了常见的木材材性和用途。

相关链接

美国木制品委员会　http://www.certifiedwood.org/

美国可持续发展的木制品资源　http://www.forestworld.com/

美国硬木委员会　http://www.hardwoodcouncil.com/

**表 9-1　常见木材材性和用途**

| 木材种类 | 特性 | 家居中的用途 |
| --- | --- | --- |
| 金合欢属植物 | 硬木，浅棕色 | 家具，木制品，通常用于制作宗教装饰品 |
| 桤木 | 质轻，软木，白色或淡棕色 | 家具，结构框架 |
| 梣木(白腊树) | 金黄色硬木，和橡木类似，但价格较橡木低廉 | 橱柜和家具，家具框架，地板 |
| 竹材 | 典型的中空管状结构的木质植物，有上升的竹节 | 亚洲风格的家具，装饰性的配饰 |
| 榉木 | 金黄色硬木，美丽的粒状纹理，硬度高 | 普通家具，在斯堪的纳维亚地区很受欢迎 |
| 桦木 | 细腻的波浪纹理，质硬耐用，可以染色或透明涂饰 | 家具，在斯堪的纳维亚地区很受欢迎，地板，门或橱柜，家具框架 |
| 雪松 * | 红棕色硬木，带黄色条纹，质软且轻 | 壁柜衬料，衣柜，一般家具，盖板、旁板和嵌板 |
| 樱桃木 | 红棕色硬木，类似于桃花心木，耐用，硬度高 | 用于制作小物件，镶嵌细工，在早期美国家具中是受欢迎的一种材料 |
| 柏木 | 颜色从浅黄色到深棕色，质软，抗弯，价廉，风干后呈银灰色 | 通常被用作装饰木材、门、盖板和旁板 |
| 乌木 * | 精美的黑色硬木材，具有深棕色到黑色的条纹；又称黑檀，有时呈红或绿色，质重且硬 | 用于制作现代风格和亚洲家具，以及镶嵌细工 |
| 榆木 | 木材呈浅棕色并带有灰色光泽，纹理呈细小的波浪状 | 适合于制作胶合板、家具和室内装饰、家具框架 |
| 冷杉 * | 坚固耐用，波浪纹理和松木类似 | 胶合板和层压单板，橱柜，贴面，镶边修饰，低档家具 |
| 橡胶木 | 红棕色，中等硬度，类似于桃花心木，具有美丽的纹理 | 用于制作胶合板、门、室内外装饰配件、家具零件 |
| 桃花心木 | 淡红褐色到深红褐色，纹理美观，材质致密而均匀，具有良好的油漆装饰性能 | 贵重木材，在安妮女王式、齐彭代尔式和 18 世纪的家具中很受欢迎，镶板和细木工雕刻 |
| 枫木 | 白色或淡黄棕色，纹理美观，材质硬且重，价格适中 | 用于制作普通家具，在早期美国风格家具中很流行，适用于地板，细木工雕刻，家具框架 |
| 橡木 * | 白橡呈淡棕色到黄棕色，红橡呈粉红色色泽，纹理通直或大波浪形，质硬耐用 | 是家具、装饰和细木工雕刻的重要木材，径切（直纹理）板通常用于制作优质的家具和镶板 |
| 山核桃 | 白色到红棕色，纹理精细，通常带有黑色条纹，材质硬且重，强度高 | 优质家具，家具零件，细木工雕刻，镶板，和室内外装饰配件 |
| 松木 | 灰白色到淡黄色，材质轻且软，强度低，价廉，直纹理，偶尔带有波浪纹理 | 地板、门和室内外装饰配件，早期美国或地方性家具的镶板，家具框架 |
| 杨木 | 灰白色到淡黄色，软木，质轻，细腻的直纹理，价廉 | 用于制作普通家具，制品油漆性能好，也可用作室内外装饰配件，细木工雕刻，外表装饰壁板，家具框架 |
| 白藤 | 一种生长于亚洲丛林的藤本植物，浅黄色到深棕色，质软，柔韧，可弯折 | 亚洲风情的普通家具，可以进行精美的涂饰和染色 |
| 红木 * | 均匀的红色，曝露在空气中会变灰色，可以获得大块板材 | 外表用装饰面材，用作梁、镶板等，普遍采用细木工雕刻，户外家具 |
| 黑黄檀 * | 红棕色，纹理美观，有褐色条纹，抛光加工后外观美丽 | 在 18 世纪的家具中很受欢迎，也用于镶嵌设计，丹麦现代家具 |
| 椴木 * | 浅黄色带光滑的缎纹，纹理独特，价格昂贵 | 用于优质家具和制品装饰，镶嵌制件和镶木地板 |
| 柚木 | 黄色到红棕色代黑色条纹，材质坚硬且耐用，油漆后很美观 | 在亚洲和丹麦设计的家具中广受欢迎，也用于装饰性和功能性配件 |
| 胡桃木 | 浅到深金黄棕色，具有多种多样的美丽纹理，材质坚硬且重，耐用，价格昂贵 | 适用于多种风格的优质家具，尤其在 18 世纪的安妮女王时期家具中广受欢迎，被称为“胡桃木时代”也用作镶板 |
| 红豆杉 * | 产自英格兰的深红棕色硬木，直纹理 | 用作细木工雕刻和一些家具 |

* 为经过生产商长期应用，并通过木材等级分类的木材。

## （1）实木和薄木贴面

实木是指家具的部件由一块木料制成，例如，椅子和桌子的腿、框架等。薄木贴面是用在普通木材或合成材料表面的一层装饰木皮，它采用不同的方法切削加工，可以获得特殊的装饰纹理（图 9-27），有时一件铝合金型材为骨架的薄木贴面家具比实木家具更能抵抗翘曲变形、安装接口便捷、牢固耐用，并且移动轻便。

## （2）木质人造板

胶合板通常用于建筑装饰上，是由多层薄木层积而成的，每一层的纹理互相垂直以提高强度。在家具设计中，胶合板经常用作薄木贴面的基层。

刨花板也被称为木屑板或碎料板，是由木材的碎屑和胶黏剂混合挤压后形成的大幅木质板材。因为刨花板比胶合板表面平整度高，它也经常用作薄木贴面家具的基层。

硬质纤维板是由木材的纤维经过热压制作而成的。它的结构比刨花板致密，通常用作抽屉的底板和背板。

弯曲木是在加压和蒸汽软化作用下把实木放置在模板中制成的。如米哈埃尔·托奈特（Mihael Thonet）的弯曲木坐椅，在19世纪80年代制造，至今仍然很流行。

麦秸板，是由过剩和废弃的植物秆茎制成的，可以做染色和涂饰处理，用来制作柜台的台面和搁架。麦秸板被认为是新型绿色产品。

相关链接

关于麦秸板　http://picturethis.pnl.gov/picturet.nsf/by+id/SMAA-3XNRV2? opendocument

## （3）连接方法

木材接合的类型暗示了强度要求，也决定了一件家具的耐用性和美观性。木材接合最常用的构造方法如下（图 9-28）：

榫眼和榫头：一根木料上开有榫眼，与另一根木料上的突出部分（榫头）接合，它们形成牢固的连接，尤其适用于扶手、腿以及框架的连接。

暗榫：将圆棒榫施胶装入相配的孔内，它的强度依赖于暗榫的强度。

斜接：边部加工成 45° 斜角，插入一块长木条连接角部。

燕尾榫：梯形或扇形装入具有相同尺寸和形状的槽口，这种形式的接合适用于抽屉的面板和旁板。

舌榫：企口连接类似于榫眼和榫头的接合，主要适用于长度方向的接合。

搭接：木材一边裁去一半宽度形成凹槽，容纳另一块直线形木料。

对接：这种接合有时在低价位的家具上会看到，但必须有十字支撑件或角部装木质塞角以增加强度。

塞角：转角的木块或隐藏的木块加强桌或椅腿部位的连接。

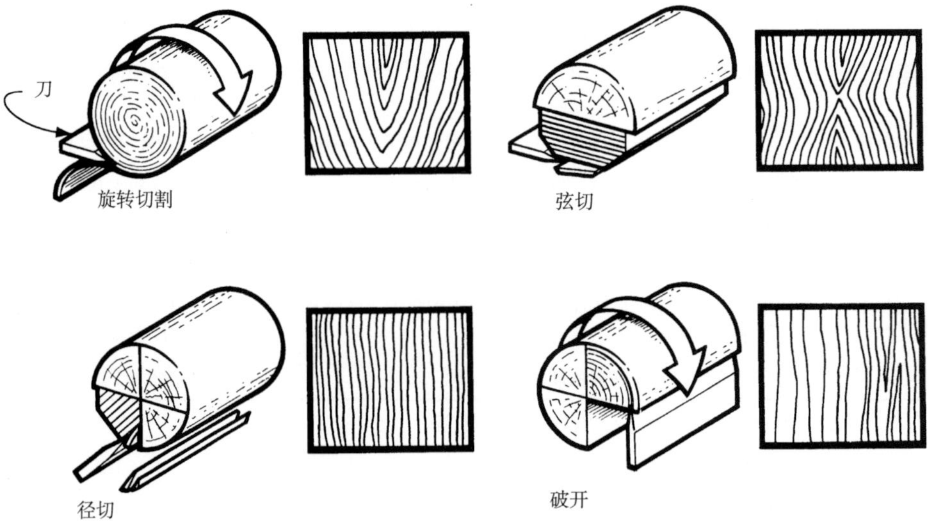


图 9-27　单板旋切图示

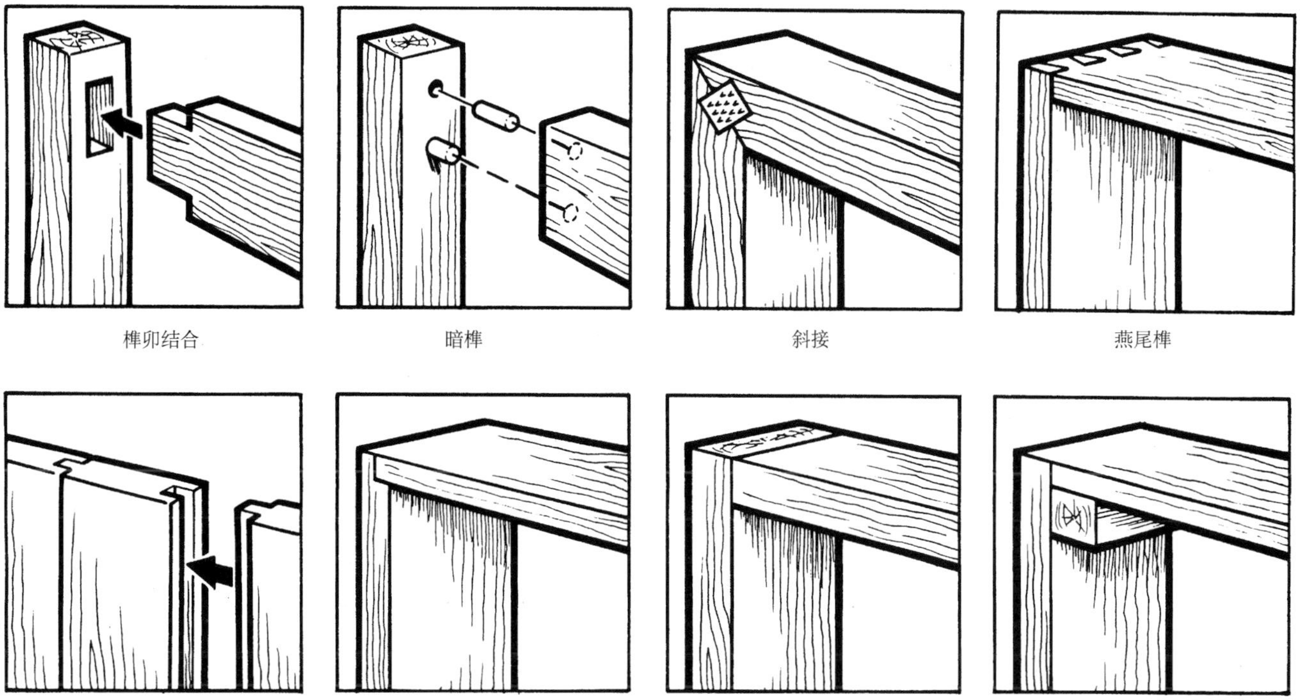


图 9-28　木材接合的种类

---

相关链接

关于木制品　http://www.taunton.com/finewoodworking/index.asp

木材的种类　http://www.virginiagalleries.com/wood-recog.htm

美国建筑木制品学会　http://www.awinet.org/

---

（4）表面装饰

木制家具主要的表面装饰类型包括染色剂、颜料、清油、清漆、虫胶漆、硝基漆和聚酯漆等，当然还包括模板印刷、压花（仿大理石或花岗岩等材料）、雕刻、贴金、烙花、软包和手绘等特种装饰。

### 9.1.3.2　金属

金属是家具构造的常用材料，有铝、铬钢、铁和钢等，它可以经过焊接、铆接等加工方法制成各种形状，为设计提供很大的灵活性。

铝的强度相对较低，所以需要用管状型材加工成腿和框架等构件，同时它的表面需要进行氧化工艺处理以防止腐蚀。

铬主要用于家具用金属的表面处理，它的特点是磨光后表面光泽度高，抛光后也可获得很好的光泽。

铁主要用于制作户外家具和栏杆等。

钢是铁和碳的合金，是家具制造中最常用的金属。这种金属加工成钢板后，常用于办公家具、橱柜、搁架或其他产品。包豪斯时期几位设计师的作品使得钢管家具在19世纪20年代后期大受欢迎（图9-29）。

其他用于家具上的青铜、黄铜和锡这些金属仅仅用做家具的装饰配件。

### 9.1.3.3　合成材料

机械制造的产品使得设计领域不断发生变革。层压板、塑料和丙烯酸树脂等合成材料被用在几乎所有种类的家具上。

三聚氰胺板是纸浸渍树脂后层压形成的，有各种各样的颜色、厚度、肌理和图案。亮光三聚氰胺层压板可以用来装饰立面，如用于水平台面就需要哑光面。

塑料，例如，尼龙、乙烯基和聚乙烯，仅仅用做家具构造中的小部件和纺织品。家具的这些耐用部件

图 9-29　由密斯·凡·德罗设计的巴塞罗那椅、沙发和 X 形桌子，材料为皮革和钢管。巴塞罗那椅是典型当代风格的设计作品。（Knoll 公司提供）

可以被加工成各种形状（图 9-30），并广泛用于公共空间或户外家具上。特别提醒塑料座椅应该做耐久性和稳定性测试。

丙烯酸树脂，例如，有机玻璃，是透明或半透明的，通常用来制作现代配饰或作为安全玻璃的替代品。

合成材料具有耐久性和易清洁的特点，可是，一些合成材料经过一段时间后会变得没有光泽、易破碎或刮擦，甚至一些合成材料易燃，损坏后难以维修。因为合成材料主要是石油基，它们要耗用不能更新的石油资源，同时不是所有的合成材料都可以生物降解，只有一部分可以回收利用。

### 9.1.3.4　玻璃

玻璃是家具设计中常用的材料，主要用于桌子

图 9-30　丹麦设计师沃奈·潘顿（Vernor Panton）在 20 世纪 60 年代设计了这种堆叠式的椅子。这是第一张单体模压玻璃纤维椅的实例，现在采用的是聚氨酯材料。

台面。玻璃可以进行刻蚀或喷砂加工，整个表面产生细小的霜雾状和不透明的效果。因为玻璃很锋利，所以玻璃的边缘要加工成斜面。此外，桌面玻璃应有一定厚度，并经过钢化处理，防止破碎后锋利的边缘伤人。

如图 9-29 所示，清澈的玻璃表面，不仅具有艺术性并且有助于扩展空间，玻璃使室内空间熠熠生辉，增加了空间的情趣。玻璃有时用在古式或实木家具的台面上，保护漆膜。玻璃可以将卫浴产品制造得具有雕塑感。

### 9.1.3.5　竹藤

竹子、白藤、藤条、灯心草和枝条形状的材料都来自于自然，这种天然特性使得它们容易和一些日常使用的物品相配，可以很好地用于室内或室外空间。如在一个充满电子产品的房间里，它们的存在也为空间增加情趣（图 9-14）。

竹子具有木质化特征，但它空心的竹竿和环状的竹节，可以用来制作轻型家具。

藤杖是从木芯藤木棕榈上切割获得的，可以弯曲成各种设计需要的形状，主要用来制作椅子、桌子和床。

藤条是由劈开藤获得的，可以编织成网状。大约1660年，藤条被引入英格兰，用于椅子的座面和靠背（图9-31）和一些户外桌子的台面。

灯心草是紧紧搓在一起做成绳子的长草，再将绳子编织起来，可以做椅子的座面和靠背。

枝条编织技艺就是从传统篮筐编织技艺而来。自古代起就用在椅子上，枝条编织的椅子可以用灯心草、细枝或芦苇等材料。

图9-31　作为包豪斯的第一期学生布劳耶(Marcel Breuer,1902—1981)1925年设计了世界上第一把钢管椅子，这里是用藤和钢管创造的著名的Cesca椅。他是第一位把钢管用于家具结构的设计师。(Thonet工业公司提供)

## 9.1.4 软体家具

文艺复兴时期，覆盖纺织品的椅子座面上通常会放上简单的软垫，后来，纺织品代替了这些软垫。19世纪，弹簧被引入，从而进入现代软体家具时代。从那时起直到19世纪30年代，软体家具的结构没有多大改变。此后，合成材料出现并在家具上大量使用，对家具产生了巨大的影响。软体家具有两种形式：框架上完全覆盖衬垫或填充物的和有些框架曝露在外的。

### 9.1.4.1 软体式家具的部件

软体家具隐藏在内部的是体现耐用性、舒适性和品质的部分（图9-32）。因为这些元素是隐藏的，设计师在选购软体家具时必须依赖制造商的说明书。

图9-32　沙发内部结构

### (1) 框架

框架是用金属、塑料或窑干燥处理的枫木、橡木、榉木、杨木、榆木等硬木制作的，这样使其平直光滑来防止纺织品松弛。如果是木质框架，装配一定要牢固，通常用带沟槽并施胶的插入双榫连接，优质家具的框架从不使用钉子。

### (2) 绷带和毡垫

绷带通常 75 ～ 100mm 宽，是将亚麻、黄麻纤维、塑料或橡胶用编篮筐的手法编织而成的，满铺在骨架上，支撑弹簧和软垫。棉质毛毡用来保护弹簧和其他材料。

### (3) 弹簧

弹簧由盘绕的金属线或线圈制成。盘绕的金属线越简单，越适用于纤巧的现代家具。圆锥形的线圈可以是单锥也可以是双锥（图 9-33）。双锥线圈的结构提供更大的舒适性，因此多用来制作较昂贵深座面的软体家具。而在大多数家具中，采用粗麻布保护和覆盖弹簧，防止填充物压入弹簧中。

图 9-33　单锥和双锥弹簧

### (4) 填充物和垫料

软垫中填塞各种类型和品质的填充物和垫料都应标注在标签上，最常用的填充物有以下几种：

- 聚酯是一种轻质、有弹性、无味、不易霉变和虫蛀的材料。它可以单独使用，也可以和泡沫颗粒、羽绒混合在一起使用。聚酯或纤维填料要用纺织品包裹以保持形状，防止摩擦和损坏。
- 聚氨酯泡沫体是常用的填充材料，具有防水、防霉变、防虫蛀的特点，由于有各种密度所以具有弹性。软垫里的聚氨酯泡沫体通常用纤维填料包裹以增加柔软性。
- 羽绒和羽毛通常和聚酯以及细小的泡沫颗粒混合用在座椅软垫上。羽绒和羽毛历来被看成是奢侈品，百分之百的羽绒十分昂贵并且没有弹性，需要经常拍打使膨起。
- 覆有橡胶层的纤维和前面提到的填充材料相比弹性较差，主要用在中等价格的家具。
- 来自于自然界（例如，某种树叶）或合成毛制品的纤维碎片通常用在低档家具上。

如图 9-34 所示，常见三种类型的软垫。

### (5) 覆面材料

织物不仅是用来包裹软垫和家具框架材料，而且它反映家具的风格。耐用、时尚、满足功能需要的软体用织物方面的内容在第 10 章中讲述。最后的修饰可以强化软体构件的风格和细节：滚边（围绕软垫四

图 9-34　软垫类型

边的细带或用织物缠绕在木材上的装饰）可以做单排、也可以做双排，可以是同种织物，也可以是有差别的织物；流苏装饰也可以用在软垫四周；钉头（通常是黄铜的）给家具增添阳刚气息。

#### 9.1.4.2 软体家具选择

在选购软体式家具时，要考虑以下原则：

- 软体家具是现在仍然保持手工制作的家具，所以选择时首先考虑与手工相吻合的自然形态。
- 缝制十分讲究：线缝、滚边和流苏应该平滑、挺直、缝制要牢固，不能有松弛的线角，卷边和褶皱应该平整。
- 大的图案，要注意图案的拼接，尤其在软垫边缘处。
- 所有图案，包括座面上软垫的图案都应同向。
- 织物用垫料填塞时，防止裂口现象，应采用小些的针脚。
- 软垫应该紧贴家具，对家具而言，软垫要合身而舒适。
- 如果使用拉链，拉链要缝制得平直，没有皱褶且容易拉动。
- 如果使用的织物是绒毛状的，绒毛应该向一个方向倾倒。
- 织物应该平整拉直包裹在骨架上，没有折皱。
- 背板应该牢固整洁地用平头钉钉住或缝合。
- 裸露在外的木质部件的表面应该经过优质涂饰，并且是硬木。

---

**相关链接**

民用软体家具结构　http://www.gocohens.com/hwtobuy/upholstery. html

软体家具　http://www.interiordec.about.com/cs/upholstery

---

### 9.1.5 绿色设计

#### 9.1.5.1 选择绿色家具

家具制造的过程如果不注意控制，会对环境造成危害。选购“绿色”家具时，设计师应该寻找用可再生的木材为原料制作的产品或用可回收材料制造的家具。

很多家具企业都有严格的规章制度，禁止使用濒临灭绝的树种的木材。有些专用于家具制造业的濒临灭绝的木材品种，只能制成单板用作表面装饰材料。这些木材可以来自于人工林种植或可持续发展的森林。

另一个可以替代的方法是选购可回收的制品制造的家具。例如，HAG，一个家具制造企业，设计了一把可调节的 Scio 坐椅，坐椅靠背和座面用可回收的瓶盖制作（图 9-35）。甚至有的家具企业用汽车轮胎来制作家具，因为汽车轮胎是利用阻燃的垫料进行处理的，并且不含甲醛和二氯 - 碳氟化合物的。

绿色家具的正确选择原则也包括选择安全环保的表面涂饰。家具油漆工艺过程中会释放有毒的容易挥发的有机化学物质或 VOC 到空气中。这些有溶解力的物质通过排气管释放到大气中。VOC 是烟雾状的，它通过破坏地球的紫外线危害臭氧层。

1990 年美国国会通过净化空气条例，要求企业减少有害气体的排放。有些企业已经改进了油漆工艺以减少排放。目前几种可行的方法是，木材的油漆操作通过传送带来完成，减少 VOC 释放到空气中；金属家具可以采用电镀的方法，即金属家具通上电荷，油漆通上相反的电荷，把两者用电结合在一起。此外，作为代替品的水基染色剂和天然颜料涂层的使用以及用碳过滤都可以减少 VOC 的释放。

图 9-35　这款环保型的 Scio 坐椅的座面和靠背用可以回收的塑料瓶盖制作。(HAG 公司提供)

为了有助于保护环境，设计师在决定选购制造商的产品之前，应该要求制造商提供有关的法律法规和能持续发展的森林方面以及净化空气条例的执行情况的数据。

相关链接

热带森林基金会 http://www.tropicalforestfoundation.org/

EPA 的净化空气条例 http://www.epa.gov/oar/oaqps/peg caa/pegcaain.html

合格木制品联合会 http://www.certifiedwood.org/

#### 9.1.5.2 产品标签

如前所述，知名的家具制造商应保证使用合乎规定的材料，确保家具的性能符合产品标签上的说明。

## 9.2 配饰

住宅和商业空间中配饰的选择和布置值得认真考虑。配饰不仅仅是装饰，更能反映个人的品位和私人爱好，因此对客户来说，配饰有情感价值。

### 9.2.1 功能性配饰

功能性配饰指既有实用性，又对空间有装饰作用。一种是依附于建筑的，例如，各种柱式、毛巾架、窗帘杆、门把手等（图 9-36）；另一些配饰，例如，镜子、灯、时钟或瓷盘是可移动的。无论何种形式的功能性配饰，在选择时都要考虑空间的目的和用途。例如，酒店客房的休闲沙发具有阅读需要，所以在它的旁边会设置落地灯，但同时会配置吸顶灯用来增加背景照明，避免阅读区与周边照度悬殊造成眼睛疲劳。通常设计师会为每个房间制定一个配饰需求表，在选购和布置配饰时会更方便。

（1）灯具

灯具在夜晚或需要的时候为房间提供照明，是重要的配饰之一。常见的有台灯、落地灯、壁灯、庭院灯、吊灯。无论传统的、现代的、还是装饰性的，都要根

图 9-36 这个浴室空间高 4.5m，可以看到夏威夷山，设计师用灯具和配饰创造了整洁、现代的室内空间。（设计：晋思设计有限公司；摄影：Marco Lorenzetti/Hedrich-Blessing）

图 9-37　将现代线条与历史相融合，请注意如何设置床头灯的适当高度，让在床上的人可以阅读材料，而避免光线照射到人的眼睛，同时还要分析纹理的丰富变化。

据空间大小、风格、样式等选用，如图 9-37 所示。（灯具和照明的更多信息参见第 6 章内容）

### （2）书籍

“一个没有书的房间就如同没有灵魂的躯体”。通常，没有哪个房间能够阻挡书的魅力，书的特性和肌理效果会增加空间的亲和力。如书架可以放置在任何一个房间，它只占据房间很小的地方，却能增添温暖、友好的气氛。儿童房书架，高度要确保孩子够得到；卧室可以配备搁架，放置一些书籍便于晚上阅读；厨房也需要配置可以放置烹饪类书籍的移动式搁架；会客厅设置的搁架通常用于存放纪念性物品、奖品以及相关书籍。

另外，书特有的肌理、色彩和形状能够增添房间的装饰性，它们也能和其他装饰物很好地匹配。例如，几本书放置在书架搁板上，配上美观的书立，旁边放一盆绿色植物或一个雕塑；同样咖啡桌上散放几本书，空间情趣倍增（图 9-1）。

### （3）镜子

从 14 世纪开始，富于装饰性或功能性的镜子就被广泛应用在住宅和公共空间中。镜子是室内设计师的有效工具，它不仅能使空间变得华美、开阔，而且通过反射灯光使昏暗的空间显得明亮，并通过镜子反射来增加空间的趣味。镜子的使用越来越普及，在各种风格的室内空间中扮演不可缺少的角色（图 9-38）。

图 9-38　这个定制的桌子是由钢和板岩两种材料构成，并通过镜子和花饰进行强调。（设计：Jurasky，图片由 Kaminsky 公司提供）

(4) 时钟

时钟在家和办公室都是重要的配饰。从放在精美雕刻的盒子里的古式时钟，到 20 世纪后期的高科技时钟，时钟不仅具有重要的功能，也为房间增添“滴滴答答”的背景音乐，使空间富有生气，又安静祥和。通常，时钟要放在任何容易看到的地方。在户外，时钟通常是大都市环境的地标。在小型的社区，钟塔的钟声有助于定义“地方的感觉”。

(5) 屏风

屏风不仅具有很强的装饰性，还具有很多功能。当入室门正对着起居室空间时，使用屏风可以遮挡入口；屏风还可以分隔起居室和餐厅空间；在一个房间设置屏风可以分隔出另一个房间。如果有策略地设置屏风，还可以引导人流和空气的流向以及光线的方向。

(6) 五金件

一个现代风格的房间可能因为五金件而凸显现代特征，在一个传统风格的房间里，老式五金件可以带给你更真实的历史感。而抽屉滑轨、锁眼盖和铰链等功能五金可以使一件家具更具时代感（图 9-37 和图 9-39）。

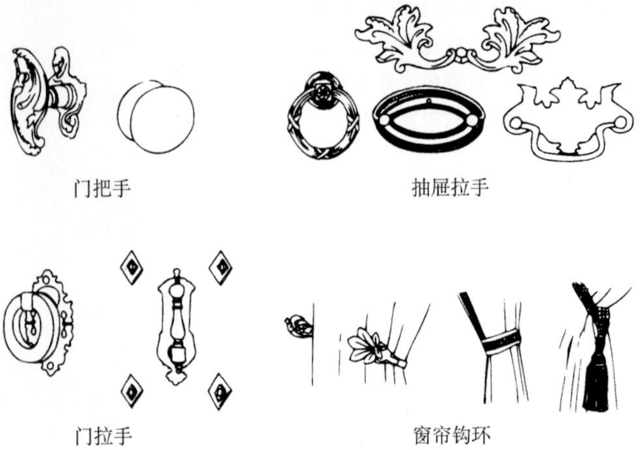


图 9-39　拉　手

### 9.2.2 装饰性配饰

装饰性配饰带给人们更多的是精神上的愉悦，既有传统风格的，也有现代风格的；既可以手工制造，也可以机械化生产；既有新式的，也有古旧的。

下面对房间使用的吸引人的、使人感觉愉悦的、增添生活气息的一些基本配饰做简单介绍。

#### 9.2.2.1 艺术品

在居住空间中，绘画、素描、版画、照片、雕塑等各种艺术品都可以由客户自己选配，而企业的艺术收藏品通常由专业布展公司选择。设计师应该了解下面各种类型的艺术品和相关术语，以帮助客户选择配饰，或者和策展人更好的合作。

(1) 图片

油画、丙烯画、水彩画或蛋彩画等原作是昂贵的艺术品，这些作品通常由著名的画家或当地的艺术家创作，如图 9-40 所示。

创作版画，采用蚀刻、平版印刷、木刻、钢板雕刻和铜版雕刻等工艺，不是像照片那样任何人都可以复制。这些作品由艺术家设计并亲自制作或者监制，限定版次的版画被艺术家编号和签名。例如，一件编号为 27/100 的作品，意思是该作品总共制作 100 件，这是第 27 件。作品制作的数量越少，越珍贵，限量生产的版画甚至比绘画和素描作品的价格还高。

印刷品最初被称为“穷人的艺术”，被看做是低价配饰，不应该被装在相框里悬挂在现代风格的环境中。但一些早期的招贴画现在已经成为了收藏品。

家庭和艺术照片可以使空间具有个人风格和气息。

(2) 画框和保护罩

画框是提升作品视觉效果的最有效形式。它首先和建筑背景要素之间应该建立某种关系，如暖色墙配暖色画；其次是画框的尺寸、线条和形状不能胜过框内的艺术品，应该起衬托作用；第三应该是暖色画配暖色框，以保证画面整体感。

通常印刷品、水彩画等需要用玻璃进行防护。进行特殊加工的这些玻璃，有的可以减少光的反射，避免眩光；而丙烯酸树脂玻璃不破碎安全性好；添加紫外线防护功能的玻璃，可以保护艺术品的色彩。

图 9-40　由艺术家创作的一组绘画作品悬挂在带扶手的沙发后面的墙面上，增添了空间的情趣。（设计：Gandy/Peace 公司；图片由 Chris A.Little 提供）

（3）雕塑

金属、大理石、木材、玻璃和陶瓷制作的雕塑是住宅或商业空间环境中的珍贵配饰。小型的雕塑可以陈列在搁架、桌面和壁炉架上；大型雕塑，很容易成为空间的视觉中心。给雕塑配置基座和聚光灯可以增加视觉效果。

（4）手工艺品

陶瓷手工艺品的特点是由工匠手工制作，所以每一件运用的材料、装饰类型、色彩、肌理和形状都有所不同（图 9-41）。

马赛克由小块的方形的瓷、石头或玻璃排列制成。古时候用在地面或墙壁上的马赛克，现在被用在支架、箱子和小桌等小型的装饰性的物体上。

玻璃可以进行染色、施釉、镀金、切割、雕刻等加工。手工吹制玻璃制品几个世纪以来都很受欢迎，其中，流传几世纪的精美作品，每一件都有独特的设计制作手法，更是备受美国大众的推崇。意大利和斯堪的纳维亚地区的艺术家引领现代设计的潮流，他们设计制作了很多造型优美工艺精湛的现代玻璃精品。

彩绘玻璃是由多块小的彩色玻璃艺术地组合而成的，已经流行了几个世纪。尤其在中世纪，彩绘玻璃用在哥特式教堂的窗户上，创造出精彩绝伦的迷幻效果。

编织品和纺织品几个世纪以来在世界各地都很流行，各地的产品都具有当地的文化特征（图 9-42）。挂毯是有悠久历史的手工纺织品，它图案复杂，色彩绚丽，表面有凸起条纹。现在，装饰用的大多数挂毯都是机织毯。

用手工制作和按用户要求设计的小地毯和毛毯通常用作房间的焦点，或确定房间色彩的基本要素。印第安人、芬兰人和西亚人制造的毛毯使房间具有悦人的装饰特色。

兽皮可以像画一样悬挂起来。选择兽皮之前，设计师要证实兽皮是合法获得的产品。设计师要慎重对待和使用动物产品，杜绝使用濒临灭绝的物种的制品。

在鹿、驼鹿和野牛等兽皮上作画，是美国西部设

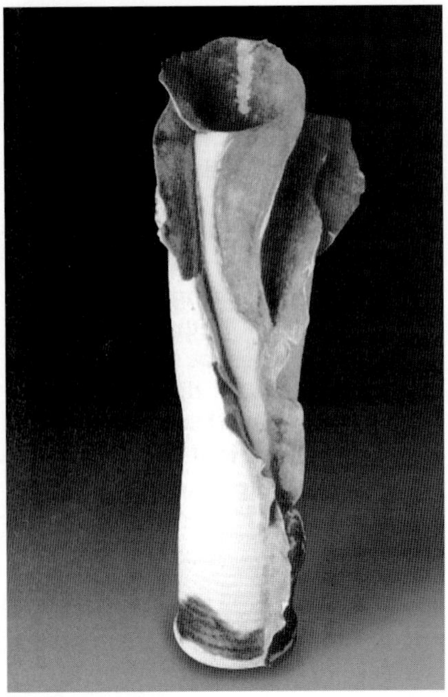

图 9-41　这个陶质花瓶采用 raku 工艺制作，这种工艺源于 16 世纪日本的茶艺，是指快速烧制并快速冷却的最简单轻松的传统制陶工艺。这个花瓶 762mm 高，放在室内空间能够成为视觉中心和焦点。（艺术家：Mary Jane Taylor）

图 9-42　这块精美的编织品和古老的神兽相辅相成，增强了室内泰式风格的效果。（设计：Jerry Pair；摄影：Peter Vitale 和 Veranda 提供）

计中流行的艺术形式。这种艺术形式是从美国本土发展起来的，画在兽皮上的设计，其灵感可能是象形文字、几何图案或艺术家的最初灵感（图 9-43）。

篮子和篮子编织艺术从古至今都没有多少变化。艺术家通过引入新的色彩、形状、图案和风格，对这种产品进行了很多改进设计。特定的文化背景下产生的传统的篮子具有显著的风格和特征，具有很高的艺术价值。

手工制作的把手，原本是纯粹的功能构件，现在成为高度复杂的艺术品。蜡烛有各种色彩、各种质感、各种形状，满足传统和现代环境。蜡烛经常是室内装饰的重点，无论是私人房间还是公共空间，点亮蜡烛，空间变得温暖，更有生机。

### 9.2.2.2　绿化

各种配饰形成住宅或商业空间的最终风格以后，几乎没有什么能像鲜花一样有如此重要的作用。

插花的关键是善于选材、精于剪切和巧于搭配。

图 9-43　在这里，兽皮绘画很好地与当代风格或乡村风格相融合，兽皮绘画悬挂在为客户定制的梁框上，并配以装饰品，创造出了一种惊人的视觉焦点。（艺术家：Lee Secrest；摄影：Laurie Lane）

典型的插花风格是：东方风格、传统风格和现代自由风格。东方风格讲求不对称性，多用小叶植物；传统风格更讲究均衡，用多个品种和色彩的植物；现代风格多是对称的，只用几种植物，有时只用一种植物。容器的质感、图案、尺寸要和环境相配，以达到最好的艺术效果。

摆放在室内环境中的天然盆栽把绿色从户外引入室内（图 9-17 所示空间中，既有天然盆栽，也有新采摘的鲜花）。选择盆栽时，个人在质感、色彩、形状、尺度上的偏好起决定作用，当然也要注意植物对阳光、水和温度的要求。

干花，干枝和其他干燥处理的植物通常作为新鲜植物和花的替代品。它们的优点是可以保存很久，不需要特殊的养护，只需除尘。很多商业和官方的组织用人工花和植物代替鲜花和天然植物，因为前者容易养护，而且是一次性投资，减少养护成本。

**相关链接**

纯艺术博物馆　http://www.famsf.org/

罗浮宫博物馆　http://www.louvre.fr/

大都市艺术博物馆　http://www.metmuseum.org/

芝加哥艺术学院　http://www.artic.edu/

现代艺术中心博物馆　http://www.whitney.org/

### 9.2.3 选用原则

在决定什么样的配饰适合一个特定的空间时，大部分客户会从实用美术角度出发，而少量高端客户也会从艺术品收藏考虑，所以要对选择配饰的原则和环境做全面的分析，要考虑多种可能性。表 9-2 列举了住宅和商业环境中常用的配饰。

配饰可能有实用性，也可能仅仅满足精神需求。选择的配饰可以围绕一个主题以强化背景，或者是吸

**表 9-2　常用配饰列表**

| | | | |
|---|---|---|---|
| 兽皮 | 厨房和炊事用具 | 小罐 | 小地毯 |
| 鱼缸和鱼 | 风筝 | 陶器制品 | 幕帘 |
| 武器和盔甲 | 灯 | 时钟 | 雕塑 |
| 艺术品（二维） | 地图、图表和证书 | 衣帽架 | seving cants 工具车 |
| 人造插花和盆景 | 镜子 | 收藏品（硬币、邮票、古董等） | 贝壳和岩石 |
| 烟灰缸 | 模型（船、飞机等） | 软垫 | 隔板（如装饰性的小块木雕隔板） |
| 篮子 | 马赛克 | 书桌配饰（笔筒、文件夹、桌垫、通讯簿、小表，等等） | 银器 |
| 浴室配饰（皂盒、漱口杯、毛巾架、毛巾、手巾、磅秤、厕纸盒） | 音乐盒 | 盘子 | 托架 |
| 鸟笼 | 音乐方面物品（乐器、音乐架等） | 娃娃屋 | 台布、席子和餐巾 |
| 毛毯 | 针线 | 娃娃 | 挂毯 电话 |
| 书立 | 支座（陈列用） | 小雕像 | 工具（如旧式手纺车） |
| 书和杂志 | 相册 | 壁炉工具和炉栏 | 家具模型 |
| 瓶子 | 垫座 | 花和盆景容器 | 玩具 |
| 碗 | 罐 | 花 | 盘子 |
| 盒子 | 植物 | 盆景 | 奖品 |
| 黄铜制品 | 盘子和大浅盘（装饰） | 相框（用来装饰艺术品、照片等） | 伞架 |
| 日历 | 陶器 | 猎物 | 垃圾桶 |
| 蜡烛 | 智力玩具 | 玻璃制品 | 花瓶 |
| 蜡烛台 | 被子 | 五金件（门把手、铰链、架子、拉手、锁眼盖、钩、绳等） | 编织制品 花环 |

图 9-44　这个饭店可同时容纳 500 多人就餐，每天接待来自于波士顿博物馆的 2500 名参观者，奇妙的设计使参观者摆脱参观带来的历史重负。（设计：Prellwitz/Chilinski 事务所；摄影：1996 Steve Rosenthal；艺术家：David Tonneson）

引人的注意（图 9-44）。例如，随意插的花篮可以美化乡村风情的木质墙面，一个精美的瓷花瓶是具有法国风格的镶板墙的优美点缀。这说明配饰的质感、色彩和形态要和房间的风格、背景、以及其他的配饰和陈设相配；所选配饰要和其他陈设以及占用的空间比例协调。

配饰可以是纯正的历史风格，也可以是多种风格的混合，后一种方法需要设计师更具创造性。

此外，还要注意：艺术品和配饰的放置要以不影响环境的功能为原则。通常，除了私人办公室以外，公共空间不适宜陈列私人性质的配饰；而公共空间的配饰能够反映公司的形象和特征；当然，还要考虑预算的限制和失窃的可能性。

选择一件既具有美学吸引力又能够使用很多年的配饰是一项挑战。像植物和艺术作品这样比例较大的配饰，通常配置在学校、办公室、医院、图书馆、旅馆、零售商店、饭店和其他的公共环境中。而涉及功能有关的配饰能够使空间更具特征，例如，饭店的印刷品类的配饰可能和饭店的历史以及建造的主题有关。

相关链接

艺术品和配饰　http://www.guild.com

### 9.2.4 配饰组合

陈列获奖的奖状或奖杯是每个人的渴望，设计师的挑战是如何把这些珍贵的物品组合在一起，产生美感。这种成组配饰的成功布置依赖于色彩、质感、形态和空间关系的视觉美感。当一组小的物品组合时，注意它们和墙或家具等背景看上去要形成反差，就如同一组尺寸不同的圆形物体本来就很美，加一个方形物体会增加对比效果。水平、中间高度和垂直高度这三种不同尺度的物体布置在一起时，眼睛

图 9-45　艺术品以对称或非对称的方式精心悬挂在积极空间（艺术品自身）或者消极空间的墙面上（艺术品之间的空间）。

会从水平的物体向垂直高度的物体移动，产生视觉转移。这种韵律就如同眼睛看泥土、花卉、植物和树冠一样。此外，相同的色彩组成的要素可以增加统一性，而不同的色彩和质感会产生变化和愉悦。

（1）墙面上的二维艺术

画可以单独或成组悬挂，但是它和沿墙的沙发、书桌、椅子、桌子或其他陈设品有一定关系。通常，一幅画不能孤立地"漂浮"在墙上，特别是正方形的画，一定要和墙上的物品进行组合。画的下方如果放置一张桌子、装饰柜或一件其他类型的家具，可以使艺术品看上去稳定。墙上的二维艺术品的选择和布置要遵循如下原则：

- 填充了二维艺术品的区域为积极空间，积极间四周的空白区域为消极空间。无论形状和尺寸如何，每一幅画都应该有一个围绕它的愉悦的空间（图9-45）。
- 单独的一幅画悬挂在墙面视平线高度时，效果最好。
- 悬挂在椅子或沙发上方的画应该悬挂足够的高度，防止坐在座位上的人的头部碰到画框；如果悬挂得更高些，画和家具之间缺乏连续性。此外，如果没有灯、插花或其他配饰干扰，画就很容易成为视觉焦点而被很好地欣赏。但背景主题画的材料应减少反光。
- 对于有拍照需求的背景画，不能有颜料反光和运用抽象的点染手法。

（2）存储单元中艺术品的陈列

书架或装饰性搁架等的配饰布置，需要具有敏锐的眼光，下面的观点可以提供帮助：

- 低矮的搁架上适合放置稍高、稍重的物件。
- 书可以排满整个搁架，或者和装饰性盘子、小雕像、照片、小型植物组合配置。书可以平放，也可以立起来靠在书立上。黄铜或重点配饰物件放在书的上方，并根据书的高度做上升或下降的排列。根据客户的收藏需要，决定是否需要购买古书。
- 书立可以增加装饰特征，或成为一排书的焦点。
- 二维艺术品可以放置在书架的一个轻快的角落。
- 来自于自然的装饰品，例如，水晶球、贝壳或漂流木可以增加亲切和温馨感。
- 照片配上不同的独特的相框可以增加趣味性。
- 明亮的、简洁的玻璃制品成组摆放在视平线高度时，能获得最佳视觉效果。

需要强调的是，房间里配饰的组合不是静态的。

## 本章小结

家具类型和结构方面的知识有助于设计师成功创造室内空间。客户可能离不开使用了很多年的家具，也会以一种沮丧的方式处理掉原有的家具，所以设计师必须能够甄别优质家具。从经济投资角度，设计师甚至需要考虑产品的生命周期和运营维护费用。

配饰应该反映客户或公司的个人价值观。在所有室内空间中使用的功能性或装饰性的物品，无论是单独陈列还是成组摆放，都能增加视觉吸引力（图9-46）。

图 9-46　在这个大学校长办公室里，来自于大学收藏的艺术品和配饰为传统风格的空间增添温暖和文化气息。（设计：Lynn M.Jones；摄影：J.J.Williams）

# 第10章

# 织 物

图10-1　在这个男性化的都铎式住宅中，设计师选用暖色调的色彩，室内充满人情味。注意打褶窗帘和靠垫的边与穗子这些细节设计。（设计：James Essary；摄影：Robert Thiem）

织物在增添住宅和商业室内环境效果方面，比设计中其他的元素更加多样化，所以在空间中所占的分量比想象中要重。一踏入房间，窗帘、沙发等软装饰最容易吸引人的视线。

织物由于柔软的质地，经过缝纫、垂褶、弯曲、折叠、包卷、纵褶、皱褶和伸缩的多种缝制手法，使它们可以做成布艺家具、窗帘、沙发套、枕头、靠垫、床罩、毯子、毛巾、桌布、墙纸、天花布幔、灯罩等装饰品。但选择织物时要考虑三个方面：首先是纤维性质，天然的棉、麻、羊毛、丝等具有自然的视觉和质感，而尼龙、涤纶、人造丝这些合成材料比较耐用，但质感偏差；其次是编织方式，纤维通过不同的构造组织表现出粗细厚薄和各种纹理，对视觉效果和质感起到重要作用；再次是图案形式，具体和抽象等不同花纹样式、色彩、比例尺度和冷暖效果等需要与室内空间的形式和尺度相辅相成。

如第 5 部分讲述的，选择室内材料时还要考虑的基本要素是功能性、艺术性和经济性。同样，运用织物的主要目的之一是让居住空间具有人情味，因为织物是建筑和家具之间的过渡，它们给住宅和公共空间带来舒适、温暖和柔和的感觉（图 10-1 和图 10-2）。

本书中讲的织物是纤维、纱线和布料的总称。生活中纤维、纱线、布料和织物的名称经常被混淆，所以在这里首先要了解它们各自的含义：

纤维：是原材料，包括天然纤维和人造纤维，主要的用途是用来纺线和加工布料。

纱线：是纤维加捻后形成的绞股，用来加工成布料。

布料：由纤维、纱线经编织、针织、扭搓、黏结和交织等编织方法加工而成，也可以用塑料加工而成。

## 10.1 纤维

生棉花、丝绸和涤纶等纤维是布料的最基本成分。每一种纤维都有自身的优点和缺点，没有满足全部设计要求的完美纤维。制造商往往通过弯曲纤维，将那些质量最好的纤维织成高档的布料。布料的性能和外观受纤维加捻方式和数量的影响。高度加捻的产品强度和耐久性较高，但光泽较差；而稍稍加捻的长纤丝通常有很好的光泽，而稳定性较差。所以，在编织前通常做法是将两条或更多的纱线捻成股，不仅增加强度，而且形成表面肌理效果。

### 10.1.1 天然纤维

来源于自然的纤维通常分为四类：蛋白质纤维、纤维素纤维、金属纤维和矿物纤维。

#### （1）蛋白质纤维

羊毛和丝绸是最重要的蛋白质或动物纤维。

羊毛：指的是绵羊、安哥拉山羊（称为马海毛）、

图 10-2 这个位于纽约州布法罗的历史大厦改造项目中，设计师将住宅改造成酒店客房和早餐厅。大量的精力是重新真实地再现室内原先的细部和造型，并选用当代风格的家具陈设和织物，使之与历史风貌形成对比和补充。（设计：Susan Dario；摄影：Rion Rizzo/Creative Sources Photography）

图 10-3　在这间儿童房内，一块柏柏尔羊毛地毯经久耐用，为室内增添暖意。短的打圈起绒地毯使地面柔软，与男孩房阳刚的特性非常吻合。

骆驼和其他动物的毛。从公元前 7 世纪或前 8 世纪开始，人们就已经开始使用羊毛。在早期的埃及、希腊、亚洲和中东地区，羊毛用来加工成衣服和一些家庭物品。羊毛主要优点是具有弹性、阻燃、耐磨，有良好的绝缘性，它能织成各种不同质地的织物；羊毛能染成从最浅到最深的各种颜色，还便于清洗、防尘，而且能吸收自身重量 20% 的水分而不感觉潮湿。羊毛的缺点则是随着时间的推移颜色会变黄（特别是曝露在阳光下）、会缩水、易虫蛀。此外，羊毛很贵，而且需要专业的清洗，也可能会造成人们的过敏。所以，羊毛主要用于住宅和商业用途的室内装饰品、地毯（图 10-3）、窗帘和墙纸。

丝绸：是一种古老的纤维，传说早在公元前 2540 年中国已发现有丝绸。丝绸的优点是漂亮，长长的纤维柔软又奢华，其强度只有尼龙可比拟（图 10-4）；而且易染色，不易褪色，垂感很好。当然，丝绸也有缺点，主要是紫外线会折断丝绸的纤维，因此使用丝绸时要避免阳光直射。丝绸的另一个缺点是会因弄脏、虫蛀和受潮而受到损坏。丝绸和羊毛一样，价格也很昂贵。天然的丝绸和未加工处理的丝绸短而粗糙，没有光泽，所以这两种丝绸往往加工成织物、家具装饰（当有财力支持时）、墙纸、装饰物和布艺。

### （2）纤维素纤维

纤维素纤维（或植物纤维）包括植物中的茎、叶

图 10-4　四种传统的丝织品：库缎、织金、织锦和妆花（Donghia 织物公司版权所有）

和种子毛，两种最普遍的纤维素纤维是棉和麻。

棉：被认为出现于公元前 4 世纪的印度，在罗马时期就被使用，它在天然纤维中种类最丰富。棉的优点是染色方便，不易褪色，易清洗，可以编织成薄的或重的布料。由于棉具有弹性，它可用于家具装饰、地毯和窗帘（图 10-5）。棉的缺点是不如其他纤维耐用，且会缩水、发霉、褪色。棉的成本取决于纤维、编织方式和表面处理的质量。

麻：由亚麻纤维加工而成，是所有纤维中历史最悠久的。早在公元前 4000 年，埃及已出现了麻。麻的优点是结实、柔韧、有光泽，耐洗，易染色，不易褪色，吸声性好。而缺点是容易缩水、褪色、质地硬、

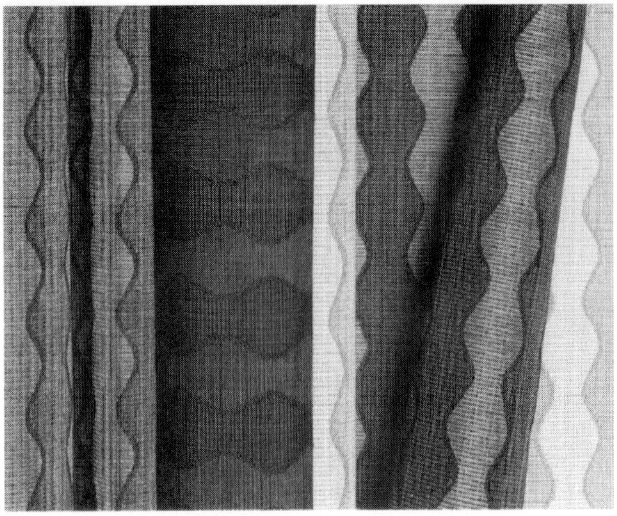

图 10-5 这种具有丝光棉结构的布料能确保耐久性

图 10-6 德国制造商 Girmes 生产的这种有图案的布料，金线的高光为它增添些许华丽感。

难清洗，所以麻织品普遍需要经过化学处理，效果会好些。麻的缺点是褪色、硬且难清洗。麻主要用于家具装饰、织物、桌布和沙发套。

（3）矿物纤维和金属纤维

矿物纤维和金属纤维是从自然中存在的物质包括金属中提炼的。金属纤维包括金线、银线或铜线，它们主要用于对装饰性织物的强调（图 10-6）。金属纤维光泽好、不变色，且耐洗。

## 10.1.2 人造纤维

人造纤维从合成化工品或经化学处理的天然产物中提炼出来，它们与天然纤维相比，质量有所提高，更加耐用和易清理，而且耐脏、防霉和防虫。尽管人造纤维价格相差很大，但与天然纤维相比它们更加便宜。人造纤维由原始材料液化或黏液化，然后经过称为喷丝头，类似莲蓬头的小孔而形成。改变小孔的尺寸和形状则会改变纤维的特性。微纤维是一种比包括丝绸在内的所有天然纤维都细小的人造纤维。微纤维由于能制成重量轻、抗皱、抗起球的豪华幕帘而被人们所使用。人造纤维分为两类：再生纤维素纤维和合成纤维。

再生纤维素纤维是通过改变纤维素（植物和木纤维）的物理和化学特性加工而成的，如人造纤维、醋酸纤维素和三醋酸纤维。合成纤维则是由化学制品和

图 10-7 称为兰斯洛特的高科技织锦，由聚酯纤维编织而成。它固有的特性是防火、耐用，而且设计经典。（版权所有：Anzea 装饰品公司）

碳化合物加工形成的，如尼龙、亚克力、聚烃烯纤维、聚酯纤维、石蜡和玻璃（图 10-7）。

在过去的 60 年间，人造纤维的生产和消费逐年稳步提高。1940 年人造纤维只占消耗掉的纤维总量的 10%，如今，消耗掉的纤维中 80% 是人造纤维。表 10-1 列出了最常用的人造纤维，以及它们的品质、最重要的装饰用途和保养建议。

相关链接

纤维来源 http://www.fibersource.com/

布料特性 http://www.nsf.gov/nstw/teach/nstw1996/nice/chart.htm

**表 10-1　人造纤维的特性**

| 生物名 | 外观 | 磨损 | 弹性 | 耐热性 | 易燃性 | 光耐性 | 装饰性用途 | 保养 |
|---|---|---|---|---|---|---|---|---|
| 醋酸纤维（再生纤维素） | 光滑、丝绸般、悬垂性好、易成型 | 中等 | 差 | 差 | 慢 | 长时间曝露会损坏纤维、如不经特殊表面处理会褪色 | 窗帘、幕帘、室内装饰布、小块地毯；和其他纤维混合做成浴帘 | 抗污性中等、温水洗涤或干洗，洗涤方式取决于染色、表面处理和装饰性的设计等因素、快干、中等温度熨烫 |
| 三醋酸纤维（醋酸家族的细分） | 易脆、光滑、丝绸般、悬垂性好、颜色鲜艳 | 中等 | 好、抗皱、可打褶 | 比醋酸纤维更易损坏 | 缓慢易燃 | 比醋酸纤维抵抗性好 | 和醋酸纤维一样 | 和醋酸纤维一样 |
| 亚克力 | 像羊毛、软、厚重、温暖、可能轧轧响、色彩丰富、起球情况取决于质量 | 好、需要静电处理 | 好、热定型打褶 | 抗 450° F | 防火、燃烧产生黄色火焰 | 好 | 小块地毯、地毯、毛毯、窗帘、幕帘和室内装饰布 | 用温水洗涤时有浮性、机器烘干、不皱缩不松弛不拉伸、蒸汽熨烫减少放样 |
| 聚烃烯纤维（改进的亚克力） | 与亚克力类似、好的持色性 | 好 | 中等到好 | 不溶化 | 半自熄 | 优秀 | 窗帘、幕帘、混纺地毯、毛皮地毯、毛毯 | 和亚克力类似，抗化学污染、易洗、中温熨烫、如不进行稳定化处理会皱缩、不适合干洗 |
| 芳纶纤维 | 硬而光滑 | 高、卓越的强度 | 优秀、低的拉伸性 | 不影响 | 低的易燃性 | 长时间曝露易损坏 | 地毯 | 受潮时无影响 |
| 玻璃纤维 | 滑腻的、有光泽、丝绸般、色彩范围中等、β 位的玻璃纤维有非常好的透明度 | 所有纤维中最坚硬的 | 优秀 | 防火 | 不易燃 | 不损坏 | 窗帘、幕帘、床罩、β 位的玻璃纤维适合做床罩 | 不受潮湿的影响、手工洗涤、快干、不需熨烫 |
| 尼龙（聚烯烃纤维） | 轧轧响、丝绸般、手感冰冷、天然光泽、优良的色彩范围、悬垂性好 | 优秀 | 非常好、抗皱、可热定型 | 高的热阻性 | 融化缓慢 | 差 | 室内装饰布、床罩、地毯 | 易洗、快干、中温熨烫、抗污、污渍易除、如不经处理会起静电 |
| 石蜡（丙烯和乙烯） | 光滑、像羊毛、色彩范围中等 | 好到优秀 | 好、抗皱 | 不好、对热敏感 | 缓慢燃烧 | 好 | 小块地毯、毛毯、室内装饰布、织带、椅套 | 水洗或干洗、低温熨烫、好的抗污性 |
| 聚酯纤维 | 丝绸般、像羊毛或棉、悬垂性好、色彩范围中等 | 好到优秀 | 优秀、抗皱 | 抗 400° F | 缓慢燃烧 | 长时间曝露会丧失强度 | 窗帘、帐帘、室内装饰布、地毯和小块地毯、枕头、毛毯 | 去污容易、中温机洗、快干、中温熨烫、抗拉伸和皱缩 |
| 人造纤维（再生纤维素） | 柔软、悬垂性好、优良的色彩范围、光亮 | 中等到好 | 低到中等、耐皱性能差 | 优秀、不融化 | 燃烧快速 | 非纺前染色时易褪色 | 窗帘、室内装饰布、幕帘、桌布、小块地毯、可能是最通用的纤维 | 和醋酸纤维一样、中等抗污性 |
| 莎纶 | 柔软、悬垂性好 | 硬 | 耐皱 | 强加热时收缩 | 不易燃 | 优秀 | 室外家具、室内装饰布和屏幕、窗帘、幕帘、墙纸 | 非常易于保养、抗皱和抗污、防水 |
| 乙烯（热塑性塑料树脂） | 光滑、各种重量、膨胀乙烯和皮革非常类似 | 好 | 低 | 干热至 212 ~ 230° F 时收缩，湿热时更差 | 很难燃烧 | 长时间曝露会损坏 | 浴帘、墙纸、加背衬用于室内装饰布 | 不易污、防水、水洗和擦洗 |
| 天丝（从桉树提取的纤维素） | 介于人造纤维和棉之间，丰满手感和光泽、悬垂性好 | 中等，尤其是表面光滑时，或潮湿时易磨损 | 中等、会皱 | 不融化，但会烧焦 | 烧成轻的灰 | 好 | 良好的环保材料，可生物降解和重新回收、潮湿时很结实、家庭日用织品、床单和床罩 | 根据制造过程而有差异、有些洗时会缩水、需要熨烫使之除皱 |

## 10.2 布料结构

织物艺术的历史几乎和人类的历史一样久远。虽然织布机最早的起源不太确切，但有资料显示公元前5000年在美索不达米亚人们已经开始使用织布机。现代制造业给纺织工业带来巨大的改变，但织法结构仍与早期文艺复兴时期使用的结构是一样的，这些简单的织法仍然是工业生产中的标准。但起源于亚洲的锦缎和织锦有更加复杂的织法，需要通过特殊的提花织布机来生产。

### 10.2.1 机织织物

这一部分讨论最常用的织法（图 10-8），以及一些装饰性布料中常用到的复杂织法。

平纹织法：平纹织法指的是单层或双层，规则或不规则的纱线通过经线（垂直的或纵向的）和纬线（水平的或交叉的）的简单交织。在平纹织法中，一条纬线从上面穿过一条经线，然后再从下面穿过另一条经线。当经线和纬线所用的纱线重量和质感不一样时，这种织法称为不规则型或不平衡型。在篮子织法中两条纬线和两条经线相互交叉，这种织法也可因为纱线的重量和质感不同而呈现不规则的形态。

斜纹织法：斜纹织法是两条或更多的线从上面或从下面穿过另一组线，以规则的间隔跳线，形成斜纹效果。斜纹织法可以是规则的或不规则的，不规则的斜纹用于装饰性的布料，如牛仔布、斜纹呢和人字呢。

缎纹织法：缎纹织法将一条经线“浮”在四条或更多的纬线上。这种经线和纬线的结合加工出的布料光泽好、柔软和悬垂性好，特别是当使用光滑的纤维，如绸缎和锦缎时，效果更明显。

提花织法：提花织法需要借助复杂的穿孔程序，告诉机器哪些线要上升，哪些线要下降。有一些最常用的布料，如花缎、织锦和锦缎（图 10-9），就是在织布机上纺出来的。

起绒织法：起绒织法是在经线纬线之外增加第三种纱线，它们突出于布料表面打圈或成簇，圈可剪、不剪、或两者混合。起绒织法用于大量的织物。地毯工业的基本织法是经线突出表面起绒。大多数的布料是起绒织法加工而成的，包括毛巾、灯芯绒和起绒粗呢。天鹅绒最初是以这种方式进行纺织，但现在通常是用双层布分割来起绒的。

双层织法：双层织法是将两层布织在一起，通常在中间加棉。为古代秘鲁人所熟知的这种布料既耐用又美观。提花织布机可用来编织这种布料用于商业场所。

纱罗织法：纱罗织法是一种宽松的、花边状的、由经线相互扭织的织法。纱帘、半纱帘和薄窗帘（粗织纱）都是纱罗织法。

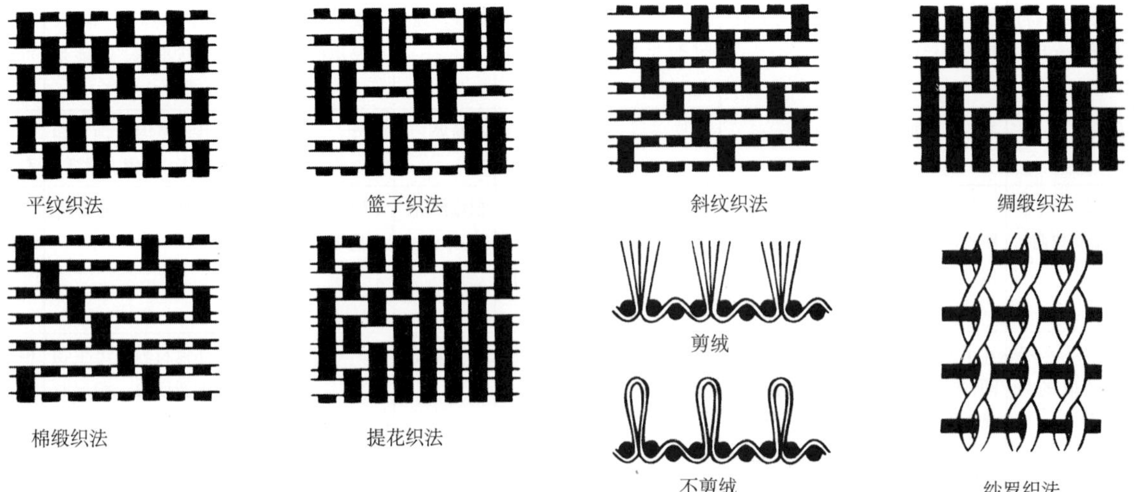


图 10-8　常用的织法

图 10-9　选择的布料包括人造丝和亚克力分别占 74% 和 24% 的提花帐帘布、棉混合丝绸的床罩和来自德国 Zimmer & Rohde 的纯丝绸装饰枕头。

### 10.2.2　非机织织物

针织织物：针织是用毛线针将一系列的纱圈相互穿套形成织物的过程。通过不同的针法运用，形成图案。针织布料，无论手工编织还是机器加工的，种类很多，从宽松、开放式结构到紧密精细的网状结构都有。精美的针织布料因为良好的抗皱性、紧密适宜和便于保养的特性，用于很多家庭陈设。针织布料的易伸展性可通过新的加工方法加以改善。

缠绕织物：纱线的缠绕、穿套和结绳织成各种各样的网状结构，如网眼织物、蕾丝和流苏。缠绕织物非常复杂。

网状织物：网状织物是通过加湿、加热和加压，产生具有不磨损、吸声、隔热和防冻性能良好的压缩单片，最终形成大量纤维结网而成形。毛毡以前由羊毛和毛纤维加工而成的。通过现代技术，新的纤维和熔融方式被用于生产大量的新的非机织织物。

黏合织物：黏合的布料是通过化学方法或加热的方法将两种布料黏合（或结合或叠层）产生的。将一层布料黏在另一层布料底部，使得表层布料性能稳定。但是如果不加以保养，清洗时会导致两层布料分离。黏合布料用于家具装饰的衬布来增加稳定性。

---

相关链接

布料　http://www.fabriclink.com/

美国织物研究　http://www.ntcresearch.org/

---

## 10.3　织物染色

在织物加工的每个阶段都要进行布料的染色。通常，染色最快的产品在制造过程的前期进行染色，在制造后期重复染色会很大程度上改变色彩。纤维、纱线和布料染色的不同方法如下：

溶解染色：在通过喷纱头形成纤维之前将色料加入合成纤维的黏滞液体中；

原料染色：在纤维加工成纱线之前进行染色；

纱线染色：纱线编织成布料之前将一卷卷的纱线进行染色；

布匹染色：编织成布料后的染色。

每一次染色用一种新的染料溶解或使用新的染池，这样会导致色彩与上一批布料的颜色有色差。每一次染料溶解都会编制一个染色的缸号。当在一项工程中用到多匹布料时，要确保这些布匹来自相同的染色缸号，以使布料颜色一致，这一点很重要。替代染色的唯一方法是选用与希望获得的颜色一样的纤维来加工布料（见可持续性设计：染色纤维和绿色纤维）。

## 10.4　精整加工

精整加工是在布料成形前或成形后，对之做的处理，目的是改变它的外观和性能。未精整加工的布料从织布机上取下时，仍是生坯布。布料进入市场之前，

## 可持续性设计

### 染色纤维和绿色织物

一种最纯粹地确保室内环境安全的方法是使用天然的、非加工的、不染色的有机纤维。提出绿色室内的设计师需要考虑纤维的来源和它们隐藏的环境成本。例如，根据天然棉色公司的资料显示，在美国，纤维染色过程的费用是其他国家相应费用的5倍。这是因为美国政府机构要求染色产生的残留物进行净化处理。很显然这种要求应该在全世界推广，但其他国家并没有这样做，因此产生了环境污染。天然棉色公司找到了一种解决这个问题的方法，即生产自身有颜色的棉，这样则不需要对纤维进行染色。FoxFibre开发了几条使用彩色纤维的布料生产线（图10-10）。正在成为优质绿色织物的是Lyocell(天丝)和Xorel（类似碳纤维的低危害材料）（表10-1）。Xorel是一种耐用的合成布料，广泛运用于商业空间的墙面和室内装饰。它的生产过程中产生无危害的副产品，不释放废气，且比木材燃烧的污染更小。

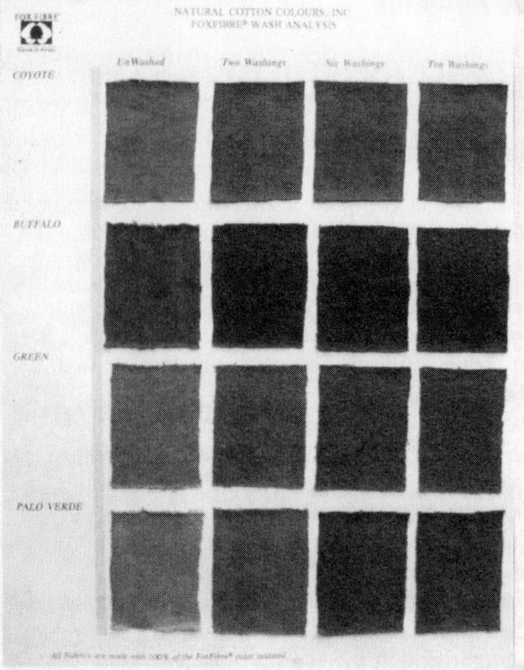


图10-10　FoxFibre色板，表明天然纤维经多次洗涤之后颜色会变深。（版权所有：Natural Cotton Colours公司；摄影：Cary S. Wolinsky）

要经过一系列的精整加工：加工准备或预加工、功能性精加工和装饰性精加工。

### 10.4.1　预加工

生坯布的预加工和加工准备包括以下各种处理内容：

（1）捶布或重拍布，使之有光泽；

（2）漂白成白色；

（3）煮沸去除布料的油脂和不必要的成分；

（4）碾光使表面光滑，编织紧密；

（5）耐久性精加工，使纤维结实；

（6）起绒，做成仿法兰绒效果的织物；

（7）加热以增加稳定性，尤其当需要保持长时间褶皱的效果；

（8）预收缩以收缩织物，然后进行精整加工，从而防止纤维曝露在潮湿环境中的收缩变形；

（9）烧毛以去除表面的绒毛和绒布。

布料经过预加工之后，将进入功能性精加工和装饰性精加工的过程。

### 10.4.2　功能性精加工

进行功能性精加工的目的是提高布料的性能。标准的织物功能性加工如下：

（1）抗菌处理以防虫和防霉；

（2）抗静电处理以防止静电；

（3）免保养处理以提高抗皱和抗压痕性能；

（4）防火处理以提高阻燃性能；

（5）绝缘处理以提高绝缘性能，在布料上黏结泡沫或其他材料涂层；

（6）防蛀处理以提高防虫损坏的性能；

（7）防污处理以提高防污性能；

（8）防水处理以防止变污或潮湿。

进行防污处理尤为重要。防水、防污和易去污处理都是化学加工，它们能防止灰尘和污点对布料的影响，有助于更加方便地清洗布料。例如，斯科奇加德是一种防水防油剂的商品名，将它涂在布料之后能起到防污的效果。最好是在工厂对布料进行这种处理，但是若用户分别购买防污剂或防水剂，手工对布料进行处理也是可能的。布料一般配有制造商的商标或使用说明书，上面会告诉消费者怎么挑选、如何清洗和精整加工的效果如何。

### 10.4.3 装饰性精加工

装饰性精加工包括：手工或机器印花、定制处理和针线活。

#### 10.4.3.1 手工印花

通常布料在编织之后进行印花。很显然，手工过程需要人力，以下是一些普遍的手工过程：

蜡防印花：布料不需要染色的那一部分先用蜡封住，然后将布料浸入染池，接着再除蜡，最终形成图案。

手工模版印花：木版或麻胶版上墨，在布料上印拓，从而产生设计。

扎染：首先将布料捆扎或缝结，然后将布料浸入染料中，产生抽象的图案。

丝网印花：用一块特殊准备的布屏阻止颜色渗透到需要染色的地方之外的部分。染料调成糊状，被挤压通过布屏，到达下面的布料。每一块单独的布屏印染设计中的一种颜色。只有丝网印花能以商业规模大量生产手工制作的织物。

#### 10.4.3.2 机器印花

许多印花是机械加工的，通过刻花铜辊将颜色转印在布料上，这个过程称为辊筒印花。一个单独的辊筒只能印一种颜色，但一旦准备工作做好之后，辊筒可在上千匹的布料中完成各种各样的色彩方案。其他种类的辊筒印花包括如下：

压花：压花辊筒在布料上产生压印的凹凸设计。

波纹印花／纬向波形印花：辊筒在布料上压出水印的一种压花设计。

经纱印花：对布料编织之前的经线纱进行印花。

#### 10.4.3.3 定制处理

定制处理的一些例子如下：

蚀刻：用酸将纤维烧灼，产生极薄极轻的布料。

植绒：小的纤维黏在布料上，形成图案设计。

软化处理：将化学品加在布料上使之手感柔软。

织纹状饰面：将化学品加入布料中产生皱褶的表面。

#### 10.4.3.4 手工针线技艺

手工针线技艺和用复杂针线装饰的布料是传统的艺术形式。大量的手工针线类型，如刺绣、针绣、灯芯纱、缝饰和被子绗缝，被人们所应用，尤其在住宅装饰中应用广泛。

---

**相关链接**

美国表面装饰设计协会　http://www.surfacedesign.org/

---

## 10.5 布料检测和安全规范

布料，特别是那些用于商业用途的布料，必须满足耐用性、色牢度和可燃性的检测标准。

### 10.5.1 耐用性

耐用性通常指的是布料对磨损的抗性。威士伯试验常用来说明布料损坏之前来回磨损的数量或转数。典型的商业等级布料可承受25000次甚至更多的来回磨损。住宅布料同样以来回磨损处为检测规范。耐用（HD）：承受15000次来回磨损；中度耐用（MD）：承受9000 ~ 15000次；轻度耐用（LD）：承受3000 ~ 9000次；不耐用（DD）：承受低于3000次的来回磨损。大约3000次的来回磨损表示一年在住宅的使用。

另一种检测耐用性的方法是测量布料的稳定性、抗松弛或拉伸性、弹性和抗撕裂性（韧性）。布料也要有自弹性，即当它们被拉伸或压挤后恢复原样的能力。

### 10.5.2 色牢度

我们在前面已经讨论过，布料的色牢度是染色的部分特性。色牢度检测布料曝露在阳光下和在各种洗涤中的抗褪色性。布料也可用摩擦脱色进行检测（布料颜色擦到其他布料或皮肤上面）。

### 10.5.3　可燃性

布料点燃和产生火焰的速度、自熄性能、散发烟雾的特性，这些都是检测可燃性的标准。用于商业用途的布料需要进行两项可燃性的检测：风动试验（ASTM84）和垂直燃烧试验。等级 A（最阻燃）到等级 C（最不阻燃）的布料都可用于室内装饰。

### 10.5.4　标示规范

为了帮助消费者区分各种各样人造纤维，美国联邦贸易委员会（FTC）制定了织物产品标记法。根据法规规定，每一种人造纤维有特定的名词术语和生物名，这个名字和公司的商品名必须同时标在布料的标签中。生物名是标明产品化学家族的术语。家族中所有的成员有着一些共同的特性。例如，尼龙家族成员的特点是特别坚硬、抗磨损，但在阳光直射下易损坏。聚酯纤维家族以快干和抗阳光损坏性能为大家所熟知。商品名标明了制造商。因为制造商需要为他们的产品起特定的名字，所以出现了成百上千的关于人造纤维的商品名，对于消费者来说，认清所有的这些名字几乎是不可能的。但是，在选择最适合特定需求的布料时，熟悉每一种纤维家族的普遍特性，检查商标以确定布料性能，这一点很有帮助。然而，如果有关的结构、染剂、精整加工并未处理好，仅仅有标签是不能确保良好性能的。

用于商业场所的织物应该在标签中说明可燃性、纤维含量（实际使用时天然纤维和人造纤维的百分比）以及是否经过如思高洁™的保护性精整处理。

成立于 1985 年的美国织物合约协会（A. C. T.）已经建立了易于布料规范化的性能准则。表 10-2 说明了这些规范和相应的标志。

**相关链接**

美国织物合约协会　http://www.contract-textiles.com/

住宅使用布料的装饰导则　http://www.rosefurniture.com/howdo/fabric.htm

**表 10-2　美国织物合约协会织物性能导则**

| | | |
|---|---|---|
| **阻燃性** | | |
| **用途** | **合格** | **阻燃指的是布料抗燃烧的性能。** |
| 家具装饰布 | 加利福尼亚公告 117 号第 E 部分 | 布料的预期最终用途中规定了正确的燃烧测试方法。 |
| 直接胶粘墙布 | ASTM E-84（胶粘法） | 两种最常用的阻燃测试方法分别是隧道测试（ASTM E-84）和垂直燃烧测试（加利福尼亚公告 117 号和 NEPA 701）. |
| 木板和软包墙 | ASTM E-84（非胶粘法） | 在隧道测试中，测试布料夹在（非胶粘法）或粘在（胶粘法）基座上。基座挂在测试房间的天花处，在下面点火燃烧。然后通过烟密度、燃料数量和火焰扩散范围这些因素来评价布料样品，并确定阻燃等级。 |
| 帐帘 | NEPA 701 小规格 | 在垂直燃烧测试中，测试布料悬挂在一个垂直支架上并在特定的时间内曝露于明火中。一旦将火焰移开，则对样品的续燃和烧焦程度进行度量，然后根据不同的代码标准来确定阻燃等级。<br>NEPA 701 是使用垂直燃烧的测试，但不同于加利福尼亚公告 117 号。这个测试在烘干条件下进行，意味着测试布料在测试前被加热并完全烘干，然后按照上述标准进行测试并确定阻燃等级。 |
| **湿和干摩擦脱色的色牢度** | | |
| **用途** | **合格** | **色牢度是布料在不同条件下保持颜色的性能。摩擦脱色指的是布料受磨损时将颜色擦掉。** |
| 家具装饰布 | AATCC 8 干摩擦脱色，至少 4 级<br>湿摩擦脱色，至少 3 级 | 测试摩擦脱色的色牢度时，测试布料用几平方大小的白棉布（湿或干）在可控压力下摩擦特定时间。颜色变为擦拭白布的程度可通过与标准图表进行匹配，再确定色牢度等级。 |
| 直接胶粘墙布 | AATCC 8，至少 3 级 | 5 级 = 没有颜色变化 |
| 木板和软包墙 | AATCC 8，至少 3 级 | 1 级 = 颜色变化程度高 |
| 帐帘 | AATCC 8（纯色）<br>AATCC 8（印花）至少 3 级 | |

（续）

| | |
|---|---|
| **光照色牢度**<br>**用途** **合格**<br>家具装饰布 AATCC 16A 或 AATCC 16E<br>光照 40 小时至少达到 4 级<br>直接胶粘墙布 AATCC 16A 或 AATCC 16E<br>光照 40 小时至少达到 4 级<br>木板和软包墙 AATCC 16A 或 AATCC 16E<br>光照 40 小时至少达到 4 级<br>帐帘 AATCC 16A 或 AATCC 16E<br>光照 60 小时至少达到 4 级 | **光照色牢度指的是布料曝露在光照下的抗褪色性能。**<br>测试光照色牢度时，将测试布料曝露在模拟阳光射线的特定光照环境之下。测试样品与灰度进行比较并确定褪色等级。<br>5 级 = 不褪色<br>1 级 = 高程度的褪色 |
| **物理特性**<br>**用途** **合格**<br>家具装饰布 毛刷起球 ASTM D3511, 至少 3 级<br>裂断强度 ASTM D3597-D1682-64<br>经纱和纬纱至少 50 lbs.<br>接缝滑裂 ASTM D3597-D434<br>经纱和纬纱至少 25 lbs.<br>木板和软包墙 裂断强度 D5034 抓取方法<br>经纱和纬纱至少 35 lbs.<br>接缝滑裂 ASTM D3597-D434<br>经纱和纬纱至少 25 lbs.<br>帐帘 接缝滑裂 ASTM D3597-D434<br>超过 6 盎司 / 平方码的布料<br>经纱和纬纱至少 25 lbs.<br>接缝滑裂 ASTM D3597-D434<br>低于 6 盎司 / 平方码的布料<br>经纱和纬纱至少 15 lbs. | **起球是在布料表面形成毛茸茸的球。起球发生在布料受摩擦之后蓬松的纤维跑到布料表面上。**<br>毛刷起球测试用尼龙毛刷在测试布料表面摩擦特定的时间。布料表面起球数量可进行测算，然后据此确定布料 1 ～ 5 级的起球等级。<br>5 级 = 不起球<br>1 级 = 严重起球<br>**裂断强度是布料受力状态下抗撕裂和断裂的性能。**<br>为了测试裂断强度，测试布料一端被夹紧，另一端施加重力。测试同时在经线和纬线两个方向进行。导致布料撕裂或断裂的重力磅数决定裂断强度的等级。<br>至少 50 磅 = 家具装饰布<br>至少 35 磅 = 木板和垂直表面布料<br>至少 15 磅 = 帐帘<br>**接缝滑裂指的是布料与缝线脱离。**<br>为了测量布料的抗接缝滑裂的性能，对测量布料进行缝线。然后将这些有缝线的布料一端夹住，另一端施加重力。这个测试同时在经线和纬线两个方向进行。重力不断增加直到缝线与布料脱离到特定距离，引起脱离的重力磅数决定了布料的接缝滑裂等级。<br>至少 25 磅 = 家具装饰布<br>至少 25 磅 = 木板和垂直表面布料<br>至少 15 磅 = 帐帘 |
| **磨损**<br>**用途** **合格**<br>通常合约规定的家具装饰布<br>a ASTM 3597 修正的（10 号帆布）<br>Wyzenbeek 检测方法 15000 摩擦圈数<br>ASTM D4966（21 盎司重量）<br>Martindale 检测方法 20000 摩擦圈数<br>重负荷的家具装饰布<br>A ASTM 3597 修正的（10 号帆布）<br>Wyzenbeek 检测方法 30000 摩擦圈数<br>ASTM D4966（21 盎司重量）<br>Martindale 检测方法 40000 摩擦圈数 | **抗磨损指的是布料承受摩擦导致的磨损的性能。**<br>测量抗磨损性能的两种检测方法是 Wyzenbeek 和 Martindale。<br>Wyzenbeek 检测方法（修正的）<br>检测布料被拉紧，用一块帆布作为摩擦剂，同时在经线和纬线两个方向进行摩擦。在布料有明显的磨损之前计算布料可承受的摩擦圈数。这个数字决定了布料的磨损等级。<br>15000= 通常合约规定的家具装饰布<br>30000= 重负荷的家具装饰布<br>Martindale 检测方法<br>检测布料水平固定好，用一块梳毛混纺布作摩擦剂，沿着 8 字形图案摩擦，计算布料表面有明显变化时其承受的摩擦圈数。这个数字决定了布料的磨损等级。<br>20000= 通常合约规定的家具装饰布<br>40000= 重负荷的家具装饰布 |

## 10.6　织物保养

尽管客户没有要求，但在一个设计项目完成之后，室内设计师会提供给客户有价值的服务，如提供制造商的手册、布料小册子和其他的保养指导资料。了解特殊布料的清洁常识对布料的保养而言非常必要。例如，防水和防污布料的表面必须定期重涂，特别是布料被清洗之后更需要重涂。

设计师也会提醒客户，有些布料需要特别加强防晒保护。它们很容易受直射阳光的破坏，玻璃会增加阳光中破坏性的射线成分。甚至冬天的阳光和雪反射的阳光对布料同样也会有危害。有衬垫的窗帘会减少阳光照射对布料的损坏，特别是使用易脆布料时。在白天时使用百叶窗和外部遮阳篷，是一种很实用的方法。遮挡窗户的树或灌木林同样会减少阳光对室内的损坏。在窗户涂上保护性涂层可过滤阳光中的紫外线，使紫外线不进入室内。

## 10.7 室内设计中织物的运用

新布料层出不穷，室内设计师有广泛的选择织物的余地。市场上有丰富的布料，可以满足每一种品味和每一个价格范围内的装饰要求。增加改良纤维的吸引力似乎能产生大量的设计，从来自世界各地的民间图案到传统的和现代的设计，丰富多彩。以下讨论布料的主要装饰用途。

### 10.7.1 窗帘

第 14 章将讨论窗户处理的种类，以下是用于这些窗户的典型布料。

打褶窗帘：打褶的布料应该从轻质到中等重量都有，如丝绸、古代缎子、印花棉和锦缎。布料的悬垂性较好，洗涤时不缩水，能满足房间的装饰需求（图 10-1）。

透明薄纱或半透明薄纱：薄纱能过滤光线，柔和房间，提供白天的私密性。选用的布料应该耐晒但仍能让一些光线进入室内，洗涤性能良好且不缩水。细薄织物、巴里纱、尼龙绸和雪纺绸是四种常用的布料。

薄窗帘：薄窗帘通常使用比透明薄纱粗质的布，图案非常丰富。布料应该有悬垂性，防晒、洗涤性好且不缩水。纱罗织法特别有助于减少布料的变形，常用于商业环境。

百叶帘：百叶帘特别有助于防止阳光对布料的损坏，且能形成统一的室外效果。腈纶和聚烃烯纤维防晒性能特别好。

挂帘：重量轻、装饰性强的挂帘通常选用棉和棉涤制作。厨房和餐厅的挂帘由易洗的布料加工而成。挂帘是相对便宜的窗帘，比打褶窗帘使用的时间更短一些。

### 10.7.2 家具装饰

家具装饰是在家具表面长时间地覆盖一层布料、动物皮毛或其他材料，增加美观性和舒适性，隐藏或强调家具设计，增加或赋予房间主题和格调。

#### （1）家具装饰布料

用于家具装饰的布料应编织紧密、耐用、舒适和便于清洗。常用的有重质的布料，如马特拉塞凸纹布、粗花呢、织锦、天鹅绒、毛呢（图 10-11）和起绒粗呢；中等重量的布料，如锦缎、凸花厚缎和帆布；轻质的布料，如印花棉布、亚麻布、手织物和波纹绸。

当选用软体家具时，布料是考虑的首要因素，因为它是个性和品位的体现。而选用布料时，用途通常是起决定作用的因素。选择合适布料意味着要回答以下的问题：

- 是什么种类的纤维和编织方法？如果布料的经线和纬线是同样重量，而且编织紧密，则非常耐用。
- 布料是否美观吸引人，是否手感舒适？
- 喜欢丰富的还是朴素的图案？遍布小图案的布料比纯色的布料更易脏。如果选择了某种图案，它的比例与家具和房间的比例是否恰当，风格是否吻合？
- 布料是否与预期的功能匹配？例如，家具装饰将被家庭中活跃的儿童使用或是被单身的职业人士在很

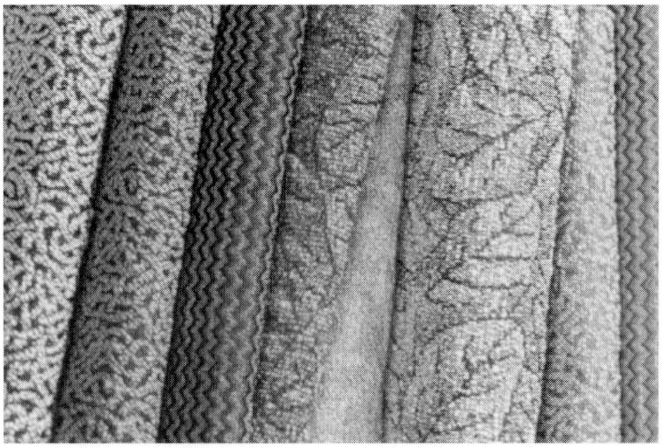

图 10-11　受 19 世纪和 20 世纪著名考古学发现的启发，这些布料通过运用毛圈花式线、雪尼尔纱和来自 Pallas 独特的编织结构，形成复杂的编织图案。图案有豪华的线条感。（版权所有：Pallas 织物）

图 10-12　这些皮革形成各种不同的表面肌理。有些具有风蚀效果，有的具有光泽高的或与众不同的外观。起绒天鹅绒皮革经过防缩和耐用处理，右起第二种皮革是系带图案皮革中的一种。(版权所有：Cortina 皮革)

图 10-13　贴在墙上且加外框的布料能增加趣味性，并形成特有的风格。

少有人拜访的场所使用？

- 考虑到长时间的使用和维护，布料是预算范围内品质最佳的选择吗？便宜的家具使用昂贵的布料、或者是精美的家具选用品质差的布料，这两种使用方式我们都不建议。
- 需要哪种保养？家具装饰布料是否需要经过像思高洁 (ScotchguardTM) 产品或丙烯酸氟烃酯类（Zepel）防水和防污处理？因为用丙烯酸氟烃酯类整理后的织物可使水、油等污物如水珠般地悬浮在织物表面而不渗入到纤维内，并保持织物原有的透气性和柔软性，所以多用于户外家具中。
- 家具装饰布料是否适合房间的风格、基调和特点？选用正式的还是非正式的布料？与使用者的生活方式是否一致，与环境是否互补？

(2)　家具装饰皮革

皮革（鞣制的动物皮）因其艺术性和实用性，很久以来一直为人们所使用（特别是牛皮和猪皮）。皮革的优点是具有柔韧性和耐用性，可以将之染色或保留原色，也可压花或作成绒面革（图 10-12）。真皮很昂贵，可用人造皮（乙烯树脂）来替代，但使用时需要小心挑选以保证恰当的雅致品质。皮革的缺点是易脏、易开裂和易撕裂。皮革可用于墙纸和地砖。

### 10.7.3　沙发套

沙发套可遮掩破旧的软包家具、保护昂贵的布料、提亮或改变房间的气氛。通常，沙发套仅用于住宅内。

沙发套由轻质到中等重量、且编织紧密的布料加工而成。一些制造商提供用薄棉布或其他平纹织物制作的，用户可根据季节调换沙发套的软体家具。帆布、条纹棉麻布、印花棉、缎纹卡其、灯芯绒都是做沙发套的很好选择。

### 10.7.4　墙布

布料可贴在墙上来增加墙体的美观（图 10-13）或者解决墙面的装饰性问题（见第 13 章布墙纸的运用）。用于墙体的布料应编织紧密，结构结实。帆布、粗麻布、波纹绸、条纹棉麻布、厚纺棉布或麻布、棉绒、锦缎常用于墙纸。在商业环境中，墙纸必须遵守可燃性法规。

### 10.7.5　板式家具表面布艺装饰

在商业室内，特别是在商业办公室，板式家具系统的使用非常广泛。如第 10 章讨论的那样，在雇员频繁交流的办公室里，板式家具系统能提供有效的解决方案。开放式办公室中板式家具系统设计的一个挑战是噪音的重定向 / 重导。在家具板上包覆布料能减少噪音。

板上的布料必须符合几项标准。首先，它们必须耐用，因为雇员和来访者会将手和身体靠着板。其次，布料必须能钉图钉。尽管在板式家具系统中会有布告板，但有经验的设计师知道，加班、备忘、日历、图片以及类似的东西被贴得到处都是。最后，布料必须易清洗，因为在布料上将会有食物渍、饮料渍和手的污渍。

布料可以用做微妙的背景色，或者带有图案以增加空间的趣味（图 10-14）。有时乙烯墙纸贴得低于桌面，然后在上面使用布料。板式家具系统不同的位置、不同的板块所使用的布料也可能各不相同。制造商提

图 10-14　为 MTV 雇员设计的这个开放式办公室运用了大量的织物。室内装饰布为墙面增添了趣味性，色彩丰富的灯罩温暖且光泽宜人，与坚硬的金属和几何感的轮廓线形成强烈的对比。（设计师：Felderman）

供多种供选择的布料，它们都经过在板上使用的性能测试。如果设计师选用一块定制的布料，则需要对布料进行检测以确保它能被使用在板式家具系统上。

## 10.7.6 焦点装饰

织物可以作为房间中的焦点。设计师常用装饰花边、流苏和辫饰带来增加室内的个性和特点（图 10-1 和图 10-15）。金银线花边（装饰花边、细绳和流苏）最初是用来隐藏接缝和钉子，而今其功能已退化，纯粹用于装饰。金银线花边早在法老的墓中和国王的服饰上发现，而在法国路易四世统治时期它的经典特征才逐渐成形。人们组织成立专门的手工业行会来加工金银线花边。工业革命时期的大机器发展让维多利亚时期室内的每个角落都充斥着金银线花边。如今，传统的室内运用一些装饰花边，甚至现代的室内空间也会使用起焦点作用的滚边，偶尔也会用到流苏。

第 12 章讨论了作为地板材料点缀的织物运用，第 10 章讨论了织物作为墙体一种艺术形式的运用。此外，织物还可用于视觉焦点的靠垫，在增加房间舒适性和整体性的同时，增加房间的趣味性。

图 10-15　窗帘和家具装饰布的边沿常有挂绳等装饰。（摄像：Schumacher 公司）

## 10.8 室内织物的选择

职业设计师被客户问得最多的问题可能是“什么布料和什么搭配适合呢？”这个问题并没有绝对的答案。综合运用布料是设计师的一项基本技能。有些人似乎在这方面有天赋，而其他人则需要更多的耐心学习和实践才能得心应手地运用布料。

### 10.8.1 织物的组合设计

尽管材料的随意组合可能会产生非常有意思和吸引人的效果，但对经验不足的设计师来说，进行材料图案、质感和色彩选择时遵循一些常用的原则，对把握最终设计效果会很有帮助。

- 任何织物组合的选择必须与房间预期的感觉和主题吻合。例如，一间住宅兼工作室的现代房间宜选用清新、明亮的布料，间或用皮革进行点缀；编织的带刺绣的室内装饰布料显然不合适。
- 一些设计师根据布料或小地毯的图案，使用一种称为色彩来源的方法对织物进行协调（图 10-16）。这种方法相当安全，因为方案中基本的颜色已经很协调了。但是如果设计师不经过仔细地考虑，室内效果就会缺少变化且乏味。
- 选用的织物方案与室内风格匹配。例如，在维多利亚风格的房间中锦缎、天鹅绒和重质的窗帘往往会用深紫、淡紫、绿色和红色。
- 确保织物的颜色和选用的布料要和谐，要比较室内

图 10-16　在这个室内改造项目中，现代布料与传统布料和传统家具风格相混合。整体色调源于古式块毯。自然的黄色墙面与清新的白色装饰、花卉图案布料共同打造一个古今兼容的室内空间。（设计师：Spectrum，摄影：Kim Sargent）

自然采光和人工采光中织物的使用效果。

- 通常，墨守成规的颜色和布料的组合尽管相互非常匹配，却显得单调和缺乏创意。进行布料的组合能训练设计师的眼力，有助于培养他们的直觉，能把握哪些布料可互补运用，哪些布料不适合同时使用。一些制造商生产出墙纸和布料的“搭配和匹配方案”，有眼力的设计师通常会选择可替换的织物和布料来实现这些预先设定的方案。

### （1）图案

图案意味着具有设计比例合适，色彩色调对比恰当、区分醒目的主题。对图案的熟练使用能掩盖缺陷，产生美观的效果。不存在绝对的以颜色“行”或“不行”来评价图案使用的好坏。但是仍有一些普遍的准则，会对设计有所帮助：

- 一个房间的所有图案应该相互关联。图案的色彩、质感和主题等元素相互影响，保持设计的一致。
- 房间的主要图案不必重复，只要将图案中的一种或多种颜色在其他地方继续重复使用（图 10-16）。图案可在家具陈设、窗户和墙上重复，这取决于设计师希望达到的整体空间效果。怪异的家具可以通过遮盖一层相同的布使之统一，布的重复使用给房间带来整体效果。
- 在同一种设计中只使用一种大胆图案，例如一种花的图案，这通常更有效果。一旦确定空间的主题，设计师可以趣味性地补充一些柔和图案、条纹和格子纹的织物，同时增加一些素色的织物。
- 设计师对有图案的布料进行搭配时，要考虑图案的比例和尺度。例如，比例很大的花卉图案与小比例的格子布、条纹布或者两者相拼的图案搭配使用，会非常恰当（图 10-17）。如果不显眼的花卉图案搭配大胆的图案也很协调。
- 设计师通过练习、实践和基于基本准则的考虑，可以很和谐地搭配图案。在设计杂志、设计事务所、展厅和家居展示中，设计师多观察经验丰富的职业设计师做的图案搭配，对自身能起到帮助作用。

图 10-17　在这个房间内，设计师运用了各种图案，形成一个有趣的室内。边椅和桌布浅色的佩斯利涡纹旋花呢图案与椅子的彩格呢、窗帘的正式感垂花饰和花边形成强烈的对比。褶皱的丝绒和剑麻地毯为室内增加了三维的织物效果。（设计师：Bill McGee；摄影：Antoine Bootz）

### (2) 质感

设计师在具体工程项目中进行搭配织物时，织物表面的质感也是一个重要的考虑因素。了解哪些因素使布料看起来正式或非正式，这一点对成功搭配织物很有帮助。

正式布料主要是那些质感光滑、明亮，有着优雅风格和几何图案的布料，如天鹅绒、锦缎、织锦、凸花厚缎、缎子和塔夫绸，由于色彩和图案范围广泛，它们通常创造性地被运用在传统和现代室内。

非正式布料通常是那些质感较粗糙、表面不光滑的布料，例如粗麻布、帆布、席纹呢、粗花呢和毛呢（图10-18）。手工编织的布料是一种非正式布料。如果非正式布料印上图案，其设计会大胆、自然、抽象或具有几何感。

有些布料可以同时在正式和非正式的场所使用。例如，棉和麻质感强、色彩和图案独特，适合正式场所或住宅等非正式场所使用。皮革也可同时运用在正式和非正式场所。当设计师设计一个房间时，织物的恰当搭配对增加空间趣味很重要。例如，一些粗糙的布料，与厚的起绒搭配效果良好；而仅仅用印花棉来装饰室内陈设，缺乏空间的层次感。

当设计师进行织物搭配时，应该考虑每一种布料的独特肌理或手感（粗糙、光滑、硬、软、有光泽、暗淡）。织物与房间风格、基调应该协调一致。例如，非正式的僧侣布不适合用在光滑、光泽感好的锦缎和缎子装饰的。精美的18世纪英国住宅内，而在乡村风格的藤椅上使用则很恰当。

此外织物应与它预期的用途相匹配。例如，起居室中一把舒适的椅子更适合用光滑柔软的皮革而不是硬的粗麻布。

### (3) 色彩

设计师搭配布料时，要选择恰当的、协调的色彩。选择色彩时，要记住第4章所叙述的，色彩包含三部分内容：色调、明度和纯度。

色调分为暖色调和冷色调，设计师可选择这些色调中的一种作为设计的主色调。合适的色调能满足居住者的需求和喜好。选择主色调时要考虑诸如气候、空间位置与阳光的关系、业主的生活方式等要点。

布料的明度分为高、中等和低，大多数的布料搭配包含这三种明度的布料。如果房间的主要布料是高明度的色彩，则小面积的陈设或设备应选用中等或低明度的色彩。一些设计师在房间的下半部分用低明度的色彩，中间部分使用中等明度的色彩，上半部分使用高明度的色彩。当然，这种方法会产生一种颠倒的

图10-18　结子花呢和家具陈设、靠垫、薄披巾无光泽、不光滑的表面处理一起，为这个起居空间增加了非正式感。树叶质感的地毯进一步增加了这种非正式感和当代风格的艺术主题。（版权所有：Steve Chase & Associates；摄影：Mary E.Nichols）

图 10-19 这个功能复杂的会议室通过椅面和家具细部点缀的黑色来强化整体的柔和基调。大胆的艺术品为空间增添了趣味性。（设计师：Spector Group；摄影：Peter Paige）

非常规效果。而如果在空间内仅仅采用低明度和高明度的色彩，则会产生戏剧性效果；在空间中仅仅采用黑白色同样会有戏剧性效果。

布料的纯度分为柔和的和鲜艳的。在色彩方案中将各种纯度等级的色彩搭配运用，通常效果良好（图 10-19）。例如，房间主要布料采用低纯度的色彩，在一些焦点处采用高纯度的色彩，视觉效果则会很有趣味。房间内仅采用低纯度的色彩，则会沉闷单调；而如果全部采用高纯度的色彩会令人疲劳甚至不安。

## 10.8.2 古代织物设计

古代织物的设计是一种具有宗教目的的象征性媒介。而随着时代的发展，布料更多地作为艺术表现的媒介。东土耳其斯坦早期的地毯与印加和纳瓦霍人使用的地毯有着相同的主题，其原因是因为人类早期的艺术形式主要反映自然现象。早期织物编织的差别也很小，因为所有的织物几乎都是使用天然的纤维和染剂，在简单的织机上进行加工的。尽管每一个国家有着各自不同的艺术风格，但共同的手工艺技术让各个国家的艺术呈现出协调统一的风貌。

埃及、近代东方、中世纪和文艺复兴时期的亚洲国家，在设计中存在许多紧密的联系。征服者将各种手工艺人带到他们新占领的土地，在那里手工艺人继续自已的职业。他们受到新环境设计的影响，最终将不同的方法和风格融合在一起。在 17、18 世纪文艺复兴时期，有着独特主题和色彩的亚洲布料，在欧洲和美洲广受欢迎。

历史性设计让人身临其境地感受到特定的历史风貌。如今，尽管文件中记载的各个历史时期的布料已能加工生产，但是，很少有客户希望使用历史上一模一样的布料来复原完完全全的古代房间。通常，这种复原在历史建筑保护工程和博物馆中才能见到。

---

相关链接

织物史　http://info.cas.org/STNEWS/OCTOBER98/textiles.html

美国织物组织　http://textilesociety.org/about_about.htm

织物史　http://www.interlog.com/~gwhite/ttt/tttintro.html

---

## 10.8.3 公共空间的织物设计

尽管之前讨论了布料检测和安全法规及与之相结合的图案质感和色彩搭配适用于公共空间，而所处环境的设计标准对公共空间的设计也很重要。

通常，公共空间不像住宅室内那样运用各种各样的布料，例如餐厅、办公室、医院和酒店内的布料往往重复地使用，以获得空间的统一性和流动性（图 10-20）。走廊或门厅选用耐用的织物，既保证交通顺

图 10-20　在这家名为“星”的餐厅内，通过对地毯、布料（重复运用在椅子和小房间）、灯光，甚至海报艺术的巧妙设计，为空间确定了设计主题。（设计师：Engineers；摄影：Paul Bardagjy）

图 10-21　这家位于西雅图的医疗机构内，儿童活动区运用了大胆的颜色和耐用的布料。定制的陈设和嵌入式家具满足了儿童的需求。（设计：NBBJ 公司；摄影：Steve Keating）

畅又将空间连贯起来。

公共空间通常运用朴素的材料和色彩，大胆的色彩有保留地用于焦点墙面、儿童区域（图 10-21）和主题餐厅酒店。但偶尔，客户也会需要强烈夸张的空间。

所有的布料必须耐用。设计师应该从有信誉的商业制造商那里挑选布料，这些布料已经经过产品性能检测，可满足可燃性和耐磨性要求。

用于商业室内的布料应该经过抗污处理，一件可爱的桃色椅子沾上咖啡汁之后便不再可爱了。住宅内布料上的溅渍可以马上清洗，但在酒店大堂或办公环境中，可能需要几个小时之后清洁工才能对溅污的布料进行清洗。此外，医疗设施，如医院和保育院需要使用可快速清洗以及高度抗血污和尿污的布料。为了帮助客户，设计师应该提供织物清洗和保养方法的资料。有些纺前染色的产品可以漂白，成匹染色的布料更加容易漂白。

最后，记住大多数的商业场所，设计不是为客户，而是为客户的客户（例如餐厅的顾客）。有时候设计师必须根据终端客户的喜好进行布料选择，并耐心地向客户解释原因。

### 10.8.4　现代的织物设计

为了与客户交流布料和家具的选择，设计师可以准备一系列的展示板，贴上室内陈设以及布料、表面材料的样本（见第 3 章设计进展）。这些展示板经常与家具方案、立面图和透视图相结合，从而与客户交流设计（图 10-22）。

设计师使用的样本由制造企业代理人、装饰艺术中心和网络提供。设计公司一般提供一个满足需求的产品资源库（第 15 章已讨论）。设计师在签订合同之前，将这些织物资源，或者为客户定制的产品呈现给客户浏览，并确定最终的选用方案。当设计师提供客户计算机辅助设计的平面图、立面图以及影像，并向客户解释项目时，计算机绘制的织物图像缺乏真实布料的温暖感。客户应该有机会在设计师介绍方案时感受布料的手感。

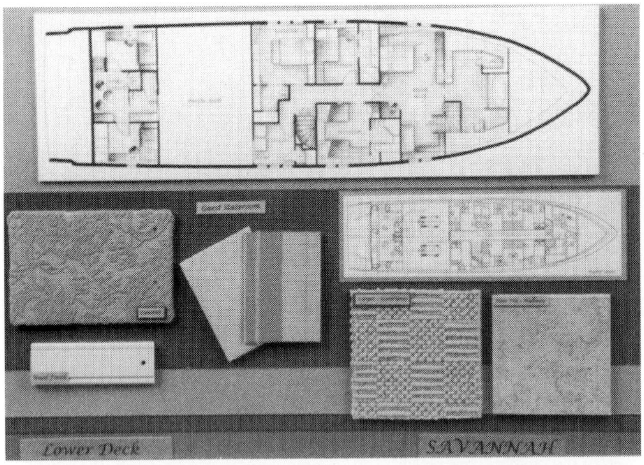


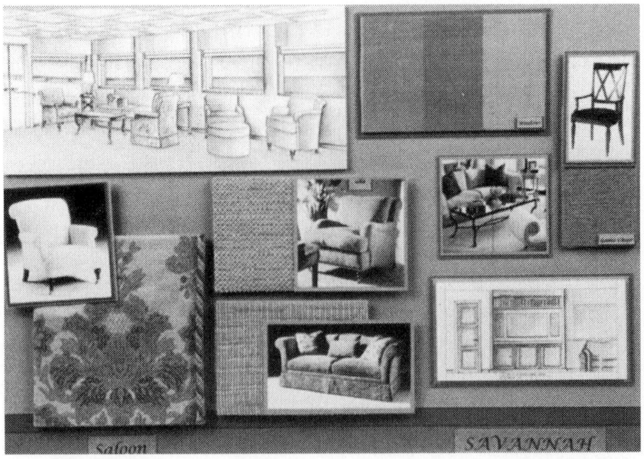


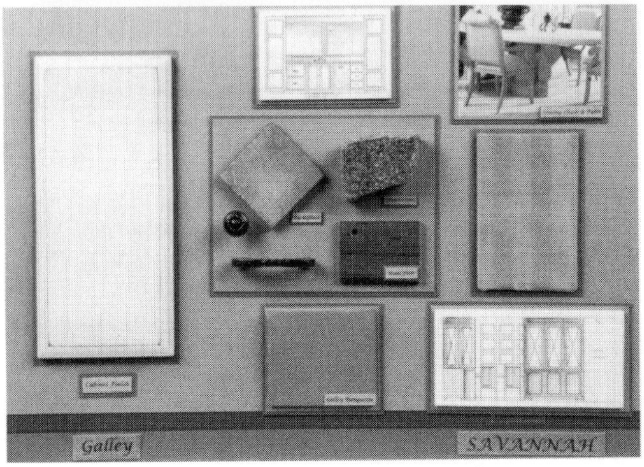

图 10-22　在这个大的方案展示中，业主雇用设计师，将一个租船设计成私人游艇。展示板 1 中，更小的平面图是以前的设计。展示板 2 和 3 是主要的起居空间和餐厅。展示板 4 是主人的书房。展示板 5 是低层的甲板和主卧室的陈设。（设计师：Susan E.Gillespie；摄影：Southern Light Photography）

## 10.9 织物运用的设计细节

设计问题通常可以通过设计师熟练运用织物加以解决。一种合适的布料有以下作用：

- 将房间变亮或变暗。高明度的布料能在视觉上提亮房间；如果房间过于明亮，低明度的布料有助于将房间变暗。
- 强调墙体、窗户或陈设以吸引注意力。
- 提供房间的平衡。例如，醒目图案的布料用 在窗户或是小块的家具，可平衡房间内大面积的平淡家具。一块亮色的布料运用可平衡大面积朴素的色彩。
- 改变家具或整个房间的视觉尺度和比例。例如，如图 10-23 所示的那样，同样一个沙发使用大图案或醒目色彩的布料，比使用亮的朴素色彩或是不显眼的小图案的布料，显得大一些。椅子或双人沙发用垂直的条纹布，比用简单布料显得高一些。

- 遮盖墙体、窗户或家具。设计师可能需要将视线引开，或是遮挡特别的墙体、窗户或部分家具。
- 通过相同或互补布料的重复，达到和谐统一。
- 建立房间的色彩计划。建立房间色彩计划的成功方法是在一开始客户就选择喜欢、有图案的布料。
- 确定房间历史的或现代的风格。如果房间是基于某些特定时期，那么布料比其他元素或陈设，更能获得所需要的感觉。文件中记载的布料可提供历史风格的真实记录。
- 根据四季的变化而改变房间外观。例如，深的暖色调沙发或椅子在夏天可换成明亮色调的沙发套。厚重的冬用窗帘在夏天换上轻的透明薄纱，可以让室内变得清爽。

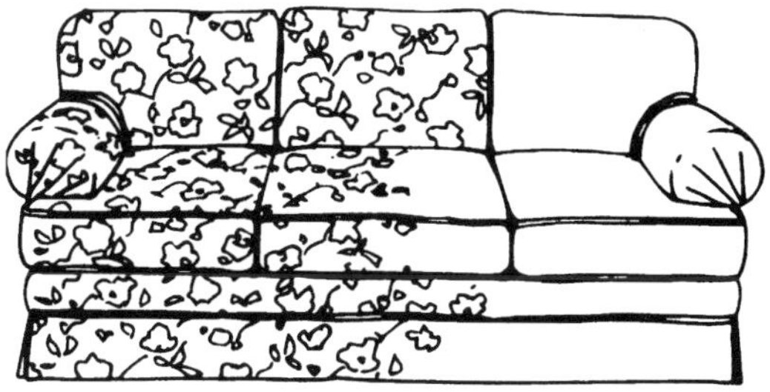

大的或显眼的图案让家具显得大一些

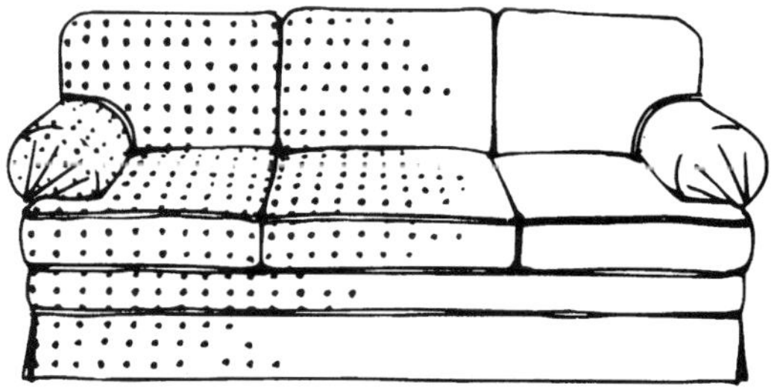

小的图案会缩小家具尺寸

图 10-23　图案和规格的关系

## 本章小结

所有的布料不仅给空间增添柔软和舒适感，也可为空间增添个性、降低噪音，并提供丰富的质感（图 10-24）。选择合适的布料需要设计师掌握纤维、布料结构、着色或染色程序、精整加工选择和产品检测及安全法规的知识，而且布料的搭配需要设计师对人的因素、设计元素和设计原则做仔细的考虑和评价。周到的布料运用可解决建筑或室内结构的缺陷。

织物是在室内呈现色彩、质感和图案最主要的策略之一，也是最容易运用的策略。设计师在为每一个独特的客户、在每一个场所中选择合适的布料时，会获得极大的满足感。

图 10-24　这个起居室设计了一处幽僻、舒适的静居区，暖棕色和质感丰富的布料打造了一个放松的环境。（设计：BRITO 设计公司；摄影：Robert Thien）

## 专业术语注释

这一部分的内容帮助设计师最大程度地了解布料知识。以下是常用的布料和它们的品质用途，以及和纺织工业有关的专业术语。以下术语按照常用的装饰名排序。

**仿古缎 Antique satin** 一种模仿古代丝绸，有着水平条纹质感的织缎布料。重量轻，通常为纯色，用作窗帘。

**细薄织物 Bastiste** 纤维平纹织物，精细、柔软的轻薄布料。用作透明薄纱。

**毛呢 Bouclé** 法语单词，意思是“卷曲”。它指的是将平整布料或起绒布料的纱线卷曲或起圈。重量重。用作室内装饰布料。

**饰带 Braid** 用于装饰的蕾丝带、刺绣边或金属线。

**细平布 Broadcloth** 一种平纹或斜纹织法织成的轻质布料，常用棉、羊毛或人造纤维。用作窗帘和床单。

**织锦 Brocade** 一种提花机编织、中等重量的布料，凸显缎子或罗纹布上面色彩丰富的绣花图案。用作窗帘和室内装饰布。

**凸花厚缎 Brocatelle** 背衬有不均匀斜纹编织的额外纬线，表面突出的中等重量提花布料。用作室内装饰布和窗帘。

**硬麻布 Buckram** 胶粘的硬质材料。用于窗帘或帷幔的加固。

**金属流苏 Bullion fringe** 在织物褶布成匹的褶边线贴着的厚重的线缕，可织成灯芯绒。

**粗麻布 Burlap** 黄麻平纹松散编织的、中等重量的粗糙布料。用作窗帘和灯罩。

**印花布 Calico** 遍布小图案、重量轻的平纹棉布。用作挂帘。

**细薄布 Cambric** 平纹棉或亚麻，称为“麻纱手帕布”，最早在法国康布雷加工。从很薄到粗糙的质感都有。用作衬里。

**帆布 Canvas** 中等重量、紧密的织棉。纯色或有图案，平纹或斜纹编织。用作室内装饰布、窗帘和墙纸。

**薄窗帘 Casement** 一个宽泛的名词，指的是和透明薄纱用途一样，而相比较更粗糙的布料。通常是淡的中性色，纱罗织法或稀疏织法，用于商业设施中。

**轻质毛料 Challis** 平纹密织、重量轻的羊毛、棉和人造软布。有图案或素色，用作窗帘和室内装饰布。

**雪尼尔 Chenille** 雪尼尔纱纺的布料，重量重。通过布料的编织能产生天鹅绒的效果；如果在提花机上编织则能呈现割绒效果。用作室内装饰布。

**雪纺绸 Chiffon** 半透明布料，密织，重量轻。用作薄纱。

**印花棉 Chintz** 平纹，密织。上等纱线纺的棉布，重量轻。表面光泽处理、纯色或有图案。用作窗帘、沙发套和床罩。

**色旗 Color flag** 为了显示色线系列，将零头布粘贴在买来的布料样品上。

**色线 Colorline** 布料系列的完整颜色范围。

**色彩设计 Colorway** 个别布料的颜色。

**布上凸起的楞条 Cord** 将线卷成束，束宽超过 1 英寸称为绳子。

**灯芯绒 Corduroy** 重量重的棉布或合成布料，纵向凸起或起棱纹。用作窗帘、沙发套、室内装饰布、床罩和其他用途。

**绉绸 Crepe** 多种类型的起皱或有褶皱的布料。通常是编织时将纱扭卷或通过化学处理使之起皱。典型的有棉、丝绸、羊毛。平纹织物。

**印花装饰布 Cretonne** 首先在法国的克里顿制作，与印花棉布类似，但更重些。是一种带图案的棉布，平纹或棱纹平布。

**绒线刺绣 Crewel embroidery** 重质的平纹织物，将两股精纺的扭卷纱在棉、麻或羊毛上刺绣。常见的是印度克什米尔省手工制作的。用作窗帘和室内装饰布。

**摩擦脱色 Crocking** 将颜色从染色布料或有图案布料上面擦掉。

**克里普登 Crypton** 为商用椅子设计的专利装饰布配方。特别牢固耐用、防潮防污防虫、透气、手感佳。

**客户自供材料（Customer's own material）或 COM** 当设计师向家具制造商提供材料时，使用“COM”称号。布料单独购买，运至家具装饰公司，并用在特定的家具上。

**剪贴 Cutting** 为展示或设计而制作的布料样品。

**锦缎 Damask** 有图案的提花织物，重量中等，编织效果独特。可以是一种色调或一种颜色的经线与不同颜色或多种颜色纬线的混合。锦缎区别于织锦之处在于布料的表面让人很愉悦。颜色一般反转到另一边。用作窗帘和室内装饰布。

**牛仔布 Denim** 中等重量，粗纱斜纹密织棉。通常为纯色，但可有图案。用作窗帘、室内装饰布、床罩、墙面和其他广泛的用途。

**点子花薄纱 Dotted swiss** 用特殊纱制成的带圆点薄纱布料，大量圆点产生独特的视觉效果。用作挂帘。

**马尾衬 Duck** 和帆布类似，密织、耐用的棉织物。通常为条状，用于遮篷。

**刺绣 Embroidery** 针织艺术。最早是手工设计，现在可机器加工。

**罗缎 Faille(fīl)** 纬纱有着明显棱条的平纹织物，重量轻。棱条效果比粗丝绸稍平，比棱纹平布稍小些。罗缎可做波纹绸的衬布。用作窗帘和室内装饰布。

**毛毡 Felt** 用羊毛或混合纤维压制而成。重量重，用于墙面、桌布和其他用途。

**玻璃纱 Fiberglass** 用玻璃制成的纤维和纱织成的布料，轻且有弹性。注意它的防火品质。贝塔玻璃纱是一种有注册商标的玻璃纤维。用作挂帘。

**细丝状物 Film** 轻质的或薄或厚的塑料布，用于室内装饰、浴帘和桌布。可有纹理、图案或纯色。

**法兰绒 Flannel** 羊毛或棉的斜纹织物，将软纱摩擦形成绒毛质感。用于夹层。

**起绒粗呢 Friezé(frē-zā)** 粗硬、重量重的布料。用起绒杆织机机织，表面剪绒或不剪绒。用作室内装饰布。

**流苏 Fringe** 布料边部黏上的细线缕。

**华达呢 Gabardine** 有明显斜线设计的斜纹织物。耐用、轻或中等重量，天然或人造纤维制成。

**薄纱 Gauze** 罗纹、平纹或两者兼有，一种透明、细腻的织物。最初是丝绸，现在可为棉、羊毛、麻和合成纤维。用于透明薄纱。

**绒丝带 Gimp** 用于遮挡钉子的装饰带。

**色织格布 Gingham** 重量中等或轻的棉布或仿棉布，用于非正式场合。各种颜色的纱线纺成格子、格纹或条纹。

**薄绢 Grenadine** 罗纹织物，与薄纱罗相似，但更薄一些。常为圆点或有图案。用作透明薄纱。

**横棱绸 Gros(grō) point** 重的针织刺绣。用作室内装饰布。

**手织物 Homespun** 手工材料编织的布料、宽松且轻。用作挂帘或窗帘。

**席纹呢 Hopsacking** 将各种不同纤维用平纹篮子织法编织的布料，表面粗硬，重量中等。

**绝缘 Insulating** 布料加工的一个过程，将布料一边加上反光金属纤维或是泡沫塑料，提高绝缘性能。

**提花机 Jacquard** 锦缎、织锦、花毯以及所有布料都需要使用提花机。

**卡其布 Khaki** 粗糙的、土绿色斜纹织物，重量轻到中等。

**蕾丝 Lace** 稀疏的针织布料。起初为手工，现在可机器加工。通常带有花卉图案和几何图案设计有网格背景。用作挂帘和桌布。

**彩花细锦缎 Lampas** 像缎子外观一样，经线上有窄的棱条，或者相反，在纬线上有棱条。用作窗帘和室内装饰布。

**皮革 Leather** 动物皮，常用牛皮。用作室内装饰布。

**衬料 Lining** 专用名词，指的是在窗帘或其他装饰织物内里或背面加层平纹棉或棉缎。

**薄纱罗 Marquisette(mär'-kĭ-zĕt)** 轻薄的罗纹织物，用作透明薄纱。用天然或人造纤维加工，看上去像薄纱。

**马特拉塞凸纹布 Matelassé（măt-lä-sā'）** 双层织物，重量重，内絮棉花。来自法语“马特拉塞”，意思是“垫子”。用作室内装饰布。

**备忘样品 Memo sample** 必须被放回布料展厅的布料样品。

**马海毛 Mohair** 安哥拉羊毛加工成的绒毛布料。

**波纹绸 Moiré(mwä-rā ')** 波纹效果的布料，和塔夫绸、罗缎一样表面起棱。重量轻，用作窗帘、室内装饰布或床单。

**僧侣布 Monk's cloth** 粗糙、中等重量的布料，将亚麻、黄麻和大麻，混合棉布，自由宽松地编织。常为自然色。容易松弛塌陷。

**平纹细布 Muslin** 漂白或不漂白的轻质平纹棉织物。有许多装饰用途，特别是在早期美国和现代房间内。可用于墙面、窗帘、沙发套。纯色或有图案。

**针织物 Needlepoint** 重量重的手工或提花布料。点针绣品有着精美的效果，横棱绸是一种较大的针织物。

**网眼织物** Net　一种轻薄的的蕾丝布料，通过各种纤维织成的连续网格质感。适合做床品。

**尼龙绸** Ninon（nē'-nǒn）　平纹紧织，外观光滑、易脆、如薄纱般。用作床单。

**玻璃砂** Organdy　一种轻薄、手感脆且打褶的布料。素色、刺绣或印花。用作床单。

**色格棉布** Osnaburg　重量轻到中等的布料，类似于手织物。纯色或有印花、松散、不均匀和粗糙的棉布。

**牛津布** Oxford　平纹编织，两根经线上穿插大纱线的布料。用途广泛，是一种非正式的布料。

**佩斯利涡纹旋花呢** Paisley　印花设计，来源于印度的基本图案或源于苏格兰佩斯利的披肩图案。最典型的设计是夸大的弯曲水滴或梨形。重量轻到中等，通常是棉的。

**帕赛米提瑞** Passamentetie　室内装饰品和窗帘上的流苏花边、饰带、绒丝带、穗饰和其他装饰物。

**密织棉布** Percale　一种密织、耐用、重量轻的布料。可以是素色或印花。常用于床单。

**起毛织布** Pilling　磨损或摩擦使表面起毛的布料，常见于尼龙、聚酯纤维、腈纶、开司米或柔软的毛线。

**珠地布** Piqué(pǐ -kā ' 或 pē -kā)　重量中等到重的棉布，表面有凸起的细绳或者纵向的几何纹设计。通常用于床单和窗帘。这种布料有多种变化的类型。

**泡泡布** Plissé (plǐ -sā ')　经化学处理使之起皱的布料，重量轻。用作窗帘。

**绒毛料** Plush　比天鹅绒厚、重量重的起毛布料。通常有很好的光泽度。用作室内装饰布。

**加光棉** Polished cotton　平纹或缎纹编织的棉布，光泽从沉闷到亮丽不等。既可通过编织也可通过表面添加树脂使布料具有光泽。

**茧绸** Pongee (pǒn-jē')　来自中文的“天然颜色”一词，由野生蚕丝加工而成，保留了丝绸天然的黄褐色。重量轻、耐用，用于窗帘。

**府绸** Poplin　重量轻，与棱纹平布类似，在布料表面有轻轻的棱纹。由天然纤维或人工纤维加工而成，常用于帐帘。

**绗缝布** Quilted fabrics　在印花布或素色布上和一层棉絮上绗缝出的一种图案，绗缝线的轮廓沿着印花布料的图案。提花机绗缝是单独绗缝形成的设计的小型重复。超声绗缝产生黏合的热焊接，并用之取代了缝线。

**棱纹平布** Rep　平纹织物，重量轻，宽度或长度方向有窄的圆形棱纹，通常精美的经线嵌有重纱线。用作帐帘、室内装饰布、沙发套和其他非正式用途。

**圆花饰** Rosette　许多圆形材料编织成的装饰。

**帆布** Sailcloth　重量中等的平纹织物。用于非正式的室内或室外室内装饰布。

**锦缎** Sateen　非常有光泽的布料，通常用丝光棉经缎纹编织而成。用作帐帘。

**缎子** Satin　平纹织物，精美的纱线提供一个更加有光泽的表面。重量轻或重，适合室内装饰布。当室内需要正式的装饰风格时，缎子有很好的装饰性。古代：缎子表面因为图案随意的粗捻纱（扭曲纱）而非常光滑。很适合帐帘的布料。

**毛哔叽** Serge　斜纹织物，表面密实。由人造纤维、丝绸、棉或羊毛加工而成。

**山东绸** Shantung　一种重质的茧绸。常由野生蚕丝加工而成，表面有织纹和条纹。古代的缎子是模仿山东绸织成的。

**透明薄纱** Sheer　薄轻织物的总称。

**绒面革** Suede　绒毛表面的皮革。涤纶绒面革洗涤性和耐用性好。用作室内装饰布。

**细薄洋纱** Swiss　起源于瑞士的一种精美、细腻的棉织物，常用于床单。可以是平纹，但通常是刺绣或有化学处理的圆点（点子花薄纱）或图案的设计。常用人工纤维。

**塔夫绸** Taffeta　平纹织物，紧密整洁光滑的编织，有微小的水平棱纹。丝绸编织的塔夫绸是一种适合帐帘、床单和灯罩的奢侈布料。古式或山东绸：光滑柔软的编织，随意的粗捻纱形成一种纹理效果。一种光泽感强的布料，有很多种装饰用途，特别适合帐帘和灯罩。

**织锦** Tapestry　由两组经线和纬线在提花机上编织的图案丰富、色彩多样的布料。多种颜色的纱线，通过各种不同的编织方法，形成独特的设计。表面肌理粗糙。一种重质的室内装饰布。

**流苏** Tassels　黏在布料边缘的悬垂剪纱、圈纱或细绳。

**毛圈织物** Terry cloth　中等重量的棉布或麻布。剪绒或不剪绒，一侧或两侧起圈。用作床单、室内装饰布和毛巾。

**条纹棉麻布** Ticking　中等重量、密织棉布或麻布。坚硬，通常有条纹，缎纹或斜纹编织。用作床垫、枕头、墙纸、沙发套和帐帘。

**约依印花布** Toile de Jouy　花饰或自然风景图案的设计，在平纹棉布或麻布表面印花。最早人们在法国的约依对布料进行印花处理。

**提花垫纬凸纹布** Trapunto　在室内装饰布表面用单一颜色区分区域的绗缝。

**粗花呢** Tweed　平纹织物、重质的室内装饰布。多种颜色的薄片纱（或打结的纱）在织物表面形成粗呢肌理。用作室内装饰布。

**棉毛呢** Union cloth　一半麻和一半呢的布料，平纹或有图案。粗糙编织，有多种用途。

**天鹅绒** Velou　法语名词，泛指所有在一侧端头有毛圈或剪绒的布料。尤其剪绒的天鹅绒布料和丝绒很类似，但它的绒毛更厚一些。一种重质的室内装饰布。

**丝绒** Velvet　重质的布料，有短、厚的绒头经纱。可以用任何纤维加工。压碎式：多数情况下布料通过窄的圆筒形成挤压的效果。剪绒式：提花设计，通常平纹质地上剪绒或不剪绒。古式：丝绒外观古旧。用作室内装饰布。

**棉绒** Velveteen　重量重的带有绒头纬纱的布料，短绒，通常为棉布。用作帐帘、室内装饰布、床单和大量其他用途。

**乙烯基塑料** Vinyl　重质的非编织塑料布，适合印花或压花，可加工成任何需要的表面效果，如皮革、羊毛、花纹和肌理质感。布衬可防撕裂。用作墙纸和室内装饰布。

**巴里纱** Voile（vȯyl）　精美、柔软、半透明的布料，有各种各样的肌理，适用于床单。

**带状织物** Webbing　重质的黄麻、棉或合成片料。护相编织、平纹编织或印花。特别适合沙发和椅子，还可作为装饰件用来保护弹簧。

# 第11章

# 地 面

图 11-1 这是一个设计公司的材料室。作为地面材料的展示馆，设计综合了木材、地砖和织物等多种装饰材料。(设计：Chute Gerdeman)

任何房间的总体布置都离不开地面、天花板、墙壁这些建筑上的基本元素（图 11-1）。

我们都知道地面主要是用来供人们行走并提供放置家具的载体，所以地面装饰设计首先要考虑材料使用上耐磨、抗污的要求；其次，经常停留的办公室和起居室地面材料应具有一定弹性和较低的传热性；再次，地面视域较大，其图案、质地和色彩会给人留下深刻印象，甚至影响整个空间氛围。因此，地面材料选择应充分考虑空间性质和功能。

由于技术的进步，传统材料、新材料以及加工方式也不断更新优化，使得今天的地面材料日益丰富，种类很多：石材地面、木地板、地毯，以及亚麻地胶等。

# 11.1 硬质地面

无论是具有弹性的木地板，还是大理石这种非弹性材料，近几十年来，硬质地面材料始终占据着主导地位。

## 11.1.1 非弹性地面

非弹性地面是指材料缺乏可曲性。

### （1）砖石地面

人们始终认为，非弹性地面的成本通常很高，所以石材和地砖这些硬质材料，以其高耐久性、多用途性、易于保养而持续流行。

在家居中，地砖或石材地面可以从门厅到走廊铺设到餐厅的地面上，这样可以产生整体的效果并减少维护费用。

餐馆、宾馆大堂以及购物商场的设计者发现，带

图 11-2 这个服装店地面是中国风格的石材和染白的松木地板。通过交通路线上的地面材料来划分空间。（摄影：yjon Miller 和 Hedrich-Blessing）

图 11-3 陶制砖用途广泛，从荒野的毛石到抛光的大理石表面都可以处理。

图 11-4 天然石材现在能够通过水刀切割用于复杂的图形设计中。

图 11-5　洞石地面、田园风格立柱、搭配流苏台布、玻璃台板和带有动物图案的座面形成有趣的对比。（设计：Wells；摄影：Hickey- Robertson）

有自然纹理的地砖和大理石不仅能提供耐久的品质和富有创意的效果，而且比花岗岩更有温馨、人性化的氛围（图 11-2 至图 11-7）。

表 11-1 提供了最常用的非弹性硬质地面材料的特性、用途以及处理和保养的建议。

相关链接

美国国家地砖承包商协会　http://www.tile-assn.com/

美国瓷砖经销商协会　http://www.ctdahome.org/

历史遗产的瓷砖修复　http://www2.crnps.gov/tps/briefs/brief40.htm

图 11-6　这种瓷砖能产生三维效果

图 11-7　色彩艳丽、对比强烈的马赛克

**表 11-1　非弹性硬质地面材料**

| 材料 | 特性 | 用途 | 处理和保养 |
|---|---|---|---|
| 砖 | 耐久，低维护需要<br>包含多种纹理、尺寸和色彩<br>易透湿、透冷，并且吸油<br>吸收和储藏太阳能但不吸音<br>表面触感粗糙 | 步道、天井、门厅、温室<br>增添乡村感或历史感 | 仔细打蜡以柔化粗糙不平的表面，产生柔和的光泽<br>涂上聚乙烯保护层防止油污渗透<br>用干拖把抹去灰尘，不定期清洗<br>对于难清洁的污渍，使用磷酸钠清洗 |
| 瓷砖（图 11-3、11-6、11-7） | 具有独特的美的品质<br>最坚硬耐久的地面和墙面铺装材料之一<br>多用途<br>常见的小方块拼贴的瓷砖形式被称为“马赛克”<br>可以上釉或不上釉，有许多颜色、样式和纹理的选择<br>吸收和储藏太阳能，但不吸音<br>价格昂贵 | 浴室使用，也适合任何商业空间 | 不上釉瓷砖可以上蜡产生柔和的光泽<br>上釉瓷砖用干拖把抹去灰尘，需要时可用肥皂和温水清洁 |
| 混凝土 | 混凝土地面有平滑的或有肌理的，抛光的或不抛光的<br>可以在混凝土灌注之后上色和加工图案，称为压型混凝土<br>吸收和储藏太阳能，但不吸音<br>不昂贵<br>室内使用可带来冰冷、工业化的感觉 | 特别适合一些高强度使用的区域或放置重型设备的区域<br>常在超市使用 | 需打上厚蜡保护<br>不能使用油漆<br>可使用环氧树脂等特殊表面工艺<br>清洁之前打湿并使用洗涤剂<br>容易维护 |
| 水洗石地面 | 小石子被混合在混凝土中，打磨后保留表面不平整的状态<br>吸收和储藏太阳能<br>因不平整而不便行走 | 特别适合室外步道铺装 | 经常不定期除尘和清洁 |
| 石板 | 任何天然石材都存在色彩差异<br>多用途，耐磨，美丽<br>容易维护<br>可切割成几何形或按照自然形状铺设<br>表面轻微不平整<br>吸收和储藏太阳能，但不吸音<br>昂贵<br>受损后不易修复<br>感觉冰冷 | 步道、天井、门厅、温室以及行走频繁的区域<br>用途广泛 | 处理和保养同“砖” |
| 花岗石 | 岩浆冷却后形成的硬质石材<br>有石英颗粒纹理<br>主要颜色有灰色、褐色、黑色、绿色、黄色等<br>表面粗糙或经打磨变得光亮<br>容易切割作多种用途<br>硬度超过大理石<br>昂贵<br>触感冰凉<br>受损后不易修复<br>不吸音 | 地面、墙面、桌面、柜面和台阶<br>高耐久度，适用于频繁行走的区域<br>特别适合地铁、车站等交通建筑 | 易保养 |
| 大理石（图 11-4） | 坚硬<br>有多种种类、色彩和纹理可供选择<br>给人以高雅、豪华的感觉<br>比其他地面材料昂贵<br>新的石材切割工艺使得大理石可被切得更薄，因此更便宜<br>大理石拼花背面可加环氧玻璃纤维涂层加固<br>触感冰凉<br>受损后不易修复<br>不吸音<br>弄湿后不防滑 | 需要高雅和耐久材料的场合<br>特别适合与古典家具搭配<br>不适合容易沾到水的区域 | 用肥皂和温水清洁<br>易维护 |

（续）

| 材料 | 特性 | 用途 | 处理和保养 |
| --- | --- | --- | --- |
| 墨西哥砖或陶瓦 | 用未细筛的陶土制成的粗糙底料<br>手工制作<br>允许色彩和外形上的细微差别<br>耐久、非正式，便宜<br>吸收太阳能，但不吸音<br>易维护<br>受损后不易修复<br>不加热感觉冰冷 | 适合需要坚硬、类似水泥表面的区域或需要存贮太阳能的区域 | 用干拖把除去灰尘，不定期用洗涤剂清洁 |
| 缸砖 | 瓷砖的一种，因用于早期浴缸铺贴而得名<br>最坚硬耐久的地砖之一<br>可以上釉或不上釉<br>抗冷热，易维护，耐久性好<br>抗油污和化学侵蚀<br>吸收和储藏太阳能，但不吸音<br>多种形状可供选择<br>不昂贵<br>受损后不易修复<br>感觉冰冷 | 适合多种时代风格的室内布置，尤其适合意大利风格、古典英式风格和地中海风格<br>适合需要坚硬地面的区域<br>冰凉感适合热带地区使用 | 保养同瓷砖 |
| 板岩 | 比大理石和花岗岩更朴素<br>品质接近石板，色彩从灰色、蓝绿色到黑色<br>吸收太阳能<br>蜡封后容易保养<br>昂贵<br>受损后不易修复<br>不加热感觉冰冷<br>抛光后容易显灰尘 | 可用于正式场合的行走区域<br>适合各种时代风格的家居布置<br>特别适合阳光房、门厅和温室 | 可以抛光或不抛光，但通常打蜡并高度抛光 |
| 水磨石 | 大理石碎屑与水泥砂浆混合而成，既可以工厂定制，也可以现场预浇而成<br>通常由大小不同的大理石碎屑组成，大碎屑占的比例大，给人更稳重的感觉水磨石的整体色彩一般由砂浆颜色决定，因为天然大理石碎屑的颜色是有限的<br>卫生、耐久、易清洁<br>触感冰冷<br>由于是整体预浇而成，所以受损后不易修复<br>不吸音<br>受潮后不防滑 | 学校、天井、门厅、大堂、休闲场所、浴室或其他走动频繁的区域 | 保养同墨西哥砖，一些品种需要不定期打蜡 |
| 洞石 | 有不规则孔分布的多孔石灰石，需要采用环氧树脂填充孔洞，如果采用透明环氧树脂，可以形成有三维立体的表面装饰效果<br>触感冰冷<br>受损后不易修复<br>不吸音<br>受潮后不防滑 | 需要耐久要求的正式场合 | 用洗涤剂及温水清洁 |

图 11-8　混凝土地面可以定制色彩和图案，如图所示，还可以加上纹理特征，图案化的地板益于分割空间。

(2) 混凝土地面

混凝土地面是商业办公区域常用的地面材料，它可以给室内设计带来一种现代感和秩序感。混凝土地面还可以被人工着色或被雕刻成仿造大理石、砖或其他材质的装饰图案，称为压型混凝土（图 11-8）。

## 11.1.2　木质地面

木材同时具有弹性和非弹性的特征，它被认为是地面材料中最具塑造力的。通常木质地板铺设的基本方式是龙骨铺设和镶拼地板。龙骨铺设是将宽度在 75～150mm 的木地板用钉子固定在龙骨上。镶拼地板的方式是将短木块拼成各种图案，比如棋盘式和人字型的地板铺设（图 11-9）。

随着激光切割工艺的使用，地板可以被设计成多种样式：团花形、星形、玫瑰花形、风车形纹样也可以用木材制成并镶拼在木质地板里。

对于任何款式的家具来说，木质地面都可以提供一个有吸引力的平台，如图 11-2 和图 11-10、图 11-11 所示。

相关链接

美国木地板协会　http://www.woodfloors.org/

美国枫木地板制造协会　http://www.maplef1oor.org/

美国橡木制造协会　http://www.nofma.org/

美国木地板协会杂志　http://www.hardwoodfloorsmag.com/

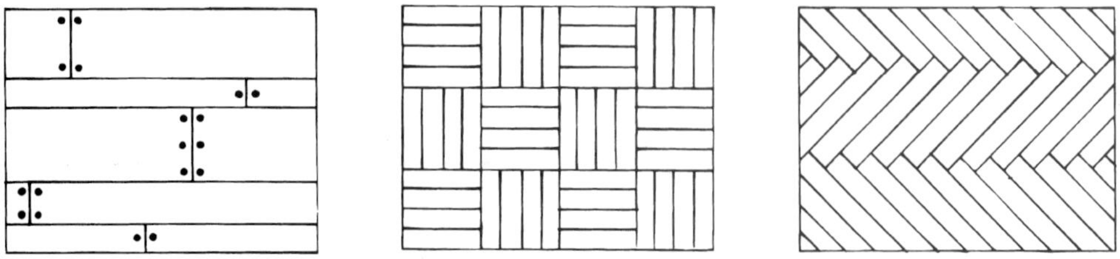

随机拼板　　棋盘拼板　　人字拼板

图 11-9　镶拼地板

图 11-10　这个入口大厅的地板漂洗成橡木色，与业主收集的黑白照片形成丰富的对比。（设计：Dilger-Gibson，摄影：Cheryl Dalton）

图 11-11　多样化的设计现在可以体现在压纹强化地板上

**表 11-2　弹性硬质地面**

| 材料 | 特点 | 用途 | 使用与保养 |
| --- | --- | --- | --- |
| 软木地板 | 提供最大的静音效果以及软垫般的脚感<br>采用聚乙烯或聚氨酯表面的软木地板具有很强的抗湿和抗污能力，但天然软木不适合厨房和水会沾湿的地方<br>色彩从浅咖啡到深咖啡色<br>会产生家具的压痕<br>丰富的色彩和纹理<br>很好的绝缘材料<br>容易显灰尘<br>相当昂贵 | 特别适合用于学习和通行量小的房间<br>很好的绿色设计选择 | 不易维护<br>灰尘很难从多孔的表面擦去<br>用肥皂和水清洗，并上蜡<br>聚乙烯可保护软木表面并容易维护 |
| 高密度板 | 有多种样式和表面<br>保留了木材的纹理并有更高的耐磨度<br>容易安装<br>非常耐久<br>强度比密度板贴面的强化地板高 25 倍 | 适用于任何环境（除了浴室或水池边等频繁接触水的区域） | 用吸尘器或湿拖把清洁 |
| 皮质地砖 | 具有弹性但昂贵<br>天然色彩或染色<br>有静音效果<br>具有奢侈感<br>容易清洁<br>色彩丰富，并可压花 | 学习或其他通行量小的有限制性的环境 | 用温水或温和型肥皂清洗 |
| 亚麻地胶 | 天然亚麻地胶是用亚麻籽油、树脂、软木、木屑、石灰石和染料制成<br>黄麻后衬能提供很好的弹性<br>具有多种样式和色彩<br>最早的弹性地面材料（从 19 世纪中期开始生产） | 沾到液体会产生污渍<br>绿色设计选择 | 用温水或温和型肥皂清洗 |
| 橡胶地砖 | 一般尺寸在 220mm × 300mm，厚度为 4.8mm 和 12mm<br>通常素色或为仿大理石花纹<br>吸音、耐用、防滑<br>打湿后安全<br>抬起表面，拍去灰尘<br>相对昂贵 | 厨房、浴室，杂物间<br>任何通行量大的商业环境 | 容易清洁<br>用肥皂或水清洗<br>避免油漆（清漆或虫胶） |
| 橡胶卷材 | 尺寸一般为 910mm × 19mm，宽度不限<br>素色或仿大理石纹装饰的<br>耐用、防滑<br>打湿后安全<br>抬起表面，拍去灰尘<br>相对昂贵 | 通行量大的区域<br>楼梯踏板的安全覆盖物 | 使用与保养同橡胶地砖 |
| 聚乙烯合成地胶贴和板 | 极好的用途广泛、造价低廉的地面材料<br>抗污并且铺设方便<br>坚硬、声响大<br>地砖背面可能带有黏合剂 | 可使用在任何室内环境 | 特别容易维护<br>用肥皂和水清洁 |
| 带软背垫聚乙烯 | 聚乙烯片被埋入半透明的聚乙烯底料里<br>具有细颗粒表面<br>不显缝隙<br>背面带有软垫，使得该材料具有弹性<br>可能会扯裂或有压痕 | 可用在任何需要的居住环境 | 使用与保养同其他聚乙烯地面 |
| 聚乙烯薄卷材 | 水平铺设，仅需在边缘部分使用黏合剂 | 可用在任何需要的居住环境 | 使用与保养同其他聚乙烯地面 |
| 聚乙烯地砖 | 坚硬、无孔、抗污、耐用<br>干净的色彩或者一些特殊效果，包括半透明或三维效果<br>聚乙烯含量越高，价格越贵<br>样式和色彩种类丰富 | 多用途；根据乙烯的等级可应用到任何环境 | 容易保养<br>一些品种具有内在的光泽，不需要打蜡 |

### 11.1.3 弹性地面

“弹性”一词是指材料受压后反弹回原状的性能。正如前文提到的弹性表面的地板有“反弹”的能力。弹性地面主要是聚乙烯和橡胶，不过软木和皮革也有用到。

表 11-2 列出了一些弹性地面材料的特点、用途、使用和保养的信息。

（1）聚乙烯

聚乙烯卷材是最常用的聚乙烯地面之一。它的宽度在 1.8m、2.7m 和 3.6m，安装时尽量减少缝隙，由于弹性地砖地面的缝隙会滋生细菌，所以一般不适宜用于医疗区域。但一些高品级的种类具有抗菌表面层，能抵抗尿迹和血污，为医疗设备提供了很好的选择。同时不同的色彩和纹理的弹性地砖可以设计出一些方案，用以区分地面区域，或起到地面引导的作用。

一种被称为“抗静电地板”的聚乙烯专门为医院、化学和电子实验室而设计，能防静电。

（2）亚麻地胶

亚麻地胶是一种天然地面材料，无毒、可降解，并具耐久性。从 19 世纪 50 年代开始生产，由于这种材料的环保性，而持续流行。

图 11-12　采用凹凸橡胶地板，耐磨、防滑。

相关链接

聚乙烯材料学会　http://www.vinylinfo.org/index.html

（3）橡胶地面

橡胶地砖，具有突起的小圆点表面或其他三维表面，为通行量大的区域或环水区域而设计（图 11-12）。

## 11.2 柔性地面

柔性地面具有实用性、相对低廉的价格以及设计的丰富多样。它们使地面保温，消除噪声，营造舒适的感觉。一般说来，柔性地面主要有满铺毯、方块毯和艺术毯三种。满铺毯是宽幅地毯被缝合起来将地面全部覆盖住；方块毯是直接用胶水粘在混凝土地面；艺术毯是带有图案设计并在四边配有穗或者其他装饰，适用很多场合。

一个房间的装饰可以完全基于柔性地面，如图 11-13 所示。它可以使室内陈设和谐，创造个性化空间并给人以豪华感，甚至从视觉上改变房间的尺度和面积（图 11-14）。

同样的地毯贯穿室内可以起到从房间到房间之间的过渡作用，形成整体的感觉，而一个艺术地毯可以成为房间的焦点（图 11-15）。

相关链接

地毯学会　http://www.carpet-rug.com

英联邦地毯信息　http://www.carpetinfo.co.uk/pages/intro.htm

### 11.2.1 地毯的起源

公元前 3000 年在埃及地毯最早被使用。早期在希腊、罗马行走在地毯装饰之上是皇族的特权。

而在波斯（伊朗）、土耳其、中国和其他亚洲国家历史上，地毯是主要的家居布置物品。

在中世纪之后的十字军东征打通了与君士坦丁堡、安提俄克等东方城市的联系。他们带回了许多精美的地毯，带动了西方对它们的巨大需求，而且这些

图 11-13　1850 年产的伊朗毯形成了房间的色调（设计：Franciso Russell；摄影：Peter Vitale）

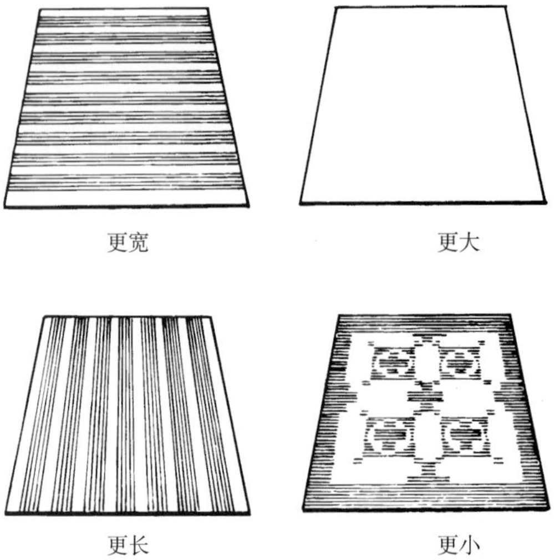


图 11-14　地毯能够改变房间的视觉尺度和比例

图 11-15　块毯受到装饰艺术风格影响，成为这个美国费城公寓起居室的视觉焦点。（设计：Daroff；摄影：Mary E. Nichols）

地面软装饰迅速在欧洲和美洲成为了地位的象征。

自从第一台地毯编织机在法国奥布松面市以来，编织精美的地面软装饰就成为了一项持续增长的产业。在20世纪，机器制造的地毯的兴起给地面软装饰产业带来了革命。

相关链接

英联邦的地毯发展史 http://www.carpetinfo.co.uk/pages/aboutpp/history.htm

织物的历史 http://www.carpetbiz.com/carpet-decorating/about-carpet.htm

地毯历史爱好者网站 http://www.hobbypages.net/cpthist.html

## 11.2.2 地毯设计特点

地毯的质量由多种因素决定，包括纤维、纱线、编织结构、衬底以及表面特性。当衡量一块地毯的质量时，设计者应该考虑产品的弹性、耐磨、防污、防潮、易清洁等性能，并且不产生静电。同时也要环保（见“可持续设计：地面材料”）。

总之，地毯应该耐磨并能保持其外观。

相关链接

http://www.antron.dupont.com/

美国地毯复原修整 http://www.carpetrecoveryorg/

地毯和纺织品再利用 http://www.lafiber.com/

再生地毯信息 http://www.carpetbiz.com/carpet-buying-guide/carpet-construction/recycled-carpet.htm

### 11.2.2.1 纤维

多年以来，几乎所有类型的纤维都被用于地毯的制造。然而今天，在美国销售的地毯差不多都是使用合成纤维，主要是尼龙、聚丙烯、聚酯和石蜡。虽然羊毛是最常使用的天然纤维，但纤维通常被混合在一起以达到每种类型的最佳效果。

#### （1）羊毛

- 羊毛是昂贵的纤维，长期被认为是顶尖的地毯纤维。
- 其他纤维通过呈现它们与羊毛的接近程度，来体现它们的精美程度。
- 良好的弹性使羊毛能很好地保持其外观。
- 羊毛温暖，外观黯淡无光泽，耐久，抗灰尘。
- 它染色后非常漂亮，容易清洁，如果保养得好，可以维持崭新的效果很多年。
- 虽然比合成纤维更昂贵，但天然羊毛仍然被众多设计师所选用。

#### （2）尼龙

- 尼龙是最重要的合成纤维之一，占据了当今90%的地毯销售。
- 尼龙具有极好的耐磨性，抗压和抗褪色能力，并能减少静电、起球和起绒毛。
- 如果经常吸尘的话它就能维持它的抗污能力。
- 尼龙不会引起过敏，且防霉、防虫。

#### （3）聚丙烯

- 聚丙烯的突出特点是具有类似羊毛的外观。
- 具有很好的耐磨和防污的能力。
- 也相当有弹性。

#### （4）聚酯

- 聚酯是一种特别柔软的纤维，具有良好的耐磨性，但缺乏弹性。
- 具有良好的防污、防尘性，并且容易清洁。

#### （5）石蜡

- 在针织棉地毯中，聚丙烯是最主要的，特别适合在室内外的使用。
- 容易保养和无吸收性是其突出的特点。
- 大多数污垢留在表面，使得其成为最容易清洁的纤维。
- 然而，如果使用不当，石蜡容易融化；石蜡也缺乏弹性。

(6) 棉

- 虽然不如羊毛和合成纤维那样耐久和富有弹性，但是棉是柔软的，容易染色，而且更便宜。
- 棉通常用来做平坦手工编织地毯，比如印度的手纺纱棉毯。
- 棉纺条被编织成毯子，使用在非正式装饰中。

(7) 麻纤维

- 剑麻、黄麻以及其他的草纤维，是便宜的地面软装饰。
- 虽然它们能够提供一个天然的外观，但脚感并不舒适。
- 日本的榻榻米垫子是用草制作的；然而，它们是易燃的，不是特别耐用（图 11-16）。

### 11.2.2.2 纱线

一块地毯的性能取决于纱线的质量、长度、密度，以及数量。纱线是由纤维扭成绺而制成的，它紧紧的缠绕方式使其具有反弹力，成为弹性地毯。而且纱线用适当的热处理能够弯曲定型。地毯的绒头长度是毛线的长度；绒头的密度是每平方英寸的毛撮数。理论上，紧绕的毛线，合适的热处理，良好的绒长和密度的组合能生产出最好的地毯。

除了纤维和毛线的构成，其他因素诸如结构、表面特征也会影响这些组合的结果。

### 11.2.2.3 结构

由于工艺的进步，传统地毯编织方式（织造、针织、植绒、手工编织）已不常使用。今天市场上的大

图 11-16 海草编织的块毯围合成餐厅的就餐区域（设计：Oetgen；摄影：Antoine Bootz）

## 可持续设计

### 地面材料

当指定采用环保地面材料时可有多种选择。

地毯可能是最便宜的室内地面装饰之一，但如果它们必须被更换则会产生废物处理的问题。地毯纤维制造商 PuPont 创立的地毯回收公司是解决这一问题的渠道之一。回收旧地毯的过程是将它们回收成新的地毯纤维。

另一个有趣的回收项目是对聚乙烯对苯二酸盐（PET）的回收利用。

地毯制造商 Collins 和 Aikman，发明了一种更积极的环保型地毯。它结合环保地再设计、重构、再利用三个原则，采用现有建筑中的回收(旧)地毯作为它的原料。它的“用建筑来代替地球开采原料”理念已经被许多家公司所采纳。

另一个地毯制造商 Solutia，致力于一项废旧地毯回收再利用项目叫做“废料与能源”(W-T-E)。固体地毯废料可以被燃烧用来发电，产生无害的灰烬。

地毯学会发表了一份工业可持续发展力报告。

工业的高度发展包含了 70%的能量消耗，46%的水消耗，放射废料从 1988 年的 350 万磅增加到 1999 年的 400 万磅。学会成员的目标是 0 放射废料，0 填埋垃圾。(地毯与毛毯学会，可持续发展力报告，2001)

正如在第 5 章节中讨论过的，地毯和垫子产生的另一常见问题是它们可能散发挥发性的有机化合物 VOC，它们对呼吸有害。地毯学会（CRI）开发了一项室内空气质量检测项目，用来测量地毯、垫子以及地面覆盖物的黏合剂，对于测量后符合室内空气质量（IAQ）要求的产品给予标记。指定的低辐射黏合剂或地板铺设方法也可以限制 VOC 的放射（见第四章节“可持续设计：室内空气质量”)。

可再生资源的软木地面也是出于环保的选择：软木来自于活着的树的树皮，在收割之后还可以再长出来。虽然不一定适宜所有的情况，但软木地面是温暖的和有弹性的。

提高室内空气质量使 VOC 挥发掉的最佳方式之一是在室内装潢完工前的 3~4 周安装地面材料。在一些情况下这可能无法做到，但可以在工作日的最后几天安装地面材料，然后在周末时间开放建筑或房间进行通风。

总之，设计者应该选择有“低放射”标记的产品，并记住天然产品通常是更可再生的资源。

多数地毯都是毛撮黏合的。

#### (1) 毛撮黏合

毛撮黏合的方式在地毯生产方式中大约占了 90%。

- 基于缝纫机的原理，这种方式是用成千上万的螺纹针将毛撮植入支撑材料。
- 厚厚的乳胶层覆盖在支撑材料上，牢牢地黏合住毛撮。
- 毛撮黏合地毯具有双层乳胶底以提供更大的牢度。

#### (2) 织造

有三种织造地毯的类型，分别是威尔顿机织地毯、阿克斯明斯特地毯和丝绒地毯，如图 11-17 所示。

- 威尔顿机织地毯得名于英格兰的小镇，它最早于 1740 年被制造出来。它是用带特殊提花机附件的织机织造出来的。毛线沿着地毯底部穿梭，直到

威尔顿机织绒头地毯（绒圈）：绒头编织在金属绷带上，编织后期金属绷带会去除。

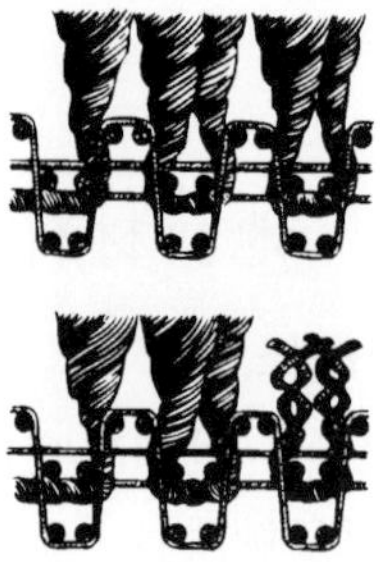

阿克斯明斯特地毯：上部显示多种色泽的纺织纹路，下部是内向卷曲的多层纺线效果。

丝绒地毯（割绒）：基于麻和棉上编织的绒线。

图 11-17　三种编织地毯

在地毯表面形成毛线环。200 多年后，威尔顿机织地毯仍然被视为高品质的标准。

- 阿克斯明斯特地毯也得名于英格兰小镇，于 1755 年被第一次制造出来。最早是手工织造的，现在由一种特殊的美国织机织造，毛线被十字交叉排列，使得每一毛撮都可以被单独操作。这个方式使得无限制的色彩和样式的结合成为可能。高要求的客户以及一些宾馆可能需要阿克斯明斯特地毯的编织技术来达到所需的效果和质量。
- 丝绒，是最简单的地毯编织形式，传统上是在光滑的绒头表面切割或不切割，具有立体的色彩。丝绒地毯的绒头线环是由延伸整个地毯长度的长毛线织造出来的。

图 11-18 是一种个性编织地毯。

### (3) 针织

- 在针织过程中，针织机机械地将纤维联结起来，形成密集的棱纹毛线网。
- 地毯的背面是乳胶和其他抗气候变化（抗日光、冷热、风雨烟雾等气候条件）的材料。
- 这样的编织方法可以生产出多种纹理的地毯，并且价格低廉。

### (4) 植绒

植绒地毯是剪短的纤维形成的丝绒的表面。

- 静电的方式将剪短的纤维置入静电区域使其带有电荷。
- 带有电荷的纤维被垂直埋入一张覆有黏合剂的衬底织物中。
- 植绒地毯表面耐磨性较差。

图 11-18　这是一间引人入胜的闺房，地毯有地方特色。（设计：Mario liiuittd）

(5) 手工编织

有许多类型和样式的地毯是用手工编织的。手工编织方法将在本章后面部分具体讨论。

### 11.2.2.4 底衬

地毯看不见的部分：背衬和胶水是很重要的。它们合在一起将毛线固定在基底上，防止毛线松散、弯曲和收缩。聚丙稀和黄麻是最常见的背衬材料。黄麻很牢固，但可能会发霉，因此不适合在潮湿的地面上使用。聚丙烯防霉同时也很牢固。毛撮黏合地毯可以使用两层背衬来加强牢度。

### 11.2.2.5 表面特征

地毯是通过它们的表面特征来展示的，不论是未切割的线环还是切割后的绒头。毛线的长度、纹理或设计通过不切割或切割毛线来产生这些效果（图 11-19）。

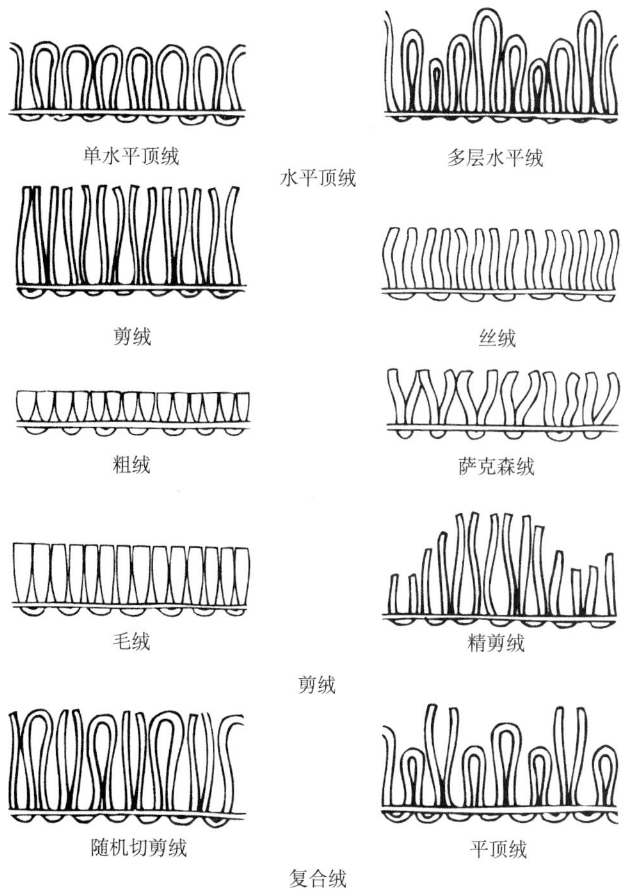


图 11-19　地毯的表面特征

(1) 圈绒地毯

圈绒地毯是用线环毛撮黏合或编织的。

- 因为毛线没有切割，圈绒如果使用耐久的纤维，就能够编织得很好。
- 圈绒地毯可以是一色的、杂色的，或者是几何形的、程式化的和抽象的样式。
- 圈绒地毯被使用在许多商业环境中（图 11-20）。
- 如果线环的长度不一，这样的地毯就被称做多级圈绒地毯。

(2) 剪绒地毯

剪绒地毯是将毛线的线环切割或削薄做成的。多样化设计具有下列特征：

- 豪华的或丝绒的地毯，绒头切割的形式是 25mm 高的密集的绒头。
- 地毯通过提供一个特别维度的高光和明暗来增强效果。
- 豪华地毯通常更适合通行量小的正式区域。
- 豪华地毯更具弹性，短绒头更适合商业场合的使用。

(3) 精剪地毯

随机修剪，是最有效的方式产生精美的花样。保

图 11-20　在这个高科技空间采用的是多层水平绒地毯，为光滑的木质和金属饰面倍添温馨和触觉感。（摄影：Cesar Ritbio）

持毛线的同一长度，然后有选择地修剪出精巧的花样，这种被称为“精剪”地毯。手工修剪的地毯是部分表面被修剪成花样，或者花样被从背衬上完全剪去。这种地毯形式通常个性化制造并且昂贵。

（4）平织

平织纤维地毯是用由机器生产的粗亚麻填料、纸浆或者牛皮纸纤维、剑麻、大麻，以及其他草料和灯芯草料，来织成完整的毛毯或者小方块缝合在一起。

在热带地区比较流行，它们能提供便宜的整年使用的地面装饰，与同时期的家具相配合。

### 11.2.2.6 特性

当选择地毯作为特殊商业用途时，特别的设计显得尤为重要。为了控制静电，低静电的标准通常是低于 3.5kV，在所有使用电脑或电子设备的场合都必须符合这一标准。在医疗环境中则有必要采取抗菌的加工措施。先进的抗污处理可能会使其有益于使用在通行量大的区域。

---

相关链接

纤维和织造的地毯和毛毯协会 http://www.carpet-rug.com/drilldown 2.cfm?page=3&sub=2

关于地毯织造和保养 http://www.ianrunl.edu/pubs/homefurnish/gl 316.htm, http://www.ianr.unl.edu/pubs/homefurnish/g 1222.htm

英联邦的地毯织造 http://www.carpetinfo.co.uk/pages/aboutpp/construc.htm

地毯优点的概要 http://www.carpetbiz.com/carpet-decorating/benefits.htm, http://www.carpetguru.com/const.html

弹性地毯指南 http://www.gocohens.com/hwtobuy/carpet.html

家用地毯指南 http://www.carpet.org/retailerhtm

地毯爱好者 http://www.carpetbuyershandbook.com/

---

## 11.2.3 手工地毯

### 11.2.3.1 东方地毯

东方地毯的织造是一门独特的艺术，这些地毯成为了几百年来人们梦寐以求的财富。

18～19 世纪间，来自中国和中东的地毯在美国富有阶层中有巨大的需求，被用来装饰他们乔治一世至三世时期的豪宅。随着满铺地毯的出现，东方地毯在美国的需求降低，但在过去的几十年中，它们又被再次发现，并成为了使用的焦点。为了满足近期的这一需求，美国制造商仿造东方地毯的设计，使用编织机器来生产制造，只以手工编织地毯一小部分的价格来进行零售。这些地毯被称为“东方化地毯”，来区别被称为“东方地毯”的那些东方手工编织的地毯。

（1）波斯和土耳其的东方地毯

输入美国的东方地毯中的大部分是来自波斯（伊朗）和土耳其。

- 这些地毯是在每个纬纱穿过经纱的地方用手工打结。这些结有土耳其样式和波斯样式，这取决于它们加工的地点（图 11-21）。
- 地毯通常被家族成员制造出来，采用代代相传的相同的样式。
- 特殊地毯的名字通常来自于家族、村庄的名字或者地毯被制造出来的区域。
- 来自不同区域、城镇、部落、家族的无数与众不同的设计使得对东方地毯的研究可以成为一项毕生的研究。

吉奥德结或土耳其结，用于土耳其或其他地区。

深纳结或波斯结，用于伊朗多数地区。

图 11-21 东方地毯的基本打结方式

(2) 中国的东方地毯

地毯织造的艺术在中国持续了超过 12 个世纪。已知的中国最早的地毯来自于唐代，现存于世的最早的地毯来自于明代（1368~1644 年）。早期的设计来自于古代中国的丝绸编织，象征祖先崇拜。中国地毯的特征可以被如下描述：

- 中国地毯的典型色彩是蓝色和白色（通常遍布整个地毯），结合橘黄、橘红、金色和乳白色的多种组合。
- 几何图案主要用来作为边缘上的装饰。
- 中国式的“T”图样是最常见的。
- 圆的中心有一个方形，以及在圆中心的两个弯曲的空间，象征男和女，是常见的主题。
- 宗教标志也通常被使用，包括象征神灵和皇权的龙、波纹。
- 吉祥标志中还有狮子（象征权力）、马（象征力量）、鱼（象征富裕），以及鹿和鹤（象征长寿）。
- 最常用的花卉是莲花（象征纯洁）、牡丹（象征富贵），

## 补充阅读资料

### 来自东方的地毯

特别符合美国人口味的来自东方的三种地毯是：Kirman 地毯、Sarouk 地毯、Tekke 地毯，通常被称为 Bokhara 地毯。

Kirman 地毯是最昂贵的东方地毯之一。最熟悉的类型是中间有团花图案，四周简单平平，边缘有复杂图案（图 11-22），通常整个地面都被精致的花纹填满。这种地毯是少见的东方地毯，采用乳白色背景。

Sarouk 地毯的主要色彩是具有异国情调的宝石色调——红色、玫瑰色和深蓝色，黑色和乳白色作为点缀色彩。虽然它的图案以花卉为主，但也有一些几何形，设计颇有特色。Sarouk 地毯也有深色勾边的奖章图案。它的绒头通常很厚（图 11-23）。

源自土耳其的 Bokhara 地毯现在是在一些中东城市生产。Bokhara 地毯的背景色可以是红色、乳白色或者蓝色，但主要色彩通常为红色。最具识别性的设计是八边形或多边形的图案，在地毯上同样地重复。沿着长和宽的窄线条分割成四块的设计通常被称为皇家 Bokhara 地毯。

图 11-22　最为熟识的 Kirinan 地毯：展开的平面、横向、起伏的边线和奖章形中心

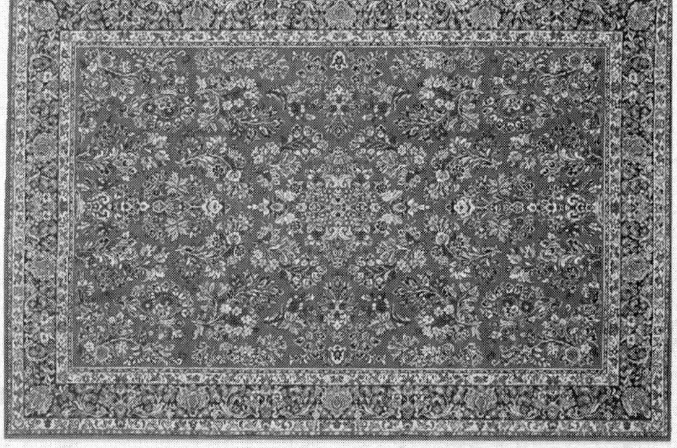

图 11-23　布满玫瑰花纹或加红色底色的典型 Sarouk 地毯

以及菊花（象征忠诚）。

- 中国地毯是按照完整的纸样设计出来的，图形边缘通常是弯起的棉花勾边。
- 绒头的长度比中东制作的地毯要长，图案的凹凸是通过修剪图案边缘的绒头形成的。
- 在中国东部生产的地毯有着布满的花纹，体现了中东地毯的影响。

两种最著名的中国地毯之一是皇家地毯，没有边缘，中间没有花纹，每个角上是不规则的放射形花纹；另一种是北京地毯，有着宽边缘，相似的边角图案，有着圆形的中央团花纹。在印度生产的北京地毯式样的地毯被称为孟加拉地毯（图 11-24）。

图 11-24　印度的孟加拉块毯，北京设计。

#### (3) 印度的东方地毯

今天许多印度手工织造的精美地毯被出口到欧洲和美国。仿照中国、伊朗、土耳其和法国古典图案设计的地毯，被用顶尖质量的新西兰羊毛生产出来，以中等的价格销售。

Numdah 地毯在印度使用了几个世纪，已经被进口到美国很多年了，近期又流行起来（图 11-25）。这种地毯是用毛毡织成的非正式类型的地毯。羊毛表面充满着用长针、开放式缝法缝制的传统的鸟和花的图案。

图 11-25　这个毛糙感觉的羊毛绣边鞍垫是“生活之树”的设计风格。（摄像：Mark K.Allen）

Dhurries 地毯是印度手工制作的平织毛毯（图 11-26）。它们被用羊毛和棉花紧紧地织起来，结合固定的几何图案。通常为柔和的色调或自然的中间色调。

---

**相关链接**

东方地毯的信息和图片　http://www.mathforum.org/geometry/rugs/

东方地毯进口协会　http://www.oria.org/

---

图 11-26　印度手纺纱棉毯原先是旅行者的睡毯，细羊毛或棉毯易于折叠和携带。

### 11.2.3.2　法式地毯

从 17 世纪起，两种法式地毯被生产出来（中间有小小的中断），它们是：萨伏内里 (Savonnerie) 地毯和奥布松 (Auhusson) 地毯。

萨伏内里地毯是用东方式的手工打结方式织造出来的绒面地毯，但图案是法国式的（图 11-27）。萨伏内里地毯生产厂于1663年由路易十四成立于法国，是由更早成立于法国卢浮的手工作坊发展而成的。虽然它是第一家生产织锦地毯的工厂，但它最知名的产品是丝绒地毯，通常是用深色底子来衬托艳丽色彩，有时精美的设计图案来源于正规的法式花园。

Auhusson地毯颇有特色。在17世纪晚期，法国的上流阶级迷恋于装饰他们的住宅，位于法国Auhusson的私人作坊便致力于模仿萨伏内里地毯。一些最古老的Auhusson地毯具有东方风味，但后来的品种追随了法式的纹理图案，采用小尺寸、规则的花纹图案。它的色彩通常是柔和淡雅的色调，产生一种褪色的效果（图11-28）。

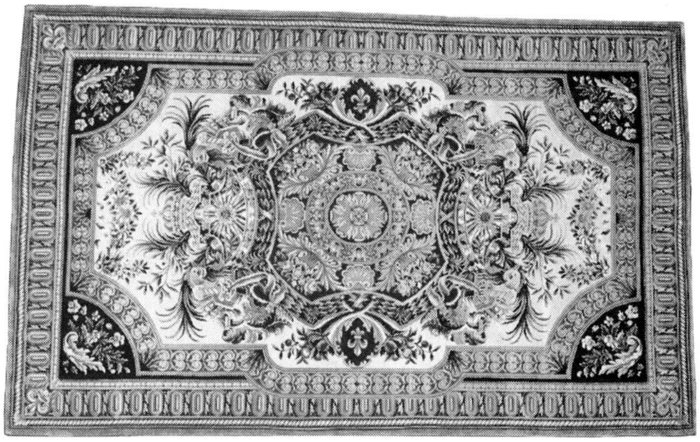

图11-27　法国萨伏内里地毯是柔软的绒毯，具有典型的法国式花纹。

### 11.2.3.3　其他类型的地毯

（1）摩洛哥地毯

摩洛哥地毯是一种主要在西北非生产的东方地毯。

- 地毯的特征长期都没太大变化。
- 突出的不拘形式的特点使得它在同时期的装饰中很受欢迎。
- 最常见的摩洛哥地毯是Berber地毯。
- Berber地毯（美国Berber地毯的灵感来源）是阿特拉斯山脉的Berber部落生产的传统类型的地毯。
- 图案是抽象的几何图形。
- 有些是原始的，通常是在天然羊毛的色彩上添加黑色和褐色的图案。
- 另一些是鲜艳色彩的。

图11-28　法国奥比松编织地毯

（2）西班牙地毯

作为西班牙传统婚礼礼物的西班牙婚礼用毯，是带有流苏的、粗花纹的曼塔地毯。

这种地毯是在提花织布机上织造出来的，具有精美的明暗处理，类似手工制作的纹理，以及三维的效果。

图案色彩明亮，从中世纪主题、传统的奥布松、远东地区、神话图案，以及生命之树中获得灵感（图11-29）。

图11-29　亚麻、棉、羊毛、丝绸或金银丝线做成的精巧的编织毯是婚礼时新娘的座垫，几代相传。

（3）纳瓦霍地毯

纳瓦霍地毯是美国西南部纳瓦霍印第安人手工织造的地毯和毯子（图11-30）。那些精美品质的地毯是用羊毛编织的，用植物染料染色。图案一般为几何图形，如锯齿形、人字形、以及带有条纹的菱形图案。代表鸟、兽、人物的规则图案有时也会被采用。

(4) Rya 地毯

Rya 地毯得名于一个古老的挪威单词，意思是“粗糙”。

- 这种手勾地毯传统上从斯堪的纳维亚半岛进口，在那里它们已经被使用了几个世纪。
- Rya 地毯是一种长绒粗毛地毯，混合了多种色彩的毛线，用地毯勾针勾入羊毛的底衬。
- 毛线按一定的角度修剪成不同的长度，产生“毛线蓬松”的表面效果。
- 所有类型的几何图案通常由程式化的自然主题组合在一起。
- 在当代设计中 Rya 地毯非常适合作为区域性或艺术地毯来使用。

(5) 编结地毯

编结地毯源自家庭中的旧衣料和旧毛毯的碎料。它们仍然是带有地方色彩的家居装饰最爱，尤其是美洲殖民地和法国乡村地区的家居。按个人喜好将旧衣料碎条缝在一起，然后编织成长绳，再缝纫或编织成圆形或椭圆形地毯（图 11-31）。这种类型的地毯也可以以合理的价格进行商业制造。

(6) 勾针编结地毯

勾针编结地毯是将有色彩的碎布或毛线勾织在一片绷紧的粗麻布片、粗帆布或羊毛片上形成图案。衬底织物和埋织的材料类型决定了地毯的耐久度。

(7) 针织地毯

针织地毯最初是将羊毛线绣在厚的网眼帆布上。图案是带有多种色彩的从简单到非常复杂的花卉图案。

相关链接

各种类型地面资料 http://www.hometime.com/projects/flooring.htm

地面软装饰项目术语列表 http://www.dicknsons.com/glossary.htm

### 11.2.4 衬垫

大多数的地毯都需要有一个高质量的衬垫：垫子能改进并有助于维持地毯的表面和加强地毯的弹性；地毯衬垫吸收噪音，帮助控制房间温度，创造豪华的感觉；衬垫尤其适用于那些地表不平的区域，能够使地面感觉平坦。

主要有三大类衬垫：纤维、橡胶和氨基甲酸乙酯泡沫塑料。纤维垫子可以用天然材料（如动物毛发或黄麻）、合成材料（如尼龙和聚酯）或者回收的纺织品纤维制造出来。纤维垫子产生“牢固”的感觉；橡胶垫子可以是平的或棱纹的，平的产生牢

图 11-30 纳瓦霍毯是更多地体现了北美印第安风格，类似于秘鲁毯。（摄影：Mark K. Allen）

图 11-31 编织毯可以用于各类体现乡村气息的场合

固感，棱纹的会产生更硬的感觉；泡沫塑料衬垫具有高密度和牢固感，有多种类型、多种密度。当选择居住使用的衬垫时，请记住地毯理事会（CCC）的建议："行走越频繁的区域，衬垫应当越薄。"厚的衬垫不适合商业环境使用，因为它们会产生一种奢侈家居的感觉。

---

相关链接

地毯垫子理事会 http://www.carpetcushion.org/

EPA 关于地毯垫子的指南 http://www.epa.gov/OSWRCRA/non-hw/procure/products/carpcush.htm

泡沫塑料垫子联盟 http://www.afpf.com/carpetwhypoly.html

---

### 11.2.5 设计考虑因素

除了地毯和垫子的性能因素之外，设计者还必须考虑尺度和空间、色彩和样式，以及纹理等美学要素。

（1）尺度和空间

满铺地毯具有一些突出的优点：它能产生整个房间或者房间到房间的连续性，使得房间看上去更大，增添温暖和豪华的感觉，只需一道清洁程序，并提供最大的防止意外的安全性。但这种地毯也会有一些不足之处：它必须被清洗到位，并且即便旧了脏了也不能被翻转过来。

小方形组合地毯具有与满铺地毯同样的优点，并且还有一片组合地毯脏了破了可以单独替换的独到优势。它给予了设计更大的灵活性（图 11-14）。

区域地毯并不铺满全部的地面，而是根据功能被使用在房间内的指定区域。区域地毯应该足够大以供放置该区域内所有的家具。这种类型的地毯是多用途的，可以很容易地变换，用来放置不同的家具组合。

艺术地毯通常比区域地毯要小，一般为手工编织，用来作为创造或强调视觉中心的一种方式。这类地毯通常放置在家具没有覆盖到的地面，使得它作为一件艺术品为人们所关注。通常艺术地毯有着与区域地毯同样的功能（图 11-15）。

散置小块地毯是一种小型地毯，通常用来作为点缀装饰或某些负重区域的保护。

（2）色彩与样式

色彩是地毯选择的关键要素。对于纺织品来说，染色工艺多种多样，布料着色的性能也各有不同。通常生产过程中色彩添加越早，色彩维持不褪色的时间越长。

中性色彩地毯可以搭配多种家具组合。在一些经常发生租赁变动的地方，中性色彩是最好的选择。在餐馆或其他通行量大的区域，还可以更好地掩饰灰尘。

明度也会影响地毯的颜色。高明度色彩容易显污迹，而低明度色彩则容易显出灰尘。

不同纤维、样式特征和纹理的地毯吸收和反射光线的能力不同。阳光充沛的房间可以布置冷色调的地毯，而朝北的房间或暗室需要浅色调的暖色地毯。

地毯色彩尽可能与墙面绘画色系相近，这样可以增加空间的整体感，还应该考虑它们最终放置的环境色彩。

单色和统一纹理的满铺地毯给人宽敞的感觉。大花纹地毯具有充满空间的感觉，最适合使用在大空间内。

如果被选择的地毯带有明显的花纹，那么墙壁、布艺和室内装饰品则应当互补地选用素色或带不明显花纹的（图 11-15）。

具有简单统一效果的地毯可使家具选择范围更广。

（3）纹理

每种地毯或小地毯类型都有特有的纹理，比如平滑的、有光泽的、无光泽的、粗糙的等。

地毯表面品质应当与家具在美观上相匹配。同样的考虑因素在第 10 章织物纹理的选择中已经讨论过了，也适合地毯纹理的选择。

仔细挑选的地毯或小型地毯可以与家居中的所有家具相协调，并产生整体感。

### 11.2.6 标准规范

联邦的、州的，以及地方的法律或法规以及条例设定了关于地面软装饰的性能和质量的特定标准（尤其是阻燃性、展焰性、生烟性）。

地面覆盖物必须贴有标签标明生产厂家的名字、联邦贸易协会代码、纤维组分、纤维重量，以及阻燃性能。

不同地方的法规不同；因此，设计者必须熟悉当地的法规和条例。

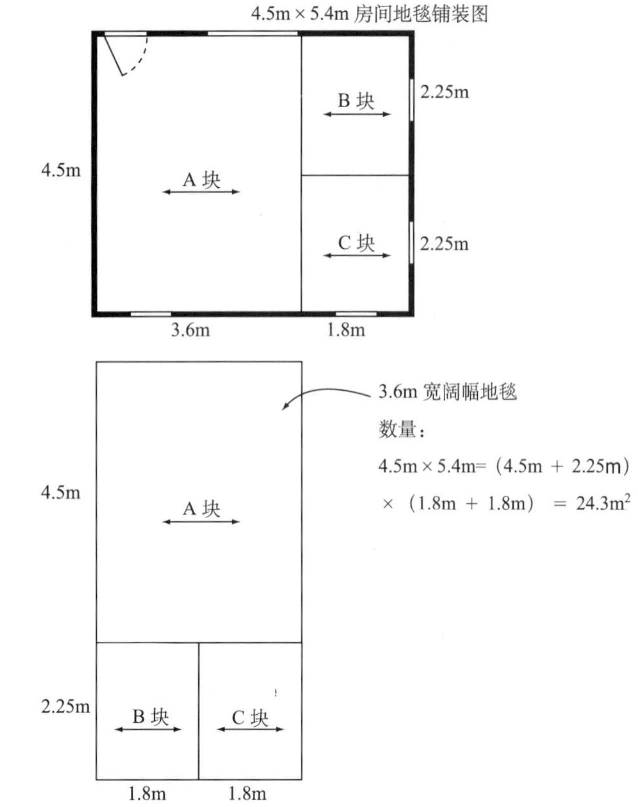


注：←→ 表示保持地毯绒毛方向的一致性。

图 11-32　4.5m × 5.4m 房间采用 3.6m 宽幅地毯铺贴接缝示意图和宽幅地毯的裁切示意。

## 11.2.7　测量安装

在选择地面铺装之前有必要算清完成整个工作所需要的材料数量。做出一个估计，测算出覆盖面积的平方数。而考虑到地毯接缝和花纹拼接，还需要多计算一些数量。一些设计者会准备切割和缝合的图表来计算正确的数量 ( 图 11-32)。

在主要流量区域避免地毯接缝。绒面地毯的绒毛(也被称为绒毛方向)必须按同一方向铺设,避免光泽不统一。

当地毯被用于家居或者商业使用时，设计师需要说明安装方式和技术。安装方式为伸展无胶铺设或黏胶铺设。伸展无胶铺设是将 25mm 宽的地毯刺条用金属钉钉在房间的四周，地毯固定在地毯刺条上。黏胶铺设方式是用黏胶或黏合剂将地毯黏合在地面上。

## 本章小结

选择特殊的地面铺装是一个重要的室内环境设计问题。大的设计方向必须首先决定选择硬质还是软质地面材料。地面铺装能够提供趣味点或视觉中心，或者提供一种中间元素协调一个房间或几个房间的风格（图 11-33）。地毯选择需要注意设计特性和结构工艺以保证耐久度。应该投入大量的时间来选择不仅看上去美观，而且经历数年的客流仍然保持其外观的适用的地面铺装材料。

图 11-33　这个大厅是公寓出入口。石材地面统领室内格局，也是主要交通流线的最佳选择。

# 第12章

## 顶面和墙面

图 12-1 印第安纳州卡尔弗学院的图书馆，设计师采用山形图案和吊顶与精美传统柱列对照（建筑师、设计师：Hellmuth, Obata & Kassabaum；摄影：Balthazar Korab 公司）

# 12.1 顶面

地面、顶面和墙面这三大面中，由于地面是水平面，在人的视平线以下，所以其显露程度有限；而墙面虽然垂直于视线，理论上视域最大，但会受到人流以及家具的干扰和遮挡；作为顶面，它通常高于视平线，故占有的视觉范围最大，形成的透视感也最强，再加上顶面的装饰处理，可以增强室内环境的感染力。无论是文艺复兴时期宫殿里，顶面恢弘华丽的雕像和装饰线条，还是美国殖民时期木质支撑梁外露的平顶形式，都说明了这一点。更重要的是，从古至今，顶面一直是空间里最大的无法利用区域，所以顶面设计一直受到设计师的关注（图 12-1）。

顶面的功能有：保护顶板基层材料；保温隔热；是人造光或天然光的来源；吸收和屏蔽声音；是阻燃的屏障（满足防火要求）；是房间风格和气氛的主要调节因素等。由于现代技术的发展和物理环境的要求，管线和设备越来越多，所以顶面为了隐蔽管线和设备已经不可或缺。下面探讨一些设计师经常选用的顶面类型。

## 12.1.1 顶面类型

由于我们设计中始终强调空间，所以普遍认为吊顶是浪费空间的，设计师会尽可能利用建筑原有顶面进行室内设计。因此，在这里强调根据土建的不同结构形式、建筑构造和土建施工做法进行顶面

图 12-2　佛罗里达的博卡拉顿一家家庭剧院，设计师在顶棚营造洞穴气氛隐蔽光源，而墙面被设计成混凝土质地，外加软垫家具和长毛绒织物。（设计：Charles Greenwood；摄影：Robert Thien）

图 12-3　这个零售中心的雕塑般屋顶不只增添了情趣和娱乐成分，还让光线投向参差的屋顶空间。（设计：Anthony Bellusch 建筑公司；照明设计：Roede；摄影：Robt.Ames Cook）

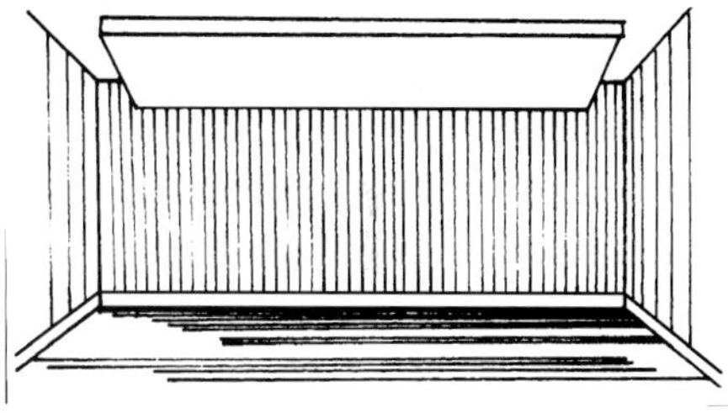

图 12-4　吊　顶

设计区分：

（1）平屋顶通常采用抹灰、涂饰或板材覆盖，有时会曝露结构梁。

（2）单坡顶：顶面具有一定倾斜坡度，所以进行内部装饰时要协调以达到空间平衡。

（3）双坡顶：有向上的构造梁时，强化纵向／垂直空间。反之，水平梁的布置则有舒展房间长度的作用。

（4）穹顶与墙面的交接处呈曲线而非直角，因而墙面与顶面板连接顺畅。有时周围点缀连续灯光照向顶面。

（5）拱顶是建筑结构的要求，以反衬矩形平面。也可以认为是穹隆顶面的延续。

（6）艺术顶有时为了使顶面成为室内焦点，设计得很富于戏剧化，但需要很大的结构空间（图 12-2）。

（7）采光顶是根据采光和通风需要，顶面中间部位设置各种形状凹槽，为了达到艺术效果，槽内周边甚至暗藏灯源（图 12-3）。

（8）格子平顶的顶面采用网格装饰，属于开放式顶面设计，主要是为了检修和增加空气流动。

（9）二次吊顶主要是脱离原有建筑结构，采用局部或全部吊顶来进行空间二次创造（图 12-4）。

---

相关链接

*吊顶材料*　http://www.armstrong.com/commceilingsna/glossary.html

---

## 12.1.2　构造和材料

顶面可以分为两类：直接与结构件连接的构造（如抹灰、石膏板、玻璃、塑料板、造型金属、织物和木材）和悬挑构造（如吊顶顶面）（图 12-5）。

### （1）抹灰和石膏板

抹灰是最普遍的顶面处理材料，由石膏、水、石灰混合而成。抹灰后的表面可以通过壁纸或涂料进行表面装饰。现在普遍用石膏板替代，石膏板绝缘、防火、

图 12-5　为了营造幻觉空间，设计师哈里·斯坦把部分梁和吊顶涂成黑色，巧妙配置多种灯具。其他部分的吊顶是镜面，延展了这个空间的深度。（摄影：Norman McGrath）

防水、有多种厚度选择和进行造型装饰（图 12-6）。

（2）玻璃和塑料

玻璃和塑料板都是或透明或半透明材料，主要用于配合顶部自然采光和发光天棚的装饰。

（3）蚀刻金属

将金属表面进行腐蚀或雕刻装饰，用于顶面创造历史沧桑感。这类材料被用于维多利亚式建筑的修复和建造，通常在诸如餐馆或零售店等的商业空间内也能看到。

（4）织物

由于织物阻燃性差，所以在顶面装饰中很少被采用。但其柔性的观感让人舒适、温暖，偶尔在房间装饰中会和墙面结合连续使用，塑造温馨感，并达到整体统一的效果（图 12-7）。

（5）木材

木材能呈现温暖的感觉。由于视觉效果，木材能

图 12-6　在这个雅致的餐厅里，利用石膏板组成多层次格栅图案，表现大胆而简单的建筑形象，这种材料纹理具有温馨效果，也增加了室内的层次感。（设计：Adam D.Tihany 国际室内设计公司；摄影：Peter Paige）

降低顶面的高度感和重量感，由于单一材料会形成压抑感，所以木材往往与石膏板配合使用。

(6) 扣板

扣板有塑料、金属铝板等多种材质，属于工业化批量产品，有安装方便、吸声、防潮等优点，所以主要用在商业空间、管线复杂的地铁等大型项目中。

图 12-7 墙纸向上延伸到顶棚，显得房间很高。

### 12.1.3 视觉艺术调整

居住空间中，吊顶高于 2.75m，或低于 2.45m，都会影响人们的心理感受。顶面高增加了空间感，

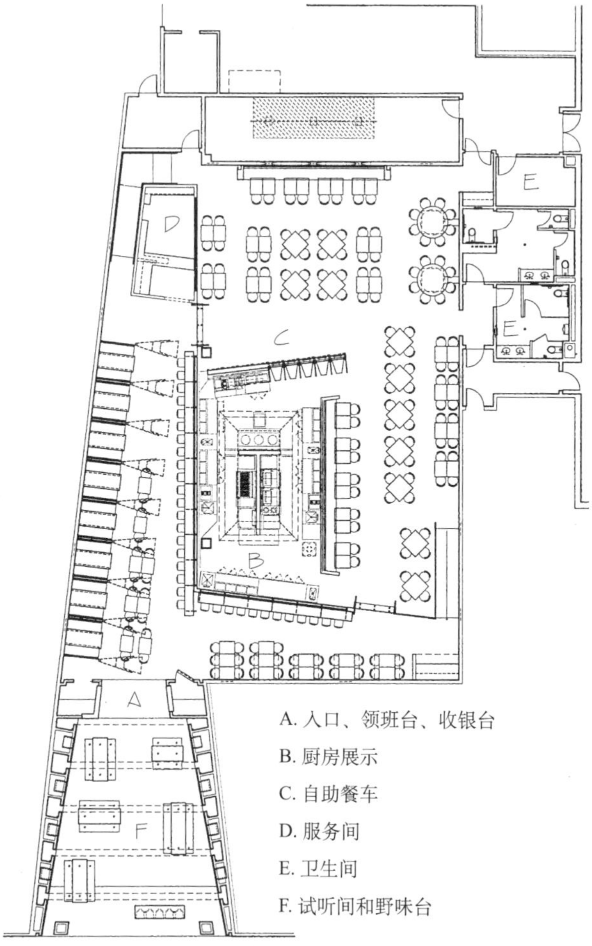



A. 入口、领班台、收银台
B. 厨房展示
C. 自助餐车
D. 服务间
E. 卫生间
F. 试听间和野味台

图 12-8 在这个交互式的餐厅里，顾客被置身于一个视觉和味觉同样愉悦的环境里。设计师调整了原先的凹形内墙，形成了透过厨房上部的半透明光线照射点。吊顶隐蔽了 HVAC 和排风系统，LED 屏幕和镜面排列规整，让所有顾客可以看见厨师的工作。“戏剧化厨房效果”概念产生舞台感，拉近与顾客的距离。(设计师：Jeffrey Beers 国际公司；摄影：Troy Forrest)

让人觉得庄重正式；较低的顶面压缩了空间，让人觉得温暖和亲切。设计师不仅应该根据房间的长度和宽度确定顶面的具体高度，还要考虑空间功能需要。

一般情况下，人们总希望顶面高些，设计师可以通过以下方式进行调整：墙面的色彩和装饰材料通过弧形转角较快的延伸至浅色调顶面，这样让视线转移到顶面部分，使顶面显得相对较高；较多地运用房间里构造上和装饰元素中的垂直线条，如带图案的壁纸等；增加天窗，敞开空间；利用斜梁引导视线上升，使山墙顶面显得更高（图 12-8）。

当然，一些茶室等空间需要产生层高较低视觉效果的空间，会采用如下方法：顶面用深色装饰或花纹装饰；顶面的色彩或装饰材料与墙面有明显边界或线脚，这样当视线向上移动时在线条处会停顿，使顶面的边缘明显，从心理上就会感觉到矮了许多；较多地运用房间里构造上和装饰元素中的横向线条；用木质顶面或深色饰面。

## 12.2 墙面

墙面作为垂直背景元素是创造室内设计个性化的重要因素。从功能上说，墙体不仅隔绝外部空间形成私密性，同时还为水、强弱电管道提供敷设空间，甚至通过隔热、保温和隔音提高室内物理环境质量。从美学上看，墙体不仅分隔出各种使用功能的空间，还能营造室内气氛和表现室内风格，所以用“黄金立面”这个词体现墙面的价值。

### 12.2.1 墙体构造

墙体分为承重墙和非承重墙。承重墙主要承担屋顶、楼板等房屋结构体的重量；非承重墙只是分隔空间，不支撑结构体重量。一般承重墙不宜改动，当需要在承重墙开洞时，室内设计师必须与承建商、结构工程师及建筑师协商并根据具体情况确定是否可行。而非承重墙布置较随意，它只是象征意义上的空间分隔。

### 12.2.2 硬质材料墙面

墙体饰面的材料种类繁多。从外观、成本、维护、绝缘和耐久性来看，各有利弊。通常从三个方面考虑：首先是材料本身的性能；其次是使用环境；最后是设计师的设计理念。所以，在选择墙体饰面材料时设计师需要考虑美学、功能和个人因素，成本和生态因素会在第 5 部分讲述。

表 12-1 列举了最常用的硬质材料墙面做法，包括它们的一般特征、防火等级、绝缘性能、用途与保养等（图 12-9）。

图 12-9　这个 ASID 获奖的卫生间都是采用砌体砖做成的。一堵玻璃墙插入砖石界定了淋浴间，注意弧线突出部分（包括地柜）作为水槽的基座，双面浴室镜悬挂在其上方。（设计师：Bruce Benning；摄影：David Duncan Livingston）

**表 12-1 非弹性墙体饰面**

| 材料 | 基本特性和成本 | 饰面 | 防火性 | 绝缘性 | 用法和注意事项 |
|---|---|---|---|---|---|
| 砖（火制土坯） | 实心耐久<br>多种尺寸、形状和色彩<br>旧的天然土坯砖有温暖感<br>可以规则排列或图案排列<br>纹理令人感觉舒适<br>成本高 | 无需饰面<br>可以用涂料或蜡封 | 防火 | 反射噪音<br>导热 | 室内外墙体<br>相对小尺度房间和壁炉立面及炉膛<br>较少或无需维护 |
| 水泥砖（轻质砖） | 坚固、感觉冷、规则形状、体积大、有纹理<br>中等成本 | 无需饰面<br>需粉刷<br>用于室外，需防水 | 防火 | 较绝缘 | 室内外墙体，壁炉面<br>用于大房间墙体较好<br>缺乏家庭温馨感<br>较少或无需维护 |
| 陶瓷砖（黏土制） | 不同的形状，规格、色彩和图案，预制砖<br>耐久、抗水防污，易裂损<br>中等偏高成本 | 无需饰面 | 防火 | 反射噪音<br>绝缘差 | 卫生间、厨房间、储藏间、休息间<br>常用于西班牙和墨西哥风格的墙群<br>维护费用小 |
| 玻璃纤维（板材） | 半透明玻璃纤维高强板<br>多数有肋或是波纹<br>都可用于平面，有一定厚度<br>半透明板是白色或彩色<br>中等成本 | 无需饰面 | 防火 | 绝缘好 | 房间分隔，屏风开合，浴室封闭，半透明顶棚，嵌入家具，移门<br>易于维护 |
| 玻璃（建筑用） | 能透明，耐摩擦，起波纹，发泡，防霜，上色或弯曲<br>夹金属网玻璃防破坏<br>可进行多用途调节<br>中等偏高成本 | 无需饰面 | 防火 | 绝缘差 | 移门，屏风，房间分隔，监护房间等等<br>镜子能够扩展室内空间，为房间增添戏剧化效果<br>单向玻璃也有很多用法 |
| 玻璃（砖） | 透光性好<br>高抗冲击强度<br>中等偏高成本 | 无需饰面 | 防火 | 实心玻璃砖导热<br>中空玻璃砖绝缘性好 | 即用即装<br>亮化最阴暗房间死角<br>易于维护 |
| 金属（板材和瓦） | 不锈钢：平版或颗粒板（无反射面层）<br>耐久、牢固，耐酸，防水、耐碱<br>实心铜板引人好感<br>可以是平板、承受锤击或变成古董<br>经封闭保持光泽或防腐蚀<br>铝饰面：实心铝<br>陶瓷、珐琅或环氧珐琅的玻璃质外表面，易于保护<br>轻质高强，不过如有凹凸坑难修补<br>有商业化效果<br>中等成本 | 需要在工厂喷吐，上珐琅或上色 | 耐火 | | 厨房，卫生间、储藏间和如何需要装饰的墙面<br>不常装饰居住和商业空间<br>易于维护 |

（续）

| 材料 | 基本特性和成本 | 饰面 | 防火性 | 绝缘性 | 法和注意事项 |
|---|---|---|---|---|---|
| 塑料（薄膜） | 耐久，弹性<br>可以各种色彩，图案，纹理<br>中等偏高成本 | 无需饰面 | 畏火<br>一些塑料不燃烧，却释放有毒气体 | 不绝缘 | 需要耐久有弹性的墙面<br>防污和破损<br>易于维护 |
| 石膏和抹灰 | 光滑或有纹理，无接缝或节点<br>易破碎<br>中等偏低成本 | 油漆、壁纸或织物装饰 | 防火性 | 特别制作可以隔音 | 适合各类墙体<br>属于各类房间和各种设计风格<br>可洗 |
| 石头 | 美观<br>根据色彩不同，如覆盖面积过大会有寒冷感<br>自然色彩和纹理<br>感觉坚硬和耐久<br>随时间有变化<br>成本高 | 有时需要防水 | 防火 | 不绝缘<br>反射声波 | 壁炉周围或整个墙面<br>不需维护 |
| 墙板（石膏、干挂板、石膏板） | 表面可以装饰成吸引人的色彩和图案，或印制成木纹<br>低成本 | 如同石膏板：油漆、壁纸或织物装饰 | 耐火 | 非常绝缘 | 任何主要考虑降低成本的房间装饰<br>根据装饰面决定维护情况 |
| 墙板（硬质板、密度板） | 很耐久，防碰，可以利用多种木质碎料，有多种色彩<br>可以反映很逼真的木质效果<br>工厂制作，工业化生产，易于安装<br>可以配合多种凹凸面和不同纹理的织物<br>中等成本 | 可以油漆、涂料或上蜡 | 表面易融化<br>层压板畏火 | 根据层压板厚度不同反射声波、绝缘 | 如何需要低成本木材而又有耐久性要求的地方<br>湿布擦洗 |
| 墙板（高分子密度板） | 很耐久<br>材料表面材质均匀<br>可以根据要求生产出各种纹理、质感、色彩或图案 | 工厂制作<br>不需另外饰面 | 畏烟和高温 | 反射声波<br>根据密度和厚度，绝缘较好 | 使用硬质墙体的房间(起居室，儿童房，地下室）<br>防污，湿斑难以擦除 |
| 木材（胶合板） | 表面可以光滑，可以粗糙<br>成本高<br>表面贴木板片的胶合板不贵，像实木<br>122cm × 244cm 规格板材易于安装<br>可能有竖向槽口 | 如实木非最后成品 | 易燃 | 绝缘好，隔音 | 任何时期木材根据木种和安装方式用于各个房间<br>根据年代长久和维护效果决定外观情况<br>易集灰 |
| 木材（实木） | 自然颗粒<br>一般房间可以有自然光滑木材到毛面木材<br>可以榫接、槽接、平碰、平接或开槽<br>多种自然色彩，可以油漆多种颜色<br>受凹口影响，不过能够修饰缺口<br>成本高 | 需封闭粉刷以防污防水 | 易燃 | 绝缘好，隔音 | 同胶合板 |

图 12-10　这是当代室内多种硬质材料墙面处理结合的例子，镜面和瓷砖用在壁炉壁上。石材和木质饰面用于弧形房间分割，石膏板覆盖房间不雅部分，设计师利用弧线和软垫家具强化与室内墙面的内角的对比。（来自 Steve Chase 联合公司，摄影：Arthur Coleman）

### （1）抹灰与石膏板

抹灰是一种传统手工的墙面装饰手法，称为湿作业工艺。目前最普遍的饰面材料是纸面石膏板，它是干作业工艺来进行施工的，具有施工简便、防火、防潮、隔声等优点。

### （2）木材

墙面采用木饰面是一直以来深受人们喜爱的装饰方法。墙板可以采用樱桃木、橡木等各种木材，通过实木贴面、染色、拼花等工艺，做成多种质地、色彩、风格的装饰效果。

### （3）砖石

砖石墙面包括面砖、石材等。面砖在古巴比伦时期就已使用，不仅有各种形状、大小、色彩、图案和质感，而且保温和防水性较好，主要用于商业空间和住宅。

大理石、花岗岩等建筑石材有多种纹理和色彩（图 12-10）。如大理石有端庄典雅的外观，主要用在酒店和高档商业空间；而花岗岩以稳重坚实的特性主要用于地铁等交通建筑。更多的了解石材见表 12-1。

### （4）玻璃和金属

房间可以通过镜子扩展成一个虚拟空间，通过视错觉改变空间的形状，但过多地使用镜面会影响空间的方向性。此外，镜子对光的反射效果很好，能够亮化房间。

金属如不锈钢、铜和铝可以通过光面、亚光面等表面装饰工艺塑造现代感或历史文化感（图 12-11）。

图 12-11　在这个旧法庭，设计师重现了老照片，并用传统方式进行悬挂。（设计：Jack Pyburn 建筑公司和 Lynn M. Jones；摄影：J. J.Williams）

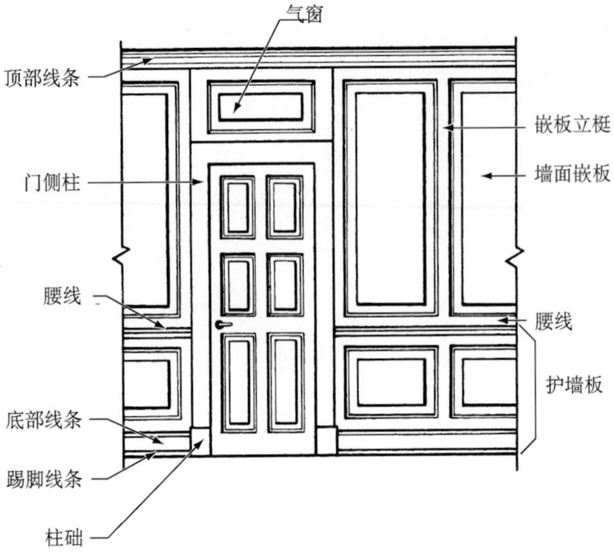


图 12-12　装饰线脚图示

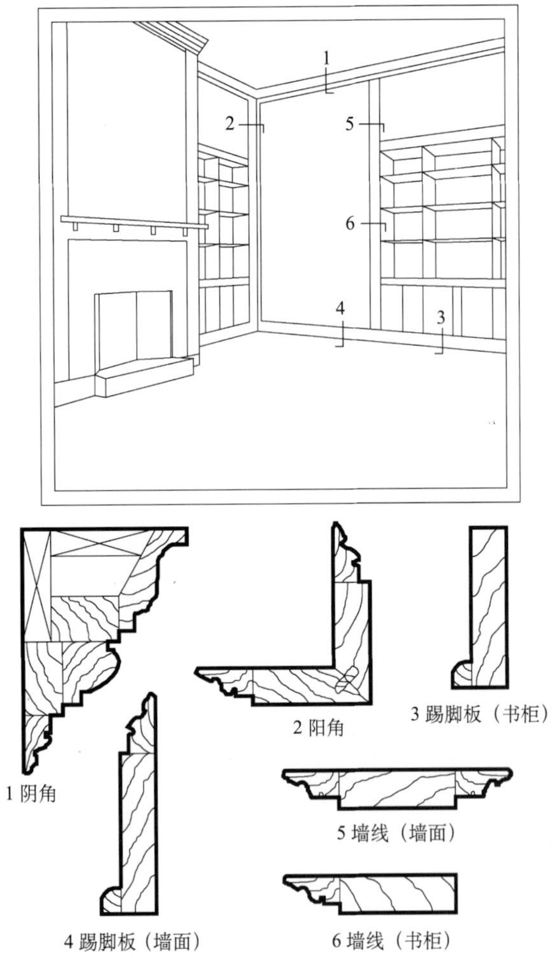


图 12-13　这个传统图书馆以线条展现温馨气氛

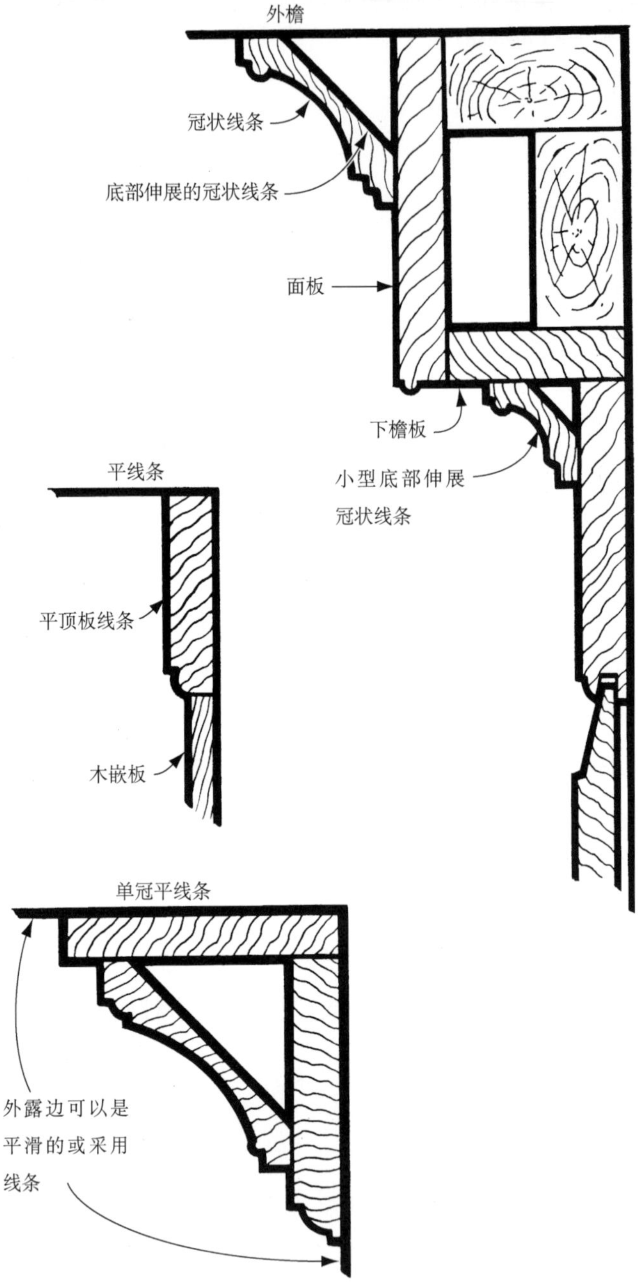


图 12-14　装饰线条增加了建筑趣味

### 12.2.3 装饰线型

装饰线型也是墙面的一种装饰处理，通常用于墙面与顶面、墙面与地面的交界部位，作为从一个表面到另一个表面的过渡。图 12-12 显示典型的装饰线型。

（1）墙线

墙裙线是墙面的横向装饰线条，一般高出地面 90cm。在墙裙线上方靠近顶面部分的墙线叫挂镜线，也是墙面装饰元素（图 12-13）；在墙裙线下方，与地面衔接部分的墙线通常叫踢脚线。

（2）顶脚线

顶部线型装饰叫顶脚线。顶脚线有三部分，分别是檐口、檐壁和楣梁，它们组成的不同变化使得线脚变化多样（图 12-14）。原来线脚主要是用木材和石材制作的，现在普遍采用轻质的玻璃纤维和泡沫材料（图 12-15 和图 12-16），经过涂饰后，玻璃纤维面同样可以达到木材面或石材面的装饰效果。

图 12-15 这个传统旭日图案使前门显得庄重，图案饱满、轻巧且易于安装。

图 12-16 这个雕工细腻的檐口用结实、轻质的现代材料制成，是明显的木与石膏线条预制成型。

### 12.2.4 油漆和涂料

改变空间效果最快、投资最节约的方法就是油漆和涂料。所有墙体饰面材料里，油漆涂料使用最方便，它可以附着在几乎任何材料表面，适用于各种房间和各种风格特色。

#### 12.2.4.1 油漆类型

醇酸漆：实际上是一种固化快，抗黄化和易于清洁油性漆。由于硬度高、光泽好、手感舒适，所以醇酸漆主要用于各种线条、木制品、装饰线脚和金属表面装饰。

聚丙烯漆：是水性漆，所以无味、使用方便和干燥快。聚丙烯涂层越多，密实度越好，甚至可以达到烤漆效果。

乳胶漆：属于室内面漆。它是水性漆，干燥快，气味容易消散，而且不会显示刷痕。乳胶漆常用于抹灰、石膏板、砖石木墙板、隔音砖等易于附着的装饰材料表面。

瓷漆：由清漆或漆油组成，它的制成品坚硬耐久。

环氧树脂漆：常见的环氧树脂漆一般需要两个阶段完成工序，它在任何材料外表可以固化成瓷片，可以抗擦痕、刮痕。

#### 12.2.4.2 面层类型

保护层和填充料：用于表面涂层衬底的材料，确保面漆达到应有的装饰效果。

油漆面层：主要有高光、亚光或蛋壳光（半亚光）三种形式。光洁度越高越容易清理，但也越容易显示墙面的缺陷。所以，顶面一般采用亚光面漆避免灯具亮度过高曝露粉刷瑕疵；墙面采用蛋壳光增强立面平整度。

着色剂：可以渗入木材管孔，其含有的多种色素能够加强木材的天然色泽或改变木材的色彩。着色剂在实际使用前需要预先测试一下，因为不同的木材对同一着色剂的反应不尽相同。清漆在使用前都需要涂抹着色剂封闭木材管孔。

清漆：是对所有树脂类透明漆的统一的称谓。清漆通常是一种透明的覆盖层，用于木材表面的保护，可以显现木材的原有材质。

虫胶漆：由树脂材料制成，它是和清漆一样的覆盖层，具有保护性，存在于印度和其他亚洲的树木沉积物中，比清漆干燥迅速，但耐久性不好。

硝基漆：是一种类似清漆的高档、快干油漆，来源于亚洲漆树或是一种合成的硝化纤维树脂。面层从平光到高光，色彩有白、黑或米色等。

聚氨酯漆：与清漆相似，不过覆盖材料面层有弹性手感。特别适合用于保护常踩踏的硬木地板和潮气较重的墙面。目前，聚氨酯漆由于其弹性的特殊效果，所以也用于高档酒店和零售店的家具表面和木饰面装饰。

#### 12.2.4.3 涂料质感

这里列举一些涂料质感的特殊表现方法：

海绵涂刷法：是用海绵擦拭基层表面，形成斑点和涂污纹理。

喷涂法：是用刷子把涂料甩向基层表面，形成飞溅效果的表面。

点画法：与海绵涂刷法相同，不过由于用了尖刷，所以效果非常精美，用于在一种底色上点画有色图案。

刻纹法：是先在底层涂料的基础上用多种颜色，然后用吸水纸或碎布吸除部分颜料，产生大理石效果（图 12-17）。

水洗色：在一种色彩基层上加上薄薄的另一种涂料或光泽更淡的涂料。

抛光：在基层上加上多层的透明色彩，使墙面有不同层次的色彩。

#### 12.2.4.4 表面装饰

表面装饰能够使外观形成不同材料的效果，如石材或木材。最常用的是大理石和花岗岩，孔雀石是很有异国情调的装饰。

“视觉幻象”法语的字面意思是“愚弄眼睛”，主

图 12-17　这个亲切、迷人的室内原来是冷清、空荡荡的房间。考虑了人体尺度后，设计师使用了适合的家具，雅致的满铺毯装饰营造了室内氛围。（设计师：Pharr 设计集团；摄影：Robert Thien）

图 12-18　这个住宅大厅，绘制的家具图案营造出文艺复兴风格的庭院效果，庭院墙面是想象的紫藤攀爬，蓝鸟和知更鸟盘旋在空中。（艺术家：Shannon Pable；摄影：John Orth）

要是用在希望表现非同寻常的效果或设计师希望有点幽默的地方。“视觉幻象”是手工粉刷的墙面或涂料层，有三维立体感觉（图 12-24）。

粉刷的涂料景物、图案和边框与“视觉幻象”的幻影效果不同，可以用手工画（图 12-18）或刻花模板制作。刻花模板是一种雕刻板面，上面有雕刻出的图案，可以重复印刷。刻花模板常用于非正式或乡村效果的房间，可以购买或自己雕刻。

---

相关链接

http://www.benjaminmoore.com/

http://www.sherwin-williams.com/div/interior/

http://www.ppg.com/rppgaf/school.htm Pittsburgh Paint.

---

## 12.2.5　弹性墙面

### 12.2.5.1　壁纸

早在 16 世纪的欧洲和早期的美洲殖民时期，装饰壁纸就是重要的室内装饰，而且一直是变幻室内空间的很好载体。

（1）壁纸的历史

最早的手绘壁纸出现在公元前 200 年的中国，用于陵墓装饰。16 世纪末法国出现了第一家壁纸制造厂。最早的特效纸板是波斯纸，用在书籍封面和包装盒，叫做多米诺纸。

17 世纪早期的绒状壁纸（三维毛面纹理壁纸）的推广让高档壁纸在富裕家庭得以使用。17 世纪后期 Jean Papillon 改进了一种新的印制方法，使壁纸图案可以对称排列，在房间连续延展。

18 世纪后半期在法国教士 Reveillon 和英国教士 John Jackson 的努力下建筑壁画开始普及。而 18 世纪的美洲，来自中国的手工壁纸在大西洋沿岸的气派的乔治风格住宅建筑里很流行。

接近 19 世纪的中期可以滚动印刷壁纸的铜芯滚轮机在英国北部发明。虽然壁纸的使用在 19 世纪已经十分普遍，可是美洲地区的壁纸产业直到工业革命后才开始繁荣。20 世纪中期一种创新的丝网印刷能够生产出人们可以承受得起的高质量壁纸后，壁纸的需求成倍增长。文献性的壁纸可以在室内空间展示历史景观（图 12-19）。

图 12-19 整幅墙纸产生完整的画面效果。(瑞士温特图尔博物馆收集，Van Luit 公司作品)

(2) 壁纸的生产方法

三种最常见的壁纸生产方式是滚筒印刷、手工压板和丝网印刷。其中滚筒印刷最为普遍也最便宜，它是在滚筒表面上色，每种色彩连贯的连续快速印制在壁纸表面。手工压板是将各色分开处理，每次待前种色彩干燥后进行下次印刷。这种方法较慢，成本也比滚筒印刷高。丝网印刷是比较复杂的生产过程，一般是用木材或金属制成框架绷紧丝织品、尼龙等，还有的是用金属丝框出图案各种颜色的外形。丝网面的空白部分就是大片的底色部分，涂底漆或漂白。用各种颜料多次印刷，每次用压板推压丝网面，让染料渗透丝网。待颜料干燥后进行下一种色彩的印刷。这种方式生产的壁纸成本较高，质量很好。

压花壁纸和绒纹壁纸有独特的外表效果。压花壁纸是用机器处理成高低不同的表面效果，一般用于需要纹理感和三维立体效果的地方。绒纹壁纸可以突出设计图案，生产出的壁纸表面有天鹅绒的效果。

## 补充阅读资料

### 壁纸术语

耐洗性：通常指壁纸可以用温热的中性肥皂水清洗，但是不能过分擦拭。

擦拭性：指壁纸抗摩擦性能比前者好。像蜡笔等涂抹的一般污点可以用肥皂水清洗掉，制造商对此会有说明。

背胶：在制造商生产时壁纸背面已经加上黏结剂，在使用前放进水中浸泡，然后在依然潮湿的情况下贴在墙面上。

单卷：壁纸一般按单卷标价，要选择壁纸宽度与造型宽度略宽或有倍数关系，高度上要与壁纸长度有倍数关系，这样最节约。

色卡图板：是生产壁纸时的颜色排列图表板。因为每批次的色调都会有微差，所以要一次购齐。

图案重复：是指当壁纸有图案或图形，从图案的起点到下一个图案起点的距离。图形应该水平方向延展，并与墙面的上下匹配。图案越大，壁纸的浪费越大。

图 12-20　条形波纹化纤墙纸与木胶合板结合，形成暖意、美感和耐久的酒店休闲廊的更新式样。（设计：Gettys 集团，摄影：Bruce Van Inwegen）

相关链接

墙纸安装信息和术语　http://www.wallpaperinstaller.com/index.html

### 12.2.5.2　聚氯乙烯墙纸

许多墙面装饰使用了不同厚度的聚氯乙烯墙纸，因为聚氯乙烯防水、非常耐久、防污，可擦洗，而且适用与几乎各种墙面和各种装饰风格（图 12-20）。

乙烯基饰面分类根据重量确定：I 型的乙烯基饰面重量为 0.02 ~ 0.04g/cm$^2$，最适用于交通流量不大的地方；II 型乙烯基饰面重量为 0.04 ~ 0.07g/cm$^2$，主要用于酒店和商业办公空间的过道部分等人流较多的地方；III 型重量超过 0.07g/cm$^2$，用于人流非常密集的咖啡厅、过道和电梯间（图 12-21）。实际的乙烯基饰面包括基层、乙烯基层和面层，最常用的乙烯基饰面材料主要包括以下几类：

乙烯基保护层：是指一般的壁纸上覆盖一层乙烯基塑料，可以防水。

乙烯胶：是一种渗透乙烯基的纸张，薄薄的层压在轻质织物或纸张上下，然后用乙烯材料覆面。乙烯胶的厚度各不相同，经过这样处理的墙纸耐久、防刮擦。

织物面层：是一种机制棉基底的材料，先涂刷油性或高分子面层，然后根据设计选择装饰面材。这样处理耐久、强度高而且有韧性、可擦洗，是厨房和卫生间的理想选择。

塑料泡沫：是一种柔软、弹性的材料，可以是卷形、方形或长条形。能够吸音，防尘防污，绝缘，用肥皂和水很容易清理。虽然比一般壁纸成本高，但塑料泡沫是电视机房或公寓房间内部薄墙的很好饰面材料，在商业和研究机构里尤其适用。

相关链接

商用纸术语　http://www.doityourself.com/wallpaper/commercial-wallcovectypes.htm

图 12-21　这个儿童眼科专家办公室采用棱纹化纤墙纸，色彩强烈，产生不间断效果并达到持久性意图。（设计：Stuart Narofsky；摄影：Ron Solomon）

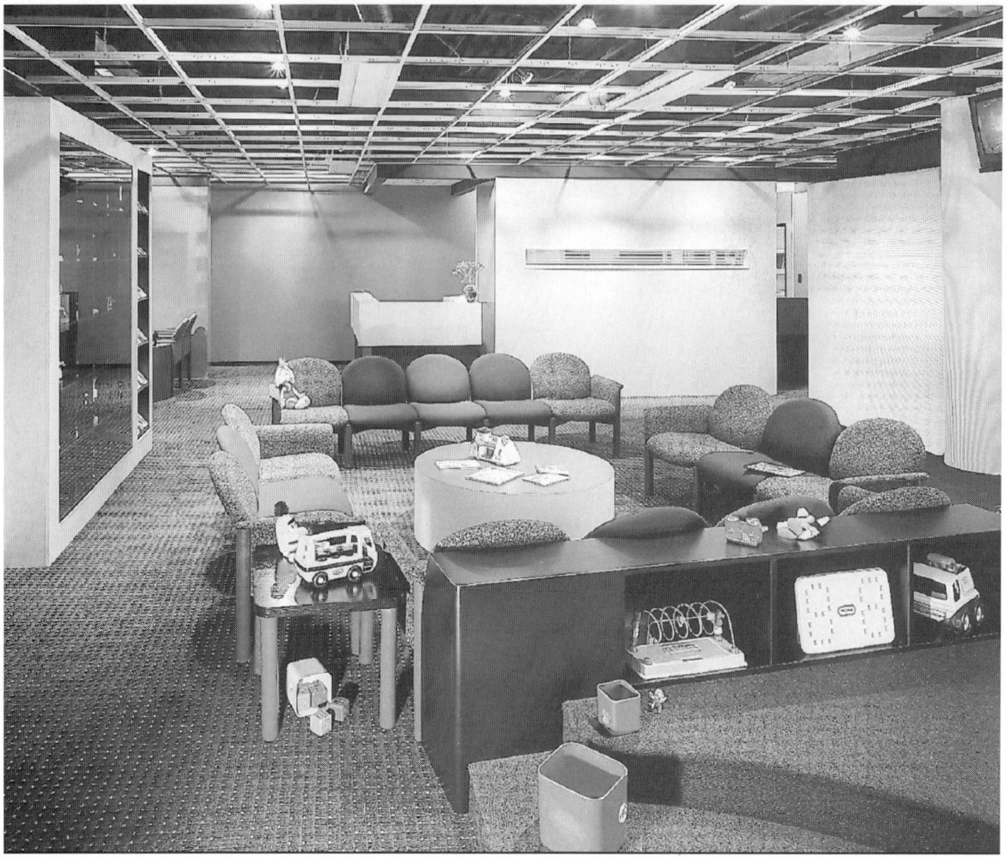

### 12.2.5.3　织物饰面

许多织物都被用在墙面装饰上（图 12-22）。最好的可用织物是重量中等，如同纺织品一样的织物。非导向性图案因为不需严整拼合容易使用，如果是壁纸一样的规则图案，就需要与不断重复的图案对缝和拼花。织物有多种方法在墙上铺贴。

裱糊做法是最专业和最耐久的，但是需要特别小心，还得准备一系列壁纸工具。也可以先将织物铺贴在板材上后再安装上墙，俗称硬包装饰，如果织物内部衬海绵则称为软包装饰，有更好的吸音效果。

### 12.2.5.4　其他弹性饰面

皮革片，由牛皮的最外层颗粒面制成，质感柔软、温暖、贵气，防褪色，能与传统和现代风格装饰结合，不过高成本限制了使用范围。

软木是一个价位中等的有纹理的材料，能够产生自然棕色的温暖气氛。特别适用于工作室或

图 12-22　大胆的织物图案墙面能够吸引视线，小尺度家具最好配大型墙面图案。（摄影：E. Schumacher 公司；背景石榴纹图案来自威廉斯堡殖民时期）

图 12-23　这个历史建筑更新成画廊，艺术品悬挂在护墙板上。（设计：Lynn M. Jones；摄影：J. J.Williams）

隔声效果非常重要的房间。除非加入塑性材料，否则软木不能用于卫生间、厨房和其他潮气较重的地方。

## 12.2.6　墙面材料计算方式

做工程时，设计师需要估算装饰的具体数字指标以进行造价预算：房间墙面总面积。把各面墙的长宽相乘，然后计算总和即可；总面积除平均每卷面积，得到房间墙面需要的饰面卷材的数量；每两个可开启部分如门、窗减去一卷。记住墙面卷材通常双卷堆放，而且整卷不能分割购买。

如果精确计算，设计师还要知道墙面每张卷材的长度、宽度和图案重复长度，然后进行下面工序：

（1）测量整个房间的水平长度。就是说测量每面墙的长度然后相加，再把单位换算成厘米。

（2）用卷材饰面的宽度除总长度。这是为了计算出墙面总共需要多少竖片卷材。下面三步将计算出需要的卷材长度及容许的图案重复方式。

（3）测定房间墙面高度。将单位转换成厘米，再除以图案长度计算图案重复次数，取最为接近的整数。

（4）（根据 3 步骤的结果）图案重复数量乘图案重复长度，这样就决定了所需卷材每段的长度。

（5）用整卷的总长度（单卷、双卷或三卷）除每段长度（根据 4 步骤的结果）。取最近整数，这就得出每卷饰面卷材可以裁几段。

（6）用总共需要的段数（根据步骤 2）除以每卷的可能段数（根据步骤 5），取最近整数，这就最后得出需要多少卷饰面卷材（可能是单卷，双卷或三卷）。

---

相关链接

http://www.cheswall.com/global/HTML/howhang.htm#howmuch

---

## 12.2.7　墙面材料的选择

在选择墙面的装饰材料时，设计师需要了解该空间的功能、审美和预算方面的要求。从功能角度，使用的频率或通行量是关键因素。例如医院、宾馆或一些走道频繁通过手推车和轮椅就需要 II 型和 III 型饰面材料。塑料或金属的墙裙线脚在这些地方也很需要。

一些房间可能需要有吸音效果的饰面。图书馆、工作室、音乐室和办公室都需要柔软吸音的饰面。地面是硬质材料的大教室应该在讲台前部使用软木装饰或织物包板，一般应该是讲台背景的两倍大小。

图 12-24　这个奢华、图案繁杂的房间背景设计了墙、吊顶、地板、窗户和壁炉，与 18、19 世纪家具互为烘托，清晰地确立了法国折中主义风格。(家具是 F. J. Hakimian 与 Juan Pablo Molyneux 公司收藏；摄影：Peter Vitale)

在历史保留建筑里，设计师可能需要用装饰手法来遮蔽瑕疵。这样的话使用平光面的遮蔽效果比亚光面的要好。乙烯基饰面或使用浮雕装饰术也可以很好。

从审美角度，房间里建筑的细部节点可能对墙面装饰的选择有直接影响。一个砖坯壁炉可能与较随意的装饰如使用块状材料相协调。而一个传统风格的壁炉就需要柔和的饰面材料。传统的室内陈设可能需要典雅的图案或能够产生“视觉幻象”的图形（图 12-24）。而现代坚固结实的结构可能就是需要使用光滑的金属材料和现浇钢筋混凝土。大面积的玻璃和玻璃砖也是不错的选择。

设计师需要了解设计的墙面是处于室内的焦点，还是作为其他陈设的背景。一个深色明亮的饰面材料可以用于厨房，而在艺术品陈列室的墙面必须是中性柔和的，因为艺术品才是焦点所在。

当选择壁纸图案时，房间的尺度大小非常重要，直接影响了图案形式大小。小细点和碎花图案用在卫生间合适，在餐厅或门廊里使用比例就过小。房间墙面的竖向纹路会显现高度感，而横向纹路会使房间显得低矮。墙面的对角斜线条纹会产生混乱和无方向感，除非需要房间有波动感，一般不建议使用。

从经济角度看，如果客户的资金有限或工程时间较紧，最好选用重新粉刷。粉刷是最便宜而且最能够改变室内的墙面现状的方法。一种全新的墙面粉刷能够完全改变室内的现状。装饰线条和室内门的突出使用也会产生新颖的变化效果。

最后，设计师需要关注环境状态（或者说是客户应该关注），设计应该与环境相互协调。（见“可持续使用设计：能源与环境设计导则——商业室内环境”）

## 本章小结

在任何室内环境里，顶面和墙面都会成为室内使用者的背景。这些表面装饰材料会提供一个安全、围合的机械系统，创造舒适的生活环境。设计师需要选定顶面墙面的材料和饰面方式，注意考虑最终产品的耐久性，满足空间等的功能需要和可持续使用。设计师还必须利用设计原则和设计元素，合理选择装饰饰面，与建筑构造协调，满足使用者的使用感受。

## 可持续设计

### 美国能源与环境设计导则——商业室内环境部分（LEED—CI）

美国绿色建筑协会（USGBC）推出了——能源与环境设计导则。这是一个自愿的市场调节需求的有量化标准绿色建筑测评系统。虽然是自己验证的体系，建筑也是可以评定为铜到铂金级别。《能源与环境设计导则》测评以下几个部分：

- 能源与大气环境
- 室内环境质量
- 材料及资源
- 创新性
- 工艺设计
- 可持续使用点
- 水资源利用效率

图 12-25　上世纪的罗马风格建筑，绿色和平组织总部座落在上面楼层。15500 $m^2$ 面积需要可持续解决方案。绿色和平组织的任务就是保护环境，寻求适合的设计解决方案。《LEED 绿色建筑等级体系》是一个行动指南。（设计：Envision；摄影：Michael Moran）

《能源与环境设计导则》主要关注建筑的内部构造，2002年美国绿色建筑协会推出指导性的《能源与环境设计导则——商业室内环境部分》。商业室内设计工程是对新建和已建工程的室内的租赁使用空间的设计。新导则是对原《能源与环境设计导则》里绿色建筑评定系统的补充，添加了室内家具等装饰品对环境影响的认识。室内设计师特别感兴趣的是其中的相关的高效灯光设计评定部分：挥发性有机化合物（VOC）污染排放，可循环材料的利用，地域性产品的利用等。

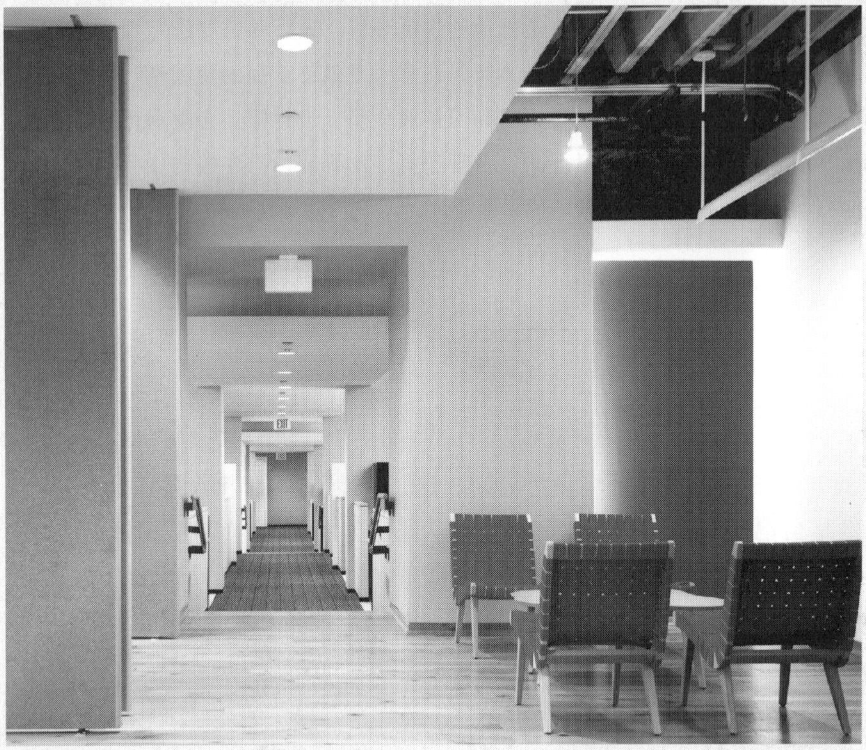

图12-26　主要接待区在三层，大会议室可以根据会议规模进行调整，主要走廊与相邻建筑连接，楼梯通四层而且楼梯踏步也是透明的可以撒下更多阳光。所有木制品复核森林管理协会（FSC）标准，现有石墙曝露避免再添加更多建筑材料。实心工作台面是来自集装箱板，门由稻草板制作，冰箱释放的有害气体少于两根香烟。（设计：Envision设计公司；摄影：Michael Moran）

在室内商业环境里提倡能源与环境控制是USGBC的一个重要的步骤，可以鼓励建筑的构造及相关设计向相互协作和革新方向发展，以使环境和经济因素更加乐观。《能源与环境设计导则》推介的主要目的就是帮助建筑环境最终成为更新自然环境的催化剂。

图12-27　四层与屋顶连通，与设备间布置一样是开放平面设置小会议空间。开放的办公空间都是稻秆板分隔并符合FSC验证，饰面板不含VOC和甲醛，天然材料做成日用品，档案柜采用翻新方式处理。(设计：Envision设计公司；摄影：Michael Moran)

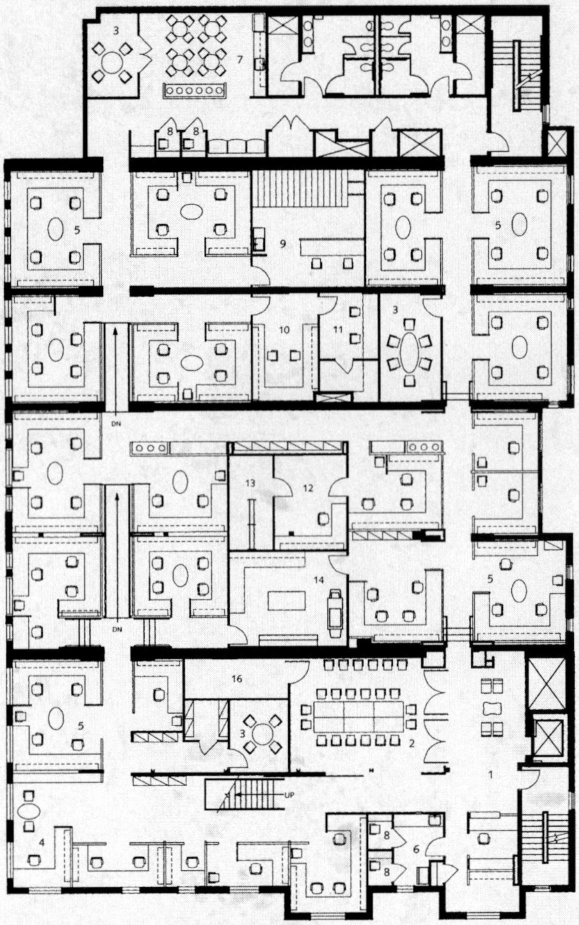

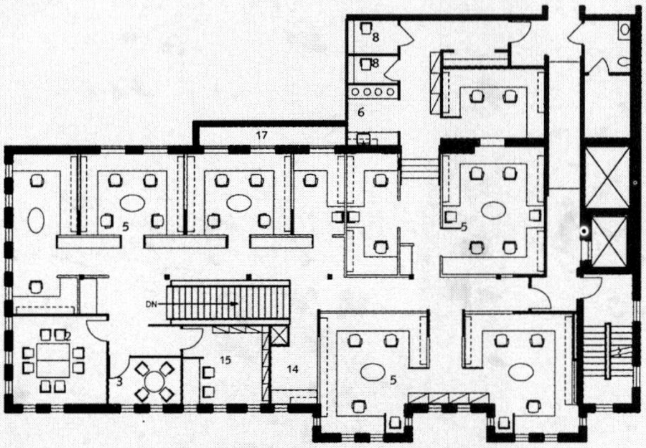

图 12-28 和图 12-29　这两层平面反映出建筑的复杂性。楼梯的设置利于各层交流和通达。吊顶有很多变化，方便各区域使用和 HVAC 与电力线路在吊顶隐蔽，设计也整合了屋顶太阳能板，用于电力和热水，还有光感应和节能照明。其结果是优美适宜的室内可持续材料建造出了具有历史性意义的建筑。（设计：Envision 设计公司）

# 第13章

## 门窗和壁炉

图 13-1 这些落地窗可以让居住者欣赏他们的日式花园。安在滑轨上的可滑动的落地日式屏风可以将转角窗遮挡起来。壁炉增加了温馨感，同时也是视觉中心。由汉斯·威格纳（Hans Wegner）设计的孔雀椅增添了室内简洁明了的氛围。（设计：Bernard Zyscouich 和 Dennis Jenkins；摄影：Nancy Robinson Watson）

第 12 章讨论了墙面和墙面装饰相关材料以及墙面艺术装饰。另外一个墙面设计的重要元素是门窗设计。门窗设计是指对在墙面和建筑物上所开洞口的布局分类和设计。例如，许多建于 19 世纪 80 年代的双层传统住宅形成“上层五扇窗，下层四扇窗，再加一扇门”的标准墙面设计。

在室内环境里，门窗乃至壁炉在一个房间中产生了延伸空间感的洞口（图 13-1）。这章将围绕这些部件讲述如何进行材料和设计的选择。但很多时候，设计师只是负责选择门窗处理的方式，偶尔幸运的话才有可能参与设计壁炉的工作。

# 13.1　门

在任何室内空间中，门都是举足轻重的元素。根据其位置，门决定了交通流量，从而决定了家具的布置。此外，门还提供了私密性和声音屏障，同时也有进行空气流通和调节温度的功能，并能给人安全稳定的感觉。

一般来说，主入口在立面中是最重要的元素，也是视觉中心。传统的镶板门和铅条镶嵌玻璃门一直很流行，出于特殊的安全和节能考虑才会选择金属门。

## 13.1.1　门的构造

门是由门扇、门框和五金三个基本部分组成的。图 13-2 阐述了门的各部分组成。

门有不同样式可供选择，但一般来说，根据木质结构可分为空心门和实心门。空心门是由胶合饰面板及门框构成的。实心门是由饰面板、刨花板、实木或金属芯组成的，能提供更好的绝缘性和隔声性。任何门都具有不同的防火等级要求。

---

相关链接

门结构专用术语　Http://www.ballandball-us.com/commondoorconstuctionterms.html

---

### 13.1.1.1　门框

门框起到支撑门的作用，并可以安装门挡、门槛和门边框这些让门可以安全开启和闭合的部件（图 13-3）。木质门框一般用于住宅室内，钢制门框通常更多的用于商业建筑。门挡是一个垂直部件，可以防止门向两个方向摇摆。门槛是横跨于门洞底部的水平构件。门边框指的是门的框架中的垂直部件。

### 13.1.1.2　门五金

选择五金的工作常常留给施工方，他们一般会选择最便宜的产品，这是不好的做法。门五金包括拉手和推板、门闩和门锁（把手）、太平闩、闭门器、铰链、门脚护板。

#### （1）功能五金

最常见的门锁有球形锁和执手锁两种：球形锁在

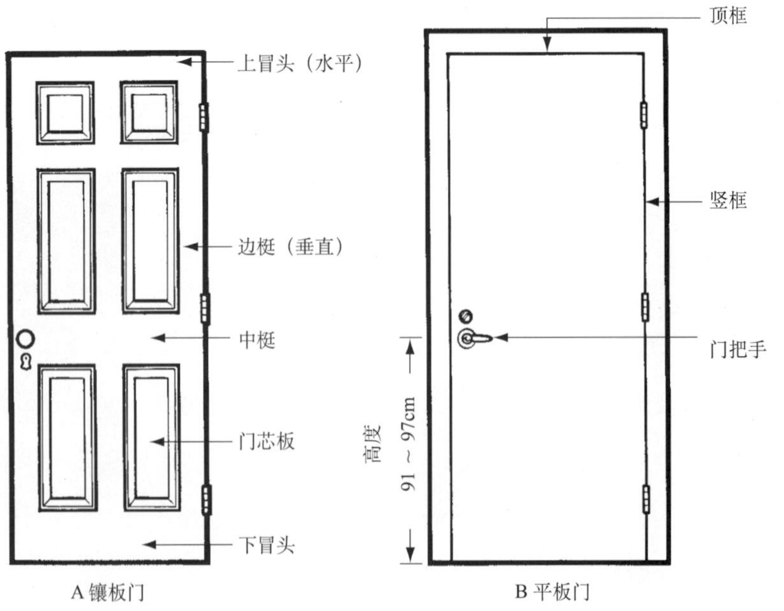


图 13-2　门的组成部分

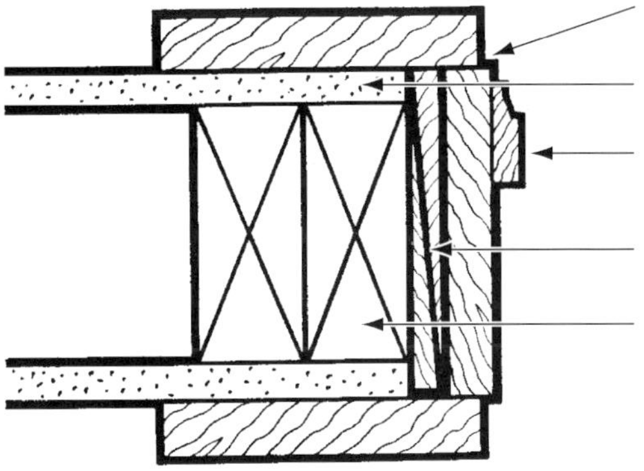


图 13-3　木门框标准节点图

大多数的居住空间中较为常见；而执手锁开启门则更方便，不需要像开启球形锁那样紧握或者旋转门把手来开启门，而是很轻松地将把手上下摆动就能开关门。因为操作上的简便，执手锁应用于商业空间，很多高端住宅室内空间也采用执手锁，在老年人和幼儿园使用空间中使用也很有益处。这两种门把手广泛的满足了设计要求。

推门板、门拉杆与球形锁及执手锁一样，具有同样的功能，可让居住者进出房间，但却没有提供闭锁装置。

推杠门闩及闭门器通常用在商业空间。推杠门闩包括一个水平贯穿门的门推。当推门时，门推就可以启动门顶端和底部的门闩，使门可以打开。闭门器可以自动关门，而且在一些建筑规范中必须使用。在住宅环境中通常使用一种类似液压设备的装置来关闭户外门。

另外，还有将铰链固定在顶部门框并使门能够水平转动，门踢脚板在保护门较低部分的同时添加了装饰线条。

### (2) 装饰五金

显而易见，这类五金是具有装饰性的，能够影响室内的风格。五金可以用黄铜、亮铬、丝光铬进行装饰：亮光铬五金可以折射出更多当代室内的特点，然而黄铜色装饰则显得更传统。

"好的感觉来源于触摸"，五金也是如此，光洁圆润的表面会带来舒适的手感。

---

**相关链接**

装饰性门五金　http://www.bernards.co.uk/door furniture period styles faq.htm

---

## 13.1.2　门的分类

如图 13-4 所示，门有三种基本开启方式，平开、折叠和推拉。这些门和其组成部分，根据设计、位置和功能可以由木质、钢、铝合金、塑料、玻璃等材料构成，或将这些材料结合起来。

### (1) 平开门

平开门容易安装和使用，而且适用于各种标准尺寸。大多数门只有单个合页，仅仅往一个方向转动，满足隔声需要，而双合页门则可以向两个方向转动，在厨房和起居室中使用比较方便。用左手平开还是右手平开，决定了门的开启方向（图 13-5）。

### (2) 折叠门

折叠门在住宅空间中可以节约空间。从单扇门到整面墙隔断都可以，折叠门可以安装在墙的上下两边，或仅安装在上边。折叠门材料轻质而且相对便宜。

### (3) 推拉门

推拉门用于室内外分隔，可以让露台或花园成为生活空间中可见的一部分，这在当代居室中是很受欢迎的。推拉门（如同折叠门）虽然极大地节省了住宅使用空间，但推拉玻璃门应该使用安全玻璃。传统日式推拉门至今非常适合室内空间，并能提供多种用途（图 13-6）。

---

**相关链接**

门样式图片　http://www.selectmillwork.com/doors/

---

## 13.1.3　门的设计

如果能够合理地安排门的位置并保留墙面空间，同时有效地减少交通路线，那么这种设计是没有问题的。

但是，如果房间有多余的门，那就需要进行隐藏。一个处理办法就是（假如其他过道存在）：将铰链去除，并用书架和小件艺术品的装饰架将门洞填充上，甚至将门移开也是可行的，但需要较多花费。

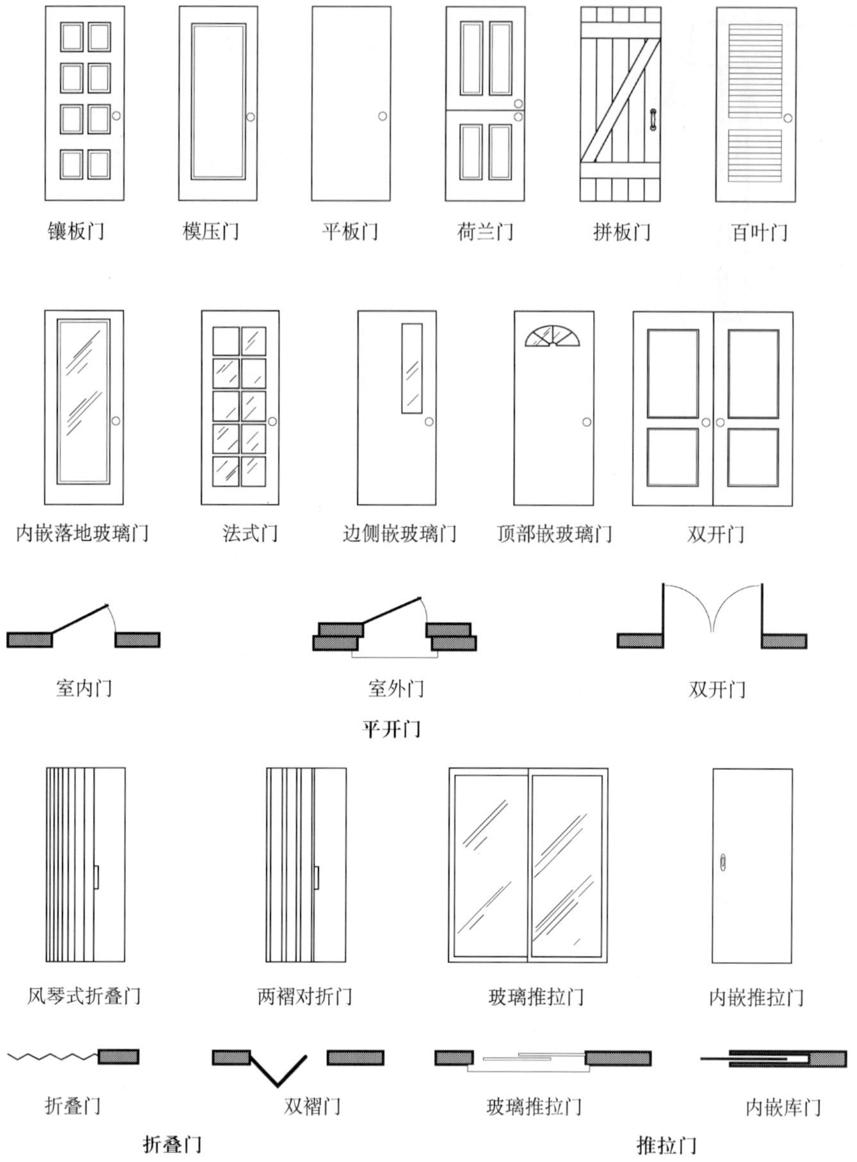


图 13-4　各种门立面和平面图

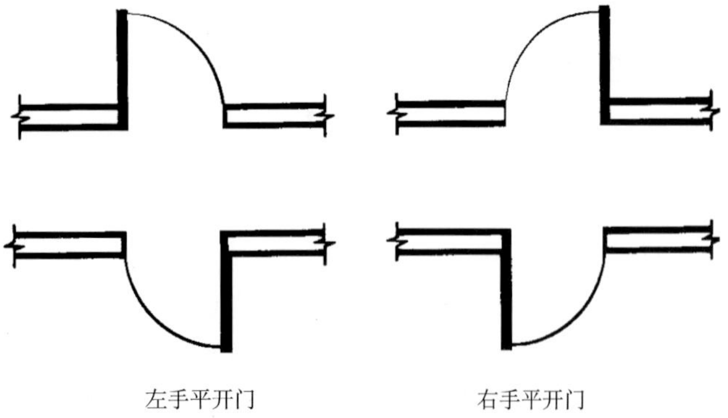


图 13-5　左手平开门和右手平开门平面图

门的装饰需要根据房间的风格来定。门通常被漆成与墙面相匹配的颜色，但如果将门漆成对比色，则会增加房间的装饰性。如果墙面是隔墙，门既可以和墙面保持一致，也可以漆成对比色。

门越来越标准化。最普通的宽度尺寸是 610mm、710mm、760mm 和 915mm，但室外门应该至少 915mm 宽，室内住宅门一般为 760mm 宽。标准门的高度为 2030mm，但也可以是 2135mm 和 2440mm。另外门的设计应该适合各种洞口形状。

如同在第 7 章所讨论的，无障碍设计需要门有净宽度 813mm。为了获得这个尺寸，所需的无障碍获

图 13-6　在这个房间中，客户要求安静的日式风格环境。日式屏风推拉门沿地面嵌入木地板的滑槽中，替代了传统门。实木、暖色和简洁的线条强调了禅学中的修行意境。（设计：Bernard Zyscouich 和 Dennis Jenkins 联合有限公司；拍摄：Nancy Robinson Watson）

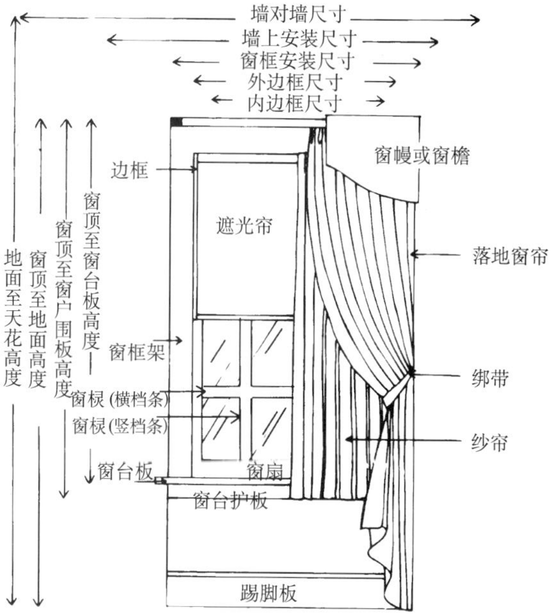


图 13-7　窗户局部详图及处理手法

取空间必须达到 914mm 宽。另外，拉门避开障碍所需的尺寸至少要有 457mm，推门所需要的净尺寸为 305mm。

## 13.2　窗户

历史上，尽管玻璃墙被埃及人和罗马人所熟知，窗户（或“风眼”）也仅仅是房屋中墙面的小图案。经历很多年之后，许多窗户类型已经成为一栋建筑设计中不可或缺的部件。尽管窗户处理随着风格趋势不断变化，它们最吸引人的就是适应建筑物的设计主题，无论室内还是室外。

窗户有三种最基本的功能：采光，通风和视觉交流。尽管采光和通风现在可以通过设备进行人为控制，窗户不是绝对必需的了，然而设计一个没有窗户的室内空间仍然不可想象。没有什么能够替代新鲜空气，自然光以及室外景观，这些让我们的心灵与自然的交流所产生的幸福感觉。

在房屋的室外与室内设计中，窗户都是显著的要素。作为室内光线的来源，在白天，视线首先被窗户所吸引，而在傍晚，从室外看到最明显的就是点亮的窗户。

窗户是房间中重要的建筑和装饰元素。一般来说，带玻璃的窗户往往对称地布置于房屋的立面上。随着现代建筑技术的发展，新型窗洞设计已成为基础设计不可或缺的一部分。

### 13.2.1　窗户构造

窗户的专业术语如图 13-7 所示。普通玻璃窗只有一块玻璃板，而上下推拉窗至少是由两块玻璃板构成的，一块在上端，一块在下端。有些推拉窗由几块玻璃板构成，所以可以根据玻璃板的数量来定义窗户，如六格窗。

（1）窗户玻璃

建筑玻璃可以是单层，双层，或三层玻璃，在技术上定义为热处理玻璃。当窗户由双层或三层玻璃组成的时候，由玻璃隔成的空气形成了一个绝缘体，这种玻璃被称为绝缘玻璃。这种空气层也可以防止玻璃上的冷凝现象。绝缘玻璃有时候也称为瑟莫潘多层隔热玻璃。对于节能玻璃方面的进一步探讨，详见“可持续性设计：低辐射镀膜玻璃”。

玻璃也可以通过钢化，在其破碎的时候崩裂成圆豆大小的碎块，而不是大的有尖锐棱角的碎片。夹层玻璃实际上是将一个层压薄片放进玻璃层之间。对于天窗来讲，夹层玻璃是个很好的选择。

夹丝玻璃用于为防火通道或其他过道设计的消防出口中。夹丝玻璃在遇到高温或碰撞时不会散裂开来。

（2）窗框

玻璃窗一般由木质、金属或塑料窗框支撑。每一种都有各自的优点和不足：木质窗框容易湿涨干缩，需要保护涂层，而且是最昂贵的。木材能够阻止水汽冷凝，然而比金属释放的热量要少，而且比金属或塑料窗框来说更美观。金属窗框结实而且没有能感知的干缩湿涨现象，但在寒冷天气下，金属窗框还会有水汽冷凝的现象，所以除了铝和不锈钢材料制品以外，其他的都需要做防护漆。新型金属窗被设计出来以消除过度热损失和水汽冷凝现象。塑料或者乙烯窗框较稳定，耐冷热，但看起来较廉价。

相关链接

窗户图片和窗户专门术语 Http://www.onlinetools.com/cwd/vinylcut.html

## 可持续设计

### 低辐射镀膜玻璃

一些窗户看起来轻巧但却可以节能。制造商正制造一种透明玻璃窗，其里层的防眩光涂层可以帮助减缓通过玻璃的热能传递速度，这种玻璃就是使用低辐射膜制成的，它可以帮助室内环境更加舒适，简称 LOW-E 玻璃。

低辐射镀膜玻璃可以将不同波长的太阳光用不同的方式进行处理。太阳光谱可分为三种不同波长的光线：紫外线、可见光和一种可以感觉到热量的红外线。（这些散热的红外线可进一步分为长波和短波）。这种竞争让可见光可以射入，同时也控制了红外线的透射率。

低辐射镀膜玻璃具有低辐射高温喷涂层，与普通隔热玻璃一样，可以容许大约 95% 的可见光射入，令室内看起来明亮而且窗户是透明的。低辐射镀膜玻璃将大部分长波红外线反射回去，有利于夏季隔热和冬季保暖（图 13-8）。

如果在窗户单元的玻璃层之间增加惰性气体则会使其性能更好。随着这些新的节能技术的发展，窗户会更加实用美观。

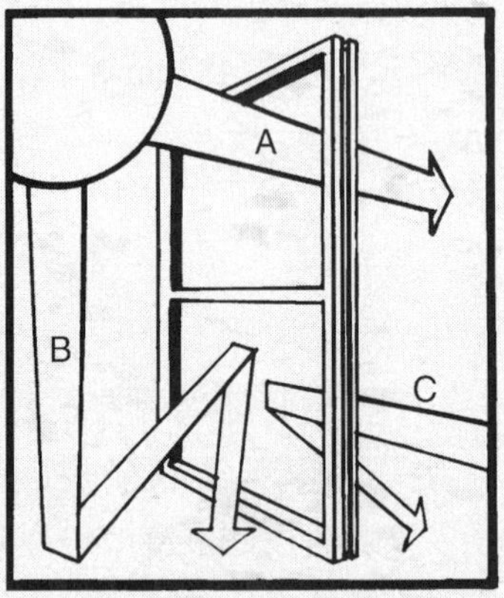


图 13-8　A：内层的低辐射膜玻璃可以使自然光和短波热能自由透射。B：在夏季，从物体中释放的长波热能被反射，降低了制冷成本。C：在冬季，室内长波热能被反射，降低了制热成本。（PPG 工业集团提供）

相关链接

高效节能窗户站址 Http://www.efficientwindows.org/

### 13.2.2 窗户类型

窗户有不同标准尺寸，可分为活动窗、固定窗或结合两者特点的窗户。

#### （1）活动窗

活动窗可开启进行通风。大多数常见类型的活动窗设计都在图 13-9 中所示。

双悬窗由两个可以上下推拉的窗扇组成，可保证 50% 的通风率。这种窗户简单而便宜。平开窗可以向内或向外开，并可获得 100% 的通风率（内开窗必须有特殊的窗户处理设计而不妨碍窗户的开启）。水平滑动窗可采用两扇可滑动的窗扇形式，或者是中间一扇大的固定玻璃窗扇，两边带滑动的玻璃窗扇的形式，或者是其他种类的结合形式。这种窗户的工作原理类似滑动门。遮篷窗（或百叶窗）以及固定玻璃百叶窗由一条条的玻璃组成，在窗框上面或下面装上铰链，可以向外或向内开启（图 13-10）。固定百叶窗的重叠窗扇要比遮篷窗类型的窄些。单转轴窗是通过安装铰链的位置来提高通风率。这些窗户大都经常用于天窗或采光井。

固定玻璃窗（另外一个名称是平板玻璃）是当代居室中的一个共同特点，这种窗户可以延伸至地面到天花或离地面只有很短的一段距离。六边形，

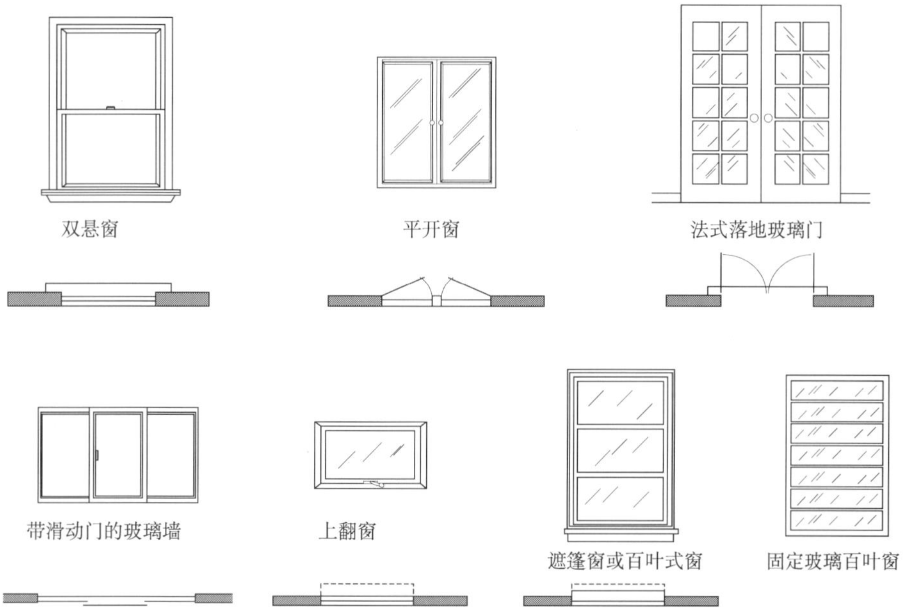


图 13-9　不同类型的活动窗

图 13-10　这个当代室内空间在较低部位窗户采用百叶窗用于通风。定制门的设计用来补充窗户设计。需要关注的是房间中混凝土壁炉，斜屋顶以及定制的多媒体设备。（建筑师 / 设计师：Lippert 和 Lippert 设计，Palo Alto，加拿大；摄影：Quadra Focus）

圆形和其他几何形状的窗户偶尔只用于点缀或增加额外光线，当然也是固定窗。弧形窗由多扇圆滑，大幅度的弧形窗扇构成。拱形窗中矩形窗洞上方做成拱形。

相关链接

门窗定义词汇表　Http://www.pella.com/learn/glossary/

住宅门窗定义词汇表　Http://www.hometime.com/projects/howto/windoor/pc3wdgl.htm

(2) 固定窗

固定窗作为墙体建筑不可或缺的一部分，由平板玻璃或无眩光玻璃制成。一般的固定窗包括固定玻璃窗、弧形窗、拱形窗（图 13-11）。

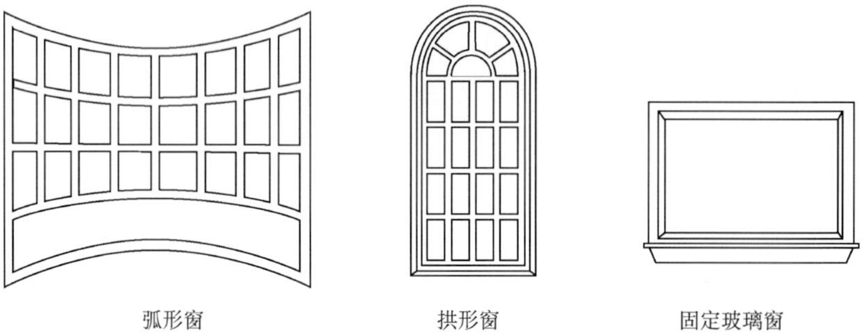


图 13-11　各种类型的固定窗

(3) 定制窗

许多窗户类型融合了部分活动窗和固定窗的结构。图 13-12 图片中的窗户由固定玻璃组成，一般来说，侧边的窗户是可开启的，如帕拉第奥式窗户和转角飘窗。帕拉第奥式窗户的特点是中间为拱形窗，侧面为两个稍小的可开启窗户；而转角飘窗由两扇或三扇窗户构成，并在屋外形成一个角度，其中间的窗扇是固定的，而旁边的则为活动窗扇。

高侧窗安装在天花板或墙面高处，形状可直或倾斜，使家具可以靠墙布置。

天窗（位于屋顶的窗户）可以是单扇或多扇，可以是透明、半透明玻璃或塑料，可以是平的，或圆拱形的，可以是固定的，或是可开启的被用于通风。如位于厨房、洗衣间和卧室的天窗有特别的好处就是可以为室内空间提供足够的日光。在较小空间中，来自上面的光线可以扩大视觉空间，并可以使天空和树木成为房间的一部分。但天窗有一些缺点，包括水的渗漏、隔热及清洗，而且未采取特殊处理的天窗还存在安全隐患。

由于内部功能的需要，建筑师和设计师经常为客户定制窗户，如图 13-13 所示的这些定制窗可以有各种尺寸和形状，也可以是活动窗、固定窗或是两种形式结合起来的样式。

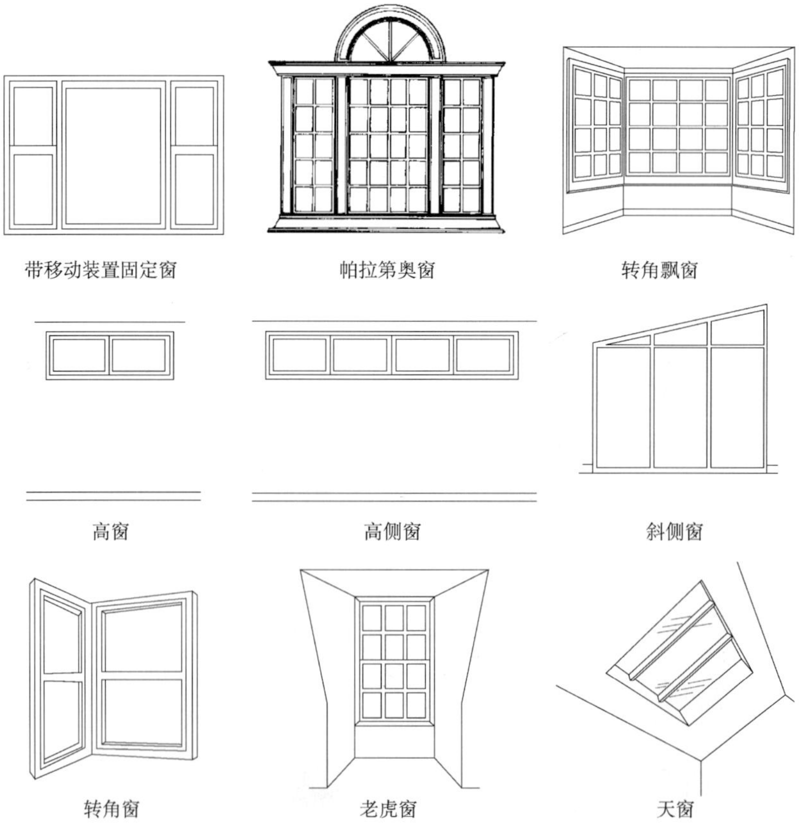


图 13-12　定制窗类型

图 13-13　定制的固定窗将室外景色引入这间法式折中主义的主人房中（设计：Susan Lovelace 和 Lovelace 设计事务所）

### 13.2.3 硬质窗帘选择

所有的窗户处理都可以分成两大类：硬质和软质。要从众多可选择方案中，选择合适的窗户类型是具有挑战性的。

#### （1）卷帘式百叶窗

图 13-14 所示的就是几种卷帘式百叶窗类型。卷帘式百叶窗在古代、在美洲殖民地时代以及艺术装饰主义时期较受欢迎。如今，在传统和现代风格的家居及商业空间中，卷帘式百叶窗再次成为时尚选择。

在大多数情况下，卷帘式百叶窗由铝合金、不锈钢、塑料或木质材料构成。这些水平或有时垂直布置的叶片正好可以调节光线及私密性。用两片玻璃做遮挡的卷帘式百叶窗就能帮助解决清除灰尘的问题（图 13-15）。这种样式尽管昂贵却有很好的隔绝性能。

垂直百叶窗由上端或上下两端可旋转的垂直叶片构成。当拉动时，叶片重叠起来可以保证最大的私密性并且可以控制光线。垂直百叶窗给人以正统、剪裁讲究的外观，特别适合于玻璃推拉门上使用。

木竹卷帘式百叶窗是由彩色或素色的线交织起来的叶片组成，可以使部分光线透射进来，这种柔和自然的纹理适合很多空间（图 13-16）。这种类型卷帘式百叶窗可以通过卷轴或折叠的方式拉升。

#### （2）硬质百叶窗

图 13-17 展示了几种类型的硬质百叶窗。短板百叶窗从古代一直沿用至今。它们可以取代落地窗帘，来调节光线和通风，有显著的多功能性。尽管硬质百叶窗价格昂贵，但的确提供了很好的隔绝性能。

#### （3）日式推拉窗

传统日式推拉窗或推拉屏，其米纸屏面由木质窗棂和隔条所支撑，可以水平滑动或固定，能营造一种亚洲或当代风格。如同前面所讨论的日式推拉门，半透明的米纸屏面不能通过视线，保证了私密性。日式推拉窗通常安装在玻璃窗前，通过轨道滑动开闭（图 13-1）。

#### （4）铁艺窗

这种漏窗或格子型屏风已经广泛地在西班牙和中东地区使用了几个世纪，这是一种具有异国情调的窗户处理方法。既可以保证私密性又可以使光线穿透，

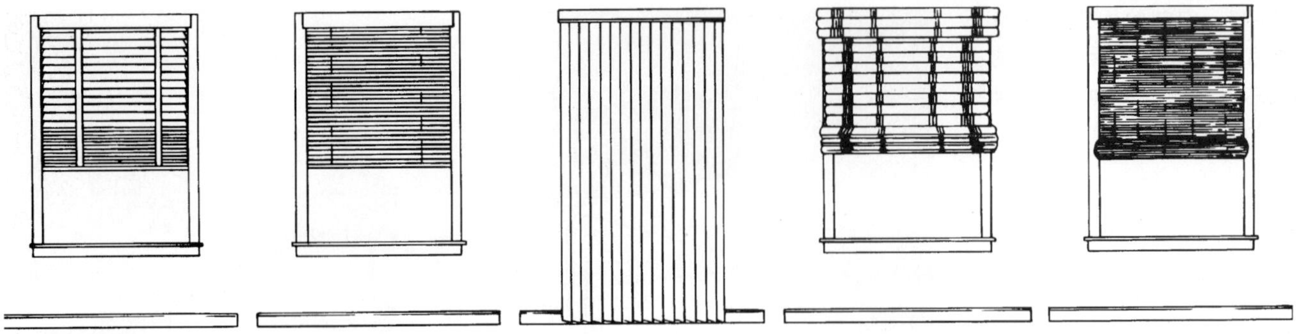


图 13-14　百叶窗的类型

图 13-15　这种百叶在窗户的两层玻璃中间。这种设计特别有利于玻璃门以及任何有灰尘问题的地方。（由亨特·道格拉斯 Hunter Douglas 有限公司授权；拍摄：Joe Stawdart）

图 13-16　这种手织百叶与拱形窗的形状相一致，其纹理与中规中矩的室内空间形成对比。（Conrad 手织窗帘公司提供）

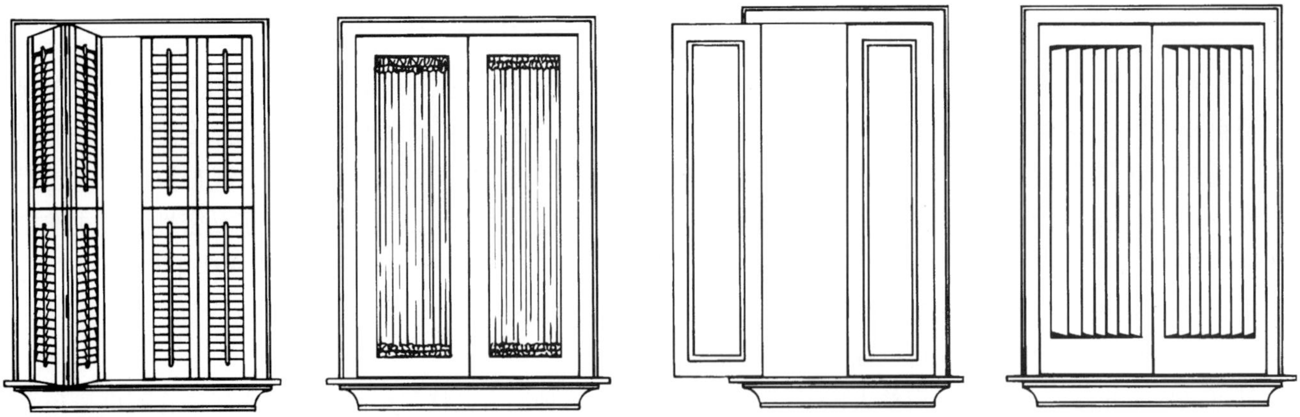


图 13-17　硬质百叶窗的类型

图 13-18　这间充满历史感的室内空间使用了褪色的木质百叶，将温馨丰富的感觉融入了室内。（设计师：Richard Warholic 和 Gross；拍摄：Daley）

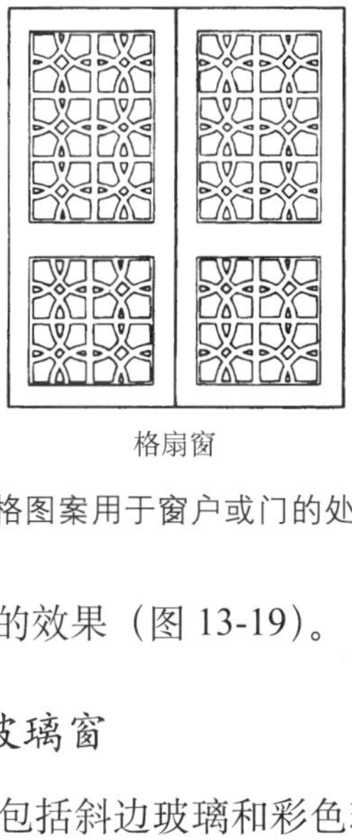


图 13-19　花格图案用于窗户或门的处理手法中营造出一种迷人的效果（图 13-19）。

（5）特种玻璃窗

特种玻璃窗包括斜边玻璃和彩色玻璃窗，在当代和传统空间中都很常见。斜边玻璃指的是其角度延伸至玻璃板边缘，用有趣的方式反射光线。彩色玻璃是各色玻璃块按照艺术形式排列形成一个图案。斜边玻璃或彩色玻璃片之间由铅、锌或铜构件相互连接，可将绚丽的光线带进房间里（图 13-20）。

玻璃砖（也用于墙体结构）是一种半透明不规则玻璃块，广泛使用于装饰艺术时期和 20 世纪 20 年代至 30 年代的国际主义风格时期。玻璃砖也适合于当代商业及住宅空间（图 13-21）。玻璃砖由两片中空的玻璃所结合起来，可以制成各种尺寸和形状。这种玻璃的表面特性可以是平整的，磨砂的，有杂色的或带纹理的。有少数的玻璃砖制造企业为建筑师和设计师生产出三角形的玻璃砖，并为其提供更多的设计选择。

另外一种可供选择的玻璃砖是亚克力砖。这种砖比玻璃砖轻 70%，并有相似的尺寸和形状。亚克力砖之间通过一种内部夹子系统相互结合起来，并用一种混合了防腐剂的化合物进行封边。亚克力墙安装前必须要满足规范。质量轻，易于安装是亚克力砖大大优于玻璃砖的地方，然而亚克力砖易被刻划。

喷砂玻璃和酸蚀毛玻璃能显现出各种各样的霜花图案，通常用作客户指明需要私密性的一种设计方案。制造商也会提供一种薄膜贴在如果进行喷砂和酸蚀处理，会显得过于杂乱的一些玻璃部位。这种贴膜可以精细地刻出各种设计样式（图 13-22）。

液晶玻璃是一种玻璃技术，可以通过电源开关使

图 13-20　在这个休息室中，重点在于布置一个吸引人的环境。玻璃门和落地玻璃木门显得很干净，同时硬朗的线条被木质材料和暖色系的颜色所柔化。

图 13-21　在这间宽敞的现代浴室中，半透明玻璃砖可以使外部的光线进入这个空间而不必牺牲私密性。(匹兹堡康宁公司提供)

建筑玻璃在透明和半透明之间进行转换。当电流通过玻璃时，液晶分子可以排成一条直线使光线通过，变成像普通玻璃一样透明；当电源关掉，液晶分子散开，玻璃板则变成半透明。这种玻璃可以在公司会议室、办公室和酒店卫生间隔断等场合需要变换时使用。

### 13.2.4　软质窗户选择

#### (1) 落地窗帘

短窗帘比较简单，质量轻盈，具有装饰性，而落地窗帘是由较厚重的织物做成的。主要用于覆盖窗户，控制光线、温度和私密性（图 13-23）。落地窗帘的离地高度有三种：到窗台，到窗台护板下方，到地面；当然一些落地窗帘可以裁切得特别长，在地面上形成了一种“水潭”的艺术效果。

纱帘或半透明纱帘主要用于散射光线以及保证日

图 13-22　这个教育机构的公共空间是由一家银行翻新改造的，大面积的玻璃窗被与现有门形状相似的长方形贴膜设计所柔化。（设计师：Lynn M. Jones，摄影：J. J. Williams）

图 13-23　落地窗帘的种类

间的私密性。这种纱帘可以长期不变地挂于玻璃上或拉开（图 13-24）。其大多数的美观性和有效性取决于沙帘的厚度，多数通常是三倍于窗户的宽度。当夜间需要私密性的时候，纱帘可以和落地窗帘，百叶窗，下拉式窗帘结合起来使用。

薄窗帘布一般由宽松的亚麻织物制成，但要比纱帘重，可以用于住宅，但大多数经常单独用于商业环境，以便于控制光线。

下拉式窗帘，一般更多的称之为不透光窗罩或遮光罩，用于需要全黑的环境中。商业办公报告厅和会议室采用遮光窗户的处理方式，其中一些则有机械设备控制。所有的下拉式窗帘应该做成隐蔽性的而不需要考虑装饰性。

落地窗帘内衬起到几个方面的作用。从两个角度来看窗户：内和外。从外面看，落地窗帘内衬提供统一和吸引人视线的一面，从室内角度来看，内衬则覆盖着图案和色彩，看起来更有吸引力。当几面窗户面向街道的时候，最好通过使用落地窗帘内衬起到统一外观的作用，特别对于处于同一水平的窗户。窗帘内衬还起到额外的隔绝冷热的作用，避免光线的暴晒。

按照标准长度制作的成品落地窗和短窗帘适用于大多数住宅的落地窗帘的尺寸。尽管比起定做的落地窗帘要稍逊色些，但是成品窗帘以其适中的价格获得了比较令人满意的效果。

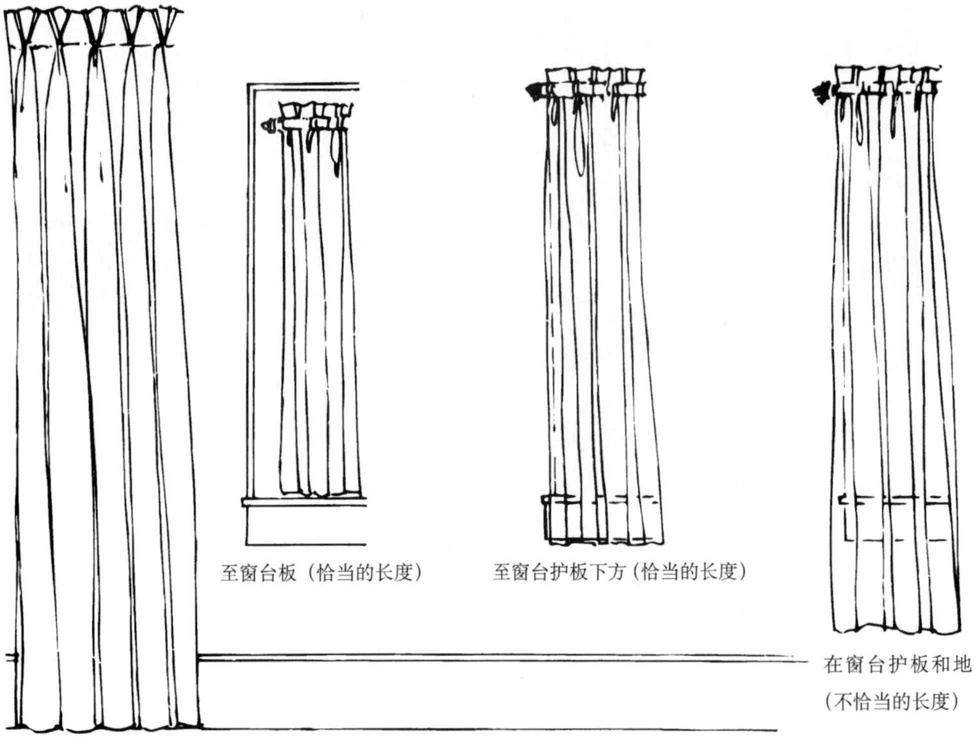


图 13-24　落地窗帘的长度

图 13-25　这家庭办公室在带有图案的纱帘前面采用了定制设计的落地窗帘。（设计：Pandy Agnew Interiors；摄影：Lynn Barkley Photography）

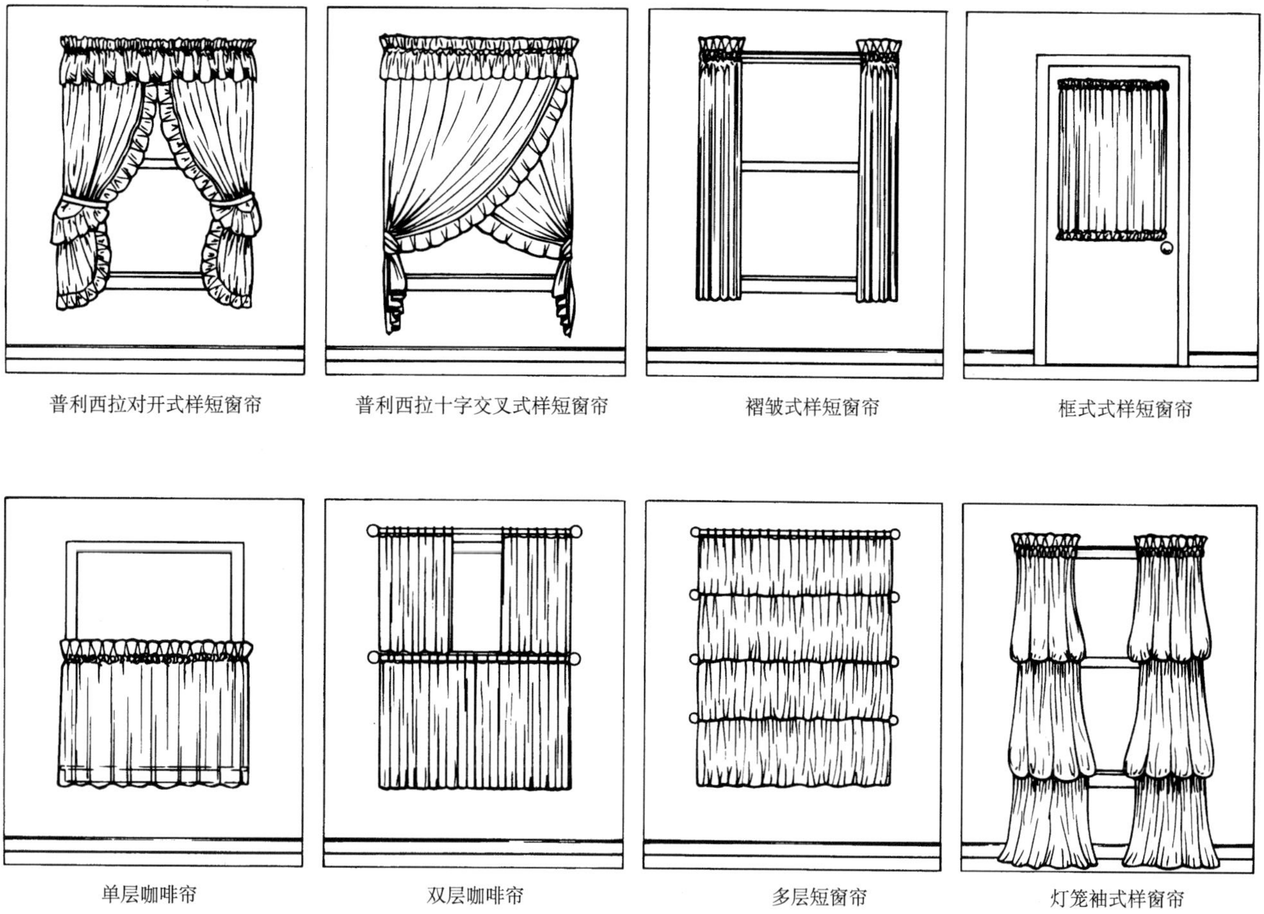


图 13-26　短窗帘的种类

经济条件允许下，通常纱帘为墙面宽度 3.5 倍配置，内层厚的布帘按墙面宽度 3 倍配置，这样从视线上看近处厚帘褶皱少，后面纱帘褶皱多，增加近大远小的立体层次感。这里还要提醒，厚布帘不仅可以遮光，还有吸声作用，特别是客厅或起居室的窗帘褶皱可以保证音响效果。

### （2）短窗帘

图 13-26 为最常见的短窗帘种类。

普利西拉窗帘带有皱边的绑带，通常由质地轻薄的带褶皱边的纱制成，悬挂在窗帘杆上。普利西拉窗帘大多用于非正式场合，它的布面既可以重叠在一起形成十字交叉式样，也可以将窗帘的布面对称布置形成对开式样。

褶皱短窗帘是将布结合窗帘杆加工出皱边使布艺柔顺地垂下来。布艺的使用量决定窗帘的效果。

框式短窗帘通常紧挂在门玻璃上，布艺采用顶部打皱，底部固定在窗框支杆上的方式。

咖啡帘是为了私密性而悬挂在窗户的下半部，但上部配合窗户顶部需要进行装饰。它可以和落地窗帘、遮光帘、百叶窗一起使用。

### （3）遮光帘

图 13-27 和图 13-28 为最常见的布艺遮光帘类型。

罗马帘伸展下来的时候表面是扁平的（图 13-29）。当用绳子向上拉的时候，遮光帘表面重叠起来形成水平褶皱。罗马帘可以有各种类型，包括褶皱罗马帘、褶皱气球罗马帘、平罗马帘、软皱罗马帘、气球罗马帘和风琴皱罗马帘。

奥地利式遮光帘由一排排轻质布艺构成，垂落下来好像一片片贝壳。这种遮光帘通过拉绳控制，在设计上与褶皱气球罗马帘很相似。

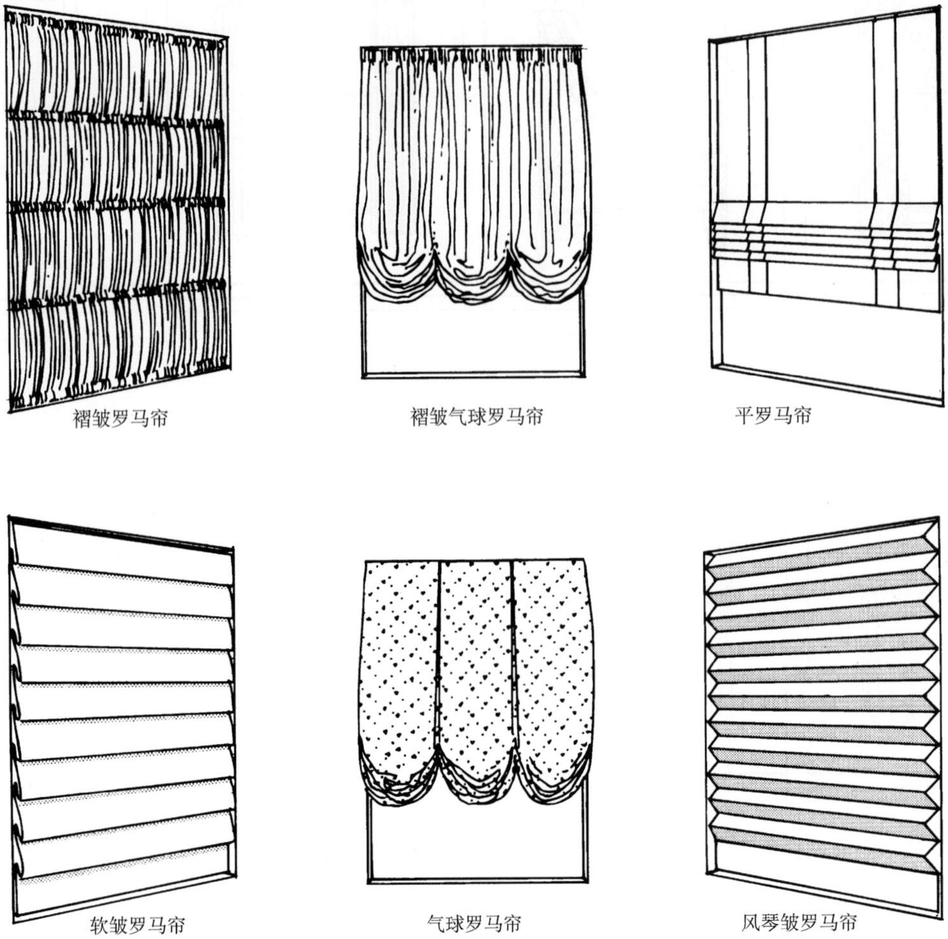


图 13-27　遮光罗马帘的种类

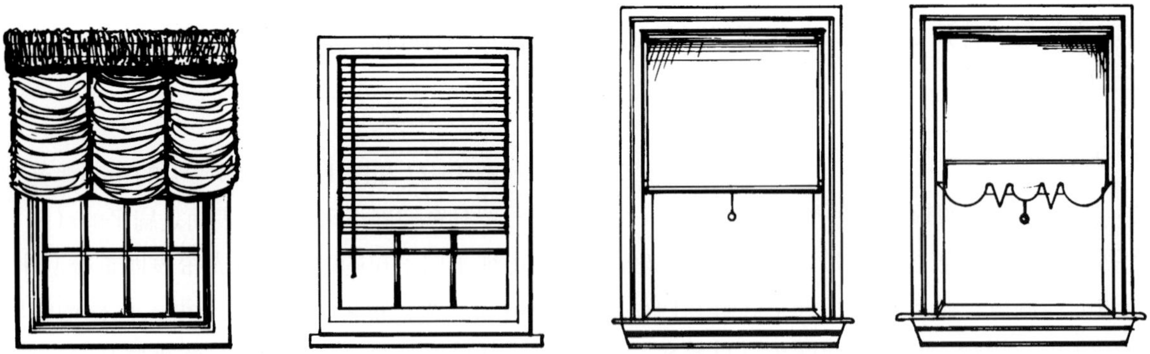


图 13-28　其他类型的遮光帘

图 13-29　罗马遮光帘可以根据窗户的角度进行定制得以饱览城市的景观。简洁的裁剪效果补充了建筑及房间的西南部装饰风格。（摄影：Mark Boisclair）

图 13-30　这种蜂巢式遮光帘提供私密性和隔热性同时能够让柔和的光线射入，并有各种尺寸的褶皱表面、层次和颜色可供选择。（亨特·道格拉斯有限公司设计制作）

褶皱布艺遮光帘也称为“风琴遮光帘”和“软质遮光帘”。褶皱遮光帘为工厂化制作，有较大范围的色彩和装饰可供选择，并可以隔热。面料种类很多，从不透明到半透明，带图案和素色的都有。

蜂巢式遮光帘褶皱比较小，通常是用一种较厚的涤纶布制成的。除了是由双层的褶皱遮光帘连接起来以外，它和单层的褶皱遮光帘的操作方式是一样的，形成了蜂巢的横截面形式（图 13-30）。这种结构可以有效节能隔热。遮光帘的外侧是白色的可以反射太阳射线并与外部保持统一。

卷帘是一种平价的窗户处理方式。它可以安装在窗套与外部窗框之间。最普遍的是塑料，有各种不同的重量。传统上说，卷帘是白色或灰白色，但现在却有所有色系的颜色，尽管，颜色的确影响了室外立面。最初作为纯粹的使用功能，简洁的卷帘可以用各种方式与布艺进行叠合和修饰。但安装在窗户底部并拉开窗帘时，对私密性起到了特别有效的作用。卷帘可以过滤光线使房间变暗，这取决于材料的厚薄程度。遮光帘易于保存，可以隔绝炎热和寒冷。窗被和保温遮光帘由额外的织物层构成，通常有缝制的装饰性的图案，用以特别保温。

### (4) 植物

植物被成功利用来替代其他的窗部处理手法。将植物挂在不同的高度，放置在基座或者地上，能够形成绿化的边界（带），不仅可以弱化建筑的硬质边界，还可以过滤光线，提供私密性。在一个阳光充足的位置，一个扩建的窗户可以变成一间花房，常用于厨房中，成为视觉中心。

## 13.2.5 窗户顶部装饰

对窗户顶部进行布置装饰手法有很多种，主要由软质或硬质材料构成（图 13-31）。

### (1) 软质材料

窗幔是最常见的窗户顶部处理手法。窗幔不仅遮盖了五金件，而且会增加窗户的高度和宽度，统一了不同尺寸的窗户，这样就改变了房间的视觉比例。窗幔根据落地窗帘的样式进行匹配，图案一致比较好，纹理方向也应保持一致。

垂花帘是一种窗幔的处理手法，其中织物搭在窗顶的窗杆上。花边帘是垂花帘的单独一组搭在窗杆上。瀑布帘是从垂花帘的一角下面一直垂落下去。瀑布帘

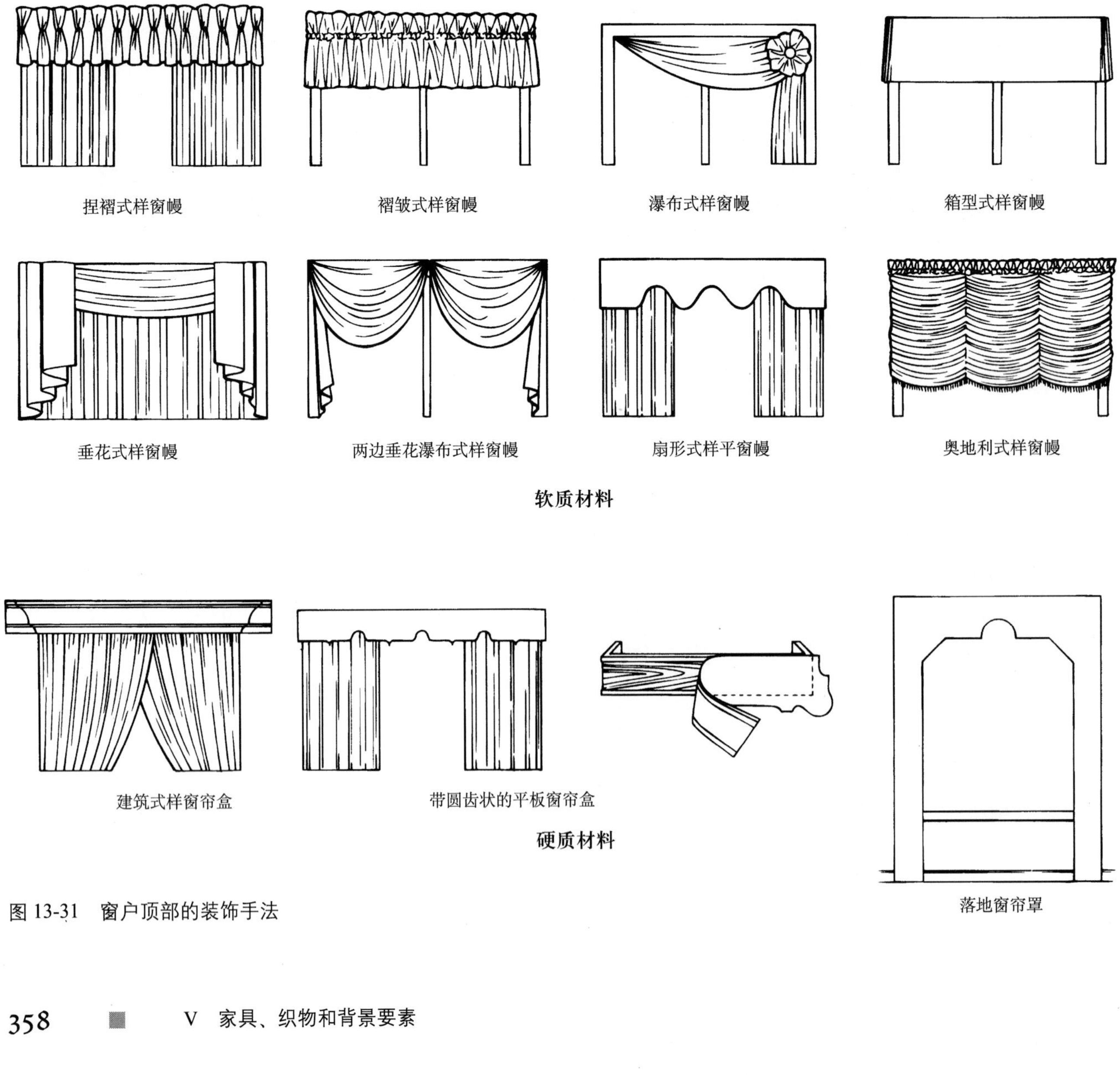


图 13-31　窗户顶部的装饰手法

图 13-32 位于华盛顿特区的 Blair 住宅，带流苏和穗子的窗幔挂在镀金窗帘杆上，成为传统装饰的补充，温暖愉悦的色彩正欢迎着各界政要的光临。（设计：Mario Buatta）

有带波浪边缘的垂直外边儿，这与垂花帘很接近。花领帘与瀑布帘很相似，但是它从垂花帘的边缘垂落下来。通常，垂花帘，花领帘和瀑布帘都是褶皱的，并且可以有各种长度，也可以同纱帘、落地窗帘、卷帘、百叶窗、遮光帘，或者是裸露窗户的顶部结合在一起使用 ( 图 13-32)。

(2) 硬质材料

窗帘檐口一般由木质、金属、或其他硬质材料制成的，并且是一种置于顶部的窗户处理手法。通常，窗户檐口都是建筑构造的一种延伸或者说，在顶部边缘的檐口向外延伸能够容纳整个窗户顶部。檐口可以简单也可以具有装饰性，如圆形锯齿状或带打孔的设计。檐口可以是经过染色的，喷绘的或用布艺进行铺贴的。一个檐口附带布艺窗幔是一种有效的正式的处理手法。有时高级别安全需要，檐口内会设置向下投射的灯光，避免身体投影在窗帘上。

窗帘罩和窗帘檐口很相似，但也有严格的处理方法：檐口沿窗户两侧垂直延伸下来。窗帘罩可以涂饰，也可以用壁纸或布艺进行铺贴，可以带有落地窗帘，短窗帘，百叶或遮光帘，也可以没有以上这些。窗帘罩外观讲究并可以改变窗户的尺寸。

相关链接

美国橱窗联合会 http://www.wcaa.org/

窗帘盒橱窗杂志 http://www.dwcdesignet.com/DWC/

窗帘盒橱窗目录 http://www.dwcinternational.com/

### 13.2.6 窗户五金

(1) 功能性五金

图 13-33 图释了几种功能性和装饰性五金类型。纯功能性五金应该是隐藏起来的。窗框杆是扁平的，紧贴在窗框上（通常上下都安装），穿在杆上的窗帘是褶皱的。伸缩杆通常用于不动的短窗帘和落地窗帘。这种窗杆可以延伸出不同的长度，可以是单个或双个。轨道杆用滑轮系统进行操作。无论是单向轨杆还是双向轨道杆都可以用来拉启短窗帘和落地窗帘。弹簧伸缩杆适合安装于窗套里面。摇杆装在一个设备里可以让杆来回摇动。这种杆适用于内开窗，屋顶窗和法式

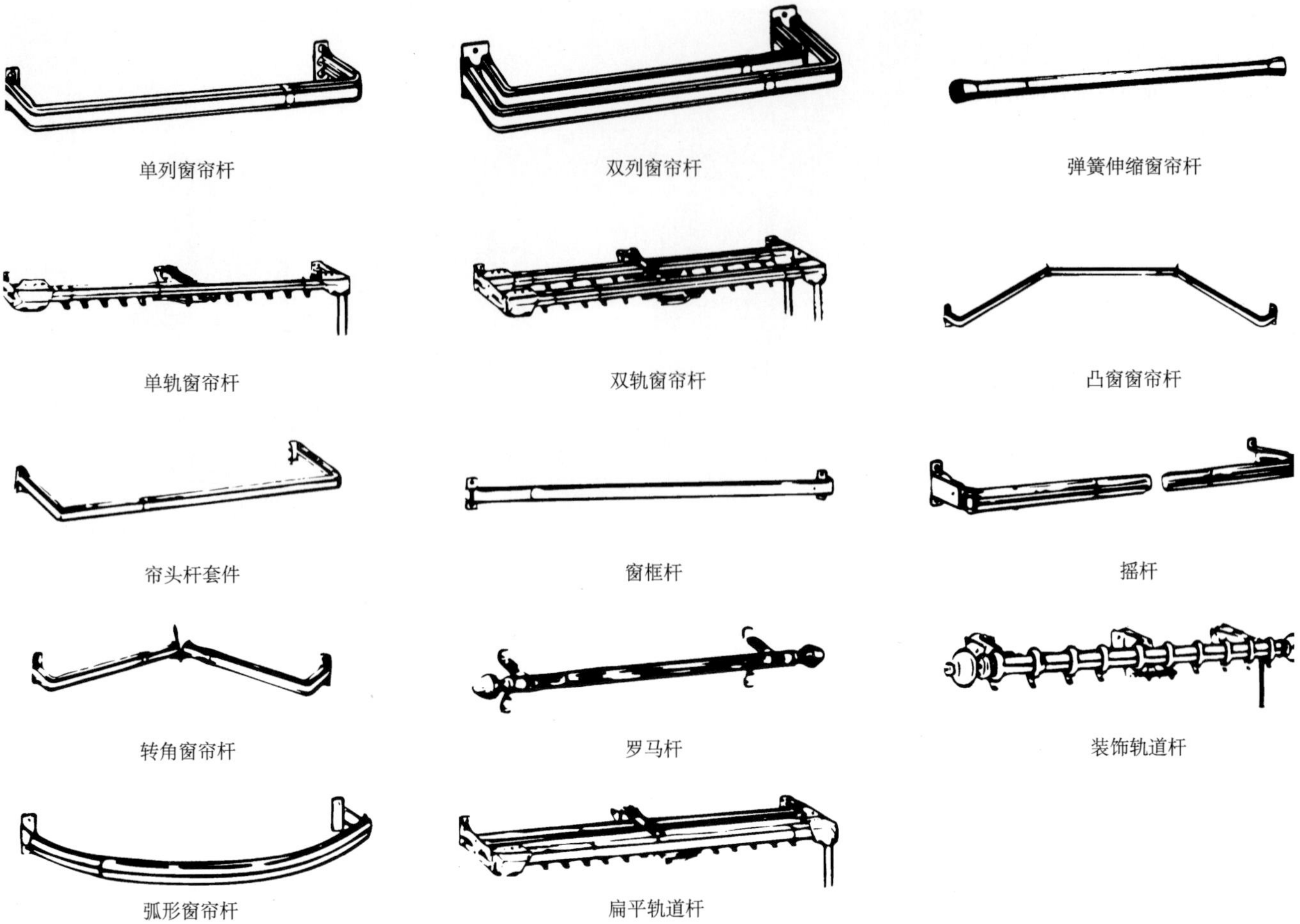


图 13-33　短窗帘杆和落地窗帘杆

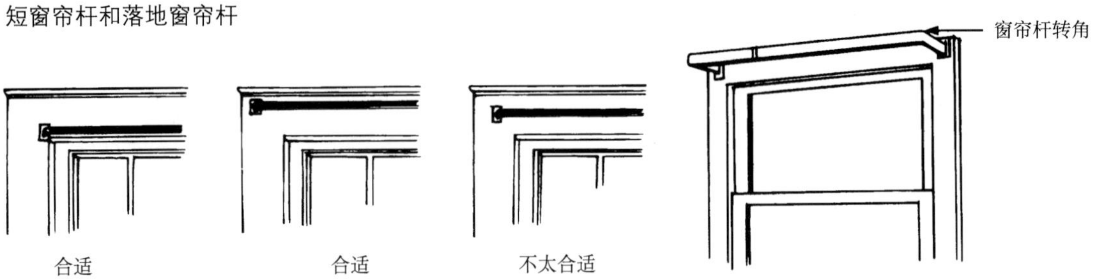


图 13-34　窗框上方窗帘杆的布置

门。加长杆延伸到窗框外，用以支撑超过窗侧外部的固定式落地窗帘。带滑动装置的暗藏式天花轨在现代空间中特别受欢迎。

小配件如挂钩、圆环、圆环滑片、托架和拉绳等都是隐蔽的拉帘装置的组成部分。图 13-34 图示了窗帘杆的类型。当落地窗帘用于儿童房间的时候，长长的可来回摇荡的拉绳（如同在百叶窗上用的拉绳）对孩子来说是个潜在的危险，应该置于他们接触不到的地方。

如同门一样，窗户也需要安全的五金。门锁和闭合装置需要耐久的表面涂饰与房间的风格相融合。

### （2）装饰性五金

装饰性五金有一定功能性但更主要是满足房间风格塑造的需要。窗帘杆可以是木质的（带自然纹理，做旧的，或喷涂饰面），也可以是金属的（如磨光或进行仿古黄铜、青铜、锻铁等）。装饰性五金主要是通过配备有不同的连接在窗帘杆端头的装饰部件来体现不同的风格。

## 可持续性设计

### 节能窗处理手法

窗户的处理方法可以降低制冷和制热的成本。窗帘制造商正生产出各种窗户的保温产品来节约能源，如可以留住屋内暖空气的双层或多层织物、遮光帘、落地帘、窗帘内衬等用以抵御冷热的侵袭，这样来削减设备支出。

一般来说，自然材料具有最好的绝缘性。窗帘布艺中使用越多的纱线，织物就编制得越紧密，材料就越厚重，就能存留更多的空气。多层窗处理是有效的保温措施，如在靠近玻璃的地方安装木质百叶，并配上纱帘和垂直落地窗帘。为了隔绝冷热空气，落地窗帘边缘可用上面织物带子系在窗框或墙上。另外一个有效节约能源的办法是将百叶和垂纬缝起来，将窗帘盒的顶部和边缘密封上，窗户的遮光帘（可以通过机械装置操控）安装侧槽来密闭缝隙，密封边缘是窗户处理中有效节约能源最关键的一点。

### 13.2.7　窗帘顶端处理

窗帘的顶端处理通常是在窗户上部设计有褶皱的织物装饰，其中的褶皱部分就叫窗幔，它使窗帘图案更具有丰富的美感。窗帘顶部有很多种处理方法，如法式的、或者金色的褶皱它是由 3 块小的褶皱缝合在一起制作而成，距离顶部有 750mm，褶皱的间隔是 750 ～ 100mm，并通过内衬悬挂于窗户正上方；波浪形褶皱是一种比较简单的能够创造出温和的波浪形折叠效果的方法，它是通过把一些小型配件紧凑的缝制在一起，重叠部分是由平滑的纤维组成，它两个面都是相等的；风琴帘也是由轨道将小型配件结合在一起，在顶端配有呢绒轨道；定制的褶皱可以形成类似建筑的重叠方式，简单的褶皱是由一种特别的穿孔带被放置在窗幔内部并置于窗户最高处。当褶皱的挂钩插入顶部穿孔带后褶皱就自然形成了。

抽折式的顶端是通过缝合一个距离顶部有 25 mm 的布袋制成的，窗帘杆置于布袋中。垂片的顶端设计类似于抽折式的顶端设计，但是垂片间距是 50 ～ 100 mm，因此窗帘杆会曝露出来（图 13-25）。

束带能将窗幔固定住，它不仅可以由很多中材料制成，而且还有各种各样的风格。它可以由细绳、流苏、金属、木材，或者与之协调的或对比的纤维编织而成。设计师通常会选择距离窗帘底部 1/2 或 1/3 的位置来配置束带，运用到了黄金分割比例（见第 3 章）。装饰品如流苏、编带、细绳等也能够给窗帘盒、窗幔、檐口，以及饰罩增光添彩。

### 13.2.8　窗户设计和布置及处理手法

窗户的选择和布置能对室内设计产生很有力的作用。不合理的窗户布置很妨碍家具布置并可能会招致情绪上的不满。在可能的情况下，项目实施前，设计师应该与建筑师一起工作。在家具的图纸设计和设计发展阶段可以帮助建筑师决定哪里需要布置窗户。然而，窗户开洞的位置与所想的室内功能总是不相一致。一个聪明的设计师必须寻找变通的方案解决来这些障碍。所以，设计师也被称为“平衡木冠军”，他要将业主、施工方、政府审批部门等各方诉求，在设计过程中逐项予以解决。

当选择窗户和其处理方式的设计时，这些指导意见是非常重要的。

如果有门则要考虑房间的建筑背景。建筑的特征加强或隐藏。

- 室外景观也可以根据需要加强或隐藏。
- 在夜晚、在白天或全天，私密性都需要保证。
- 要防止眩光或保护珍贵家具饰品时，光线需要被阻隔。
- 窗户设计应该是家具风格和布置的补充。

• 窗户处理应考虑到节能。(参见“可持续性设计：节能窗处理手法”)

在许多案例中，与其他窗户的处理方式结合起来，提供多种功能是必需的。这种结合应该协同工作并成为一项设计准则。

**相关链接**

窗帘词汇表 http://www.louishornick.com/measure/glossarywind.html

窗户处理方式 http://www.hunterdouglas.com/design/art gettingStarted.asp 和 http://www.theblindman.net/select treatment.htm

窗户的装修测量 http://www.golace.com/measure. html

## 13.3 壁炉

在这章中要讨论的最后一个开洞形式就是壁炉。长期以来壁炉都扮演着重要的功能角色，它既是一种温馨感觉的源泉，也是烹饪的地方。在住宅中，壁炉是家庭的中心也是家庭成员聚会的地方。特别是在今天的住宅中，壁炉也许是一种视觉奢侈品，提供基本的视觉焦点，当然有的仍保留取暖的功能。所以，天然气壁炉已经成为一种替代木质燃烧加热器或炉子的选择。但是，壁炉一直被认为是一种保值的资产，在住宅起居室空间中，壁炉可以增加房子的市场价值（图13-35）。在公共空间中的壁炉，如餐厅、酒店和酒吧可以成为非常吸引人的部分，提供一种友善亲和的气氛。

### 13.3.1 壁炉构造

壁炉通常是由砖石建造，可以有带一个面、两个面、三个面甚至四个面开炉口的。最常见的壁炉周围的材料包括以下几种：砖，有许多尺寸、纹理和颜色，并可以交错铺设；各种类型的石材（大理石、洞石、水磨石、卵石和花岗石等）；木质材料，可以在厚板上拼图或在装饰表面上精心地雕刻出图案；抹灰表面；清水混凝土；用不同类型色彩、质感和图案的砖瓦。

当然，壁炉通常是这些材料的组合。比如，一个石质壁炉会有一个漂亮的木质壁炉架，一个抹灰壁炉其开洞的地方会用精美的瓷砖收口。

图 13-35 改造前后的起居室照片显示了色彩的微妙变化和装饰运用的力量，在两张照片中，壁炉都成为视觉焦点。(建筑师：Maresca & Assoc.；室内设计师：Louise Quinn；摄影：Cheryl Dalton.)

### 13.3.2 壁炉的种类

燃木壁炉是最普遍的壁炉设计。然而，面对空气质量的恶化和燃烧木材的限制，许多设计师和业主有取舍地选择烧木材的壁炉，如燃木加热器或炉子。环境保护组织（EPA）对燃木加热器和炉子建立了严格的规定：这种壁炉每小时释放颗粒不超过 8g（相比较下，燃木壁炉每小时释放微粒多达 100g）。如今，只有经过认证的满足释放限制的木质加热器才能销售。另外，没有人可以安装或使用木质加热器或炉子，除非在与 EPA 的指标保持一致的情况下。用这种加热器和炉子替代壁炉来加热房屋可以彻底的削减空气污染。燃木加热器和炉子也远远比燃木壁炉节能许多。随着取暖费用的高涨，燃木炉子和加热器越来越受到欢迎并有众多的样式选择（图 13-36）。

另外一种可取代传统的燃木壁炉的是天然气壁炉，壁炉内置并有炉芯。这种燃气设备不仅可以营造一种燃木真火壁炉的氛围，而且使用方便。与燃木壁炉相比较而言，天然气壁炉设备更清洁，容易点燃，而且燃烧成本更低。尽管，燃气不如木材烧得那么热，但气体添加物可以增加室内大量热量。无烟道气芯也可以用，而且不需要向外部排气。

图 13-36　在这个现代空间中，木质火炉增强了室内的建筑感，同时提供了备用的制热系统。（Vermont 公司供图）

### 13.3.3 壁炉设计和布置

壁炉风格一般是传统的或现代的。传统样式的壁炉设计吸引人同时给人一种真实的感觉。现代壁炉通常为特点空间定制设计。现代壁炉可以垂直高耸，也可以水平的伸开，或者是环形的形状。壁炉可以有或可以没有壁炉架，壁炉挡板可以在地面上也可以竖起来，壁炉可以紧靠墙放置也可以向外凸出。一般来说，当壁炉样式成为室内家具陈设和背景的补充时就是最成功的。

在一个起居室中，壁炉的尺寸是灵活的。小壁炉会很吸引人，在一些空间不是很大的空间中，一个中等尺寸的壁炉会成为视觉焦点，而一个非常巨大的壁炉则令人过目不忘（图 13-37）。

设计师可以将壁炉作为墙体的一部分，通过利用架子或嵌入式陈设品将壁炉材料延伸到整个墙面。壁炉也可以是独立式的，不依靠任何墙面。如同门窗一样，考虑到房间的尺寸比例，采用的风格和材料，对于特定空间，合适的效果和功能可以帮助设计师决定最相称的壁炉结构。

---

相关链接

节能壁炉设计　http://www.maconline.org/tech/design/fireplace2.html

石质壁炉构造设计　http://www.sandkuhl.com/html/default_plan_design.html

壁炉词汇表　http://www.hpba.org/consumer/2/Glossary/index.html

---

## 本章小结

房间或建筑的开洞方式决定其风格并自然地划分了室内区域。门确定了交通流向并提供了私密性和安全性。门、窗和壁炉一起决定了家具的布置方式。如果有机会，室内设计师应该和建筑师、建造者一起工作，特别是在开洞方式前决定最佳的家具布置方案。然而，在许多情况下，这是不可能的。设计师必须聪明地应用设计原理和设计元素，在条件允许的情况下，设计窗户的处理方式或壁炉使整个房间功能合理化。

图 13-37　格雷夫斯于 1986 年在纽约设计了这栋后现代风格住宅。在起居室中，壁炉背景墙在整个空间中占据着重要位置，由霍夫曼在世纪之交设计的经典别墅椅使壁炉背景墙更加完美。（摄影：William Taylor）

## 补充阅读材料

# 起居室比较

一个室内设计师必须学会分析室内空间潜在性需求。认真研究图 13-38A 和 B，将下列相似处罗列出来：

- 相似的尺寸，形状和空间的体积。
- 大面积的简洁的落地玻璃窗。
- 壁炉被用于交谈空间。
- 地毯和硬质地面结合使用。

图 13-38A　A 和 B 两个起居室都是在考虑到室内空间的功能性、审美性和经济性要求下完成的。设计要素与原则的知识与视觉认知习惯相结合确定了这个室内空间。（拍摄：Mark Boisclair）

• 大量个人用品用于配饰，包括植物。
• 白色沙发配有个性化靠垫。
• 从设计的角度，图 13-38A 和 B 的不同影响了视觉、心情和这个空间的概念／主题：
• 房间 A 利用侧向采光，房间 B 的光线则更均匀一致。
• 房间 A 强调了精致的金属制品和镜子，房间 B 强调窗户和开阔的视野。
• 房间 A 用墙面色彩体现了深层次价值，房间 B 用更中性的墙面材料，但在墙面上营造了温暖的木质基调。

因此，房间 A 给人的心情更加亲密，给人更深刻的印象；房间 B 给人的心情就像朋友聚会的环境。房间 A 即便使用了传统的布艺和装饰品仍然感觉更现代；房间 B 感觉更正式。

设计师必须敏锐地对待这些细微之处，这样才能唤起感知能力。注重细节是基本原则，是洞察力强的表现。

图 13-38B

姐妹两个人希望在同一社区寻找一套老年公寓，并通过设计师选择家具、装饰和所需设备。

首先是空间规划：要有两间卧室，其中一间是带浴室的套房，内部分隔只允许浴室与厨房之间一面较小的墙进行改动，管线的调整也就近铺设，不再重新布线。

其次，姐妹两个人非常喜欢她们现有卧房家具，希望继续利用；而起居室和餐厅家具则希望重新购置。住宅项目规划客户信息表和家具目录清单进一步确定了其他需求（表 13-1 和表 13-2）。

**表 13-1　住宅设计项目客户信息表**

| | | |
|---|---|---|
| Ⅰ. 基本信息 | 日期 | |
| 客户名字 | ZOA SMITH & ZONA LEE JONES | |
| 地址 | 100 ANY 街道 | |
| 家庭电话 | 555-1212 | 工作电话 |
| 职业 | 退休 | |
| Ⅱ. 家庭成员 | | |
| 姓名 | 年龄 | 普遍关注 |
| ZOA | 65 岁 | 轮椅的便利性 |
| ZONA LEE | 65 岁 | 良好的采光 |
| Ⅲ. 家庭成员的爱好和活动 | | |
| 爱好 | 家庭成员 | 活动地点 |
| 玩电脑 | | |
| 看电视 | 两个人 | 起居室 |
| 听音响 | 两个人 | 没有详细说明，起居室 |
| 缝纫 | ZOA | 卧室和起居室 |
| 手工艺 | | |
| 乐器 | | |
| 模型制作 | | |
| 阅读 | ZONA LEE | 起居室 |
| 其他 | 两个人（花园种花） | |
| Ⅳ. 房间要求 | | |
| 起居室 | | |
| 娱乐　是_____ 否______ 多少？_____ 多久？_____ | | |
| 餐厅 | | |
| 正式 / 随意 / 两者都（圈一个） | | |
| 最多就餐人数 ___4___ | | |
| 其他要求 ______ | | |
| 早餐室 | | |
| 最多就餐人数 _____ | | |
| 其他要求 ______ | | |
| 起居室 | | |
| 视听柜带门可以隐藏内部的电视、音响；直背椅可让 Zoa 缝纫时使用，储物柜可以用于收纳针线活；为 Zona Lee 提供她习惯使用的宽大柔软的安乐椅 | | |
| 卧室 | | |
| 使用者 | 要求 | |
| 1 ZONA LEE | 必须能够方便轮椅使用，并保留现有家具。 | |
| 2 ZOA | 保留现有家具（包括缝纫机）并为座椅配置灯光，能够用于缝纫 | |
| 3 | | |

（续）

| | |
|---|---|
| 4 | |
| 卫生间 | |
| 1 | 共用的卫生间，要求离 ZONA LEE 的卧室近一些 |
| | 使轮椅到淋浴房或长凳更方便 |
| 2 | 有拉手，较低的洗漱池并有足够的容腿空间 |
| 3 | |
| 4 | |
| 其他房间 | |
| 洗衣房 | ZONA 喜欢做饭 |
| 厨房 | 矮一点的工作台面，膝部空间位于水槽、炉子下方，并排放置的冰箱 |
| 家庭办公室 | 一侧大开间 |
| 工作间 | |
| 车库 | |
| 活动室 | |
| 书房 | |
| 视听室 | |
| Ⅴ. 设计要求 | |
| 色彩 | 她们同意用柔和的色调，整体用熟绿色 |
| 风格 | 高兴愉悦而不是沉闷乏味 |
| 预算 | 中等 |
| 设计周期 | 3 个月 |
| 重新使用内容 | 卧室（如果确定，参见家具目录详单） |
| 其他 | 不要沉重的传统风格，喜欢一些变化的风格，大概是对法式乡村风格有偏爱，稍浅木色 |
| Ⅵ. 其他信息或要求 | |
| ZONA LEE 是学校退休老师，喜欢阅读、烹饪和种花 | |
| 必须要有开敞空间以便于轮椅出行，硬质木地板不带地毯，嵌入式书架用于收藏书籍 | |
| 喜欢青色调 | |
| ZOA 是退休家庭主妇，喜爱缝纫和烹饪，也喜欢种花。 | |
| 必须有空间放缝纫机，卧室采用带花式图案壁纸，喜欢紫色和金色。 | |
| 都要求有舒适的座椅，在露台上有摆放鲜花的位置。 | |
| Ⅶ 商业信息 | |
| 出行提示 | |
| 主干道北向 | |
| ANY 街道右行 | |
| 基本费用 | |
| 取费和购买比例 | |

**表 13-2　家具目录详单**

| 项目 | 描述 | 尺寸　长度 × 深度 × 高度 (cm × cm × cm) | 风格 | 注释 |
|---|---|---|---|---|
| Zoa | 卧室家具 | | | |
| | 标准床及床头板 | 137 × 218 × 122 | 维多利亚帝政式 | |
| | 脚底档板 | | | |
| | 床头柜 (2) | 56 × 36 × 58 | | |
| | 衣柜 | 91 × 56 × 224 | | 不要为电视机和缝纫留储物空间 |
| | 化妆台 | 122 × 56 × 102 | | |
| | 缝纫台 / 椅 | 71 × 61 × 76 | | |
| | 休闲椅 | 71 × 76 × 112 | 软包椅 | 需要重新修饰 |
| Zona | 卧室家具 | | | |
| | 标准床及床头板 | 137 × 208 × 117 | 木质包边扶手沙发 | |
| | 床头柜 (2) | 56 × 51 × 56 | 似乎受到法式乡村风格影响 | |
| | 梳妆台 | 122 × 51 × 102 | | |
| | 柜子 | 91 × 56 × 137 | | |
| | 休闲椅 | 76 × 81 × 122 | 扶手椅 / | 需要重新进行修饰 |

其次是概念设计：资深的设计师与客户不断完善平面方案，并记录了如下问题：

- 增加了浴室空间就会压缩 Zona 的房间，在这个地方并不是所有的卧室家具都适合摆放。
- 灰绿色搭配金色与葡萄酒红色很被女性所认同。
- 在起居室中设计嵌入式家具而不是开放式书架。
- 传统的壁炉用于厨房，而在起居室中搭配嵌入式书架。
- 除了浴室采用瓷砖外所有地面都采用橡木铺装。

最后是设计深化：资深设计师用了三个演示板。图 13-39 展示了平面图及家具配置，以及为餐厅和厨房选择的装饰材料；图 13-40 展示了起居室和浴室的装饰材料；图 13-41 真正抓住了客户的心——她们各自的卧室采用三维渲染的方式清楚地描绘了出来；甚至细致地采纳客户个人的用品如家庭肖像、灯和其喜爱的物品等。

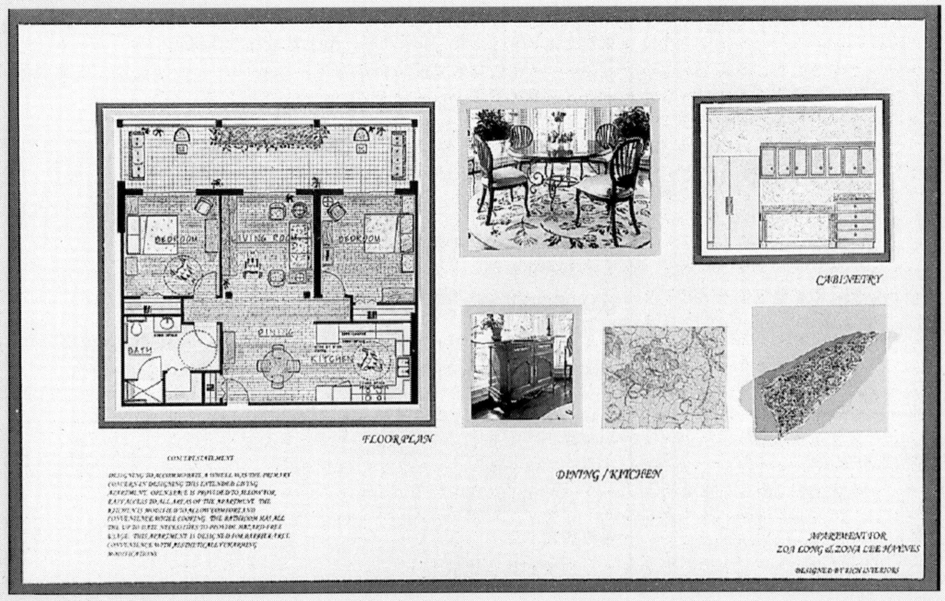


图 13-39　餐厅及厨房的平面图、家具陈设和装饰材料展板。(设计师：Tammie Roper)

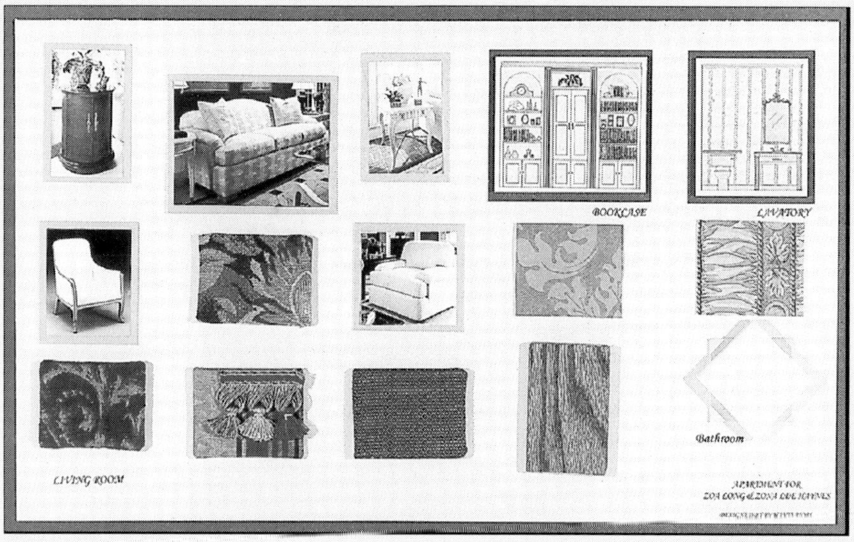


图 13-40　起居室和浴室的装饰材料展板。（设计师：Tammie Roper，Rich 室内设计所）

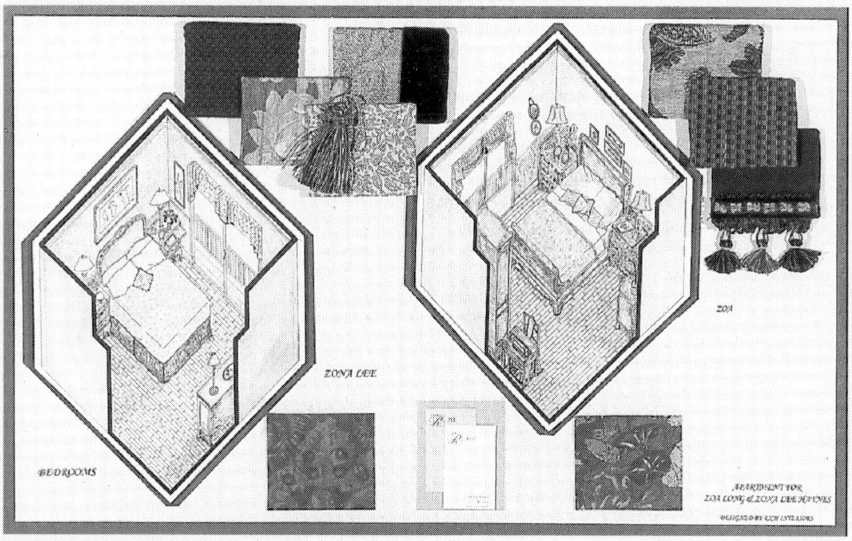


图 13-41　渲染效果的轴测图和装饰材料展板。（设计师：Tammie Roper，Rich 室内设计所）

# 室内设计的职业化

# VI

*The Profession Of Interior Design*

图 VI-1A　位于 Nyla 的餐厅，客人被带入一个温暖的环境，它的色彩和灯光来自“繁花似锦”的概念和乔治亚•艾琪芙（Georgia O’ Keeffe，1887—1986）的油画意境。吧台用彩色的荧光灯和黄色凝胶从后面打光。五彩的凝胶通过层叠产生一种优雅的氛围。（设计师：Haverson；摄影：Peter Paige）

图 VI-1B　原有的大厅加设二层的狭窄的过道，尺度变得更加宜人。二层过道天花上悬挂着的布帷幔和五彩缤纷的凝胶相得益彰，恰到好处。对面墙体通高的镜子反射着欢庆的场景。（设计师：Haverson；摄影：Peter Paige 版权所有）

室内设计，可以说是和我们每个人的日常起居、工作休闲等活动，关系最为密切的一门学科，不管你是个人业余兴趣，还是打算今后把室内设计作为职业，都离不开工程技术和艺术修养的一些基本知识，第 6 部分讲的是如何成为一名职业室内设计师。作为一种职业，其基础肯定是要受到持续的、良好的专业教育，这不仅包括室内设计的基本理念、设计内容和方法，还有面对市场竞争形势下的商业化设计技巧，这就需要综合考虑客户需求、预算、审美和技术法规等因素。当然，对那些充满信心、有远大志向的室内设计师更应注重设计过程组织和商务实践等方面的设计管理内容，甚至从学科发展角度更需要职业道德方面的指导。

为了鼓励刚刚涉足室内设计行业的设计师，第 14 章从视觉语言、设计原理和设计要素的创造性运用角度，选取了一些住宅和商业空间的成功案例，使初学者看到自己职业前途的希望。图 VI-1 和图 VI-2 通过两个商业设计项目进行设计分析。

图 VI-1 和图 VI-2 是酒店餐厅改造的两个项目。图 VI-1A 和图

A

B

图 VI-2　在一个生硬的建筑空间和 7 层高的中庭空间内，要创造引人入胜的环境是需要想象力的。为了增加空间的流动感、便于引导交通流线，地板的图案以及墙、天花的细节增加了曲线的形态。定制的吧台更加吸引人，深邃的蓝色深受甲方的喜爱。有机形态、重点照明通过一种幽默的方式强调了建筑硬朗的空间语汇。（设计师：Haverson；摄影：Peter Paige）

VI-2A 强调酒吧设计最重要的是原创性，吧台更是空间的焦点。全世界成功的酒吧，它的吧台一定是唯一性的。从使用功能角度，吧台内部需要容纳制冰机、冷藏柜、咖啡机等众多的酒吧“后台”设备，所以需要设计师与客户、设备供应商、施工人员进行平面布局的反复沟通，以确保高效的空间利用。图 VI-1B 和 VI-2B 都拓宽了常规餐厅的设计范围，强调室内设计中的建筑空间感，如挑高的二次空间带来的空间装饰性，以及结构所凸显出的装饰美感。

图 VI-1 运用妩媚且富有装饰的设计手法，强调一种温暖、活跃的室内空间。材料上胡桃木地板、护墙板本是极富阳刚特性的装饰，顶面却采用悬挂凝胶装饰材料模拟梦幻的感觉。此外，狭窄的通道、黄铜楼梯扶手、沿墙的地台不仅扩大了餐厅的面积，而且增加了空间的亲密氛围。

图 VI-2 不仅暴露建筑本身结构，而且更张扬了结构设计手法。曲面天花、起伏的墙体、几何图案等有机形态强化了斜柱和直柱的刚硬感觉，建筑室内的真实状态被巧妙的统一。

# 第 14 章

## 室内设计职业化

图 14-1 宜人的设计——酒店。这家位于夏威夷的度假酒店，视觉的焦点聚集在定制的金属仿木质氟碳喷涂的轻巧立柱和丝质的海螺形吊灯上。家具陈设、花卉图案、建筑照明增加了设计的地域性。(设计师：James Northcutt 和 Wilson；摄影：Robert Miller)

# 14.1 从业资格

人们决定从事一项职业有机遇的原因，更是一个深思熟虑的过程，不仅包括对自身兴趣、能力和劣势的分析，还需要通过专业考试，并在实践中关注自身创造力、对环境敏感度、对文化遗产保护和当代设计思想这四个方面，以此不断提升自己的设计水平。当然，可持续发展是永恒的主题，每个设计师要时时关心人类环境，把致力于从事提高人类生存环境的设计活动作为自己的工作目标。

第 5 部分已经谈过，室内设计师只有通过职业教育、从业经验和专业考试才能获取从业资格。教育、经验和考试确保了设计职业的质量，设计师在开始从业之前必须通过这三个阶段。

## 14.1.1 职业教育与学历教育

成为职业室内设计师的第一个首要步骤是在大学或者设计学校顺利完成室内设计课程。通过学习这些课程，可以获得结业证书（通常 2 ～ 3 年）或者学士学位（4 或 5 年），甚至通过进一步深造获得更高的学位。比如,获得理学硕士（M.S.）或者文学硕士（M.A.），而艺术硕士（M.F.A）不仅需要 2 年的学习，提高艺术修养，还要完成作品展示。如今，一些大学也设置了室内设计方向的博士学位。

### 14.1.1.1 课程

从目前高等教育发展趋势看，学士阶段基础课程讲授比较宽泛，为学生进入室内设计职业领域做好准备。美国室内设计教育研究基金会（FIDER）成立于 1970 年，它主要由关注室内设计教育课程的教育人士和设计师组成，但服务范围从成立时的北美区域已经扩展到全世界。美国室内设计教育研究基金会最早提出了一个适用于室内设计师的完整知识体系，并逐步完善成为课程大纲，共有十二项内容：

（1）课程结构：课程被设置的便于学生学习，且促进学习。

（2）职业价值：课程有助于引导学生形成具有职业责任感、义务感和效率感的态度、品质和价值观。

（3）设计基础：学生具备艺术与设计、设计理论与人类行为学、与本学科阶段相关的历史文化等基础知识，特别是人类行为学课程是大学高等教育与职业设计学校培训的本质区别之一。

（4）室内设计：学生能掌握室内设计知识和技能，了解设计理论并采用科学的设计流程进行设计。

（5）交流：学生能有效地通过参观、作品等各种方式进行交流。

（6）建筑体系和室内材料：学生要在建筑体系的范畴内进行设计，学会使用合适的材料和产品。

（7）法律法规：学生必须掌握法律、法规、规章、标准和保证公众的健康、安全和利益的惯例。

（8）商务和职业实践：学生具备商务和职业实践的基础。

（9）学校：教师和其他教务人员合格称职、数量充足以保证教学目标的实现。

（10）设备与环境：教学设备和教学资源可提供一个促进学生思考、激励学生、加强学生思想交流的环境。

（11）教学管理：为保证教学计划的完成，必须有相应的教务人员和管理制度。

（12）评估：系统的、操作性强的评估方法有利于确保教学计划持续稳定地发展。

### 14.1.1.2 实习

大多数室内设计的教学计划要求学生有实习的经历，或者边工作边学习。实习计划虽然在不同学习阶段会要求不同，但目的都一致：通过课堂教学与设计实践的结合，使学生在毕业之前亲身体验实际的设计市场，实习经历对学生来说非常重要：

（1）了解业务流程、常用的政策法规和设计各个阶段的服务内容，例如思考如何处理客户与设计师的关系；

（2）了解企业内部设计人员（设计总监、设计师、设计助理等）之间的交互式工作网络；

（3）观察并且参与设计从概念阶段、方案阶段、深化设计阶段、施工准备、材料采购、施工，到交付完成的整个过程；

（4）学会接受来自各个方面新的、不同的设计观点和见解；

图 14-2　医疗设计——医院。对生命质量的关心是医疗环境设计中最大的难点。病人在一个经过充分考虑过其身心需求得到满足的治疗环境中，可能会更容易康复。右边是这个儿童医院中庭改造后的效果，色彩、卡通形象、运动共同打造了一个全新的充满趣味的动感氛围。（设计：Karlsberger 公司；摄影：Robert Benson）

（5）根据自身成为职业室内设计师的目标，对自己有更全面的了解；

（6）获得毕业时能写入求职简历的宝贵经验。

### 14.1.2 经验

没有比经验更好的老师。所有设计师，无论是刚刚毕业还是转入室内设计行业的，都需要在设计公司工作至少 2 年时间。经验能带来学校无法获得的许多好处，其中最大的好处可能是让设计理念得以实施。

---

相关链接

关于室内设计经验计划（IDEP）的知识　http://www.ncidq.com/fr_idep.htm

---

### 14.1.3 考试

美国国家室内设计师资格委员会（NCIDQ）成立于 1972 年，旨在建立室内设计师职业能力的等级标准，并通过北美地区标准的考试来决定室内设计师的能力等级，但必须满足以下教育与实践相结合的条件之一，才准予参加考试：

- 4～5 年的室内设计学位教育或者同等学历的学习经历，以及 2 年的工作经验；
- 3 年的室内设计学习结业证书或者相当程度的学习经历，以及 3 年的工作经验；
- 2 年的室内设计学习证书或者相当程度的学习经历，加上 4 年的工作经验。

此外，参加考试的人员必须提交三位专业人士的3封推荐信和学习阶段获取的证书。

考试共包含三部分，都在星期五和星期六举行，共13h。考试的第一部分内容是室内设计原理和实践，涉及方案设计的步骤、图示表达、概念设计和设计深化的问题，共有150道多项选择题，占3.5h。考试的第二部分内容是合同签订和管理，覆盖室内设计程序的最后两个阶段，共有125道多项选择题，占3h。第一部分和第二部分包括视觉图形、典型设计实践的内容，需要考试者对所提供信息进行回忆、应用和分析。考试的第三部分内容是图表和设计深化，考查学生对设计实践能力的掌握。在7h之中，要求绘制平面图、顶面图、立面图、剖面图，以及表面装饰材料列表、关系矩阵图、电气平面图，并形成具有实用性的整体设计方案。这些方案必须满足可操作性、健康安全和利益的标准。

考试每年举行2次，参加者可以选择在任何给定的考试时间考第一、第二和第三部分，但三部分的考试必须在5年内通过。

实际上，美国大多数设计机构的设计师要求必须通过美国国家室内设计师资格委员会的资质考试，在一些具有立法权利的州和省，室内设计师甚至被要求必须强制性地通过。

相关链接

美国室内设计认证委员会 http://www.ncidq.com

### 14.1.4 执照

在美国有些州制定了一些州立注册法规，例如“所有权法”和“执业制度法”。所有权法用于保护那些拥有“资质”、“注册”头衔并能胜任这些头衔的室内设计师。有了这个条例，客户才信任哪些室内设计师能胜任他们的工作。

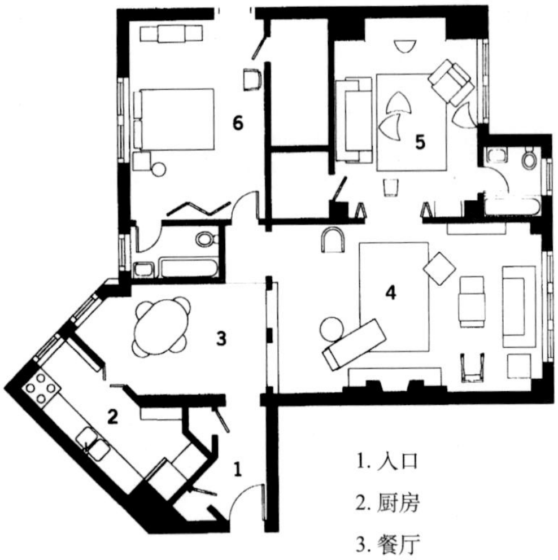


1. 入口
2. 厨房
3. 餐厅
4. 起居室
5. 书房
6. 卧房

图 14-3 住宅——城市公寓。这个住宅做了许多结构改动，包括扩大的厨房，以及取消了起居室和餐厅之间的视线阻挡。色彩和灯光是设计的主要元素，在这里他们改变了空间形态，增添了空间强烈的性格。从平面图上可看出对于小空间而言，均衡是如何运用的。（设计师：Hassan Abouseda；摄影：John M.Hall）

图 14-4 和图 14-5　历史建筑保留与更新项目——社区中心。这两张照片说明在历史保留与更新的运用项目中要关注细节。设计师抓住那个年代在公共建筑中，善于表现男子特性。原先的法院改造成社区中心，通过历史性研究使之保留了最初的油漆颜色和法官的长凳。图 14-4 是改造后的台阶和定制的扶手。图 14-5 中，为了让改造后的法庭有多种用途，法官的长凳被设计成 3 部分功能组合。特别是有着那个年代图案的定制地毯，不仅留下了文化记忆，也提高了大厅的音质效果。图 12-12 是法庭的走廊。（建筑设计：Jack Pyburn 办公建筑有限公司，室内设计师：Lynn M.Jones，摄影：J.J.Williams）

执业法令规定胜任职业室内设计工作并打算执业的人员，必须先取得州立委员会颁发的执照。执业法令以立法的方式承认室内设计师职业，并确保室内设计师的工作能维护客户健康、安全和利益，同时确保室内设计师通过教育和设计实践的经验能胜任设计工作。为了保证质量，法令中的大多数的条例规定从业者不仅要通过美国室内设计认证委员会的考试，还需要有教育和实践相结合的经验。

相关链接

美国室内设计师协会　http://www.asid.org/legislation/grassroots/index.asp

### 14.1.5　继续教育

为了注册的持续有效，大多数的州要求职业设计师还要完成继续教育单元。为了在专业领域中保持活力，室内设计师可根据兴趣选择学习新产品、设计学和设计程序的课程。

## 14.2　室内设计专业组织

许多专业组织有助于室内设计师获得信息、继续教育、升职和更好地服务于大众。与美国室内设计认证委员会要求职业设计师同时具备教育和实践经验一样，其他专业机构也有这样的要求。表 14-1 列出了这些机构的名称和地址。

**表 14-1　设计专业组织**

美国建筑师协会，AIA

美国华盛顿西北区纽约大道 1735 号

邮编：20006

电话：1-800 AIA-3837

网址：www.aia.org

美国室内设计师协会，ASID

美国华盛顿东北区马萨诸塞州大道 608 号

邮编：20002-6006

电话：(202) 546-3480

网址：www.asid.org

美国企业与机构的家具制造商协会，BIFMA

美国密歇根州大急流市东南区哈里逊崗伍 2680 号 A-1 单元

邮编：49546-7500

电话：(616) 285-3963

网址：www.bifma.com

美国色彩协会

美国纽约州纽约市 39 西街 315 号 507 工作室

邮编：10018

电话：(212) 947-7774

网址：www.colorassociation.com

色彩市场营销组织

美国弗吉尼亚州阿灵顿市列治文 408 号公路 5904 号

邮编：22303

电话：(703) 329-8500

网址：www.colormarketing.org

环境设计研究会，公司，EDRA

美国俄克拉何马州埃德蒙德市 7146 信箱

邮编：73083-7146

电话：(405) 330-4863

网址：www.telepath.com/ ～ edra/

美国室内设计教育研究基金会 ,FIDER

美国密歇根州大湍流市西北区门罗中心 146 号 1318 单元

邮编：49503-2822

电话：(616) 458-0400

网址：www.fider.org

北美照明工程学会，IES

美国纽约州纽约市华尔街 120 号 17 层

邮编：10005

电话：(212) 248-5000

网址：www.iesna.org

美国商店规划师协会，ISP

美国纽约州达里镇北百老汇大街 25 号

邮编：10591

电话：1-800 379-9912

网址：www.ispo.org

美国室内设计教育委员会，IDEC

美国印第安纳州印第安纳波利斯北梅瑞迪 9202 号 200 单元

邮编：46260

电话：(317) 816-6261

网址：www.idec.org

美国室内设计协会，IDS

美国北卡罗来纳州海波因特 2396 信箱

邮编：27261

电话：1-800 888-9590 转分机 6122

网址：www.interiordesignsociety.org

加拿大室内设计师协会，IDC

加拿大安大略湖多伦多国王大街东 260 号 414 单元

邮编：M5A 1K3

电话：(416) 594-9310

网址：www.interiordesigncanada.org

国际照明设计师协会，IALD

美国伊利偌伊州芝加哥市世贸中心 200 号商品市场 9-104 单元

邮编：60654

电话：(312) 527-3677

网址：www.iald.org

国际色彩权威机构

英国伦敦布鲁斯贝利广场 23 号

邮编：WC1A 2PJ

电话：(020) 7637 2211

网址：www.internationalcolourauthority.com

国际设备管理协会，IFMA

美国得克萨斯州休斯顿东绿茵路广场 1 号 1100 单元

邮编：77046-0194

电话：(713) 623-4362

网址：www.ifma.or

国际室内设计师联盟，IFI

南非约翰内斯堡奥克兰公园 91640 信箱

邮编：2006

电话：2711 888 8211

网址：www.ifi.co.za

国际陈设和设计协会，IFDA

美国新泽西州普林斯顿克拉克维尔路 191 号

邮编：08550

电话：(609) 799-3423

网址：www.ifda.com

国际室内设计协会，IIDA

美国伊利偌伊州芝加哥商品市场 13-122

邮编：60654-1104

电话：(312) 467-1950，1-888 799-4432

网址：www.iida.com

美国住宅建筑协会，NAHB

美国华盛顿西北区 15 大街 1201 号

邮编：20005-2506

电话：(202) 822-0200，1-800 368-5242

网址：www.ncidg.org

美国室内设计认证委员会，NCIDQ

美国华盛顿西北区第 18 街 1200 号 1001 单元

邮编：20036-2506

电话：(202) 721-0220

网址：www.ncidq.org

美国厨房和卫浴协会，NKBA

美国新泽西州黑格斯镇维偌格鲁夫大街 687 号

邮编：07840

电话：1-877 NKBA-PRO

网址：www.nkba.org

美国照明局，NLB

美国马里兰州银泉市考里斯威大道 8811 号 G106 单元

邮编：20910

电话：(301) 587-9572

网址：www.nib.org

图 14-6　景观设计——农庄建筑。这个 80m$^2$ 的农庄建筑被改造成一间客房，墙壁刷成明度处于 R40 到 R50 的颜色，定制的壁龛、手工打造的瓷砖和微微泛黄的抹灰墙面为空间增添一种温馨的气氛。（建筑师：Paul Weiner；摄影：Bill Steen）

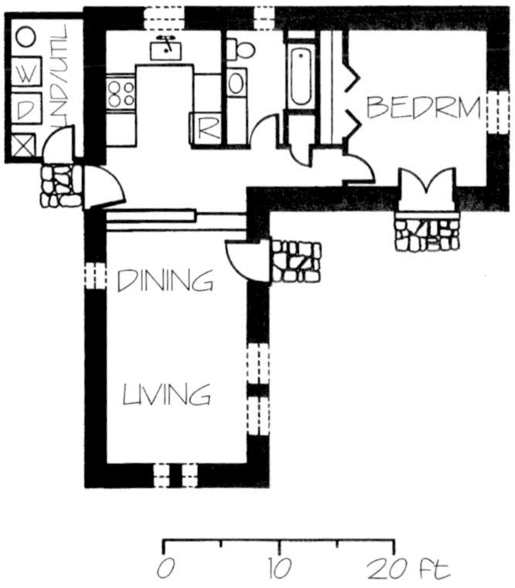


### 14.2.1　美国室内设计师协会（ASID）

美国室内设计师协会是一个国际性的专业组织，它凭借制定和保持高标准以使室内设计职业持续地被社会认可。美国室内设计师协会成立于 1975 年，由美国室内设计师学会和国家室内设计师协会（NSID）合并而成，但它的起源可追溯到 1931 年成立的美国装饰协会。从“装饰”到“设计”名称的变化，可以看到美国也经历了设计观念的演变。美国室内设计师协会是全世界最大的室内设计师组织，在美国和其他国家共有超过 30000 会员。美国室内设计师协会将室内设计描述为一个致力于为人们服务的职业，它为会员提供论坛，引领设计思潮和设计竞赛。美国室内设计师协会宣称：美国室内设计师协会是知识共享、倡导室内设计师实践的权利、职业教育和扩大设计市场的权威性资源。作为一个组织，美国室内设计师协会的愿望是：

- 室内设计师凭借自身专业技能和设计实践，创造优质的室内环境，以此成绩来确定室内设计师的职业地位；

- 通过知识共享、业务合作使室内设计团体、合作伙伴和客户取得项目成功；
- 提供高于客户期望值的室内设计师行为准则；
- 加深对日益变化的工作和生活环境的理解。

### 14.2.2 国际室内设计协会（IIDA）

国际室内设计协会成立于1994年，由美国商业设计师协会、美国联邦室内设计师委员会和国际室内设计师组织合并而成。它是一个国际性组织，有超过10000的会员，其中包括职业设计师、工业设计师和学生。国际室内设计协会的使命是通过优秀的室内设计提高人们的生活质量，通过知识提升设计水准。为了实现这个使命，国际室内设计协会呼吁优秀的设计；培育一个全球性的室内设计团体；坚持教育标准；把握商业和设计趋势；通过自身迅猛扩大的知识资源，提供室内设计和相关领域的优质信息。

### 14.2.3 加拿大室内设计师协会（IDC）

加拿大室内设计师协会是一个全国性的职业协会，它和地方协会一起，致力于室内设计行业的发展和设计教育、设计实践的提高。自1972年以来，加拿大室内设计师协会通过制定高规格的教育、行业的发展与责任及交流等方面的标准促进了行业发展，为加拿大室内设计工业服务。

### 14.2.4 室内设计教育委员会（IDEC）

室内设计教育委员会成立于1967年，致力于室内设计教育的发展：致力于促进室内设计教育与研究的发展，鼓励信息交流、教育标准的提高和室内环境中与生活质量、人类行为有关的知识框架的建立与发展。室内设计教育委员会专注于教师、设计人员、教育机构和其他关心室内设计教育的组织之间交流渠道的建立和交流的顺畅。

### 14.2.5 中国室内设计学会（CIID）

中国建筑学会室内设计分会的前身是中国室内建筑师学会，1989年诞生至今已二十个年头，目前有10000多名会员，是中国室内设计界的学术团体。2000年与韩国、日本国室内设计学会共同发起筹办亚洲室内设计联合会（AIDIA），并举办过多次学术交流与教育交流会。2003年12月我会又正式加入国际室内建筑师和设计师联盟（IFI），加强了国际学术交流活动。学会的宗旨是：团结全国室内设计师，提高中国室内设计的理论与实践水平，探索具有中国特色的室内设计道路，发挥室内设计师的社会作用，维护室内设计师的权益，发展与世界各国同行间的合作，为中国现代化建设服务。

#### 14.2.5.1 专业背景要求

在中国只有极少院校有在五六十年代室内设计这一专业，除重点工程外，其余工程几乎谈不上室内设计，即使有也都是由建筑学专业所承担，直到80年代后期，许多工程开始要求室内装修，而且起步阶段从事这一行的公司与设计人员利润较高，因而吸引了大批人员，设计队伍也迅速膨胀，这其中相当一部分人在学校并非学这一专业，而是由相关专业转行过来，所以在中国通常把室内设计分为本专业、相关专业和其他专业。在学会章程中将室内设计、室内外环境设计、建筑学列为本专业；城市规划设计、园林设计、工业设计、家具设计、工艺美术设计、舞台美术设计、绘画专业列为相关专业；除本专业和相关专业以外的称为其他专业。这是因为专业不同形成的设计水平参差不齐，有的甚至造成工程质量事故。室内设计是一门艺术，更是一门技术，它涉及使用功能、建筑结构安全、消防、设备等，特别是一些大型工程，并非谁都能从事这一专业。本专业出身的设计人员，在校期间一些基础知识、设计原理等都受过专门的训练和教育，水平有保证，而相关专业和其他专业缺少的就是这些课程，因而在评审前必须先进行培训和考核，补上这一课。

#### 14.2.5.2 必备专业知识

正是基于前面所讲的专业原因，所以中国室内设计学会在章程中明确了室内专业设计人员必备的基础理论知识和设计基础知识：建筑与室内设计发展史、建筑设计原理、室内设计原理、设计概念表达、装修材料、构造及制图、绘画表现技法、人体工程学、环境色彩与照明。相关理论知识为建筑结构和设备、装修施工与监理、建筑工程概预算知识等。

#### 14.2.5.3 资格认证

室内设计在我国是一个新兴的专业，但近10多年随着经济建设和房地产业的发展，从业人员也快速增加，可是，这么庞大的一支队伍至今在中国究竟由哪个部门来归口管理始终没有明确，特别是室内设计人员的专业技术职称，因为没有相关部门的归口管理，没有统一的资格认证标准，从业人员的专业技术素质存在严重的良莠不齐，已严重地影响了这个专业的健康发展。近几年不少室内设计工程因消防和结构问题，造成火灾和倒塌事故，有些工程竣工后就感到功能不合理，艺术水平低，给国家经济造成重大损失，这与从业人员的素质有直接关系，现在采取有效措施对设计人员进行资格认定，提高设计水平和人员专业素质已是这个行业迫在眉睫的问题。中国室内设计学会为解决室内设计人员的职称问题，做了大量工作，借鉴国外通行的做法，由权威性的行业协会对室内设计师进行资格认证和管理。

**■ 助理室内建筑师（初级职称）**

（1）学历要求

① 大学专科毕业，从事建筑室内环境设计工作3年以上；

② 大学本科毕业，从事建筑室内环境设计工作1年以上；

③ 获得硕士学位，从事建筑室内环境设计工作；

④ 获得双学士学位，现从事建筑室内环境设计工作。

（2）从业能力及水平要求（具备下列条件中的两项）

① 能主持小型建筑工程的室内环境设计；

② 能独立完成单项建筑工程的室内环境设计，水平合格（报送1个已完成的项目资料）；

③ 独立完成过5个居住建筑室内环境设计（报送1个已完成的项目资料）；

④ 独立完成过3个100m$^2$以下小型商业建筑的室内环境设计（报送1个已完成的项目资料）；

⑤ 所设计的作品获得过地区性有关部门和组织颁发的荣誉称号（报送相应证书）。

（3）专业理论知识及著述（下列条件应同时具备）

① 能掌握必要的专业基础理论知识和专业技术知识；

② 基本了解国内本行业设计发展的趋势，具有基本的艺术修养；

③ 熟悉本行业装饰设计技能、标准和规范；

④ 能独立完成所设计作品的设计说明，且具有一定的水平。

**■ 室内建筑师（中级职称）**

（1）学历要求

① 大学专科毕业，从事建筑室内环境设计工作7年以上；

② 大学本科毕业，从事建筑室内环境设计工作5年以上；

③ 获得硕士学位，从事建筑室内环境设计工作3年以上；

④ 获得双学士学位，从事建筑室内环境设计工作3年以上。

（2）从业能力及水平要求（具备下列条件中的两项）

① 能独立主持中小型建筑室内环境设计（投资在500万元以上）（报送1个已完成的项目资料）；

② 参与大中型工程单项建筑室内环境设计，水平良好（报送1个单项资料）；

③ 独立完成过10个居住建筑室内环境设计（报送1个项目资料）；

④ 独立完成过5个100m$^2$以上中型商业建筑的室内环境设计（报送1个已完成的项目资料）；

⑤ 所设计的作品获得过省部级以上或全国性行业社团组织颁发的荣誉称号（报送相应证书）。

（3）专业理论知识及著述（具备下列条件中①～③项，④为参考条件）

① 较全面掌握本行业必备的专业基础理论知识和专业技术知识；

图 14-7 这是由承担过中国北京电影博物馆和上海科技馆设计的美国亚图设计有限公司（RTKL）设计的位于美国华盛顿的新加坡大使馆室内设计，设计师非常关注新加坡多文化的继承与融合：十字交叉的平面布局反映了“花园城市”典型的住宅平面布局；接待区自然主义的艺术品和有机曲线的家具以及定制的地毯强调了造型设计的有机结合。（设计：亚图设计有限公司；摄影：Scott McDonald 和 Hedrich-Blessing）

② 了解国内外本行业设计发展的趋势，具有较高的艺术修养；

③ 较熟练掌握本行业设计技能、标准和规范，了解与本行业相关的法律、法规；

④ 在本行业专业杂志上发表过较有影响的论文，且具有一定的理论水平。

### ■ 高级室内建筑师（高级职称）

（1）学历要求

① 大学专科毕业，从事建筑室内环境设计工作 15 年以上；

② 大学本科毕业，从事建筑室内环境设计工作 10 年以上；

③ 获得硕士学位，从事建筑室内环境设计工作 7 年以上；

④ 获得双学士学位，从事建筑室内环境设计工作 7 年以上。

（2）从业能力及水平要求（具备下列条件中①～③项中的两项，④为参考条件）

① 能主持大型建筑室内环境设计（投资在 1000 万元以上）且具有较高的水平（报送 1 个已完成的项目资料）；

② 参与中型工程单项建筑室内环境设计，具有较高设计水平（报送 1 个单项资料）；

③ 主持设计的居住建筑或商业建筑的室内设计获得过国际性或全国性重要奖项；

④ 参与设计的作品获得过国际、国内省部级以上或全国性行业社团组织颁发的最高荣誉称号（报送相应证书）。

（3）专业理论知识及著述（具备下列条件中①～③项，④～⑥为参考条件）

① 较全面系统地掌握本行业的专业基础理论知识和专业技术知识；

② 能全面系统了解国内外本行业设计发展的趋势，具有高深的艺术修养；

③ 熟练掌握本行业设计技能、标准和规范，了解与本行业相关法律、法规；

④ 在本行业省部级专业杂志上发表过较有影响的学术论文，且具有一定的理论水平（报送相应资料及证明）；

⑤ 主编、撰写本行业公开出版的专著或部分重要章节（报送相应资料及证明）；

⑥ 参加过本行业全国性行业法规、标准规范的起草和制订工作（报送相应资料及证明）。

---

相关链接

中国室内设计网　www.ciid.com.cn

---

## 14.3　室内设计实务

成功的室内设计师不仅是充满创造力的艺术家，还应该是有远见卓识的商人。设计师必须了解商业实务、程序、管理和营销技巧，从而取得职业的成功。在开始一个设计实务之前，设计师应该向律师、审计、

图 14-8 这个办公室设计模拟港湾的意向，移门的开合构成安静与沟通的不同办公需要，体现了 STEELCASE 公司在全球办公家具的领先地位。

保险机构和税务人员进行咨询。以下是室内设计实务包含的商业内容。

### 14.3.1 商业策划

大多数信贷组织根据项目规划提供贷款。商业策划对设计实务的、市场、竞争情况、地理位置、管理、人员构成和收入支出情况进行描述。小型的商业管理机构能帮助设计师制定商业策划。

### 14.3.2 组织形式

有四种最基本的室内设计组织形式：单一所有权制、合伙制、合作制和公司。单一所有权制（独立股权）是最简单的形式。个人和公司是同一个主体，所有者独享利润也独自承担风险。个人的财产，如房屋、汽车和其他资产可以抵押给公司。合伙制与单一所有权制很相似，所不同的是它的利益和风险由两个或者更多的个体所承担。

合作制是一种个人与公司合作的形式，个人可将客户带到公司，公司为其提供工作环境和一定的帮助。同样也存在其他形式的合作。

最安全的组织形式是公司，公司是作为股东的所有人组成的独立实体。虽然公司成立阶段很难，但公司对所有人的依赖很小。

### 14.3.3 保险

设计师开始设计实务之前，必须对保险做调查和了解，并购买一些必要的保险。有两种常用的保险：财产和责任险——为商业提供保障；生命和健康险——为个人提供保障。另一个重要的商业险是错误和遗漏险，当合同文件中有错误时，为设计师提供保障，目前的标准设计合同文本中都包含了此项内容。

### 14.3.4 商业文件

设计师首先要从当地政府取得营业执照或税号等必须的商业文件，这样设计师才能为客户提供服务。

其他的商业文件可能还包括订单、发票、时间表和电话记录等等。设计师还要建独立账户以了解准确的收支情况。并配有会计有助于了解和跟踪收支情况。

## 14.3.5 办公场所

通常新成立的设计公司在三种场所办公，分别是家庭办公室、兼零售的办公室和商务办公室。决定采用哪种办公方式取决于公司经营的目标和财务状况。对任何一种办公场所而言，其预算要考虑到室内陈设品和设备，其中很重要的一项支出是计算机辅助设计工作站的费用。

### 14.3.5.1 计算机辅助设计

计算机和相关技术已成为所有设计公司的关键知识和技能。先进的计算机系统除了可以完成文字操作和普通的办公任务，还有以下功能：

（1）估算成本：借助软件和储存在计算机内的成本信息，可以做出从项目规划方案到施工图的成本概算。

（2）准备计划书：计算机可储存供应商的产品数据信息，包括价格和外观等有价值的信息。制造商可以提供产品的电子图像，主要是平面图和透视图，这些数据有助于拟定方案计划书。

（3）订单：计算机通过网络直接向制造商下达陈设品订单。

（4）绘图：计算机辅助设计（CAD）使得计算机绘图成为可能。尽管早期许多公司的项目策划和概念设计是徒手表达，但施工图通常还是用计算计来绘制。

（5）绘制透视图：同样，CAD 系统可方便地绘制三维效果图（图 1-4 和图 1-9A、B），但通常会选用 sketchup、3DMax 等程序用来渲染透视图。在后期制作过程中，还会通过 lightscape 灯光、材质和色彩软件系统快速改变色彩、照明和材料质感，与客户进行更便捷的沟通。重要的项目借助动画系统能让客户进行一次室内空间的视觉之旅。

（6）研究与交流：网络功能非常强大，制造商的数据、新产品信息、最新研究数据及邮件、设计文件能够快速便捷地传到设计师手中。

对于设在全国或全球不同区域的公司，设计师和合作的专业人士可经常通过计算机进行交流，如通过网络传送 CAD 文件。视频会议使信息在全球范围内快速交流。

显然，计算机辅助设计是设计公司一个关键的工具，在购买软件之前，设计师应该全面了解软件市场。通过个人体验版和示范版软件，可帮助不同用户了解不同程序的先进性与局限性。

### 14.3.5.2 设计资源

我们经常讲设计工作是选择产品和提供服务，所以设计事务所的一个独特之处在于它的材料间。材料间包括陈设品和家具的产品目录、表面装饰材料和织物的样品等。但管理这些资料需要仔细编排。如专做办公设计的公司与专做住宅设计的公司相比，拥有的材料有所不同。知名的设计期刊和供应商每年会更新材料样本或增加新产品目录，甚至会通过网站发布产品目录。

工厂代理人也会提供上述资料给设计师。为了了解更多的材料样品和家具信息，设计师同设计中心、卖场进行合作。许多设计中心只向协会会员开放，客户由设计师带领，可以到这些机构挑选陈设品。设计师与这些商业资源保持密切联系，可以提高设计工作的效率。

## 14.3.6 市场竞争

在开始任何商业经营之前，企业必须知道谁是自己的预期客户，如何与他们接触，以及了解竞争对手的情况。以下是有效的营销工具：

- 有创意而专业的公司名称；
- 基于需求、交通考虑的公司选址；符合公司需求的商业地点／位置；
- 信笺纸、名片、公司简介、营销宣传册；
- 网络；
- 已建工程作品集；
- 企业形象设计系统；
- 电话黄页和在其他战略性位置的广告。

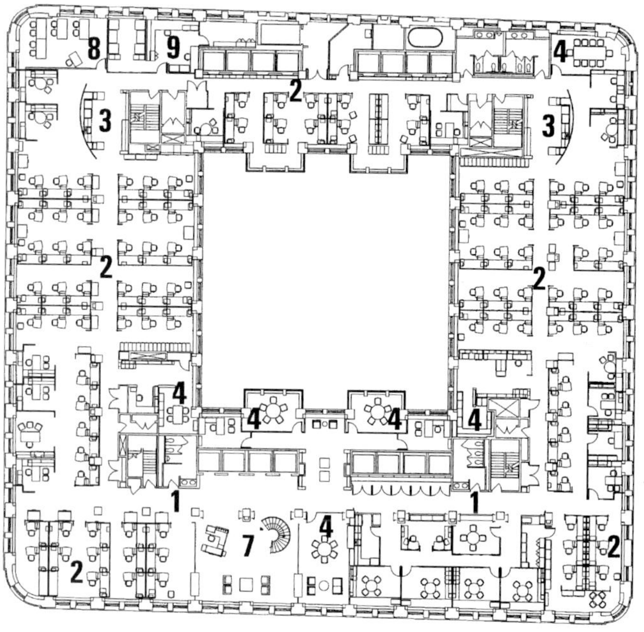

21 层平面图

1. 主要通道
2. 区域内部通道
3. 文印中心兼咖啡吧
4. 会议室
5. 中心资源库
6. 办公服务区
7. 接待室
8. 培训室
9. 信息技术区

图 14-9　室内设计事务所。设计师通常在开放式办公环境中工作，如本图和图 14-10 所示。这家位于芝加哥的 OWP & P 公司内，强烈的几何形式和细腻的自然采光，确定了室内空间的基调。（设计：OWP & P；摄影：Chris Barrett/ Hedrich-Blessing）

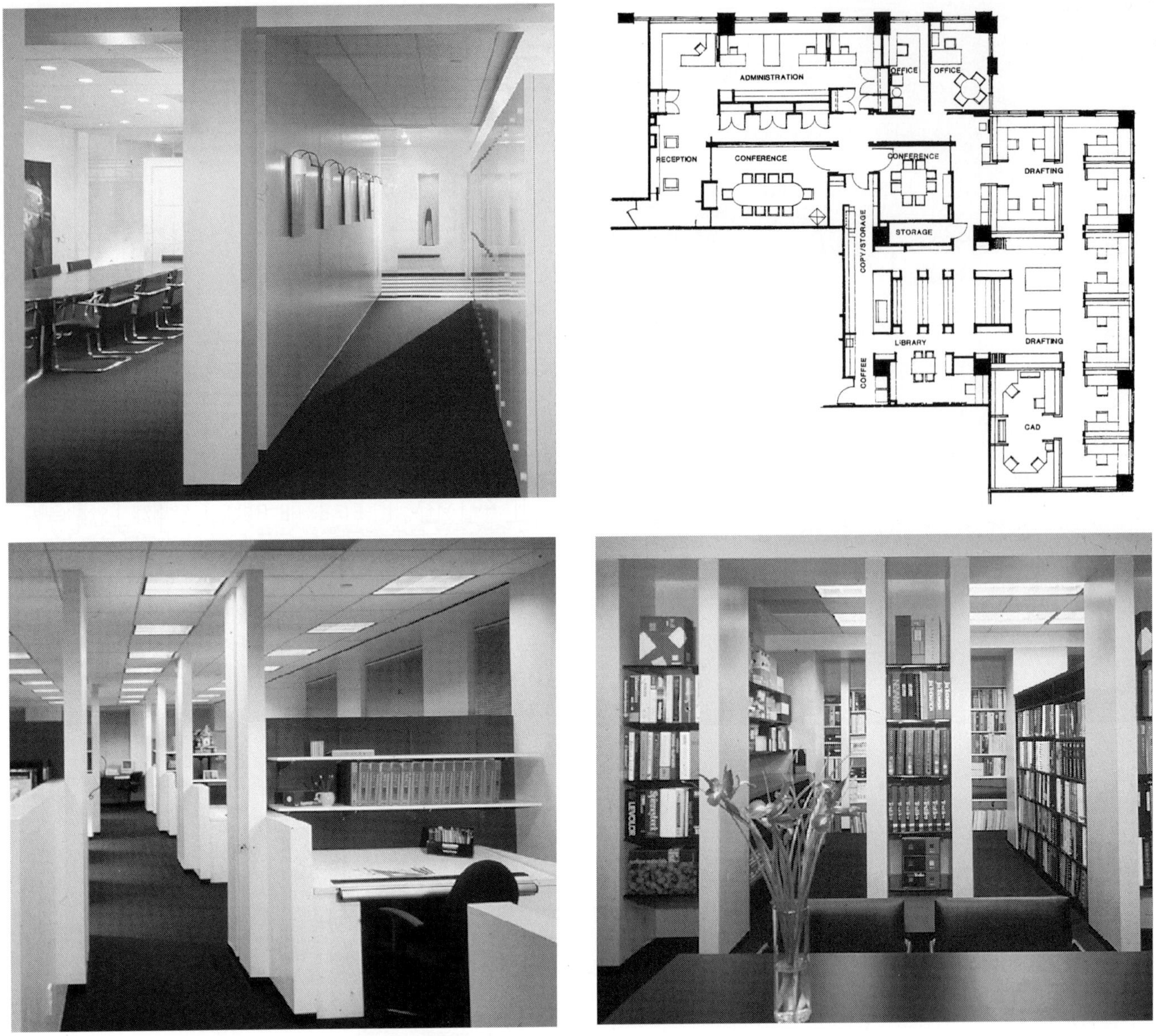


图 14-10　室内设计事务所。浓烈的色彩和形成对比的直线体块确定了这家亚特兰大 Quantrell Mullins 有限公司的室内基调。（设计师：Quantrell Mullins 公司；摄影：Brian Robbins 摄影室）

此外，还可以通过私人商务聚会和专业室内设计协会的网络拓展市场影响力。

### 14.3.7　商业合同

一旦业务谈妥，设计师必须和客户签订合同。合同有两种类型，分别是协议书和专业合同。

协议书是一种以书信格式书写的简单合同，具有法律拘束力，常适用于小型住宅工程。专业合同则在老板和客户之间达成更加全面的共识，适用于公司与公司之间的设计合作。

两种合同都应包括以下内容：

（1）设计服务时间；

（2）设计方与委托方的营业执照和相关信息证明；

（3）工程地点和项目概况；

（4）设计服务范围；

（5）设计费和付款进度；

（6）附加服务的费用；

（7）相关专业工种配合的安排；

（8）采购计划；

（9）项目摄影和宣传的知识产权内容；

（10）完工时间表；

（11）合同签署日期；

（12）合同审定的律师费。

无论哪种类型的合同都必须经律师审定通过。

### 14.3.8 设计费

签订合同时最复杂的是确定设计费，设计师以多种方式取得酬金。设计师与客户就收费达成共识，这一点很重要。以下是最常见的费用体系：

（1）以固定费用收费。设计师根据他在项目中投入的时间精力，向客户收取一定的费用；

（2）以小时收费。根据项目所占用的小时数来取费。它受到许多因素的影响，包括特殊区域的定制费用、设计师的能力与地位、客户的具体要求。有时候这种收费方式的设计费最高。

（3）基于工程总面积的收费。经验丰富的设计师经常采用这种收费方式，他们能估算出室内施工时发生的总费用，依据整个项目的总面积来确定单位面积的设计费。

（4）按照工程总造价的一定百分比来提取设计费。无论项目总造价是多少，这种收费方式都能保障设计师的酬金。如果工程完工时有增加的费用，设计费也相应地提高。

---

相关链接

设计取费 http://www.asid.org/design_basics/working_with_designer/how_services.asp

---

## 14.4 职业道德

职业室内设计师必须有社会责任感，明辨是非，不隐瞒事实真相。设计师有责任与公众、客户、其他

图 14-11 陈设设计，关注细节——窗饰。高水准的设计需要有精致的细部处理。在这个正式的餐厅中，设计师通过飘逸下垂的窗帘来凸显窗户的高大。定制的灯具、精心挑选的艺术品和配饰增添了空间的气氛。（设计师：Miner Details；摄影：Deborah Whitlaw）

图 14-12 陈设设计，关注细节——浴室。在这个绅士的浴室中，原先的狭窄空间被打破了，精致、现代、防水的材料被使用。（设计师：Jackie Naylor 室内设计；摄影为 Robert Thien 版权所有）

专业人士、合作伙伴和使用者一起，坚持最严格的质量标准。美国室内设计协会在道德准则序言中说：“美国室内设计师协会会员要求在尊重客户、尊重提供材料和服务的专业供应商、尊重专业合作伙伴，以及尊重大多数公众的基础之上进行工作。”

设计师必须意识到从公众利益出发，遵循所有技术法规。针对每一个项目，设计师有责任查明相关法规，并遵循法规进行设计。

设计师和客户商谈时，必须明确工作范围和设计费用。不应该和一个客户谈论另一个客户的项目，更不能将产品资料贩卖给别人获取利益。

同样，设计师要对自己的设计、合作的专业伙伴负责，不应该批评其他设计师的工作。设计师应该与合作的专业人士以团队方式共同工作，当出现问题时，互相责骂是无济于事的。

此外，设计师对室内设计职业负责，他们鼓励信息交流、坚持设计实践。设计师应该参加社会项目，经常将室内设计职业最好的一面呈现给大家。有问题在专业会议中提出，那里才是解决问题的地方。

设计师对业主负责。公司的信息不应该自行拷贝或带到其他的公司，不应该在未征求雇主同意的情况下将信息用在其他的项目中。当设计师离开公司时，应该无所保留地进行工作交接。

最后，设计师对环境的可持续发展负责。建筑业消耗地球 40% 的资源，垃圾填埋区 40% 的垃圾来自建筑。为保护公众利益，如同室内设计定义中倡导的那样，设计师尊重性地使用地球资源。设计师要认真研究产品，运用不危害使用者、不污染环境、不破坏农业生产的原则进行设计。

## 14.5 室内设计前景

室内设计职业相对比较年轻，从最早出现到现在也不过 100 年，职业的专业化和继续发展的空间非常大。

### 14.5.1 设计职业化

随着人们对舒适环境有益于健康意识的兴起、人口老龄化、技术进步、能源保护的需求和提倡简单和更有意义的生活方式等趋势的出现，设计行业发生了重大改变。例如：

(1) 客户受过更好的教育，他们会提出更多的问题。

(2) 人口老龄化意识到对便捷性的住宅和公共建筑物的需求。

(3) 医药行业意识到在医疗保健行业中需要考虑美学。

(4) 由于互联网和网络的发展，越来越多的人在家办公。

(5) 私人办公室正在减少，移动式办公室开始出现。开放式办公环境间或设置有会议室和个人办公室。

(6) 客户非常重视代表显赫身份的位置和安全性。

(7) 人们对可持续发展的环境感兴趣。在住宅设计中，主人希望自己的家使用高效节能、低维修、省力、节水的设备，尤其是洗碗机、坐便器和冲淋喷头。在商业空间设计中，客户意识到绿色设计的意义，要求使用可持续性的产品和建材，他们同样关注室内空气质量(IAQ)(见第12章“可持续性设计：LEED-CI”)。

以上的要求带来了新的设计领域，推动着医疗和老年人保健行业、设计技术和可持续绿色设计方面的创新。这些创新会使人们的工作和生活环境愈加舒适，生活品质和环境质量得到提升。

第一，医疗保健设计。医学领域已经认识到医疗场所需要关注美学品质，只要有可能，医疗保健空间也应具有舒适宜人的环境。除利用织物和陈设塑造温暖、富贵的气氛外，现在医疗机构的装饰是以隐藏医用设备为目的。

第二，面临人口老龄化。意识到住宅内使用的便捷性和商业空间内一样重要。一方面是由于人口老龄化，另一方面是由于敬老院医疗费用持续高昂，这就需要我们将住宅室内设计得尽可能使老年人可以在家独立生活。当然，成熟的老年社区是必要的前提条件。

第三，信息技术提供了虚拟办公。借助在线网络、电话会议和网络数据库等信息化手段，工作不再意味着要去办公室了（图14-13)。在厨房、餐厅、酒店客房，甚至在飞机上都提供了移动办公的条件，甚至为了提高头等舱和商务舱的舒适性，飞机上均增大了可进行移动办公的面积。

第四，设计技术带来智能家居。自20世纪90年代以来，随着经济快速发展，人们越来越关注居住品质，开始花大量财力购买住宅装饰品、高端影视设备、

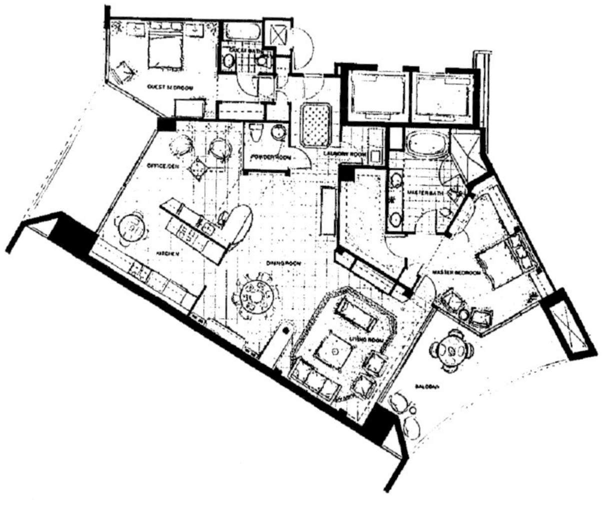

图14-13　典型设计，家庭办公室：这个开放式办公室经深思熟虑地设计，充分考虑到实用性。工作照明和隐藏式的技术设备使办公室、起居室和餐厅融合成一个整体。(设计师：Perla Lichi；摄影：Barry Grossman)

图 14-14　专业设计技术：这个优雅的家庭影院通过霓虹灯、背投、嵌入式讲台组成，室内包含有超大的电影屏幕、舒适的座位和环绕音响。（设计：Stevenson 设计组织；摄影：Robert Brantley）

健身娱乐设施，并配置监控设施，逐步使家居智能化。智能家居主要包括防盗系统、照明系统、中央真空吸尘、娱乐系统（图 14-14）、网络数据库，甚至可监视儿童在家中活动情况的特殊设施。

### 14.5.2　职业前景

室内设计职业的蓬勃发展，促使各国室内设计专业组织经常会聚一堂，一起分析室内设计专业发展的方向。目前最有影响力的是美国"室内设计的未来"研究项目。项目第一阶段是通过对社会背景、兴趣爱好、文化和宗教差异的综合考虑，从设计界、工业界、教育界和研究领域挑选 15 ～ 18 名梦想家组成项目团队。这个团队根据社会文化、经济、政治、环境和技术进步来确定室内设计未来的发展趋势，这种趋势将对室内设计实践、设计教育和设计研究产生很大的影响。

项目第二阶段是在梦想家的研究基础之上设计调查问卷，调查问卷的主要内容是室内设计发展的 12 种趋势。表 14-2 根据调查问卷的结果，按重要程序列出了这些趋势。

**相关链接**

设计信息　http://www.di.net

**表 14-2　调查结果**

| | |
|---|---|
| 环境保护 | 室内设计师越来越需要对设计导致的生态影响负责。 |
| 责任 | 从功能需求、用户满意度的角度评价设计对环境质量的提升。 |
| 尊重职业 | 室内设计职业的发展日益成熟，它不仅要求从事室内设计职业要取得执照、受越来越多的法规制约，而且要逐渐地适应电子信息技术，顺应经济环境的变化。 |
| 专家团队 | 未来的设计项目可能需要具有不同专业背景、知识丰富的专家充实设计团队。 |
| 教育实践 | 为了解决复杂的人与环境的问题，教学实践必须强调宽基础的专业知识和批判性的思考方法。 |
| 分摊高科技教育的成本 | 技术进步增加了本科生教育的成本和时间，这些成本需要由工业界、设计界和教育机构来分担。 |
| 客户参与 | 客户和设计专家将更加紧密地工作。 |
| 保留文化和社会多样性 | 室内设计师更加注重设计文化和社会发展水平在设计中的体现。 |
| 全球资源竞争 | 本土设计公司可能会面临更多来自国外公司对全球设计市场和设计资源的竞争。 |
| 重视研究生教育 | 为适应新知识的快速增长，研究生教育变得很重要。 |
| 产品定制 | 工厂将运用大型数据库系统，设计师可更加直接地与制造商一起工作，完成产品的定制。 |
| 文化多元化的设计师 | 具有跨文化的表达能力和丰富旅游经验的室内设计师将会广受欢迎。 |

图 14-15　零售店。这家流动性的化妆品展厅通过形式确定了空间特性。7.2m 宽、30m 长、4.2m 高的空间经过设计师的精心设计，丝毫没有隧道的感觉。起伏的石膏板，不仅能吸引顾客走进店里，而且增加了空间的趣味性和宽阔感。（设计师：Yoshinari Matsuyama；摄影：Paul Warchol）

图 14-16　餐厅设计。丝带和格栅戏谑地缠绕在一起，打造了这个大餐厅的优雅氛围。生动的植物和鲜花给室内空间带来宜人的尺度感和自然的暖意。（设计：Kuleto 咨询和设计公司；摄影：Cesar Rubio）

# 设计案例　太阳能建筑一体化的“地球之家”可持续性设计

人们已经了解到建筑工业给环境带来了生态污染：古老的天然林永远地消失了，发电产生的电荷造成的污染和废气进一步导致酸雨的产生，污水和化学剂污染了生命赖以生存的地下水源。严酷的现实告诉我们，环境不能无限制地支撑现有的建造方式以及因此带来的潜在自然资源成本的增加。但是生态住宅的研究主要集中在建筑物理和材料技术上：如利用屋顶覆土、温室及自然通风技术，提供稳定、舒适的室内气候；将外墙做成集热墙、透明节能墙，提供室内热能；采用太阳能、风能发电装置，获得无污染能源，用于采暖、制冷、照明及家电用电等。近年建筑的构造开始模仿生态系统中的行为，通过动力装置、光纤传感和其他组件对环境和结构应力作出反应。“智慧型”材料及成熟的电脑程序的发展可以使建筑成为极为活跃的人造物。美国建筑师麦克尔·雷诺兹（Michael Reynolds）是率先提出“地球之家”理念，并最早进行这方面设计实践的建筑师，他强调“形式服从气候”的生态建筑观、人造景观、乡土建筑能够和自然景观天衣无缝地结合在一起。在现代社会中，这种地域的真实感虽然多半已经无处寻觅，但仍旧是一种理想的目标。也许我们可以建构一种更为“审慎的城市”，利用地形学上的折叠、伪装、模仿等美学和技术手段来仿效生态系统。所以他的设计目标是尽力寻找：采用一种将现有废弃物加工成建筑材料的方法；设计一种可自己产生能源、处理垃圾的建筑；采用一种稍加培训即可推广的建筑方式；做能支付得起水、电等能源消耗费用的设计。并且将传统的生态住宅中草皮屋顶、覆土保温、温室暖房、遮阳墙体、蓄热墙体、风能、太阳能装置等作为其基本构造特征。

在本章列举的这个项目中建筑的外观与西班牙的土坯建筑相像，它可以设计成一个或多个单元（图 14-17 和图 14-18）。

材料上，地球之家的主要建筑材料是由回收的汽车轮胎中压缩土，冲压加工而成，创造了一个恒温的居住空间。此外，通过建筑的自然通风系统设计，地球之家就能在不使用矿石燃料或核燃料的情况下冬暖

图 14-17　地球之家的外部玻璃面朝南倾斜，外墙由不同规格的轮胎、自然成型的墙体和异想天开的装备定制而成。（建筑师：Michael E.Reynolds）

夏凉。

设备系统方面，地球之家通过太阳能光电能量系统来发电，通过食品生产的绿色技术来处理污水，这样可使用压缩式冲水厕所。

室内的墙体用铝罐组合而成，被涂上油漆或保留自然颜色。墙上贴着透明或染色的玻璃，做成各种不同的形状。图 I-2 完整介绍了一个称为以太阳能作为能源供给的“地球之家”项目。

地球之家的设计和建造强调在全球的适用性。如今，在玻利维亚、澳大利亚、墨西哥、日本、加拿大和美国都已经出现了地球之家。在成本上，地球之家堪比典型的框架结构，而且它甚至更耐久，有更好的保温性，同时不用支付公用事业费。

但是这类实验性建筑也被指控占用地下水及建筑程序不完善。但雷诺兹认为批评者不应将业主的过错归咎于建筑师，他近日放弃了自己的建筑师执照继续绿色建筑设计之路，主演了生态建筑的影片《垃圾勇士》。片中他讲述了如何建造他的生态建筑，以及在南亚海啸和美国海啸后人们的自救住房的修建中所起到的作用。

**相关链接**

地球之家 http://www.earthship.org/

中国绿色节能环保网 http://www.chinajnhb.com

中国建筑学会 http://www.chinaasc.org

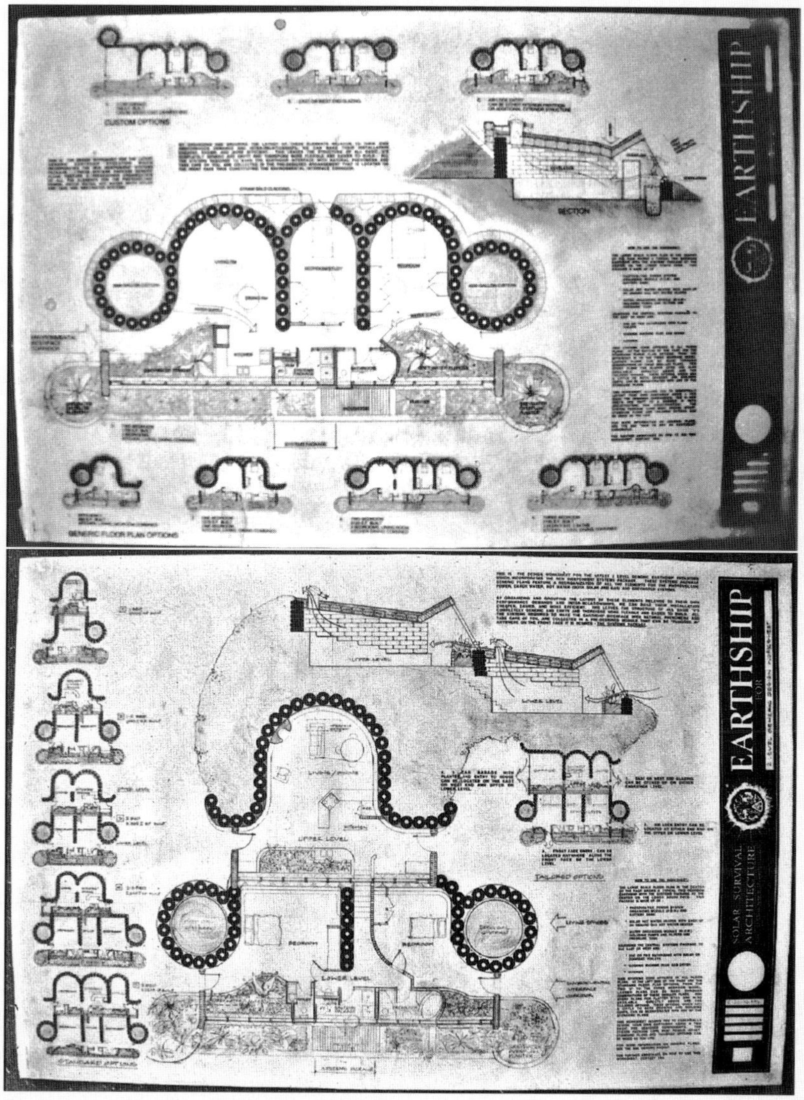


图 14-18　地球之家的房间以并排设置或上下层设置的 U 型模块为基础，根据需要可以减少或增加模块的数量。设计的剖面图说明了建筑的结构和空气的流动。（建筑师：Michael E.Reynolds）

## 本章小结

成为一名职业室内设计师的步骤是教育、经验和考试。一旦成为一名职业设计师，仍然需要通过进行持续的教育培训提升设计水平。成功的职业设计师知道在设计中科学与艺术不是非此即彼而是亦此亦彼，内容丰富的设计世界还需要拥有精湛的商业技能和高水准的道德行为。

BIM（building information modeling, 建筑信息模型）是将来从事设计职业不可或缺的方法，它利用虚拟的模型涵盖了一个工程项目从设计到建造直至最终运行全生命周期中所有相关信息：从模型能够获取预算所需的工程量，特大型构件的三维模拟预装配，机电设备复杂系统的遗漏和冲突，建立绿色设计的物理环境模拟，以及制定后期运营管理工作流程的依据等等，从而优化了整个项目开发管理流程。

未来室内设计将日益成熟，年轻的职业设计师需要为多种文化的交融作好准备，并根据共同遵循的绿色设计目标，与团队中各行各业的专家共同工作，使产品、材料和空间具有可持续性。

第 20 届国际工业设计团体理事会会议上，国际绿色和平组织呼吁：“每一代都有自己的智者、英雄和领导者，我们也必须有自己的领导者，他们深谋远虑、积极思考、勇敢应对、资源共享，为未来的可持续发展做出贡献”。

## 推荐阅读书目

设计中的精神 . 香港设计中心，艺术与设计出版联盟 . 辽宁科学技术出版社 .2008.

设计中的设计 . 原研哉 . 朱锷译 . 山东人民出版社 .2005.

图 14-19　照明设计。这个现代风格的室内强调照明，枝形吊灯是室内的中心焦点，它从定做的框架上悬挂下来。嵌入式的投射灯将艺术品照亮，隐藏式的灯光在天花上投影产生艺术轮廓。（设计：Charles Greenwood 设计公司；摄影：Robert Thien）

# 附录 A

## 住宅设计项目客户信息表

住宅设计项目客户信息

| Ⅰ 基本信息 | 日期 |
| --- | --- |
| 客户姓名 | |
| 地址 | |
| 家庭电话 | 工作电话 |
| 职业 | |

Ⅱ 家庭成员

| 姓名 | 年龄 | 家庭关系 |
| --- | --- | --- |
| | | |
| | | |
| | | |
| | | |
| | | |
| | | |
| | | |
| | | |

Ⅲ 家庭成员爱好

| 爱好 | 家庭成员 | 活动地点 |
| --- | --- | --- |
| 计算机 | | |
| 电视 | | |
| 视听 | | |
| 服装裁剪 | | |
| 手工制作 | | |
| 乐器 | | |
| 模型制作 | | |
| 阅读 | | |
| 其他 | | |
| | | |

Ⅳ 对房间的要求

**起居室**

娱乐 是____否____是否多人参加？____是否经常？____

**餐厅**

正式／临时／两者都有

最多进餐人数____

其他要求________________________________________

**早餐间**

最多进餐人数____

其他要求________________________________________

**家庭室**

| 要求 |
| --- |
| |
| |
| |
| |
| |

**卧室**

| # | 使用者 | 要求 |
| --- | --- | --- |
| 1 | | |
| | | |
| 2 | | |
| | | |
| 3 | | |
| | | |
| 4 | | |
| | | |
| 5 | | |
| | | |

**卫生间**

| | | |
| --- | --- | --- |
| 1 | | |
| | | |
| 2 | | |
| | | |
| 3 | | |
| | | |
| 4 | | |
| | | |

**其他房间**

| 房间 | 要求 |
| --- | --- |
| 洗衣间 | |
| 厨房 | |
| 家庭办公室 | |
| 工作间 | |
| 车库 | |
| 活动室 | |
| 书房 | |
| 视听室 | |
| | |
| | |

## Ⅴ 设计要求

| | |
|---|---|
| 色彩 | |
| 风格 | |
| 预算 | |
| 设计周期 | |
| 更新使用内容 | （如可能更新，参照附录 B 家具清单） |
| 其他 | |
| | |
| | |

## Ⅵ 客房其他信息和要求

## Ⅶ 商务信息

交易说明

费用说明

# 附录 B

# 家具清单

**家具清单**

| 分类 | 说明 | 尺寸　长×宽×高 | 风格 | 说明 |
|---|---|---|---|---|
| | | | | |
| | | | | |
| | | | | |
| | | | | |
| | | | | |
| | | | | |
| | | | | |
| | | | | |
| | | | | |
| | | | | |
| | | | | |
| | | | | |
| | | | | |
| | | | | |
| | | | | |
| | | | | |
| | | | | |
| | | | | |
| | | | | |
| | | | | |
| | | | | |
| | | | | |
| | | | | |
| | | | | |
| | | | | |
| | | | | |
| | | | | |
| | | | | |
| | | | | |
| | | | | |